Jig
Fixture
Gauge

최신이론과 응용과제 실습

치공구설계

정연택 · 예인수 · 최덕준 · 김종주   공저

치공구(治工具)란 지그(Jig)와 고정구(Fixture)
및 게이지(Gauge)로 분류하며 기계, 자동차,
컴퓨터, 전자, 항공, 조선 분야 등에서 각종 제
품 생산 시 흔히 사용하고 있거나 접하고 있는
기술 분야로서, 제품 제조 시 아무리 좋은 생산
장비라 하더라도 생산성 향상을 위해 특수 장
치 설비가 없거나 부실하면 장비의 최대 목적
인 제품의 경쟁력이나 원가절감을 기대할 수
없게 된다. 이때 제대로 활용될 수 있는 일련의
특수공구(Jig & Fixture, Gauge 등)나 자동화
설비장치가 바로 치공구다.

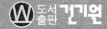 도서
출판 건기원

치공구(治工具)란 지그(Jig)와 고정구(Fixture) 및 게이지(Gauge)로 분류하며 기계, 자동차, 컴퓨터, 전자, 항공, 조선 분야 등에서 각종 제품 생산시 흔히 사용하고 있거나 접하고 있는 기술 분야로서, 제품 제조시 아무리 좋은 생산장비라 하더라도 생산성 향상을 위해 특수장치설비가 없거나 부실하면 장비의 최대 목적인 제품의 경쟁력이나 원가절감을 기대할 수 없게 된다. 이때 제대로 활용될 수 있는 일련의 특수공구(Jig & Fixture, Gauge, 등)나 자동화 설비 장치가 바로 치공구라 한다.

또한 치공구의 사용은 가공, 조립, 검사, 시험, 열처리, 용접 등 전반적인 산업 기술 분야에서 널리 사용되고 있으며 치공구의 위치결정원리와 클램핑원리를 바탕으로 메커니즘을 형성하고, 동작제어를 통한 전용기, 자동화 및 로봇 분야에서도 널리 사용되고 있는 추세로서 모든 설계의 기본이며, 치공구의 원리를 모르고는 올바른 각종 설계를 기대하기가 어렵다. 이처럼 전 산업 분야에서의 치공구 응용 기술은 더 이상 말할 나위 없이 필요성은 증가되나 매년 전문기술인력은 절대 부족한 상태이다.

또한 우리 나라의 치공구에 대한 전문서적이 미진하고, 설계를 배우고자 하는 공학도의 설계능력을 배양하기 위하여 본서 발간에 최선을 다하였다.

일반적으로 제도나 CAD를 익히면서 설계자가 되는 줄 알고 있지만, 이는 도면을 작성하기 위한 하나의 도구일 뿐, 결코 설계라 말할 수 없다. 알고 보면, 어떠한 설계라도 반드시 치공구의 기본원리로부터 결합부품의 각 기능을 알고, 그 기능을 최대한 살릴 수 있도록 공차해석 및 공정설계를 통하여 올바른 메커니즘을 구성하는 것으로부터 시작된다고 말할 수 있다.

이 교재는 대학의 공학도는 물론 산업현장의 설계기술자에게도 유익한 학습서가 될 것이며, 특히 치공구설계기사 자격시험의 준비에도 충분하다고 본다.

끝으로 본서를 출간함에 있어 선배, 동학 여러분께 감사를 드리며 도서출판 건기원 직원 여러분에게도 진심으로 감사를 드린다.

편저자 씀

치공구 설계

제1장 치공구 총론

제 2 장   공작물 관리

치공구 설계

제 3 장 공작물의 위치결정

제 8 장 선반 고정구

제 9 장 보링 고정구

제10장 기타 지그와 고정구

제15장 치공구 설계 및 제작에 사용되는 규격

부 록 치공구 설계 도면

제 1 장

치공구 총론

1.1 치공구의 의미

1. 치공구(治工具)의 개요

치공구라 하면 예로부터 대부분의 경우 공작 기계의 절삭가공 보조장치로 만들어져 사용되어 왔다. 그러나 현대에서는 모든 산업에 사용되고 있으며 특히 자동화 분야에 획기적으로 발전하여 앞으로 광범위하게 사용되지 않으면 안 된다. 즉, 우리들은 모든 작업에 치공구를 사용하여 적은 비용으로 용이하고, 빠르고, 정확하게 일을 할 수 있도록 노력하며 개선해 나가야 한다.

치공구는 지그(jig)와 고정구(fixture)로 분류되며 각종 공작물의 가공 및 검사, 조립 등의 작업을 가장 경제적이며 정밀도를 향상시키기 위하여 사용되는 보조장치를 말하며, 자동화 지그에서는 자동화 설비 또는 자동화 기계로 분류할 수 있다.

설계라는 것은 치공구로부터 시작되므로 [그림 1-1]과 같이 그 중요성을 알 수가 있으며 사용자(user)측과 제조자(maker)측의 접점이 되는 치공구 부분으로 이것은 제품과 기계의 접점부분이 되는 것이다. 설계의 어려움(miss)이 가장 많은 부분이라고 말할 수 있으며 치공구설계의 중요성은 아이디어(idea)에서부터 시작된다고 할 수 있다.

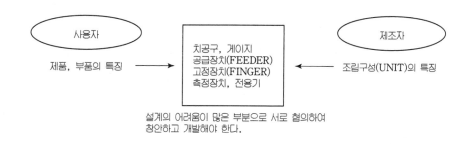

그림 1-1 치공구 설계의 중요성

(1) 지그란

지그와 고정구를 명확하게 정의하기는 어려우며 사용상 같은 것으로 간주하고 있다. 기계 가공에서는 공작물을 고정, 지지하거나 또는 공작물에 부착 사용하는 특수장치로서 공작물 위치를 결정하여 체결할 뿐만 아니라 공구를 공작물에 안내할 수 있는 안내(부시)하는 장치를 포함하면 지그라 한다.

지그는 일반적으로 고정구를 포함하여 이것들을 「지그」라 총칭한다. 또한 자동화 설비나 장치 등의 능력을 최대한으로 그리고 유효하게 인출, 발휘시켜 작업을 능률적으로 수행할 수 있도록 만들어진 보조구, 장치도 지그라고 할 수 있다.

(2) 고정구란

고정구(Fixture)는 공작물의 위치결정 및 클램프(clamp)하여 고정하는데 대해서는 근본적으로 지그(jig)와 같으나 기계가공에서는 공구(tool)을 공작물에 안내하는 부시 기능이 없으나 세팅(setting) 블록과 필러(feeler)게이지에 의한 공구의 정확한 위치 장치를 포함하여 고정구라 한다. 그러나 지그와 고정구를 구분하는 것은 큰 의미가 없으므로 일반적으로 지그라 통칭한다.

(3) 치공구의 정의

치공구는 제품에 있어서 필요한 제조수단으로 공작물(또는 조립물)의 위치결정과 공작물이 움직이지 않도록 클램프 하여 공작물을 허용 공차 내에서 제조하는데 사용되는 생산용 공구로서, 제품의 균일성(품질), 경제성(가격), 생산성(납기)을 향상시키는 보조장치 또는 보조장비이다.

(4) 치공구의 목적

치공구의 목적은 제조의 정밀도가 향상시켜 부품 및 품질을 높이며, 균일한 품질로 호환성을 확보하며, 생산의 다량화로 인하여 제조 원가 감소, 가공 공정 단축, 일부의 검사작업을 생략, 미숙련자도 정밀 작업 가능, 작업자의 정신적·육체적 부담 등을 경감하여 작업자의 능률을 올리고, 안전을 확보하는데 있다.

2. 치공구의 3요소

동일한 다수의 공작물을 가공, 조립하기 위해서는 어느 공작물이나 동일한 위치에 위치결정이 되어 장착이 되어야 하고 가공, 조립 중에 움직이지 않아야 한다. 여기서 공작물이 같은 위치에 위치결정이 되어 장착된다는 것은 그 각각의 공작물이 같은 위치결정면에서 기준이 결정된다는 것과 회전방지를 위한 위치결정구이다. 그리고 공작물이 움직이지 않게 클램핑되어 외력의 힘에 견디어야 한다.

따라서 치공구의 3요소는 다음과 같다.

① 위치결정면 : 공작물이 X, Y, Z축 방향으로 직선운동 하는 것을 방지하기 위하여 위치결정을 설치하는 면을 위치결정면이라 한다. 일정위치에서 기준면 설정으로 일반적으로 밑면이 된다.

② 위치결정구 : 공작물의 회전방지를 위한 위치 및 자세에 해당되며 일반적으로 측면 및 구멍에 위치결정핀을 설치하는데 이를 위치결정구라 한다.

③ 클램프 : 고정은 공작물의 변형이 없이 자연상태 그대로 체결되어야 하며 위치결정면 반대쪽에 클램프가 설치되는 것이 원칙이다.

3. 치공구의 GT(Group Technology)화

다품종 소량생산에서는 치공구제작비를 고려할 때 불리한 경우도 있으므로 GT(Group Technology)화 하여야 한다. 이는 제품에 대하여 합리성 있는 조합이나 조정의 필요성을 의미하는 것이며, 이를 위해서 생산조건을 결정하는 여러 가지의 요소로 일반적으로 이를 5M이라고 한다. 5M은 Material(원재료), Machine(생산장비), Manpower(인력), Method(관리방법) Money(자본)이다. 이들을 관리하는 일이 중요한데 관리상의 혼란을 초래하지 말아야 한다. 여기서 "GT치공구"라는 개념은 원활한 생산기능을 발휘해야 한다는 조건이 뒤따른a다. 간단히 말하자면 앞서 말한 "합리성 있는 조합·조정"에서, 대응시킬 수 있는 범위가 유사한 제품이 되는 것이다.

이러한 치공구는 기본적인 형상을 바꾸지 않고 어테치먼트만 변경하는 것이 보통이며, 생산라인을 혼란시키지 않으면서 생산의 변화에 대처 할 수 있다. 또한 복합화는 제품대상이 유사하지 않더라도 공정이 유사한 대상에 대하여 생산변화에 원활히 대처할 수 있는 것이다.

4. 치공구의 사용상 이점

치공구는 공작물의 위치결정, 공구의 안내(드릴 지그), 공작물의 지지 및 고정 등의 기능을 갖추고 있어 공작물의 주어진 한계 내에서 가공하게 되고, 다량으로 생산되는 부품의 제조비용을 절감하는데 도움이 되며 그 중요성은 호환성과 정확성, 정밀성에 있다.

치공구 설계

치공구는 생산성의 향상에 최대한 기여하는 것이다. 즉, 제품의 코스트를 저하하기 위한 목적으로 공정의 개선, 품질의 향상과 안정, 제품에 호환성을 주는 것이다. 다시 말하면, 품질(Q: quality)과 비용(C: cost), 납기(D: delivery)로 분류된다.

품질이란 제품의 기능성 향상이며 품질을 균일화하여 호환성을 도모하는 것이고, 비용은 조정이나 측정 등의 불필요한 공정을 생략하고 숙련공을 필요하지 않게 하며 또한 노동력을 경감하여 능률, 가동률을 향상시키는 한편, 재료 등 자재의 절약을 도모하는 것이다. 납기는 생산성을 높여 리드 타임(Lead time : 제품의 계획에서 완성까지의 시간)의 단축을 도모하는 것이다. 치공구의 사용상 이점은 다음과 같다.

(1) 가공에 있어서의 이점

① 기계설비를 최대한 활용한다.
② 생산능력을 증대한다.
③ 특수기계, 특수공구가 불필요하다.

(2) 생산원가 절감

① 가공정밀도 향상 및 호환성으로 불량품을 방지한다.
② 제품의 균일화에 의하여 검사 업무가 간소화된다.
③ 작업시간이 단축된다.

(3) 노무관리의 단순화가 가능

① 특수작업의 감소와 특별한 주의사항 및 검사 등이 불필요하다.
② 작업의 숙련도 요구가 감소한다.
③ 작업에 의한 피로경감으로 안전한 작업이 이루어진다.
④ 재료비 절약이 가능하고 다른 작업과의 관련이 원활하다.
⑤ 불량품이 감소하고 부품의 호환성이 증대된다.
⑥ 바이트 등 공구의 파손감소로 공구수명이 연장된다.

5. 치공구 설계의 기본원칙

"어떠한 치공구 구조로 설계하면 가장 큰 효과를 올릴 수 있을까"에 대해서는 공작물의 제조계획 부문과 제조부문에 밀접하게 협의하는 것이 원칙이며, 목적에 따라서는 치공구를 제작하는데는 치공구설계 부문에서 제조계획(plan)의 단계에 있어서 그 공작물 개개의 기계공정설계를 충분히 검토하여 치공구를 설계함으로 그 목적을 달성할 수가 있다.

① 공작물의 수량과 납기 등을 고려하여 공작물에 적합하고 단순하게 치공구를 결정할 것.

② 표준 범용 치공구의 이용 및 사용하지 않는 치공구를 개조하거나 수리를 고려 할 것

③ 치공구를 설계할 때는 중요 구성 부품은 전문업체에서 생산되는 표준규격품 사용할 것.

④ 손으로 조작하는 치공구는 충분한 강도를 가지면서 가볍게 설계할 것.

⑤ 클램핑 힘이 걸리는 거리를 되도록 짧게 하고 단순하게 설계할 것.

⑥ 치공구 본체에 가공을 위한 공구위치 및 측정을 위한 세트블록을 설치할 것.

⑦ 치공구 본체에 대해서는 칩과 절삭유가 배출할 수 있도록 설계할 것.

⑧ 가공압력은 클램핑 요소에서 받지 않고 위치결정면에 하중이 작용하도록 할 것.

⑨ 단조품의 분할면, 주형의 분할면 탕구 및 삽탕구의 위치는 피할 것.

⑩ 클램핑 요소에서는 되도록 스페너, 핀, 쐐기, 망치와 같이 여러 가지 부품을 사용하지 않도록 설계할 것.

⑪ 치공구의 제작비와 손익 분기점을 고려 할 것.

⑫ 제품의 재질을 고려하여 이에 적합한 것으로 할 것.

⑬ 정밀도가 요구되지 않거나 조립이 되지 않는 불필요한 부분에 대해서는 기계 가공 등의 작업을 하지 않을 것.

⑭ 정확한 작업을 요하는 부분에 대하여 지나치게 정밀한 공차를 주지 않도록 할 것.(치공구의 공차는 제품 공차에 대하여 20~50% 정도)

⑮ 치공구 도면에 주기 등을 표시하여 최대한 단순화 할 수 있도록 할 것.

치공구 설계

6. 치공구의 경제성 검토

대량 생산의 경우는 지그를 감가 상각이라든가 가격(cost)에 관해서 염려하는 경우는 없다고 하지만, 요즘 현대 사회에서는 다품종 소량 생산이 많으므로 경제성에 대하여 고려할 필요가 있다. 경제적으로 바람직한 가에 관해서는 다음과 같은 치공구제작비와 부품단가를 구하는 식이 주로 사용되고 있다.

(1)

$$N = \frac{Y}{(H - HJ)y}$$

여기서, N : 지그의 손익 분기점

            Y : 지그제작비용

            H : 지그를 사용하지 않을 때 1개당 가공 시간

            HJ : 지그를 사용할 때 1개당 가공 시간

            y : 1시간당 가공비용

(2)

$$Y \le \frac{ni \,(1 + r)(t_0 a_0 - t_1 a_1)}{1 + pi + qi}$$

여기서, Y : 지그제작비

            n : 지그에 의하여 제작 1년의 개수

            r : 제품 가공에 필요한 간접비의 비율

            t_0 : 지그를 사용하지 않는 경우의 제품 1개당의 가공 시간

            a_0 : 지그를 사용하지 않을 경우의 평균 시간

            t_1 : 지그를 사용할 경우의 제품 1개당 가공 시간

            a_1 : 지그를 사용할 경우 평균시간율

            p : 지그감가 이율

            q : 지그 1년당의 유지비와 제작비와의 비

            i : 지그감가 년수

(3)

$$C_p = \frac{T_c + L}{L_s}$$

여기서, C_p : 부품단가

            T_c : 공구비용

            L : 노임

            L_s : 로트수량

(4)

$$n = \frac{C\left(1 + \dfrac{i \times n}{2}\right)}{S} \qquad \therefore \ n = \frac{C}{S - \dfrac{C}{20}}$$

여기서, C : 투자자본액(설비투자액)

i : 연간이자율10%(0.1)로 한다.

S : 연간 이익액(연간 절감액)

n : 자본회수 년 수

예제 **01** 지그제작비가 700,000원이고 지그를 사용하지 않았을 때 걸리는 제품 가공시간은 2분 지그를 사용하였을 때 제품 가공 시간은 0.5분이고 시간당 가공비는 2000원 일 때 손익 분기점은?

풀이

$N = \dfrac{700,000}{(2 - 0.5) \times 2000} = 233$개

즉, 233개 이상이면 지그를 사용하였을 때가 이익이고 233개 이하이면 손실이 되는 것이다. 실제로 회사에서는 N이 실제 수량의 2배 이상이 되지 않으면 지그를 만들 필요가 없을 것이다.

예제 **02** 머시닝센터에서 다음과 같은 조건으로 어떤 자동차 부품을 생산하려고 한다. 지그제작비는 얼마인가?

여기서, n : 1000개, r : 100%=1, t0 : 0.5시간, a0 :1,000원, t1 : 0.1시간, a1 : 300원

p : 7분=0.07, q : $\dfrac{5}{100}$ =0.05, i : 5년

풀이

$Y \leqq \dfrac{1.000 \times 5 \times (1 + 1) \times (0.5 \times 1,000) - (0.1 \times 300)}{1 + (0.07 \times 5) + (0.05 \times 5)}$ =2,937,500원이 된다.

즉, 지그의 제작비로서 2,937,500원 정도 까지는 계산하여도 좋다는 것이 된다. 실제로는 이 값 이외에 사용기계나 지그의 제작에 걸리는 시간적인 손실을 고려하여 제작비를 결정해야 한다. 또한 시간적인 손실은 여러 가지 다르므로 경험적으로 책정하는 수가 많다.

예제 **03** 드릴 지그 제작비가 60,000이고 지그를 사용하지 않을 경우 비용은 300원이 고 지그를 사용할 경우 개당 생산비용은 50원이다. 이들을 비교할 때 지그에 의해 생산되는 손익 분기점 즉, 부품의 생산량은 얼마인가?

풀이

$N = \dfrac{Y}{Cp1 - Cp2} = \dfrac{60,000}{300 - 50} = 240$개

즉, 손익 분기점은 240개가된다.

예제 **04** 치공구 비용이 350,000원이고, 임금이 2,500,000원 일 때, 7,000개의 부품을 밀링 가공한다면 부품단가는 얼마인가?

풀이

$$C_p = \frac{350,000 + 2,5000,000}{7,000} = 407원$$

1.2 치공구의 설계 계획

치공구 설계는 제품 설계(product design)와 제품 생산 (product manufacturing) 사이의 과정에서 이루어지며 제품의 품질 및 기타 중요도에 따라 지그의 품질을 결정하고 치공구 설계 도면을 완성하게 된다. 설계 계획의 결과는 치공구 설계의 성패를 좌우하므로 생산해야 할 제품의 정보와 규격을 평가 분석하여 가장 유효하고 경제적인 치공구 설계를 하여야 하며 이 단계에서 치공구 설계는 제품 도면과 제품 공정 요약 및 공정도에 대하여 많은 연구 분석을 하여야 한다. 공정 (process)이란 단순히 원자재로부터 제품을 제조하는 과정, 원자재를 성형하여 유용한 제품의 형태로 만드는 방법이라고도 할 수 있다. 여기서 공정은 원자재 상태인 금속, 플라스틱, 고무성형에도 적용되지만 식료품, 섬유, 화학제품, 약품제조 등의 산업까지 적용되는 것은 아니다.

1. 부품도(part drawing)분석

치공구 설계는 [그림 1-3]과 같이 부품도을 분석할 때 치공구설계 및 선정에 직접적인 영향을 주는 다음 사항 등을 고려한다.
① 부품의 전반적인 치수와 형상
② 부품제작에 사용될 재료의 재질과 상태
③ 적합한 기계 가공 작업의 종류
④ 요구되는 정밀도 및 형상 공차
⑤ 생산할 부품의 수량
⑥ 위치결정면과 클램핑 할 수 있는 면의 선정

⑦ 각종 공작기계의 형식과 크기

⑧ 커터의 종류와 치수

⑨ 작업순서 등

2. 공정의 전개

공정작업표는 작업순서에 따라 번호를 부여하는데 10, 20, 30, ····등 10의 배수로 부여한다. 이것은 공정설계자가 공정설계를 끝낸 후에 새로 추가할 공정 또는 제품의 설계변경으로 인한 변경사항을 추가할 수 있게 하기 위한 것이다. 공정총괄표 또는 부품공정 요약에는 앞서 설명된 공정작업도에 포함되는 사항이 적용된다.

[그림 1-3]는 공정설계를 하지 않은 부품도면이다. [표 1-2]는 [그림 1-3]에 의거하여 공정도를 작성한 부품의 공정을 요약한 것으로 작업순서에 대한 목록이다. 이 부품 공정 요약에는 소요 공정, 공정 순서, 소요 공구류, 필요한 기계 및 장비 등이 간략하게 기록되어 있으므로 이 표를 보면 부품의 전 공정을 파악할 수 있다.

[그림 1-4]에서 [그림 1-8]는 공정설계를 한 부품도로 자세한 공정도(process picture or process sheet)를 나타내고 각 공정에서 가공해야 할 작업에 대한 명세서이다.

[그림 1-9]은 70공정에서 밀링 가공의 치공구 도면이다. 이 공정도에는 여러 가지 모양의 양식이 있으나 일반적으로 공정도는 제도용지나 자체양식에 설계하지만 간단한 제품에 대해서는 공정도와 공정총괄을 복합시킨다. 실도의 공정도에 대한 도해를 공정설계하며 대체로 다음과 같은 사항이 포함되어야 한다.

① 해당 작업에 필요한 공작물의 3도면(또는 2도면), 필요에 따라 공작물의 스케치도면, 단면도 등이 표시된다.

② 공정내용 및 공정번호

③ 척도(척도와 일치되지 않을 수도 있다)

④ 재료의 제거 또는 가공되는 표면

⑤ 공정에서 얻어지는 치수

⑥ 위치결정구, 클램프, 지지구의 위치

⑦ 기계 또는 장비 명 및 번호

⑧ 생산 공장의 위치, 생산 부서(공장)명, 부서 번호 및 위치

⑨ 공정 설계 기사명 및 날짜

⑩ 제품명 및 부품 번호

⑪ 공구류 표시(게이지, 절삭공구, 특수공구 등 순서)

(1) 공정도의 이점

① 공정진행에 있어 기억보다는 시각적으로 도움을 준다.

② 제품제조에 필요한 공정을 누락시킬 가능성을 감소시킨다.

③ 공정도는 제품도상의 모든 치수에 대하여 고려해야 할 사항이 확실하게 되어 있는지를 확인한다.

④ 안정성, 변형 및 재료의 치수변화를 관리하기 위하여 공작물상에 위치결정점의 배치를 결정하는데 도움을 준다.

⑤ 아직 가공되지 않는 표면에 위치결정구를 배치하는 것을 피한다.

⑥ 제품도 및 설계변경을 작성할 때 공정도는 공구류와 장비에 요구되는 변경사항을 결정하는데 도움이 된다.

⑦ 공정설계자는 공정설계와 위치결정 방법이 제대로 되었는가 확인할 때 공정도를 사용할 수 있다.

⑧ 공정설계자는 위치결정과 클램핑 위치를 관리할 수 있다.

⑨ 여러 공정에서 전체 위치결정 방법을 조정하는데 도움이 된다.

⑩ 위치결정점이 적절히 주어졌는지 결정하는데 도움을 주며, 과잉의 위치결정구를 제거하는데 도움이 된다.

⑪ 고정력의 방향과 위치를 결정하는데 도움이 된다.

⑫ 공정의 복합이나 공정의 자동화에 도움이 된다.

(2) 공정도가 공정설계 자에게 주는 이점

① 가공공정의 궤적과 방향을 결정하는데 도움이 된다.

② 흔히 공정설계 자는 하나의 공정만을 취급한다.

③ 제품도상에서 얻을 수 없는 공정치수를 얻을 수 있다.

④ 공구설계시 공작물 이해에 도움을 준다.

⑤ 공구비용을 추정하는데 도움이 된다.

(3) 제조공장에서 공정도의 기타용도

① 생산관리에 도움을 주며, 특히 배치 생산에 필요하다.
② 반장, 세트업 작업자와 공구를 정비하는 요원이 공구를 검사하는데 도움을 준다.
③ 부분적으로 완성된 공작물을 구성하는데 대한 배치에 도움이 되고, 기계의 간격과 위치를 개선시킬 수 있다.
④ 자재의 취급 및 가공중에 공작물 취급을 위한 컨베이어, 팰렛(pallet) 및 래크(rack)를 설계는 공장설계에 도움을 준다.
⑤ 각 작업에 대한 표준시간을 추정하기 위한 방법 및 작업표준에 도움이 된다.

3. 공정치수

제품을 공정설계 할 때 주목적은 제품도면상에 표시된 공차 이내로 모든 치수를 정확하게 하는 것이다. 경쟁력을 가지려면 제품을 최소의 비용으로 생산하여야 한다. 제조의 성질상 최종 제품도상의 치수는 흔히 한 공정으로 얻을 수 없다. 그러한 경우에 다듬질절삭은 제품도의 치수로 절삭되는데 반하여 거친 절삭은 공정치수로 절삭된다. 공정총괄표 또는 공정도에 나타나는 공정치수는 다음과 같이 정의된다.

(1) 공정치수의 정의

① 제품도에 나타나지 않는 치수이다.
② 공정설계 자에 의해 결정되는 치수이다.

(2) 공정치수가 필요한 경우

① 열처리 후 연삭에 대한 여유를 부여하는 기계가공 치수
② 리밍 작업에 대한 가공여유를 부여하는 드릴 치수
③ 버니싱에 대한 가공여유를 부여하는 드릴 치수
④ 다듬질 절삭에 대한 가공여유를 부여하는 거친 절삭
⑤ 컵의 지름, 반지름, 높이에 대한 드로잉 치수
⑥ 컵을 만들기 위한 블랭크의 지름

4. 공정에 관한 기호

공정도상에서 공정설계기술의 전달을 간편하게 하기 위하여 여러 가지 기호가 사용된다. 기호를 사용하면 공정도 작성에 요하는 시간을 단축시킬 수 있다. 몇 가지의 단순한 기호만을 사용하면 착오를 일으키지 않고 공정도를 쉽게 해독할 수 있다. [그림 1-2]는 공정도에 사용되는 여러 가지 기호를 설명하였다. 위치결 정구는 피라미드 모양으로, 지지구는 직사각형으로 표시한다.

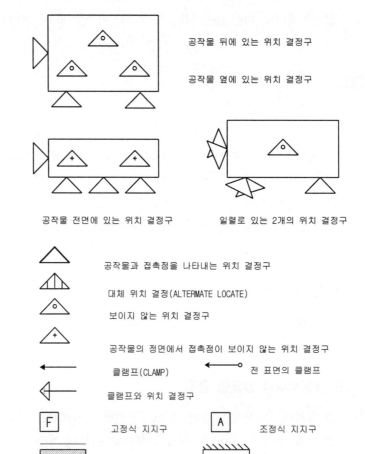

둘 또는 세 개의 관계도를 그릴 때 위치결정구를 삼각형으로 나타낸다. 또한 지지구는 사각형으로 표시한다. 해칭된 부위는 많은 양의 재료를 제거하거나 추가할 경우에 사용된다. 깃털의 모양의 표시는 작은 양의 재료만을 제거 또는 추가할 때 사용되며, 또한 재료를 제거하거나 추가함이 없이 표면이 처리될 경우에도 사용된다. 일반적으로 간략기호로 위치결정점은 ▼, 클램핑점은 ▽으로 표시한다.

그림 1-2 공정도에 사용되는 기호 및 위치결정구

해칭된 부위	① 밀링 ② 드릴링 ③ 카운터 보링 ④ 형삭 ⑤ 평삭 ⑥ 선삭 ⑦ 브로칭 ⑧ 펀칭 ⑨ 블랭킹 ⑩ 트리밍 ⑪ 보링 ⑫ 화염절단
깃털모양 표시	① 리밍 ② 래핑 ③ 폴리싱 ④ 도금 ⑤ 도장 ⑥ 세척 ⑦ 사이징 ⑧ 버니싱 ⑨ 연삭 ⑩ 버핑 ⑪ 텀블링 ⑫ 열처리

　　조립공정에서 공정도에 표준용접 기호를 표시하여야 한다. 또 깃털모양 표시한 끝 면은 조립할 때 리벳, 볼트, 나사, 클립 기타 체결장치가 추가되는 것을 나타낼 때에도 사용된다. 기호를 사용하는 이점은 공정설계 기사가 위치결정구 클램프, 지지구의 실제형상 및 치수를 표시하거나 규제하지 않아도 된다는 것이다.

　　각 기사의 책임은 다음과 같다. 공구설계자는 모든 위치결정구, 클램프 및 지지구의 스타일, 실제형상과 크기를 결정한다. 예를 들면 공정설계 기사가 위치결정구가 필요하다고 결정하면 치공구설계 자는 위치결정구를 고정식으로 할 것인지 조정식으로 할 것인지를 결정해야한다. 공정도는 위치결정구의 설계보다는 위치결정 방법을 나타내는 데 목적이 있다.

5. 관계 도면의 선택

　　공정설계 기사는 공정도상에 필요한 관계 도면의 수를 결정해야 한다. 관계도면은 모든 치수, 위치결정구, 클램프, 지지구를 명확히 나타내도록 선택되어야 한다. 공작물의 형상이 많이 복잡하면 더 많은 관계도의 수가 필요하게 되다. 관계도면은 일반적으로 정면도, 평면도, 측면도, 및 단면도가 사용된다.

　　대부분의 공정도는 한가지의 공정에 대해 필요한 것이다. 공정도 없이 복잡한 조립을 하는 것은 거의 불가능한 일이다. 공정도에는 보통 공구명, 공구번호, 공구에 대한 규격은 나타나 있다. 공구설계 기사는 공정도를 참고로 하여 치공구를 설계하게 된다.

6. 공정 총괄표(공정 요약표)에 기재할 사항

　　언뜻 보기에는 공정 총괄표에 나타난 사항은 아주 간단한 것처럼 보인다. 공정계획이 완전하게 설계되어 있다고 하면 공정 총괄표 양식에 이 계획을 기술하는 일은 쉬운 것처럼 보인다. 그러나 제품생산에 잘못된 작업방법을 크게 감소시키는 지침이 된다. 이 지침은 공정 총괄표를 통하여 이해할 수 있고, 오해를 줄여준다.

공정 총괄표에 기재되어야 할 사항은 다음과 같다. 회사명, 일자, 공정번호, 부품번호, 조립품번호, 부품명, 페이지번호, 공구의 상태, 도면매수, 도면번호, 생산부서 번호, 작업내용, 기계 명 및 모델, 기계번호, 공구번호, 공구설명, 공구소요량, 기타물자 등을 기재하며 공정총괄은 생산이 시작되기 몇 개월 전 또는 1년 전에 완성되어야 한다. 그 이유는 공구를 설계, 제작하여 시험 사용하는 시간이 필요하기 때문이다.

(1) 공정번호

① 공작물에 요구되는 각각의 공정에서 번호가 부여된다.

② 공정번호는 공정순서를 관리하는데 도움을 준다.

③ 공정번호는 그 공정에 필요한 공구류 상에 스템프로 찍거나 마크를 표시한다.

④ 공정설계 기사가 처음 공정 번호를 부여할 때는 10단위씩 증가시킨다
   (이유:제조상의 문제점, 설계변경, 공구류의 변경 때문에 공정추가).

⑤ 공정번호를 사용하는데 필요한 원칙은 "한 공정에 부여된 번호는 같은 공작물에 대해서는 다른 공정에 다시 사용해서는 안 된다"

(2) 공정번호의 부여원칙

① 공작물이 한 기계를 떠나 다른 기계로 옮겨지면 새로운 공정번호가 필요하다.

② 요구되는 생산성을 얻기 위해 여러 대의 똑같은 기계가 사용될 때 공작물에 대해 동일한 작업이 수행되면 이들 기계에는 동일한 공정번호를 적용한다.

③ 공작물이 다른 공작물 고정장치에 옮겨지면 같은 기계일지라도 새로운 공정번호가 사용되어야 한다.

④ 한 작업자가 공작물에 대해 작업을 끝내고 다른 작업자가 작업을 시작할 때는 새로운 공정번호가 요구된다.

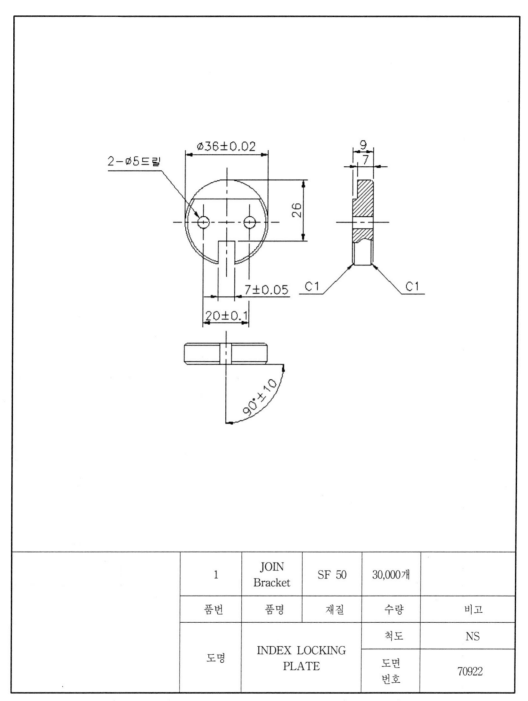

	1	JOIN Bracket	SF 50	30,000개	
	품번	품명	재질	수량	비고
	도명	INDEX LOCKING PLATE		척도	NS
				도면 번호	70922

그림 1-3 부품도

표 1-2 부품 공정 요약

공정 총괄(요약)표(summary of operation)						
공정 번호	공정내용	특수공구	장비 번호	장비명	부서	수 정
10	소재 수령 및 확인		99	검사대	Q C	
20	정면 가공 및 Ø36외경 가공		20-1	CNC선반	선반 반	
30	두께 9mm 가공		20-2	CNC선반	선반 반	
40	8×7 밀링 가공		30-1	CNC밀링	밀링 반	
50	2 - Ø5 드릴 가공	J70922-25	40-1	드릴머신	조립 반	
60	양면 카운터 싱킹		40-2	드릴머신	조립 반	
70	폭7×10 홈 가공	F70922-25	30-2	CNC밀링	밀링 반	
80	버어 제거		50-1	작업대	조립 반	
90	검사		99	검사대	Q C	
100	출고 또는 입고		10		운전 반	

공정 설계	날자	검도	승 인	재질	부품번호	부품명	매
				SF 50	70922-22	JOIN Bracket	

	번호:70922		
N · S	공정번호:20		
	부서:선반 반		
	매/매중:1/1		
부품명	JOIN Bracket		
공정명	정면 가공 및 Ø36외경 가공		
장비명	CNC 선반		
장비 번호	20-1		
기호	공구명		공구 번호
	외경 바이트		STD
	모따기 바이트		STD
	절삭유: 수용성		
기호	변경 내용	변경자	일자

C1

& 36.02
& 35.98

9

작성	일자	승인	일자		
				▼ 위치결정점 ▽ 클램핑점	굵은 실선은 이 공정 내의 기계 가공의 기점

그림 1-4 공정도

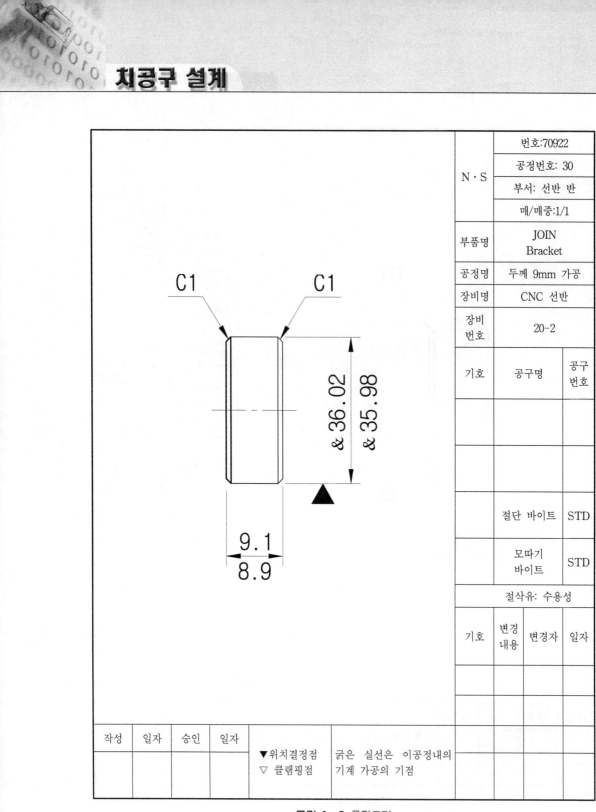

그림 1-5 공정도면

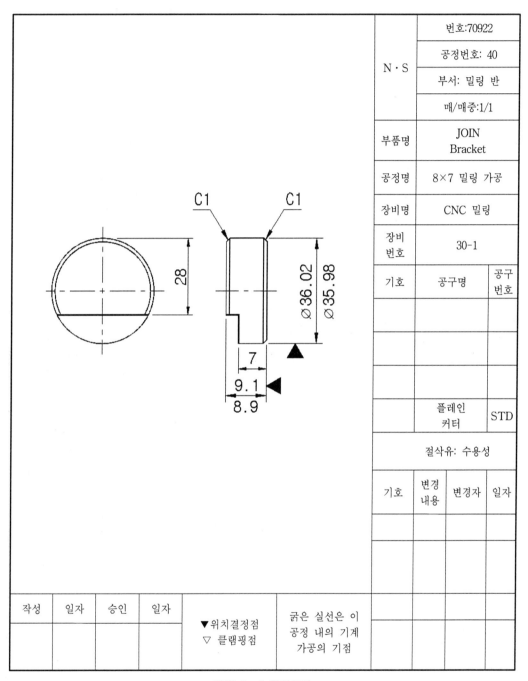

그림 1-6 공정도면

	번호:70922	
N·S	공정번호: 40	
	부서: 밀링 반	
	매/매중:1/1	
부품명	JOIN Bracket	
공정명	8×7 밀링 가공	
장비명	CNC 밀링	
장비 번호	30-1	
기호	공구명	공구 번호
	플레인 커터	STD
절삭유: 수용성		
기호	변경 내용	변경자	일자

작성	일자	승인	일자	▼위치결정점 ▽ 클램핑점	굵은 실선은 이 공정 내의 기계 가공의 기점

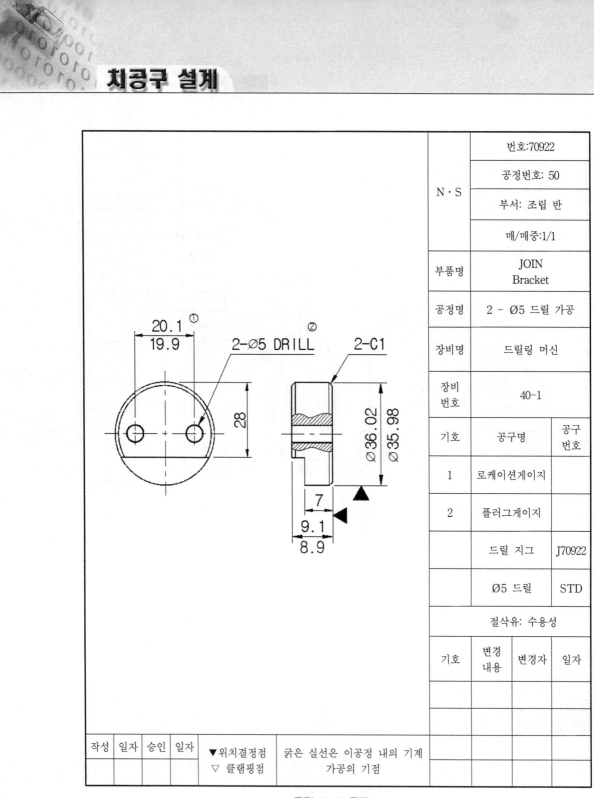

그림 1-7 공정도

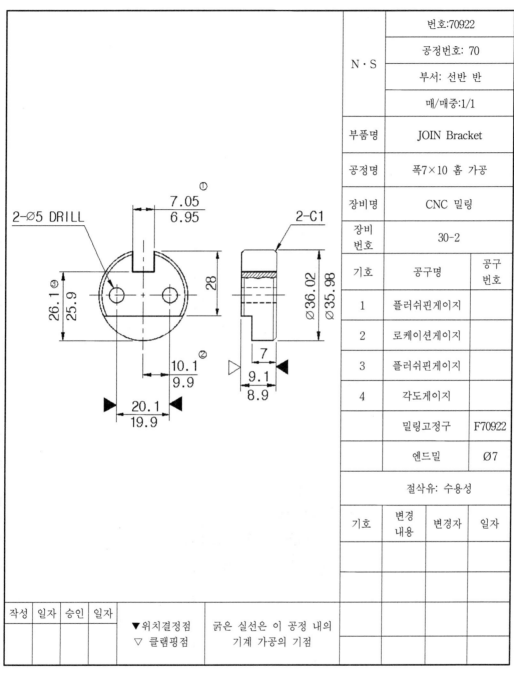

N · S	번호:70922		
	공정번호: 70		
	부서: 선반 반		
	매/매중:1/1		
부품명	JOIN Bracket		
공정명	폭7×10 홈 가공		
장비명	CNC 밀링		
장비 번호	30-2		
기호	공구명		공구 번호
1	플러쉬핀게이지		
2	로케이션게이지		
3	플러쉬핀게이지		
4	각도게이지		
	밀링고정구		F70922
	엔드밀		Ø7
절삭유: 수용성			
기호	변경 내용	변경자	일자

작성	일자	승인	일자

▼위치결정점
▽ 클램핑점

굵은 실선은 이 공정 내의
기계 가공의 기점

그림 1-8 공정도

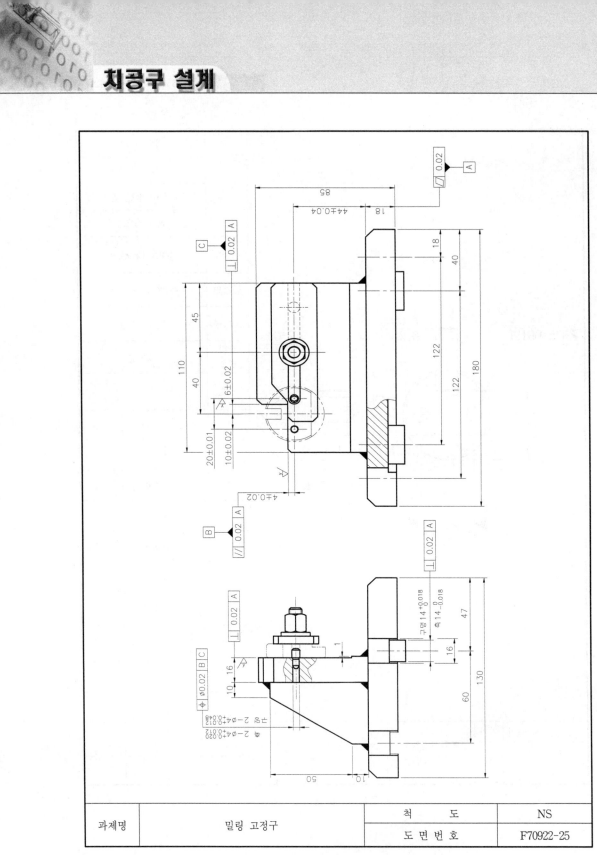

과제명	밀링 고정구	척 도	NS
		도 면 번 호	F70922-25

그림 1-9 치공구 도면

이상과 같은 제품 공정 요약 및 공정도는 제품을 가공할 때에 유용하게 사용될 수 있도록 공정 설계 기사에 의해 작성되며, 치공구 설계 기사는 각 단계의 공정에 알맞은 지그를 설계하기 위하여 창의력과 경험을 토대로 최적 선정을 위한 유용한 대안 방법들을 연구해야 한다. 비록 공정도는 자료를 전달하기 위하여 공정 설계기사에 의해 작성되나 이것은 또 제품을 가공할 때에도 아주 유용한 것이다.

1.3 치공구의 분류

지그와 고정구는 가공물의 형상이나 모양, 가공 조건, 방법, 작업내용 등에 따라 여러 가지가 만들어져 있기 때문에 그 분류 방법 및 종류 등이 다양하다.

1. 작업용도 및 내용에 따른 분류

최근의 자동화생산라인 및 공작 기계의 진보는 괄목할 만하며 NC화는 물론, 복합화 등 새로운 타입의 기계가 증가하고 있다. 따라서 작업용도 및 내용에 따른 분류가 혼란스러워지기 때문에 다음과 같이 분류해 보았다.

① 기계가공용 치공구 : 드릴, 밀링, 선반, 연삭, MCT, CNC, 보링, 기어절삭, 브로치, 래핑, 평삭, 방전, 레이저작업 등을 위한 치공구
② 조립용 치공구 : 나사체결, 리벳, 접착, 기능조정, 프레스압입, 조정검사, 센터구멍 등을 위한 치공구
③ 용접용 치공구 : 위치결정용, 자세유지, 구속용, 회전포지션, 안내, 비틀림방지 등을 위한 치공구
④ 검사용 치공구 : 측정, 형상, 압력시험, 재료시험 등을 위한 치공구
⑤ 기타 : 자동차생산라인의 엔진조립지그, 자동차 용접지그, 자동차도장 및 열처리 지그, 레이아웃 지그 등 다양하게 나눌 수가 있다.

2. 성능상의 분류

치공구는 특정 공작물의 가공에만 사용되는 전용 치공구와 공작물이 유사하면 어떤 종류의 공작물을 가공할 수 있는 공용(겸용) 치공구 및 각종 자동화전용 치공구로 나눌 수 있다.

전용 치공구는 특정의 공작물용으로 만들어져 있기 때문에 그 공작물에 적합한 것을 만들 수는 있지만 조금만 차이가 나도 사용할 수 없으므로 효율이 나쁘게 되어 코스트가 높은 제품을 만드는 결과로 되어 버린다. 설계 제작에 있어서는 충분한 주의가 필요하다. 한편, 공용(겸용) 치공구는 생산 현장에 상비되어 있기 때문에 효율적으로 사용하면 코스트나 납기 단축 면에서 유효하며, 일반적으로 바이스기구를 사용한 것, V 블럭을 사용한 것 등이 있다.

또한 형판모양의 범용치공구와 공유압, PLC, 센서, 모터 등을 이용한 자동화치공구로 분류할 수 있다.

3. 모양상의 분류

형상이나 형식으로부터 플레이트형, 앵글플레이트형, 개방형, 박스형, 척형, 바이스형, 분할형, 연속형, 모방형, 교대형 등으로 나눌 수가 있다. [그림 1-10]은 바이스에 사용되는 특수 조오의 일례를 나타낸다.

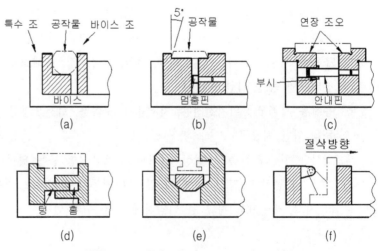

그림 1-10 특수 조오(special vise jaw)

4. 기구상의 분류

고정구는 가공물의 위치를 결정한 후 이것을 고정시키기 위한 클램프 기구에 따라서 다음과 같이 분류된다.

① 나사(슬라이드 스트랩 클램프)에 의한 것

② 캠에 의한 것

③ 편심 축에 의한 것

④ 래치에 의한 것

⑤ 웨지(쐐기)에 의한 것

⑥ 유압에 의한 것

⑦ 공압에 의한 것

⑧ 마그네틱에 의한 것

이상 고정구의 분류에 관하여 살펴보았는데 가공 조건에 따라 여러 가지를 조합하여 사용하길 바란다.

1.4 지그의 형태별 종류

지그(Jig)를 형태별로 종류는 다양하나 다음과 같이 형태와 특징으로 나타낼 수 있다.

1. 형판 지그(Template jig)

형판 지그는 공작물의 수량이 적거나 정밀도가 요구되지 않는 경우에 활용하며, 가장 경제적이고 간단하고 단순하게 생산 속도를 증가시키기 위하여 제작할 수 있는 지그로서 곡선 및 구멍위치에 대한 레이아웃(lay-out)안내로서 사용된다.

형판 지그는 클램프 없이 공작물에 밀착하여 공작물의 형태에 따라 핀이나 네스트에 의하여 고정한다. 간단한 형태 및 단기간 사용되는 소량 생산에 저렴한 가격으로 광범위하게 사용된다.

형판 지그는 방법이 되지 않으므로 작업자가 주의를 요한다. 지그의 형태는 제품의 모양과 동일하거나 비슷한 경우가 많으며, 일반적으로 부시(bush)를 사용하지 않으며 지그판 전체를 경화처리 하는 것이 보통이다.

(1) 레이아웃 템플레이트

[그림 1-11]과 같이 소량의 공작물을 레이아웃하는 참조 지그로서 사용되며 능률을 향상시킨다. 구멍이 있는 형상 및 공작물의 외측면을 위치결정하는데 사용된다.

[그림 1-12]와 같이 결합되는 공작물을 레이아웃할 때는 상대편 공작물에는 템플레이트를 돌려서 사용할 수 있다. 한번만 사용될 경우는 플라스틱이나 알루미늄 판으로 사용될 수도 있으며, 장시간 사용될 경우는 SM45C, STC5를 열처리하여 사용한다.

재료의 두께는 2mm~6mm의 범위 내에서 많이 사용된다.

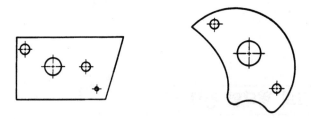

그림 1-11 레이아웃 템플레이트

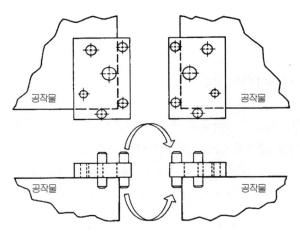

그림 1-12 결합부품을 위한 레이아웃

(2) 평판 템플레이트 지그

[그림 1-13]과 같이 평면을 위치결정 핀에 의하여 구멍을 위치시키는 사용된다. 플레이트의 두께는 구멍 또는 공구 직경의 1~2배로 하면 된다.

(3) 원판 템플레이트 지그

[그림 1-14]와 같이 원통형의 공작물에 사용되며 외경 및 내경에 항상 위치결정 시키며 일반적으로 둥근 구멍 모양일 때만 사용된다.

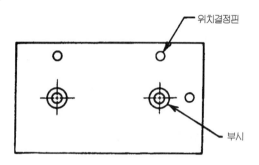

그림 1-13 평판 템플레이트 지그

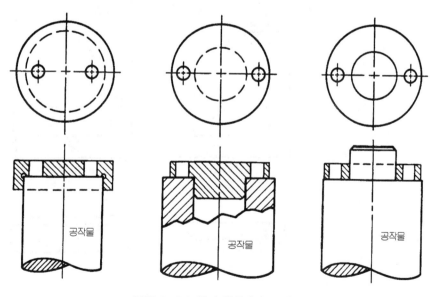

그림 1-14 원판 템플레이트 지그

(4) 네스팅 템플레이트 지그

[그림 1-15]와 같이 공작물을 위치결정하기 위하여 네스트의 공동으로서 또는 핀 네스트로서 사용된다. 이 템플레이트 지그는 공작물의 형상 또는 모양에 거의 일치시켜 사용할 수 있다. 단지 제한은 공동(空洞:Cavity)의 복잡성에 있다. 공동이 복잡할 수록 지그의 가격은 비싸게 된다. 그러므로 공동의 네스트는 원형, 정사각형, 직사각형과 같이 대칭적인 형상에 제한되어 사용된다. 비대칭형에 대하여 네스트가 필요할 때는 핀 네스트를 사용하며 최소의 비용으로 제작할 수 있다.

2. 판형 지그(Plate jig)

형판 지그와 유사하나 간단한 위치결정구와 밀착기구 및 클램핑 기구를 가지고 있으며, 제작될 공작물의 수량여부에 따라 부시를 사용하지 않고 간단히 제작하여 사용한다[그림 1-16 참고].

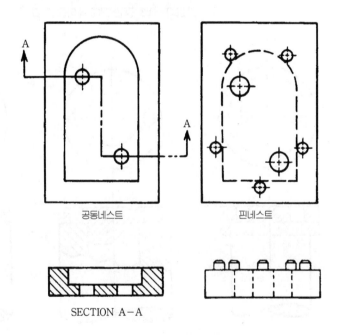

공동네스트   핀네스트

SECTION A-A

그림 1-15 네스팅 템플레이트 지그

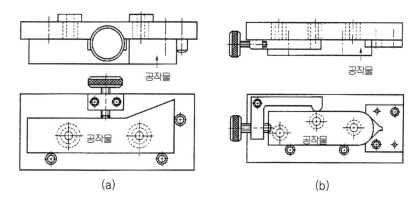

그림 1-16 플레이트 지그

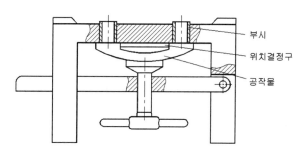

그림 1-17 테이블(개방)지그

3. 테이블 또는 개방형 지그(Table or Open jig)

이 지그는 플레이트 지그의 일종으로 리프 또는 뚜껑이 없이 나사, 쐐기, 캠 등으로 공작물을 견고히 클램핑 한 후 작업한다. 공작물의 형태가 불규칙하나 넓은 가공면을 가지고 있는 비교적 대형 공작물에 적합하며, 공작물의 장·탈착은 지그를 뒤집은 상태에서 이루어지며, 가공할 때에는 다리에 의하여 수평이 유지되게 된다. 그러나 공작물에 따라 클램핑이 곤란하며 공작물의 한번장착으로 한 면밖에 가공할 수 없는 단점이 있다[그림 1-17 참고].

4. 샌드위치 지그(Sandwich jig)

공작물을 위·아래에서 보호한 상태에서 가공되는 형태로서, 공작물이 얇거나 연질의 재료인 경우 가공 중 발생할 수 있는 변형을 방지하기 위하여 활용된다.

또는 공작물을 고정할 때 상·하 플레이트에 위치결정 핀을 설치하여 고정되는 구조일 경우에 사용되는 지그이다. 제작될 공작물의 수량여부에 따라 부시의 사용여부를 결정한다[그림 1-18 참고].

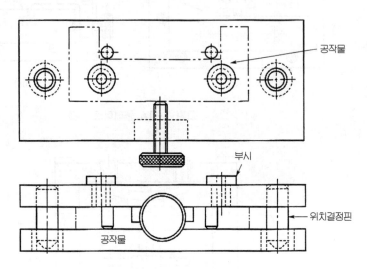

그림 1-18 샌드위치 지그

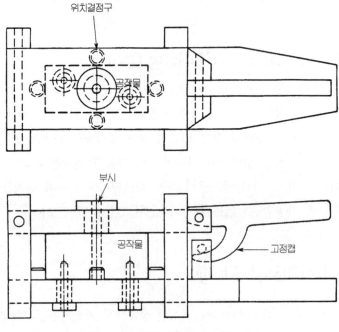

그림 1-19 샌드위치형 리이프 지그

[그림 1-19]의 그림은 리이프 형태모양의 지그로서 실질적으로 샌드위치 지그의 보안 수정한 것으로 지그 본체와 지그 플레이트를 결합하는데 핀을 사용하고 클램프 장치로 나사를 사용하는 대신에 캠형 걸쇠를 가진 힌지 리이프를 가지고 있다. 공작물은 위치결정구가 설치된 밑면에 위치결정 된다.

5. 링형 지그(Ring jig)

이 지그는 원판 템플레이트 지그를 수정 보안한 판형 지그의 일종으로 링형의 공작물을 가공할 때 주로 사용되는 지그로서, 지그의 형상도 링(ring)으로 구성되어 있으며, 일반적인 경우 간단한 위치결정구와 클램프기구가 사용되며 파이프 플랜지(pipe flange)와 유사한 형태의 공작물가공에 주로 사용된다[그림 1-20 참고].
테이블 지그, 샌드위치 지그, 링형 지그, 바깥지름 지그 등은 전부 판형 지그의 일종이다.

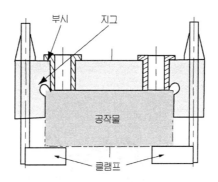

그림 1-20 링형지그

6. 바깥지름 지그(Diameter jig)

판형 지그의 일종으로 축(shaft), 핀 모양의 원형모양의 공작물을 드릴작업시 주로 사용되며 V블록에 의한 위치결정과 토글 클램프에 의한 장착과 장탈이 비교적 용이하다[그림 1-21 참고].

7. 바이스형 지그(Vise jig)

기존 기계바이스를 개조한 형태로서, 공작물에 따라 죠오(jaw)를 특수하게 제작하여 사용하며, 공작물의 형태가 바뀌어도 간단하게 죠오를 개조할 수 있고, 신속한 클램핑(clamping)과 튼튼한 구조를 가지고 있는 장점과, 공작물의 위치결정이 어렵고 제품의 형태에 제한을 받으며, 클램핑시 기술을 요하는 단점이 있다 [그림 1-22 참고].

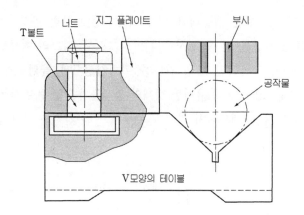

그림 1-21 바깥 지름 지그

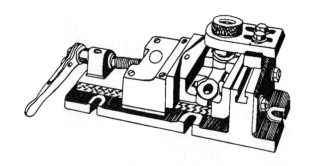

그림 1-22 바이스형 지그

8. 앵글플레이트 또는 니이형 지그(Angle plate or Knee jig)

공작물의 가공이 일정한 각도로 이루어지거나, 공작물의 측면을 가공할 경우 가공의 어려움을 해소하기 위하여 활용된다. 풀리(puller), 칼라(collar), 기어(gear)등의 부품은 이 형식의 지그를 사용된다. 지그 본체는 보강대를 이용한 용접형으로 안전성을 주며, 90도 이외의 변형된 형태가 모디파이드 앵글플레이트 지그(modified angle plate jig) 이다[그림 1-23, 1-24 참고].

9. 분할 지그(Indexing jig)

앵글 플레이트 지그의 형태로 공작물을 일정한 거리와 각도로 분할하여 정확한 간격으로 구멍을 뚫거나 기계가공에서 기어와 같이 분할이 어려운 공작물 가공에 사용되는 지그로서, 지그의 일부에 설치된 분할의 기본이 되는 기준 봉이나, 원판에 의하여 정확한 분할을 한 후 가공이 이루어지게 된다. 위치결정핀은 열처리하여 사용되고 스프링 플런저 형태의 조립식 위치결정 핀도 여러 가지 모양으로 규격화되어 있다.

특수한 형태의 분할작업은 공작물의 조건에 따라서 분할판을 만들어 사용하여야 하며 분할판의 모양을 만들 때 마모여유와 끄덕임은 한쪽으로만 생기도록 설계하여야 한다[그림 1-25 참고].

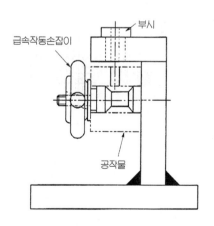

그림 1-23 앵글플레이트지그

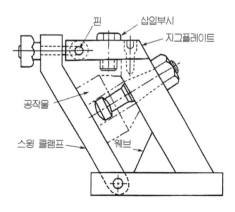

그림 1-24 모다파이드 앵글 플레이트지그

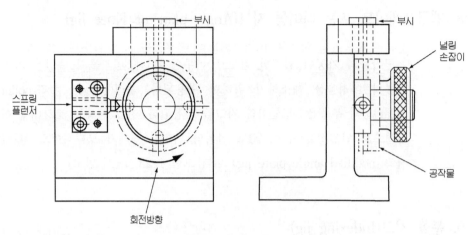

그림 1-25 분할 지그

10. 리이프 지그(leaf jig)

리이프형 지그는 힌지 핀(hinge pin)으로 연결된 리이프를 열고 공작물을 장·
탈착하는 지그로서, 불규칙하고 복잡한 형태의 소형공작물에 적합하며, 장·탈착
이 용이하고 한번장착으로 여러 면의 가공이 용이하다. 그러나 칩(chip)의 누적에
대한 대책이 요구되며 드릴 부시(drill bush)가 압입되어 있는 리이프(leaf)가 힌
지 핀의 작동에 의하여 움직이므로 이 때 발생하는 오차로 인해 정밀도에 영향을
미치는 점이다. 박스형 지그와 유사한 소형 상자 지그 라고 말할 수 있으며 박스
형 지그와 주된 차이점은 지그의 크기와 공작물의 위치결정이다[그림 1-26 참고].

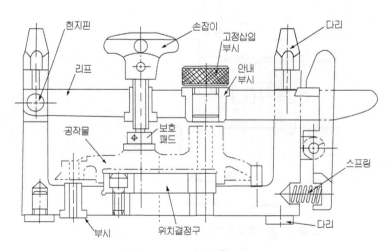

그림 1-26 리이프형 지그

11. 채널 지그(Channel jig)

채널 지그는 공작물의 두 면에 지그를 설치하여 제 3표면을 단순히 가공을 할 때 사용된다. 이것은 박스지그의 일종으로 정밀한 가공보다 생산속도를 증가시킬 목적으로 가장 단순하고도 기본적인 형태로 사용되며 지그본체는 고정식과 조립식으로 제작이 가능하다. 때로는 지그 다리를 사용하여 3개의 면을 가공할 수 있다. 여러 방면으로 드릴가공 할 수 있는 것 이외에도 얇은 부품의 공작물에 대해서도 지지 및 안정도가 보장되며 쉽게 설치 및 클램핑이 가능하다[그림 1-27 참고].

12. 박스 지그(Box or Tumble jig)

지그의 형태가 상자형으로 구성되었으며, 공작물이 한 번 장착되면 지그를 회전시켜가며 여러 면에서 가공할 수 있고, 공작물의 위치결정이 정밀하고, 견고하게 클램핑할 수 있는 장점이 있다.

그러나 지그를 제작하는데 많은 시간과 제작비가 필요하며, 칩의 배출이 곤란하며 지그제작비가 비교적 비싸므로 최초제품생산비(initial cost)가 비교적 높다. 지그다리를 사용하는 것이 원칙이나 지그 본체 중앙에 홈을 파내고 양쪽 끝단을 이용하여 지그 다리로 사용하기도 한다[그림 1-28 참고].

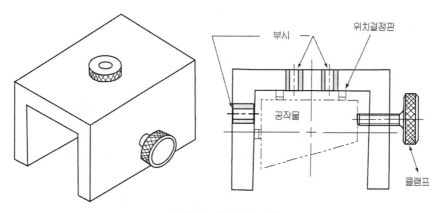

그림 1-27 채널 지그

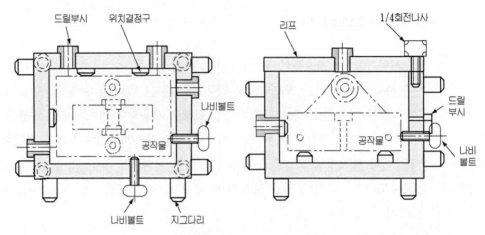

그림 1-28 박스 지그

13. 트라니언 지그(Trunnion jig)

일종의 샌드위치 또는 상자형의 지그를 트라니언에 올려서 공작물을 분할(각도)하여가며 가공하게 되는 지그로서, 주로 대형의 공작물이나 불규칙한 형상에 사용되며 로터리 지그라고도 말하다 공작물이 크고 무거울 경우에 적합하며 공작물의 크기에 비하여 쉽게 전면을 가공할 수 있다[그림 1-29 참고].

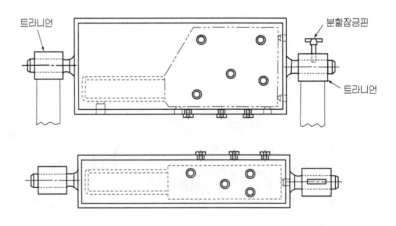

그림 1-29 트라니언 지그

14. 멀티스테이션형 지그(Multistation jig)

일반적인 경우 한 개의 지그에서 한 종류의 작업이 이루어지나, 이 지그는 특수하게 설계된 드릴링 머신의 회전테이블 위에 여러 종류의 작업을 할 수 있는 지그가 설치되어 연속적으로 가공이 이루어지도록 되어 있으므로 생산능률을 향상시킬 수 있다. 지그의 특징은 공작물을 지그에 위치결정시키는 방법으로 한 개의 공작물은 드릴링, 다른 공작물은 리밍, 또 다른 공작물은 카운터 보링되며 최종적으로는 완성 가공된 공작물을 탈착하고 새로운 공작물을 장착할 수 있는 것이다.

이 지그는 단축드릴머신에서도 사용되나, 특히 다축드릴머신에서 사용하면 적합하고 부가적으로 2개 이상의 지그들을 복합시켜서 사용하기도 한다. 이러한 복합된 지그는 구조나 규격을 분류 할 수 없다. 지그 선정과는 관계가 적은 사항이지만 지그는 공작물에 적합해야 하고 정밀하게 가공되어야 하며 작동이 간단하고 안전해야 한다[그림 1-30 참고].

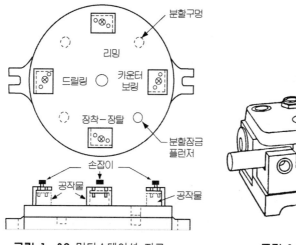

그림 1-30 멀티스테이션 지그

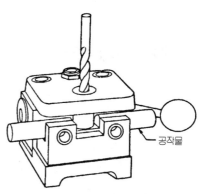

그림 1-31 펌프 지그

15. 펌프 지그(Pump Jig)

이 지그는 사용자의 용도에 맞도록 상품화 되어 있다. 레버로 작동되는 지그판은 장착과 장탈을 용이하게 한다. 이 지그는 기성품으로 사용자의 용도에 따라 약간의 변형만으로도 사용할 수 있으므로 많은 시간을 절약할 수 있다[그림 1-31 참고].

1.5 고정구의 형태별 종류

공작물의 형태에 따라 고정구(Fixture)의 형태가 결정되며 주로 플레이트형태와 앵글플레이트 형태가 가장 많이 사용된다. 지그와 고정구는 위치결정구와 클램핑 장치에 관한 한 근본적으로 동일하다. 절삭력이 증가되기 때문에 같은 치공구 요소라 하더라도 지그보다는 더욱 견고하게 만들어져야 하며, 기준면에 의한 지지구도 고려하여야 한다.

1. 플레이트 고정구(Plate Fixture)

고정구 중에서 가장 많이 사용되어 적용되며 가장 단순한 형태이다. 기본적인 고정구는 플레이트 또는 V블럭에 공작물을 기준설정과 위치결정시키고 클램프시킬 수 있도록 만들어진 형태이다.

이 고정구는 단순하게 만들어지며 공작기계, 용접, 검사 등에 가장 많이 활용되는 형태이다. 본체는 강력한 절삭력에 견디어야 하므로 견고성이 필요하다. 고정구의 사용목적은 공작물의 위치결정과 강력한 고정에 있다[그림 1-32 참고].

2. 앵글 플레이트 고정구(Angle-Plate Fixture)

플레이트 고정구에 수직 판을 직각으로 설치한 것으로 밀링고정구와 면판에 의한 선반고정구가 많이 사용되고 있다. 이 고정구는 공작물을 위치결정구와 직각

으로 기계 가공되는 것으로 강력한 절삭력에는 본체가 구조상 약하므로 보강판을
설치하여야 한다.

이 고정구는 90°의 각도로 만들어지거나 다른 각도가 필요할 때가 있다. 이 경
우는 [그림 1-33]과 같이 수정된 앵글 플레이트고정구이다[그림 1-33, 1-34 참고].

3. 바이스-조 고정구(Vise-Jaw Fixture)

일반적으로 표준바이스를 약간 응용한 것으로 작은 공작물을 기계 가공하기 위
해서 사용된다.

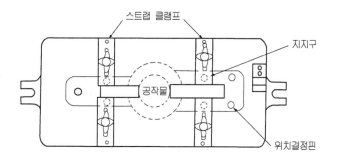

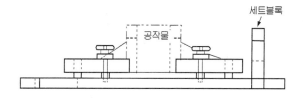
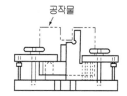

그림 1-32 플레이트 고정구

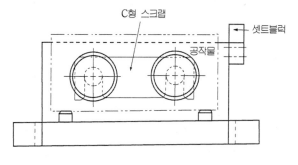
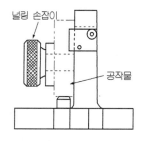

그림 1-33 앵글플레이트 고정구

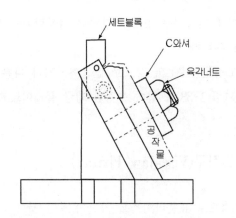

그림 1-34 수정된 앵글 플레이트 지그

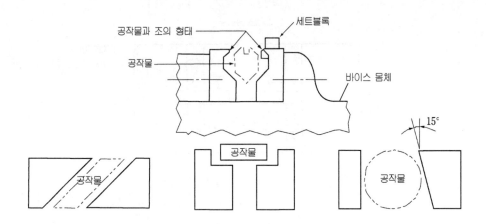

그림 1-35 바이스 조 고정구

이 형태의 고정구는 표준 바이스의 조 부분을 공작물의 형태에 맞도록 개조한 것으로 제작비가 염가이나 정밀도가 떨어지고 바이스 조의 이동량에 제한을 받게 되므로 소형 공작물을 가공하는데 적합하다[그림 1-35 참고].

4. 분할 고정구(Indexing Fixture)

분할 고정구는 플레이트 형태는 분할 판의 형태이고 앵글플레이트 형태는 인덱스 장치를 사용하며 분할 지그와 매우 유사하다. 이 고정구는 일정한 간격으로 기계 가공해야 할 공작물의 가공에 사용된다. [그림 1-37]의 부품은 분할 고정구의 사용하는 것이 실례이다[그림 1-36 참고].

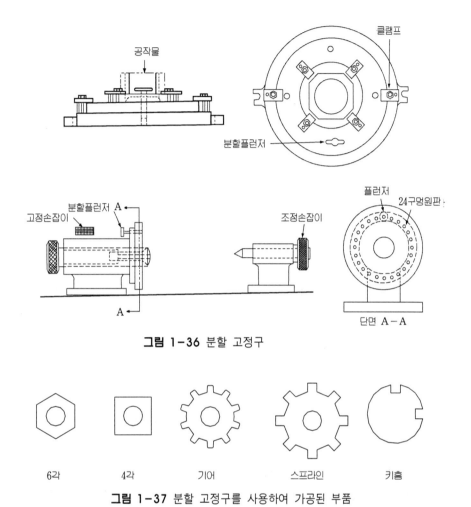

그림 1-36 분할 고정구

6각   4각   기어   스프라인   키홈

그림 1-37 분할 고정구를 사용하여 가공된 부품

5. 멀티스테이션 고정구(Multistation Fixture)

멀티 스테이션 고정구는 가공 사이클(machining cycle)이 계속되어야 할 경우에 생산 속도와 생산량의 향상을 위하여 사용된다. 이단 고정구(duplex fixture)는 단지 2개의 스테이션을 가진 가장 간단한 다단 고정구이다[그림 1-38 참고].

이 고정구는 절삭 작업이 계속되는 동안에 장착과 장탈을 할 수가 있다. 예를 들면 스테이션 1에서 공작물이 가공 완료되면 고정구는 회전되고 스테이션 2에서 가공 사이클은 반복된다. 동시에 공작물을 스테이션 1에서 제거하고 새로운 공작물을 장착한다.

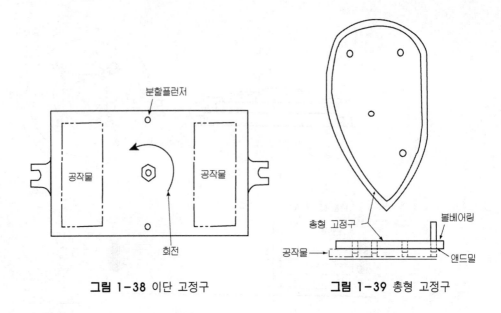

그림 1-38 이단 고정구   **그림 1-39** 총형 고정구

6. 총형 고정구(Profiling Fixture)

이 고정구는 공작기계 자체로는 절삭할 수 없는 윤곽을 절삭할 수 있도록 절삭 공구를 안내하는 데 사용된다. 이 윤곽은 내면과 외면 모두 가능하나 커터는 고정구와 계속적으로 접촉되고 있으므로 공작물은 고정구의 윤곽대로 절삭된다. [그림 1-39]에 보은 고정구와 밀링 커터에 끼워진 베어링과의 계속적인 접촉에 의해서 정확하게 절삭되고 있다. 이 베어링은 공구의 한 부품으로써 매우 중요하며 항상 사용하여야 한다.

7. 조절형 치공구 시스템(Modular Flexible Jig&Fixture System)

생산과 기계 치공구 사이에 상호 관련되는 치공구 기술은 어려운 문제로 더 이상 발전이 어려운 것으로 판단되었다. 그러나 유연한 치공구 시스템은 각종 공장의 생산 제품의 정밀도를 개선하여 생산성 향상에 상당히 효과적인 수단으로 이용되고 있다.

조절형 치공구는 공작물의 품종이 다양하고 소량생산에 적합하도록 고안된 치공구로서, 부품이 조립될 수 있도록 가공되어 있는 본체와 각종 치공구부품, 볼트 등으로 구성되어 있다. 치공구는 부품의 조합에 의해서 완성되며 또한 쉽게 분해가 가능하므로 다양한 공작물의 형태에 간단히 대처할 수 있으며 고정밀도를 제공하고 규격화, 표준화되어 있으므로 생산의 자동화 추진이 가능하다. 또한 CAD/CAM System에 의하여 공작물에 적합한 치공구의 형태와 부품의 종류 및 위치 등을 설정할 수 있는 등의 장점이 있다. 조절용 고정구의 활용 범위는 자동화생산용, 밀링 고정구, 선반 고정구, 보링 고정구, 검사(3차원 측정 등) 지그 등에 사용되며 복합용 머시닝센터에서 가장 많이 사용된다고 볼 수가 있다[그림 1-40, 그림 1-41 참고].

(1) 유연성 있는 치공구 시스템의 정의

하나로 되어 다양하게 이용할 수 있는 치공구 시스템을 포괄적인 하나의 단어로 표현하기에는 사실상 어렵다. 그러나 보통 시스템에 있어서 일반적인 정의는 절삭력에 대한 적절한 공작물 고정 방법이라든가 빌딩-블럭(Building Block)치공구 설계라든가 그 형식(Modular)까지 포함하는 것을 의미하는 것이다. 이상적으로는 그러한 시스템이 치공구로 표준장치의 라인을 구성조립하고 이것을 이용한 후 쉽게 분해시켜 다음작업을 준비하는 것을 말한다.

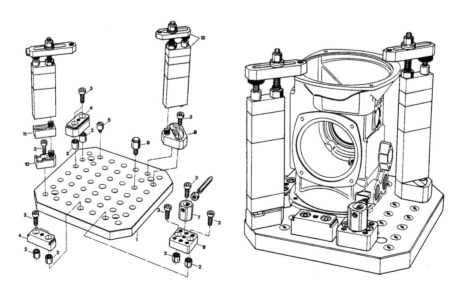

그림 1-40 조절용 치공구의 조립순서

공작기계의 다양한 기능화와 높은 정밀화의 추세로 CNC 및 머시닝 센터 등의 공작기계가 많은 업체에 보급되고 보편화되어, 다품종 소량 생산 및 단속생산의 주문 형태를 띠고 있는 실정에서 신제품의 개발 및 상품화 시간이 상대적으로 단축되어져야 한다. 고 정밀도의 공작기계의 유휴가동시간을 줄이고, 장비능력을 최대로 활용하기 위해서는 이에 맞는 보다 효율적인 치공구가 검토되어져야 한다.

(2) 모듈러 치공구의 장점

관리하기에 많은 장점을 가지고 있는 유연한 치공구 시스템은 한 부분의 공구실 기계요소나 2~3개소의 공구실 기계요소를 작동시키지 않더라도 생산성향상과 더불어 대량생산 시스템을 구성하게 된다. 기계공구 자체에 다양성과 유용성을 주므로 이 시스템은 기계의 이용성을 증가 시켜주고 있다.

사실 유연한 치공구는 주문생산자의 이용도를 줄여 경제성 및 융통성의 효과를 가져올 수 있다. 그 이유는 보통 치공구는 그 유효수명을 작업이 완전히 끝나게 되면 치공구 수명이 끝나는 것으로 잡고 있으나 모듈러 치공구는 반복해서 이용할 수 있다.

Wharton(최초개발자의 이름) Unitools Div.의 Rich 씨에 따르면 종전의 치공구가 특수 NC작동으로 생산하려면 약 100시간이 걸렸던 것에 비교하여 볼 때 모듈러 치공구를 이용하면 단 2시간 이내에 끝나게 되었다고 하며, 치공구 비용도 80% 정도의 비용을 절감할 수 있다.

(3) 유연성 있는 치공구의 채택 특징

① 서로 다른 제품의 초기생산, 다품종 소량생산, 단속생산 등에 있어서 준비시간(lead-time)을 줄일 수 있어 납기, 개발일정 등을 단축시킬 수 있다.

② 치공구의 조립, 분해가 용이하고 재사용 함으로써 제품에 대한 치공구의 상각비를 줄일 수 있어 원가를 절감할 수 있다.

③ 치공구의 조립과 분해가 용이하여 보관장소를 줄일 수 있고 관리를 용이하게 할 수 있다.

④ Pallet change 시스템과 쉽게 결합할 수 있어 생산자동화(FMS)에 적합하다.

⑤ Pallet change 시스템에서 Pallet 별 치공구를 바르고 용이하게 조립할 수 있고, 기계의 정지 없이 계속적인 가동이 가능하여 장비 가동율을 높일 수 있다.

그림 1-41 조절형 치공구의 조립 예

(4) 유연성 있는 치공구의 조립 방식

① Tooling plate 방식 : 주로 수직밀링(vertical type), 머시닝 센터, CNC드릴링 등에 주로 사용된다.

② Angle plate 방식 : 주로 수평밀링(horizontal type), 보오링, CNC밀링, 머시닝센터 등에 사용된다.

③ Tooling block 방식 : tooling block 방식에는 공작물을 2면에 장착할 수 있는 것과 4면에 장착할 수 있는 것이 있으나 이들은 수평형의 장비에 사용되며 특히 기계의 테이블이 회전할 수 있는 머시닝 센터, 보오링, 밀링 등에 사용된다.

이상의 3가지 방식으로 대별되며 이들의 치공구는 설계 및 조립 시간을 단축시키고 치공구의 관리를 효율화하기 위하여 표준화하여 제작된 제품이 업체에 공급되고 있으며 이들은 설계 및 제작에 따른 시간의 절감을 극대화하고 있다.

치공구 설계

제1장 익힘문제

1. 지그와 고정구의 차이점을 설명하시오.

2. 치공구의 3요소를 설명하시오.

3. 치공구에서 가공의 이점을 설명하시오.

4. 치공구설계의 기본원칙을 설명하시오.

5. 부품도를 분석할 때 치공구설계 및 선정에 직접적인 영향을 주는 사항은 무엇인가?

6. 공정도에 포함되어야 할 사항에 대하여 설명하시오.

7. 공정도가 주는 이점을 설명하시오.

8. 공정설계에서 공정번호 부여 원칙을 설명하시오.

9. 지그 및 고정구 형태별 종류를 열거하시오.

10. CNC, MCT에 주로 사용되는 치공구는 무엇인가?

제 2 장

공작물 관리

2.1 공작물 관리의 정의

1. 공작물 관리의 목적

공작물 관리란 공작물의 가공 공정 중에 공작물의 변위량이 일정한 한계에서 관리되도록 공작물을 제어하는 것을 말한다. 즉 주어진 모든 변화 요인에도 불구하고 공작물이 치공구와의 관계에서 항상 일정한 위치관계가 유지되도록 하는 것이다. 공작물의 위치결정면과 고정위치를 성립하기 위하여 필요하며, 공작물 관리의 목적은 다음과 같다.

① 모든 요인에 관계없이 공구와 공작물의 일정한 상대적 위치를 유지한다.

② 절삭력, 클램핑력 등의 모든 외부의 힘에 관계없이 공작물이 위치를 유지한다.

③ 공구 및 고정력 또는 공작물의 취성에 의해서 과도한 휨이 일어나지 않도록 공작물의 변형을 방지한다.

③ 공작물의 위치는 작업자의 숙련 도에 관계없이 유지한다.

2. 공작물 변위 발생요소

공작물은 다음과 같은 요소에 의하여 변위를 하게 된다.

① 공작물의 고정력

② 공작물의 절삭력(공구력)

③ 공작물의 위치편차

④ 재질의 치수변화

⑤ 먼지 또는 칩(chip)

⑥ 공구의 마모

⑦ 작업자의 숙련도

⑧ 공작물의 중량

⑨ 온도, 습도 등

위와 같은 공작물의 변위 발생 요소를 방지하기 위해서는 이들 공작물을 정확하며 확실하게 고정시키는 장치가 필요하고 이는 다음과 같이 분류된다.

우선 그 공작물을 잡아 주는 요소로는 척(2, 3, 4, 6), 콜릿, 바이스, 맨드럴, V

블록, 센터 등이 있고, 공구를 잡아주는 요소로는 척(3), 콜릿척, 슬리이브, 드라이버, 바이트홀더, 어댑터, 아아버 등이 있으며, 치공구로서 지그(Jig)와 고정구, 게이지 등을 들 수 있다. 또한 지지구(support)등도 공작물을 관리하는 공구 중의 하나로 분류할 수 있다.

이러한 장치를 공작물의 고정장치(workpiece holder)라 하며, 제품제조를 위한 치공구의 일부이다. 공정설계 기사는 위치결정구, 지지구 및 클램프의 수량 및 위치를 선정하며, 치공구 설계 기사는 위치결정구, 지지구, 클램프의 형태와 크기 및 실제적인 세부사항의 설계를 담당한다.

이상과 같이 공작물의 적절한 관리는 제조 공정간의 가장 중요한 요소 중의 하나이며, 아무리 우수한 장비 및 공구를 사용할지라도 공작물 관리가 제대로 이루어지지 않으면 요구되는 치수 범위의 공작물 가공이 불가능하게 된다.

2.2 공작물 관리의 이론

1. 평형 이론

공작물 관리에서는 정지상태에서 평형이 유지되어야 한다. 여기에는 두 가지 형의 평형이 있다.

하나는 선형 평형(linear equilibrium)과 회전 평형(rotational equilibrium)을 들 수 있다. 평형은 주어진 물체가 작용하는 균형을 말하고 물체는 평형 되었을 경우 정지 상태가 된다.

(1) 직선 평형

[그림 2-1]과 같이 자유 상태의 물체에 한 방향으로 힘이 가해지면 물체는 평형을 잃고 직선 방향으로 움직인다. 이 물체의 평형을 유지하기 위해서는 같은 크기의 힘을 반대 방향에서 가해 주면 되며 이 때 같은 방향의 힘을 반대 방향으로 작용하여 움직이지 못하게 하는 것이다. 따라서 직선 방향의 움직임이 없어지므로 직선 평형이 이루어진다.

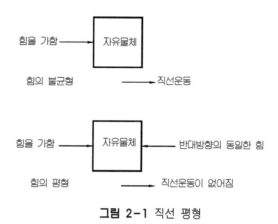

그림 2-1 직선 평형

(2) 회전 평형

자유 물체가 직선으로 균형을 이룬다고 해도 회전운동을 하는 수가 있다. 자유 물체가 직선 운동을 하기 위해서는 힘이 물체의 중심에 가해져야 한다. 그러나, 작용하는 힘이 중심을 벗어나면 [그림 2-2]와 같이 회전하려는 경향이 생기며, 이 때 회전하려는 모멘트는 가해지는 힘과 회전축까지의 거리를 곱하면 구해진다. 평형을 유지하기 위해서는 같은 크기의 모멘트가 반대 방향으로 가해져야 한다. 크기가 같고 반대 방향인 모멘트가 서로 반작용하여 물체의 평형 상태를 유지하

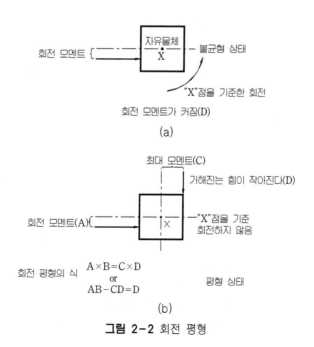

그림 2-2 회전 평형

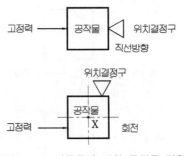

그림 2-3 치공구에 의한 공작물 평형

는 것을 회전 평형이라 한다. 직선 평형은 힘의 균형에서 이루어지고 회전 평형은 모멘트의 평형에서 이루어진다 .따라서 회전 평형 시에는 평형을 이루는 힘이 가해지는 힘과 크기가 같지 않아도 된다. 가해지는 힘이 작더라도 회전축의 길이가 길면 모멘트는 같을 수 있다.

(3) 평형 이론의 응용

이제 문제되는 것은 공정설계 기사가 어떻게 이러한 평형을 유지하는가 하는 것이다. 공정설계 기사는 위치결정구와 고정력의 적절한 배치에 의해 이러한 평형을 유지하는가를 보여주고 있다[그림 2-3]. 여기서 가해지는 힘을 고정력이라 하며, 고정력은 치공구 설계 기사가 설계한 클램핑 기구에 의해 얻어진다. 크기가 같고 방향이 반대인 힘이나 모멘트 역시 고정된 위치결정구에 의해 얻어지며 치공구 설계 기사가 설계하는 것이다.

2. 위치결정의 개념

위치결정을 선정하는 것은 공정설계자의 의무이지만 치공구설계자도 위치결정 방법의 개념을 알아야 한다. 기본적인 위치결정은 공작물의 평형에서 시작되며 평형은 위치결정과 고정력에 의하여 얻을 수 있다. 위치결정의 개념은 위치결정구를 사용하는 경우에만 적용된다.

(1) 공간에서의 움직임

자유공간에서 움직이는 물체는 일정한 원칙이 있으며 움직이는 방향은 한정되어 있다. [그림 2-4]에서와 같이 모든 물체의 공간운동은 직선 및 회전운동이 결

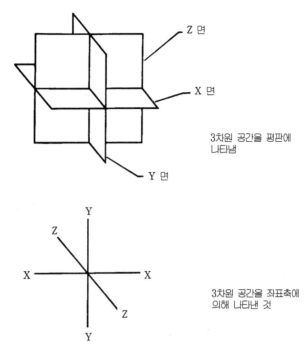

그림 2-4 의 3차원 공간 표시

그림 2-4 3차원 공간

합되어 있고, 기하학적 공간은 3개의 평면으로 나타낼 수 있는데 이것을 3차원적 관찰이라 한다. 제품도는 여기에 기초로 하며 물체는 3개의 중심선을 갖는다.

　[그림 2-5]와 같이 공간에 있는 정육면체는 3개의 직선운동과 3개의 회전운동을 나타내며 3개의 직선운동은 각 축선과 평행하게 일어나며 3개의 회전운동은 3개의 축선으로 얻어진다. 그러므로 정육면체는 모두 6가지의 기본운동이 있다. 그러나 X, Y, Z축 방향의 직선 운동과 X, Y, Z축을 중심으로 하는 회전 운동을 종합하면 12방향의 움직임이 나타날 수 있음을 알 수 있다. 이것을 공작물의 움직임으로 제한하여 평형 상태로 만드는 것이 위치결정의 기본 개념이다. 평형 상태로 만들기 위해서 하나의 위치결정구는 한 방향의 움직임만을 제한 할 수 있으며, 위치결정 시에는 적어도 6방향의 움직임이 제한되어야 한다. 나머지 움직임은 클램프에 의해서 제한된다.

　예를 들어 위치결정구가 오른쪽 직선방향의 운동을 억제하면 고정력은 왼쪽방향에 작용해서 움직임을 제한해야 한다. 만일 위치결정구가 시계방향의 회전을 정지시킨다면 고정력은 반 시계방향의 회전을 정지시킨다.

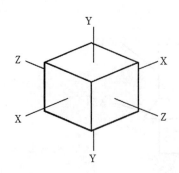
(a) 공간에서 입방체의 3축심

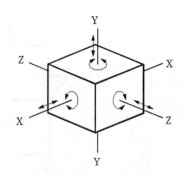
(b) 공간에서 입방체의 6방향운동(12방향)

그림 2-5 공간에서의 자유 이동

(2) 3-2-1 위치결정법

위치결정을 위한 최소의 요구조건이다. 정육면체의 공작물을 위치결정구를 배열하는 것을 위치결정법이라 하며, 육면체의 가장 이상적인 위치결정법은 3-2-1 위치결정 (3-2-1 location system)방법이다. 이는 가장 넓은 표면에 3개의 위치결정구를 설치하고, 넓은 측면에 2개를 설치하고, 좁은 측면에 1개의 위치결정구를 설치하는 것을 말한다[그림 2-6 참고]. 그러나 이 기본배열을 취할 경우 공작물 밑면에 배치되는 3개의 위치결정구는 기계가공 중에서는 안정도를 반드시 보

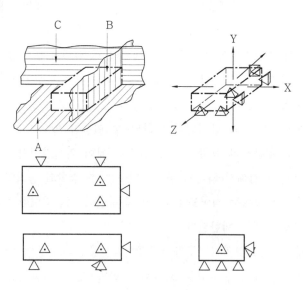

그림 2-6 3-2-1위치결정법

증하지는 못한다. 또한 이 3개의 위치결정구로 이루어진 3각형 면적 밖에서 절삭력이 작용할 경우 공작물이 변위가 발생할 수 있다. 강력한 절삭을 할 경우 버튼으로 이루어진 삼각형 면적에 절삭력이 작용하면 공작물은 기울거나 뒤집어 지려고 할 것이고 클램프에 의한 압력과 마찰력은 이러한 움직임에 대하여 반작용을 일으키게 된다. 그러므로 기계가공 중에 진동과 충격 때문에 공작물은 클램프에서 미끄러지는 결과가 생긴다.

① 3점 위치결정 장단점

위치결정면은 5가지의 자유도를 구속하는 조건을 가져야 한다. 3점 지지는 공작물을 고정하기 위한 안전한 방법이다. 장단점은 다음과 같다.

- 공작물의 표면에 요철(凹凸)이 있어도 흔들리지 않는다.
- 자리 면을 수평으로 하면 칩의 처리가 쉽다.
- 공작물의 기준면이 스텝 블록일 경우 매우 좋다.
- 기계가공 할 때는 수평 지지가 다소 어렵다.
- 공작물을 바르게 클램프로 고정했지만 변형을 확인할 수 없다.
  (위치결정구의 먼지나 칩이 붙어도 흔들림이 없기 때문이다)
- 지지구에서 떨어진 곳을 가공할 경우 불안정 또는 전체가 강성 부족으로 된 3점 위치결정의 주의 사항은 위치결정 점은 될수록 띄우고 공작물의 표면에 요철이 있을 때는 지지구를 나사형태로 하여 높이를 조정할 수 있도록 하는 것이 좋다.

(3) 2-2-1 위치결정법

원통형의 공작물을 위치결정할 경우, 가장 이상적인 위치결정법을 말하며, 이는 공작물의 원통부에 2개씩 2곳에 설치하고, 단면에 1개의 위치결정구를 설치하여 안정감을 유지하게 된다[그림 2-7참고].

(4) 4-2-1 위치결정구

밑면에 4번째의 위치결정구를 추가함으로서 지지된 면적은 4각형이 되어 안정도를 얻게된다. 이 원리를 4-2-1위치결정법이라 한다. 위치결정면이 기계가공 되었다면 모든 위치결정구는 고정식으로 하면 이것은 또 다른 장점을 가지고 있다. 즉, 부품이 4개의 위치결정구 상에 적절하게 놓여질 때 안정하게 되며, 만약 칩이나 이물질이 끼었다거나 위치결정면이 구부러졌다면 공작물은 안정되지 않

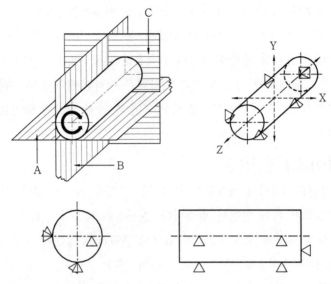

그림 2-7 2-2-1위치결정법

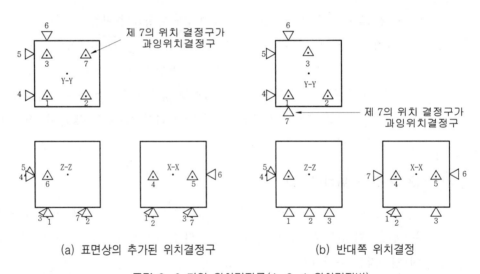

(a) 표면상의 추가된 위치결정구   (b) 반대쪽 위치결정

그림 2-8 과잉 위치결정구(4-2-1 위치결정법)

고 흔들리게 된다. 이것은 작업자에게 주의를 환기시키며 올바르게 설치되어야
할 경우에 무언가 결함이 있음을 깨닫게 한다. 거친 주조품과 같은 공작물에는 4
개의 밑면 위치결정구중 하나를 조절할 수 있게 한다. 또 다른 측면에서 보면 6개
이상의 위치결정구를 공작물의 위치결정면에 배치할 경우에는 불필요한 위치결
정구가 생기며, 이것은 위치결정구의 과잉 상태가 된다. 만일 [그림 2-8]의 (a)와

같이 제 7의 과잉 위치결정구가 3개의 위치결정구와 같은 표면에 위치한다면 이 때 2면은 평면이기 때문에 3개의 위치결정구 만이 동시에 평면에 접할 수 있고, 4개의 위치결정구를 동시에 접하게 한다는 것은 매우 어려운 일로 흔들림 (rocking)현상이 일어난다. 이 외에도 X-X, Z-Z축을 중심으로 공작물이 약간 회전하며 이 경우에는, 4개의 점에서 위치결정을 하면 다른 면에서 클램핑 한다. 이와 같이 추가되는 제 7의 위치결정구의 제작 가격을 고려하여 변위를 가져다주 는 과잉 위치결정구가 된다. 만일 제 7의 위치결정구를 [그림 2-8]의 (b)와 같이 제 6의 위치결정구 맞은 편에 설치한다면 공작물이 움직여서 제 6, 7위치결정구 사이의 틈새가 커지게 되므로 이 과잉 위치결정구는 바람직하지 않을 수도 있다.

① 4점 위치결정

먼지나 칩이 들어간 여부를 확인할 때는 4점 위치결정으로 한다. 그러나 이것 은 위치결정 점의 높이가 전부 고르게 되어 있고, 공작물의 기준면도 바르게 가공 되어 있어야 하므로, 특별한 경우 외에는 그다지 사용되지 않지만, 반대로 이 모 양을 이용하여 공작물의 안정도를 검토 할 수 있기 때문에 이러한 방식이 좋을 때도 있으므로 드릴 지그에서 다리의 위치결정은 4점을 사용하고 있다.

② 교체 위치결정구(alternate locater)

3-2-1위치결정 방법은 최대 6개의 위치결정구를 사용하여야 한다는 점을 말한 다. 6개의 위치결정구는 공구에 대해 공작물을 완전히 위치시킨다. 초과된 위치결 정구는 앞서 설명한 바와 같이 공작물의 관리를 좋지 못하게 한다. 그러나, 다수 의 위치결정구가 바람직한 경우도 있다. 초과된 위치결정구를 교체 위치결정구라

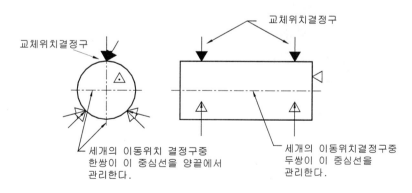

그림 2-9 원통 공작물 상의 교체 위치결정구

부른다. 교체 위치결정구의 사용법과 배치는 신중히 검토할 필요가 있다. 만일 직육면체 공작물에 일곱 개의 위치결정구를 사용한다면 위치결정구는 교체 위치결정구가 되어야 한다. 만일 7개의 위치결정구가 원통 형상을 위치시키는데 사용되었다면 2개의 위치결정구는 교체 위치결정구가 되며 원통을 위치결정하는데 5개의 위치결정구 만이 필요하다[그림 2-9 참고].

3. 교체 위치결정 이론(alternate locater Theory)

3-2-1 위치결정은 6개의 위치결정구를 뜻하며 초과된 위치결정구는 공작물 관리에 일반적으로 좋지 못하나, 다수의 위치결정구가 바람직한 경우 초과되어 사용된 위치결정구를 교체 위치결정구라하며 아래와 같이 특별한 결과를 얻는데 사용된다.

① 중심선관리를 개선한다

② 고정력을 적용할 수 없는 경우에는 기계적 관리를 위해 사용한다.

③ 공작물 장착시 작업자의 숙련을 크게 요구하지 않을 때 사용한다.

④ 교체 위치결정구를 사용하여 치공구설계가 보다 쉬워지고 고정장치 제작비용 감소한다.

 • 교체 위치결정구는 외관상 다른 위치결정구와 다른 점이 없다.
  (표시 : 검은 삼각형)

 • 전체 위치결정구 방법의 분석을 통하여 교체 위치결정구를 알 수 있다.

(1) 중심선 관리

① 둥근 표면상의 한 개의 위치결정구는 중심선 위치 관리를 못한다.

② 둥근 표면상의 두 개의 위치결정구는 위치결정구에 얹혀 있는 중심선만 관리한다.

③ 세 개의 고정된 위치결정구는 두 개의 위치결정구 일 때와 같은 중심선을 관리한다.

④ 세 개의 이동 위치결정구는 원형 공작물의 두 개 중심선을 관리한다.
 이때 하나의 위치결정구는 교체 위치결정구가 되며 고정력도 함께 얻어진다.

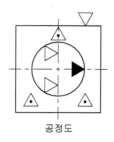

공정도   공구설계

그림 2-10 구멍의 위치결정

공정도   공구설계

그림 2-11 구멍의 위치결정

(2) 구멍의 위치결정

① 한 개의 교체 위치결정구 + 2개의 위치결정구[그림 2-10 참고]

   치공구설계는 3개의 작은 핀을 설치 (한 핀 또는 두 핀 접촉)한다.

   헐거운 끼워 맞춤이 가능하도록 하며, 이때 수평방향의 고정력은 사용하지 않는다. 큰 구멍 위치결정시에는 사용한다.

② 2개의 교체 위치결정구 + 1개의 위치결정구[그림 2-11 참고]

   치공구설계는 1개의 큰 핀을 설치(1점 접촉)한다. 헐거운 끼워 맞춤이 가능하도록 하며, 이때 수평방향의 고정력은 사용하지 않는다. 큰 공차의 중심선 관리에 사용한다.

③ 세 개의 이동 위치결정구[그림 2-12 참고]

   치공구설계는 테이퍼 핀 또는 콜릿에(팽창 핀)의한 3점 접촉 및 고정력이 추가되며, 가장 양호한 X, Y 두 방향 중심선은 관리되나 공구비는 상대적으로 증가한다. 불규칙한 구멍의 경우 고정된 핀 사용시 중심선 관리에 한계가 있을 때 내면의 정도와 관계없이 위치결정 할 수 있는 경우에 한하여 사용한다.

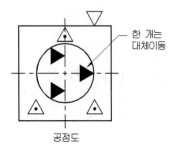

한 개는
대체이동

공정도

그림 2-12 세 개의 이동 위치결정

(3) 교체 위치결정구의 용도

① 공작물에 고정력 사용이 곤란한 경우 대체 위치결정구를 사용하여 고정력을 보충하거나 작업자의 숙련도 및 수고를 감소시키는 역할을 한다.

② 교체 위치결정구는 공작물관리를 개선하거나 감소시킬 수 있으므로 품질, 비용, 생산성 등에 많은 기여를 한다.

2.3 형상 관리(기하학적 관리 : Geometric control)

1. 위치결정법

형상 관리는 형상이 다양한 공작물이 치공구 내에서 안전 상태를 유지시키기 위하여 관리하는 것을 말한다. 공작물이 위치결정구 위에 놓여졌을 때 불안정하게 놓여 있을 경우 공작물은 하나 또는 그 이상의 위치결정구로 부터 들리어 흔들릴 것이다. 고정력은 공작물이 모든 위치결정구와 완전히 접촉되지 않은 상태 그대로 고정된다. 이 때 공작물 관리 또는 위치결정의 정도는 좋지 않게 된다.

(1) 공작물의 불안정한 이유

① 위치결정구가 너무 가깝게 배치되었을 경우

② 공작물의 윗 부분이 무거울 경우

③ 고정력이 잘못 배치되었을 경우

④ 위치결정구가 충분하지 못한 경우

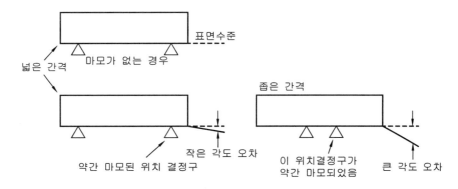

그림 2-13 마모와 위치결정구의 간격

(2) 양호한 형상 관리의 이점

① 작업자의 기술이나 노력에 관계없이 공작물은 자동적으로 위치결정구에 올려 놓여지게 한다.

② 고정력에 의해 공작물이 위치결정구로부터 이탈되는 경향이 감소된다.

③ 위치결정구가 넓은 간격으로 배치되었을 경우 표면 불규칙으로 인한 공작물의 치수 변화가 작아진다.

④ 공구력에 의해 공작물이 위치결정구로부터 이탈되는 경향이 감소된다.

⑤ 위치결정구가 넓은 간격으로 배치되었을 경우 위치결정구의 마모에 의한 공작물 위치결정에 대한 영향이 작아진다.

⑥ 위치결정구가 넓은 간격으로 배치되었을 때 이물질(먼지, 칩)에 의한 공작물 위치결정에 있어서 영향이 작아진다.

위치결정구 마모와 간격의 관계를 좀 더 알기 쉽게[그림 2-13]에 나타내었다. 위치결정구 간격이 좁은 경우 조금만 마모되어도 공작물의 오차는 커진다. 그러나 넓은 간격으로 배치되었을 경우에는 각도의 오차는 작아지나 휨이 발생되기 쉽다.

2. 형상(기하학적)관리의 기본 법칙

(1) 직육면체 형상

직육면체 형상에서는 지켜야 할 규칙 3가지는 다음과 같다.

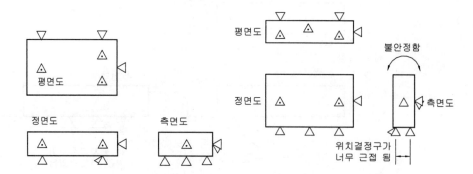

그림 2-14 양호한 직육면체의 형상 관리　　**그림 2-15** 잘못된 직육면체의 형상 관리

① 공작물 위치결정 평면을 결정하기 위해서 가장 넓은 표면에 3개의 위치결정구를 배치한다.

② 두 개의 위치결정구는 두 번째로 넓은 표면에 배치한다(보통 옆면에 배치한다.).

③ 하나의 위치결정구는 가장 좁은 표면에 배치한다(보통 끝 면에 배치한다.).

직육면체 형상의 공작물에 가장 양호한 형상 관리를 얻기 위해서는[그림 2-14]와 같이 3개의 위치결정구를 가장 큰 표면에 배치시켜야 한다. 이 3개의 위치결정구는 공작물의 윗면이나 아랫 면에 넓은 간격으로 배치시킬 수 있다. 이 형상의 옆면과 끝 면은 크기가 작으므로 3개의 위치결정구가 넓게 배치될 수 없다. 2개의 위치결정구를 옆면에 배치시킨다. 옆면은 두 번째로 큰 면이다. 마지막 1개의 위치결정구를 끝 면에 배치시킨다. 이 형상은 이제 양호한 기하학적 관리 상태 하에 있고 안정성을 얻었다. 무게 중심은 낮고 3개의 위치결정구에 가깝게 있다. 이 위치결정 방법에서 공작물은 안정이 되어 있다. 직육면체 형상에 대한 잘못된 위치결정 방법을 [그림 2-15]에 표시한다. 이 형상은 무게 중심이 3개의 위치결정구에서 멀기 때문에 불안정하다. 공작물은 [그림 2-15]와 같이 3개의 위치결정구상에서 흔들릴 것이다. 더 큰 고정력과 작업자의 기술을 사용하여 공작물을 위치결정구에 접촉시켜야 한다.

(2) 원기둥 형상

① 짧은 원통 : 높이가 지름보다 작은 경우는 위치결정구을 5개 설치한다.

　㉠ 평면을 결정하기 위해 3개의 위치결정구를 밑면에 배치한다.

ⓛ 2개의 위치결정구를 원주에 배치한다.

ⓒ 중심에 대한 회전을 방지할 필요가 있을 경우에는 마찰구를 사용한다.

원기둥형의 위치결정은 새로운 형식이 요구되며, 지름과 높이가 우선 비교되어야 한다. 높이가 지름보다 아주 작은 경우는 [그림 2-16]과 같이 결정한다.

② 긴 원통 : 높이가 지름보다 큰 경우 5개의 위치결정구가 필요하다.

ㄱ 원주 표면의 양쪽 끝 부분에 직각이 되게 2개씩 가깝게 놓아 4개의 위치결정구를 배치한다.

ⓛ 한 쪽의 끝 면상에 하나의 위치결정구를 놓는다.

ⓒ 중심선에 대한 회전을 방지하기 위하여 필요하면 마찰구를 사용한다.

[그림 2-17] 길이가 지름보다 큰 경우의 양호한 공작물 관리를 나타내고, [그림 2-18]은 높이가 지름보다 큰 경우의 잘못된 공작물 관리를 나타낸다.

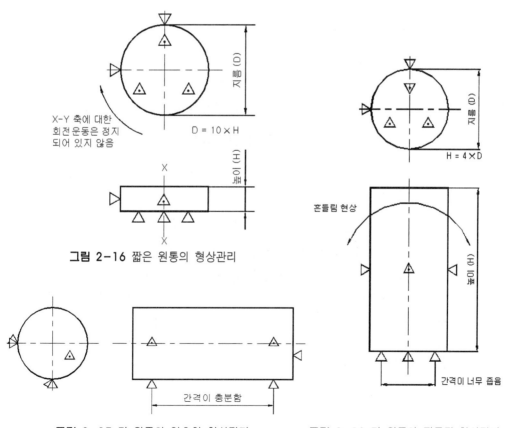

그림 2-16 짧은 원통의 형상관리

그림 2-17 긴 원주의 양호한 형상관리

그림 2-18 긴 원주의 잘못된 형산관리

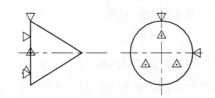

(a) 짧은 원추

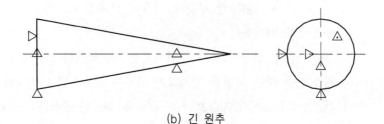

(b) 긴 원추

그림 2-19 원추형상의 위치결정

(3) 원추 형상

① 짧은 원추는 5개의 위치결정구가 필요하다.

   ㉠ 밑면에 3개의 위치결정구 배치한다.

   ㉡ 원주면 아래에 2개의 위치결정구 사용한다.

② 긴 원추는 5개의 위치결정구가 필요하다.

   ㉠ 원추 면에 2쌍의 위치결정구 4개를 배치한다.

   ㉡ 밑면에 1개의 위치결정구을 배치한다.

    원추형도 원통형과 유사하게 관리된다. 짧은 원추형과 긴 원추형에 적용되는 관리법은 [그림 2-19]와 같다. 중심선에 관한 회전은 위치결정구에 의해 정지될 수 없기 때문에 마찰구가 사용되며, 긴 원추형은 약간 원추 각의 변화가 있어도 중심선의 위치가 변화하므로 정확한 위치결정을 하기가 곤란하다. 주의할 것은 2개의 위치결정구를 표면 대신 밑면 모서리에 배치하는 것이다.

(4) 피라미드 형상

① 짧은 피라미드형은 6개의 위치결정구가 필요하다.

   ㉠ 세 개의 위치결정구를 밑면에 배치한다.

   ㉡ 두 개의 위치결정구를 밑면의 가장 긴 모서리에 배치한다.

(a) 짧은 피라미드

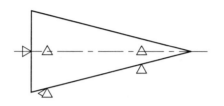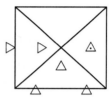

(b) 긴 피라미드

그림 2-20 피라미드 형상의 위치결정

ⓒ 하나의 위치결정구를 밑면의 가장 짧은 모서리에 배치한다.

② 긴 피라미드형(정사각 추, 직사각 추)도 6개의 위치결정구가 필요하다.

㉠ 가장 긴 경사면에 3개의 위치결정구 배치한다.

㉡ 가장 작은 경사면에 2개의 위치결정구 배치한다.

ⓒ 밑면에 1개의 위치결정구 배치한다.

피라미드형의 공작물은 직사각형과 유사하게 관리된다. 길고 짧은 피라미드형의 관리가 [그림 2-20]에 나타나 있다. 긴 피라미드형의 경우에는 세 개의 위치결정구가 각진 면에 자리한다. 이것은 직각 피라미드처럼 전면이 같은 경우이고 만일 직사각형의 피라미드인 경우, 가장 큰 면에 세 개의 위치결정구가 놓여진다. 두 개의 위치결정구가 그 다음 큰 면에 놓이고 하나의 위치결정구가 밑면에 놓인다.

(5) 파이프 형상

파이프 형상의 내면을 위치결정 하는데는 원통에 사용된 것과 같은 기본적인 방법을 사용할 수 있다. 공작물 안에 있는 구멍에 대해서도 원통과 같은 방법으로 위치결정 한다. 이러한 원통 내면에 대한 특수 적용의 예를 [그림 2-21]에 나타내었다.

원통의 지름과 높이가 같을 경우 긴 원통에 대한 위치결정방법이나 짧은 원통에 대한 위치결정 방법 중 어떤 것을 사용하여도 좋다.

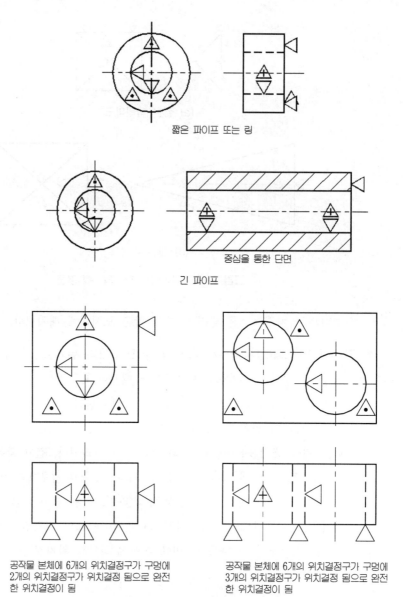

짧은 파이프 또는 링

중심을 통한 단면

긴 파이프

공작물 본체에 6개의 위치결정구가 구멍에
2개의 위치결정구가 위치결정 됨으로 완전
한 위치결정이 됨

공작물 본체에 6개의 위치결정구가 구멍에
3개의 위치결정구가 위치결정 됨으로 완전
한 위치결정이 됨

그림 2-21 파이프 형상의 위치결정

2.4 치수관리

공작물의 치수관리(Dimensional Control)란 제품도에 요구하는 치수가 정확히 가공될 수 있도록 위치결정구의 위치를 선정하는 공작물의 관리를 말한다

치수관리와 형상 관리가 동일한 조건일 때는 치수관리 가 형상 관리보다 우선 적으로 고려되어야 하며 허용 공차 내에서 치수관리 및 형상 관리가 불가능할 때 는 제품도의 도면을 변경하여야 한다. 이러한 치수의 관리는 공차 누적이 발생하 지 않으며, 공작물의 변위량이 치수 공차의 변위를 벗어나지 않고, 공작물의 불 균일한 형상이 치수 공차의 범위를 벗어나지 않은 때에 우수한 치수관리가 이루 어졌다고 할 수 있다. 이러한 우수한 치수관리는 정확한 면에 위치결정구가 잘 접 촉되게 하여야 하며, 선택된 면에 위치결정구가 정확히 유지되어야 한다.

만일 치수관리를 하지 않는다면 작업자가 가공할 공차의 범위가 더욱 작아지므 로 비경제적이다. 치수관리에는 가공된 평면을 이용하여 드릴링이나 보링을 하기 위한 표면의 선정과 환봉을 가공하는 경우, 긴 원통형의 위치결정법에 따라 위치 의 결정은 양호하나 중심선은 이론적인 선이기 때문에 적절한 중심선 관리와 직 육면체에 평행도, 직각도, 동심도에 엄격한 공차가 요구될 때는 공차가 적용되는 면 한 면에 한 개 이상의 위치결정구를 배치하여 적절한 평면도 관리가 이루어지 도록 하여야 한다.

1. 우수한 치수관리

① 공정상에 공차 누적이 생기지 않을 때

② 공작물의 치수변화가 공차 안에 들어가는 치수를 얻는데 지장을 주지 않을 때

③ 공작물의 불규칙으로 공차 안에 들어가는 치수를 얻는데 지장을 주지 않을 때

④ 위치결정구 배치에 알맞은 표면을 선택하였을 때

⑤ 선택된 표면상에 위치결정구를 정확하게 배치하였을 때

⑥ 치수관리는 제품도에 나타나 있는 두 표면 중의 하나에 위치결정구가 배치되 었을 때 가장 양호함

⑦ 치수관리는 제품도에 주어진 치수에 대한 중심선 양쪽에 위치결정구를 배치할 때 가장 좋다

⑧ 수평 및 수직 중심선 치수관리는 원주상에 배치한 두 개의 위치결정구로 관리
할 수는 없다.

⑨ 평행도, 직각도, 동심도에 엄격한 공차가 요구될 때는 공차가 적용되는 면 중
의 한 면에 한 개 이상의 위치결정구를 배치해야한다.

만일, 치수관리를 하지 않으면 가공 공차가 더욱 작아지므로 이는 비경제적이다.

2. 위치결정면의 선택

정확한 위치결정면의 선정은 공정설계자의 위치결정 시스템에 의하여 공정 상
에 공차 누적을 제거 할 수 있다. [그림 2-22]는 주조품 인데 4개의 구멍이 있는
곳에 자리파기 작업을 하기 위한 위치결정을 나타내었다.

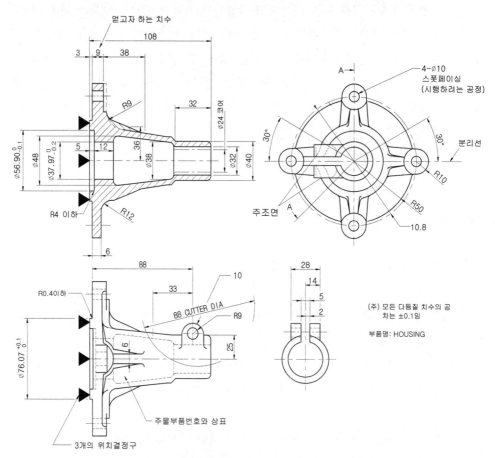

그림 2-22 공정상의 공차 누적

X
3 9
얻어야 할
치수

여기에 3개의
위치결정구를
배치함

그림 2-23 치수관리 및 기하학적관리를 모두 얻기 위한 방법

위치결정구를 적절히 배치할 경우에는 공정 공차 누적이 없어지며 치수관리는 제품도에 치수가 나타나 있는 두 표면 중의 하나에 위치결정구가 배치되었을 때 가장 양호하다. 가장 양호한 치수관리를 얻으려면 기하학적 관리가 매우 불리해지게 되는 경우일 때 수정이 필요해진다. 공정 공차의 누적이나 축소된 공차가 양호한 기하학적 관리를 위해 사용되어야 한다. 공차가 축소되어 합격되는 공작물을 생산하지 못할 경우에는 제품도의 변경이 필요하다.

(1) 치수관리 및 기하학적 관리를 모두 얻기 위한 방법

공작물 관리가 잘되느냐 하는 것은 제품설계자와 공정설계자 모두가 설계에서 공작물관리에 대해 공차 고려 여부가 매우 중요하다고 할 수 있다. [그림 2-23]는 4개의 구멍에 자리파기 작업을 하기 위한 위치결정구를 나타낸다.

① 위치결정구로부터 자리파기 면까지 치수(X)계산한다.

$$X = (3 \pm 0.1) + (9 \pm 0.1) = 12 \pm 0.2$$

② 플랜지 두께 9치수 공차 $(12 \pm 0.2) - (3 \pm 0.1) = 9 \pm 0.3$ 이다.

결과적으로 도면 치수 공차 9 ± 0.1을 초과하므로 공정 누적에 공차 발생한다.

X 치수 공차를 0으로 하면 공차내에 존재하지만 0 공차 가공은 불가능하다.

$$(12 + 0.0) - (3 - 0.1) = (9 + 0.1) \qquad (12 - 0.0) - (3 + 0.1) = (9 - 0.1)$$

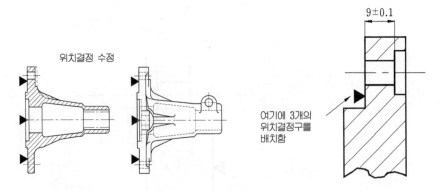

위치결정 수정

9±0.1

여기에 3개의 위치결정구를 배치함

그림 2-24 양호한 치수관리를 위한 위치결정구 배치

③ 해결방법

　(방법1) : 위치결정면 그대로 사용시 : 거리 12 치수와 3 치수 공차를 ±0.05로 하고 제품도 변경을 한다. (12±0.05)−(3±0.05)=9±0.1 결과적으로 제품도 공차는 (±0.1) 만족하나 공차 축소로 비용이 증가한다.

　(방법2) : 위치결정면 변경한다[그림 2-24 참고].

　결과적으로 양호한 치수관리 가능하다.(공정 공차 누적 없음) 3치수 및 9치수 공차 ±0.1이 가능하여 기하학적 관리 우수하다.

　치수관리는 제품도치수가 나타나있는 두면 중에 하나의 면에 위치결정구가 배치되었을 때 가장 양호하다.

(2) 치수관리와 기하학적 관리를 동시에 만족하기 어려운 경우

① 허브의 끝 면에 위치결정구 배치시

　치수관리 가능하나, 기하학적관리 불리하다. 위치결정면이 주조표면이므로 기계 가공된 넓은 플랜지면이 유리하다. 결론적으로 치수관리는 양호하나 기하학적 관리 불리하다.

② 플랜지면에 위치결정구 배치시

　치수관리는 (42±0.1)−(16±0.1)=26±0.2 공차 누적 발생하며, 기하학적 관리 양호하다.

③ 결과적으로 치수관리가 우선이므로 ①번이 다소 유리하나 허브 끝 면에 기계 가공을 해야한다. 추가작업에 따른 비용이 상승(공정추가)되므로 제품도 변경

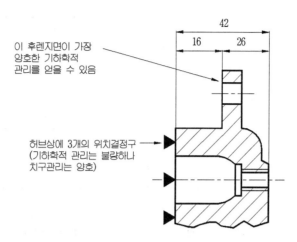

이 후렌지면이 가장
양호한 기하학적
관리를 얻을 수 있음

허브상에 3개의 위치결정구
(기하학적 관리는 불량하나
치구관리는 양호)

그림 2-25 치수관리와 기하학적 관리를 동시에 만족하기 어려운 경우

을 하는 것이 좋다. 42치수를 없애거나 참고치수(42)로 하며, 플랜지로부터 보수
까지의26 치수 추가(기준면 재 선정)한다[그림 2-25 참고].

3. 중심선 관리

원통형 공작물의 경우, 위치결정은 외경을 기준으로 이루어지는 경우가 많다.
공작물의 위치결정구가 외부에 설치되는 관계로 만약 부적합한 위치결정구를 설
치하였을 경우, 공작물의 외경의 변화에 따라 공작물의 중심선의 변화를 피할 수
없다. 이때 중심선에 변화를 최소화하기 위하여 관리하는 것을 중심선 관리라 하
며, [그림 2-26]은 환봉으로 가공될 제품도면이다.

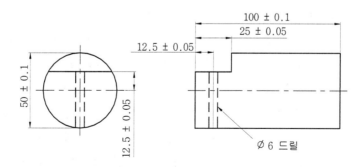

그림 2-26 환봉으로 가공될 부품도면

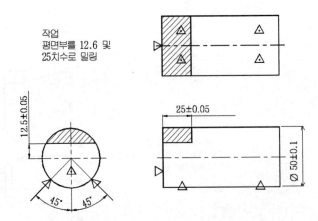

작업
평면부를 12.6 및
25치수로 밀링

그림 2-27 밀링 가공에 대한 부적절한 위치결정

(1) 치수관리 불량

공정설계자가 공작물을 [그림 2-27]과 같이 위치결정하였다고 가정하면 긴 원통의 위치결정 규칙을 적용한다. 네 개의 위치결정구를 원통에 배치한다. 한 개의 위치결정구는 끝 면에 배치한다. 밀링 가공거리 치수가 25mm이므로 하나의 위치결정구를 가장 양호한 치수관리를 위해 끝 면에 배치하였다. 25mm의 치수는 원하는 공차로 얻을 수 있다.

① 수평중심의 총 변화량(e)

$e = 1/2 \times \triangle t \times \sqrt{2} = 1/2 \times 0.2 \times \sqrt{2} = 0.14$ 이며, 상하이동량은 $1/2 \times 0.14 = 0.07$ 이다. 결론적으로 공차 0.05보다 0.02(0.07－0.05)초과하므로 제품 공차를 유지하기 어려워 결국 치수관리 불량하다. 그러나 수직중심의 변화는 없다. 중심선은 오직 이론적 선이므로 치수관리를 얻기 위해 중심선상에 위치결정구를 배치할 수는 없다. 그러므로 위치결정구는 중심선으로부터 주어지는 표면에 배치하여야 한다.

또 다른 방법으로도 확인이 가능하다.

수직 중심선은 공작물의 지름 변화에 관계없이 고정된 위치를 유지한다. [그림 2-28]에서와 같이 이 수평 중심선의 위치는 다음과 같이 변화한다.

수평 중심선의 총 변화는 17.747-17.607=0.14mm

위치결정구로 부터 수평 중심선까지의 거리   17.677±0.07mm

공작물의 12.5mm 치수는 위치결정구로부터 봉의 상하 이동 때문에 ±0.07mm 만큼 변화한다. 그러므로 봉재의 지름 변화 때문에 12.5mm 치수는 제품도 공차 이내로 유지될 수가 없다. 이 위치결정 방법은 바람직하지 못하다.

㉠ 환봉의 호칭치수

$$\sin 45° = \frac{a}{25}$$

$$a = (25)(0.7071)$$

$$= 17.677$$

㉡ 환봉의 최대치수

$$\cos a = \frac{17.677}{25.05} = 0.7057$$

$$a = 45°07'$$

$$\sin a = \frac{b}{25.05} = 0.7087$$

$$b = (25.05)(0.7087)$$

$$= 17.747$$

㉢ 환봉의 최소치수

$$\cos \theta = \frac{17.677}{24.95} = 0.7085$$

$$\theta = 44°53'$$

$$\sin \theta = \frac{c}{24.95} = 0.7057$$

$$c = (24.95)(0.7057)$$

$$= 17.607$$

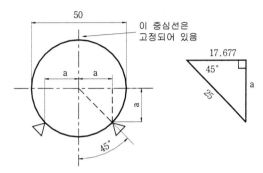

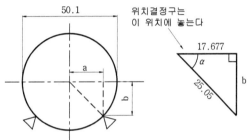

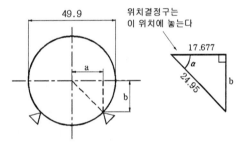

그림 2-28 환봉 치수변화에 따른 중심선 변화

[그림 2-28]과 같이 위치결정구를 배치하면 12.5mm치수는 ±0.05의 공차로 유지될 수가 없다. 위치결정구가 정확한 표면상에 배치되어있다 할지라도 위치결정구는 위치가 틀리게 배치되었다.

수직 중심선은 공작물의 지름 변화에 관계없이 고정된 위치를 유지한다.

[그림 2-28]에서 보는 바와 같이 이 수평 중심선의 위치는 다음과 같이 변화한다. 수평 중심선의 총 변화는 17.747 - 17.607 = 0.14mm

위치결정구로부터 수평 중심선까지의 거리 17.677 ± 0.07mm

공작물의 12.5mm 치수는 위치결정구로부터 봉의 상하 이동 때문에 ±0.07mm만큼 변화한다. 그러므로 봉재의 지름 변화 때문에 12.5mm 치수는 제품도 공차 이내로 유지될 수가 없다. 이 위치결정 방법은 바람직하지 못하다.

(2) 치수관리 양호

양호한 치수관리를 위해서 [그림 2-29]와 같이 위치결정구를 배치하였다. 한
개의 위치결정구의 위치는 양호하기 때문에 변경시키지 않았다. 두 개의 위치결
정구는 원 위치로부터 90° 만큼 새로운 위치로 이동시켰다. 지름 변화에 의한 위
치의 이동이 이제 수직 중심선에 영향을 미친다. 수직 중심선의 변화는 12.5mm
치수에 영향을 미치지 않는다. 수평 중심선은 공작물 변화에 관계없이 위치결정
구에 대해 동일한 관계를 유지한다. 이제 양호한 치수관리가 얻어져 12.5mm치수
에 대한 공차도 유지될 수가 있다. 같은 표면상에서 위치결정구를 이동시킴으로
써 더 양호한 치수관리가 얻어졌다. 수직 중심의 변화는 e=0.14는 공작물 치수변
화와 관계없이 수평 중심은 동일한 관계를 유지한다. 치수관리에 대한 또 하나의
규칙은 다음과 같다. 치수관리는 제품도에 주어진 치수에 대한 중심선 양쪽에 위
치결정구를 배치할 때 가장 좋게 된다.

위치결정구는 이와 같은 규칙을 따라 제품에 대한 드릴링 작업에 있어 [그림
2-29]와 같이 배치된다. 공작물은 밀링 작업할 때와 드릴링 작업할 때 모두 똑같
이 위치결정 하여서는 안 된다. 드릴구멍의 중심선은 평면부에 주어진 치수에 대
한 중심선과는 다르다. 여기서 구멍의 중심선과 밀링 한 평면 부분간의 직각도를 어
떻게 관리할 것인가를 염두에 두어야 한다.

결론적으로 중심선 치수관리는 제품도에 주어진 치수에 대한 중심선 양쪽에 위
치결정구를 배치함이 가장 유리하다.

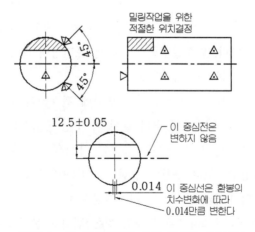

그림 2-29 밀링작업을 위한 양호한 치수관리

4. 위치결정구의 간격

또 하나의 치수 변화는 둥근 표면상에 위치결정구를 배치하는 간격에 의해 발생된다. 위치결정구가 중심선 양쪽으로 배치되었다 할지라도 불안한 위치결정이 될 수 있다. 위치결정구 사이의 간격에 대한 영향이 [그림 2-30], [그림 2-31], [그림 2-32]에 나타나 있다.

(1) 60°(120° Vee Block)

① 수평 중심 : 최소 변화로 치수관리가 양호하다.
② 수직 중심 : 불안정하다 기하학적 관리 불량하다.
③ 클램핑력 : 크다.

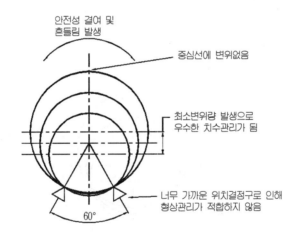

안전성 결여 및
흔들림 발생

중심선에 변위없음

최소변위량 발생으로
우수한 치수관리가 됨

너무 가까운 위치결정구로 인해
형상관리가 적합하지 않음

60°

그림 2-30 60°(120° Vee Block) 위치결정구 간격의 영향

(2) 90°(90° Vee Block)

① 수평 및 수직중심 : 평균이다
② 클램핑력 : 평균이다
③ 일반적으로 많이 사용한다.

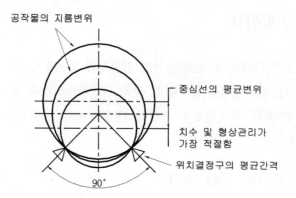

그림 2-31 90°(90° Vee Block) 위치결정구 간격의 영향

(3) 120°(60° Vee Block)

① 수평 중심 : 최대로 변화므로 치수관리가 불량하다.

② 수직 중심 : 안정된다. 기하학적관리 양호하다

③ 클램핑력 : 적다

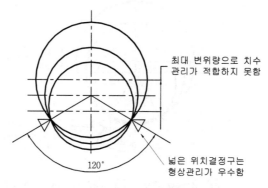

그림 2-32 120° (60° Vee Block) 위치결정구 간격의 영향

위치결정구 사이에 놓여진 수직 중심선은 확실히 위치결정구의 간격에 상관없이 정확하게 위치결정된다. 위치결정구 사이의 간격을 가깝게 놓으면 수평 중심선의 치수관리는 좋아진다. 이렇게 되면 기하학적 관리는 반대로 불리하게 된다. 또 기하학적 관리를 좋게 하기 위해 위치결정구의 간격을 벌려 놓으면 수평 중심선 관리는 나빠진다. 이제 규칙에 따라 수직 중심선 양쪽에 위치결정구를 배치하였다. 이 예에서 치수가 수직 중심선상에 주어졌다. 그러므로 공정설계기사는 위치결정구를 가깝게 배치하여 수평 중심선에 대한 치수관리를 얻으려고 해서는 안

된다. 그렇게 하면 공작물은 위치결정구로부터 흔들리기 쉽기 때문에 기하학적 관리가 어려워진다. 만일 위치결정구에 접촉되지 않으면 중심선의 위치결정도 되지 않는다. 그렇게 되면 위치결정 방법은 실패로 끝난다. 결론은 다음과 같이 내릴 수 있다. 수평과 수직의 두 가지를 동시에 중심선 치수관리하는 것은 원주 상에 배치한 두 개의 위치결정구로 관리할 수는 없다.

5. 평행도 관리

때때로 제품도에서는 두 개 표면 사이에 특정한 평행도를 요구하는 주기를 나타낼 경우도 있다. 이 때에는 평행도를 유지하기 위해 위치결정구의 배치에 좀더 주의할 필요가 있다.

공작물이 [그림 2-33]과 같이 치수가 주어졌을 때 평행도에 대한 주기가 없다면 공정설계자는 [그림 2-34]에 나타낸 위치결정 방법을 택할 것이다. 공작물은 가장 양호한 기하학적 관리와 치수관리가 되도록 위치결정 한다. 직육면체 형상의 위치결정 규칙을 따른다. 적절한 표면을 선택하여 공정 공차의 누적이 생기지 않게 한다. 그러나 평행도에 대한 주기가 있으면 이 위치결정 방법은 부적합하여 주어진 공차 대로 유지하기 어렵게 될 것이다. 공작물의 밑변에 대해서는 세 개의 위치결정구로 위치결정이 제대로 되었다. 그러나 왼쪽 끝의 면은 밑면에 대한 직

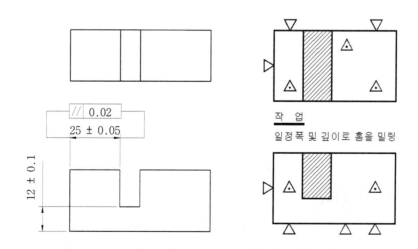

그림 2-33 평행도 공차가 엄격한 공작물   **그림 2-34** 양호한 형상관리를 위한 위치결정

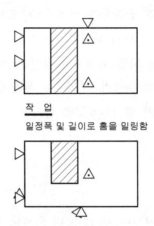

작 업
일정폭 및 길이로 홈을 밀링함

그림 2-35 평행도를 유지하기 위한 개선된 위치결정

각이 될 수도 있고 그렇지 않을 수도 있다. 옆면은 두 개의 위치결정구에 의해서 제대로 위치결정 되었으나 왼쪽 끝 면이 면에 대해 직각일수도 있고 그렇지 않을 수도 있다. 홈과 왼쪽 끝 면 사이의 평행도는 공작물의 직각도 변화로 나빠질 수도 있다. 따라서 양호한 치수관리가 어려워진다. 그러므로 위치결정 방법을 변경할 필요가 있다[그림 2-35 참고].

홈이 왼쪽 끝 면에 대해 평행인지를 확인하기 위해 왼쪽 끝 면의 평면을 확립하여야 한다. 그러므로 세 개의 위치결정구를 끝 면상에 배치함으로서 공작물에 대한 양호한 치수관리를 할 수 있다. 이 경우 기하학적 관리는 무시된다. 공작물에 평행도, 직각도, 동심도 및 다른 특성을 제한하는 요구가 있으면 같은 방법을 이용한다. 이와 같은 요구 사항에 대한 요구사항은 다음과 같다.

평행도, 직각도, 동심도에 엄격한 공차가 요구 될 때는 공차가 적용되는 면 중의 한 면에 한 개 이상의 위치결정구를 배치하여야 한다.

2.5 기계적 관리

3-2-1 위치결정법은 형상 관리와 치수관리를 동시에 실시하고자 할 때 적용한다. 공작물은 고정력, 절삭력, 자중 등에 의하여 휨이나 변형이 발생할 수 있다.

기계적 관리는 공작물을 가공할 때 발생되는 외력에 의하여, 공작물의 변형 및 치수 변화가 없도록 관리하는 것을 말하다.

기계적 관리를 위하여 위치결정구의 배치는 치수관리 및 기하학적관리를 우선으로 하며 두 관리 조건을 만족한 후 기계적 관리를 고려한다.

1. 기계적 관리를 위해 기본 조건

① 절삭력으로 인해서 휨이 발생하지 않을 것
② 고정력으로 인한 공작물의 휨이 발생하지 않을 것
③ 자중으로 인한 공작물의 휨이 발생하지 않을 것
④ 고정력이 가해질 때 공작물이 모든 위치결정구에 닿도록 할 것
⑤ 고정력으로 인해 공작물의 영구 변형이나 휨이 발생되지 않도록 할 것
⑥ 절삭력으로 인해 공작물이 위치결정구로부터 이탈되지 않게 할 것

2. 양호한 기계적 관리

① 고정력은 정확한 위치에 클램프 한다.
② 지지구를 정확한 위치에 설치한다.
③ 위치결정구를 정확한 위치에 배치한다.

(1) 공작물의 휨과 비틀림

공구의 절삭깊이, 이송, 절삭속도가 너무 크면 절삭시 공구가 공작물에 휨과 비틀림을 발생하게 하여 절삭력 제거시 노치(notch)부는 스프링 백(spring back) 현상에 의해 공작물을 원래상태로 되돌아가나 홈 부의 가공치수가 제품 공차를 초과하게된다[그림 2-36 참고]. 따라서 교정작업이나 스크래핑(scraping)작업을 추가해야 한다.

(2) 절삭력(공구력)

공구에 의해 공작물에 바람직하지 못한 형상 변화가 생기면 기계적 관리가 불량하게 된다. 따라서 기계적 관리는 절삭력에 의해 잘못된 형상으로 가공되는 것을 방지하는 것이다.

(a) 밀링 작업을 위한 공작물을 위치

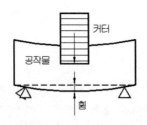

(b) 밀링작업시 절삭력에 의한 변형

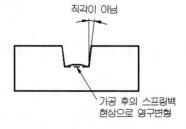

(c) 가공후 스프링백에 의한 노치현상에 의한 변형

그림 2-36 공작물의 휨과 비틀림

① 과도한 절삭력은 공구의 무딤, 공구 형상, 절삭 속도, 이송 및 절삭 깊이 등 여러 요인에 의해 발생된다.

② 과도한 절삭력은 공작물의 휨, 뒤틀림이 발생한다.

③ 기계적 관리에 가장 중요한 문제이다.

[그림 2-37]의 (a)는 공작물의 모든 관리가 지지구의 사용으로 충족된 상태를 보여준다. 절삭력의 작용점 밑에 지지구를 설치하여 변형을 방지한 것을 볼 수 있다. 절삭력의 작용점 밑에 설치된 지지구의 높이는, 양옆에 위치한 위치결정구의 높이 보다 높아서는 않으며, 공작물이 가공 후 변형이 발생하지 않는 범위 내에서 위치결정구 보다 약간 낮아야 한다. (b)와 같이 위치결정과 치수관리는 좋으나

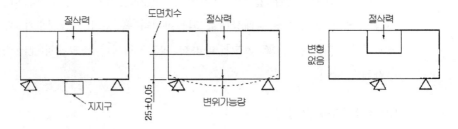

(a) 모든 관리가 지지구 사용 으로 충족됨

(b) 위치결정구는 형상 및 치수관리에 좋음

(c) 기계적 관리는 잘 되었으 나 형상 관리는 좋지 못함

그림 2-37 기계적 관리를 위한 지지구

지지구가 없으므로 공작물에 변위가 발생한다. (c)는 기계적 관리는 잘 되었으나 형상 관리는 좋지 못하여 안정을 유지하지 못하고 있다. 앞에서 기술한 바와 같이 형상 관리와 기계적 관리의 원칙에 맞지 않아도 필요에 따라서는 교체 위치결정구를 설치하여 공작물의 변형 상태를 조정한다.

(3) 지지구(Support)

공작물의 휨, 뒤틀림을 제한하거나 정지시키는 장치로 기계적 관리를 좋게 하는 수단으로 사용된다. 위치결정구보다 다소 낮게 설치하거나 같게 설치한다. 지지구에는 3가지 형태가 있으며, 고정식(fixed) 지지구, 조정식(adjustable) 지지구, 동시형(equalizing)이다[그림 2-38 참고]. 지지구는 공작물의 형상 관리를 보완하고 공작물의 위치를 정적으로 안정시키는 요소로서 일반적으로 수동으로 작동되는 나사와 플런저, 스프링과 쐐기 및 공 ,유압 작동 플런저 등 기계적 관리를 위해 사용되고 있다.

① 고정식 지지구(fixed type support)
  ㉠ 지지구를 고정시킨 것으로 위치결정구보다 약간 아래에 위치시킨다.
  ㉡ 절삭력에 의한 공작물의 휨을 제한한다.

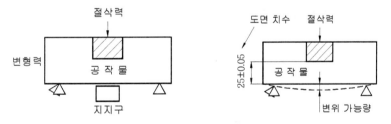

(a) 모든 관리가 지지구사용으로 충족됨   (b) 위치결정구는 형상 및 치수관리에 좋음

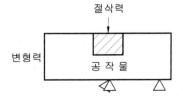

(c) 기계적 관리는 잘 되었으나 형상관리는 좋지 못함.

그림 2-38 기계적 관리를 위한 지지구

ⓒ 제작비가 싸고 작업이 용이하나 공차가 커진다.

ⓔ 품질보다 경제성을 우선할 경우 사용한다.

ⓜ 기계가공 면에 한하여 사용한다.

② **조정식 지지구(adjustable type support)**

ⓖ 움직일 수가 있고 조정이 가능하다.

ⓛ 고정식 지지구보다 훨씬 낮게 위치시킨다.

ⓒ 고정식 보다 우수한 기계적 관리가 가능하다.

ⓔ 가격이 비교적 비싸고 조정 시간이 많이 소모되지만 공차가 작아진다.

ⓜ 경제성보다 품질 우선할 경우 사용한다.

ⓗ 불규칙한 주조, 단조 면에(기계가공하지 않은 면) 주로 사용한다.

(4) 공구의 회전방향

공작물의 휨에 대한 두 번째 대책은 절삭력의 방향을 커터회전을 역회전시켜 바꿀 수 있다[그림 2-39 참고].

① **상향절삭(up cut milling)**

공구의 회전방향과 공작물의 이송이 반대임

ⓖ 절삭력이 위로 향하여 공작물의 휨이 생기지 않으며 지지구가 필요하지 않다.

ⓛ 절삭력은 위치결정구로부터 공작물을 들어올리는 경향이 있어 바람직하지 못하다.

ⓒ 클램핑 고정력이 커야한다.

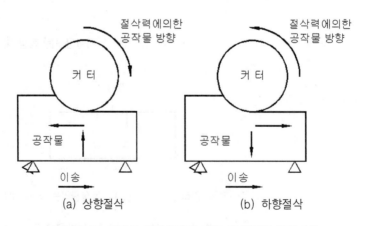

그림 2-39 커터의 회전방향에 따른 절삭력의 방향변화

② 하향절삭(down cut milling)

공구의 회전방향과 공작물의 이송이 같은 방향임

㉠ 절삭력이 아래로 향하여 절삭력은 위치결정구상에 공작물을 고정시키는데 도움을 주므로 고정력은 작아도 된다.

㉡ 위치결정구상에 공작물을 고정시키는 휨이 작용되며 지지구를 받쳐주면 기계적 관리는 충분히 이루어진다. 결론으로 기계적 관리는 공작물 휨을 감소시키기 위한 커터 회전방향을 관리하는 것만으로는 얻어질 수 없다.

(5) 절삭력에 대한 기계적 관리 기준

공정설계자 및 치공구설계자는 절삭력에 대하여 기계적 관리 규칙은 다 음과 같다.

① 우선적으로 공작물의 휨을 관리하기 위하여 절삭력의 반대쪽에 위치결정구를 배치한다. 그러나 이것은 기하학적관리와 치수관리가 함께 얻어질 때 만 가능하다.

② 절삭력에 의한 휨이 발생할 경우 고정식 지지구를 사용하여 제한한다.

③ 경제성보다 품질 우선시 조정식 지지구를 사용한다.

④ 절삭력은 고정력과 동일한 방향으로 하여 공구력이 고정력을 보조하도록 적용한다.

(6) 고정력(Clamping force)

기계적 관리의 두 번째 사항은 클램프의 고정력 사용이다. 고정력은 형상 관리와 치수관리가 되지 않은 상태에서 이루어져서는 안되며, 단지 공작물의 기계적 관리를 위해 필요할 뿐이다. 따라서 공정설계자와 치공구설계자는 절삭력의 크기와 위치결정구 배치 결정과 클램핑 장치 및 위치결정구를 설계하여야 한다.

① 고정력의 사용 목적

㉠ 공작물에 균일한 힘을 가하기 위해 작업자의 기술에 상관없이 모든 위치결정구가 공작물에 동시에 접촉 되도록 한다.

㉡ 절삭력에 상관없이 공작물이 모든 위치결정구에 접촉되어야 한다.

㉢ 공작물의 치수변화에 상관없이 모든 위치결정구가 공작물과 접촉되어야 한다.

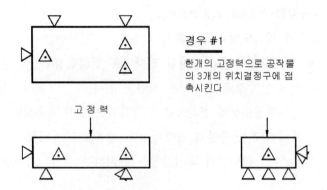

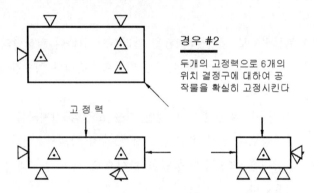

(a) 한 개의 고정력으로 공작물이 3개의 위치결정구에 접촉시킴.

(b) 두개의 고정력으로 6개의 위치결정구에 대하여 공작물을 확실히 고정시킴.

그림 2-40 고정력의 위치

② 고정력 사용시 제한사항

㉠ 공작물에 휨 또는 비틀림이 발생하지 않도록 할 것

② 공작물이 지지구를 향해 휨이 직접 가해지지 않도록 할 것

③ 절삭력 반대편에 고정력을 배치하지 말 것

고정력을 가하는 또 다른 방법이 [그림 2-40]에 제시되어 있다. 공작물의 중심부에 수직으로 가하는 하나의 고정력에 의해 공작물이 세 개의 위치결정구 상에 확실히 고정된다. 6개의 위치결정구에 대하여 공작물을 확실히 고정하기 위해서는 두 번째의 고정력이 가해진다. 만일 한 개의 고정력이 먼저 가해지면 공작물은 두 번째 고정력이 가해져도 위치결정구 상에서 움직이지 않으려 할 것이다.

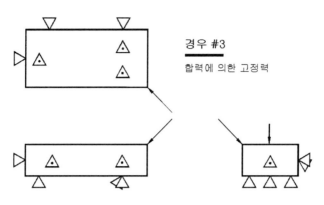

그림 2-41 합력에 의한 고정력

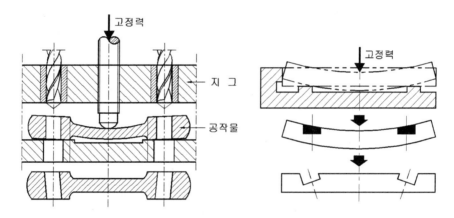

그림 2-42 고정력에 의한 공작물의 변형

이 문제는 [그림 2-41]에 나타낸 바와 같이 두 개의 힘을 한 개의 합력으로 결합함으로서 해결할 수 있다. 그러면 한 개의 클램프만 사용하면 된다. 만일 두 번째 힘이 첫 번째 힘보다 커서 공작물을 움직이기에 충분하면 힘을 둘로 분리하여도 좋다.

[그림 2-42]는 고정력에 의한 공작물의 변형을 나타내고 있으며, 지그에서 공작물은 고정력의 작용으로 인하여 변형을 일으키고 있으며, 변형이 이루어진 상태에서 가공이 이루어진 관계로 탈착 된 후의 공작물의 가공부에 변화가 발생된다. 그러므로 고정위치와 고정력의 크기가 중요함을 알 수 있다.

(7) 기계적 관리의 원칙

다음은 기계적 관리를 위한 고정력의 몇 가지 적절한 관리 방법은 다음과 같다.

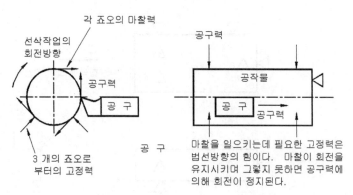

그림 2-43 고정력에 의해 생긴 마찰

① 고정력은 위치결정구 바로 반대편에 배치하여야 한다. 그러나 이것은 형상 및 치수관리를 얻을 수 있을 때에 한한다.

② 고정력에 의한 휨이 발생할 경우 지지구를 사용하여야 한다.

③ 고정력은 마찰구를 사용하여 6번째의 위치결정구로 보완한다.

④ 비강성 공작물에는 하나의 큰 힘보다 여러 개의 작은 힘을 작용시키는 것이 필요하다.

⑤ 공작물에 생기는 자국은 중요하지 않은 표면에 고정력을 가하여 제한할 수 있다.

⑥ 합력에 의한 고정력은 인적인 요소의 영향을 감소시킬 수 있다.

환봉을 가공할 때 공구력은 공작물의 회전을 정지시키게 된다. 이 회전을 그대로 유지하는 여섯 번째 위치결정구를 적용시킬 마땅한 표면이 없으므로[그림 2-43]에서와 같이 마찰력을 사용하여야 한다. 마찰력은 기계적 관리의 관점에서 이상적인 것은 되지 못해도 공작물의 형상에 따라서 마찰력을 사용하여야 한다.

(8) 공작물의 중량

① 강성이 약한 공작물

　㉠ 단면적이 작거나 부품의 길이가 길고 폭이 좁은 공작물

　㉡ 길고 폭이 좁은 주물 및 단조품

② 대책

　㉠ 위치결정구를 가능하면 멀리 떨어지게 배치한다.

　㉡ 휨 또는 영구적인 뒤틀림이 발생 할 경우 고정식 지지구 사용하나 치수변화는 허용한다.

2.6 공차 분석

모든 제조업체들은 저렴한 가격으로 표준화된 우수한 부품을 생산하기 위해 많은 노력을 하고 있다. 그러나, 두 부품은 아무리 엄격하게 관리를 하더라도 동일하게 제조될 수는 없다. 따라서 공작물은 측정결과 약간의 치수차이를 발견할 수가 있는데, 이것을 공작물 편차라고 한다. 부품간에 피할 수 없는 편차 때문에 호환성은 일정한 오차 한계를 허용할 수 밖 에 없다.

- 제품설계기사 : 부품의 치수와 공차, 제품의 모양과 디자인, 제품의 기능
- 공정설계기사 : 적절한 장비와 공정순서 결정, 공정간 공차 분석, 사양에 의한 경제적인 생산

1. 공작물의 치수변화 원인

공작물 편차는 여러 가지 복합적인 요인에 의해서 공작물의 치수변화에 의해서 발생한다.

① 공작기계 고유의 부정확도(기계자체의 오차) : 주축의 흔들림, 베어링의 틈새, 강성(변형)등이 원인이다.

② 공구마모, 치핑(chipping), 파손, 재 연삭 등으로 치수변화의 원인이다.

③ 재료변화(재료성분의 차이) : 주물의 경우 하드 스폿(hard spot)은 표면가공 중 공구의 파손 및 마모의 원인이다.

④ 인적요소(human element) : 작업자의 불완전한 세팅 등 작업자의 개성 및 숙련되지 않은 것도 관계가 있다.

⑤ 우연에 의한 오차(온도 습도 환경의 영향) : 열팽창 등 원인파악 곤란한 경우이다.

2. 공작물 치수결정의 사용용어

① 호칭치수 (normal dimension): 공차 개념이 없는 치수를 말하며 어떤 표준치수에 아주 가까운 근사 치수를 나타낸다.

② 기준치수 (basic dimension) : 정확한 이론치수를 나타낸다. 기준치수는 제품의 제조할 때 허용치수와 공차가 있을 때 얻어질 수 있다.

③ 허용치수 (allowance) : 결합부품의 최대 재료 한계 사이의 의도적인 치수차이 이다. 허용치수는 양수(+)이거나 음수(−)일 수도 있다.

　　㉠ 위 치수허용차＝최대허용 한계치수−기준치수

　　㉡ 아래 치수허용차＝최소허용한계치수−기준치수

④ 공차 (tolerance) : 제품의 표시된 기준 치수로부터의 허용치수의 변화량이다. (최대허용한계치수−최소허용한계치수), (위 치수허용차−아래 치수허용차)

⑤ 한계치수(limit of dimension) : 제품에 허용할 수 있는 최대 또는 최소치수이다. (최대허용한계치수), (최소허용한계치수)

3. 한계치수 표시법

한계치수는 치수의 최대, 최소치수를 숫자로 표시한다. 한계치수 중 하나는 치수선 위에 또 다른 하나는 치수선 아래에 수평선을 경계로 배치한다[그림 2-44 참고].

① 치수선 상단 : MMC 치수로 한계치수가 외측 치수에 사용될 경우 큰 한계치수를 위에 놓는다.

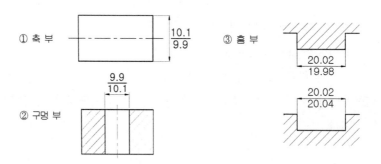

그림 2-44 한계치수 표기법

② 치수선 하단 : LMC 치수로 내측 치수로 사용될 경우 작은 한계 치수를 항상 위에 놓는다.

③ (3) 공정도 상에도 제품 불량 방지 위해 가공부에 표시할 때 사용한다.

4. 공차의 표시법

모든 부품의 치수는 공차와 함께 표시되고 그 중에 공차는 기준치수에 대하여 양측 공차(bilateral tolerance)로 표시되거나, 편측 공차(unilateral tolerance)로 표시하여 나타낸다.

(1) 편측 공차(unilateral tolerance)

한쪽 방향으로만 허용하는 치수이다, 기준치수에서 + 혹은 - 방향으로 된 것을 말하고 양쪽으로 된 것은 아니다. 기능적인 결합표면에 적용한다[그림 2-45 참고].

예) $10^{\ 0}_{-0.10}$, $10^{+0.10}_{\ 0}$, $10^{+0.20}_{+0.10}$, $10^{-0.10}_{-0.20}$

(2) 양측 공차(bilateral tolerance)

양쪽 방향으로만 허용하는 치수, 기능적인 결합표면이 아닌 경우에 적용한다.

예) 10 ± 0.10 (동등양측), $10^{+0.02}_{-0.05}$ (부등 양측)

[그림 2-45]에서 양측 공차 방식은 기준 치수로부터 (+)와 (-)방향으로 허용차가 주어지는 방식으로 (+), (-)방향의 허용차가 같은 동등 양측 공차(equal bilateral tolerance)와 (+), (-)방향의 허용차가 서로 다른 부등 양측 공차

20 ± 0.05	$25^{+0.08}_{+0.02}$
(a) 동등양측공차	(b) 편측공차
$30^{+0.02}_{-0.05}$	$35^{\ 0}_{-0.05}$
(c) 부등양측공차	(b) 편측공차

그림 2-45 양측공차와 편측공차

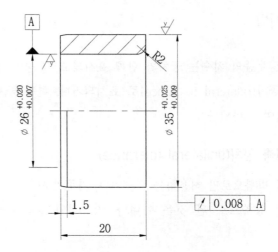

그림 2-46 형상공차의 형태

(unequal bilateral tolerance)로 나누어진다. 일반적인 결합부위는 편측 공차를 사용되며 결합되지 않는 표면은 양측 공차를 주는 것이 보통이다.

(3) 형상 공차(specific tolerance)

공차는 부품도상에 알 수 있게끔 상세하게 표시해야 한다. [그림 2-46]에서 보는 바와 같이 치수를 특별히 제한하기 위해 기호의 형태로 표시 할 수 있다.

일반 공차는 주서(주기)로 나타내고 있는데 예를 들면 특별히 지시되지 않은 모든 치수 공차는 ±0.10이다. 등으로 나타낼 수 있다. 일반 공차도 도면에서는 중요한 치수이다. 공정설계자는 부품공정에서 얼마나 허용할 수 있는가를 결정하기 위해서 많은 연구를 해야 한다. 일반 공차로서는 특수한 치수의 만족한 관리는 불가능하고, 또 다른 경우에는 제품의 기능에 영향을 주지 않는 허용 공차 보다 더 큰 공차를 적용해도 될 경우가 있다. 치수를 불필요하게 정확한 공차에 맞추는 것은 비용이 들기 때문에 공정설계자는 제품의 기능과 경제성에 맞추어 제품설계자와 협의하는 것이 바람직하다.

5. 선택조립의 문제

요구되는 끼워 맞춤이 지나치게 엄격한 공차를 갖는 끼워 맞춤으로 공차가 작아서 호환성제품의 생산이 아주 어려운 경우 선택 조립을 하는데, 이런 경우에 선택 조립만이 이 문제에 대한 경제적인 해결책이 될 수 있다. 선택 조립이 필요한 것은 결합부품간 여러 가지 끼워 맞춤 정도가 생기므로 치수에 따라 검사하여 등급을 설정할 필요가 있다. 그러므로 제품의 기능 유지가 가능하고 공차 누적 방지로 저렴한 비용이 든다.

(1) 헐거운 끼워 맞춤(Clearance fit)

조립하였을 때 항상 틈새가 생기는 끼워 맞춤. 즉, 도시된 경우에 구멍의 공차 역이 완전히 축의 공차 역이 위쪽에 있는 끼워 맞춤이다.

(2) 억지 끼워 맞춤(Transition fit)

조립하였을 때 항상 죔새가 생기는 끼워 맞춤. 즉, 도시된 경우에 구멍의 공차 역이 완전히 축의 공차 역이 아래쪽에 있는 끼워 맞춤이다.

(3) 중간 끼워 맞춤(Interference fit)

조립하였을 때 구멍·축의 실 치수에 따라 틈새 또는 죔새의 어느 것이나 되는 끼워 맞춤. 즉, 도시된 경우에 구멍·축의 공차 역이 완전히 또는 부분적으로 겹치는 끼워 맞춤이다.

설계를 하는데는, 기계의 각 부분에 주어진 여러 가지 조건이 필요로 하는 기능을 발휘할 수 있도록 해야하는데, 끼워 맞춤에 관해 반드시 만족시켜야 할 최소한의 요구가 있다. 예를 들면 볼트가 구멍에 끼워 맞춰지거나 미끄럼(sliding)베어링과 같이 구멍 속에서 축이 회전할 경우에는 최소틈새가 생긴다. 즉, 헐거운 끼워 맞춤이 된다. 또 맞춤 핀을 지그나 고정구 또는 금형 다이 부품의 축 선을 맞추거나 기어 등의 중심 구멍에 축을 압입하여 접촉압에 따른 마찰력에 의해 기

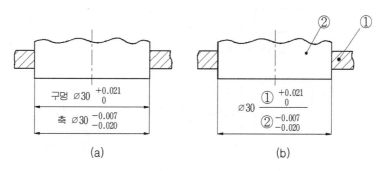

그림 2-47 조립상태에서 공차 치수 기입

어와 축 사이에 토오크를 전달하고자 하는 설계에서는 필요한 탄성변형에 상당하는 최소 죔새가 된다. 즉, 억지 끼워 맞춤이 된다. 억지 끼워 맞춤은 두 결합 부품에 힘을 가하거나 외부 부재의 열 팽창에 의해 결합된다. 어떤 금속은 외부 부재를 결합하기 전에 열팽창 시키지 않을 경우에는 조립이 어렵다. 중간 끼워 맞춤은 결합 부품의 공차가 어느 정도 중복되는 끼워 맞춤이다[그림 2-47 참고].

6. 공차 누적 (tolerance stack)

공차 누적은 상호관계에 있는 각 부품의 치수에 대한 허용 공차가 제품 치수 관계에서 허용될 수 없는 허용치수가 얻어 질 때 나타난다. 최대 한계 치수 공차가 결합될 때 그 상태를 한계 누적(limit Stack)이라 한다. 즉, 개개의 치수는 합격이나 전체 치수 관계에서는 불합격을 만드는 경우, 치수 가감시 공차가 누적되어 치수 모순이 생기는 현상을 말한다.

(1) 한계 누적과 공차 누적

① 한계 누적 (limit stack): 극한의 공차 결합시 발생하는 잘못된 공차이다.
② 공차 누적 (tolerance Stack): 한계누적이외의 잘못된 공차을 말하며 기준선 치수방식을 말하다.

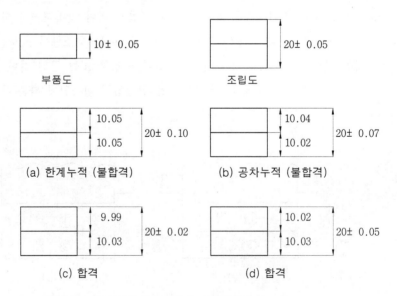

그림 2-48 한계 및 공차 누적의 예

[그림 2-48]과 같이 공작물이 10±0.05로 가공하여 조립하였을 때 치수가 20± 0.05로 되어야 한다면 (a)은 한계누적을 나타내며, 그 치수는 20.10이다. 이것은 규제된 치수 20±0.05를 초과했기 때문에 합격될 수 없다. (b)도 규제된 것보다 커진 상태를 보여 주는 것으로 극한적인 치수로 조합된 것은 아니지만 공차 누적 이라 부른다. 그림 (c), (d)는 규제된 범위내의 조립된 치수이다.

치수와 공차의 누적은 허용할 수 있는 크기는 아니다. 기타 다른 조립에서도 발생할 수 있으며 여러 가지 같은 방향의 극한 공차가 조립될 가능성은 희박하나 실제 현장에서는 총 공차 누적을 계산하는데 극한 공차 누적을 사용하는 것이 보통이다.

(2) 공차 누적 발생원인

제품설계시 공차간 분배의 문제, 공정전개의 문제, 게이지 방법상의 문제이다.

(3) 공차 누적 발생대책

공차를 축소해야 한다. 그러나 비용은 증가(불량률 증대 및 공정추가)한다. 공정전개의 합리화 및 적절한 게이지 방법을 연구해야 한다.

(4) 공차 누적의 종류

① 설계상 공차 누적(design tolerance Stack)

제품 설계시 공차 안배 과오로 발생하며 총 공차 누적을 계산하여 사전 예방 가능하며 예방책으로는 기준선 치수 방식 사용(직렬식 표기법 사용금지)과 공차 축소를 하는 방법이 있지만 공차 축소는 비경제적이다.

[그림 2-49(a)]는 부품의 한계치수 누적을 설명하고 있다. 조건X 치수는 20± 0.10이내이며 실제치수는 20±0.20(±0.10초과)이다. 만족을 위해 각 부위는 ± 0.025이내로 공차를 축소하여야 한다. [그림 2-49(b)]는 기준선치수방식(공차 누적 방지)이며 실제 Y 치수는 20±0.10이다. 따라서 공차 누적을 줄이기 위하여 기준치수 방식의 치수 기입법을 선택하는 것이 공차 누적으로 인한 불합리한 요소를 사전에 방지 할 수 있다.

[그림 2-50]는 조립품 설계시 한계치수 누적을 나타내고 있다. 공차누적 dl 을 구할 경우 기본공식은 다음과 같다.

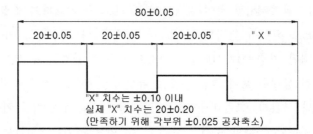

(a) 공차누적

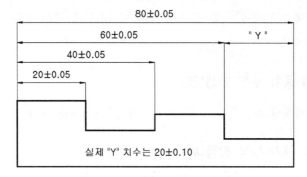

(b) 기준선 치수 방식(공차누적 방지)

그림 2-49 부품의 한계누적과 기준치수방식

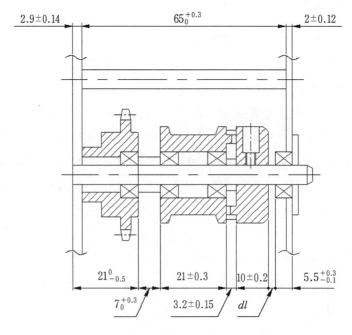

그림 2-50 조립품의 한계누적치수방식

$$x_T = \frac{(n-2)\sqrt{\sum\limits_{i=1}^{n} x_i^2} + 2\sum\limits_{i=1}^{n} x_i}{n}$$

여기서 n : 부품의 누적수량 ($n \geq 2$)

x_T : 누적 공차,

x_i : 부품 공차,

x_D : 누적 치수,

dl : 설계누적 치수 공차

여기서 공차누적 치수 dl을 구하려면 편측, 양측공차를 동등양측공차로 변환한다.

$n = 9$

$dl = (2.9^{\pm0.14} + 65^{+0.3}_{0} + 2^{\pm0.12} - 5.5^{+0.3}_{-0.1})$

$\quad -(21^{0}_{-0.5} + 7^{+0.3}_{0} + 21^{\pm0.3} + 3.2^{\pm0.15} + 10^{\pm0.2})$

$\quad = (2.9^{\pm0.14} + 65.15^{\pm0.15} + 2^{\pm0.12} - 5.6^{\pm0.2})$

$\quad\quad -(20.75^{\pm0.25} + 7.15^{\pm0.15} + 21^{\pm0.3} + 3.2^{\pm0.15} + 10^{\pm0.2})$

$x_D = \{(2.9 + 65.15 + 2 - 5.6) - (20.75 + 7.15 + 21 + 3.2 + 10)\}$

$\quad = 2.35$

$x_T = \{(9-2)\sqrt{0.14^2 + 0.15^2 + 0.12^2 + 0.2^2 + 0.25^2 + 0.15^2 + 0.3^2 + 0.15^2 + 0.2^2}$

$\quad\quad + 2(0.14 + 0.15 + 0.12 + 0.2 + 0.25 + 0.15 + 0.3 + 0.15 + 0.2)\} / 9$

$\quad = \pm0.818399$

$\therefore dl = 2.35 \pm 0.818(\text{mm})$

② 공정 공차 누적

공정계획이 제대로 지켜지지 않거나 부적절한 공정전개의 결과에 의해 공차 누적 이 발생한다. 따라서 조립 과정에서와 같이 여러 가지 부품에 의한 누적 공차가 아닌 공정 공차 누적이 존재한다고 판단될 경우, 그 원인과 크기를 규명하고 누적 공차를 제거하기 위한 공정의 변화를 고려해야 한다. [그림 2-51]은 이러한 공정전개의 3가지 예를 보여주고 있다.

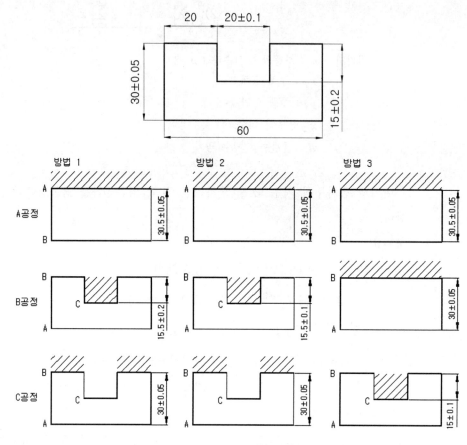

그림 2-51 세 가지 다른 위치결정에 의한 가공 예

㉠ 방법 1(A면 가공 → 홈 부 C면 가공 → B면 가공)

절삭량은 (30.55−29.95＝0.6, 30.45−30.05＝0.4)이고

홈 깊이는(15.3−0.6＝14.7, 15.7−0.4＝15.3)이다.

따라서 기준치수15±0.3(15−14.7＝−0.3, 15−15.3＝+0.3)이다.

홈의 깊이결과는 15±0.3이다. 규제된 공차 15±0.2보다 ±0.1이 벗어난다.

결국 공정전개에서 공차 누적이 발생하여 제품은 불량하게 된다.

㉡ 방법 2 (방법 1과 동일하나 홈 부 공차±0.2→±0.1로 수정)

절삭량은 (30.55−29.95＝0.6, 30.45−30.05＝0.4)이고

홈 깊이는(15.4−0.6＝14.8, 15.6−0.4＝15.2)이다.

따라서 기준치수15±0.2(15−14.8＝−0.2, 15−15.2＝+0.2)이다.

홈의 깊이는 규제된 공차와 같이15±0.2이다. 공정에서 불량품이 생기는 일

은 없다. 그러나 공차 축소 때문에 비용이 증가된다

ⓒ 방법 3

(A면 가공→B면 가공→C면 가공 : 홈 깊이는 전공정의 영향을 받지 않음)

홈 깊이는 최소 14.8, 최대 15.2이므로 결론적으로 15±0.2이다.

이 방법이 공정전개에서 공차의 누적을 방지하기 위한 최선의 방법이며 불량이나 비용을 증가시키지 않는다. 부품의 형상이 복잡하여 공정의 전개 과정이 뒤바뀌었을 경우도 있을 수 있고, 공작물의 원만한 세팅(setting)을 위하여 어쩔 수 없이 공정 순서가 뒤바뀌는 경우도 있을 수 있으므로 신중한 계획에 의해서 공정 공차 누적을 해결해야 한다

7. 치수가감의 법칙

제조 공정 상에 공차 누적은 여러 가지 원인으로 나타나며 그것을 추적하는 것은 매우 어려운 일이다. 기계부품을 가공하거나 조립할 때 그 공차들은 어떤 원칙에 의해서 누적되어 지는데 이것은 치수를 가감했을 때는 공차의 누적을 반드시 고려해야 한다. 기본 원칙은 치수를 가감할 경우 공차는 반드시 더해져야 한다. 그것은 [그림 2-52] (a)의 면A와 C사이의 치수를 구하기 위해서는 AB면 치수와 BC면 치수를 더해야 한다. 공차도 같이 더한다. 양쪽 방향의 한계치수를 고려하면 표면 A와 C사이의 치수 공차는 0.08이 되는 것이다.

AB 치수 10±0.05

BC 치수 15±0.03

AC 치수 25±0.08

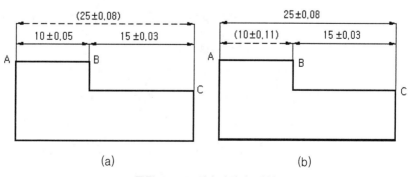

(a)   (b)

그림 2-52 치수가감의 법칙

만일 [그림 2-51]의 (b)와 같이 치수 공차로 표기되면 AB치수는 10 ± 0.11로 나타난다.

AC 치수 25 ± 0.08

BC 치수 15 ± 0.03

AB 치수 10 ± 0.11

8. 공차 환산

기계설계 및 치공구설계하는 과정에서 부품의 상호 조립관계를 고려하여 주어진 공차는 일반적으로 구멍에 대해서는 동등양측 공차를 편측공차로 거리의 누적공차를 방지하기 위해서는 편측공차를 동등 양측공차로 바꾸어 나타내어야 능률적인 공차환산이 되므로 실제적으로 효율적인 설계가 된다.

(1) 동등 양측 공차를 편측 공차로 변환

예를 들어 동등 양측 공차 35.01 ± 0.04의 치수를 편측 공차로 변환하면 다음과 같다.

① a. 기준치수에서 플러스(+)방향일 경우 아래 치수를 빼주고

$35.01-0.04=34.97$

b. 기준치수에서 마이너스(−)방향일 경우 위 치수를 더해주고

$35.01+0.04=35.05$

② 전체 공차량을 구한다. $0.04+0.04=0.08$

③ a. 플러스(+)방향일 경우 (1)a의 치수에서 (2)의 치수를 위 치수 공차로 한다.

$34.97^{+0.08}_{0}$

b. 마이너스(−)방향일 경우 (1)b의 치수에서 (2)의 치수를 아래 치수 공차로 한다. $35.05^{0}_{-0.08}$

④ 도면으로 나타낼 때는 기준치수 35 에서 계산하면

a. 마이너스(−)방향일 경우 $35-35.05=+0.05$

b. 플러스(+)방향일 경우 $35-34.97=-0.03$

그러므로 a를 위 치수로 b를 아래치수로 하면 $35^{+0.05}_{-0.03}$로 된다.

(2) 편측 공차를 동등 양측 공차로 변환

예를 들어 편측 공차 $35 ^{+0.05}_{-0.03}$의 치수를 동등 양측 공차로 변환하면 다음과 같다.

① 전체 공차량을 구한다. $0.05 + 0.03 = 0.08$

② 구하여진 공차량을 2로 나눈다. $0.08 \div 2 = 0.04$

③ a. 상한 값에서 2로 나눈 공차를 뺀다. $35.05 - 0.04 = 35.01$

    b. 하한 값에서 2로 나눈 공차를 더한다. $34.97 + 0.04 = 35.01$

④ (3)에서 구한 값을 기준값으로 하고, (2)의 값을 동등 양측 공차로 적용시킨
다. 35.01 ± 0.04

다른 방법으로는 [표 2-1]의 공차 변환표를 활용하는 것도 효과적이다.

표 2-1 공차 변환표

A	B	C	D	E	F	G	H	J	K
0.005	0.01	0.015	0.02	0.025	0.03	0.035	0.04	0.045	0.05

L	M	N	P	R	S	T	U	V	W
0.055	0.06	0.065	0.07	0.075	0.08	0.085	0.09	0.095	0.10

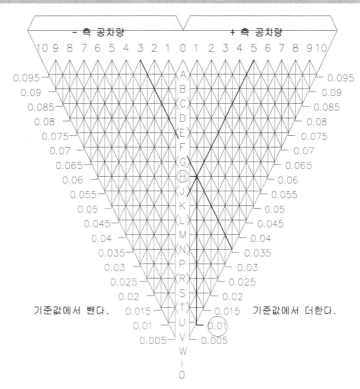

적용 공차를 따라 서로 만날 수 있도록 연장선을 그어서 그 교차점에서 수평선 상의 문자를 확인하고 수직 연장선을 따라 내려가면 어떤 숫자를 볼 수 있다. 이 숫자가 중앙 축의 우측에 있으면 기준값에 더하고 좌측이면 빼어서 기준 치수로 삼는다. 그리고 문자에 해당하는 값을 공차로 적용시킨다.

$35+0.01=35.01H$에 해당하는 값 0.04를 적용하면 35.01 ± 0.04로 구할 수 있다.

2.7 공차 관리도

공업 기술 발달로 현대에 와서 정밀한 공차가 요구되는 양질의 제품일수록 품질이나 성능 면에서 뛰어나고 상대적으로 고부의 부가가치를 창출하여 치열한 경쟁에서 남보다 한발쯤 앞서는 것이 현실이다. 하지만 필요이상의 정밀 공차는 제조원가를 상승시키는 작용을 한다. 그러므로 세심한 설계에 의한 적절한 공차는 제조과정을 원활하게 하고 치공구 제작비도 절감하며 검사횟수와 시간 등을 단축하는데 기여를 한다. 공차 도표란 전체 제조 공정에서 공작물의 가공이나 조립에서 치수 및 공차를 설정, 검토, 조정하여 어떻게 변하는 가를 나타내는 방법이다. 이것은 부품의 최종치수를 규제하기 위해서 공정상의 각 치수 공차를 검사 또는 분배하는 근거자료가 되는 것이다. 공차 도표는 제품의 치수 문제를 검토하는데 사용되어 왔으며 조립 공정에도 유용하게 이용된다. 제품의 제조과정에 있어 각 제조공정의 치수 및 공차를 합리적으로 부여하는 관리기법를 공차관리도라 한다.

1. 공차 도표의 목적 및 응용

부품의 제조 과정에서 공정치수 및 공차를 합리적으로 설정, 검토, 조정하는 데에 공차관리도(공차 도표, 공차표)를 활용하는 것이 합리적이다. 공차 도표는 공정의 진행과정에서 공작물의 치수나 공차가 설계자의 요구 되로 만족할 수 있는지 확인하는 중간관리 시스템으로 부품의 치수와 공차를 설정, 검토, 조정하여 조립공정에서 발생 가능한 불합리한 요소를 사전에 제거하여 제조원가를 절감하여 최소비용으로 최대 양질의 제품생산 및 기능에 부합되는 제품설계에 주목적이 있다. 공차 도표의 이점은 다음과 같다.

① 공정설계기사가 가공에 앞서 부품의도면(제품도)과 같이 만들어 질 수 있는가를 결정하는 참고자료가 되며 불량품을 사전에 방지하는데 유용하다.

② 효율적이고 합리적인 제조공정을 전개하는데 도움이 되다

③ 작업순서에 따른 각 공정에 적절한 가공 공차를 결정하는 방법을 제공해 준다.

④ 매 공정마다 적절한 절삭량을 부여하고, 절삭량에 따라 적당한 공구를 결정하는 툴링(tooling)의 자료로 활용할 수 있다.

⑤ 사용기계의 고유의 정밀도를 파악하였을 때, 부품의 원자재 규격을 결정 만족시킬 수 있는지 여부를 나타내 준다.

⑥ 제품도에서 제조규격이 비효율적으로 주어진 공차를 제품 설계 측과 협의하는 자료가 된다.

⑦ 공정전개의 목적을 위하여 제품에 치수를 부여하는 방법에 대한 확인을 편리하게 해 나갈 수 있다.

⑧ 공정설계기사에게 제품이 최종작업까지 원하는 치수와 공차가 얻어질 수 있는가를 결정하는데 도움이 된다.

⑨ 복합공정의 실용성을 결정하는데 도움이 된다(총형 공구에 의한 가공이나 검사 게이지의 조합).

⑩ 복잡한 형상의 제품을 제조하는 과정에서 발생될 수 있는 공정간의 치수오차를 감소시키는 방법을 강구할 수 있다.

⑪ 적당한 크기의 소재를 결정하고 주조품 및 단조품의 가공여유를 결정하는데 도움이 된다.

⑫ 공차 도표는 공정도와 함께 완전하고 정확한 공정 총괄을 작성하는데 큰 도움을 준다.

⑬ 공통언어 및 의사전달이 확실하며 공정변경, 조합, 추가 검토가 용이하고 조립 상태에서 검토가 쉽다.

2. 공차 도표에 사용하는 기호와 용어

공차 도표를 작성하는 경우에도 서로의 의사를 명확하게 전달하기 위하여 기호나 용어를 약속한 것이 있다.

① 가공치수(working dimension) : 측정기준면과 가공면 사이의 치수, 작업자가 가공 하고자 하는 치수로 등가 양측 공차를 사용한다.

② 절삭량(stock removal) : 가공 전 치수에서 이번 공정 가공치수와의 차, 제거 되는량, 가공 전체 치수와 가공 후 치수의 차이를 말한다.

③ 균형치수(balance dimension) : 절삭량을 계산하거나, 치수가 완성치수로 가 공되지 않았을 때 그 부분의 공차와 가공치수를 결정하는데 활용되며, 누적 공차의 분석이 용이하다.

④ 결과치수(resultant dimension) : 공정의 가공에 의해 얻어지는 치수, 최종 공 작물 상의 결과적인 치수를 말한다.

⑤ 총 공차(total tolerance) : 공정과정에서 발생된 전체 절삭량의 변화량

표 2-2 공차 도표에 사용되는 기호 예

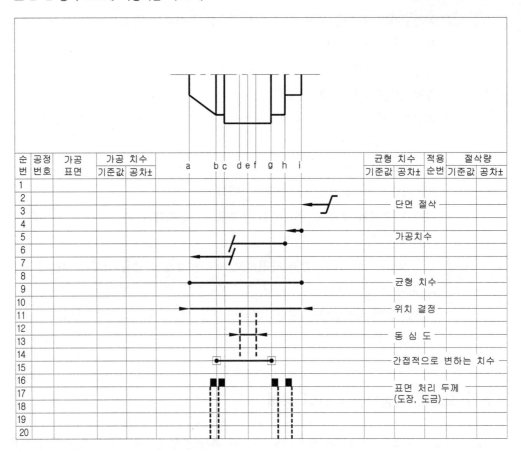

3. 공차 도표 작성을 위한 확인 사항

공차 도표를 작성할 때에는 다음 사항에 대하여 세심한 주의와 관찰이 요구된다.

(1) 제품 도면 분석

전체 총 생산량과 월간 또는 주간, 하루의 생산량은 얼마인가, 기준 치수 및 공차, 그리고 소재는 판재 또는 봉재를 이용하나, 혹은 소재를 단조 또는 주조를 해서 투입하는 게 효율적인가, 열처리를 할 것인가, 표면처리를 할 것인가, 일반적인 공구로 생산 가능한가, 아니면 특수 공구가 필요한가, 치공구는 어떻게 활용할 것인가 등 면밀히 확인하여야 할 사항이 많음을 명심하여야 한다.

(2) 공정 순서도 스케치

축 또는 중심선에 대칭인 봉재(bar stock)의 가공은 중심선 아래 반 단면도 만 스케치하며, 소재가 주조, 단조품인 경우는 [그림 2-53]과 같이 기계 가공 윤곽선 위에 점선으로 소재 상태를 표시하고, 밀링 가공하는 제품의 경우는 가로, 세로 2방향으로 공차 누적이 발생하므로 공차 도표 2개를 작성한다. 근접 부분의 혼돈을 피하기 위하여 [그림 2-54]와 같이 스케치의 변경이 가능하며, 서로 다른 형태로 구분가능한 전용 절삭 용어로 표시할 수도 있다.

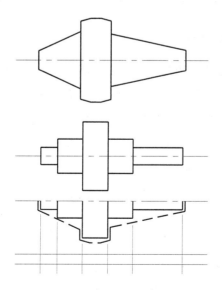

그림 2-53 소재가 단조품인 경우 스케치

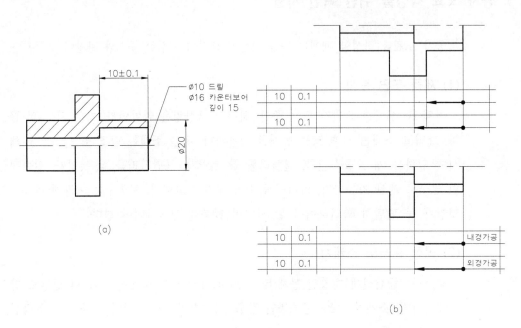

그림 2-54 외경 단의 길이와 구멍의 깊이가 같은 경우의 스케치

외경 단의 길이와 내경 구멍의 깊이가 같은 경우 혼돈을 피하기 위해 계획적으로 부품의 실제 형상을 변경시켜 동일 형태가 아닌 것을 인식할 수 있도록 하거나, 다른 컬러 펜으로 표시하여 부품의 형상에 대한 혼돈이 없도록 한다.

(3) 절삭량 산출

공차 도표에는 작업순서가 표시되어 있어 이 순서에 의해서 작업이 이루어지지만, 각 공정에서 가공되는 절삭량은 공차 도표가 작성되는 과정에서 최종 절삭량을 먼저 계산하고, 역순으로 차근차근 처음까지 계산한다. 최종 작업에서는 아주 적은 절삭량을 요구하기 때문에 일반적으로 작업 순서와는 반대로 절삭량을 산출하는 것이 바람직하다.

동시에 여러 작업이 수행되는 경우, 최종 작업에서 필요 하는 그 이상의 절삭량은 허용하지 않는다. 그러나, 어떤 특별한 이유가 있을 때는 이러한 사실이 깨뜨려지는 경우가 있다. 이러한 이유는 공차가 평균치로 주어졌을 때, 정상적인 가공에서 아래 치수로 가공되어 있는 경우이며, 최종 다듬 작업에서 절삭 여유가 너무나 적기 때문이다. 가공 공차를 분배하는 경우 최초공정에서의 스크랩(scrap)

은 작아질 것이고 더 크게 가공되는 경우는 최종 공정에서 규정에 맞게 제작될 수가 있다.

(4) 공차 도표의 구조와 구성 방법

① 제품 형상의 스케치가 완성되면 공정이 이루어지는 각 표면에 수직 연장선을 긋고 각 연장선마다 식별 문자를 부여한다.
② 스케치의 지름은 공정 번호가 기록된 옆에 치수와 공차를 함께 표시한다.
③ 2개 이상의 가공 면을 갖는 밀링 제품의 경우는 가로와 세로 방향 공차 도표를 구분하면서 각각 방향별로 공차 누적을 관찰하고 관리한다.
④ 라인(line) 번호와 공정 번호를 기록하고, 사용 장비 명칭을 기입한다.
⑤ 사용 장비란 옆에 가공 치수와 공차를 기입한다.
⑥ 적용 순번 란에 절삭량 또는 균형 치수 계산을 위한 라인 가감 번호를 표시한다.
⑦ 공정 결과의 요약을 위하여 굵은 선을 가로로 긋고 좌측에 부품도의 치수와 공차, 그리고 우측에 결과 치수와 공차를 기입한다.

4. 공차 도표 작성

부품이 요구하는 기능과 성능을 제대로 발휘하려면 도면에서 주어지는 치수가 허용 공차 범위 이내의 값으로 제작되어야 한다. 부품의 제작은 합리적인 공정을 거치지 않고는 여러 가지 요인에 의해 많은 어려움이 있다. 이러한 문제를 해결하기 위하여 공차 도표를 작성하기 전에 공정의 전개가 제품도의 사양대로 가공이 이루어질 수 있는 가를 공정 전개 과정에서는 알 수 없으므로, 시험적인 공정 전개과정을 세심하게 관찰하고 분석하여야 한다. 이 단계에서 시험적인 것이라 표현한 것은 부품이 사양대로 제작될 수 있는지 즉각 결정할 수 없기 때문이다. 그러나 공차 도표의 작성이 전개됨에 따라 이 조건 성립의 여부가 뚜렷해진다. 가공 순서와 함께 가공 치수 및 공차를 공차 도표에 의해 결정 될 때, 저렴한 원가로 좋은 품질의 부품을 제작할 수 있다. 제품의 요구 사항을 만족시키기 위해서는 원만한 공정의 전개가 반드시 이루어져야 하며, [그림 2-55]도면의 제품을 대량으로 생산하고자 공차 도표를 작성하기 전에 우선 작업 순서부터 확정지어야 한다. 공차관리도를 이용하는 1차 그룹은 제품설계기사, 공정설계기사, 제조생산기사이며, 2차 그룹은 공구설계기사, 품질관리기사 등이다.

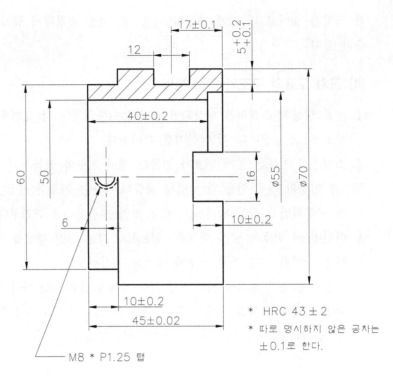

그림 2-55 부품도

표 2-3 시험적인 공정 순서

공정 번호	사용 기계	공정 내용
10	작업대	소재의 수령 검사
20	CNC선반	가공 소재를 척에 고정하고 단면을 가공한 다음 내경과 외경을 가공한 후 모따기를 한다.
30	CNC선반	전체 길이를 맞추고 내경을 Ø55-5 외경을 가공한 다음 모따기한다.
40	CNC선반	Ø60-10외경을 가공한 다음 모따기한다.
50	CNC밀링	폭 16mm, 깊이 10mm를 엔드밀로 가공한다.
60	CNC밀링	폭 12mm 커터를 사용하여 깊이 5mm되게 가공한다.
70	탁상드릴링	Ø6.8mm 드릴로 구멍을 뚫고, M8 탭 가공을 한다.
70	디버링	버어 제거
80	열처리	HRC 45±2
90	평면연삭	단면적이 넓은 쪽을 기준으로 하여 연삭 가공한다.
100	평면연삭	90 공정의 반대면을 연삭한다.

(1) 시험적인 공정 순서

공정 도표를 작성하기 전에 우선 작업 순서부터 확정지어야 한다. 모든 요구사항을 충족시키는데는 작업순서를 변경시킬 필요도 있지만, [표 2-3]과 같이 시험적으로 작성해 보는 것은 목적을 합리적인 작업 형식으로 설정하는 데 도움을 주기 위한 것이다. 공정 번호가 주어지고 공작물의 작업 내용을 기록하며, 매 공정마다 수행되는 작업의 내용을 기록하고, 일반적인 형식의 기계 또는 공정을 지정하고, 특수한 기계는 다음의 공정 총괄표에 표시한다.

(2) 공정 전개 스케치

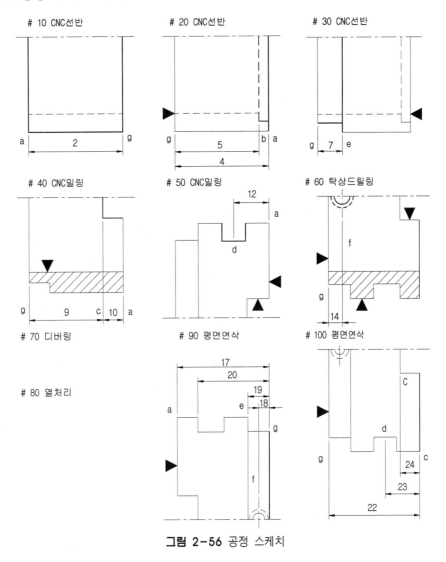

그림 2-56 공정 스케치

5. 공차 도표 전개

공차 도표를 전개할 때는 최소 공정 공차(minimum process tolerance)를 사용하는 것이 바람직하다. 만일 공차가 너무 크면, 결과 치수가 부품 사양 이내에 들어오기 어렵기 때문에 전 공차표를 재 작성해야 한다. 그리고, 공차가 감소되어야 할 경우, 공정 설계 기사는 경제성을 유지하기 어려운 공차에 직면하게 된다. 밀링이나 선반에 의해 가공되어 질 수 있는 것을 연삭가공까지 할 경우 비용의 증가가 불가피하다. 공차표를 다시 작성하는 경우 적은 공차를 늘려 주는 것이 많은 공차를 줄이는 것보다 훨씬 용이하다는 것은 분명한 사실이다.

표 2-4 공정 치수 및 공차 계산 전의 공차 도표

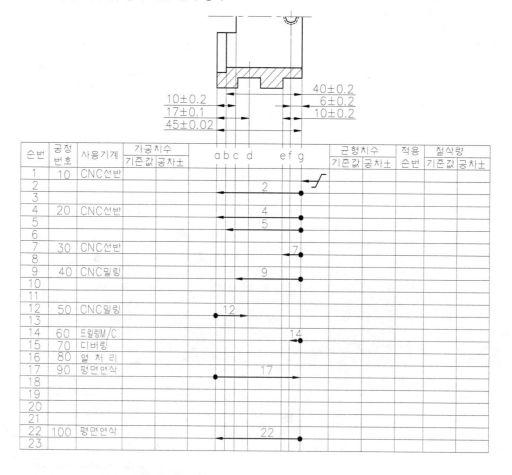

(1) 5 공정

10 공정 절삭 가공 공정으로 투입되기 전에 안일하게 생각하여 누락시켰던 공정을 추가 삽입한다. 소재의 재질 분석 등 물리·화학적 특성에 관한 사항을 비롯하여 경우에 따라서 외관 혹은 소재 상태의 치수 등 수입 검사와 관련된 공정을 편리하도록 추가한다.

(2) 10 공정

10 공정은 투입된 가공 소재를 적당한 길이로 돌출 되게 하여 척에 고정시키고 단면을 가공하고, 내경 $\phi 50 \pm 0.1$mm를 가공하며, 외경 $\phi 70 \pm 0.1$mm를 가공한 다음 모따기를 하고 길이 g→a가 45.7 ± 0.2mm되게 절단한다. 만일 공정에 투입된 가공 소재가 중공이 아닌 중실 축이라면 내경 $\phi 50$mm를 가공하는 방법은 다양한 공구(공구의 형상·재질)에 의해 여러 가지 조건(1회 절입량, 이송 속도)중에서 채택된 방법으로 공정이 전개될 수 있으며 공구의 선정과 가공 조건의 결정에 관한 사항을 툴링(tooling)이라 하여 기계가공 기술자라면 누구나 할 것 없이 많은 신경을 써야 하고 꾸준한 연구와 노력이 요구되어 진다. 현명한 툴링은 제조원가 절감에 많은 기여를 하고 있으나, 아직은 이를 인식하지 못하고 소홀하게 생각하는 것이 아쉬운 실정이다.

(3) 20 공정

10 공정에서 가공된 g면을 위치결정면으로 하고 적당한 길이로 척에 공작물을 고정시킨다. 80 공정의 열처리에 의한 변형과 90, 100 공정의 연삭 가공을 고려하여 a→g 길이에 가공 여유(allowance)를 주어야 한다. 대개 이 정도의 길이에서는 완성 치수보다 0.3mm 정도 크게 한 45.3 ± 0.1mm고 가공한 다음 치수와 공차의 변화를 관찰하기로 하자.

20 공정 전체 길이 가공

10 공정 가공 치수	45.7 ± 0.2
20 공정 가공 치수 −	45.3 ± 0.1
절삭량	0.4 ± 0.3

전체 길이를 가공할 때 절삭량 0.4 ± 0.3mm는 전에 0.1mm에서부터 많게는 0.7mm까지 가공되어질 수 있다. 이러한 과정에서 흔하지는 않지만 단면 0.7mm를 가공할 때 한번 절입으로 가공할 것인가, 아니면 두 번으로 나눌 것인가, 바이

치공구 설계

트(bite) 형상과 팁(tip)의 두께 등을 고려하여 결정해야 할 것이다.

그리고, 내경 $\phi 55 \pm 0.1$mm의 깊이를 g면 연삭 여유를 고려하고 허용 공차의 절반으로 하여 g→b 가공 치수와 공차 40.15mm로 하는 것이 무리 없는 공정의 전개라 생각되었고 이러한 과정을 분석하면 절삭량은 다음과 같다.

20 공정 내경가공

10 공정 가공 치수	45.7 ± 0.2
20 공정 가공 치수 $-$	40.15 ± 0.1
절삭량	5.55 ± 0.3

여기에서 절삭량의 계산이 $(45.3 \pm 0.1) - (40.15 \pm 0.1) = 5.15 \pm 0.2$mm로 되지 않느냐고 의문을 가질 수 있을 것이다. 하지만 절삭량은 전공정의 값에서 이번 공정의 값을 뺐을 때 구해진 차이 값이다. 이러할 때 전공정의 치수는 10 공정에서 가공되어진 45.7 ± 0.2mm에서 계산하여 구해진 5.55 ± 0.3mm가 절삭량으로 인정되어 진다.

표 2-5 10, 20, 30 공정

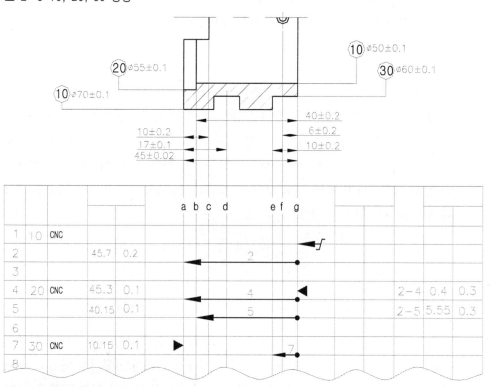

그러면 전공정과 이번 공정의 구분은 어떻게 되는가? 공정의 구분은 간단하게 몇 가지로 설명할 수가 있다. 그 첫째 사용하는 공작 기계가 바뀌었을 때(선반에서 밀링으로 기계가 바뀌는 경우), 둘째 같은 기계에서라 할지라도 사용기계가 바뀔 때이다.

(4) 30 공정

20 공정에서 전체 길이 45.3±0.1mm로 가공되었기에 30 공정은 a면을 위치결정면으로 하고 g→a의 가공 치수를 부품도에서 요구하는 치수에 90 공정의 연삭 여유, 20 공정에서 주어진 0.15mm 더한 값으로 하고, 그 공차는 가공이 계속될수록 누적되어 커지므로, 최종의 공차 값을 반으로 하여 10.15±0.1mm로 가공하면 90 공정에서 연삭 가공이 완료되었을 때 공차 범위 이내로 가공은 되지만 주어지는 공차를 충분히 활용하지 못한 것으로 나타난 것이 나중에 발견 될 것이다. 이번 공정에서 고공 치수 10.15±0.1mm가 절삭량이 된다. 외경을 10mm나 줄이면서 길이를 10mm 이상을 절삭하는 데 소요되는 시간(cycle time)도 툴링으로 단축되도록 연구하여야겠다.

(5) 40 공정

40 공정은 수직 밀링에서 ϕ16mm 엔드밀에 의해 깊이 10mm를 가공하는 공정이며 기계가공을 위한 고정구(fixture)의 제작이 요구되기도 한다. 외경을 기준으로 홈(slot)을 가공하느냐, 내경을 기준을 하느냐, 만일 내경을 위치결정면으로 하였을 때 ϕ50 내경에 어떤 조건의 위치결정구(locator)를 적용하느냐에 따라 다양한 형태(type)로 고정구가 구상되어질 수 있다.

지금 작성되는 공차 도표는 치공구 설계의 기본이 되는 공정도의 기초 자료이며, 공정도를 근거로 하여 치공구를 설계·제작하게 된다.

40 공정의 가공에 앞서 a를 기준면으로 작업 준비(set-up)하는 것이 불가능하지는 않지만 고정구의 구조가 복잡하고, 제작비용 또한 많이 들것으로 예측되어, g면을 위치결정하여 부품의 완성치수 45mm에서 a→c의 요구치수 10mm를 뺀 35mm를 기준 값으로, 여기에 20 공정에 의해 주어진 한쪽 연삭 여유를 0.15mm를 더하여 g→c의 치수를 35.15mm되게 가공하기 위한 준비를 한다면 간단하고 편리한 구조로 공정 치수와 공차를 얻을 수 있다.

10 공정에서 가공된 ϕ50 내경을 40 공정의 위치결정면으로 하고, 80 공정의

연삭 가공을 고려하여 20 공정에서 가공된 45.3±0.1mm에서 이번 공정 g→c의 치수로 요구되어 지는 35.15±0.1mm를 빼면, 절삭량은 10.15±0.2mm로 가공되어 진다.

20 공정 가공 치수	45.3 ± 0.1
40 공정 가공 치수 —	35.15 ± 0.1
절삭량	10.15 ± 0.2

이러한 과정에서 나타난 절삭량은 a→c 평형 치수로 길이 값을 결정하게 되고, 이렇게 얻어진 10.15±0.2mm는 100 공정에서 연삭 가공을 할 때 공차를 '0'으로 요구하는 잘못 얻어진 값이라는 것을 우리는 쉽게 알 수 있을 것이다.

(6) 50 공정

a면으로부터 가공하고자 하는 홈의 중심까지의 거리를 17±0.1mm로 가공하기 위한 수평 밀링 가공 공정으로 40 공정에서 ϕ16 엔드밀에 의해 가공되어진 홈에 평행하도록 장착한다.

(7) 60 공정

지그(jig)에 가공 소재를 장착하고, 1차 M8 탭 가공할 구멍 ϕ6.8mm를 드릴링 한 다음, 드릴을 안내한 부시를 제거한 다음, 탭 가공을 하는 공정으로 50 공정과 사용하는 치공구의 구조와 장비는 다르다 할지라도 공정간 거리 치수를 맞추기 위한 과정의 개념은 같다. 따라서 g를 기준면 6.15±0.15mm되는 위치에 드릴링하고, 90 공정 연삭 가공 후 관찰해 보며 각 공정간 공차를 평형시켜 공차 관리도를 완성시켜 본다.

(8) 70 공정, 80 공정

70 공정은 기계 가공에 의한 거스러미(burr)를 미리 제거하는 것이 열처리 이후보다 효과적이라 생각되어 삽입된 공정이며, 80 공정도 기계적인 특성을 부여하기 위하여 선정된 공정으로 열처리에 의한 치수의 변화가 예상되지만 이미 이를 고려하여 공정의 치수와 공차가 주어졌으므로 여기에서는 공차의 변화를 관찰하지 않는다. 혹시 필요하다면 세척(washing) 공정을 추가할 수도 있으나 지금은 공차의 누적에 대한 관찰이 목적이므로 다음 과정으로 넘어 가기로 한다.

표 2-6 40, 50, 60 공정

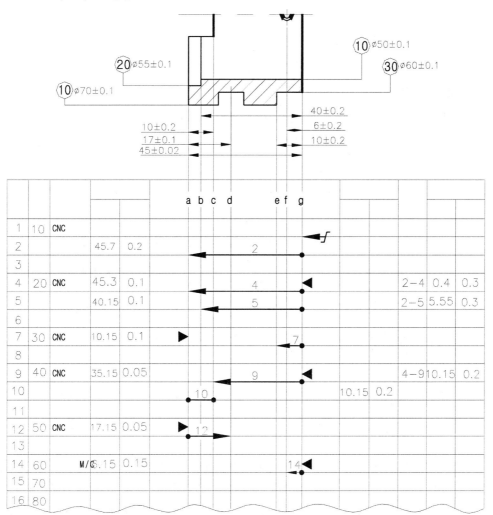

(9) 90 공정

이번 공정과 다음의 100 공정 연삭 가공은 생산성 향상을 위해 동시에 여러 개를 가공할 수 있도록 테이블(magnetic chuck)에 부품을 장착하고 g면을 연삭 하면서 a→g 치수를 45.15±0.02mm가 되도록 가공을 한다. 20 공정에서 g면의 가공 여유 0.15mm를 주었기에 이를 제거하면서 그 공차는 g면 방향의 마지막 가공으로 다음 공정에 의한 공차의 누적을 생각할 필요가 없으므로 완성 치수의 공차 ±0.02mm를 적용하면 절삭량은 다음과 같이 계산된다.

20 공정 가공 치수	45.3 ± 0.1
90 공정 가공 치수 —	45.15 ± 0.02
절삭량	0.15 ± 0.12

90 공정 a→g의 가공 치수가 45.15±0.02mm로 가공되면서 나타난 절삭량 0.15±0.12mm는 20 공정 가공에 의한 g→b, 30 공정에 의한 g→e, 60 공정에 의한 g→f 치수들이 다음과 같이 각각 변화됨을 알 수 있다.

먼저 20 공정 가공에 의한 g→b의 결과 치수를 관찰하면 다음과 같다.

20 공정 가공 치수	40.15 ± 0.1
90 공정 절삭량 —	0.15 ± 0.12
결과치수	40.0 ± 0.22

30 공정 가공에 의한 g→e가 90 공정 절삭량에 의해 어떻게 변화되었을까?

30 공정 가공 치수	10.15 ± 0.1
90 공정 절삭량 —	0.15 ± 0.12
결과치수	10.0 ± 0.22

60 공정 가공에 의한 g→f는 90 공정 절삭량에 의해 다음과 같은 값을 가지게 된다.

60 공정 가공 치수	6.15 ± 0.15
90 공정 절삭량 —	0.15 ± 0.12
결과치수	6.0 ± 0.27

이상과 같이 6±0.27mm, 10±0.22mm, 40±0.22mm로 나타난 결과 치수 중 어떤 것은 주어진 공차를 충분히 활용하지 못하였고, 또 어떤 것은 허용 공차를 초과하여 가공되어지는 현상이 나타났으므로 이대로 적용시키는 것은 여러 가지 부작용이 예상되어 진다. 앞서 40 공정에서 연삭 가공을 위한 공차의 여유가 없음을 확인하였고, 지금 90 공정에서 공차를 초과하는 부분이 다시 발견되었으며, 이후 100공정에서도 유사한 사항이 발생될 가능성은 없다고 말할 수 없다. 공차의 평형을 이루려는 노력은 다음이 마지막에 해당하는 100 공정이므로 유보하였다가 90 공정과 100 공정을 함께 평형을 이룰 수 있도록 하는 것이 효율적이라 할 수 있다.

(10) 100 공정

100 공정은 공정 공차 누적을 바로 잡기 위한 과정이 없다면 이것으로 공작물

가공을 위한 공차표 작성이 완전히 끝날 수 있다. 그러나 90 공정에서 몇 가지 문제가 발생되어 있었으므로 비슷한 현상의 발생 가능성이 100 공정에서도 예외일 수 없으리라 생각되어 진다.

90 공정과 같은 요령으로 다수의 부품에 대해 a면을 위치결정면으로 하여 g면을 연삭하면서 이번 공정의 절삭량을 계산해 보기로 하자.

90 공정 가공 치수	45.15 ± 0.02
100 공정 가공 치수 —	45.0 ± 0.02
절삭량	0.15 ± 0.04

이와 같이 결정된 절삭량 0.15 ± 0.04mm에 의하여 변화되는 40 공정 균형 치수 a→c와 50 공정 a→d 가공 치수를 각각 분석하여 보면 결과는 다음과 같이 나타난다.

a→c의 결과 치수

40 공정 균형 치수	10.15 ± 0.2
100 공정 절삭량 —	0.15 ± 0.04
결과치수	10.0 ± 0.24

a→d의 결과 치수

50 공정 가공 치수	17.15 ± 0.05
100 공정 절삭량 —	0.15 ± 0.04
결과치수	17.0 ± 0.09

이상과 같이 계산되어 얻어진 가공 치수와 공차는 매 공정마다 나누어져 있어 전체를 관찰하는데 불편하므로, 이를 한 장의 차트에 종합적으로 나타내고 분석하면 모든 공정에서 공차 적용의 모순 점들이 발견될 것이며 이를 재조정하는 과정을 거쳐야 원만한 공차 관리가 기대된다.

표 2-7 90, 100 공정(공차 평형 전의 공차 도표)

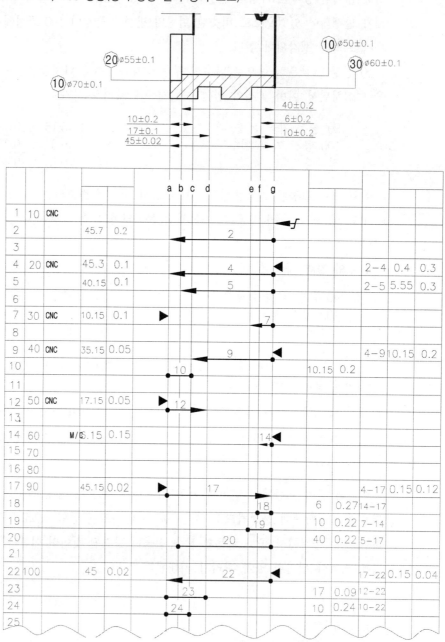

6. 공차 도표의 균형

공차 도표를 작성할 때는 일반적으로 부품도에서 주어진 공차보다 적게 공정 공차(processing tolerance)를 적용시키는 것이 좋은 결과를 얻을 수 있다. 따라서 먼저 작성한 공차 도표의 경우도 부품도에서 허용하는 공차의 반만 적용을 하였으나 결과는 공정간 공차를 재조정하는 과정이 필요하게 되었다. 그래서 [표 3-7]을 공차 평형전의 공차 도표라 하였으며, 이를 바로 잡아 균형을 이루도록 하려면 최종 결과 치수와 절삭량을 관찰하고, 관련되는 치수와 관계를 분석하여 비경제적이 공정 공차와 벗어난 공차를 적절하게 수정하는 것을 공차의 균형(평형)이라 한다.

(1) 100 공정의 평형

공정 설계 기사가 효율적으로 공정의 평형을 이룰 수 있는 방법이라면 90 공정보다 오히려 맨 나중 공정인 100 공정으로부터 역순으로 평형 시키는 것이 효율적이라고 앞서 기술한 바 있다.

100 공정 절삭량에 의해 a→d간의 공차는 50 공정에서 적용시킨 공차보다 추가해서 적용시킬 수 있는 요인이 발생된 반면, a→c의 공차는 40 공정 기계 가공으로 인해 얻어진 평형 치수와 관계를 분석할 때 공차의 초과 현상을 발생하였고 이는 수정이 요구되는 사항이다.

100 공정 절삭량은 다시 보아도 0.15±0.04mm는 이상적인 것으로 수정할 필요가 없는 것으로 판단된다. 그러면 40 공정 a→c의 균형 치수 값을 바꾸어야 하는데, 이 치수는 20 공정 전체 치수와 40 공정 가공 치수를 가감 법칙에 의해 절삭량이 10.15±0.16mm가 되는 과정을 거쳐야 하나 두 k값의 관계에서 10.15±0.16mm이 되는 여러 가지의 경우 중 20공정에서 a→g를 45.3±0.07mm로 하고 40 공정에서 g→c를 35.15±0.09mm로 바꾸었을 때 절삭량은 10.15±0.16mm로 수정되어 진다.

20 공정 가공 치수	45.3 ± 0.07
40 공정 가공 치수 —	35.15 ± 0.09
40 공정 절삭량	10.15 ± 0.16

그리고 이렇게 하여 구해진 절삭량이 a→c의 균형 치수 가 되고 100 공정 절삭량과의 관계에서 a→c의 최종 완성 치수로 가공되어 진다.

치공구 설계

표 2-8 모든 공차를 평행시킨 공차 도표

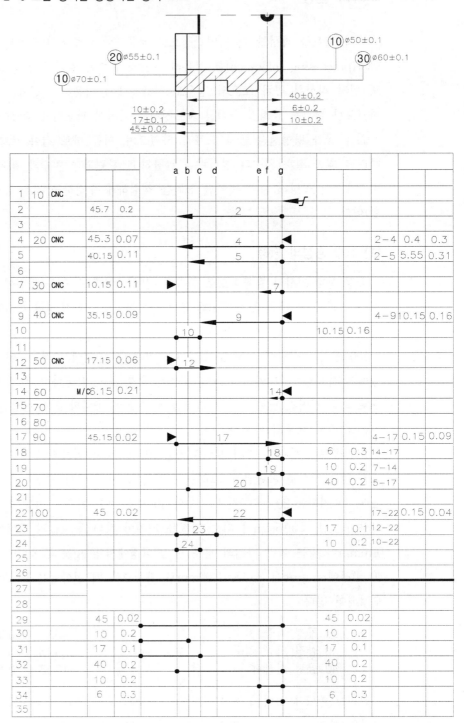

40 공정 가공 치수	10.15 ± 0.16
100 공정 절삭량	— 0.15 ± 0.04
a→c 결과치수	10.0 ± 0.20

50 공정 밀링 가공은 a→d의 공차를 0.01mm만 키우면 요구 조건은 만족시킬 수 있을 것으로 생각되어 진다.

50 공정 가공 치수	17.15± 0.06
100 공정 절삭량	— 0.15± 0.04
a→d 결과치수	17.0 ± 0.10

(2) 90 공정의 평형

90 공정 절삭량에 의한 공차의 변화 과정을 살펴보면 우선 100 공정이 균형을 이루면서 20 공정 a→g의 공차가 변하였으므로 90 공정 절삭량 또한 달라진다. 20 공정의 전체 길이에 대한 가공 치수 45.3±0.07mm와 90 공정 가공 치수의 차로 나타나는 90 공정의 절삭량은 얼마나 될까?

20 공정 가공 치수	45.3 ± 0.07
90 공정 가공 치수	— 45.15 ± 0.02
90 공정 절삭량	0.15 ± 0.09

이렇게 바뀌어진 절삭량도 이전의 공정 공차와 관계에서 많은 변화가 예상되며 주의 깊은 관찰이 요구되어 진다. 그 중 20 공정 ϕ55mm 내경을 깎으며 길이를 가공하는 g→e의 가공 치수를 역산으로 찾아보면 40.15±0.11mm일 때 균형을 이룰 수 있는 것으로 계산되어 진다.

20 공정 가공 치수	40.15 ± 0.11
90 공정 절삭량	— 0.15 ± 0.09
g→b 결과치수	40.0 ± 0.20

외경 ϕ60mm, 길이 10±0.2mm를 가공하는 30 공정도 마찬가지로 역산을 하는 것이 편리한 것으로 판단되어지므로 더해져 0.2가 되어지는 10±0.11mm를 적용시킬 때 무난할 것으로 앞에서도 계산되어진 바 있다.

30 공정 가공 치수	— 10.15 ± 0.11
90 공정 절삭량	0.15 ± 0.09
g→e 결과치수	10.0 ± 0.20

60 공정 드릴링 머신에서 가공되어지는 M8 탭 중심까지 거리 치수 g→f 역시

더해져 0.3mm가 되어지는 7.15±0.21mm를 적용시킬 때 모든 공차의 균형이 이루어짐을 알 수 있다.

60 공정 가공 치수		7.15 ± 0.21
90 공정 절삭량	—	0.15 ± 0.09
g→f 결과치수		7.0 ± 0.30

7. 공차 도표의 활용

대부분의 치공구 설계 기사가 치공구를 설계하면서 향후 공정의 전개 과정에서 어떻게 공차가 누적되는지, 또 어느 면을 위치결정면으로 해서 설계를 할 것인가에 관한 사항보다 어떤 구조로 제작할 것이냐에 더 많은 관심을 갖고 고심을 한다. 하지만 기준(datum)으로 하여 어떤 치수와 공차로 가공할 것인가를 먼저 생각하고 그 다음으로 구조에 관한 사항을 고려해야 할 것이다.

그러한 내용들은 이미 작성한 공차 도료에 잘 나타나 있으므로 이를 참고로 하여 공정도를 작성하도록 한다. 공정도에 의해 치공구 설계 기사가 치공구를 설계할 때 주어지는 공차는 조금씩의 차이는 있지만 대체로 공정도에 나타난 공차의 20~50%를 적용시키는 것이 경제적이고, 또한 여러 사람이 나누어 가공하는 경우 공정간에 누적된 공차로 인한 모순됨을 줄일 수 있다.

(3) 공정도

공정 설계 기사는 제조 공정, 공정 순서, 부품을 제작하는 데 필요한 공구류 및 사용 장비를 결정한다. 그리고 이러한 사항을 다른 사람에게 전달해야 하며, 공정 전개에 관한 사항은 일반적으로 공정도, 공정 총괄표 또는 작업 지시서에 의해 전달된다.

공정도는 제조 과정 중 단계의 부품의 공정 작업을 도시하기 위하여 사용되며, 공정 총괄표는 공정 순서, 공구 및 기계 장비를 포함한 부품 생산에 대한 전체 계획을 세우는데 사용되어지고, 작업 지시서는 공구의 설계, 제작 및 구매 요구를 위해 작성된다.

① 공정도 작성의 이점

㉠ 공정 진행에 있어 기억보다 시각적인 도움을 준다.

ⓛ 공정 누락의 가능성을 감소시킨다.

ⓒ 부품도 상의 모든 치수와 중요 사항을 확실하게 확인할 수 있다.

ⓔ 소재의 변형과 치수 변화를 관리하기 위한 공작물 위치결정점의 결정에 유익하다.

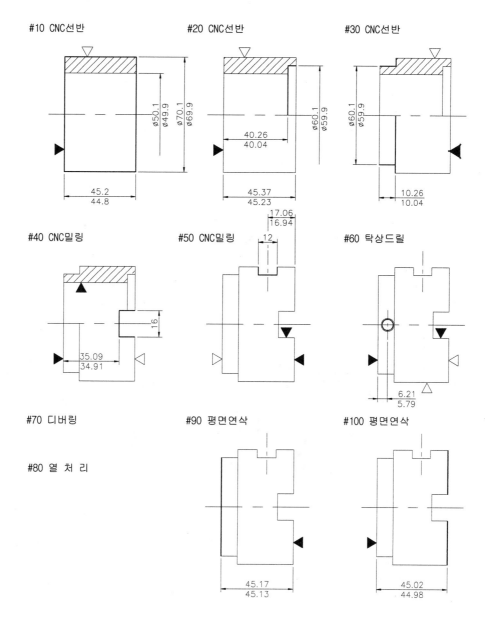

그림 2-57 개념적인 공정도

ⓜ 사양 변경에 의한 공구류와 장비의 요구되는 변경 사항을 결정하는 데 유익하다.

ⓗ 효율적인 위치결정과 클램핑 위치 관리가 용이하다.

ⓢ 공작물 관리가 가능하다.

ⓞ 공정의 복합이나 자동화에 도움이 되며, 최소 비용으로 양질의 부품생산이 가능하다.

② 공정도 작성

앞서 작성되어진 공차 도표에 의해 얻을 수 있는 전체 공정을 한눈으로 볼 수 있도록 공정작업도를 작성하였다 치공구를 사용하여 부품의 생산이 가능하게 한 것으로서 위치결정점 및 클램핑점이 명기되었으며 가공부위는 명확히 구분되게 표기하였고 사용공작기계의 특성 및 공구의 규격이 명시되었다.

③ 고정구 설계

㉠ 50 공정 공정작업도[그림 2-58 참고]

㉡ 50 공정 공정작업도를 위한 고정구의 조립도

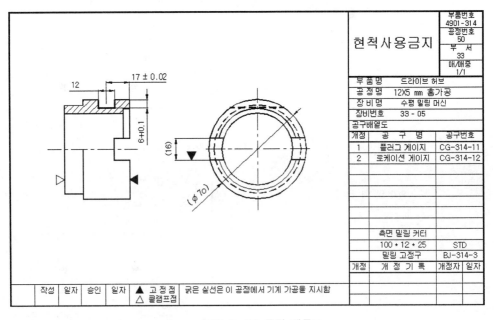

그림 2-58 공정 제품도

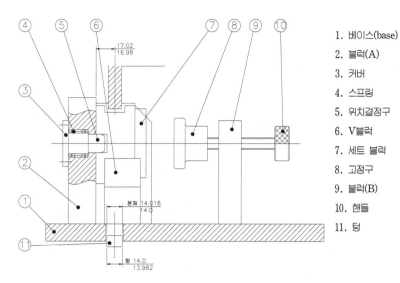

1. 베이스(base)	
2. 블럭(A)	
3. 커버	
4. 스프링	
5. 위치결정구	
6. V블럭	
7. 세트 블럭	
8. 고정구	
9. 블럭(B)	
10. 핸들	
11. 텅	

그림 2-59 고정구 조립도

④ 지그 설계

㉠ 60 공정 공정작업도

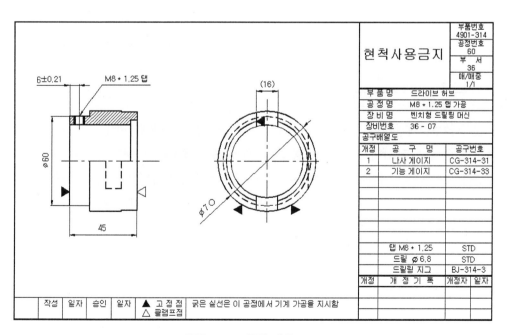

그림 2-60 공정 제품도

ⓛ 60 공정 공정작업도를 위한 지그의 조립도

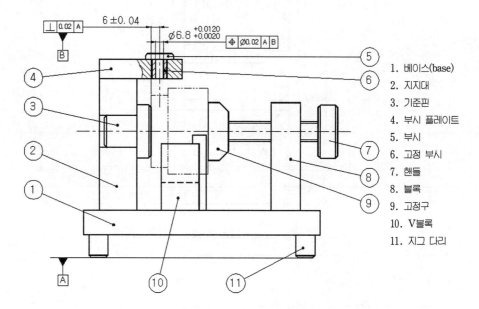

그림 2-61 지그 조립도

1. 베이스(base)
2. 지지대
3. 기준핀
4. 부시 플레이트
5. 부시
6. 고정 부시
7. 핸들
8. 블록
9. 고정구
10. V블록
11. 지그 다리

제2장 익힘문제

1. 공작물 관리의 목적 설명하시오.

2. 공작물 변위 발생 요소를 설명하시오.

3. 3-2-1위치 결정원리와 4-2-1 위치결정원리를 간단하게 비교 설명하시오.

4. 형상관리, 치수관리, 기계적관리에서 우선순위를 설명하시오.

5. 고정식 지지구와 조정식 지지구를 비교 설명하시오.

6. 공작물의 치수변화 원인은 무엇인가?

7. 공차누적의 원인 및 발생대책에 대하여 설명하시오.

8. 치수 가감의 규칙을 설명하시오.

9. 공차환산 방법에 대하여 설명하시오.

10. 공차관리도의 이점을 설명하시오.

제 3 장

공작물의 위치결정

3.1 위치결정의 원리

　지그와 고정구를 설계할 때 공작물에 대한 위치결정방법을 충분히 고려해야 한다. 공작물의 위치결정(기준면 결정)은 기하학적인 것으로 중량이나 클램프의 압력, 절삭력 등의 크기에 관계없이 힘이 작용하는 방향을 고려하여 공작물의 위치를 안정하게 하는 것이다. 하나의 물체는 힘의 방향에 따라 어느 방향으로나 움직일 수 있으나 3가지 방향의 조합으로 나타낼 수 있다. 힘의 방향에 관계없이 공작물은 어떤 축을 중심으로 회전하는 움직임이 있다. 위와 같이 공간에서 물체의 움직임은 12가지의 움직임으로 나타낼 수 있다. 이것을 자유도(自由度)라고 하고, 6가지의 움직임을 제한하는 것을 구속도(拘束度)라고 한다. 즉, 위치결정이라는 것은 위치의 변화를 제한하는 것이다.

　[그림 3-3]에서와 같이 핀1개로서 완전히 고정할 수 있다. 이로서 6개의 자유도가 완전히 제거되었으므로 공작물 위치의 기준면이 [그림 3-4]와 같이 완전히 위치결정되었다. [그림 3-5]는 면으로 공작물의 위치결정을 나타낸 것으로 공작물의 면이 기계가공 했을 때 가능하며, 여기서 그림 a는 [그림 3-1]과 같은 상태

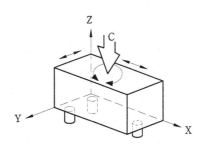

그림 3-1 밑면 3개의 위치결정

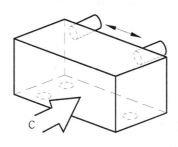

그림 3-2 측면 2개의 위치결정

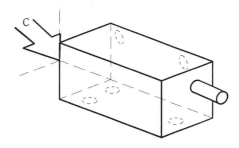

그림 3-3 완전 위치결정

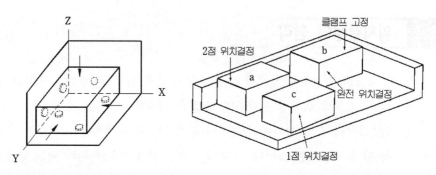

그림 3-4 치공구의 완전 위치결정   **그림 3-5** 직육면체 위치결정

이고 한 표면만을 위치결정하는 단일 위치결정이고, 그림 b는 [그림 3-2]을 나타
내며, 복수 위치결정이고, 그림 c는 [그림 3-3]의 상태와 같으며 세 평면을 위치
결정 하므로 전표면 위치결정이라 한다.

3.2 위치결정구의 설계

치공구에서 위치결정구는 공작물의 위치를 정확히 결정해 주는 기구로서 정밀
하게 생산하기 위해 면밀하게 설계되어야 한다. 치공구 설계자는 여러 가지의 다
른 물질로 구성되어 있는 많은 종류의 공작물을 대하게 되고 적절한 위치결정구
를 선택하지 않으면 안 되는 공작물이 많다.

형태가 복잡하고 불규칙한 각각 다른 공작물에 있어서, 공작물의 어느 부위에
위치결정구를 설치할 것인가는 상당히 중요하다. 공작물의 모든 외면이 치공구에
접촉할 수는 없는 관계로 공작물의 표면 중에서 가장 안전하고 확실한 곳에 위치
결정구가 설치되어야 한다.

위치결정구는 고정 위치결정구와 조절 위치결정구가 있으며, 공작물과 위치결
정구의 접촉면의 형태는 평면, 경사면, 곡면, 점, 선 등이 있으므로 위치결정구의
선정은 중요하다. 위치결정구로 사용되는 것을 보면 지그 몸체의 평면을 이용하
여, 지그 몸체의 일부를 돌출 시켜서, V블록에 의하여, 핀(pin)이나 볼트(bolt)등
을 삽입 또는 돌출 시켜서 사용이 된다.

이와 같이 공작물의 위치결정구란 지그와 고정구에서 요구되는 일정 위치에 공작물을 정확하게 위치시키는 것으로서 정확한 위치결정이 필요하다.

(1) 위치결정구의 일반적인 요구 사항

① 위치결정구는 마모에 잘 견디어야 한다.

② 위치결정구는 교환이 가능해야 한다.

③ 위치결정구는 공작물과의 접촉 부위가 보일 수 있게 설계되어야 한다.

④ 위치결정구의 청소가 용이해야 하며, 칩에 대한 보호를 고려해야 한다.

(2) 위치결정구에 대한 주의 사항

① 위치결정구의 윗면은 칩이나 먼지에 대한 영향이 없도록 하기 위하여 공작물로 덮도록 한다.

② 주물 등의 흑피 면을 위치결정하는 경우에는 조절이 가능한 위치결정구를 택하는 것이 좋다.

③ 위치결정구의 설치는 가능한 멀리 설치하고, 절삭력이나 클램핑력은 위치결정구의 위에 작용하도록 한다.

④ 위치결정구는 마모가 있을 수 있으므로 교환이 가능한 구조를 선택한다.

⑤ 위치결정구의 설치는 공작물의 변형(끝 휨, 부딪친 홈)에 대한 여유를 고려하여 설치한다.

⑥ 서로 교차하는 두 면으로 위치결정을 할 경우에는 교선 부분에 칩 홈을 만든다.

⑦ 위치결정구의 윗면에 칩이나 먼지 등이 누적될 수 있는 경우(볼트구멍, 맞춤핀 구멍)에는 위치결정구의 윗면에 빠짐 홈을 만들어 배출을 유도한다.

1. 고정 위치결정구

(1) 고정 위치결정면

고정 위치결정구는 확고하게 고정이 되어 있는 위치결정구를 말하며, 내마모성이 요구되므로 열처리하여 연삭 또는 래핑(lapping)등에 의하여 높은 정밀도가 유지되어야 공작물의 정밀도를 높일 수 있으며, 일반적인 요구사항은 다음과 같다.

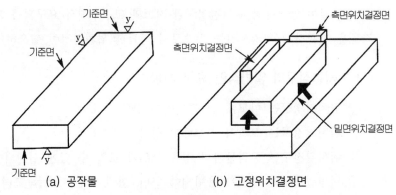

그림 3-6 공작물의 고정위치결정면

① 안정감이 있는 넓은 평면, 밑면과 가공정도가 높은 측면을 기준면으로 정한다.

② 공작물의 구멍 또는 가공된 구멍, 홈 등을 이용하여 기준면으로 정한다.

③ 적당한 기준면을 찾기 어렵거나 명확하지 않을 때 임시 가공용 버팀 보수 (machining boss)를 용접으로 만들어 그 면을 기준면으로 사용한다.

(2) 고정위치결정면의 주의사항

공작물의 기준면은 모든 치수의 기본이 되므로 가공 중에 변형이 발생되어서는 안되며, 항상 최초의 기준면에서 공정을 설정하고 전개하여 공차의 누적과 치수 변화를 사전에 방지하여야 하며, 고정 위치결정구의 설정시 다음 사항을 주의하 여야 한다.

① 두 면이 동시에 위치결정되는 경우에는 구석에 칩 홈(빠짐 홈) 약 3~10mm 정도로 설치하여, 먼지 및 칩이나 공작물의 버(burr)로 인하여 발생되는 부정 확한 위치결정을 막고, 연삭작업을 위한 공간으로서 활용된다[그림 3-7 참고]. 치공구의 본체를 주철로 할 경우 일반적인 회주철(GC150~GC250)을 많이 사용하고 있다.

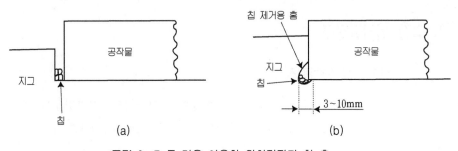

그림 3-7 두 면을 이용한 위치결정과 칩 홈

표 3-1 기준면과 칩 홈의 치수

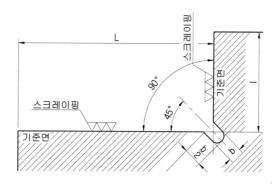

l	L	b	l	L	b
15-25	50-100	2.5	100-150	200-250	5.5
25-50	100-150	2.5	150-200	250-300	5.5
50-100	150-200	2.5	200-250	300-350	5.5

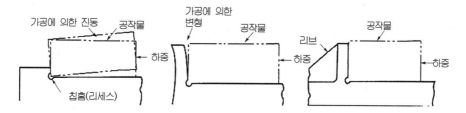

(a) 위치결정면이 낮은 경우   (b) 위치결정면이 좋지 않   (c) 변형을 방지하기 위해
　　　　　　　　　　　　　　　은 경우　　　　　　　　　　리브를 설치한 경우

그림 3-8 위치결정면의 선정

② [그림 3-8]에서 고정력과 절삭력은 지그 몸체의 턱이 있는 곳으로 작용을 시
켜야 한다. 이때 (a)의 경우는 측면 위치결정면이 공작물에 비하여 낮은 관계
로 불안하며, (b)의 경우 역시 측면위치결정면의 강도가 약하여 외력에 의하
여 변형이 발생할 수 있다. 그러므로 (c)의 경우처럼 치공구 무게에 제한을 받
지 않는 범위에서 리브(rib)를 설치하여 확실한 위치결정면이 이루어지도록
한다.

측면 고정 위치결정구의 사용은 위치결정판을 측면에 부착하여 사용하는 경
우가 많으며, 이때 용접에 의하여 부착하는 경우에는 변형이 발생할 수 있는
단점이 있다.

(3) 패드(Pad)에 의한 고정 위치결정구

① 패드는 버튼과 비슷한 재료로 만들어지며 역시 버튼과 비슷한 경도로 열처리 가공된다. 이것이 설치될 치공구의 면은 연삭 가공이 되어 있어야 하며 패드의 모서리는 버어(burr)를 제거하거나 촉감을 부드럽게 하기 위하여 약간 폴리싱(polishing)이 되어 다듬질하여야 하나 때에 따라서는 버튼 윗면의 모서리와 같이 모따기나 모서리의 라운딩 가공은 하지 않는다. 이와 같이 하는 것은 확실한 이유가 있는 것이 아니라 설계에 있어서 이론적인 논리나 계산에 의해서 보다는 습관에 바탕을 두는 경우에 따른 것이다. 그러나 몇 가지 이유를 들자면 패드가 치공구의 안쪽에 설치될 때 패드의 모서리를 라운딩이나 모따기를 하면 패드가 확실히 치공구의 면에 밀착 고정되어 있는지 눈으로 확인할 수 없기 때문에 패드의 모서리를 날카로운 상태로 놓아두어야 한다. 뿐만 아니라 날카로운 모서리는 치공구 및 공작물에 붙은 이물질을 제거하는데 유용하며 패드의 모서리 가공은 버튼 윗면의 원형의 모서리 가공과는 달리 상당히 어려운 수 작업이 요구되기 때문이다.

② 패드가 치공구에 설치될 때는 카운터 싱킹(counter sinking), 카운터 보오링(counter boring)을 하여 나사머리가 튀어나오지 않도록 하여 고정시킨다. 나사는 체결력만 가질 뿐 나사의 틈새(clearance)로 인하여 패드의 정확한 위치설정을 할 수 없기 때문에 이의 목적으로 다웰 핀(dowel pin)이 사용된다.

[그림 3-9]는 여러 가지 패드의 설치 예를 나타낸 것이다. 원칙적으로 위치결정을 위해서는 2개의 다웰 핀이 필요하며 [그림 3-9]의 (a)와 (c)에서처럼 가능한 한 멀리 떨어지도록 설치한다. 설치된 구멍은 다웰 핀의 직경보다 조금 작게 드릴링 하고 나사로 패드를 위치에 고정시킨 후에 리이밍(reaming)하여 다웰 핀을 끼워 맞춘다. 패드를 경화처리 할 경우 리이밍 한 후에 경화처리 한다. [그림 3-9]의 (b)와 같이 많이 사용할 부분만 경화시키고 핀이 설치될 부분은 그대로 사용하는 경우도 있다. [그림 3-9]의 (d), (e), (f) 에서와 같이 패드와 접촉하는 기준면이 있을 때는 다웰 핀 1개로도 충분히 위치결정 할 수 있으며 [그림 3-9]의 (g), (h)는 두개의 나사와 하나의 키이 홈이 다웰 핀을 대신하고 있다. 방향성이 문제가 되지 않을 때는 [그림 3-9]의 (i)와 같이 두개의 나사와 하나의 다웰 핀으로 충분하며 [그림 3-9]의 (j)와 같이 패드가 치공구에 잘 맞으면 세로 방향을 위하여 다웰 핀

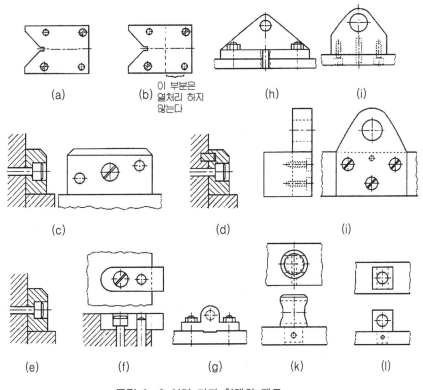

(a)

(b) 이 부분은 열처리 하지 않는다

(h)

(i)

(c)

(d)

(i)

(e)

(f)

(g)

(k)

(l)

그림 3-9 여러 가지 형태의 패드

1개로서 충분하다. [그림 3-9]의 (k), (l)에서 패드에 원통형 다리가 치공구의 구멍에 잘 맞을 때는 1개의 다웰 핀으로서 완전한 위치결정이 가능하다.

③ [그림 3-10, 그림 3-11]은 위치결정구를 측면에 부착할 경우에는 테이퍼 핀(taper pin)과 볼트(bolt)을 사용하여 확실하게 고정하여야 하며, 공작물과의 접촉면적을 줄이고, 칩과 먼지의 배출을 돕기 위하여 홈을 만들기도 한다.

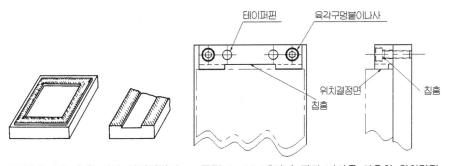

테이퍼핀   육각구멍붙이나사

위치결정면
칩홈   칩홈

그림 3-10 홈을 가진 위치결정면   **그림 3-11** 테이퍼 핀과 나사를 이용한 위치결정

(4) 핀(Pin)에 의한 고정 위치결정구

핀은 원통형 모양의 요소로서 공작물이 옆(측)면에 닿도록 되어 있으므로 핀의 높이는 문제가 되지 않는다. [그림 3-12]의 (a)와 (b)는 위치결정면에 핀이 설치된 것으로 공작물 위치결정에 옆(측)면만 이용되는 반면 [그림 3-12]의 (c)와 (d)는 버튼의 사용 예로 윗면 및 옆면 모두 위치결정에 이용된다. 그러므로 버튼은 핀 대용으로 사용될 수 있는 반면에 핀은 [그림 3-12]의 (c)와 같은 경우에 버튼 대용으로 사용될 수 없다. 핀은 버튼과 마찬가지로 위치결정면에 억지 끼워 맞춤으로 설치되며 라운드 핀(Round pin)은 곡면이나 기계가공이 된 공작물을 정확히 위치결정 시키기 위하여 핀이나 버튼의 옆면을 [그림 3-12]의 (e) 및 (f)와 같이 평면으로 만들어 이용되며 이와 같은 평면은 위치결정면에 설치한 후에 핀의 옆면을 연삭(Grinding)하여 만든다. 대개 핀의 옆면을 이용한 위치결정은 핀이 큰 힘에 의해 변형이 생기기 쉬움으로 높이가 낮은 공작물이나 가벼운 공작물에 이용되며 좀더 안정한 위치결정면을 위해서는 [그림 3-12]의 (c)와 같이 위치결정면에 설치된 버튼의 윗면으로 공작물을 위치결정하는 것이다.

핀(pin)에 의한 고정 위치결정구는 외력에 약한 단점도 있지만 많이 활용되고 있으며, 핀의 윗면을 이용하는 경우와 핀의 측면을 이용하는 경우가 있다. 핀의 고정은 압입하는 방법과 나사에 의하여 고정하는 방법이 있으며, 나사를 이용하는 경우에는 마모시 교체가 용이하고, 확실하게 고정이 되는 장점이 있다. 억지 끼워 맞춤식은 고정형이고, 재질은 STC5를 사용하며 원통면의 거칠기는 3-S 정도이다. 나사 고정식은 본체와 조립하여야 하므로 머리에는 핀을 고정시킬 홈을 가공하여야 한다. 위

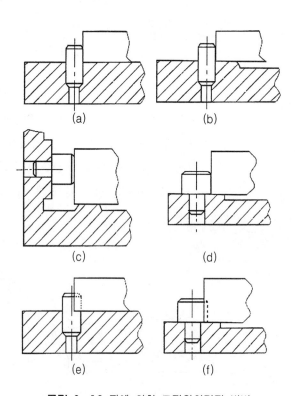

그림 3-12 핀에 의한 고정위치결정 방법

치결정 핀은 특히 본체와 조립시 직각과 평면이 잘 유지되어야 하므로 정확한 고정방법이 요구된다.

[그림 3-13]은 압입하는 대신에 나사부를 만들어 지그·고정구의 본체에 면취하는 것이다. [그림 3-14]는 칩 홈이 있는 핀의 표준 치수를 나타낸 것이며, 위치결정핀의 재질로는 내마모성 높은 것이 요구되므로 주로 중 탄소 합금강이나 저급 공구강을 담금질 및 뜨임 열처리하여 사용하며 록크웰 경도 HRC 40~50 정도(쇼어 경도(Hs) 38정도)이면 적당하지만 산업사회에서는 일반적으로 HRC60으로 사용되고 있다. 핀과 본체의 끼워 맞춤은 억지 끼워 맞춤이고 핀은 공차가 0.03~0.04mm 정도 크게 가공한다. 핀을 압입하는 구멍은 직각이나 평행부로 바르게 가공하여야 하며, 핀은 직각으로 압입하는 것이 바람직하다.

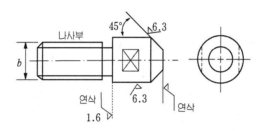

그림 3-13 위치결정 패드 핀

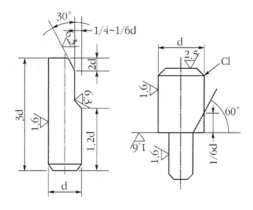

그림 3-14 칩 홈이 있는 핀의 치수

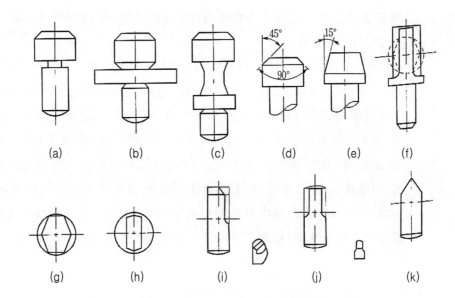

그림 3-15 핀에 의한 위치결정구의 종류

핀(pin)에 의한 위치결정구의 종류에는 [그림 3-15]와 같으며, 윗면이 평면, 구면, 원추형, 마름모형, 요철형 등이 있으며 주 용도는 다음과 같다.

① 평면 : 공작물의 위치결정부가 평면일 경우.

② 구면, 요철형 : 공작물의 위치결정부가 불확실하거나 경사면 또는 흑피 면에 사용.

③ 원추형 : 위치결정과 동시에 중심내기로 활용될 경우.

[그림 3-16]은 핀에 의한 위치결정의 예로서 공작물의 위치결정에는 면이나 선 또는 점에 의해 위치결정이 이루어진다.

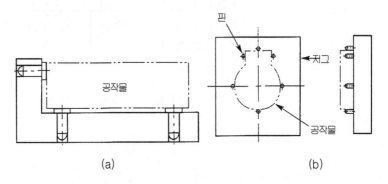

그림 3-16 핀에 의한 위치결정의 예

(5) 버튼(Button)에 의한 위치결정구

공작물의 위치결정을 위한 지지구로 사용되는 가장 일반적인 형태는 버튼 (button), 핀(pin) 그리고 패드(pad)이다. 수학적인 면에서 볼 때 지지점은 원추형 의 점이 가장 이상적이나 이것은 공작물과의 접촉면적이 작고 마모에 대한 저항 력이 없기 때문에 사용되지 않는다.

버튼은 [그림 3-17]의 (a), (b), (c)와 같이 평면(민머리)형 머리(flat head), 구 (둥근)형 머리(crowned head)와 너얼링형 머리(knuckling head)가 있으며 (d)와 같이 부시(bush)를 압착 고정한 곳에 설치하여 사용될 수 있다. 버튼의 머리는 로크웰 경도 C스케일이 HRC 40~50정도로 열처리된 중합금강이나 저급공구강 이 이용되며 사이즈가 큰 버튼에는 저탄소강을 로크웰 경도 C스케일HRC 53~ 57 정도로 침탄 처리나 표면경화 처리하여 사용한다. 평면(민머리)형 머리의 버 튼은 정밀하게 평면 기계 가공된 공작물에만 사용되나 구(둥근머리)형 머리의 버 튼은 밑면이 기계가공 되지 않은 거친 공작물에도 사용될 수 있으나 공작과의 접 촉면적을 충분히 제공하지 못한다. 버튼이 공작물 받침대로 이용될 때 레스트 버 튼(rest button)이라 하며 공작의 옆면이나 옆으로의 움직임을 막기 위한 것으로 사용될 때는 스톱 버튼(stop button)이라 한다. 버튼은 치공구 몸체의 원통형 구 멍에 억지 끼워 맞춤으로 설치하며 이를 용이하게 하기 위하여 버튼 다리의 끝에 30°로 테이퍼(taper)를 만든다. 막힌 구멍은 버튼을 끼울 때나 제거할 때 공기의 압력으로 어렵게 되므로 버튼이 설치될 구멍은 관통되어야 한다. 버튼이 설치될 치공구의 면은 정밀가공 되어야 하며 버튼 머리가 접촉하는 부분의 둘레를 조금 높게 하여 그곳만 정밀 가공하거나 카운터 싱킹(counter sinking)으로 가공할 면

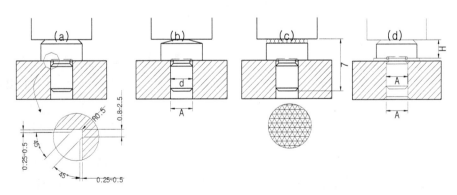

그림 3-17 상품화된 여러 가지 형태의 버튼

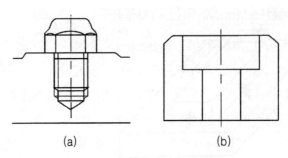

그림 3-18 버튼의 나사고정과 관통

을 최대한 감소시킬 수 있다. 버튼은 대개 구멍에 억지 끼워 맞춤으로 설치되는 것이 보통이나 [그림 3-18]의 (a)와 같이 버튼의 다리에 나사 부를 만들어 탭 (tap)가공된 구멍에 설치하는 경우도 있다. 이러한 경우에는 렌치로 조이기 위해 버튼의 머리 부분에 6각형의 면이 있어야 한다.

이와 같은 버튼은 진동이나 충격에 의해 빠지는 것을 철저히 방지할 수는 있으나 나사 부에 틈새(clearance)가 있으므로 정밀한 설치가 어렵다. 이것은 대체로 영구적으로 설치하기 위한 특별한 경우를 제외하고는 사용하지 않는다. [그림 3-18]의 (b)는 버튼의 관통구멍에 나사를 끼워 고정 설치하는 것으로 저렴한 비용으로 만들 수 있고 버튼의 다리가 필요치 않으나 끼워질 나사머리는 버튼에 끼워졌을 때 버튼 윗면 위로 튀어나오지 않도록 하여야 하므로 이 부분에 칩(chip)이 끼게 되는 단점이 있다. 버튼의 크기는 일반적으로 표준화되어 있다.

[그림 3-19]에서 표준화된 버튼은 한계직경 B=3~24mm, 머리직경 D=5~40mm, 낮은 머리의 높이 H=2~20mm, 높은 머리의 높이 H=5~40mm, 낮은 머리 버튼의 전체길이는 6~50mm, 높은 머리의 전체길이는 9~70mm이다. 버튼을 끼우는 치공구 본체의 구멍은 관통구멍으로 하고 끼워 맞추기는 규격에 따른 치수로 한다. 표준화되어 있지 않은 크기의 버튼은 다음과 같은 공식을 이용하여 안정된 버튼을 설계할 수 있다. D가 주어지면 D의 정도에 따라 H를 선정한다. 이때 H가 너무 낮으면 칩이나 먼지가 H보다 높게 쌓여 지지 구의 역할을 할 수 없으므로 H의 최소치 한계를 정한 것이고 안정성을 고려하여 H의 최대치 한계를 정한 것이다.

① 평면(민머리)형 머리의 버튼에서(미터단위) H는 $\frac{1}{3}$D(5mm 이상)~$\frac{3}{4}$D (25mm 이하)의 범위로 하고 B=$\frac{3}{4}$(D-3) L=$\frac{1}{2}$(D+H) 인치 단위에서 다른 것은 모두 동일하나 B=$\frac{3}{4}$(D-$\frac{1}{8}$)로 한다.

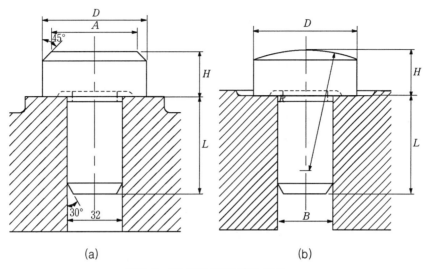

그림 3-19 평면(민머리)형 버튼

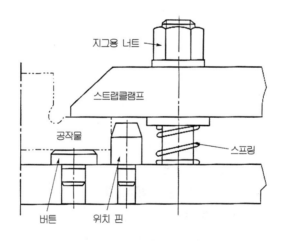

그림 3-20 버튼과 핀에 의한 위치결정

② 구(둥근 머리)형 머리의 버튼에서(미터단위 인치 단위 모두 적용) H는 ⅓ D∼1D의 범위로 하며 R=3/2D B=¾D L=¾D로 한다.

[그림 3-20]은 버튼과 핀에 의한 공작물의 위치결정으로 스트랩 클램프에 의한 지그용 후렌지 붙이 너트로 고정을 한 것으로 일반적으로 산업현장에서 많이 사용되는 방식이다. 스트랩 클램프는 항상 스프링을 사용함으로서 공작물의 장탈을 신속하게 할 수가 있다.

2. 조절 위치결정구 및 지지구

(1) 조절 위치결정구와 지지구와의 관계

조절식 위치결정구를 설명하기에 앞서 위치결정기구와 지지구의 역할을 확실히 구분할 필요가 있다. 위치결정기구, 즉 로케이터는 공작물의 위치를 기하학적으로 한정하지만 클램프 또는 절삭 가공할 때 공작물에 가하여 지는 힘에 대한 안정한 지지는 고려하지 않는다. 지지구는 공작물에 가해지는 절삭력이나 클램프 힘에 의한 공작물의 탄성변형을 막기 위하여 부수적으로 설치되는 것이다. 그러나 대부분의 위치결정구는 공작물의 지지역할도 하기 때문에 지지구의 역할을 중요시하지 않는 경향이 있다.

위치결정구의 가장 중요한 기능은 6개의 자유도를 제거하는 것이다. 다시 말하면, 이것은 공작물을 치공구에 대하여 정적으로 안정한 위치를 잡아주는 것을 의미한다. 이러한 목적 이외에 어떠한 다른 부수적인 지지구는 공작물의 안정한 위치결정에 도움이 되지 못한다. 그러한 지지구는 필요 없는 과다한 것이 된다. 그러나 이러한 과다한 지지구가 항상 나쁜 것은 아니다. 지지구가 공작물의 조화가 잘 이루어지면, 즉 공작물에 힘을 가하지 않고 아주 정확히 접촉만 한다면 이러한 지지구는 전혀 해가 되지 않는다. 만약 부수적인 지지구가 정적인 위치결정 시스템과 조화가 이루어지지 않으면 다음과 같은 3가지의 문제점이 발생한다.

① 지지구가 공작물과 접촉하지 않으면 지지구의 기능이 발휘되지 못하므로 불필요한 것이 된다.

② 지지구가 위치결정구 보다도 더 높아서 공작물을 위치결정구로 부터 올리게 되면 이것이 위치결정구를 대신하게 되므로 부정확

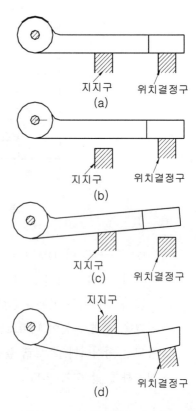

그림 3-21 공작물과 지지구

한 위치결정이 이루어진다.

③ 지지구가 공작물에 과다한 힘을 가하게 되면 공작물에 변형(휨, 비틀림)이 생기면 위치결정구에 무리한 힘을 가하게 된다.

[그림 3-21]의 (a)은 지지기구가 공작물과 잘 조화된 하나의 경우와 조화가 안된 3가지의 경우를 표시하였다. 공작물은 양끝에 고정되는 보(beam)로 양끝의 지지로도 충분히 안정하게 위치가 결정된다. 여기서 가운데 설치된 부수적인 지지구는 공작물이 힘을 받을 때 휘어지는 것을 막기 위한 것으로 위치결정과 는 전혀 관계하지 않아야 한다. [그림 3-21]의 (b), (c), (d)는 지지대의 기능을 발휘하지 못하는 상태로서 이러한 경우를 위하여 지지구를 조절식으로 만들 필요가 있다. 공작물이 형상이 비교적 단순한 것은 고정형으로 위치결정할 수 있지만 요구되는 공차를 벗어난 거칠고 불규칙한 공작물, 위치결정구의 마모에 의한 치수의 오차가 발생한 경우와 하나의 치공구에 치수가 다른 여러 가지의 공작물을 가공할 경우에는 위치결정구를 조절하여 사용하지 않으면 안되므로 이 경우는 조절형의 위치결정 기구(핀, 볼트) 등이 이용되고 있다.

위치결정구는 공작물을 클램핑하고 기계 가공할 때 작용하는 모든 힘에 대하여 견고한 기계적 지지를 충분히 할 수도 있고 또한 충분하지 못한 경우도 있는데 이때 충분한 기계적 안정을 얻기 위해서 추가되는 요소가 지지구(support)이다.

(2) 조절 위치결정구 (Adjustable Locator) 종류

[그림 3-22]는 나사를 이용한 조절형 위치결정구의 종류이며, 윗면은 평면보다 구면이 많이 사용됨을 알 수 있다.

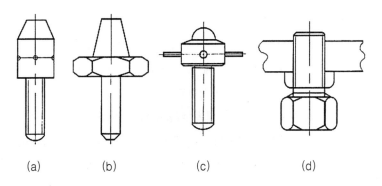

(a)   (b)   (c)   (d)

그림 3-22 나사를 이용한 조절위치결정구

(3) 위치결정구의 지지 핀

[그림 3-23]은 이 지지 핀을 가르친다. 그림에서 θ의 각도가 크면 나사를 조일 때 지지 핀이 위로 밀려날 우려가 있다. 그러므로 공작물이 규정 위치보다 뜨기 때문에 좋지 않다. 또 θ의 각도가 너무 작을 경우, 큰 절삭력 등이 작용하면 사면이므로 대단히 큰 분력이 되어 나사를 뒤쪽으로 밀기 때문에 지지 핀이 조금씩 내려가 위치결정에 오차가 생길 우려가 있다. 보통 θ는 9° 전후로 하지만 경사면에 윤활유가 묻어서 마찰계수가 작을 때는 6° 정도, 기름윤활유가 없는 상태에서는 12° 정도로 만들어 준다. 이를 밀어 주는 선단에도 θ의 각도를 주며, 방향이 틀리지 않고 회전을 방지할 수 있게끔 키이(Key)홈을 만들어 핀을 사용하고 있다.

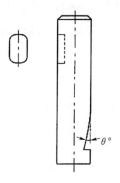

그림 3-23 지지 핀

(4) 조절 위치결정구 (Adjustable Locator) 형태

조절식 로케이터에는 조절 가능한 범위 내로 공차가 있는 공작물에만 사용가능하므로 치공구에 설치하기 전에 공작물을 검사하여 작업시간을 단축시킨다. 공작물 치수의 변화는 주조할 때 공급재료의 변화나 단조 작업할 때 다이의 위치변화 등과 같은 이유로 종종 발생한다.

만약 사용될 공작물이 계속 치공구의 사용한계를 벗어난 것이 생산될 때에 생산기계를 수정하는 것보다 치공구를 다시 조절하여 공작물에 맞게 하는 것이 더용이하다. 치공구의 위치결정구를 다시 조절할 때에는 새로운 치공구를 제작하는 것처럼 작업실에서 정확히 행하여져야 한다. 위치결정구는 위치결정이라는 정밀하고 중요한 역할을 하므로 조절하는데 신중해야 하며 일단 조절이 확정되면

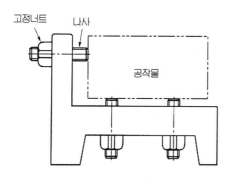

그림 3-24 조절 위치결정구의 사용

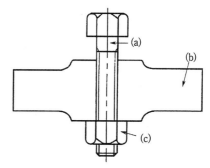

그림 3-25 나사를 이용한 위치결정

작업자가 다시 만지지 말아야 한다. 반면에 조절식 지지구는 정밀한 측정공구 없이 필요에 따라 간편히 조작할 수 있도록 설계되어야 한다.

[그림 3-24]에서 볼 수 있듯이 공작물의 형상이 불규칙한 경우이거나, 위치결정구의 마모가 심하여 조절을 요할 경우, 하나의 치공구로 유사한 여러 종류의 공작물을 가공할 경우 등에 조절형 위치결정구의 사용이 요구되며, 위치결정구의 형태는 스프링(spring)과 나사를 이용한 잭(jack)에 의한 방식이 많이 활용된다.

조절형 위치결정구는 하나의 위치결정구 역할 외에 공작물의 자중에 의한 휨을 보정하는 지지구의 역할도 한다.

[그림 3-25]는 가장 일반적인 조절식 위치결정 포인트는 로크너트가 있는 세트 스크류이다. 나사(a)는 표준형 사각머리 나사, 또는 머리는 없으나 드라이버(driver)로 돌릴 수 있도록 홈이 있는 나사이다. 이 나사는 지그 판을 통과하여 반대편에 로크너트(c)가 끼워지며 이것에 의해 고정된다. 나사(a)는 양쪽모두로 위치결정 포인트로 사용될 수 있으며 로크너트(c)도 양쪽 어느 곳이든지 설치될 수 있다. 사각머리나사를 이용한 조절식 위치결정구는 손쉽게 조절기능을 발휘할 수 있는 반면에 위치결정기구는 지그 설계자의 의도를 잘 모르고 이것을 클램프 기구로 생각하여 나사(a)를 공작물에 대하여 꽉 조여 위치를 변화시키는 실수를 범하기 쉽다. 이러한 로케이터는 한번 맞추어지면 그대로 위치가 보존되어야 하며 이러한 작업자의 실책을 막기 위하여 사각머리나사 보다 머리가 없는 나사를 사용하는 것이 바람직하다.

[그림 3-26]은 약간 다른 형태의 조절식 위치결정 포인트로 도시하였다. 육각 머리나사가 이용되며 공작물과 나사의 축과 조금 어긋나더라도 충분한 접촉면적

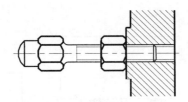

그림 3-26 육각머리나사를 이용한 위치결정구

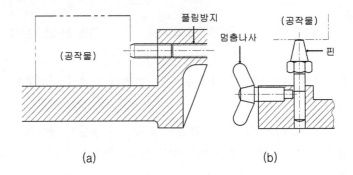

(a)   (b)

그림 3-27 풀림 방지를 이용한 조절위치결정

을 주기 위하여 머리 윗면을 모두 경화 처리하여야 하며 공작물의 옆면, 밑면 등 모든 곳에 사용할 수 있으나 대개의 지그는 밑면에 공간이 없이 테이블과 접촉하여 있기 때문에 공작물의 밑면을 위치결정 하는 곳에는 사용하지 않는다. 밑면에 사용되는 조절식 위치결정구는 쐐기의 원리를 적용하여 설계한다. 나사의 운동은 쐐기의 원리를 이용한 것이므로 모두 같은 곳에 적용될 수 있다. 그러나 쐐기는 움직일 수 있는 거리가 아주 작으므로 보통 작은 치수를 조절하는 곳에 이용한다.

[그림 3-27]의 (a)는 위치결정구의 위치가 고정이 이루어지면 변위를 방지하기 위하여 풀림 방지 너트 및 나사가 이용되고 있는 것이다.

[그림 3-27]의 (b)는 위치결정구의 위치가 고정이 이루어지면 변위를 방지하기 위하여 풀림 방지 나사 및 정지나사가 이용되고 있으며, 정지나사의 경우는 고정력이 나사위에 고정력이 가해지므로 나사산의 손상이 우려되며, 그에 대한 방지책이 요구된다.

[그림 3-28]은 볼트와 너트를 이용한 조절 위치결정구의 사용예를 나타내고 있으며, 너트는 풀림 방지를 위하여 사용된다. 그림 (a)의 경우는 수시로 변위를

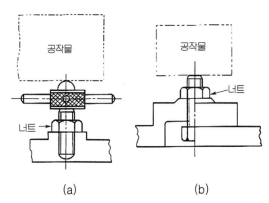

그림 3-28 볼트와 너트를 이용한 위치결정

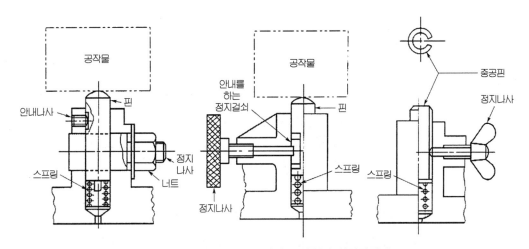

그림 3-29 지지구 역할의 위치결정핀

시켜야 할 경우에 사용되며, 그림 (b)의 경우는 잦은 위치 변화가 필요 없거나, 한번의 변위로 만족을 하는 경우에 주로 사용된다.

[그림 3-29]는 위치결정구의 역할보다는 지지구의 역할을 하는 경우로서, 위치 결정핀은 스프링에 의하여 항상 위로 전진하게 되며, 공작물의 위치가 결정되면 핀은 공작물과 접하게 되고, 정지나사의 체결에 의하여 위치가 고정되게 된다. 공작물의 자중을 위해서 적당히 핀이 아래로 내려가도록 되어 있으며, 우측에 사용되고 있는 너트는 지지 핀을 고정하는 것으로 공작물의 형상이나 치수에 따라서 조절할 수 있게 되어 있고, 칩이나 먼지가 들어가기 쉬운 것이 단점이다.

스프링을 이용한 지지 중에서 잭에 의한 방법이 가장 일반적이고, 이 방법은 또 드릴 가공을 하는 경우 등에서는 그 구멍을 뚫는 부분의 변형을 방지하는 지

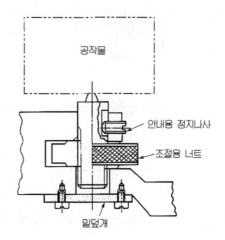

그림 3-30 조절용너트 및 정지나사의 이용 예

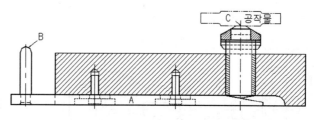

그림 3-31 쐐기를 이용한 위치결정구

지 본래의 목적 이외에, 공작물의 자중에 의한 휨을 보정하는 역할을 하기도 하며, 또 그 목적만을 위해서 이용되기도 한다. 이 조절 위치결정에는 되도록 면을 사용하지 않는 편이 좋다. 이 조절 위치결정면을 이용하면 가공 중에 헐거움이 발생하여 불량품으로 가공될 우려가 있으므로 주의하여야 한다.

[그림 3-30]은 특별하게 위치결정구의 축을 정지시키는 장치는 없지만 너얼링이 되어있는 조절용 너트를 회전시키므로 서 축의 변이를 가져오게 된다. 너트를 회전시킬 때 축이 같이 회전하게 되면 축은 변이를 하지 않게 되므로 축을 정지시키는 정지나사가 필요하게 된다. 정지나사의 역할은 축의 회전을 방지하며, 축의 이동한계를 정하여 준다.

[그림 3-31]은 쐐기를 이용한 조절식 위치결정이 나타나 있다. 공작물의 밑면 C는 쐐기A의 미끄럼운동에 의하여 상하로 이동한다. 쐐기 A는 핸들 B에 의해 움직인다. 쐐기에 길이방향으로의 홈에 끼워지는 두 개의 나사는 위치가 결정된 후 A를 고정시킨다. 이러한 쐐기형 로케이터가 가공 중에 진동에 의하여 쐐기 A

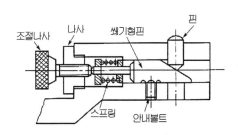

그림 3-32 쐐기를 이용한 위치결정 핀

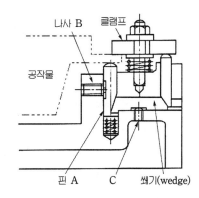

그림 3-33 클램핑 력의 분산 위치결정

가 미끄러지기 쉬운 단점이다. 슬라이딩 포인트는 치공구에 아주 널리 쓰이는 조절식 위치결정구이다. 이것은 길이가 상당히 길게 되며 공작물의 옆면과 윗면에 사용되나 보통 옆면과 엔드스톱(end stop)용으로 적절히 사용된다.

[그림 3-32]는 쐐기를 핀 이용하여 힘의 방향을 전환하여 사용되는 구조로서, 조절나사가 위치결정구의 위치로부터 멀리 떨어져 있게되어 사용이 편리하며, 공간적으로 위치결정구의 설치에 제한을 받는 경우에 적합하다. 핀은 안내 나사를 따라서 이동하고 이것에 의해서 위치결정이 행하여지며, 이 위치결정 방법에는 조절 나사와 핀이 마모되기 쉬운 단점이 있다.

[그림 3-33]은 레버를 이용한 위치결정 및 클램핑 기구로서, 너트를 조이게 되면 클램핑력이 분산 되어 일부는 공작물의 위에 가해지고 일부는 쐐기를 통하여 힘의 방향이 전환하여 아래에서 위로 작용하게 되며, 클램핑력은 위와 아래에 동일하게 작용되므로 공작물의 위치가 다소 변화하여도 공작물에는 전혀 무리가 없이 위치결정 및 클램핑이 이루어지게 된다.

쐐기는 우측으로 움직여 한 쪽 끝이 지지해 올리도록 되어 있으며, 클램프는 너트에 의해서 그 이상은 올라가지 않으므로 공작물을 클램핑 할 수 있다.

핀 A에 꽂혀 있는 나사 B는 핀 A를 고정하는 작용을 하고 나사 C는 쐐기의 안내 역할을 한다. 또한 이 경우의 핀 A와 쐐기의 접하는 면이 이루는 각은 약 3° 정도로 하는 것이 좋다.

3. 평형 위치결정 지지구 및 고정구

평형(equalizer)지지구 및 고정구는 일반적으로 하나의 작용력(하중)을 2 혹은 2이상의 작용점에 분배시키는 목적에 사용된다. 이것은 작용력을 균등하게 분배시킨다는 의미를 내포하고 있으나, 하나의 작용력을 2(또는 2이상)개의 지지 점에 대하여 일정비율로 힘이 분배되어 작용시키도록 설계된 기구로, 역시 평형지지(혹은 고정)구 라고 볼 수 있다. 평형 고정구는 주로 클램프기구로서 널리 사용되지만, 위치결정구(로케이터)로도 이용된다. 평형고정(지지)구가 클램프기구로 이용될 때는 분배력이 작용 압력으로서만 작용하나, 위치결정구에서는 대부분, 하나나 그 이상의 클램핑을 위한 힘(체결력)의 반력들의 합력으로 작용되기 때문에 작용하는 힘의 크기(지지력)를 한눈에 알 수 있도록 나타내기가 더욱 어려워진다. 평형고정 및 지지구는 또한 체결력이나 지지력을 동등하게, 혹은 일정비율의 크기로 작용하도록 클램프기구와 위치결정구에 동시에 채용하여 사용할 수 있다.

(1) 전형적인 몇 가지 실례

평형 고정구는 항상 복잡하게 되어 있지만은 않고 간단한 경우도 있다. 중앙에서 나사를 조이도록 되어 있는 3방식 방사형 클램프기구나 평판 스트랩 클램프는 양단(3방)부에 작용하는 체결력이 균일하게 작용되는 하나의 평형고정구인 것이다.

대표적인 평형 고정구는 [그림 3-34]와 같이 고정구의 중앙부에서 압력을 균등하게 작용하도록 밸런스기구를 설치한 클램프기구를 들 수 있다. 복합식 토글 클램프기구도 평형 고정구라고 볼 수 있다. 평형지지·고정구는 결국 주물가공품같이 표면이 너무 거친 공작물을 1점지지(혹은 고정)방식으로는 불안전하게 고정되므로 치공구에 회전중심을 설정하고서 요동식의 2점지지 방식이나 3점지지 방식을 구성하여 신속하고도 정확하게 공작물을 고정하기 위한 기구라고 말할 수 있다.

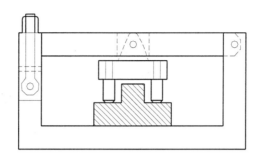

그림 3-34 평형 고정구

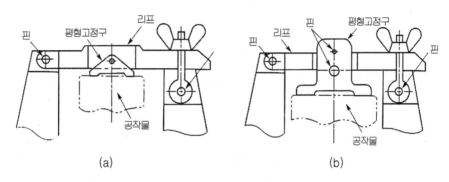

(a)   (b)

그림 3-35 회전 평형 고정구

[그림 3-35]의 (a)는 회전할 수 있는 평형 고정구를 사용한 구조이다. 회전할 수 있는 평형 고정구로 하면 공작물에 균일한 힘이 가해지므로 공작물의 고정이 정확하고 정밀하게 고정이 이루어진다. (b)는 리프 판에 구멍을 뚫어서 그 속에 평형 고정구를 넣고, 위아래를 핀으로 고정한 것이다. 위의 핀은 공작물을 떼어 낼 때 평형 고정구가 리프 판으로부터 빠져나가는 일이 없도록 하기 위한 것이다. 이 방법은 공작물이 어느 정도 경사져 있어도 균일한 힘으로 고정 할 수 있고, 또 평형 고정구가 공작물에 파고 들어가는 것도 방지할 수 있다.

[그림 3-36]은 리프 판에 원형의 보스를 부착하고, 이것을 평형 고정구에 원형 홈을 만들어 부착한 것이다. 이 방법은 평형 고정구에 의한 압력이 공작물에 균일하게 고정이 된다. 이 보스를 볼트로 체결할 때에는 두 곳에서 볼트로 고정하거나 또는 볼트를 작은 것으로 고정할 필요가 있다. 다만, 이 경우에는 보스보다 작은 볼트가 나오지 않게 하는 것이 필요하다. 또 보스의 길이 방향에 대한 움직임을 멈추게 하려면 리프 판의 하부에서 핀을 박으면 된다.

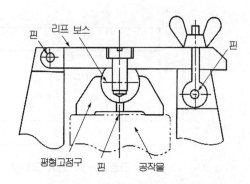

그림 3-36 보스에 의한 평형 고정구

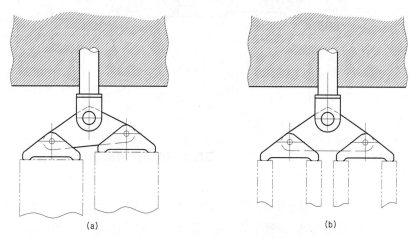

(a)　　　　　　　　(b)

그림 3-37 두 개의 평형 고정구

[그림 3-37]은 동시에 두 개의 공작물을 고정할 때 사용되는 것이나 이것을 한 개의 고정장치에 두 개의 평형 고정구를 부착하여 각 평형 고정구가 공작물에 닿도록 한 것이며, 고정 면을 수평으로 유지할 수가 있다. 그림 (b)는 동일한 기구의 것으로서 네 개의 공작물을 고정한 것으로 평형 고정구 끝을 둥글게 하여야 한다.

[그림 3-38], [그림 3-39], [그림 3-40]은 이러한 요동식 평형 지지구 나타낸 것인데 1개의 블록이 요동하여 공작물을 지지하는 형식으로서, [그림 3-38]은 본체에 둥근 홈을 밀링 가공하고서 약간 요동할 수 있도록 요동 지지구(평형 지지구)를 설치하고, 빠져 나오지 않도록 나사를 끼워 놓은 형태이며, [그림 3-39]도 마찬가지이나, 이 경우는 지지대가 본체에 설치되어 있는 힌지부에 핀으로 연결

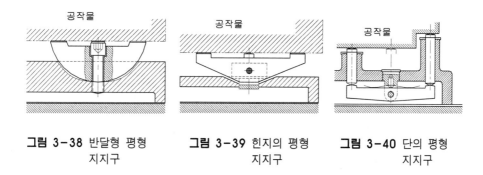

그림 3-38 반달형 평형
지지구

그림 3-39 힌지의 평형
지지구

그림 3-40 단의 평형
지지구

되어 있어 핀을 중심으로 회전(요동)되도록 되어 있다. 이 경우는 마찰이 적기 때문에 무거운 공작물을 지지하기에 적합하다. [그림 3-40]은 공작물의 지지점이 같은 높이에 있지 않고 단이 졌을 경우 적용할 수 있도록 설계한 평형 지지구를 나타낸다.

(2) 평형고정구의 응용범위

기본적으로 평형 고정구는 다음과 같은 용도(목적)에 사용된다.

① 과도하게 집중하는 클램핑(고정)압력을 가공부품의 표면에 균일하게 작용하도록 한다.

② 위치결정구에 클램핑 압력을 수직으로 작용시킨다.

③ 거친 표면을 가진 공작물을 클램핑 한다.

④ 높이가 다른 한 공작물의 표면을 고정하기 위하여 이용한다[그림 3-40].

⑤ 수직, 수평 표면을 동시에 클램핑 할 때 이용한다[그림 3-41].

⑥ 변형되기 쉬운 얇은 판, 탄성 공작물의 변형방지를 위하여 체결력을 표면 전체에 확산시킬 목적으로 이용한다.

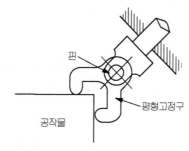

그림 3-41 수평, 수직 평형 고정구

⑦ 가공부품의 중심을 잡아 고정시키기 위해서다.

⑧ 여러 공작물을 동시에 클램핑 할 목적으로 이용된다.

(3) 평형지지 · 고정구의 종류

평형지지 · 고정구의 종류는 고정하려는 가공물의 특징이나 형상에 따라 적용할 수 있는 적절한 메카니즘(기구)의 설계가 다르며, 이러한 메카니즘의 종류에 따라, 로커 암을 이용한 것 유동식 나사를 이용한 것, 이중 작동식 평형 고정구, 복식 체결형 평형 고정구, 롤러 기구식 평형 고정구, 유압식 평형 고정구, O-링 같은 가소성 충전재를 이용한 평형 고정구 등 여러 가지 종류가 있다.

① 록커 암식 평형 고정구

가장 널리 사용되며 기본적인 평형 고정구로서, 중심을 지지하고서 양단부에 하중을 받는 하나의 보(beam)의 원리로 되어 있다. 이것은 양단고정형 스트랩 클램프같이 직선 상이나, 요오크 모양과 같이 굽어진 모양으로 만들어져 있는데, 이러한 대표적인 실례는 [그림 3-42]와 같다.

이러한 록커형 평형 고정구는 양단에만 힘이 작용하며, 양단부에 작은 록커를 다시 설치함으로써 4곳이나 그 이상의 지지점에 힘을 분산시켜 여러 개의 가공물을 동시에 고정시킬 수 있는 클램프로도 설계 할 수 있다. 또, 공작물이 크고, 고정해야 할 면적이 넓어 3점 지지 이상을 지지 · 고정해야 될 경우에도 이러한 록커형 평형 고정구를 사용하여 체결할 수 있다.

[그림 3-43]은 이러한 실례를 나타낸 것인데 바닥부분이 미리 기계 가공되어 있는 표면을 밀링고정구로 위치결정을 하고 클램핑한 상태에서 공작물 구멍부분

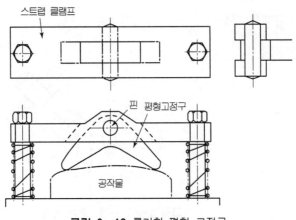

그림 3-42 록커형 평형 고정구

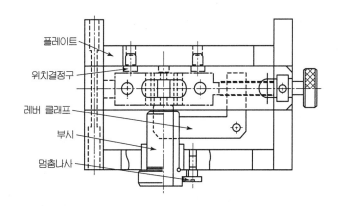

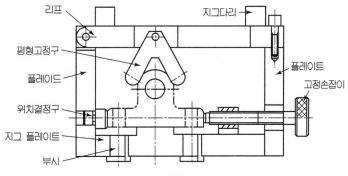

그림 3-43 평형 고정구의 드릴 지그

을 가공하기 위한 치공구이다. 3-2-1 위치결정원리에 의하여 위치결정한 후 레버 클램프가 피벗점을 형성하여 고정 손잡이에 의하여 자유롭게 움질일 수 있도록 되어 있고, 공작물을 균일한 힘으로 두 방향의 클램핑 역할을 하나의 레버로 동시에 클램핑 할 수가 있다. 3점 위치결정방식은 위와 같은 방식이외 에도 끝 부분을 45°로 경사지게 한 쐐기형 플런저를 이용하는 평형고정구도 있다. 이 형식은 아주 강력한 기구로서 이러한 기구는 드릴지그에 주로 사용되며, 기타 치공구에도 사용이 가능하다. 하지만 기계가공 할 때 추력에 주의하여야 한다.

② 유동 나사식 평형 고정구

　　록커 암식 평형 고정구에 이어 다음으로 많이 이용되는 방식은 유동나사의 원리를 응용한 평형고정구 이다. 이것은 현재의 나사부와 너트가 한짝의 클램프나 체결력 전달요소 사이에서 자유롭게 움직이도록 만들어진 평형구로서, 서로 반대 방향으로 같은 힘이 작용되도록 설계되어 있다. 45° 경사면을 형성한 2개의 플런저를 응용한 치공구는 2개의 공작물을 한쪽나사(너트)를 클램프하여 한꺼번에 같이 고정되도록 되어있다. 여기서 클램프력은 각각의 공작물의 크기(혹은 치수)에 관계없이 완전평형상태로 작용하게 된다.

이 치공구의 클램프는 45° 경사면 때문에 힘이 가해질수록 아래방향으로 이동·체결작용을 하기 때문에 공작물을 수평기준면에 밀착하면서 고정시키는 특징을 가지고 있다.

③ 이중 운동식 평형 고정구

이중 운동식 클램프기구는 체결력을 방향이 다른 2개의 힘으로, 일정 비율로 나누어 작용시키도록 하는 평형 고정구를 말한다. 이러한 평형 고정구는 형상이 복잡 다양한 공작물이나 여러 가지 응용분야에 여러모로 이용되며, 치공구 설계에도 다방면에 적용시킬 수 있다.

④ 롤러를 이용한 복합클램프용 평형 고정구

원통상의 롤러나 구(球)를 이용하여 복합클램프방식의 평형 고정구를 설계할 수 도 있다. [그림 3-44]는 이러한 일례를 나타낸 것인데 (d)의 경우처럼 울퉁불퉁한 표면을 가진 공작물을 지지·고정하는데도 이용할 수 있다. 이 평형 고정구는 록커 형과는 기본원리가 다르며, 모양도 역시 서로 다르다. 록커 형인 경우는 빔의 형상으로, 힘의 분포도 평형식에 의해 계산되는데 비해, 롤러형인 경우는 원

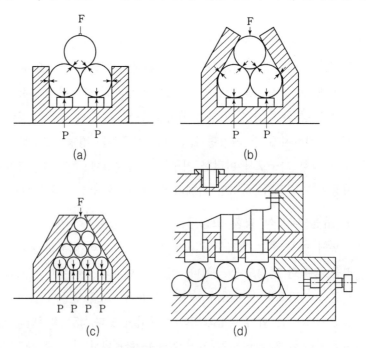

그림 3-44 롤러형 평형 고정구의 원리

형단체로서, 롤러에 작용하는 힘의 방향도 평행이 아니라 모두 중심 축 선상을 통과하게 되고, 힘의 평형상태도 볼(혹은 롤러) 하나 하나의 자유도에 의해 결정된다. 열처리한 볼이나 롤러는 큰 하중을 견뎌낼 수 있으며, 숙달되기만 하면, 록커형 평형고정구 보다 적은 공간을 차지하도록 설계가 가능하다. 또, 롤러형 평형고정구는 핀이나 베어링 또는 다른 운동요소가 없으므로 고장날 염려가 없으며, 심한 하중을 받더라도 잘 손상되지 않는 장점을 가진다.

4. 네스팅(Nesting)

한 공작물이 일직선상에서 적어도 2개의 반대방향 운동이 억제되는 경우, 둘 또는 그 이상의 표면사이에서 억제되며 위치결정되는 방법 즉, 어떤 홈을 파 놓고 그 안에 공작물을 집어넣는 것을 말한다. 네스트와 공작물간의 최소틈새는 공작물의 공차에 의해 결정되나 네스팅에 의한 위치결정은 항상 어느 정도의 변위가 따르게 된다. 그러므로 불규칙한 형상의 공작물은 윤곽이 정확하게 가공되어 있을 때 사용한다. 특히 주물이나 단조품은 네스팅이 불리하며 금형에 의해 일정하게 만들어지거나 기계가공 된 공작물에 적합하다[그림 3-45 참고].

[그림 3-45]의 (a)는 공작물을 윤곽선대로 위치결정구의 홈을 만들어 끼워 넣는 것이다. 반원 모양의 노치(notch)는 작업자가 공작물을 장착하거나 장탈 할 때 편리하도록 만들어 놓은 것이며 위치결정구와 공작물 사이의 틈새(clearance)의 크기는 공작물의 공차에 따라 결정된다. 공작물의 공차가 커지면 틈새(clearance)도 커지게 되어 공작물이 움직이게 된다. 이러한 위치결정구는 외형이 모두 일정하게 세밀히 가공된 공작물에 적합하다. 또한

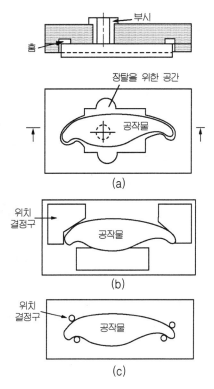

그림 3-45 공작물 윤곽에 따른 네스팅

완전한 형태로 공작물을 위치결정하게 되면 칩이나 먼지 등이 위치결정구에 쉽게 끼이게 되므로 이를 막기 위해 홈 또는 잔류오목을 만들어 주어야 한다. [그림 3-45]의 (b)는 V-블록으로도 만들 수 있다. 이것은 제작비가 저렴하며 공작물의 형태가 조금씩 다르더라도 잘 맞게 된다. [그림 3-45]의 (c)는 (b)의 방법보다 더 간단하고 값싼 방법으로 핀으로서 공작물을 위치결정시키는 방법이다.

공작물의 모든 면이 불규칙하여 평평한 면의 위치결정구에 설치할 수 없을 때는 공작물의 형상대로 위치결정구를 기계 가공하여 만드는 것은 대단히 어렵고 비용이 많이 들게 되나 간단한 주조를 이용하여 불규칙한 공작물을 위한 위치결정구를 만들 수 있다.

[그림 3-46]은 부분적으로 위치결정이므로 단일 네스팅이라고 볼 수 있으며, [그림 3-47]은 전체적인 위치결정으로 복수 네스팅이라 볼 수 잇다.

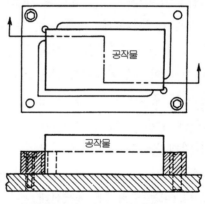

그림 3-46 부분(단일) 네스팅

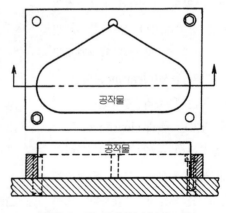

그림 3-47 전체(복수) 네스팅

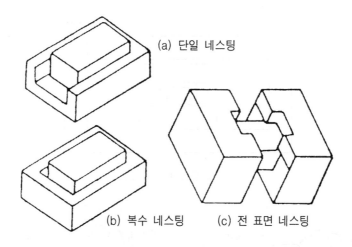

(a) 단일 네스팅

(b) 복수 네스팅   (c) 전 표면 네스팅

그림 3-48 전 표면 네스팅

[그림 3-48]에 있어서 공작물은 전 표면에 위치결정 되어 있지만, [그림 3-46]
의(a)는 단일 네스팅이라고 할 수가 있고, [그림 3-48]의 (b)는 복수 네스팅이고
[그림 3-48]의 (c)는 전 표면 네스팅 이라고 할 수 있다. 전 표면 네스팅 치공구
는 공작물이 치공구에 삽입 될 수 있는 덮개가 있어야 하고 공작물은 가공될 수
있도록 개방되어야 한다.

[그림 3-49]에서와 같이 위치결정구는 공작물이 들어갈 수 있는 커다란 상자로
되어 있으며 위치결정은 공작물과 상자사이에 주조성있는 재료를 넣음으로서 만
들어진다. 채워지는 충전물은 플라스틱이나 연한 금속이 이용되며 페놀수지나 에
폭시수지에 유리섬유로 제조된 포를 보강하여 사용한다. 이와 같은 재료는 가볍
고 가격이 저렴하며 재료의 성질상 잘못되었을 때 쉽게 정정할 수 있다. 치공구에
서 이러한 위치결정구는 다이케스팅이나 스탭 핑과 같이 거의 틈이 없이 꽉 밀착
시킬 필요가 있는 공작물에 적합하다.

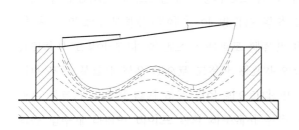

그림 3-49 불규칙한 공작물의 위치결정

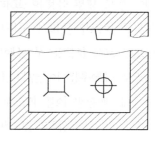

그림 3-50 안정된 위치결정

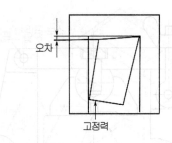

그림 3-51 네스팅에 의한 각도오차 발생

그러나 때에 따라서 위와 같은 위치결정구는 [그림 3-49]에서 점선 위에 표시된 것과 같이 몇 개의 패드(pads)를 설치하므로서 단조품이나 주조품과 같이 불규칙한 공작물도 이용할 수 있다. 공차가 거의 없이 정밀한 평면을 가지며 기하학적으로 간단한 구조인 공작물에 사용되는 위치결정구는 공작물에 맞도록 정밀 가공되어야 한다. 이러한 경우에는 공작물의 형태대로 위치결정구를 모두 정밀 가공하는 것은 많은 어려움과 비용이 요구되므로 [그림 3-50]과 같이 공작물을 안정하게 위치결정할 수 있는 몇 군데만 부분적으로 정밀가공 한다. 커다란 공작물을 위치결정 할 때는 클램프 힘에 의한 탄성변형이 생기기 쉬우므로 클램프 힘을 되도록 적게 함으로서 변형을 막을 수 있고 위치결정구의 마모도 줄일 수 있다.

[그림 3-51]은 네스팅에 의한 각도오차를 나타낸 것으로 네스팅 여유만큼 각도오차가 발생되는데 적절한 해결방법이 없는 단점이 있다.

5. 원형 위치결정구(Circular locator)

공작물의 구멍과 원통 부분을 위치결정하기 위해 핀, 심봉(mandrel), 플러그(pulg), 중공원통, 링, 홈 등의 형태로 위치결정하는 네스팅 원리이며 위치결정의 정밀도와 재밍(jamming)이 생긴다. 여기서 재밍이란 공작물 구멍에 원형 축을 끼울 때 턱에 걸려 들어가지 않는 현상을 말하는데 재밍은 항상 짧은 거리의 위치에서 발생하며(즉 L이 작을 때) 어느 정도 길게 끼워지면 재밍 현상은 발생하지 않는다. 재밍의 주요 원인은 마찰에 의해 발생되며 틈새, 끼워지는 맞물림 길이, 작업자의 손 흔들림도 원인이 된다.

원형 위치결정기구는 핀(pin), 심봉(mandrel), 플러그(plug)나 중공원통, 링(ring)등의 형태로 이용되며 공작물을 위치결정하는, 즉 공작물의 네스트(nest)를 위한 요소이다. 이러한 원형 위치결정구는 재밍(jamming)현상과 정확한 위치결정을 위한 틈새(clearance)의 정도가 가장 중요한 문제점이 된다.

재밍은 [그림 3-52]와 같이 구멍에 물체를 끼워 넣을 때 약간 기울어지면서 구멍의 모서리에 걸려 끼워지지 않는 현상을 말한다. [그림 3-52]는 위치결정구의 지름이 D_1, 끼워질 공작물의 직경은 D_1-C 이고 틈새는 C가 되며 L 만큼 끼워졌을 때 재밍이 발생한 것을 나타낸다. 일반적으로 재밍의 발생은 공작물이 위치결정구에 끼워지는 거리에 따라 달라지며 끼워질 길이 L에 대하여 산술적으로 구해질 수 있는 경계치 L_1 과 L_2가 존재한다. L_1보다 작거나 L_2보다 큰 위치에서는 재밍이 발생하지 않으나 L_1과 L_2의 구간에서는 쉽게 발생할 가능성이 있다. L_1과 L_2의 값은 이론적으로 구해지며 가장 중요시하는 L_2의 값은 $L_2 = \mu D_1$로서 구해진다. 위의 식에서 μ는 마찰계수이고 D_1는 구멍의 직경이다. 원형 위치결정기구를 만들 때 재밍의 발생가능 구간을 피하여 보통 L_2보다 크게 하여야 한다.

[그림 3-53]은 재밍의 발생을 막기 위한 원형 위치결정기구의 치수를 나타낸 것으로 구멍에 쉽게 넣기 위해 45°로 테이퍼(taper)가 있으며 재밍 발생구간 L_1 ~L_2 사이에서는 직경을 작게 하여 구멍의 모서리에 걸리지 않도록 되어 있다. 이에 대한 치수는 다음과 같다.

$L_1 = 0.02D$

$L_2 = 0.12D$

$L_3 = 1.7\sqrt{D}$ (L_3와 D는 mm 단위)

$L_4 = 1/3\sqrt{D}$ (L_3와 D는 inch 단위)

$d = 0.97D$

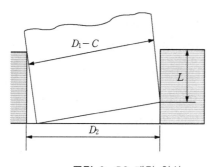

그림 3-52 재밍 현상

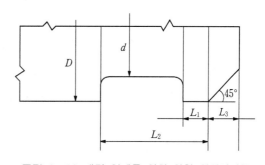

그림 3-53 재밍 억제를 위한 원형 위치결정구

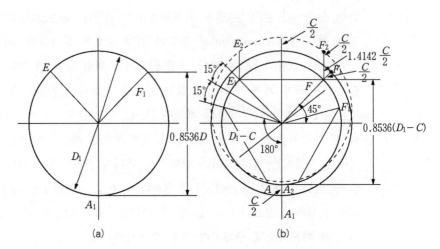

그림 3-54 재밍 감소를 위하여 수정된 원형 위치결정구

원형 위치결정기구를 수정한 완전히 다른 형태의 것을 [그림 3-54]에 나타내었다. 120° 간격으로 원통의 옆면을 평면으로 하고 충분한 접촉면적을 주기 위해 각 방향으로 30°씩 원통 면을 남겨 두었다. [그림 3-54]의 (a)는 직경이 D_1인 구멍으로 3개의 평면을 가지며 직경이 D_1-C인 원통이 끼워지게 된다. [그림 3-54]의 (b)에서 (c)는 틈새를 말하며 각 방향으로 $C/2$ 만큼의 틈새가 생긴다. 공작물의 구멍을 삼각 단면의 원통에 끼워 위로 밀어붙이면 A_1점이 A_2 점까지로 접촉하게 되어 위쪽의 틈새는 E, E_2 또는 F, F_2가 된다. 중심에 대하여 F의 방향이 45°이므로 F, F_2 즉 수직방향으로의 틈새는 $C/2+1.4142\ C/2 = 1.2071C$가 된다.

이때 공작물 구멍의 위치는 A_2, E_2, F_2의 원이 된다. 재밍의 발생위치를 알아내기 위하여 공작물을 A_2점의 수평축을 중심으로 기울여서 원형 위치결정구를 E, F점이 공작물의 구멍 E_2, F_2점에 닿도록 하면 바로 그 위치에서 재밍이 시작된다. 이 위치에서 본래의 직경 D_1은 $0.8536D_1$ [그림 3-54(a) 참고]로 바뀌어지므로 재밍 발생구간 L_2는 $L_2=0.8536\,\mu\,D_1$이 된다. 원통을 삼각 단면의 원통으로 함으로써 재밍의 발생 구간을 약 15% 정도($1-0.8536=0.1464$) 감소시킴과 동시에 약 20% 정도의 유효여유를 증가시켜 위치결정에 대한 정밀도를 감소시킨다. 여러 가지의 각기 다른 직경을 가진 구멍에 원형 위치결정구를 사용할 때는 하나의 직경만으로 충분하다.

[그림 3-55]에서 (a)는 필요 이상으로 공작물을 위치결정 한 것이며, (b)와 (c)가 올바른 원형 위치결정기구의 사용방법이다. [그림 3-55]에서(d), (e)와 같이

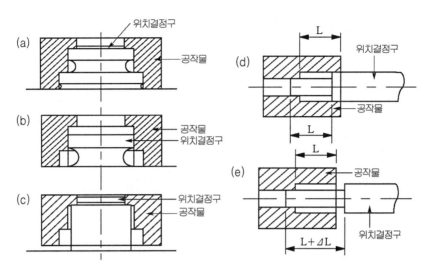

그림 3-55 위치결정구의 삽입

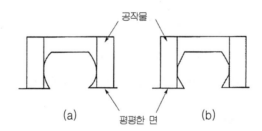

그림 3-56 재밍 방지를 위한 원형 위치결정구

원형 위치결정기구가 끼워질 때 동시에 두개의 지름이 결합되게 하는 것은 잘못된 방법이다. [그림 3-55]의 (d)는 큰 지름과 작은 지름이 동시에 기워져야 하므로 끼워 맞추기가 어렵게 되나 (e)와 같은 작은 지름이 끼워지고 난 후에 큰 지름이 끼워지도록 $\varDelta$L만큼 길게 하면 끼워 맞춤이 용이하게 된다.

[그림 3-56]과 같이 원형 위치결정기구에 가공물을 축 방향과 일치시킬 수 있는 평평한 면이 있을 때는 항상 원통형으로 설계되는 것은 아니다. [그림 3-56]에서 (a)와 같이 구형으로 위치결정기구가 설계되면 공작물의 중심을 정확히 쉽게 맞추어 줄 뿐 아니라 재밍 현상도 막을 수 있다. 이 구형 위치결정구는 제작 상 어렵게 되므로 실용적으로 사용되지는 않으나 (b)와 같이 구형의 부분을 원뿔형으로 설계하여 사용된다.

6. 구멍을 기준으로 한 축의 재밍 현상

(1) 축과 구멍의 결합 길이

결합의 길이와 핀의 형상은 재밍을 방지하기 위하여 고려하여야 할 사항이다. [그림 3-57]의 (a)는 공작물을 제거할 때 구멍에 끼임을 방지하기 위한 핀 설계에 대하여 제한성을 나타낸 것이다. 만약 핀 높이가

$$H=\sqrt{2(2a+D)(D-d)}$$

여기서　H : 핀의 길이 또는 높이
　　　　a : 피봇으로부터 구멍 끝까지의 거리
　　　　D : 구멍의 직경

$$d=D-\frac{(H-C)^2}{2a+D}$$

여기서　d : 핀의 직경
　　　　C : 모따기 높이 (⅛″ 가 증가함)

이라면 핀은 끼이지 않는다. H가 핀의 모따기 된 부위와 구멍의 원통 또는 모따기 된 선단이 포함되지 않음을 기억하여야 한다.

(2) 카운터 싱크 구멍

만약 구멍이 [그림 3-57]의 (b)에서 보는 바와 같으면 핀 길이는 $h=\sqrt{2(2a+D)(D-d)}$ 보다 적어야 한다.

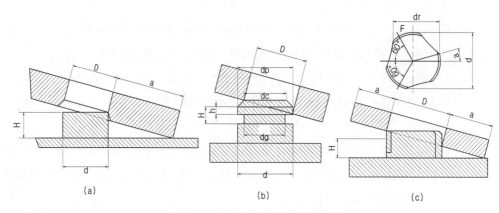

그림 3-57 원형 위치결정구의 결합

여기서 C : 모따기의 높이

　　　　　a : 피봇으로부터 구멍 끝까지의 거리

　　　　　D : 구멍의 직경

　　　　　d : 핀의 직경

　　　　　H : 핀의 높이

(3) 홈 부(Groove)의 직경

홈 부의 직경은 [그림 3-57]의 (b)에서 보는 바와 같이 기계가공 한다. 홈 부 dg의 길이는 핀 본체 직경의 약 95%이다. 즉 $dg = 0.95d$, 핀의 안내부의 직경은

$$dp = \frac{2d_2}{d} - d$$

여기서 d : 핀의 직경

　　　　　dc : 모따기의 직경

　　　　　dp : 안내부의 직경

　　　　　dg : 홈 부의 직경

구멍과 안내부 사이의 틈새는

$$C = D - dp$$

여기서 h : 안내부 길이

　　　　　H : 최소의 길이

　　　　　D : 구멍의 직경

　　　　　u : 마찰계수

　　　　　C : 간격

안내부(Pilot)과 홈 부(Groove)의 길이는 핀의 길이는 핀과 공작물 재질의 마찰계수에 영향이 있다. 강과 강의 경우에는 보통 마찰계수 $\mu = 0.20$이다. 안내부와 홈부의 최소 길이에 대한 방정식은 $h = \mu d$ 이다. 이는 H보다 더 긴 길이가 필요하다.

또 안내부 길이에 대한 방정식은 $h = \sqrt{2dp(D - dp)}$이다.

(4) 등변 3각형 다이아몬드 위치결정 핀

재밍을 피하는 방법에는 [그림 3-57]의 (c)와 같이 둥근 핀을 3면을 균등하게 절단하여 사용하는 방법이 있다. 물론 위치결정 오차는 약간 증가한다. 여하튼 이들 부수적인 오차가 커진다 하여도 재밍을 피하는 좋은 방법이다. 핀의 중심선에

서 평면까지 거리에 대한 구하는 식은

$$F = 0.35d$$

여기서 F : 중심선으로부터 평면까지의 거리
         d : 핀의 직경

평면으로부터 반대 접촉면까지의 거리는 $df - F + d/2$, df + 평면과 접촉 표면까지의 거리 핀은 120° 간격의 3 평면에서 재밍이 일어나지 않을 것이다. 만약 핀이 모따기가 있다 면 앞의 방정식을 이용하여 아래의 식으로 계산된다.

$$H = 2.4(2a + 0.85d)(D - d)$$

여기서 H : 핀 모따기부의 높이
         d : 접촉각
         a : 구멍의 끝에서 피봇의 거리
         D : 구멍의 직경

원통형의 핀에 비교하여 등변 삼각형 핀의 부수적인 오차는

$$E = 0.207(D - d)$$

여기서 E : 부수적인 오차

(5) 일반적인 위치결정 축의 끼워 맞춤 높이

[그림 3-58]에 나타낸 가공물과 위치결정 축과 끼워 맞춤 높이 는 다음 식으로 나타낸다.

$$h = 0.5 \sqrt[3]{D} + (2 \sim 5)\text{mm}$$

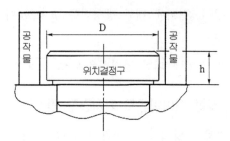

그림 3-58 위치결정 축의 끼워 맞춤 높이

7. 다이아몬드 핀

다이아몬드 핀(diamond pin)은 [그림 3-59]와 같이 단면이 마름모꼴이며 구멍에 헐거움 끼워 맞춤으로 설치되기 때문에 가공물의 착탈(loading and unloading)이 쉬운 장점이 있어 실제적으로 위치결정기구의 요소로 많이 쓰인다.

[그림 3-59]는 직경이 D인 구멍에 길이 A인 다이아몬드 핀이 틈새가 C로 끼워진 것이며 $D=A+C$가 된다. 만약 다이아몬드 핀의 위 끝과 아래 끝이 예리하게 되어 있다면, 원호에 대한 공식에서 현의 높이에서 $C/2$이고, 원호의 폭이 T일 때

$$\left(\frac{T}{2}\right)^2 = \frac{C}{2}\left(D - \frac{C}{2}\right) = \frac{CD}{2} - \frac{C^2}{4} = \frac{CD}{2}$$

$\therefore \ T = \sqrt{2CD}$ 가 된다.

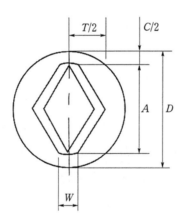

그림 3-59 디이아몬드 핀

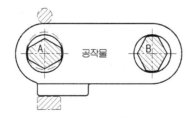

그림 3-60 다이아몬드 핀의 사용

그러나 실제로 핀의 위쪽과 아래쪽의 끝은 뾰족하게 되어 있지 않고 마모를 고려한 폭 W를 가진다. 그러므로 공차 없이 끼워질 수 있는 직경은 A가 되며 W를 고려하면 $W+T=\sqrt{2CD}$ 이다. C는 원호부분에서 측정되는 오차로서 아주 작은 값이며 이것은 위치결정의 정밀도와 충분히 쉽게 끼워 맞출 수 있는 가 하는 관점에서 결정된다. C가 너무 작으면 끼워 맞춤이 어렵게 되고 너무 크면 헐거워서 정확한 위치결정의 역할을 할 수 없다. T는 옆 방향으로의 공차를 말하며 공작물과 치공구 사이의 중심거리의 공차와 핀과 구멍 사이의 틈새 및 공차를 포함한다. W는 마모를 고려하여 이론적으로 설정된다. 위 공식에 따르면 주어진 공차 T에 대하여 W의 최대 허용치는 구멍 직경 D와 틈새 C의 값이 증가함에 따라 증가하며 틈새 C가 주어지면 폭 W는 D의 증가와 함께 증가하면 중심거리 공차 T가 증가함에 따라 감소한다.

폭 W를 결정하는 적당한 값으로는 D값의 1/8로 하며 최소 값은 0.8내지 0.4mm로 하였으나 근래에는 $W=1/30\times A$로서 표준화하여 보편적으로 사용하다.

[그림 3-60]은 치공구에 사용된 다이아몬드 핀의 사용 예로서 다이아몬드 핀은 2개를 수직하게 엇갈려 설치하여 사용하는 경우가 많다. 핀(A)는 가로방향으로의 움직임을 억제하면 핀(B)는 공작물의 상하로의 움직임을 막는다. 이러한 경우에 핀A에서 공작물이 상하로 움직이게 되므로 표시한 것과 같은 부수적인 위치결정 기구가 필요하다. 다이아몬드 핀의 전형적인 사용방법을 [그림 3-61]에 나타내었다. 공작물은 치공구 위에 올려짐으로써 자중에 의해 상하로의 움직임은 막아지며 가로방향은 핀의 의해 이루어진다. 이와 같이 다이아몬드 핀은 한쪽방향으로만 정확히 위치결정할 수 있기 때문에 방향을 고려하여 사용되어야 한다.

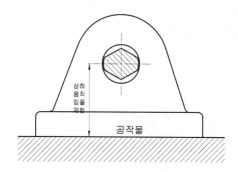

그림 3-61 다이아몬드 핀의 사용

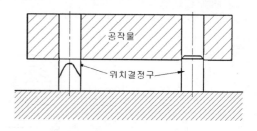

그림 3-62 이중 원통 위치결정구의 단계적 삽입 방법

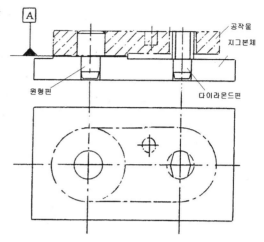

그림 3-63 원형핀과 다이아몬드핀의 간격   **그림 3-64** 원형핀과 다이아몬드핀의 위치결정

두 개의 원통을 이용한 모든 위치결정에 적용되는 원칙은 원하는 위치로 쉽게 맞추어 지도록 하는 것과 한번 위치로 쉽게 맞추어 지도록 하는 것과 한번에 연속적으로 2개가 끼워지도록 하는 것이다.

이렇게 하기 위하여 [그림 3-62]에서와 같이 하나의 핀에 라운드부분은 만들고 또 다른 핀에 윗면에 모서리 모따기를 하였고 연속적으로 끼워질 수 있도록 한쪽 핀을 길게 하여 이것에 먼저 끼워지면서 이것의 안내 역할로 짧은 핀에도 쉽게 끼울 수 있다. 만약 두 개의 핀 길이를 같게 하면, 공작물은 동시에 두개의 핀에 맞추어야 하므로 작업이 어렵게 된다.

[그림 3-63]은 원형핀과 다이아몬드핀의 간격을 나타낸 것으로 원형핀이 다이아몬드핀보다 1.5~2mm 정도 높게 설계하여 공작물의 장착이 신속하게 이루어지도록 하는 것이 좋다. [그림 3-64]는 원형핀과 다이아몬드핀에 의한 위치결정을 나타낸 상태를 나타낸 것이다.

8. 두 개의 원통에 의한 위치결정

평면상에 있는 두 개의 원통형 위치결정구를 구멍에 맞추어 위치결정하면 공작물의 6개의 자유도를 모두 제거시킬 수 있으며 아주 좋은 기계적 안정성을 얻게 된다. 이러한 경우에 정밀도는 원통 핀이 끼워질 틈새와 두 개의 구멍 중심 거

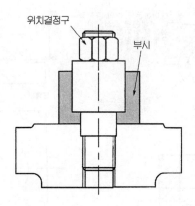

위치결정구

부시

그림 3-65 틈새 방지 위치결정구

리 공차에 의해 정해진다. 가령 두 개의 구멍 중심거리가 아주 정확하다고 하면 위치결정 정밀도는 구멍 틈새와 정도에 따라 정해진다. 이러한 경우 틈새에 의한 오차를 막기 위하여 [그림 3-65]와 같은 홈이 파여 있는 팽창되는 위치결정구가 사용된다. (A)는 마무리 가공된 공작물의 구멍에 끼워지는 부시이며 이것은 한쪽 이 완전히 갈라져 있으며 바깥 면에 2개 이상의 갈라진 홈이 만들어져 있거나 또 는 한쪽 끝에 여러 개의 갈라진 홈이 만들어져있다. 어떤 형태이든 이렇게 만든 목적은 스터드(stud)가 테이퍼 구멍으로 들어갈 때 부시가 쉽게 팽창될 수 있도 록 하기 위한 것이다. 스터드는 머리, 테이퍼 축, 짧은 원통부문 및 나사부로 이루 어 졌다. 짧은 원통부분은 치공구 몸체의 구멍에 잘 맞게 되어 있으며 스터드의 위치를 수직하게 정확히 잡아 준다. 테이퍼 축 부분이 아래로 내려감에 따라 부시 를 밖으로 팽창시켜 구멍의 틈새를 없애 줌으로써 정확한 위치결정을 이룰 수 있 다.

그러나 정밀도에 있어서 공작물의 구멍과 원통형 위치결정구 와의 틈새이외에 공작물 구멍의 공차, 공작물의 면과 접촉할 면의 공차 및 두 개의 구멍 중심거리 공차가 문제가 된다. 이와 같은 공차는 공작물의 크기가 조금씩 다르더라도 충분 히 설치될 수 있도록 적당한 여유를 고려하여 결정되어야 한다.

[그림 3-66]은 정밀도에 대한 예를 든 것으로 공작물에 직경이 D인 두 개의 구 멍이 있으며 이 구멍의 중심거리는 L±T이다. 문제를 간단히 설명하기 위하여 치공구에 있는 위치결정구의 거리 L과 구멍직경 D에는 공차가 0라고 가정하면 그림에서와 같이 오른쪽이 구멍에 끼워질 위치결정구(원통형 핀으로 되어 있음) 의 직경 D는 D-2T로 축소시켜 만들어져 있다. 왜냐하면 공작물 구멍간의 거리

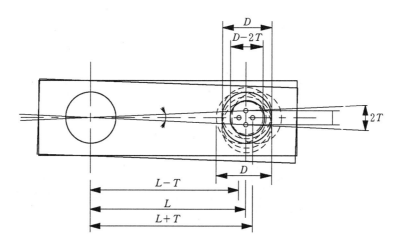

그림 3-66 이중 원통 위치결정 구멍의 응용

는 L−T에서 L+T로 분산되어 있기 때문에 모든 공작물에 적용시키기 위해서
오른쪽 위치결정구 직경이 D−2T로 되어야 한다. 때문에 거리 공차가 최대치인
가공 부품(L−T 또는 L+T)이 끼워지면 틈새는 2T가 된다. 이로 인하여 각도상
의 오차 $\theta = \dfrac{2T}{L}$ (rad)만큼 발생한다.

이 오차를 없애기 위하여 [그림 3-67]과 같이 옆으로 길게된 구멍을 만들어 사
용될 수 있으나 치공구에 끼워질 각각의 공작물에 그와 같은 구멍을 만든다는 것
은 제작 상 어려운 점이 있다.

각도상의 오차를 없애기 위해서는 중심선에 수직 방향으로서의 움직임을 억제
하고 중심선과 같은 방향으로 움직임을 억제하고 중심선과 같은 방향으로 움직일
수 있는 여유를 주는 방법으로 공작물의 구멍을 수정하는 것보다는 위치결정구
(원통형 핀)의 모양을 변형시켜 위와 같은 조건을 만족시키는 것이 바람직하다.
두 구멍을 연결한 중심선상에 대해 반드시 수직 방향으로 설치하여 다이아몬드

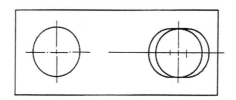

그림 3-67 구멍을 연장시킨 위치결정

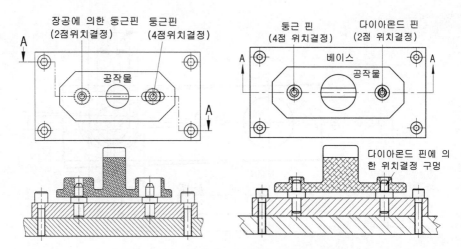

그림 3-68 두 개의 구멍에 의한 위치결정

핀이 공작물 구멍과 접촉케 한다. 그러나 좌우 움직임이 관계없고 상하로만 움직임을 억제할 경우 다이아몬드 핀 2개를 사용할 수 있다.

[그림 3-68]은 두개의 구멍이 있는 공작물에 위치결정을 한 밀링 고정구로서 장공 및 다이아몬드 핀과 원형 핀에 의한 위치결정의 방법이다.

3.3 중심 위치결정구

1. 중심 결정구의 정의

중심 위치결정법은 일반 위치결정법을 한 걸음 앞선 방법이다. 위치결정법은 치공구에 접촉되는 장소(부분)마다 한 부분에 1면이 필요한데 대하여, 중심결정법은 한 장소에서 2면이 필요하며, 가공하려는 부품 내의 1평면(거의 언제나 2 접촉면 사이의 중앙평면이 됨)을 위치결정하는 방법이다. 중심 결정 수단은 3가지 등급이 있는데, 그것은 1개의 중앙평면이 위치결정되는 1중심결정(single centering), 통상 직각을 이루는 2개의 중앙평면이 위치결정되는 2중심결정(double centering), 역시 직각을 이루는 3개의 중앙평면이 위치결정되는 완전중심결정(full centering)방법이다. 중심결정용 구성부품을 중심 결정구(centralizer)라고 하며, [그림 3-69]의

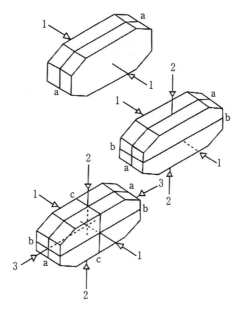

그림 3-69 1중심, 2중심, 완전중심 결정법의 원리

화살표들은 1 : 1, 2 : 2, 3 : 3이 서로 한 짝이 되어 중심 결정구(요소)를 나타낸다. 중심 결정구 1 : 1을 사용한 1중심 결정은 중앙평면 aa만을 위치결정하며, 중심 결정구 2 : 2를 부가한 2중심결정은 두 개의 중앙평면 aa와 bb를 위치결정 한다. 또 완전중심결정은 중심 결정구 3 : 3을 더 부가시켜 3개의 중앙평면 aa, bb, cc를 모두 위치결정하는 것을 말한다.

① 단일 중심 위치결정 (Single Centering) : 한 개의 중심 평면을 위치결정
② 이중 중심 위치결정 (Double Centering) : 두 개의 평면(서로수직)을 위치결정
③ 완전 중심 위치결정 (Full Centering) : 세 개의 중심평면을 동시에 위치결정

공작물의 형태가 대칭형이거나 원형인 경우, 일반적으로 치수의 기준이 중앙에서부터 주어지며, 공작물의 장착시 간단하게 중심 위치결정이 이루어지고 또한 정확한 중심가공이 이루어지는 것이 요구된다. 중심 위치결정구를 사용함으로서, 간단하게 공작물의 중심과 치공구의 중심을 일치시킬 수 있고, 원형의 공작물에서 외경을 가공할 경우 가공여유가 일정하게 되고, 회전하는 공작물의 불균형이 해소되는 등의 이점이 있다. 중심 위치결정구의 종류는 중심에서부터 모아지거나, 또는 멀어지는 위치결정면을 가진 각형 블록형과 공작물의 내경과 외경을 기준으

로 중심 위치결정이 되는 일반적인 형태가 있으며, 공작물의 내경을 기준으로 중심 위치결정을 할 때에는 공작물의 내경과 외경이 잘 맞아야 하고, 공작물의 장착과 장탈이 용이한 구조라야 한다.

2. 일반적인 중심 위치결정 방법

일반적인 중심 위치결정 방법은 [그림 3-70]과 같으며, (a)의 경우는 지그 몸체의 일부를 돌출 시켜서 위치결정구를 만든 간단한 방법이나 마모로 인하여 정도의 변화가 올 수 있으며, 교체가 어려운 단점이 있다. (b)의 경우는 지그 몸체의 홈에 위치결정 핀을 압입하여 고정한 형태로서, 마모시 교환은 가능하나 위치결정 핀의 제거는 용이하지 못하며, 칩에 대한 대책이 요구된다. (c)의 경우는 지그 몸체가 관통되어 위치결정 핀이 조립된 관계로, 마모로 인한 교체시 제거가 용이하다. 그러나 위치결정 핀의 높이가 필요이상으로 높으면, 재밍(jamming) 현상으로 인하여 공작물을 장착과 탈착시 어려움이 발생하게 되므로 공작물의 가공위치에 따라 차이는 있지만 장·탈착에 어려움이 없는 높이로 하는 것이 좋다. (d)와 (e)는 공작물의 위치결정 핀이 측면과 윗면 플랜지부에 접하게 되며, 위치결정 핀에는 플랜지가 부착된 관계로 공작물의 위치결정이 확실하고, 마모가 작으며, 교체가 용이하여 대량 생산용으로 적합한 장점은 있으나, 위치결정 핀의 높이를 결정하는데 어려움이 있다.

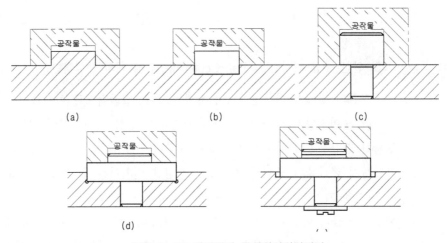

그림 3-70 일반적인 중심위치결정방법

3. 중심 결정구의 특징

기계가공을 하려는 면이 거친 부품을 처음 고정시킬 때, 기준선이나 펀치센터를 대신하여 대략적으로 정하는 것이 치공구의 한 목적으로서 위치결정이 맡고 있는 단순한 역할인데 반하여, 중심결정이라고 하는 것은 중심 결정구(혹은 장치)를 이용하여, 기준면이나 기준표시구멍의 정확한 위치를 정하는 것으로서 치공구의 기능을 발전시킨 것이다. 따라서 부품의 실제적인 중심평면이나 중심 축, 중심이 치공구에 공차의 범위 내에서 정확하게 위치결정되는 것이다. 가공여유도 균등하게 되어 있어서, 절삭깊이가 모든 면에서 일정하며, 절삭저항의 과도현상도 일어나지 않게 된다. 또한, 무게중심도 정확히 위치결정되어 있으며, 선삭 공정에서 부품의 회전상태도 균형을 잡게 된다. 즉, 기계가공하지 않은 공작물의 표면이 부품 내의 기준선이나 평면에 대하여 더욱 정확하게 위치결정되는 것이다.

4. 중심 결정구(Centralizers)와 위치결정구(locators)

중심 결정구는 단일 혹은 복합 부품으로서 위치결정구의 역할이나 클램프기구의 역할, 또는 두 가지의 역할을 다하기도 한다. 고정된 단일부품의 중심 결정구는 바로 위치결정구가 되며, 여러 부품이 복합된 중심 결정구는 적어도 한 개의 가동부분을 가지고 있다. 이 부품들은 하나의 고정부품(위치결정구)과 하나 이상의 가동부품(클램프기구)을 내포하고 있다. 이들 구성부품들이 모두 움직일 수 있으면, 클램프로서나 위치결정구로서 양면으로 취급 할 수 있다. 따라서 위치결정구와 클램프기구 사이에는 확실한 구별이 없는 것이다.

[그림 3-71]은 대표적인 위치결정구와 중심 결정구를 그림으로 나타낸 것이다. 2중심 결정는 어떤 중심 결정구를 사용하거나, 축선 만 위치결정되기만 하면 이루어지는 것이며, 이러한 의미에서, 일반적으로 사용하는 3죠오척, 자동조심형 척(self-centering chuck), 콜릿 척은 모두 2중심 결정기구가 된다. [그림 3-71(g) 참고], [그림 3-71(e)]와 같은 소형 터릿 선반에 자주 사용되는 2죠오 척이나 드릴 척도 역시 똑같이 2중심 결정기구의 하나라고 할 수 있다. 2개의 V홈을 가진 공작기계의 바이스는 1중심 결정기구가 된다[그림 3-71(f) 참고]. 중심 결정구는 오목한 형상을 가지면 안되며(네스팅 요소가 아님), 틈새가 없이 접촉되

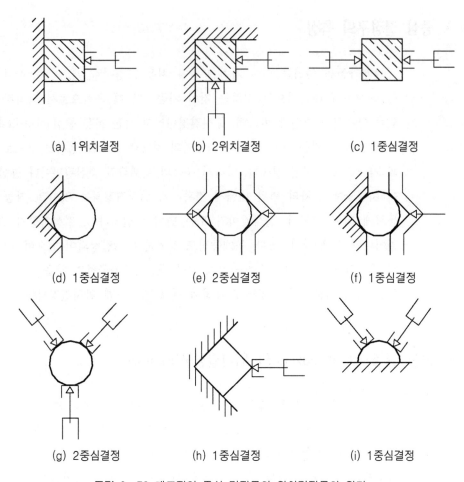

(a) 1위치결정   (b) 2위치결정   (c) 1중심결정

(d) 1중심결정   (e) 2중심결정   (f) 1중심결정

(g) 2중심결정   (h) 1중심결정   (i) 1중심결정

그림 3-71 대표적인 중심 결정구와 위치결정구의 원리

어 체결하는 공작물이어야 한다. 따라서, 중심 결정구를 사용하면, 특히, 면이 거칠 공작물을 오목한 형상(네스팅 방법)으로 위치결정하는 것보다, 더욱 확실하고 정확하게 공작물을 위치결정할 수 있다.

5. 중심 결정구의 분류

중심 결정구는 다음의 3가지로 분류할 수 있다.
① 각 형(角形)블럭
② 링크 구속형 복합 중심 결정구
③ 시판용 자동조심형 척

각형 블록은 볼록하거나 오목한 위치결정면을 가진 일반 형상의 블록형 위치결정구를 말한다. 이것은 V-블럭, 원추형 위치결정구, 구면형 위치결정구, 3가지 형태로 사용되는데, V-블럭이 가장 널리 사용된다.

원추형 위치결정구는 오목하거나 볼록한 원추 면을 이루고 있으며, 원추 면이 이루는 각은 위치결정기능에 대단히 중요한 역할을 한다. 구면형 위치결정의 표면은 구면상의 캡이나 링 모양으로, 오목하거나 볼록하게 되어 있다.

링크 구속형 복합 중심 결정구는 가동부분이 서로 링크기구로 되어 있어, 중앙평면이나 축, 중심에서 일정한 거리를 유지하도록 되어 있다. 일례로서 가위나 가위와 같은 링크기구(linkages)라는 뜻은 캠이나 쐐기, 신축(겹치는) 봉, 대칭 형 스프링 등과 같이 작동하는 메카니즘(기구)을 모두 포함하는 넓은 의미를 내포하고 있다. 기계적인 용어로 이런 것들을 모두 "운동연쇄(kinematic chain)" 이라고 부른다.

6. 중심 결정구와 평형 고정구(equalizers)

치공구의 세부설계에 있어, 혼동해서는 안 되는 두 가지의 요소가 있는데 그것은 링크기구를 채용한 "중심 결정구"와 "평행 고정구"이다. 이들은 모두 링크기구를 사용하지만, 전혀 반대되는 다른 목적을 가지고 있다.

중심 결정구는 링크기구가 위치결정점과 클램핑 부위의 운동이나 위치를 구속하며, 이러한 부위에 의하여 정해진 위치에 부품을 억지로 밀어 넣는다. 반면, 평형 고정구는 역시 링크기구인데, 면이 고르지 않은 부품을 클램핑 힘이 균일하게 되도록 하는 목적으로 사용되는 일종의 클램프기구인 것이다. 평형고정기구는 부품을 일정한 위치에 오게 하는 것이 아니라, 반대로 부품이 평형 고정구를 밀어, 고정하는(클램핑) 힘을 일정하게 한다.

7. 시판용 척 중심 결정구

자동중심고정형 선반 척은 스핀들 축 선에 대하여 동심 상에서 움직이도록 되어 있는 여러 개의 죠오가 있다. 따라서 척은 중심 결정구라고 할 수 있으며 2개나 3개의 죠오가 필요하게 된다. 4방형 죠오 척도 역시 중심결정용 기구나 죠오가 각기 수 작업으로 조절되게 되어 있다. 이러한 장치는 모두 상품화되어 시판되고 있으며, 일반용 공작물 지지구(홀더)로서, 치공구로서는 간주하지 않지만 어떻든 고정구가 되는 것이며, 특수형태의 부품을 끼우기 위하여 특별한 죠오나 죠오 인서어트가 부가될 때는 오히려 고정구 베이스나 고정구 본체가 되는 것이다.

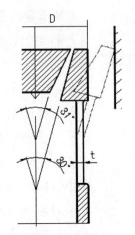

그림 3-72 콜리 척의 원리

　공작기계용 바이스도 이와 마찬가지다. 확장하거나 수축되는 1~2짝의 탄성부재를 가진 콜릿 척도 아버(arbor)나 기준면에 설치하여 중심 결정구로 이용할 수 있다. 이런 형태의 고정구는 기계가공시 비교적 부하(절삭저항)가 적고, 고도의 정밀도가 요구되는 원통형이나 원추형의 내면, 또는 외면을 위치결정·고정하기에 아주 적합하다. 특별한 이점은 부품에 균일한 압력이 작용하여 둥근 상태의 부품원형을 찌그러뜨리지 않는 점이다. 콜릿 척은 엄밀한 한계성을 가지고 있으며, [그림 3-72]에서와 같이 콜릿이 굽어져 수축, 확장됨에 따라 경사각이 달라진다. 이론상으로는 접촉표면을 완전히 물어 고정하는 위치는 단 한곳뿐이나 실제로는 물릴 수 있는 가공부품의 직경범위와 편차를 작게 잡아 안전하게 사용할 수 있게 하였다. 콜릿 척은 가능한 한, 기계가공시의 돌발적인 과부하에 의해 척과 가공물의 슬립현상을 막기 위하여 내경 물림방식보다는 외경물림방식을 채용하는 편이 안전 상 유리하다.

8. V 블록을 이용한 중심 결정 방법

　시판용 고정구로서 V 블록은 원통형의 공작물을 위치결정할 때 사용되며 사이 각이 거의 90도로 만들어지고, V 블록 자체는, 사이 각이 90°±10′ 이하이고 진직도가 0.005mm/m(±0.002인치)의 오차범위 내에 있어야 한다.

　90도 V 블록은 [그림 3-73]에서와 같이 원통부품의 위쪽에서 고정하는 힘을 가할 때 힘의 방향이 수직선을 기준으로 ±22.5를 벗어나면 부품이 불안정하게 고정되어 흔들릴 염려가 있다. 힘의 작용방향은 좌우 45도까지는 변경할 수 있으나, 안정성은 없어진다.

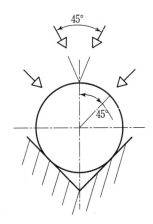

그림 3-73 90° V 블록의 안정범위

　V 블록이 가지는 여러 가지의 이점은 단순, 강력, 견고하기 때문에 지지면이 양호하며, 큰 부품만큼 길다란 부품에도 적합하고, 고정구에 대하여 부가적인(2차적인) 안정성과 강도를 부여 할 수 있으며, 이용하기 쉽고, 값이 싸 다는 이점을 가지고 있다.

　대표적인 V 블록 사이 각의 특징은 다음과 같다.

(1) 60° V 블록

　① 공작물의 수직 중심선이 쉽게 위치결정 된다.
　② 공작물의 수평 중심선의 위치가 가장 크게 변한다.
　③ 위치결정점 간격이 넓어 기하학적 관리가 가장 양호하다.
　④ 위치결정구에 대해 공작물을 고정시키는데 필요한 고정력(clamping force)
　　이 적게 든다.

(2) 90° V 블록

　① 공작물의 수직 중심선이 위치결정 된다.
　② 공작물의 수평 중심선의 위치가 평균적으로 변한다.
　③ 평균적인 공작물의 기하학적 관리
　④ 평균적인 고정력(clamping force)이 요구된다.

(3) 120° V 블록

　① 공작물의 수직 중심선을 위치결정하기가 약간 곤란하다.

② 공작물의 수평 중심선의 위치가 최소로 변한다.

③ 위치결정점의 위치가 가까워 기하학적 관리가 좋지 못하다.

④ 가까운 위치결정구상에 공작물을 고정시키기 위해서 더욱 큰 고정력 (clamping force)이 요구된다.

[그림 3-74]는 원통형의 공작물을 두 개의 V 블럭에 의하여 중심위치결정을 하는 예로서, 오른 나사와 왼 나사를 갖는 이송 축에 의하여 공작물의 외경에 무관하게 중심 위치결정이 이루어진다.

[그림 3-75]는 원통형공작물을 V 블럭에 의하여 중심위치결정과 동시 클램핑하는 예로서, 공작물의 직경에 따라서 공작물의 중심은 변화하게 되지만 간단한 클램핑과 중심위치결정이 이루어진다.

[그림 3-76]는 V블럭에 의하여 중심위치결정 및 클램핑이 이루어 지는 구조로서, 클램프가 축을 중심으로 일정하게 움직이므로 공작물의 중심은 변화를 하지

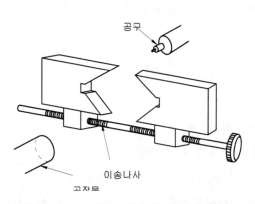

그림 3-74 두 개의 V블록에 의한 중심결정

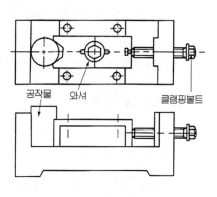

그림 3-75 중심결정과 동시 클램핑

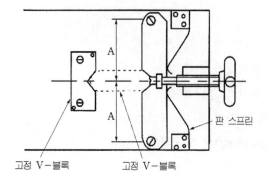

그림 3-76 중심위치결정과 동시 클램핑

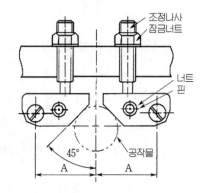

그림 3-77 조정나사에 의하여 변위

않게 된다. [그림 3-75]와 차이는 V블럭을 이송시키기 위한 안내 장치가 필요 없으며, 공작물의 길이에 따라 V블럭 각도가 변화게 된다.

[그림 3-77]은 V블럭을 이용한 공작물의 중심위치결정 방법 중의 하나로서, V 블럭의 중심위치 및 각도가 조정나사에 의하여 변위가 가능하도록 되어 있다. 그러므로 공작물의 형태는 원형은 적합하나, 면 접촉을 하게되는 공작물의 경우는 위치결정에 문제가 발생할 수 있다.

9. V 블록의 한계성

V 블록이 위에서와 같은 여러 가지 장점을 가지고 있다 해도, 옳지 못한 용도에 사용될 위험이 있다. V 블록이 개별적으로는 단지 1중심결정만을 확실히 말할 수 있는 능력밖에 없으며, 부품의 중심평면은 V 블록의 각을 이등분하는 평면이 된다. 또, 중심 결정은 V 블록의 한계 능력 직경까지는 부품의 직경에 관계없이 가능하며, 각의 이등분 면에 대칭이거나, 이 면을 기준하여 나타낸 치수의 평면이나 형상은 모두 V블럭에 위치결정(고정)시켜 가공할 수 있다. 이러한 형상을 예로 들면 [그림 3-78]과 같이 부품 가공 면이 이등분 면에 평행하거나 직교하는

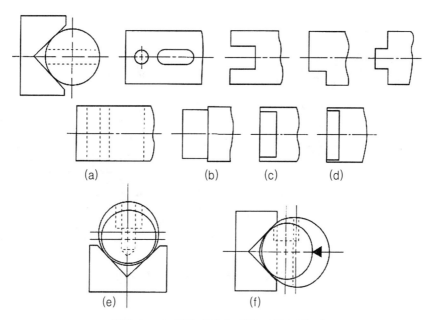

(a)　　　(b)　　(c)　　(d)

(e)　　　　(f)

그림 3-78 원통 형상에 대한 가공 적용 예

평면, 또는 대칭인 평면을 포함하는 구멍형상이나 슬롯 형상을 들 수 있다. 여기서 "평행하거나 직교한다"는 말은 중요한 의미를 가지고 있다. [그림 3-78]의 (e)와 같은 키 자리나 장공 구멍을 가공할 경우에 완전 대칭으로 가공할 수 있으나 가공깊이는 직경 차에 따라 달라지게 되므로 문제가 되는 것이다. 대부분의 경우는 직경 차가 작아 공차 범위 내에 있을 때는 이론적으로만 문제가 되며, 장공이나 키 자리, 이와 유사한 형상은 직경 공차에서 오는 사소한 치수결함을 보완하도록 깊이 공차를 넉넉하게 잡아 설계하는 것이 보통이다. 아주 문제가 되는 것은 [그림 3-78]의 (f)와 같이 이등분 면이 수직인 방향으로 키 자리나 구멍을 가공할 겨우 직경 차에서 오는 영향이다. 이 경우는 직경 차가 있음에 따라 분명히 대칭 상태에서 벗어나기 때문이다. 이러한 영향은 V 블록을 잘못 사용함으로써 나타나는 것이다. 실제 문제는 공차에 있다.

[그림 3-79]에서 (a)일 경우, V 블록이 중심 결정구로써 사용될 때, 직경 차를 Δ라고 하면, 부품의 중심은 이등분면상에서 위치오차 e가 생기는데, $e = 1/2\Delta = 0.707\Delta$가 된다.

[그림 3-79] (b)에서 기준 위치결정구나 측면 위치결정구로 사용할 경우는 더욱 안정되게 사용할 수 있다. 이 경우, 중심의 오차 e는 수직, 수평방향에 대하여 분명히 $e = 1/2\Delta$밖에 되지 않아, 모두 직경 차 Δ보다 작게 되는 것이다.

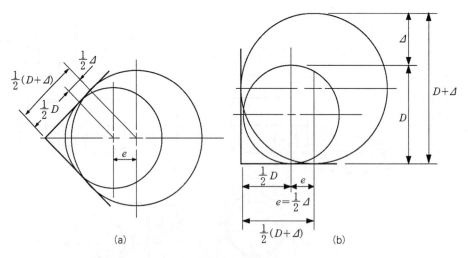

그림 3-79 위치오차(e)에 대한 지름 공차(Δ)의 영향

10. 원추형 위치결정구(conical locators)

원추형 위치결정구(또는 원추 로케이터)는, 공작실에서는 그 이름을 모른다고 해도 잘 알려져 있다. 선삭 가공하기 전에 부품을 센터드릴로 센터자리를 내어 선반의 센터에 고정시키는 일은 사실상 원추형 위치결정구에 위치결정하는 과정인 것이다. 공작기계의 스핀들 내・외면에 나있는 테이퍼와 드릴공구, 아버, 척 등에 있는 동축테이퍼 섕크부는 모두 원추형 위치결정구 이기는 하나 이런 것들은 공구이며 모두 고정구가 아니다. 또, 선반의 심봉은 0.5mm/m인 아주 작은 테이퍼 축 선을 가진 공작물 홀더이며, 마찰력으로써 전달하는 일반 특성을 가진 기구로서, 일반용의 공작물 홀더일 뿐, 치공구는 아니다.

이런 사실로 미루어 볼 때 원추형 위치결정구는 당연히 위와 같은 기구들과 다르다. 원추형 위치결정구는 중심을 잘 잡을 수 있으나, 축 선을 중심으로 일정한 각도를 가지며, 정밀하지는 않다. [그림 3-80]과 같이 원추형 중심 결정구와 한 몸체로 된 평판형 축상(軸上) 위치결정구는 최소한의 공차(公差)를 계산해 넣어야 하며, 특수한 고 정밀 부품이 아니고는 실용화 할 수 없다. 실제 사용할 수 있는 평판 축상 위치결정구에 슬라이딩 할 수 있는 원추형 위치결정구를 만들어 두고, 별도로 클램핑 기구를 갖춰야 한다.

[그림 3-81]은 이러한 경우의 대표적인 실례를 나타낸 것으로, 얇은 림(Rim) 상(狀)의 공작물을 휘지 않고, 고정하여 클램핑하기 좋게 되어있다.

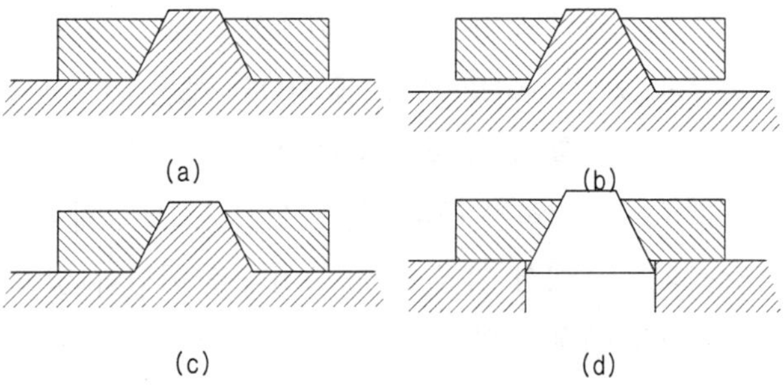

(a)위치결정 불능
(b)(c)사용부적합 위치결정
(d)위치결정 적합

그림 3-80 원추형 중심 결정구와 평판형 축상 위치결정구

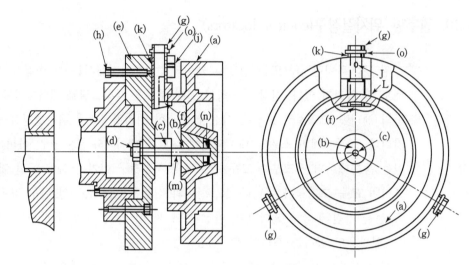

그림 3-81 슬라이딩형 원추 위치결정구와 부동(浮動)식 클램프가 있는 고정구

공작물 (a)는 일부의 기계 가공된 특수용도의 클러치 휠로서 중심을 얻기 위해 허브에 테이퍼 부분을 만들어 공작물을 지지하고 있다. 테이퍼 부분과 다듬질(기계)가공한 부분 사이에서 약간의 치수오차(변화)를 보정하기 위해, 경사형 외측면의 고정용 부시(b)는 스터드 볼트(c)축의 중심 중앙부에 끼어 있고, 스터드(c)는 면판 고정구(e)에 와셔와 너트(d)로 고정되어 있다. 경(輕)스프링(m)은 경사부의 접촉상태를 완전하게 하며, 작은 핀(n)은 테이퍼 위치결정구 부시(b)로서 고정위치에 따라 움직일 수 있도록 되어 있다. 이렇게 고정된 상태에서 공작물 외측 면이 가공되는 동안, 고정구가 절삭공구를 방해하지도 않고, 또 공작물이나 고정구가 변형을 일으켜서도 안 된다. 그림에서 고정구 외곽부 주위에 3개의 돌출부 손잡이가 있고, 손잡이(o)를 돌려, 볼트(f)와 부시(k)가 움직여 주철제 공작물의 림(l)을 알맞게 고정할 수 있도록 되어 있다. 부시(k)은 스플라인이 나있고, 도그 스크류(j) 때문에 회전하지 못하도록 되어있다. 또 공작물을 직접 3점에서 고정·지지하도록 되어 있어서 가공 도중 튀어나올 위험이 없어 좋다. 볼트(f)는 부시을 관통하여 너트(g)에 끼워 있고, 너트는 렌치로 꽉 조이기 전에 손으로 재빨리 돌려 조정할 수 있도록 널링한 돌리개 부분(o)이 형성되어 있다. 이러한 구조는 주물제품의 얇은 플랜지부를 금속과 금속접촉상태에서 어떠한 치수변화가 있더라도 공작물을 아주 적합하게 자동적으로 고정할 수 있으리라 생각한다.

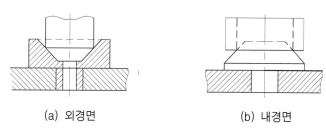

(a) 외경면   (b) 내경면

그림 3-82 원추형 중심 위치결정구

　클램프기구가 꽉 고정되고 나면 고정구의 뒷면에 있는 세트 스크류(H)에 의해 제 위치에 체결된다. 부동 원리를 응용함은 여러 가지 공작물에 적용할 수 있으며, 얻어지는 결과는 항상 만족스럽다. 이렇게 설계된 고정구에 알맞는 공작기계는 수평형 터릿 선반이 많이 적용된다. 원추형 위치결정구는 여기에 꼭 맞는 경사진 내경 면을 필요로 하지 않아도 원형의 모서리에 아주 잘 맞춰진다. 어떠한 부품이건 정확히 끝 단면의 모서리가 원형이면 원추형 위치결정구로써 중심을 잡아 고정시킬 수 있다. 이 경우 단면은 축에 수직 이여야 한다. 부품이 기계 가공된 것이라면, 모서리 단 부는 꼭 검사해야 되고 기계가공에서 생기는 버어(burr)를 제거해야 한다. 중심부에 구멍이 있는 주물제품을 구멍 부의 모서리가 위치결정 되어 위치결정하기 전에 구멍 주위의 지느러미(fin)를 없애야 한다. [그림 3-82]와 같이, 원통형 공작물을 원통 부 표면의 외경 부나 공작물에 관통되어 있는 구멍의 내경 부를 중심 되게 고정하기 위해서는 언제나 우수한 원추형 위치결정구가 필요하다. [그림 3-82]의 (a)에서 부시는 공작물이 들어가도록 내부가 원추형으로 되어 컵 위치결정구(cup locator)라고도 한다. 부시는 기계구조용 강이나 공구강으로 만들며, 대부분 공구를 안내하기 위한 부시 역할로도 사용된다. (b)는 공작물에 있는 구멍에 넣도록 원추형으로 선삭 가공한 것으로 모두 고정되게 되어 있다. 이들은 다만 공작물을 위치결정하는 데만 사용되며 클램핑하기 위해서는 부가적인 수단이 필요하게 된다.

11. 가동식 원추형 로케이터를 사용한 클램핑 방식

　원추형 위치결정구를 이용한 클램핑 기구는 착탈(着脫)이 가능하며, 또 2개의 위치결정를 하나로 하여 가동시킬 수 있고, 이것을 역시 고정용 클램프로 사용할 수도 있다. 모서리의 지지(支持)면적이 작아 조이는 힘(클램프하중)을, 모서리부

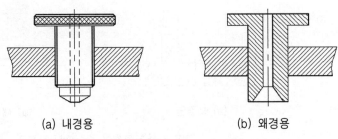

(a) 내경용　　　　　　　(b) 왜경용

그림 3-83 원추형 위치결정구로 이용한 부시

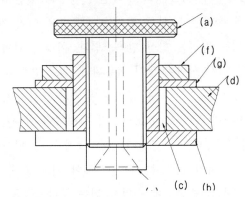

그림 3-84 외경용 원추 위치결정 구로 이용된 부동형 드릴 부시

가 변형되거나, 기타 다른 위험이 따르지 않도록, 되도록 작게 해야 한다. 가동형 원추 위치결정을 이용한 클램프방식은 드릴부시을 연결할 때 널리 이용된다. 외부에 나사 산이 나있는 드릴부시는 "스크류 부시"로 알려져 있으며, 이를 지그의 벽면을 관통하여 충분히 길게 만들고, [그림 3-83]과 같이 끝 단부를 원추형으로 가공하거나, 컵 모양으로 내면가공을 하면, 위치결정이나 클램프 기기로 충분히 사용 할 수 있다. 길다란 안내 부시로 사용할 경우는 언제나 부시의 모든 구멍은 동축 상에 있고, 전체의 길이가 일정거리의 여유를 가져야 한다. 나사 부시는 예를 들면 가공부품이 완전 다듬질 면에 고정되어야 할 경우나 돌출부의 중심에 드릴구멍을 가공해야 할 원통형 부품이라든가 하는 경우에는 옆으로 제거시켜야 한다. 주물제품의 공작물은 완성 가공 면과 돌출부의 중심이 자연적으로 일정한 차이가 나타나게 되며, 특히 다른 부품의 표면이나 돌출부가 기계 가공되는 경우에는 더욱 두드러지게 나타난다. 이런 경우에는 돌출부의 중심부를 가공할 때 고정 드릴 부시은 적합하지 않으므로 [그림 3-80]과 같이 부동(浮動)형 부시을 사용해야 한다.

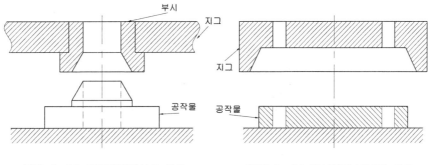

그림 3-85 중심결정부시의 사용　　**그림 3-86** 중심결정 지그의 사용

나사 부시 (a)는 원추형으로 파져 있어 주물의 돌출부를 위치결정(고정)하도록
되어 있다. 이것은 한쪽에 플랜지부가 있는 다른 원통형 부재(部材)에 끼워져 있
으며, (b)는 다시 지그 부시을 충분히 고정할 여유가 있는 넓은 구멍(c)에 끼워져
있다. 공작물의 돌기부 (e)에 중심 되게 부시을 고정했을 때 와셔 (g)가 밑에 붙
어 있는 너트 (f)를 조이도록 되어 있다. (b)의 플랜지와 와셔 (g)는 구멍 (c)보다
훨씬 켜야 하며, 경우에 따라서는 부품의 구멍이나 표면의 방향에 관계없이 공작
물에 구멍을 뚫기 위해서 필요에 따라 이러한 부동(浮動)형 부시가 사용되는 경
우도 있다.

[그림 3-85]는 중심 결정 부시를 이용하여 공작물의 중심 위치결정을 하는 예
로서, 부시의 형태를 공작물의 형상과 반대로 제작하여 지그에 설치한 후, 공작물
과 부시가 일치되도록 하강시키면 공작물의 중심이 결정되며, 드릴 가공에 의하
여 대칭형 공작물의 중심 가공을 간단하게 해결할 수 있다.

[그림 3-85]는 [그림 3-86]과 동일한 방법으로서, 지그의 수평 하강과 동시에
중심위치결정이 이루어지게 되나 부시와 공작물의 접촉 부위가 불완전하므로, 정
밀한 중심 위치를 요할 경우에는 문제가 발생할 수 있다.

12. 링크조절형 자동중심 결정구

움직이는 부품을 구속하기 위해서는 다음과 같은 링크 지구(운동체인)가 사용
되고 있다.

기　구	작동요소
경사슬라이더	나사와 너트, 왼쪽-오른쪽 나사선을 가진나사, 대향스프링, 링크기구
회전 암(arm)과 캠	링크기구, 경사면을 가지는 다른 캠
대칭으로 움직이는 레버 대우(짝)	가위형 링크기구, 팬토그래프 기구
점이나 선의 로케이터	가위형 링크기구, 팬토그래프 기구

위 목록은 대표적인 기구만을 소개했을 뿐이며 기구 요소나 메카니즘의 유형이 너무 많아 전반적으로 내용을 전부 소개하기는 어렵다. 그러나 아직도 치공구 설계자의 창의력과 솜씨를 발휘할 여지는 많다. 여기에 설계에 대한 몇 가지의 기본적인 지침을 소개한다.

① 간단하게 설계한다.

② 미끄럼기구보다는 회전기구를 채용한다.

③ 회전기구요소는 작용하는 힘이 반경방향에 수직이 되도록 한다.

④ 미끄럼기구 요소는 힘이 작용하는 부분 바로 밑에 지지장치를 구비한다.

⑤ 특히 링크기구 중 레버의 암에 대하여는 암의 길이를 똑같이 설계하며, 그렇게 할 수 없을 때는 긴 쪽을 움직여 짧은 쪽이 클램핑 작용을 하도록 설계한다. 이것도 불가능하다면 손잡이 휠이 붙는 나사기구 같은 배력(倍力)장치를 채용하여 설계하도록 한다.

⑥ 모든 기구(메카니즘)에 대하여 하나 하나의 강성(剛性)을 검토하고, 모든 지지 부분(베어링부분)과 접촉점에 대해, 백래쉬(backlash)도 주의하여 확인한다. 위의 원칙에 대한 몇 가지의 대표적인 예를 들어보자.

링크운동기구는 유효한 힘이, 여러 지지점이나 클램핑 포인트 사이로 분산되기 때문에 단일 클램프기구보다는 가공물을 붙잡거나 꼭 조이지 못하며 원래 밀링가공용 고정구 보다는 드릴 지그로 사용되었으며, 보통 기계가공하지 않은 평면 부품이나 커버 같은 주물제품의 양측 모서리를 물어, 고정하고서 드릴가공 할 때 많이 사용되었다. 이와 유사한 중심결정기구는 전체적인 치수가 다르더라도 유사한 형상을 가지는 부품을 드릴가공 하는데 있어 시간적으로나 경제적으로 여러 가지의 장점을 가지고 있다.

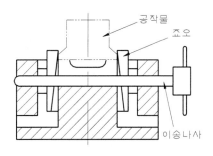
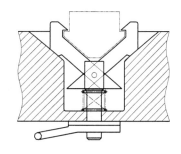

그림 3-87 공작물직경에 무관한 중심결정   **그림 3-88** 클램핑과 동시에 중심결정

[그림 3-87]은 공작물이 클램핑과 동시에 중심이 결정되는 구조로서, 지그의 밑에 위치한 핸들에 의하여 클램핑 하면, 클램프(clamp)는 지그 몸체의 V홈에 의하여 중심이 유지되면서 클램프의 간격이 좁아져 클램핑이 이루어진다.

[그림 3-88]은 클램핑력을 전달하는 축에 오른 나사와 왼 나사가 가공되어 있어, 핸들어 회전방향에 따라 위치결정판이 중심으로 모아지거나, 멀어지게 되므로 공작물의 직경에 무관하게 중심이 결정되고 클램핑이 이루어진다.

[그림 3-89]는 가장 간단한 드릴 지그용 자동중심결정기구의 하나를 나타낸 것이다. 이 지그는 대향스프링으로 움직이는 경사슬라이더가 있는 형식으로 되어 있다. 이것은 분할형 V블럭으로 구성된 지그와 같은 특성을 가지며, 사각형의 주물 몸체 (a)를 구성하고 있는데 밑 부분은 고정하기 좋도록 플랜지로 되어 있다. 스윙 암 B는 핀(c)로 지지되어 있으며, 드릴 부시 (d)가 설치되어 있다. 또 부시

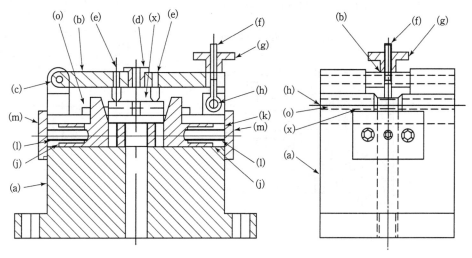

그림 3-89 스프링 작용 쐐기에 의한 중심결정용 드릴 지그

의 양쪽 밑에 2개의 베어링 패드가 끼워 있어, 그림처럼 암이 수평위치에 있을 때, 공작물 (x)를 이 패드가 균등하게 눌러 지그 본체 상부에서 공작물을 완벽하게 고정한다. 암의 오른쪽 단 부는 원통형 클램핑 스티드 (f)가 끼워졌다 빠졌다 할 수 있도록 한 쪽이 터진 슬롯형상으로 되어 있으며 너얼링한 너트 (g)로 암을 조여 공작물을 클램프 하도록 되어 있다. 스터드는 물론 가압 핀 (h)를 중심으로 젖힐 수 있게 되어 있으며 공작물의 중심결정동작은 스프링하중을 받는 슬라이더 (j)로 얻어지는데, 이 슬라이더는 몸체에 관통해 있는 안내구멍 (k)에 끼워져 있다. 스프링 (l)은 슬라이드에 나있는 포켓 속에 정지 판 (m)에 의해 끼워 고정되어 있고, 정지 판은 지그 몸체 양쪽에 나사로 각각 고정되어 있다. 각 슬라이더는 안쪽에 수직돌출부가 있으며 각 끝 면은 약 10° 되게 경사져서 경화 열처리되어 있다.

[그림 3-90]은 완전 링크작동방식의 중심 결정구에 대한 대표적인 설계를 나타낸 것이다. 이것은 [그림 3-89]와는 2가지의 중요한 사항에서 그 원리가 다르다. 하나는 2가지의 중요한 사항에서 그 원리가 다르다. 하나는 중심결정 동작이 링크에 의해서 직접, 동작이 구속되어 있으며, 둘째는 유효 개구부가 넓게 되어 있

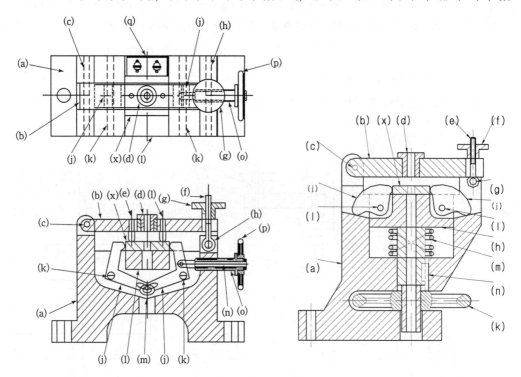

그림 3-90 완전 링크에 의한 중심 위치결정구   **그림 3-91** 캠 작동 중심 위치결정구

으며, 둘째는 유효 개구부가 넓게 되어 있어서 폭이나 길이가 상당히 다른 드릴가 공통 부품에 적합한 치공구로서 사용할 수 있는 것이다. 스윙 암(b)의 메카니즘은 앞의 그림에서와 같으며, 베어링패드(e)나 부시(d)도 같은 형식으로 되어 있다. 캠 크랭크식 위치결정 겸 클램핑 래버(j)는 지그 본체의 좁은 슬롯 부분에 움직이 도록 끼워져 있고, 본체에 꽂혀 고정되어 있는 핀(k)에 끼워져 있다. 본체의 가로 방향 슬롯 내에 영구적으로 끼워 고정되어 있는 공작물 지지용 평판부재 L이 설 치되어 평판부재와 지그 본체에 모두 드릴 칩이 빠져나가도록 구멍이 뚫려 있다. 공작물의 양측 면을 잡는 레버(j)의 접촉부는 둥글게 라운딩되어 있고 경화 열처 리하였으며, 공작물을 물리 수 있도록 톱니모양으로 울퉁불퉁하게 만들기도 한 다.(이런 것을 serrate, roulette를 붙인다고 말한다.) 레버의 하단부는 중첩되도록 한쪽은 슬롯이 만들어져 있고, 다른 한쪽은 이 슬롯에 끼워져서 핀(m)으로 고정 되어 있어 하단 부의 레버가 수평위치에 있을 때 핀(m)의 중심은 지그 본체와 드 릴부시의 중심선상에 오도록 되어 있어, 언제나 공작물을 중심부에 고정 할 수 있 도록 레버가 고정되어 있다. 레버의 작동은 핸들(p)를 돌려 전동나사 슬리브(o)를 통해 작동로드(n)을 움직여서 작동하도록 되어 있으며, 로드(n)은 턱이 나있어 슬 리이브에 밀려들어가고 나오도록 되어 있다. 횡 방향 위치결정은 나사로 조절, 고 정하도록 되어 있는 지그 측면에 설치된 정지 판(q)로 이루어진다.

[그림 3-91]은 경사면에 의해 작동되 는 회전식 암을 이용하여 중심 결정 하는 예를 나타낸 것이다. 이런 형태 의 자동 중심 결정용 지그는 경제적 이며 얇은 커버 플레이트나 폭이 일 정하지 않은 유사한 부품에 일정한 중심 관통 구멍을 가공하는데 적합하 다. 스윙암(b)의 기구는 앞서 설명한 [그림 3-89], [그림 3-90]과 동일하며 스프링 힘을 받는 원통형 플러그(h) 는 지그 본체의 수직구멍에서 움직이 도록 끼워져 있고, 키(n)을 설치하여 회전하지 못하도록 되어있다. 핸드휠 (k)을 돌려 플러그를 내리면 핀(l)에

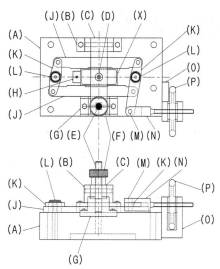

그림 3-92 팬터그래프 장치에 의한 링크작동 중심위치결정구

끼워있는 삼각형의 캠 식 위치결정구가 공작물(x)를 고정하게 한다. 그 다음 스윙(b)를 체결볼트 (f)로 조여 조정하고 드릴 가공하는 것이다.

[그림 3-92]는 순수한 링크기구 만을 사용한(이 경우는 팬터그래프 기구를 이용했음)효과적인 드릴가공용 지그의 공작물 중심결정방법을 나타낸 적용 예이다. 지그 본체 뒤쪽 상부에 브라켓(b)가 고정되어 있고, 여기에 스윙 암(c)가 핀으로 피보팅 되어 중앙부에 부시(d)가 설치되어 있다. 스윙 암의 고정방법은 역시 앞서 설명한 [그림 3-89], [그림 3-90], [그림 3-91]과 같은 형태로 되어 있으며 공작물(x)는 정지(멈춤)판(h)에 의해 지지되어 지그 본체의 상부에 접촉되어서(2개의 링크(j)에 의해)횡 방향으로 물려 중심결정이 되도록 형성되어 있으며 부품과 링크의 2접촉면은 공작물과의 마찰압력을 줄일 수 있도록 약간의 홈이 만들어져 있다. 핸들(p)를 돌리면 로드(n)을 따라 링크기구 한쪽에 핀(m)으로 연결되어 있는 팬터그래프(Pantograph) 기구를 고정 핀(스터드)(l)을 중심으로 회전시킴으로써 2개의 링크(바)(j)가 조여져 공작물을 중심 결정시켜 고정하게 된다. 이런 기구는 평행면이 있는 판상 공작물의 중심을 구멍가공 하는데 적합한 자동중심 결정구의 하나가 되는 것이며 스윙 암(c)의 착탈 방법은 앞서 설명한 원리와 동일하다.

3.4 장착과 장탈

1. 공작물의 장착과 위치결정

장착(loading)이란 공작물을 치공구에 위치결정 하고 클램핑(clamping) 하는 것이며 장탈(unloading)이란 가공이 끝난 공작물을 치공구에서 클램프를 풀고 꺼내는 것. 즉, 치공구는 공작물을 '장착'(청소과정 포함)과 '기계가공'한 후 '장탈' 하는 세 단계로 작업이 이루어진다. 장착은 공작물을 치공구에 넣고 위치결정하며 클램프하는 전과정을 말한다.

(1) 공작물 장착

공작물의 설치는 수 작업과 이를 위한 공간을 고려하여야 한다. 수 작업에서는 공작물의 무게와 균형(공작물의 형태와 무게중심의 위치)에 따라 한 손을 이용하도록 또는 양손 모두를 이용하도록 달리 설계되며 때에 따라 호이스트(hoist), 크레인(crane), 콘베어(conveyor) 등의 사용여부도 결정된다. 균형이 잘 잡힌 가공물은 단순히 들어올리고 내리는 동작만이 필요하므로 취급이 편리하나 균형이 안 잡힌(무게중심의 불일치, 형태의 불균형) 공작물은 평형을 유지시키기 어렵게 되므로 설치시 일의 능률이 저하된다.

치공구는 공작물을 확실히 네스트(nest)시키는 목적으로만 설계하여 공작물의 취급을 위한 공간의 여유를 부족하게 설계하는 실책을 범하는 경우가 많다. 치공구는 공작물의 네스트 역활도 중요하지만 작업자가 공작물을 손쉽게 다루기 위한 적절한 공간이 필요하다. 공간의 크기는 공작물에 따라 달리 선택되는 작업방법(한 손 이용, 양 손 이용, 기구이용)에 맞추어 설정되며 기구이용 때에는 호이스트나 크레인의 케이블(cable) 운동방향에 따른 공간이 주어져야 한다. 이러한 작업공간의 설계는 실제 작업능률에 많은 영향을 미치며 "공간은 실재보다 도면에서 더 크게 보인다."라는 일반적인 경험을 고려하여 정확한 공간설계가 이루어지도록 한다.

(2) 공작물의 위치결정

위치결정은 위치결정구에 공작물을 정확히 접촉시키는 것으로 칩이나 오물에 의한 접촉불량을 주의해야 하며 버(burr)나 재밍(jamming), 마찰에 의해 불확실한 접촉이 발생하기도 한다. 위치결정 수행과정은 공작물의 밑면을 먼저하고 옆면을 행하며 엔드스톱(end stop)과의 접촉은 맨 나중에 행한다. 위치결정의 기본원리는 위와 같은 각 과정이 서로 독립성을 갖는다는 점이다. 즉 한 면의 위치결정이 잘못되었더라도 다른 면에서 영향을 미치지 않는다. 각 방향(X, Y, Z축)의 움직임에 독립성을 가지므로 위치결정은 반드시 한번에 한 면씩 행하도록 한다.

(3) 공작물의 대칭

장착의 올바른 위치는 공작물 형상이 대칭과 비대칭에 따라 달라진다. [그림 3-93]의 AA, BB, CC는 대칭면을 나타내며 X, Y, Z축은 회전 대칭축을 나타낸다. 공작물은 4가지의 다른 위치로 치공구에 설치되 수 있다. 처음의 위치와 X, Y, Z축을 중심으로 180° 회전시킨 위치를 말한다. 공작물에 X, Y, Z축 방향으로 3개의 대칭면이 있으면 4가지의 어느 위치로 장착하더라도 모두 올바른 위치가 된다. 이와 같이 공작물이 완전한 대칭 구조일 때는 관계없으나 비대칭일 경우에는 공작물의 방향성이 문제가 된다. 이를 위하여 비대칭부품을 고정구에 설치할 때 공작물을 완전히 네스트(nest)하는 방오법(fool proofing)이 이용되며 이와 다른 경우에는 위치가 바뀌어 가공위치가 잘못되는 수가 있다.

[그림 3-94]의 (a)는 두개의 대칭면(AA, CC)과 한 개의 비 대칭면(BB)을 가진 공작물이다. 공작물의 위치와 방향을 변화를 확인하기 위하여 윗면에 A_0 앞면에 B_0를 표시하고 가공위치는 [그림 3-94]의 (b)에 나타내었다. 위와 같은 위치는 각각 4가지로 달리할 수 있다. [그림 3-94]의 (b)의 위치와 X, Y, Z축을 중심으로 180도 회전한 위치. [그림 3-94]의 (c)는 Y축을 중심으로, [그림 3-94]의 (d)는 X축을 중심으로, [그림 3-94]의 (e)는 Z축을 중심으로 180도 회전시킨 위치를 나타낸다. [그림 3-94]의 (c)는 대칭면 AA, CC의 존재로 180도 회전하였어도 가공후의 공작물 형태가 [그림 3-94]의 (b)와 같다. [그림 3-94]의 (d)의 위치에서 한 개의 구멍 가공과 두 군데의 면 가공을 하였을 때 구멍위치와 가공된 면과의 위치관계가 [그림 3-94]의 (b)와 다르다. 이것은 [그림 3-94]의 (d)의 아래쪽 정면도을 [그림 3-94]의 (b)의 것과 비교하면 알 수 있다. [그림 3-94]의 (e)도 마찬가지로 정면도만 비교하면 면 가공된 패드의 위치가 잘못되었음을 알 수 있다.

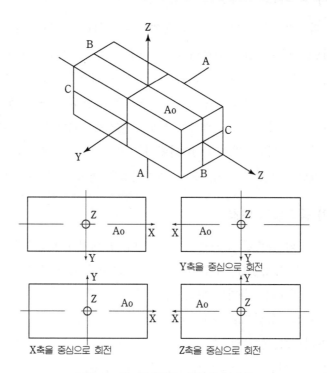

그림 3-93 공작물의 대칭과 비대칭

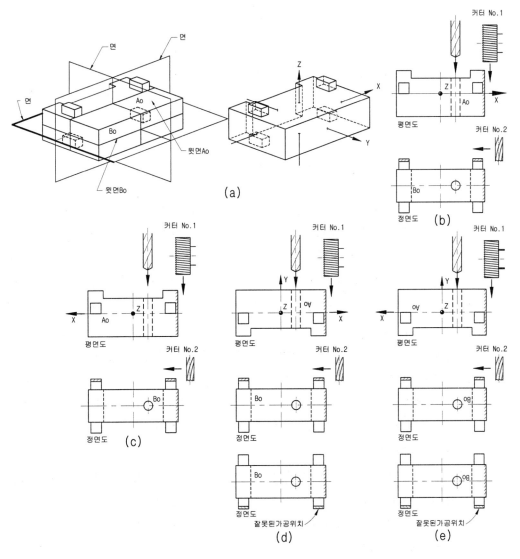

그림 3-94 두 개의 대칭면과 한 개의 비 대칭면 기계가공

2. 방오법(Fool proofing)

공작물의 형태가 비대칭형인 경우, 치공구에 공작물을 장착할 때 착오로 인하여 잘못 장착할 경우가 있다. 공작물의 장착 위치를 틀리지 않도록 하기 위하여 사용되는 것이 방오법으로서, 경우에 따라서는 공작물의 형태가 대칭인 경우에도 발생할 수 있으며, 정착이 잘못되면 가공 부위가 바뀌게 된다.

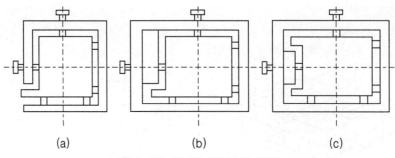

그림 3-95 간단한 방오법의 구조

　　방오법을 적용하기 위한 방법으로는 공작물의 가공 홈, 구멍, 돌출부 등을 이용하여 치공구를 설계, 제작하여야 한다. 방오법은 최소한 1개 이상의 비 대칭면을 가진 공작물을 쉽게 장착하기 위해 치공구에 부착된 보조장치이다. 공작물이 완전한 대칭구조일 때는 문제가 되지 않으나 비대칭 형상일 때는 위치가 바뀌지 않도록 장착시켜야 하며 이때마다 위치를 확인하는 것은 작업능률을 저하시키게 되므로 공작물이 올바른 위치일 때만이 치공구에 장착 되도록 설계함으로써 작업시간의 단축과 위치의 잘못을 방지할 수 있다. [그림 3-95]는 간단한 방오법 구조를 나타낸 것으로 공작물의 돌출부(비대칭부분)를 이용하였다. 치공구를 [그림 3-95]와 같이 설계함으로써 공작물이 뒤집어 지면 끼워지지 않게 되므로 (공작물의 돌출부가 왼쪽 위쪽으로 된 위치만 삽입가능) 항상 손쉽게 올바른 위치로 공작물을 설치할 수 있다.

　　[그림 3-95]의 (a)와 같이 돌출부를 위해 치공구를 관통시키면 체결력을 가할 때 치공구가 벌어지는 경우가 있으므로 [그림 3-95]의 (b)와 같이 밀폐 형으로 하는 것이 확실하다. [그림 3-95]의 (c)는 공작물에 두 군데의 돌출부가 있을 때 방오법을 나타낸 것이다.

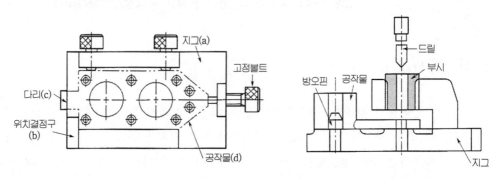

그림 3-96 실린더 블록의 드릴가공　　　　**그림 3-97** 카운터 싱킹과 드릴가공

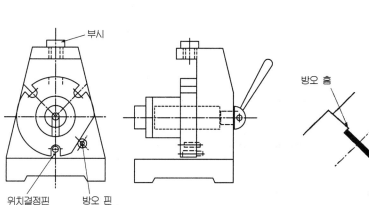

그림 3-98 방오 핀의 사용

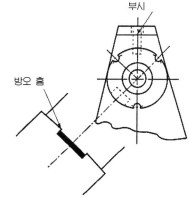

그림 3-99 방오 홈의 사용

　[그림 3-96]은 실린더 블록을 드릴가공하기 위한 지그(a)로서 공작물의 삼각형 돌출부가 오른쪽에 오도록 엔드스톱(b)을 다리(c)에 가깝도록 설치하였다. 공작물의 구조가 원통형모양으로 돌출부가 있는 비대칭 형상은 작업자에게 공작물을 장착하는데 위치결정의 혼동을 자주 일으킨다(위아래의 바뀜). [그림 3-97]은 이러한 경우의 예로 공작물에 카운터 싱킹(countersinking)과 드릴링(drill-ing)이 행하여진다. 이때 슬립부시(slip bush)와 기준면과의 거리를 위치결정 핀에 끼워질 부분의 공작물 높이보다 낮게 설계함으로써 위아래가 바뀐 위치로는 치공구에 설치될 수 없게 된다.

　[그림 3-98]은 방오핀을 사용하여 지그에 공작물을 장착시 잘못을 방지하는 예로서, 방오 핀으로 인하여 다른 위치로는 장착이 이루어지지 않는다. 만약 방오 핀이 없다면 120° 회전이 되어도 장착이 가능하게되며, 다른 곳에 가공이 이루어질 수 있다.

　[그림 3-99]는 공작물의 하부에 돌출부가 있는 경우로서, 그림과 같이 지그 몸체에 상대적인 홈을 만들어, 다른 위치에 장착, 또는 가공이 이루어지는 것을 막을 수 있다.

　[그림 3-100]은 공작물의 회전에 대한 위치결정에 핀을 이용한 것이다. 공작물은 노브(knob)(K)에 의해 클램프 된다. 공작물의 평면(A)의 반대쪽에 드릴링해야 하므로 핀(B)를 설치함으로써 평면(A)가 아래쪽으로 향할 때만이 끼워질 수 있다. 여기에서 핀 (B)는 로우딩하기 위한 대략의 위치만 정하게 되며 공작물이 (K)를 중심으로 약간의 회전이 발생하므로 정확한 위치결정은 핀(X)가 하게 되

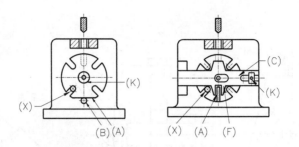

그림 3-100, 3-101 핀과 브라켓에 의한 방오법 장치

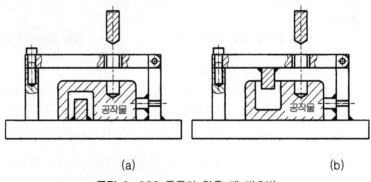

(a)   (b)

그림 3-102 공동이 있을 때 방오법

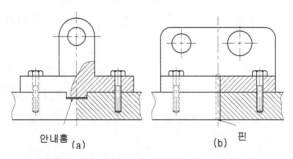

안내홈 (a)   (b) 핀

그림 3-103 안내 홈과 맞춤 핀의 사용 예

므로 핀(X)는 핀(B)와는 달리 정확한 치수로 가공되어야 한다. 이와 비슷한 예로 [그림 3-101]에서는 힌지(hinge)달린 클램프(C)의 돌출부(F)가 공작물의 브라켓 (bracket)(A)에 맞추어진 위치에서만 노브(K)로 고정시킬 수 있다.

[그림 3-102]의 (a)은 공작물이 비대칭 공동(cavity)이 있을 때 방오법을 나타 낸 것이다. 리이프(leaf)에 블록을 부착시켜 공작물의 위치를 결정해 준다. [그림 3-98]의 (b)은 치공구 기준면에 블록을 설치한 것이다. 이와 같이 방오법은 공작

물의 형상과 치공구의 형태를 이용하여 위치에서의 상호 상과관계를 적절히 맞추게 한다.

[그림 3-103]은 지그 몸체에 부품이 조립될 경우, 안내 홈과 맞춤 핀에 의하여 정확하게 위치를 결정한 후 볼트에 의하여 확실하게 고정이 이루어지는 예를 나타내고 있으며 부품의 정확한 위치결정과 방오법을 하게된다.

3. 분할법(indexing)

(1) 일반적인 분할 방법

분할(indexing)은 공작물을 일정한 간격으로 등분하고자 할 때 활용되며, 공작물의 형태에 따라 크게 직선 분할, 각도 분할 두 가지가 있다. 직선분할은 공작물의 평면부를 이용하며, 특히 정밀도가 요구되는 곳에 사용한다. 각도 분할은 공작물의 원호 상에 일정한 각도로 분할할 때 주로 이용한다. 분할에 있어서의 주의사항은 다음과 같다.

① 분할부분에 마찰에 의하여 마모가 발생하면 보정이나 교환이 가능한 구조이어야 한다.

② 끄덕임은 한쪽으로만 있게 하고 흔들림은 항상 한 방향에서 없애도록 한다.

③ 분할부는 칩이나 먼지 등에 의한 분할 오차가 발생되지 않도록 설계 보호되어야 한다.

[그림 3-104]에서 (a)는 간단한 직선 분할(indexing)의 예로서, 스프링(spring)에 의하여 압력이 가해지는 구 b와, 분할 바(bar) a에 가공된 V홈에 의하여 분할이 이루어지며, 분할되는 간격은 V홈의 중심간 거리 ℓ 의 간격으로 분할이 이루어진다. [그림 3-104]에서 (b)는 각도 분할의 예로서, 분할 암(arm)은 핀(pin)에 의하여 지지되고, 암의 돌출부는 분할 원판에 조립되어 각도 분할이 이루어지게 된다.

[그림 3-105]는 분할 핀의 종류로서 본체에 조립하여 사용하나 큰 힘과 정밀도를 요하는 작업에는 적당치 않으며, 볼과 접촉되는 부분의 각도는 120°로 하고 경우에 따라서는 90°로 한다. 분할 정도가 요구되지 않거나, 간단한 분할이 요구되는 경우에 활용되는 분할장치로서, 분할 바 또는 분할 원판을 외력에 의하여 이동시키면, V홈에 조립되어 정지하고 있던 보올(ball)이 상승하여 다음에 위치한 V

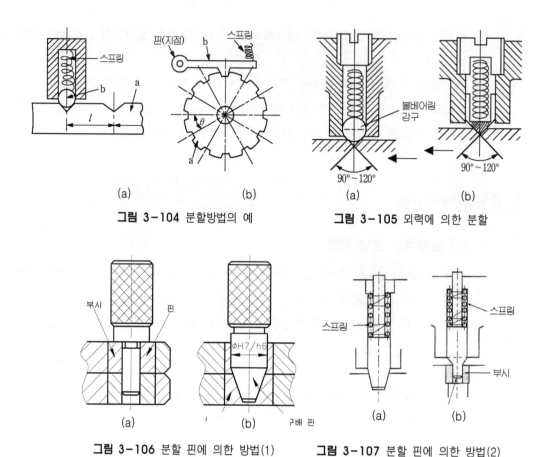

그림 3-104 분할방법의 예

그림 3-105 외력에 의한 분할

그림 3-106 분할 핀에 의한 방법(1)

그림 3-107 분할 핀에 의한 방법(2)

홈을 찾아 정지하게 되어 일정한 간격으로 분할이 이루어지게 된다. 일반적으로
V홈의 각도는 90°에서 120° 범위에서 활용이 되며, 각도가 작을수록 확실한 분할
이 이루어지며, 분할 부는 내마모성이 있어야 하고, 칩(chip)이나 먼지에 영향이
적어야 한다. [그림 3-105]에서 (a)의 경우 분할부의 접촉은 V홈과 볼(ball)의 접
촉이므로 링(ring) 모양의 선 접촉을 하게되어, 칩이나 먼지에 영향은 적은 편이
나, 마모의 확률은 크다. [그림 3-105]에서 (b)의 경우는 원뿔형의 면 접촉이므로
마모는 적은 반면 칩이나 먼지에 영향을 받게 된다. [그림 3-106]에 표시한 것은
분할 핀의 예로서, 그림과 같은 형식과 스프링을 장치한 형식이 가장 많이 사용되
고 있으며 [그림 3-106]의 (a)와 같이 원형인 경우에는 칩에 의한 영향이 적어 유
동이 적으며 제작도 간편하다. 본체의 마모를 생각하여 열처리하여 강화한 부시
를 사용하나 단점은 위치결정이 구배 핀 보다 불편하다. [그림 3-106]의 (b)는 핀
의 앞부분에 구 배를 이용한 형식으로 마모되어도 끄덕임은 없지만 먼지나 칩 등

에 의하여 정밀도가 떨어질 염려가 있다.

[그림 3-107]은 확실한 분할이 가능한 구조로서, [그림 3-107]에서 (a)의 경우는 V홈의 각도가 작은 관계로 확실한 분할 및 고정이 이루어지며, 마모에 큰 영향을 받게 된다. [그림 3-107]에서 (b)는 분할 판에 부시(bush)가 사용되어 확실한 분할과 고정이 이루어지며, 칩이나 먼지에 영향은 적으나, 분할 위치가 확실하지 않으면 분할 핀의 삽입이 어려운 단점이 있다.

[그림 3-108]은 평 기어(gear)를 분할 판으로 이용하여 분할(indexing)하는 예로서, 분할 판의 가공이 어려운 경우에 활용이 되며, 분할에 사용되는 핀은 기어 홈의 형상으로 가공되어야 하며, 기어의 등급에 따라 정밀도가 다르게 된다.

[그림 3-109]는 각도 분할의 예로서, 분할 판에 가공된 홈의 한 면은 경사를 주고, 한 면은 평면으로 하여 정확도를 높였으며, 홈의 구석에는 여유를 주어 칩(chip)과 먼지로 인한 오차 발생을 방지하도록 하였다. 분할 홈이 평면을 가지고 있으므로, 절삭력이 한 방향으로 작용하는 경우에 적합하며, 분할 및 고정은 캠에 의하여 확실하게 이루어진다.

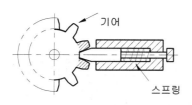

그림 3-108 기어를 이용한 분할

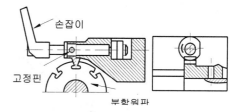

그림 3-109 원 판을 이용한 분할

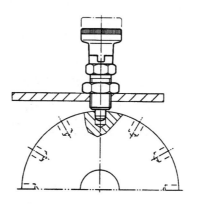

그림 3-110 상품화된 분할 플런저

[그림 3-110]은 일반적으로 산업현장에서 많이 사용되고 있는 기성품으로 여러 개의 작은 구멍을 이용하여 분할작업을 할 경우에 간단하게 이용하는 것으로 사용이 아주 편리하다. 플라스틱으로 된 손잡이를 당기어서 90도 방향으로 돌리면 멈추개에 의하여 고정되어 진다. 반대로 당기고 놓으면 스프링에 의하여 정확하게 구멍에 위치결정이 된다. 가는 나사에 의하여 치공구본체에 고정하고 너트로서 확실하게 고정한다.

위치결정 부위 핀의 정밀도는 -0.01~-0.02까지 허용하므로 비교적 정밀한 분할가공이 된다.

(2) 분할부 고정 장치

분할 장치에서 요구되는 중요한 점은 정확한 분할과 분할이 이루어진 후의 정 위치 유지라 할 수 있다. 분할 장치에 의하여 분할이 이루어지면 가공를 하게 되며, 가공중 절삭력 등의 외력에 의하여 분할 상태가 불안전하게 된다. 이 경우 분할된 상태를 계속 유지하기 위하여 고정장치가 필요하게 되며, 고정장치는 일반적으로 분할 장치의 스핀들(spindle), 회전 테이블(table), 윤활 안내면, 회전 부품 등에 설치한다.

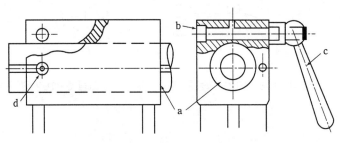

그림 3-111 분할 위치 고정의 예

[그림 3-111]은 스핀들(spindle)이 수평 방향으로 이동이 가능하며, 회전을 방지하기 위하여 스핀들에 홈이 가공되어 있으며, 핀 d와 조립된다. 스핀들을 고정하기 위해서는 레버 c와, 나사 d에 의하여 몸체를 수축시켜 스핀들을 고정하게 된다.

4. 공작물 장탈을 위한 이젝터(Ejector)

치공구의 사용 목적은 경제적으로 생산하는데 있다고 할 수 있으며, 가장 경제적인 생산을 위해서는 공작물의 장착과 장탈이 짧은 시간에 이루어지는 것이 중요하다. 장착의 경우는 정해진 절차에 의하여 하나, 장탈의 경우는 절차보다는 짧은 시간에 쉽게 제거하는 것이 중요하다. 공작물 제거에 도움을 주기 위하여 활용되는 기구가 이젝터로서, 구성요소는 주로 핀(pin), 스프링(spring), 레버(lever), 유공압 등이 이용된다.

이젝터(ejector)를 사용할 경우 작업능률의 향상과 원가절감, 생산시간 단축, 치공구의 중량 감소, 안전사고 예방 등의 이점이 있다

장착된 공작물이 작업 종료 후에 치공구로 부터 쉽게 장탈 하기 위한 보조장치이다. 이젝터는 무거운 공적물에는 부적합하며 그런 경우엔 스크류 이젝터(Screw ejector)가 통상 사용되며 캠이나 쐐기 또는 공압에 의해 작동시킬 수도 있다. 치공구 설계자의 세심한 주의에도 북구하고 공작물의 장탈를 자유롭게 하기 위한 구조설계에 방심하는 경우가 많다. 장탈, 즉 언로우딩(Unloading) 작업도 로우딩(Loading) 작업과 마찬가지로 작업자의 능률에 많은 영향을 끼친다.

이를 위해 특별한 기구 즉 , 이젝터(ejector)를 치공구에 부가적으로 설치한다. 이젝터는 편리를 위한 것 보다 경제적인 장점을 위한 것으로써 예를 들면 공작물을 집어서 치공구 밖으로 떼어내어 운반대에 놓은 시간이 평균 12초 걸릴 때, 이젝터를 이용함으로써 4.8초까지 단축된다. 소량생산 일 때는 효과가 별로 없으나 단시간 작업 싸이클을 가진 다량생산인 경우 상당한 효과를 가진다 . 그밖에 공작물을 언로우딩 하기 위한 손가락이나 손의 공간이 필요 없게 되므로 치공구의 크기를 줄일 수 있다. 정밀한 가공을 위한 공작물 설치는 대개 위치결정구에 억지 끼워 맞춤으로 끼워지므로 기계 가공 중에 공작물이 안정하게 위치하여 정밀한 가공을 수행 할 수 있게 한다. 이러한 경우에는 이젝터의 설치가 필수적이다. 최소한의 작업시간을 줄이기 위하여 이젝터를 공작기계와 연관시켜 자동화하거나 클램프기구와 결합시켜 클램프를 풀 때 이젝터도 같이 작동시키도록 하여 유압화 하는 것도 바람직하다.

(1) 이젝터의 설계

이젝터는 공차가 작은 정밀한 기구가 아니므로 가격이 저렴하게 된다. 공작물

과 접촉하는 부분은 경화공구(handened tool steel) 강이나 표면 경화강(case hardening steel)으로 하며 공작물의 표면에 흠집을 방지하기 위하여 구리 황동 알루미늄 등 연한재질로 하기도 한다.

이젝터를 사용하기 위한 더욱 중요한 선행 조건은 위치결정구가 재밍(jamming)이 발생하지 않도록 하는 것이다 이와 같은 조건이 만족되어 있지 않으면 이젝터가 공작물을 들어올릴 때 재밍 현상에 의하여 꽉 끼워지므로 제거하기에 아주 곤란하다. 이젝터의 가장 근본적인 구조는 핀과 스프링이다

[그림 3-112]의 (a)는 스프링(spring)과 레버(lecer)와 핀(pin)을 이용한 간단한 형태의 이젝터이다. 지그에 장착된 공작물의 가공이 완료되면 레버의를 눌러 핀을 상승시켜 공작물을 장탈하게 된다. 공작물이 장탈되면 레버와 핀은 스프링

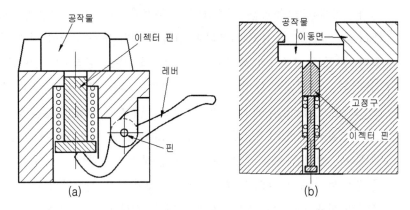

그림 3-112 간단한 형태의 이젝터

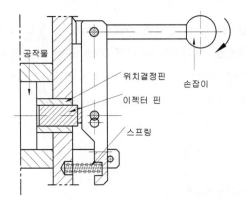

그림 3-113 측면 이젝터

에 의하여 다시 원위치하며 다음 공작물의 장착에 아무런 지장을 초래하지 않게
된다.

[그림 3-112]의 (b)는 가장 간단한 형태의 이젝터로서, 이젝터 핀(ejector pin)
은 스프링에 의하여 일정한 길이가 항상 상승된 상태로 유지된다. 그러므로 공작
물을 장착시에는 필히 이젝터 핀을 누르고 공작물을 고정하여야 하는 관계로 위
치결정이 잘못 이루어지는 경우도 있게 된다. 몸체의 턱과 경사부에 의하여 해결
하고 있다.

[그림 3-113]는 [그림 3-112]과 거의 동일한 형태로서, 공작물을 측면으로 밀
어서 장탈 시키게 되어있다. 그림에서 레버를 하강시키면 힘이 이젝터 핀에 전달
되어, 공작물은 핀에 밀려서 탈착 되며, 레버와 이젝터 핀은 다시 스프링에 의하
여 원위치로 환원하게 된다.

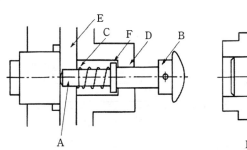

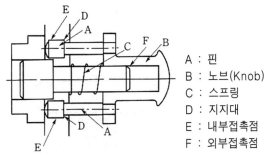

A : 핀
B : 노브(Knob)
C : 스프링
D : 지지대
E : 내부접촉점
F : 외부접촉점

그림 3-114 단식 이젝터   **그림 3-115** 복식 이젝터

[그림 3-114]는 단식 이젝터로써 핀A는 손으로 노브 B를 움직여 빼지며 스프
링에 의하여 끼워진다. 핀은 E, F에 의하여 지지되며 E와F의 거리는 재밍현상을
막기 위하여 직경보다 수배가 크도록 한다.

[그림 3-115]은 중심부에 구멍이 있는 공작물을 위한 이젝터를 나타낸다.

이러한 경우에는 이젝터 핀이 2개 이상인 복식 이잭터가 사용된다.

[그림 3-114], [그림 3-115]과 같이 노부가 달린 이잭터는 조작이 간단한 치공
구의 옆면에 만 설치할 수 있다.

이젝터가 위쪽으로 작용하도록 하려면 치공구의 밑면에는 노브가 설치 될 수
없으므로 [그림 3-116]과 (a)같이 레버를 이용하여야 한다. 레버의 자중에 의하여
원위치로 움직이도록 함므로써 스프링이 필요 없게 되어 구조가 간단해 진다.

[그림 3-116]의 (b)에서 링의 직경이 크면 핀 A를 세 개 설치하여야 안정하다.
가벼운 공작물 일 때는 [그림 3-117]과 같이 스프링을 직접 작용시켜 자동적으로
공작물이 장탈 되도록 할 수 있다.

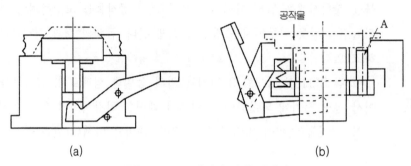

그림 3-116 레버에 의한 이젝터

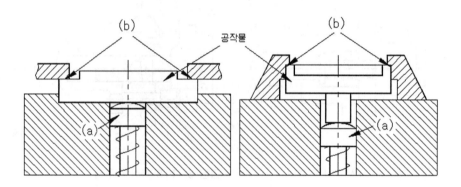

그림 3-117 스프링에 의한 이젝터

[그림 3-117]의 (a)는 공작물을 로우딩시키면 클램프의 힘으로 스프링 A를 누
르면서 고정된다. 가공을 끝낸 후 크램프를 풀면 스프링의 힘으로 공작물이 떼어
진다.

[그림 3-117]의 (b)는 스프링 이 공작물 장탈 작용뿐만 아니라면 (b)에 공작물
을 확실히 밀착시키므로 정확한 위치결정을 위한 역할도 한다. 무거운 공작물이
나 위치결정구에 꽉 끼워 설치된 공작물에는 스프링이나 작업자 손의 힘으로 장
탈 시키기에는 곤란하다. 이와 같은 경우에는 큰 힘을 낼 수 있는 나사 이젝터가
사용된다.

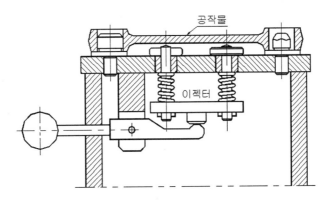

그림 3-118 복수에 의한 이젝터

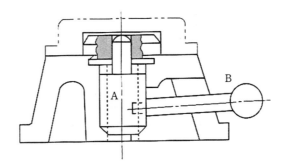

그림 3-119 나사에 의한 이젝터

[그림 3-118]는 공작물의 형태, 크기, 수량 등에 의하여 여러 개의 이젝터를 필요로 하는 지그의 예로서, 그림에서는 복수의 이젝터를 사용하였으며, 공작물은 수평을 유지하면서 상승시켜야 공작물과 위치결정핀에 무리가 없이 쉽게 탈착할 수 있게 된다. 그러므로 공작물의 형태에 따라서 복수, 또는 그 이상의 이젝터가 서리되어야 하며, 다량의 공작물인 경우는 유공압에 의한 이젝터를 설치하는 것이 바람직하다.

[그림 3-119]은 이의 예를 나타낸 것으로 나사(a)에 핸들(b)이 있으며 치공구 몸체의 구멍을 통해(b)가 밖으로 나와 있으므로 (b)의 회전각은 비교적 작게 되므로(30°~45°), (a)는 피치가 큰 나사로 하며 리드를 크게 하기 위하여 2중 또는 3중 나사로 한다. 무거운 공작물을 위한 나사 이젝터의 설계는 하중이 걸린 상태에서도 나사가 저절로 풀어지지 않도록 하여야 한다. 이러한 경우에는 공작물을 제거 할 때 양손모두를 자유로이 사용할 수 있다.

(a)부분의 나사를 나사선각이 마찰각보다 작게 설계하면 저절로 풀리는 것을 방지할 수 있으며 상대적으로 피치 지름을 크게 하여야한다. 여러 개의 공작물을 떼어내기 위한 이젝터로 캠이나 쐐기가 이용된다.

(2) 미끄럼 또는 회전형 리시버

치공구의 공작물 위치결정구는 대부분 절삭공구에 근접해있다. 때문에 크고 무거운 공작물을 위치결정구에 옮겨 놓을 때 공작물과 공구와의 충돌 및 간섭을 받게된다. 이러한 경우에는 치공구의 일부분을 연장시켜 공작물을 받는 부분, 즉 리시버의 설치가 필요하다. 또는 치공구의 위치결정구를 각각 반대방향으로 2개를 만들어 주거나 회전형 분할테이블에 수 개의 위치결정구를 만들어 가공위치로 옮김으로써 무거운 공작물을 공구와 간섭 없이 옮길 수 있다.

[그림 3-120]은 가장 간단 한 리시버의 형태로 치공구의 기준면을 공구 밖으로 연장시켜 무거운 공작물을 화살표방향으로 함으로써 공구의 간섭을 피할 수 있다.

[그림 3-121]는 회전형 리시버를 이용한 드릴 지그이다. 리시버은 회전형 리시버를 이용한 드릴 지그이다. 리시버가 밖으로 회전한 위치에서 공작물이 설치되며 클램프 된 후 회전하여 드릴링 위치로 된다.

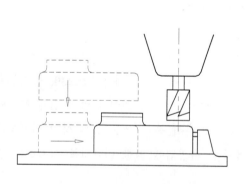

그림 3-120 간단한 리시버의 형태

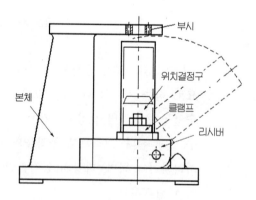

그림 3-121 회전형 리시버를 이용한 드릴지그

제3장 익힘문제

1. 위치결정원리를 설명하시오.

2. 위치결정구의 일반적인 요구사항은 무엇인가?

3. 공작물 위치결정면이 되기 위한 조건을 설명하시오.

4. 평형 고정구의 사용목적을 설명하시오.

5. 네스팅에 대하여 간단히 설명하시오.

6. 대표적인 중심위치 결정구는 무엇인가?

7. 대표적인 V 블록의 사이각에 특징에 대하여 간단히 설명하시오.

8. 방오법에 대하여 간단히 설명하고 적용 방법은 무엇인가?

9. 이젝터에 대하여 간단히 설명하고 구성요소는 무엇인가?

클램프 설계

4.1 클램핑의 개요

1. 클램핑 정의

클램핑(Clamping)은 치공구의 중요한 요소 중의 하나로서, 공작물을 주어진 위치에서 고정(clamping), 처킹(chucking), 홀딩(holding), 구속(gripping)등을 하는 것을 말하며, 공작물은 치공구의 위치 결정면에 장착된 후에 절삭 가공 및 기타 작업 이루어지게 된다. 그러나 공작물은 주어진 위치에 고정이 이루어지지 않게 되면 절삭력이나 진동 등의 외력에 의하여 이탈되어 절삭이 불가능할 것이다. 그러므로 공작물은 절삭이 완료될 때까지 위치 변화가 발생되어서는 안되며, 공작물의 주어진 위치를 계속 유지시키기 위하여 클램핑이 필요하게 된다. 위치 결정구 및 지지구에 의하여 정확히 위치 결정되어진 공작물에는 기계 작업시 공구(Tooling)력에 충분히 견딜 수 있도록 고정을 해 주어야 한다. 이 때 여러 가지 방법에 의해 공작물을 고정하게 되는데 이들 고정용 요소를 클램프라 한다. 이 클램프의 적절한 선정 사용은 제품의 품질과 생산성 향상, 원가의 절감과 관련되므로 치공구의 제작시 이의 감가상각비를 고려하여 가장 경제적으로 제품을 생산할 수 있도록 경제성을 고려하여 선정 사용토록 한다. 또한 장·탈착 시간의 과대 소요는 생산 능률 저하를 가져오며 소량 생산시 고가의 클램프 선정시는 치공구 비의 불충분한 감가상각으로 제품원가 상승의 요인이 되게 한다.

2. 각종 클램핑 방법 및 기본원리

각종 치공구에서 공작물을 클램핑(clamping)하는 방법에는 여러 가지가 이용되며
① 공작물의 클램핑 과정에서 공작물의 위치 및 변형이 발생되지 말아야 한다
② 공작물의 가공 중 변위가 발생되지 않도록 확실한 클램핑이 이루어져야 한다
③ 클램핑 기구는 조작이 간편하고 신속한 동작이 이루어져야 하는 일반적인 사항을 만족하여야 한다.
　[그림 4-1]은 공작물의 위치 결정면과 고정력이 작용하는 위치와의 관계를 설명하고 있으며, 공작물에 대한 고정력의 작용은 그림에서 (a)처럼 위치 결정면 위

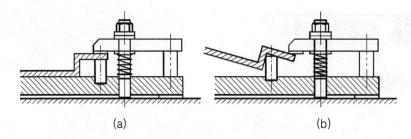

그림 4-1 위치결정면과 고정력이 작용하는 위치와의 관계

에 작용하여야 공작물의 변형을 방지할 수 있으며 그림 (b)는 잘못된 방법이다. 클램핑 할 때의 일반적인 주의 사항은 다음과 같다.

① 절삭력은 클램프가 위치한 방향으로 작용하지 않도록 한다[그림 4-2 참고]. 그림에서 (a) 방식처럼 절삭력의 반대편에 고정력을 배치하지 않도록 한다. 그림에서 (b)는 잘못된 방식이다.

② 절삭면은 가능한 그림 (b) 방식으로 테이블(table)에 가깝게 설치되도록 하여야 절삭시 진동을 방지할 수 있다[그림 4-3 참고].

③ 클램핑 위치는 가공시 절삭압력을 고려하여 가장 좋은 위치를 택한다.

④ 클램핑력(clamping)은 공작물에 변형을 주지 않아야 하며, 공작물이 휨 또는 영구변형이 생기지 않도록 한다. 가능한 절삭력보다 너무 크지 않도록 최소화하는 것이 좋다.

⑤ 공작물의 손상이 우려시 클램프에 다음과 같이 처리하여 사용한다.

　㉠ 알루미늄(Aluminium), 구리(Copper)등을 연질 재료의 보호대(PAD)를 부착한다.

　㉡ 회전받침대(Swivel Pad)를 부착하여 사용한다.

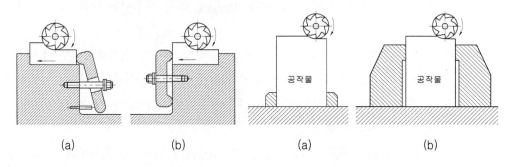

그림 4-2 클램프와 절삭력의 방향　　　　　　**그림 4-3** 클램핑과 절삭면

ⓒ 베클라이트(Bakelite) 또는 단단한 플라스틱(Hard Plastic)의 보호대를 사용한다.

⑥ 비강성의 공작물에 대한 손상, 변형, 뒤틀림을 방지하기 위하여 여러 개의 작은 힘으로 분산하여 클램핑하며, 클램핑력이 균일하게 작용하도록 한다.

⑦ 클램핑 기구는 조작이 간단하고 급속 클램핑 형식을 택한다.

⑧ 공작물의 형상에 적합한 클램핑 기구를 택한다.

⑨ 클램프로 인한 휨이나 비틀림이 발생하지 않도록 공작물의 견고한 부위를 가압 한다.

⑩ 클램프는 상대 위치결정구 또는 지지구에 직접 가하고 공작물을 견고히 고정하여 공구력에 충분히 견딜 수 있도록 하며, 공작물이 지지구에 대해 힘이 가해지지 않도록 한다.

⑪ 클램프는 진동, 떨림 또는 중압 등 공작물에 발생되는 힘에 충분히 견딜 수 있도록 한다.

⑫ 클램프는 공작물을 장·탈착 시 이로 인한 간섭이 없도록 한다.

⑬ 클램프는 치공구 본체에 설치 및 제거가 용이해야 한다.

⑭ 중요하지 않는 곳을 클램핑 함으로써 공작물이 손상되지 않게 한다.

⑮ 가능한 한 복잡한 구조의 클램프보다는 간단한 구조의 클램프를 사용한다.

⑯ 가능한 한 클램프는 앞쪽으로부터, 바깥쪽에서 안쪽으로, 위에서 아래로 작동되도록 설계하며 나사 클램프에서는 왼손 조작일 경우는 왼 나사를 사용하도록 한다.

⑰ 클램프의 심한 마모가 우려될 경우 열처리 된 보호대를 부착시켜 사용한다.

⑱ 기계 가공면의 고정시 가공 표면이 손상되지 않도록 주의하고 가공 중 또는 그 전후에 있어 작업자, 공작물, 치공구에 대한 위험이 없도록 클램프를 설치한다.

⑲ 절삭력은 치공구에서 흡수토록 한다.

⑳ 되도록 한개의 공구만을 사용하도록 한다.

3. 클램핑의 원칙

클램핑 장치는 공작물 또는 치공구 종류에 관계없이 원하는 위치에 고정하고, 가공에 의한 마찰력이나 진동, 구심력에 견디고 충분히 공작할 수 있는 기능을 가져야 한다.

(1) 마찰클램프과 충돌클램프

공작물은 외력에 대하여 충분히 저항할 수 있게 고정되어야 한다. [그림 4-4]와 같이 마찰클램프의 경우에는, 클램핑되는 방향에 직각으로 작용하는 가공 저항력 f 는 체결력 F의 10~20%이다. 그러므로 절삭력의 5~10배 힘으로 고정되지 않으면 안 된다. [그림 4-5]는 충돌클램프의 경우로서, 클램핑에 요하는 힘은 적어도 좋다. 여기서 절삭력은 고정력의 위치 결정 고정면에 주는 것이 원칙이므로 되도록 마찰력을 주지 않는 것이 바람직하다.

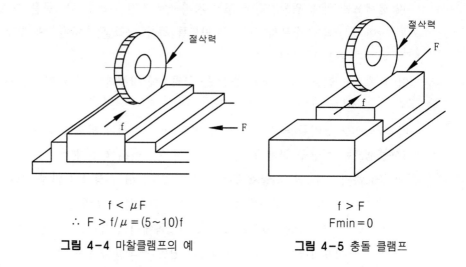

$$f < \mu F$$
$$\therefore \ F > f/\mu = (5 \sim 10)f$$

그림 4-4 마찰클램프의 예

$$f > F$$
$$Fmin = 0$$

그림 4-5 충돌 클램프

(2) 클램핑 부위의 강성 불평등의 원칙

[그림 4-6]과 같이 체결할 고정 면의 강성은 이동 면 보다 커야한다. [그림 4-6]의 (b)면의 그림은 클램핑 면의 탄성변형이 커서 나쁘다.

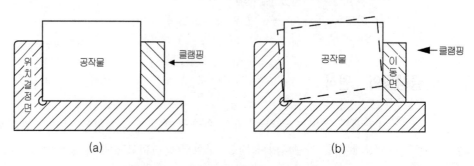

(a)   (b)

그림 4-6 충돌클램프 이후의 강성

(3) 클램핑력의 안정평행의 원칙

많은 클램핑력과 그 반력이 서로 작용하여, 공작물의 변위가 없고, 안정 상태로 있는 것을 평행클램핑 이라고 한다. [그림 4-7]의 (a)와 같이 평형 클램핑 한 상태에서 절삭력이 작용하여, 약간 변형을 한 뒤, 원 위치로 돌아갈 수 있는 경우를 안전한 평형이라고 한다. 또 [그림 4-7]의 (b)와 같이 반대로 변위하면 원 위치에서 멀어지는 상태를 불안전한 평형이라고 한다.

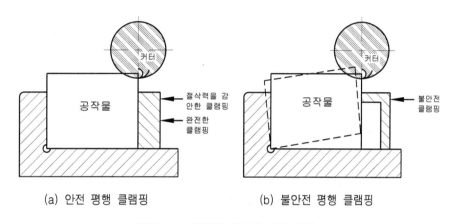

(a) 안전 평행 클램핑   (b) 불안전 평행 클램핑

그림 4-7 클램핑 위치에 따른 안정

클램프 방법으로서 공작물이 안정한 평형 상태를 얻기 위해서는 다음과 같은 경우를 적용한다.

① 대향 클램프 : 클램핑력은 면과 직각으로 더구나 반력과 일직선상에 있어야 한다.

② 대상체결 : 두 군데 이상의 클램프에서는 가공에 지장이 없는 한 동일 조건이 되도록 대상의 위치로 체결한다.

③ 3점 접촉의 원칙 : 두 물체가 접촉할 때는 3점으로 접촉할 때가 더 한층 안정하다.

(4) 클램프로 인한 변형

클램프에 의하여 접촉부의 국부적 변형이나 비틀림, 휨이 생겨, 치수나 형태의 오차가 일어난다. 또 공작물의 손상할 때는 안전성의 문제도 일어날 수도 있으므로 클램핑으로 인하여 변형이 일어나지 않도록 대책을 강구하여야 한다.

① 클램핑 자국 : 선 또는 점에 가까운 상태로 클램핑하면 접촉 받는 압면에는 국 부적인 변형이 일어나기 쉽고, 이것이 강성영역을 지나면 영구변형을 일으켜 클램프 자국이나 브리넬(Brinell) 흔적이 남기 때문에 접촉부분, 압력을 받는 면은 되도록 넓게 하여야 한다.

② 강성변형 : 충돌 클램핑의 경우에는 약간의 변형이 반드시 일어나기 마련이다. [표 4-1]은 일반적인 기계바이스을 핸들로 공작물을 클램프 할 때에 고정면에서 공작물이 변형의 정도를 측정한 값이다. 이러한 변형을 일으키는데는 고정면 죠오를 어떤 각도 θ 를 만들어 연마하여 두는 것이 좋다. 또 고정밀도의 가공을 하는데는 클램핑력의 크고 작음에 따라서 변형 δ 가 변화하지 않도록 일정한 조정으로 클램핑하는 훈련을 하여 두어야 한다.

③ 상자형 공작물의 클램핑 : [그림 4-8]은 상자형의 공작물을 대상으로 클램핑 하는 방법을 나타낸 것이다. 이때 a가 가장 변형이 적고, 회전 모멘트에도 잘 견디며, 또 클램핑는 가공하는데 방해되지 않는다. 변형이 적은 순서는 a→b→c→d 이다.

④ 공작물의 위치결정의 변화 : [그림 4-9]와 같이 클램핑하면 공작물이 위치결정면에서 들뜬다. [표 4-2]는 그 원인과 대책을 나타낸 것이다.

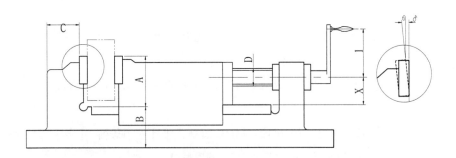

표 4-1 클램핑에 의한 기계바이스의 변형 량

| 번호 | 치수 | | | | | | | 변형량 | |
	범위	A	B	C	D	l	X	δ	θ
1	110	40	50	20	20	150	13	0.09	0.017
2	140	40	50	25	25	230	20	0.07	0.018
3	170	50	70	25	25	180	20	0.03	0.007

δ : 체결에 의한 물림쇠에 윗면의 이동량
θ : 같은 경사명(10mm에 대하여)

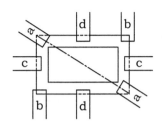

그림 4-8 중공 직육면체의 클램핑

표 4-2 클램핑으로 인한 공작물의 불안정 원인 대책표

	원　　인	대　책
공작물의 재질, 형상	1. 공작물의 두께가 얇은 때 2. 탄성계수가 적은 것 3. 변형하기 쉬운 형상 4. 직각도는 나쁘다.	a, c, h a, c, d, h a, c,, h a, b, c, e, f
치공구의 형상	1. 클램핑력의 불평형 2. 공작물이 들떠 위로 올라감 3. 강성이 부족 4. 직각도가 나쁘다.	, b a, b, c, e, f, g a, d, f a, b, c, e, f, g

※ 대책으로는 다음과 같다.
　a. 두께방향에 클램핑하는 방법을 생각한다.
　b. 아래쪽 방향으로 분력을 발생하는 클램핑 방법
　c. 공작물의 중간부위를 클램핑을 하는 것
　d. 치공구의 보강대를 추가하여 강성을 높인다
　e. 클램핑 부위의 접촉면을 적게 한다.
　f. 받침판을 사용한다.
　g. 치공구를 교정 및 수리한다.
　h. 공작물의 고정측에 쐐기를 붙인다.

⑤ 공작물의 변형 : [그림 4-10]과 같이 절삭부분의 가까운 곳에 클램핑 하면,
　가공 중에 홈 폭이 클램핑 하중으로 인하여 변형한다. 또 커터의 측면을 강
　하게 압력을 가하므로 결국 파손하는 일이 있기 때문에 반드시 주의를 하여
　야 한다.

⑥ 두 점 지지의 원칙 : 공작물의 클램핑 면의 정밀도가 나쁘면, 클램핑에 의하
　여 공작물 전체가 변형하는 수가 있다. 그러므로 이 경우에는 [그림 4-11]
　과 같이 두 군데를 누를 수 있는 평형블록(parallel block)이나 평형지지구
　(Equalizer)을 사용하면 공작물의 변형을 방지할 수 있다.

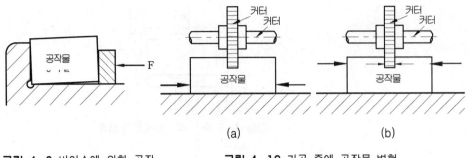

그림 4-9 바이스에 의한 공작
물의 위치변화

(a)   (b)

그림 4-10 가공 중에 공작물 변형

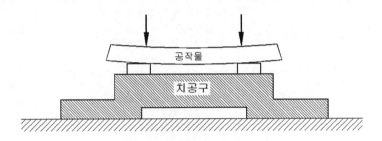

그림 4-11 두 점 지지의 클램핑

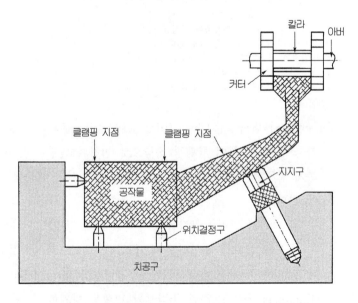

그림 4-12 기하학적인 공작물의 3점지지 클램핑

(5) 클램프기구의 조건

① 대부분이 인력(10-20kgf정도)에 의함으로써, 그 힘을 확대하여 클램핑력을 그 수배, 수백 배로 한다.

② 절삭력에 따라서 저항력을 자동적으로 높이는 것이 바람직하다.

③ 힘을 가할 때뿐 만 아니라, 손을 뗐을 때도 충분한 힘으로 클램핑이 되도록 하여야 한다. 즉 손으로 잡지 말아야 한다.

④ 클램핑한 것을 풀 때는 체결할 때 보다 작은 힘으로 행하는 것이 좋다.

⑤ 반복 사용하여도 역시 수명이 길어야 한다.

(6) 평형 블록

[그림 4-13]은 회전축 (P), (Q)를 포함한 링 장치로서, 자루를 (F) 방향으로 움직이면 체결된다. 그러나 손을 떼면 구속은 없어지며, 원위치로 돌아간다. 이것은 간단한 중심내기 장치이지 클램핑 장치라고는 볼 수 없다. [그림 4-14]는 편심 캠에 의한 클램핑 장치이다. 이와 같이 클램핑이 안정한 상태를 유지하고, 그 위에 반력을 증대하여도 되돌아가지 않는 상태를 넓은 뜻으로 평형 블록(Shell block)이라고 하며, 클램프기구로서는 중요한 조건이다. 웨지, 나사 스파이럴 캠, 편심 캠 등에는 이 성질이 있는 것으로 생각하여도 좋다.

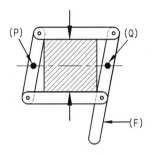

그림 4-13 평형 링에 의한 체결

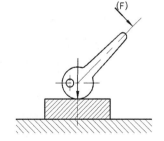

그림 4-14 편심 캠에 의한 클램핑

(7) 가공방향에 의한 클램핑

평형 블록이 가능한 것은 클램핑력의 방향으로 가공력을 작용하게 하면 클램핑이 편리하게 된다. [그림 4-15]는 선반 고정구에 쓰인 클램핑의 편리한 경우이다. 절삭에 의하여 공작물을 화살표의 방향으로 와셔를 끼워 너트도 그 방향으로 돌

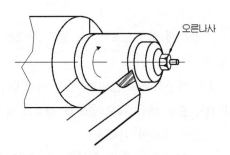

그림 4-15 공작물 회전 방향의 너트

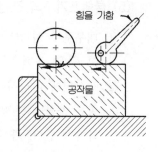

그림 4-16 커터 회전 방향의 편심 캠

린다. 오른 나사이면 축 심 방향으로 죄어지기 때문에 더욱더 클램핑력이 커진다. 왼 나사의 경우는 풀림 방향으로 되기 때문에 셀 블록이라고 말할 수 없다. [그림 4-16]은 절삭력 W의 방향으로 충돌하여, 그 방향으로 캠 레버가 작용하면 클램핑하기가 편리하다. 만약 캠 토크를 반대로 하면 불안정하게 된다.

(8) 클램프 기구의 조작

① 일반적으로 동작을 경제적으로 하려면 작업자가 숙련공일 때는 두 손을 동시에 대항적으로 쓰는 것이 가장 좋은 방법이다. 그러나 미숙련공일 때에는 오른손을 주체로 생각하여야 한다. 클램핑 한 곳이 많을 때에는 일부를 페달 등의 동작으로 바꾸든 가 또는 클램프 위치의 작업영역을 되도록 작게 한다.

손을 길게 펴서 강한 클램핑을 하는 것은 위험하며, 또 피로가 쉽게 온다.

② 찾는다는 것은 무리한 동작임으로 되도록 클램프기구는 일체로 한다. 부득이 하게 스패너 등 공구를 사용할 경우에는 클램핑력에 다소의 차이가 있어도 한개의 스패너로 고정할 수가 있어야 한다

③ 되도록 이면 급속 클램프기구를 사용한다.

④ 될 수 있는 한 공기압, 유압, 전기압 등을 활용한다.

(9) 칩의 대책

클램핑 장치에 칩이 붙을 때는 클램핑력이 불안전하게 되기 때문에 이러한 상태는 나쁘다. 그 대책으로서는 다음과 같다.

① 주조품, 단조품은 위치결정면 부분을 작게 한다. 그 밖의 경우에도 될 수 있

는 한 작은 면적으로 한다.

② 클램핑 면은 수직면으로 하는 것이 바람직하다.

③ 클램핑 면이 넓을 경우는 칩 홈을 만든다.

④ 구석, 가동 부분은 칩이 들어가지 못하도록 커버를 달아 둔다.

⑤ 볼트 스프링 록 와셔 등을 이용하여 항상 밀착하게 한다.

⑥ 칩의 비산 방향에 클램프 부분을 만들지 않는다.

(10) 간섭

사용 기계와 관계 위치를 확인하지 않고 설치하면, 이송하는 기계의 레버 등에 의하여 착탈시 간섭이 생긴다. 치공구 조작시 기계 몸통과의 간섭을 살필 때에는, 치공구의 조립도에 기계 관련 부위의 윤곽을 가상선으로 기입하고 검토한다.

(11) 클램핑의 체크리스트

[표 4-3]은 클램프 장치의 취급상 원칙적인 주의 사항을 총괄하여 나타낸 것이다.

표 4-3 클램핑 할 곳을 체크 리스트

1	현장의 기계, 사람, 기술을 이해하고 있는가?	합리적인 설계
2	절삭력에 충분히 견딜 수 있는가?	변형, 사고방지
3	절삭면은 기계의 테이블 가깝게 놓여있는지?	떨림 방지
4	절삭력은 정확하게 고정한 상태에서 절삭되는가?	사고 방지
5	불안전한 부분은 없는가?	공작물 정확한 위치결정
6	강성은 충분한가?	탄성변형
7	칩의 형태는 어떤가?	사고방지
8	공작물의 형상, 치수 오차를 고려되는가?	품질관리
9	클램핑 면은 공작물을 보호하는가?	공작물상처, 변형방지
10	조작하기 쉽고 간섭하는 것은 없는지?	능률향상, 위험방지
11	표준부품을 활용하는가?	치공구의 경제성과 기간단축
12	손익분기점 검토를 하였는가?	경제적 설계
13	제품가격과 치공구제작비와의 관계를 생각했는가?	경제적 설계

4.2 클램프의 종류 및 고정력

치공구에서 일반적으로 사용되고있는 클램핑 방법은 다양하다. 치공구 설계자는 공작물의 크기와 모양과 수량, 치공구의 형태 및 수행될 작업등에 의하여 클램프를 가장 단순하고 사용이 편리하도록 효율적으로 클램프를 선택하여 설계해야 한다. 또한 인력에 의한 방법보다는 공유압, 전자력 등의 동력에 의하여 클램핑이 되도록 하는 것이 작업자는 간편하고 편리할 것이다. 기타 특수한 형상의 경우에는 접착제를 이용하든지 공작물 자체의 중량이나 절삭력을 이용하는 방법, 스프링의 힘을 이용한 클램핑 방법 등 여러 가지가 있다.

1. 스트랩 클램프(Strap Clamp)

가장 간단하면서 단순한 클램프로 기본 형식은 [그림 4-17]처럼 지렛대(lever)의 원리를 이용한 것으로서 클램프 바(bar)는 치공구의 밑면과 항상 평행하도록 지점을 위치시키는데 공작물 두께에 의한 약간의 차이 때문에 평행이 되지 않는다. 이와 같은 차이를 해소하기 위해서 구면 와셔와 너트를 사용하는데 그 기능은 클램핑 요소의 올바른 기준면을 부여하고 나사의 불필요한 응력을 감소시켜준다.

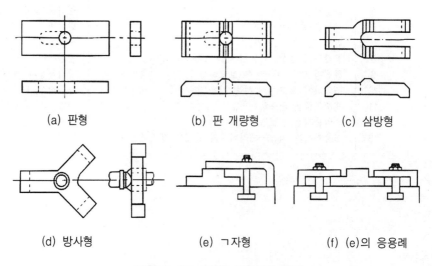

(a) 판형   (b) 판 개량형   (c) 삼방형

(d) 방사형   (e) ㄱ자형   (f) (e)의 응용례

그림 4-17 스트랩 클램프의 형태

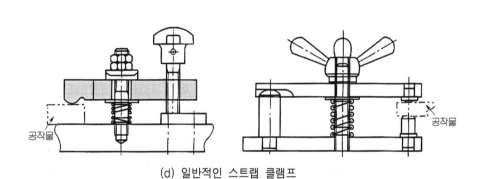

(a) 제1레버의 작용   (b) 제2제버의 작용   (c) 제3레버의 작용

(d) 일반적인 스트랩 클램프

그림 4-18 스트랩 클램프에 의한 클램핑 방식

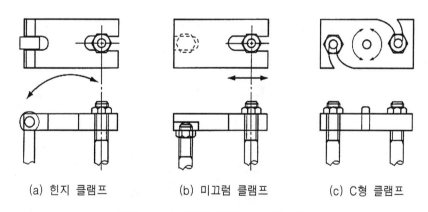

(a) 힌지 클램프   (b) 미끄럼 클램프   (c) C형 클램프

그림 4-19 스트랩 클램프의 사용 예

 레버 및 나사를 이용한 클램핑에서, 클램핑이 이루어지는 방식은 다음과 같이 3가지로 나눌수 있다. [그림 4-18]의 (a)는 제1 레버 방식으로서 작용점과 공작물 사이에 지점이 위치하고 있으며, (b) 의 공작물 2레버 작용 방식으로서 지점과 작용점 사이에 공작물이 위치 한다. (c)는 제3레버 방식으로서 공작물과 지점 사이

에 작용점이 위치한다. 스트랩 클램프의 고정력은 클램프를 잠그는 나사의 크기에 의해 결정된다.

[그림 4-19]는 스트랩 클램프의 일반적인 형태로 힌지클램프, 미끄럼클램프, 걸쇠모양의 C형 클램프 등이 있다.

(1) 스트랩 클램프의 클램핑력

스트랩은 일종의 보(Beam)로서 굽힘 하중(모멘트)를 받는다. 하중의 작용력 F_1와 지지점에서의 클램프력 P와 지지점의 반발력 R이라고 할 때, [그림 4-20]는 치공구 클램프 요소로 사용되고 있는 (a)에서 (e)까지의 직선형 스트랩 클램프와

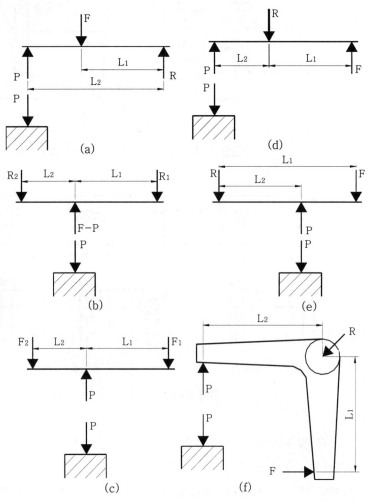

그림 4-20 보형 스트랩과 앵글 클램프기구의 역학관계

(f)의 앵글 스트랩 클램프를 나타낸 것이다. 스트랩 클램프에서 설계와 응력 해석은 클램력 P를 알면 작용력 F와 최대 굽힘 모멘트 M을 계산할 수 있다. 최대 굽힘 모멘트는 항상 스트랩 중간 부분의 하중점에서 발생하며 F와 M의 계산식은 다음과 같다.

여기서 F, F_1, F_2=작용력, P=클램프 압력, R, R_1, R_2=지지점의 반력이다.,

(a)의 경우 $\dfrac{P}{F}=\dfrac{L_1}{L_2}$ $\qquad\qquad \therefore P=\dfrac{L_1}{L_2}\cdot F$

$$M=R\cdot L_1=P\cdot(L_2-L_1)=F\cdot\dfrac{L_1\cdot(L_2-L_1)}{L_2}$$

(b)의 경우, $\dfrac{P}{F}=1 \qquad\qquad M=F\cdot\dfrac{L_1\cdot L_2}{L_1+L_2}$

(c)의 경우, $\dfrac{P}{F_1+F_2}=1 \qquad M=P\cdot\dfrac{L_1\cdot L_2}{L_1+L_2}=F_1\cdot L_1=P_2\cdot L_2$

(d)의 경우, $\dfrac{P}{F}=\dfrac{L_1}{L_2} \qquad\qquad M=F\cdot L_1=P\cdot L_2$

(e)의 경우, $\dfrac{P}{F}=\dfrac{L_1}{L_2} \qquad\qquad M=F(L_1-L_2)=P\dfrac{(L_1-L_2)L_2}{L_1}$

(d)의 경우 $\dfrac{P}{F}=\dfrac{L_1}{L_2} \qquad\qquad M=F\cdot L_1=P\cdot L_2$

여기서 (b), (c)는 $L_1=L_2$되게 사용하게 하는 것이 표준이다. 6가지 모두 나사나 캠, 또는 기구작동방식을 채용할 수 있다. (a)~(f)의 6가지 모두는 나사나 캠을 적용하는 것이 보통이며 (d), (e), (f)는 기구를 많이 채용한다. (a)인 경우는 힘의 비율이 1보다 작고 (d), (e), (f)인 경우 캠을 사용하면 비율이 1보다 크다. 따라서 (a)인 경우 가능한 한 F는 P와 같게 하고, (d)와 (e)인 경우 P는 R과 같게 하는 것이 좋다.

[그림 4-21] (a)는 $F\times l_2-P\times l_1=0$이고, $P=F\times\dfrac{l_2}{l_1}$이다.

[그림 4-21] (b)는 $F=P+P'$에서, $P\times(l_1+l_2)-F\times l_2=0$이고,

$P=F\times\dfrac{l_2}{l_1+l_2}$, $P=\dfrac{F}{1+\dfrac{l_1}{l_2}}$ 이다.

[그림 4-21] (c)는 $F\times(l_1+l_2)-P\times l_2=0$이고, $P=F\times\dfrac{l_1+l_2}{l_2}$이다.

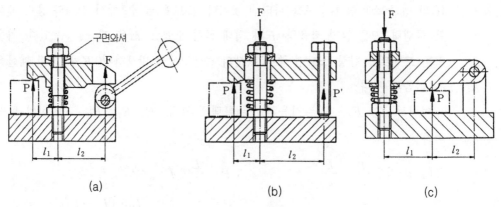

그림 4-21 스트랩 클램프의 실제 역학

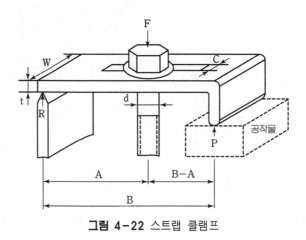

그림 4-22 스트랩 클램프

이와 같이 작용력에 의한 고정력과 토크가 결정되면 다음은 스트랩의 폭과 두께를 결정해야 할 것이다. 일반적으로 스트랩의 폭은 볼트에 사용되는 와셔의 지름과 거의 같은 크기의 스트랩 폭을 사용하며, 볼트가 들어가는 홈은 볼트의 지름보다 약 1.5mm 더 넓게 만들어진다.

그러므로, [그림 4-22]와 같은 스트랩을 사용할 경우 스트랩의 폭 W는 $W = 2.3d + 1.5$(mm)로 계산할 수 있다. 볼트의 지름 d에 의하여 스트랩 클램프의 두께 t는 아래 식으로 표시된다.

$$t = \sqrt{0.85dA\left(1 - \frac{A}{B}\right)}$$

여기서　A : 지지점과 볼트 사이의 거리,
　　　　B : 지지점과 공작물 사이의 거리이다.

예제 **01**

[그림 4-22]와 같은 스트랩 클램프에서 140mm의 길이인 렌치로 볼트를 조일 때 렌치의 끝에는 5kg의 힘이 걸렸다. 다음을 계산하시오.(단, 볼트의 지름 d=12, A=150, B=250이다.)

풀이

렌치의 길이 L=140, 렌치 끝의 하중 f=5kg, 볼트의 지름 d=12, A=150, B=250이므로 스트랩의 홈의 크기 C=12+1.5=13.5

① 스트랩 클램프의 폭은 $W=2.3\times12+1.5=29.1(mm)$

② 스트랩 클램프의 두께는

$$t=\sqrt{0.85dA\left(1-\frac{A}{b}\right)}=\sqrt{0.85\times12\times150\times\left(1-\frac{150}{250}\right)}$$
$$=\sqrt{612}=24.7\fallingdotseq25\,(mm)$$

③ 볼트에 걸리는 하중은 볼트의 토크와 볼트의 지름과의 함수이므로,

$T=d\cdot F/5$

단, T : 토크(kgf·mm) F : 볼트에 걸리는 하중(kgf)

d : 볼트의 지름(mm)으로 표시된다.

그러므로 F=5T/d, 여기서 T=5kgf×140mm

$F=5\times5\times140/12=291.7(kgf)$

④ 스트랩 모멘트는

힘의 평형 조건에서 F=P+R→R=F−P

R점에서 모멘트 AF−BP=0 ∴ P=A/B

F점에서 모멘트

$$M=R.A=(F-P)A=\left(\frac{F-A}{B}F\right)A=\frac{FA(B-A)}{B}$$

$$\therefore M=\frac{291.7\times150\times(250-150)}{250}=17,502(kgf\cdot mm)$$

⑤ 클램프의 허용 응력은?

$\sigma\max=\dfrac{M}{Z}$ 단면 계수 $Z=\dfrac{(W-C)t^2}{6}$

단, C는 스트랩 홈의 크기로서 보통 볼트의 지름보다 1.5mm 더 크게 한다.

$$\therefore Z=\frac{(30-13.5)\times25^2}{6}=1718.8(mm^3)$$

$$\therefore \sigma\max=\frac{17,502}{1,718.8}=10.2(kgf/mm^2)$$

⑥ 이 재료의 최대 응력(ultimate stress)이 45kgf/mm^{2}일 때 안전 계수는

$$FS = \frac{45}{10.2} = 4.4$$

⑦ 이 볼트에 작용될 수 있는 최대 수직 하중은

$$d = 1.35 \times \sqrt{\frac{F_{max}}{\sigma_{max}}} \text{ 에서 } F_{max} = \frac{d^2 \cdot \sigma_{max}}{1.35^2} = \frac{12^2 \times 10.2}{1.35^2} = 805.9 (kgf)$$

2. 나사 클램프(Screw Clamp)

이 클램프는 치공구에서 광범위하게 사용되고 있으며 설계가 간단하고 제작비가 싼 이점이 있으나 작업 속도가 느리다는 단점이 있다. 나사에 의한 클램핑 방법에는 나사가 직접 공작물에 압력을 가하는 방식과, 스트랩을 이용한 간접적으로 압력을 전달하는 방식이 있다.

또한 클램핑 기구로서 가장 널리 사용되고 있으며 설계시 주의사항은 다음과 같다.

① 절삭력에 의하여 풀림이 잘 되지 않도록 한다.

② 나사가 클램핑 했을 때 그 체결 길이는 나사 지름의 80%의 정도가 좋지만 치공구용 너트의 높이는 1.5배(작은 지름의 것)~3배 (큰 지름의 것)로 한다.

③ 일반적으로 클램핑 볼트의 산형은 작은 지름 (15mm 정도까지)은 삼각나사, 그 이상은 사각나사 또는 사다리꼴 나사를 사용한다.

④ 나사의 선단을 직접 공작물에 접촉하면, 그 면에 상처를 내는 수가 있으므로, [그림 4-23]과 같이 보호대를 붙이는 것이 보통이다.

⑤ 나사에 의한 클램핑은 [그림 4-24]와 같이 작은 나사 등을 넣어서 공작물에 간섭으로 부드럽게 움직이면서 클램핑하는 방법이 좋다.

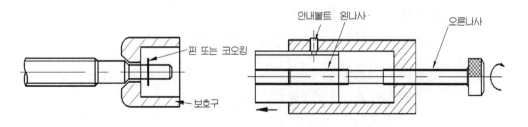

그림 4-23 볼트 선단의 보호대   **그림 4-24** 부드럽게 움직이는 나사

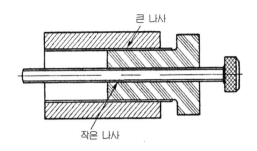

그림 4-25 나사에 의한 급속 체결

⑥ 급속 클램핑의 나사는 리이드 각이 큰 나사를 사용하면 급속 클램핑이 되지만 풀리기가 쉽다. 부드럽게 움직이는 나사는 보통 나사로 끼워 맞추면 풀리기 전에 클램핑이 되는 수가 있다.

[그림 4-25]는 큰 지름의 나사 (피치가 큰)로 체결하며 다음에 피치가 작은 나사로 확실하게 체결 한 것이다.

(1) 급속 작동 손잡이(Quick-action Knob)

급속 작동 손잡이는 저렴한 공구의 제작에 많이 사용되며 이것은 고정력을 제거하고자 할 때 다음 [그림 4-26]과 같이 스터드(stud)에 대해서 경사지게 하여 뽑아낼 수 있도록 만들어져 있으며 손잡이는 공작물과 접촉할 때까지 스터드(stud)에 밀어 넣어서 나사산을 맞추고 조여질 때까지 회전한다.

(2) 스윙 클램프(Swing Clamp)

스윙 클램프는 설치된 스터드(stud)상에서 회전되는 스윙 암(arm)을 가진 나사 클램프의 조합으로 클램핑력은 나사에 의해 가해진다[그림 4-27 참고].

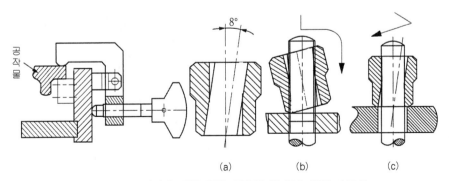

그림 4-26 나사에 의한 간접 클램핑 및 급속 작동 손잡이

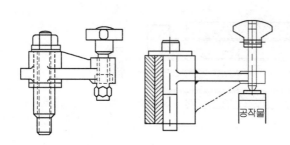

그림 4-27 스윙 클램프

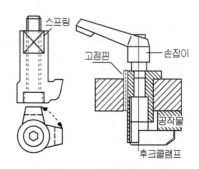

그림 4-28 후크 클램프

(3) 후크 클램프(Hook Clamp)

후크 클램프는 스윙 클램프와 유사하나 훨씬 더 작으며 좁은 장소에서 사용되며 하나의 큰 클램프보다는 오히려 작은 클램프를 사용해야 할 경우에 유효하다 [그림 4-28 참고].

[그림 4-29]는 스윙 클램프에 의한 고정으로 보호대에 의한 압력시 클램프의 예로서, 보호대 없이 직접 볼트의 끝이 공작물에 직접 접촉하게 되면, 나사의 회전력이 공작물에 전달되므로 공작물의 위치가 변화를 가져올 수 있는 단점이 있으므로, [그림 4-30]과 같이 연질의 회전체를 볼트에 부착하여 회전력이 공작물에 전달되는 것을 피함으로서, 공작물 표면에 흠집의 발생을 방지할 수 있으며, 안정감을 유지시킬 수 있다. 각종 치공구에 많이 이용되는 클램핑 나사는 회전 운동을 하며 전진하기 때문에 공작물의 접촉부위에 흠집이 생기는 경향이 있다. 이러한 상태는 주물품이나 공작물의 완성된 표면에 나타나지 않으면 상관없으나 기계 가공된 면에는 나사의 끝에 보호장치를 만들어 표면의 손상을 방지해야 한다.

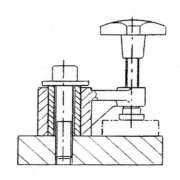

그림 4-29 스윙클램프에 의한 고정

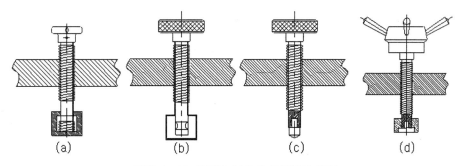

그림 4-30 클램핑 나사와 회전체의 종류

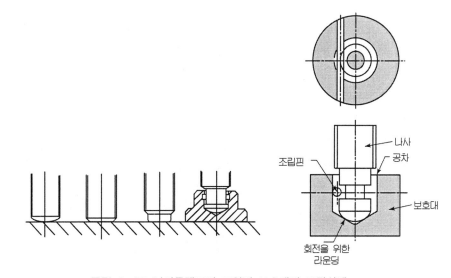

그림 4-31 나사클램프의 모양과 보호대의 조립상태

[그림 4-31]은 일반적으로 나사클램핑에 사용되는 나사 끝의 모양과 가장 적합한 보호대의 조립상태를 나타내었다.

(4) 나사 클램프의 클램핑력

나사가 클램핑 장치로서 사용할 때 공작물이나 스트랩상에서의 공정력 P는 볼트머리나 너트에 의한 토크 T에 의하여 적용된다[그림 4-32 참고]. 그러므로 토크는 나사산과 머리밑 부분에서의 마찰을 극복해야 한다. 모든 힘을 계산하는데는 나사의 산각과 나사가을 고려한 쐐기의 구조와 동일한 방법으로 얻을 수 있다. 평균 작업조건에서 댷적인 것은 마찰계수

μ =0.15인 것으로서 토크 T와 클램핑력 P와의 관계식은 다음과 같다.

D : 나사의 호칭경, P : 클램핑력(고정력), T : 토크

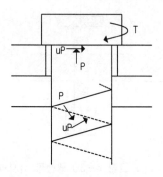

그림 4-32 나사산의 역학관계

표 4-4 수동에 의한 나사의 클램핑력-경험치

나사산의 치수	나사의 회전방법	
	손 잡 이	렌치
미터 나사	클램핑력	
M6	136kgf(300Ib)	1,000kgf(2200Ib)
M8	180kgf(400Ib)	1,134kgf(2500Ib)
M10	318kgf(700Ib)	1,360kgf(3000Ib)
M12	410kgf(900Ib)	3,080kgf(6800Ib)
M16	590kgf(1,300Ib)	3,540kgf(7800Ib)
M20	540kgf(1,200Ib)	3,400kgf(7500Ib)

$$T = 0.2 \quad D.P, \quad \mu = 0.15$$
$$T = 0.164 \ D.P, \quad \mu = 0.12$$
$$T = 0.139 \ D.P, \quad \mu = 0.10$$
$$T = 0.115 \ D.P, \quad \mu = 0.08$$

이상의 관계식은 보통 나사에서 적용되는 것이며 정밀나사의 경우는 약 3~5% 더 적은 값을 가진다. 나사 클램핑 장치는 수동으로 작동되므로 일반작업자가 손으로 발휘할 수 있는 힘은 [표 4-4]와 같이 나타나 있다.

예제 01 고정력이 50Kg이고 M12 볼트를 사용할 때 볼트를 돌리기 위한 토크는 얼마인가?
(단, 마찰계수는 $\mu = 0.15$ 이다)

풀이

$T = 0.2D \times P = 0.2 \times 12 \times 50 = 120 \ (Kgf/mm)$

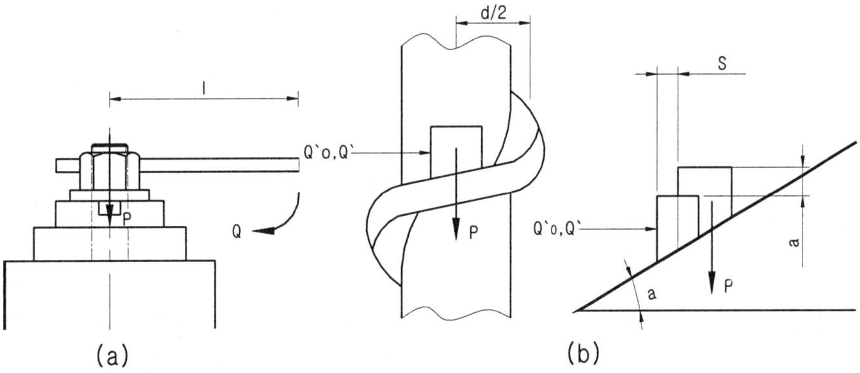

그림 4-33 나사 클램프

[그림 4-33]의 (a)에 나타낸 나사 클램핑 장치에 관해서 P : 나사에 걸리는 축방향의 힘, d : 나사산의 유효 지름, a : 나사의 비틀림(리드각), ρ : 마찰각으로 한다. 나사를 죄어 주고 풀어 주는데 [그림 4-33]의 (b)에 나타난 것처럼 경사각 α의 사면에 따라서 P라는 하중을 밀어 올리거나 밀어 내린다.

이에 마찰이 없는 경우 하중을 밀어 올리는데 필요한 힘 Q_0',마찰이 있을 경우 이것을 Q'라고 하면 마찰이 없는 경우의 Q_0'는,

$$Q_0'S=Pa \qquad \frac{a}{S}=\tan a \qquad Q_0'=P\tan a$$

마찰이 있는 경우의 Q'는 경사각 α에 마찰각 ρ가 첨가되므로,

$$Q'=P\tan(a+\rho) \qquad 단, \tan\rho=\mu$$

여기에 나사를 클램핑하는 모멘트를 T로 하면 (나사의 유효 지름의 부분에서 고려함을 Q''로 한다.) $T=Q_l'=Q''\dfrac{d}{2}$, $Q''=\dfrac{Ql}{d/2}=\dfrac{2Ql}{d}(=Q_0'=Q')$

따라서, 클램핑력 P는,

$$Q_0'=\frac{2Ql}{d}=P\tan\alpha \qquad P=\frac{2Ql}{d\tan\alpha} \text{(마찰이 없는 경우)}$$

$$Q'=\frac{2Ql}{d}=P\tan(\alpha+\rho), \quad P=\frac{2Ql}{d\tan(\alpha+\rho)} \text{(마찰이 있는 경우)}$$

나사의 효율은 다음과 같다.

$$\eta=\frac{Q_0'}{Q'}=\frac{\tan\alpha}{\tan(\alpha+\rho)}$$

$\eta=0.1$로 하면 $\rho\fallingdotseq6°$가 된다. 또 나사가 저절로 풀리지 않기 위해서는 $\rho\geq\alpha$의 조건이 필요하다. (나사의 자립 조건) $\alpha=\rho$의 경우 효율은 0.5 이하가 된다.

예제 **01** 나사 클램핑 장치에서 볼트지름이 24mm인 사각나사에서 P=5mm, 유효지름(d_2)이 22mm, 마찰계수 μ=0.1로 하여 나사의 효율을 구하라.

[풀이]

$$\tan a = \frac{P}{\pi d_2} = \frac{5}{\pi \times 22} = 0.0723 \quad \therefore \ a \fallingdotseq 4.14$$

$$\tan \rho = \mu = 0.1 \quad \therefore \ \rho \fallingdotseq 5.71 \qquad \eta = \frac{\tan a}{\tan(a+\rho)} = \frac{\tan 4.14}{\tan(4.14+5.71)} = 41.7\%$$

예제 **02** 유효지금 20mm인 사각나사로 공작물에 300kg의 힘으로 고정시키려 한다. 클램프 레버에 가해야할 외력 F는 얼마인가? 단 l=300mm, 나사의 마찰계수 μ=0.2, 나사의 피치 p= 6mm이며 공작물과 볼트와의 마찰은 무시한다.

[풀이]

$$T = F \cdot \ell = p \times \frac{d_2}{2} = Q \tan(\gamma+\rho)\frac{d_2}{2} \ \text{에서}$$

$$F = \frac{Q\tan(a+\rho) \cdot \frac{d_2}{2}}{\ell} = \frac{Q\dfrac{\dfrac{P}{\pi d_2}+u}{1-\dfrac{P}{\pi d_2}\cdot \mu} \cdot \dfrac{d_2}{2}}{\ell} = \frac{300 \cdot \dfrac{\dfrac{6}{\pi \cdot 20}+0.2}{1-\dfrac{6}{\pi \cdot 20}\cdot 0.2} \cdot \dfrac{20}{2}}{300} = 3.01 \text{kg}$$

[그림 4-34]는 나사클램프의 나사의 봉 끝 모양에 따라 클램핑력은 다음과 같다.

(a) $P = \dfrac{M}{\dfrac{d_2}{2}\tan(\alpha+\rho)}$

(b) $P = \dfrac{M}{\dfrac{d_2}{2}\tan(\alpha+\rho)\dfrac{1}{3}\,\alpha\,\mu_0}$

(c) $P = \dfrac{M}{\dfrac{d_2}{2}\tan(\alpha+\rho)R\,\mu_0\cot\dfrac{\gamma}{2}}$

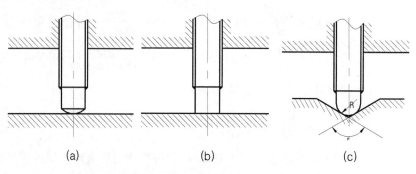

(a) (b) (c)

그림 4-34 나사 클램프의 체결력

(5) 고정력의 계산

$$절삭력 = \frac{동력}{속도}$$

즉, 절삭력(kgf) $= \dfrac{주축동력(HP) \times 주축구동효율(\%) \times 4,500(상수)}{절삭속도(m/min)}$

또는 , 절삭력=절삭단면적×공작물의 피절삭 저항치

여기서 외부의 다른 영향 없이 연속적으로 절삭력이 작용시 공작물이 움직이지 않도록 하는데 필요한 고정력은 다음과 같다.

$$고정력(kgf) = \frac{절삭력}{마찰계수}$$

공작물의 휨이나 변형이 생기지 않는다고 가정하면 재료의 크기, 형태, 절삭 조건, 재료의 불균일 등을 감안하여 설계여유(안전율) 고려하여 고정력을 1.5배~2배로 한다.

예제 01 수직밀링에서 강으로 제작된 윤활 면의 치공구 상에 주물제품을 4개의 클램프로 고정하여 가공 시 주축 동력은 4HP, 주축전동효율은 60%, 절삭 속도는 30mm/min이라 할 때, 클램프 1개당 고정력은 얼마인가? (단, 마찰계수는 $\mu=0.21$, 안전율은 2.0kgf으로 한다.)

풀이

절삭력 $= \dfrac{4.0 \times 0.6 \times 60 \times 75}{30} = 360kgf$ 고정력 $= \dfrac{360}{0.21} = 1714kgf$

안전율 감안 $1714 \times 2.0 = \dfrac{3,429}{4} = 857kgf$

3. 캠 클램프(Cam Clamp)

캠에 의한 클램핑 방법은 형태가 간단하고, 급속으로 강력한 클램핑이 이루어지는 장점과, 클램핑 범위가 좁고 진동에 의하여 풀릴 수 있는 단점이 있다. 캠에 의한 클램핑 방법에는, 공작물과 캠에 직접 접하는 직접 고정식 캠 클램핑과 간접으로 클램핑 되는 간접 고정식 캠 클램핑이 있으며, 주로 사용되는 캠(cam)의 종류에는 편심 캠, 나사 캠, 원통 캠 등이 있다 클램핑하는 곳이 많은 다량 생산용 치공구에 많이 사용되며 절삭 조건이 좋거나 자동 클램핑 등의 조건을 가진 것이면 편리하다. 캠의 형상은 제작이 곤란하지만 공작물을 고정하는데 있어서 신속하고 효율적이며 단순한 방법을 제공한다. 직접 가하는 캠 클램프는 5분 이상 절

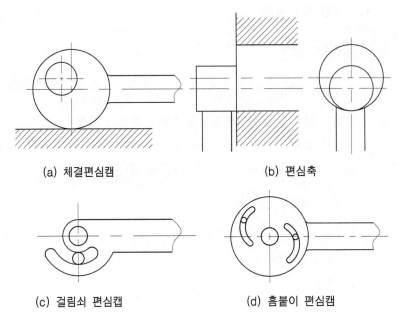

(a) 체결편심캠

(b) 편심축

(c) 걸림쇠 편심캠

(d) 홈붙이 편심캠

그림 4-35 캠의 종류

삭이 유지되거나 진동이 큰 경우에는 사용하지 못하며 그 원인은 클램프가 풀려져 위험한 상태가 되기 때문이다. 간접 클램핑은 캠 작동의 모든 이점을 가지고 있으며 클램핑시 공작물을 헐겁게 하거나 이동할 가능성을 감소시킨다.

[그림 4-35]는 일반적으로 사용되는 캠(cam)의 종류로서 (a)는 주로 사용되는 편심 캠으로, 큰 직경이 공작물과 접하며, (b)는 작은 직경이 공작물과 접하게 된다. (c)는 핀을 당겨서 클램핑(clamping)하기 위한 목적으로 사용되며, (d)는 핀을 당기거나, 밀어서 클램핑하는 경우에 사용된다.

[그림 4-36]의 (a)는 공작물을 캠으로 윗면을 클램핑하는 구조로서, 캠이 자기 제어를 할 수 있는 위치를 조절하도록 조절나사가 부착되고, 캠과 공작물 사이에는 구면와셔가 삽입되어 있어 공작물의 높이가 변하여도 무리 없이 클램핑이 이루어지도록 되어 있다. (b)는 공작물의 측면을 클램핑하는 구조로서, 손잡이를 수평으로 회전하게 되며, 공작물에 캠이 직접 접촉하므로 인하여 홈이 발생될 수 있으며, 공작물이 캠의 회전방향으로 밀리게 된다. (c)는 공작물의 모서리에서 두면을 동시에 클램핑한다. (d)는 (c)와 같이 두 면을 클램핑하는 구조로서, 클램프(clamp)는 핀(pin)에 의하여 몸체에 부착되어 있으며, 캠(cam)에 의하여 윗면을 클램핑하면, 클램핑력(clamping force)이 공작물의 측면에 전달되어 두 면이 동

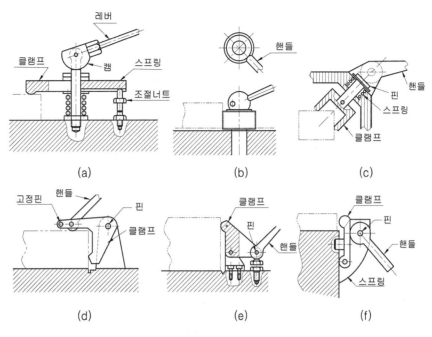

그림 4-36 캠에 의한 클램핑 방법의 예

시에 클램핑이 이루어진다. (e)는 공작물의 측면을 클램핑하는 구조로서, 클램프
는 핀에 의하여 지그 몸체에 부착되어 있으며, 캠에 의하여 발생된 클램핑력은 방
향 전환되어 공작물을 클램핑하게 된다. (f)는 캠과 공작물 사이에 클램프가 설치
되어 있어, 공작물과 캠의 직접 접촉을 피하고 있으며, 조절나사가 없으므로 공작
물의 크기가 가능한 범위를 벗어나면 클램핑이 불가능하게 된다.

(1) 편심 캠

편심 캠(cam)은 원주에 쐐기를 부착한 것과 같은 구조로서, 원주상의 구배에
의하여 클램핑력(clamping force)이 발생되고, 공작물과 캠의 마찰에 의하여 클
램핑(clamping)이 이루어지게 된다. 제작이 가장 용이하고 중심 위치에서 어느
방향으로나 작동할 수 있다. 기본 편심 캠은 상사점에 도달할 때 잠겨지며 아주
작은 면적으로도 완전한 잠금 상태가 된다. 이 상사점을 초과하여 움직이면 클램
프는 자동적으로 풀어지기 때문에 편심캠은 나선형 캠과 같이 견고하게 고정될
수가 없다.

[그림 4-37]은 편심 캠을 나타내고 있으며, 편심량은 A, E선상의 e에 해당하
며, 클램핑은 A, E의 원주상에서 가능하나 A, C의 원주상에서 캠(cam)이 C로

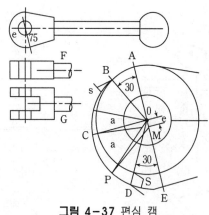

그림 4-37 편심 캠

전진하면, 변위량 S 커지나 각도 α가 커지므로 클램핑이 어렵게 된다. 그러므로 클램핑(clamping)은 C, E원주상에서 이루어져야 하며, 이때 캠(cam)이 E점으로 전진함에 따라 변위량 S는 커지나, 각도 α가 작아지므로 이상적인 클램핑 (clamping)이 이루어진다. 편심 캠과 공작물이 접하는 위치는 그림에서처럼 레버 (lever)를 기준으로 하였을 때, 75° 위치에서 이루어지는 것이 이상적이라 하겠다.

[그림 4-38]은 편심 캠이 180°회전하는 과정과, 캠이 공작물과의 마찰에 의하여 정지가 시작되는, 즉 자기제어가 시작되는 시점에 대하여 설명하는 그림으로서, 편심 캠은 일반적으로 1/4회전으로 최대의 클램핑력(clamping force)을 얻을 수 있게 된다. 그림에서 E는 편심량, D는 편심부의 지름이라 하면, 편심 캠의 특성비는 D/E로 나타내며, (d)의 각도 β가 자기제어가 시작되는 각도이다.

캠의 특성비 값과 자기제어가 시작되는 각도 β의 관계를 [표 4-5]에서 나타내고 있다. 캠에 의하여 클램핑을 할 경우에는 자기제어 각도를 알아야 공작물과 캠의 간격을 결정할 수 있으며, 클램핑시 가장 이상적인 캠의 정지 위치는, 캠의 자

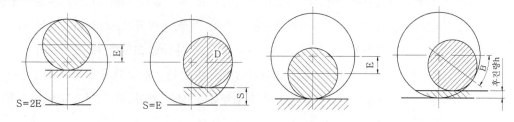

(a) 최대한도의 헐거운 위치　(b) 체결 시작점　(c) 최대한도의 체결점　(d) 자기제어의 시작점

그림 4-38 편심 캠의 자기제어

표 4-5 캠의 특성비와 자기제어

특성비(D/E)	클램핑이 시작 되는 각도
20.2	전 원주 180°
20	$\beta = 0°$
18	20° 45′
16	31° 32′
14	40° 10′
12	47° 38′
10	54° 27′
8	60° 50′
6	66° 56′

기제어가 시작되는 위치로부터, 최대의 클램핑 위치의 중간이 적당하며, 자기제어 위치에 근접하게 정지되면, 외부의 진동에 의하여 클램핑이 풀릴 수도 있게 된다.

(2) 편심 캠(Eccentric cam)의 역학

[그림 4-39]에서 A : 하사점, B : 상사점, C : 회전축(pivot), D : 점촉점(r과 θ 로 정의), E : 고정 편심량, e : 편심량, H : 높이, R : 원판의 반경이므로 H와 e를 계산하기 위해서는 먼저 a를 찾아야 하므로

$$\frac{\sin a}{\sin(180° - \theta)} = \frac{E}{R}$$

$\sin a = \dfrac{E}{R} \sin \theta$ 보조 각 Ø가 임시로 필요하다.

즉, $90 + Ø + (180 - Ø) + a = 180$

$Ø = \theta - a - 90$

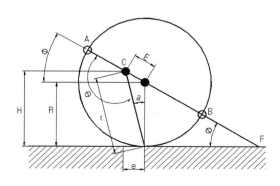

그림 4-39 판형 편심 캠

그러므로, $H-R=E\sin\emptyset=E\cos(\theta-a)$

$H=R-E\cos(\theta-a)$ $e=E\cos\emptyset=E\sin(\theta-a)$

e는 R과 무관하며 고정편심량 E와 각도에 의해 결정됨을 알 수 있다. $(\theta-a)$는 캠의 회전각이다. a는 항상 작은 값이며 $\theta=0°$와 180°에서는 a=0°가 된다. 0°와 180°의 캠 회전시 e=0이 되며 캠의 회전이 90°에서 최대값인 e=E가 된다.

(3) 편심 캠의 계산

편심 캠은 비슷한 크기의 나선형 캠의 작용토크에 160% 이상이 요구된다. 더욱이 편심 캠은 나선형 캠처럼 사용할 때 잠금 상태에 머물게 하기 위해서 1.5배 큰 반경을 가져야만 한다. 편심 캠을 설계하는데 있어서 첫 번째 계산해야 할 것은 편심량이다. 회전축과 캠 반경의 중심선 사이의 떨어진 양이다. 편심은 라이스를 창출하는 캠의 주된 요소이다.

$E=R/(1-\cos a)$이다. 여기서 E : 편심량, R : 라이스(mm), a : 스로의 각도(°)

다음으로 계산해야 할 것은 작동캠에서 요구되는 반경의 치수는

$R_d=E(\cos a+\sin a/C_t)$이다. 여기서 R_d : 반경, E : 편심량, a : 스로의 각도(°), $(C_t$: 마찰계수 통상 적용치는 0.1)

편심 캠은 회전 축심을 먼저 그린다. 계산에 의해 편심체의 중심을 잡는다. 마지막으로 구해진 반경을 편심점을 중심으로 사용하여 작도한다.

예제 **01** 70°의 스로를 갖고 5mm의 라이스를 얻어내는데 필요한 편심 캠의 편심량은 얼마인가?

풀이

$E=5/(1-0.34202)$ $E=7.5990$ 또는 7.6mm

예제 **02** (예제1)에서 요구되는 캠의 반경은 얼마인가?

풀이

$R_d=7.6(0.34202+0.93969/0.1)=74.02$mm

(4) 나선형 캠(Spiral Cam)역학

이 캠은 시판용 캠 클램프로서 지그와 고정구에서 사용되는 가장 일반적인 캠 클램프이다. 보통 소형이며 작은 작용압력이 요구되면서도 강력한 고정력을 갖아야 할 때 많이 사용된다. 제작은 편심캠 보다 어려우며, 캠 클램프는 아르키메데

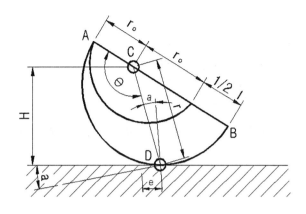

그림 4-40 나선형 캠

스의 나선이나 원의 편심으로 되어 있다. 아르키메데스 나선의 기본식은 $r=l\theta/2\pi$ (θ : radian, l : lead)이다.

l은 1 회전시 반경 벡터의 증가량이다. 이 때 접선의 기울기는 $\tan a=dr/rd\theta$ $=l/2\pi r$로 정의되며, a는 쐐기각과 같고 l이 일정한 반면에, r과 a는 θ와 함께 변하며, a는 l과 함께 증가하고 r의 증가에 따라 감소한다. 실제 응용에서 반경 벡터 r_0인 고정된 점 A에서부터 θ를 측정하는 것이 편리하다.

따라서 $r=r_0+l\theta/2\pi$, 임의의 점 D에서 $e=r\sin a$, $H=r\cos a$ 경험식에 이하면 치공구에 사용되는 캠의 l의 값은 여러 가지가 있다. 그 중 하나는 1인치 (25.4mm)반경에 따라 1도 증가하면 리드는 0.025mm 증가되는 것이 있다. 반경이 38mm(1.5인치)로 적용될 때 $\tan a=0.106$이다. 이 캠에서는 $\mu=0.1$에서 자립 상태가 될 것이다[그림 4-40 참고].

(5) 나선형 캠의 계산

나선형 캠은 캠작동 클램프 중 가장 널리 보급되어 있는 형태이다. 그것은 우수한 홀딩과 잠금 특성 때문이며, 나선형 캠의 설계는 캠의 크기가 작게 요구되기 때문이다. 나선형 캠은 스로가 거의 중심점을 표시하는 기초원으로부터 설계된다. 외측 및 내측원은 캠 라이스의 한계를 의미한다. 나선형 캠에서 라이스의 양은 기초원의 반경과 스로의 길이에 정 비례한다. 일반적으로 라이스의 식은 $R=0.001\times Rd\times T$이다. 여기서 R : 라이스(mm), Rd : 기초원의 반경(mm), T : 스로의 각도(°)

외측원과 내측원은 기초원 치수에 라이스량의 절반을 더하거나 빼면 된다.

$$Or=Rd+(R/2) \quad Ir=Rd-(R/2)\text{이다.}$$

여기서   Or : 외측원 반경,
　　　　 Ir : 내측원 반경,
　　　　 Rd : 기초원 반경,
　　　　 R : 라이스

　　회전축심의 구멍이 부정확한 위치에 가공될 가능성에 대비하여 스로의 각 양끝 부분에 5°~10° 정도 추가한다.

예제 **01** | 기초원의 반경이 12이고 캠 스로가 90°이면 나선형 캠의 라이스는 얼마인가?

> **풀이**

$R=0.001 \times 12 \times 90 = 1.08mm$

예제 **02** | (예제1)에서 캠의 외측원과 내측원의 반경은 얼마인가?

> **풀이**

$Or=12+(1.08/2)=12.54mm$
$Ir=12-(1.08/2)=11.46mm$

(6) 원통형 캠(cylindrical cam)

　　원통형 캠도 치공구에서 많이 사용되고 있다. [그림 4-41]과 같이 편심 축이나 원통 표면의 홈에 의해 클램프를 작동한다. [그림 4-42]는 급속 작동용 캠 클램프를 나타내는데 정확한 고정과 함께 신속한 작동을 할 수 있는 원통형 캠의 원리를 사용한 다양한 시판 제품 중의 하나이다.

　　[그림 4-43]은 단면캠(cam)에 의한 클램핑 방법으로서, 단면캠의 윗면은 중심을 기준으로 경사를 가지고 잇어 캠이 손잡이에 의하여 회전함에 따라 클램프와 접촉하는 위치의 높이가 변화하며, 캠의 높이에 따라 클램프(clamp)가 변위되어 공작물을 클램핑하게 된다.

　　[그림 4-44]는 지그의 몸체에 단면캠이 부착된 상태로서, 클램프에 부착된 손잡이(lever)를 중심을 기준으로 회전함에 따라 클램프가 변위하여 공작물을 클램핑하게 되며, 클램프를 공작물에서 제거하기는 좋으나 클램핑(clamping)이 이루어지는 순간에 마찰로 인하여 공작물을 밀게되는 단점도 있다.

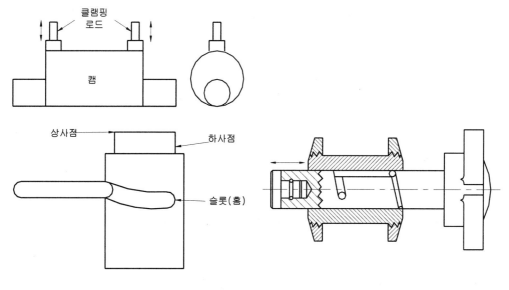

그림 4-41 원통형 캠   **그림 4-42** 급속작동 캠 클램프

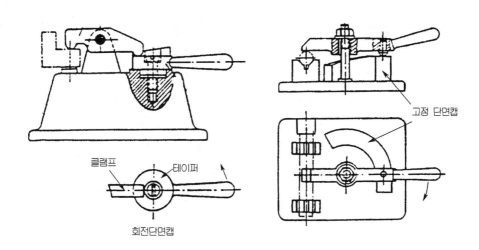

그림 4-43 회전 단면 캠에 의한 클램핑   **그림 4-44** 고정 단면캠에 의한 클램핑

4. 쐐기형 클램프(Wedge Clamp)

쐐기에 의한 클램핑 방법은, 간단한 클램핑 요소로 경사(구배)를 가지고 있는 클램프(clamp)를 이용하여 공작물을 클램핑(clamping)하는 것으로서, 경사의 정

도에 따라서 강력한 클램핑력(clamping force)이 발생될 수 있으며, 쐐기의 한 면은 공작물과 접촉하고, 한 면은 치공구에 접촉하여, 마찰에 의하여 정지상태가 유지되는 간단한 클램핑 방법중의 하나이다.

쐐기 설계시 주의 사항은 다음과 같다.

① 쐐기 각도는 5° 또는 1/10의 경사가 좋다(7°가 가장 좋다).

② 재질은 공구강(STC)으로서, 내마모성과 취성을 주기 위하여 경화처리 한다.

③ 빼내는 방향에는 작용 응력을 주지 않는다.

④ 박아 넣을 때는 공작물의 미끄럼 멈춤이 필요하다.

(1) 판형 또는 키이 형태의 쐐기(flat or key wedge)

[그림 4-45], [그림 4-46]은 자루를 붙여 무겁게 한 자루 달린 쐐기의 사용 예로서, 링 모양의 가공물을 체결한 것으로 위에서 밀어 넣으면 강하게 체결된다. 이와 같은 쐐기를 사용할 때에는 간단하고 확실하게 체결되는 경우이다.

[그림 4-47]은 개방형 드릴 지그(drill jig)에서 쐐기(wedge)에 의한 클램핑의 예로서, 공작물이 지그의 내부에서 위치 결정이 이루어지면, 쐐기가 조립되어 클램핑(clamping)이 이루어진다. 그림과 같은 경우에, 다른 방법에 의하여 클램핑을 하려면, 쐐기(wedge)에 의한 방법보다 구조가 복잡하게 되며, 공간적으로 허용이 안될 수도 있다. 쐐기(wedge)와 조립부의 항상 청결히 하여야하며, 쐐기의 경사(구배)는 주로 1대10정도가 사용되며, 경사의 정도에 따라 클램핑력을 조절할 수 있다. 결론적으로 16° 가까이 되면 쐐기는 스스로 미끄러지게 되어 실제적인 각도는 10° 이하인 7° 정도가 안전하다.

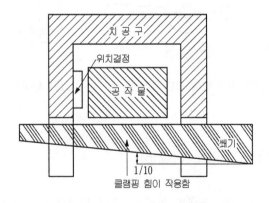

그림 4-45 일반적인 쐐기 클램핑 기구

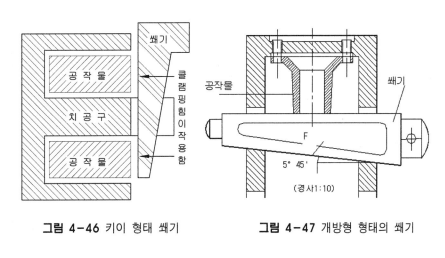

그림 4-46 키이 형태 쐐기   **그림 4-47** 개방형 형태의 쐐기

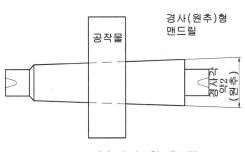

(a) 솔리드형 맨드릴

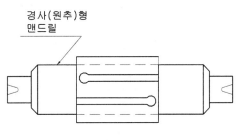

(b) 확장식 맨드릴

그림 4-48 원추형 쐐기 클램프 기구(맨드릴)

(2) 원추형 쐐기 또는 맨드릴(conical wedge or mandrel)

원추형 쐐기 또는 맨드릴은 [그림 4-48]과 같이 공작물의 구멍을 고정시키기 위해서 사용되는 것이다. 맨드릴은 단체형과 팽창형의 두 가지가 있으며, 단체형은 단지 규정된 하나의 구멍 치수에만 사용하고, 팽창형은 일련의 크기에 끼워지도록 만들어졌다.

(3) 쐐기형 클램프의 설계

가장 단순한 쐐기 클램프는 [그림 4-49]의 (a)와 같이 쐐기의 한 측면이 공작물 표면과 접촉하면, 다른 측면은 치공구에 지지되어 있다. 마찰계수 μ인 두 개의 미끄럼 표면상에서의 힘은 P와 μP가 되며 쐐기를 삽입하기 위한 힘 F_1이 필요하게 된다. 작용력 F_1은 고정력 P를 [그림 4-49]의 (b)와 같이 쐐기의 축심에 대한 분력으로 나타낸다.

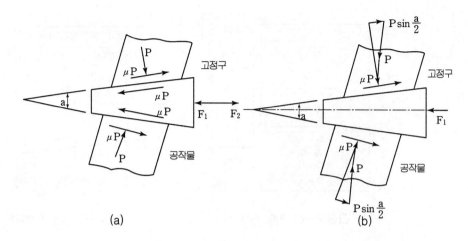

그림 4-49 쐐기 클램프 역학

표 4-6 경강으로 된 쐐기 캠 등의 마찰 계수 μ

쐐기 또는 캠 작용	마 찰 계 수(μ_1)	
	클 램 핑 시	풀 때
경 화 강 재	0.19-0.20	0.19-0.20
기계구조용강	0.17-0.19	0.20
주 철	0.15-0.17	0.17-0.19
알루미늄 합금	0.17-0.18	0.18-0.20
플라스틱	0.12-0.16	0.15-0.18
피벗과 베어링	마 찰 계 수(μ_2)	
	양호한 상태	불량한 상태
	0.03-0.06	0.10-0.15

힘의 평행 조건에서 쐐기 중심에 평행한 모든 분력의 합은 0이 되어야 함으로 쐐기를 끼우는 힘 작용력 F_1

$$F_1 = 2P\sin\frac{a}{2} + 2\mu P\cos\frac{a}{2} = 2P\left(\sin\frac{a}{2} + \mu\cos\frac{a}{2}\right)$$

쐐기를 다시 빼는 힘 F_2

$$F_2 = -2P\sin\frac{a}{2} + 2\mu P \cdot \frac{\cos a}{2} = 2P\left(-\frac{\sin a}{2} + \mu\cos\frac{a}{2}\right)$$

$F_2 \geqq 0$이 되어야 쐐기가 풀려지지 않으므로

$$-\frac{\sin a}{2} + \mu\cos\frac{a}{2} = 0, \quad \tan\frac{a}{2} = \mu$$

그러므로, 자립(자기 자신이 풀리지 않는 상태)를 위한 조건으로서는 마찰 계수에 크게 영향을 받음을 알 수 있다. [표 4-6]은 쐐기, 캠 (cam) 및 피벗과 베어링에 사용하는 마찰 계수 μ의 값을 추천한 것이다. 자립쐐기의 캠은 테이퍼가 1/20(α =2° 52′)~1/10(α =5° 44′)와 쐐기각 7°(테이퍼 1/8.18)까지로 제작되고 있다. 진동이 많을 때는 1/15(α =3° 47′)을 초과하지 않아야 한다.

예제 **01** 고정할 때의 마찰 계수 μ =0.15 클램프를 풀 때의 마찰계수 μ =0.18인 주철재 공작물을 쐐기 클램프에 의해 고정하고자 한다. 쐐기 각이 7°일 때 작용력과의 관계를 구하라.

풀이

F_1=2P(sin α /2+ μ cos α /2)=2P(sin3.5+0.15cos3.5)=0.422P
∴ P=F_1/0.422=2⅓F_1
그러므로, 공작물에 작용되는 고정력은 작용력의 약 2⅓배 정도이다.
F_2=2P(−sin α /2+ μ cos α /2)=2P(1sin3.5+0.18cos3.5)=0.237P
여기서, 공작물을 풀려고 하는 힘은 클램프를 작용하는 힘의 약 1/2배이다.
{마찰계수 μ =tan 3.5 ∴ μ ≒0.06일 때 자립 조건이 된다.}

예제 **02** 쐐기가 9°인 쐐기 클램프(wedge clamp)로 공작물을 클램핑할 때 공작물에 가해지는 힘 P는 얼마인가? (단, 마찰계수 μ =0.15이다.)

풀이

$$F_1 = 2P\left(\sin\frac{\alpha}{2} + \mu\cos\frac{\alpha}{2}\right) \text{에서 } P = \frac{F_1}{2\left(\sin\frac{\alpha}{2} + \mu\cos\frac{\alpha}{2}\right)} \fallingdotseq 43.9(\text{kgf})$$

예제 **03** 쐐기 클램프(wedge clamp)의 자립 조건을 설명하라.

풀이

마찰계수 μ =tan 3.5
∴ μ ≒0.06일 때 자립 조건이 된다.

5. 토글 클램프(Toggle Clamp)

주로 용접 지그나 조립 지그 등에 많이 사용되며 공유압을 이용한 자동화 지그의 기본이 된다. 경 작업은 주로 스프링에 의한 링크에 의해 작동되며 편심

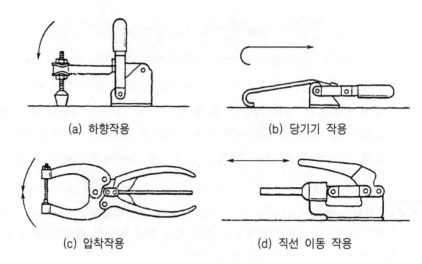

(a) 하향작용   (b) 당기기 작용

(c) 압착작용   (d) 직선 이동 작용

그림 4-50 상품화 된 토글 클램프

clamp와 같은 원리에 기반을 두고 있으며 4가지 기본적인 clamping작용으로 되어있다. 즉, 하향 잠김형(hold Down), 압착형(squeeze), 당기기형(Pull)과 직선이동형(straight line)이다. 토글 클램프의 장점은 고정력이 작용력에 비해 매우 크다는 것이다. 작동은 레버(Lever)와 세 개의 피봇(pivot)에 의해 움직인다. [그림 4-50]은 요즘 시중에 생산되는 상품화된 제품을 보여주고 이다.

(1) 토글 클램프의 역학

링크에 의해 작동되는 토글 클램프는 편심 클램프와 같은 원리지만 가동부분의 치수는 다르다. 작동 링크가 사점을 지나면 최대의 굴요성을 지니고 있다. 또한 사점에서의 저항은 제 위치에서 링크를 완전하게 보호하게 된다. 공작물의 두께, 높이 등의 편차는 링크의 탄성에 의해서 보충되고, 사점에서의 최초 편심량 e는 0이 되고 마찰이 없으면 기계효율은 무한대가 된다. 실제로는 무한히 크거나 작은 힘을 낼 수는 없다.

[그림 4-51]의 (a)와 같이 작은 작용력 F는 큰 클램핑 압력 P을 발휘할 수 있으나 한정되어 있다. 토글 클램프의 클램핑은 정확한 수학적인 치수가 유효하지 못하므로 이론상 추정에 불과하다. 실제 클램핑은 사점의 약간 지난 위치에서 클램핑이 된다. 토글 클램프는 굴요성을 가지고 있어 접촉이 이루어진 다음(사점 바로 이전의 거리)의 압력은 증가되어 전 토글 기구는 탄성적으로 휘게 된다. 작동 링크는 사점을 통과하면서 최대의 최대의 힘과 압력이 발생되며 이 압력은 조절

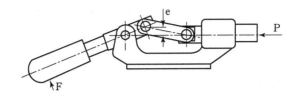

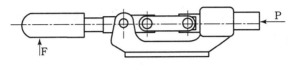

그림 4-51 토글클램프의 작용(a)

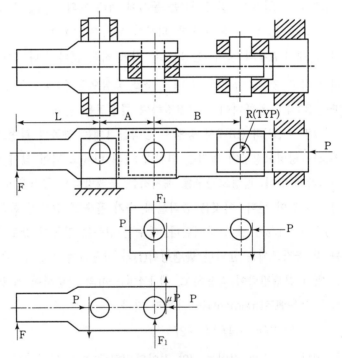

그림 4-52 토글클램프의 작용(b)

패드에 의해 조정된다. 사점 상에서 기계적인 이점이 무한 이므로 링크기구가 마찰이 없다면 작용력은 0이 될 수가 있다. 사점상에서 필요로 하는 작용력은 피벗과 베어링에서의 마찰력을 이겨내는데 요구되는 힘이 되는 것이다.

[그림 4-52]의 (b)에서 최대 압력 P는 마찰력을 발생시킨다. P는 F의 수배가 되므로(40배 이상) F로부터 발생되는 임의의 횡 반력은 무시할 수 있다. 압력 링

크상의 힘을 고려하여 오른쪽 핀의 모멘트는

$$F_1 B + \mu P(B-P) = \mu PR = \quad F_1 B = \mu P(2R-B)$$

여기서 F_1은 $(-)$값이 나올 수도 있다.

작동 레버의 힘을 고려하여 베어링 핀의 중심에 관한 모멘트는

$$FL = F_1 A + \mu PR + \mu P(A+R) = 2\mu PR\, A + B/B = 2\mu PR(A/B+1)$$

여기에서 F와 P의 비는 A와 B의 각각의 길이에는 관계가 없고 A와 B와의 비에는 관계가 있다.

(2) 토글 클램프 하중의 분포

[그림 4-53]과 [그림 4-54]는 동시에 여러 개의 공작물을 클램핑하는 평형클램프 구조로서, 공작물은 V홈에 의하여 위치결정이 이루어져 있으며, [그림 4-53]의 (a)에서 A부의 길이 χ는 되도록 작게 하는 것이 좋다. 그리고 χ_1, χ_2를 동일하게 하고 공작물이 8개 일 때는 a를 중심으로 4 : 4로 정하며, 공작물이 7개 일 때는 3 : 4로 분배하여 위치결정하여 클램핑을 한다.

[그림 4-53]의 (b)에서 중앙의 공작물 1개는 양쪽의 평형고정구로 클램프되고 있으나 평형고정구에 걸리는 힘이 2 : 1의 비율로 되어 있기 때문에, 균일한 힘이 작용하게 된다. 평형고정구를 배치하는 분배방식은 공작물의 개수를 n으로 하면, 다음과 같이 된다. 이것은 공작물의 수가 홀수일 경우에 한하여 이용된다. 즉, n$-1/2$, n$+1/2$와 같이 분배한다. 짝수인 경우는 양쪽이 같도록 한다. [그림 4-54]는 각 공작물에는 균일한 클램핑력(f)가 작용하여야 한다. 핀(pin) P1, P2, P3,에는 2f의 클램핑력이 작용하고, 핀 P4에는 4f의 클램핑이 작용하며, 핀 P5에 대한 좌우 모우멘트(moment)는 다음과 같다.

$$l_x \times 2f = l \times 4f \quad l_x = 2l$$

로 된다. 즉 l_x의 길이는 l의 길이의 2배로 하면 되며, P5에는 6f의 클램핑력이 작용하며, 클램핑 핸들로 F의 힘으로 클램핑을 한다면, 반력의 모우멘트(moment)와 클램핑 모우멘트가 같으므로,

$$Lw \times 6f = L \times F \quad F = \frac{Lw \times 6f}{L}$$

의 힘으로 클램핑력(clamping force)을 가하면 된다.

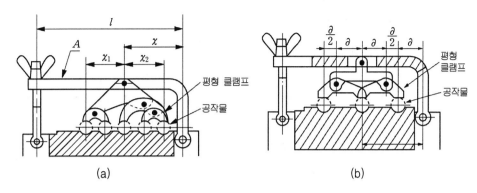

그림 4-53 동시에 여러 개의 공작물을 클램핑하는 구조(1)

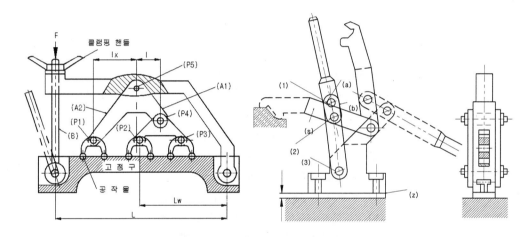

그림 4-54 동시에 여러 개의 공작물을 클램핑하는   **그림 4-55** 토글 클램프의 사용 예
구조(2)

[그림 4-55]는 토클(toggle) 클램프의 작동 상태를 나타내고 있으며, 점선은 탈착시, 굵은선은 클램핑(clamping)상태를 나타낸다.

클램핑이 이루어지는 원리는, 그림에서 회전중심이 되는 핀(pin) ①과, 핀 ③사이에 위치한 핀 ②가, 핀 ①과 핀 ③을 연결하는 직선보다 약간 이탈되어 있는 것을 볼 수 있다. 즉 핀 ②가 핀 ①과 핀 ③을 연결하는 직선을 약간 지나간 상태에서 정지하고 있으므로, 외력이 작용하지 않는 한 정지 상태를 유지하게 된다.

(3) 토글 클램프 힘

[그림 4-56]과 같이 토글 클램프는 구조와 조작이 간단하면서도 큰 클램프의 힘을 얻을 수가 있는 특징이 있다. 또한 클램프 위치 점을 사점에서 약간 벗어난 곳에 선정하면, 다른 부품을 사용하지 않고도 자신이 자기 유지성을 발휘하기 때문에 매우 편리한 클램프라고 할 수 있다.

토글 클램프의 클램프 힘의 계산을 구하는 공식은 다음과 같다.

① $P_1 = \dfrac{P \times l_1}{l_2}$

② $P_2 = \dfrac{P_1}{\sin \alpha}$

③ $P_3 = \dfrac{P_2 \times L_2}{L_1}$

여기서 P : 손잡이 레버에 가해지는 힘(kgf)

α : 손잡이 레버와 중간 레버가 이루는 각도로 체결되면서 연속적으로 변한다. 사점에 있어서 $\alpha = 0°$가 된다.

P_1 : P의 힘에 의해 힌지 A에 발생하는 힘(kgf)

P_2 : P의 힘에 의해 중간 레버가 힌지 B를 누르는 힘(kgf)

l_1 : 손잡이 레버의 길이(mm)

l_2 : 힌지 A에서 힌지 B까지의 길이(mm)

L_1 : 힌지 B에서 힌지 D까지의 길이(mm)

L_2 : 힌지 D에서 체결 지점까지의 길이(mm)

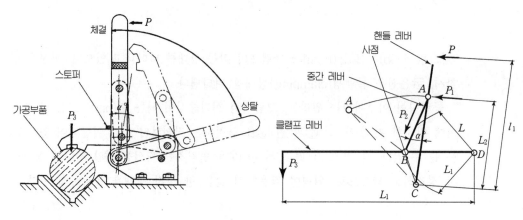

그림 4-56 토글 클램프의 힘

예제 *01* 손잡이 레버에 가하는 힘 $P=30$kgf이고, $l_1=30$mm, $l_2=20$mm, $L_1=10$mm, $L_2=30$mm일 때, $\alpha=3°$로 하면 클램프 힘 P_3는 얼마인가?

풀이

$P_1=\dfrac{30\times30}{20}=45$kgf, $\quad P_2=\dfrac{45}{\sin3°}=860$kgf, $\quad P_3=\dfrac{860\times10}{30}=286$kgf 가 된다.

α가 0의 위치일 때 결국 사점을 통과할 때에는 $\alpha=0$이다. 따라서 $\sin\alpha=0$이 된다.

그러므로 $P_2=\dfrac{P_1}{\sin\alpha}$는 무한대가 된다.

즉, α의 값을 작게 잡으면 큰 클램프 힘이 얻어진다.

6. 동력에 의한 클램핑

(1) 공유압을 이용한 클램핑

동력에 의한 클램핑은, 클램핑력(clamping force)을 유공압 등에 의하여 얻는 것을 말하며, 장점으로는 급속 클램핑으로 작업속도의 향상과 균일한 클램핑력의 유지 및 조절이 가능하고 조작이 쉬운 것 등이 있으며, 동력원 발생장치로 인하여 치공구의 부피가 커지고, 제작비가 많이 드는 단점이 있다. 동력원으로는 공기압도 좋지만, 강력한 클램핑을 얻기 위해서는 유압이 좋다. 안전 장치로 전자밸브를

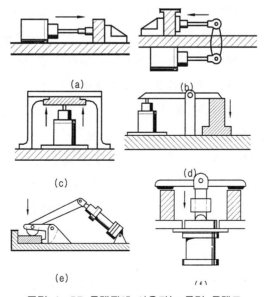

그림 4-57 클램핑에 사용되는 동력 클램프

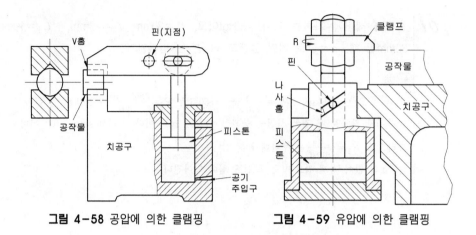

그림 4-58 공압에 의한 클램핑　　　　**그림 4-59** 유압에 의한 클램핑

설치하는 것이 좋으며, 복잡한 치공구는 캠과 쐐기 등을 병용하는 것이 바람직하다. NC선반 및 머시닝센터의 유공압 척 및 유공압 바이스 등은 시중에 상품화되어 있으며, 어느 것도 캠 또는 링 기구가 내장되어 안전하게 작업 할 수 있도록 되어 있다. 동력 클램핑 방법의 구조는 나사, 캠, 토글 등에 의한 클램핑 방법과 거의 동일하며, 나사, 캠 토글등이 설치되어야 할 곳에 실린더(cylinder)가 설치되게 되며, 각종 공작물의 클램핑에 사용되는 동력 클램프의 종류와 방법을 [그림 4-57]에서 볼 수 있다.

　[그림 4-58]은 원통형의 공작물을 공압에 의하여 클램핑하는 구조로서, 주입구 P에 압축공기가 주입되면, 피스톤(piston)이 상승하게 되며, 클램프는 핀(pin)을 중심으로 회전하여 공작물을 클램핑하게 된다. 공작물의 직경의 크기가 일정하지 않으면, 공작물과 클램프의 접촉면의 변화가 발생하게 된다.

　[그림 4-59]는 유공압에 의하여 공작물의 윗면을 클램핑하는 예로서, 피스톤(piston)이 상하 운동을 하면, 피스톤 로드(piston rod)에 연결된 클램프(clamp)도 상하운동을 하게 된다. 공작물을 탈착하기 위해서는 클램프가 공작물과 완전히 분리되는 것이 유리하며, 그림에서 피스톤이 상승하게 되면, 피스톤 로드의 측면에 가공된 나선형 홈과, 지그 몸체에 고정된 핀에 의하여 클램프(clamp)는 R방향으로 회전되며, 클램프는 공작물에서 이탈되게 된다. 피스톤(piston)이 하강하면 클램프는 반대로 공작물 위에 정위치하게 되어, 클램핑(clamping)이 이루어진다.

　[그림 4-60]은 기하학적인 공작물을 유압에 의한 공작물을 지지하고 유압 스윙 클램프로서 클램핑한 밀링고정구의 가공 조립도면이다.

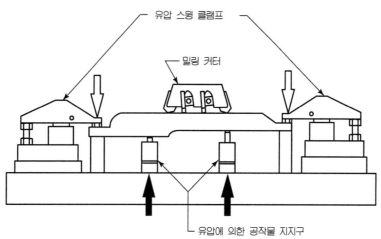

그림 4-60 유압 스윙 클램프에 의한 밀링 고정구

(2) 공유압에 의한 클램프 설계

공기압이나 유압에 의한 클램프는 실린더내의 단면과적 작용 공기압 또는 유압에 의해 피스톤의 작동력이 발생되므로 [그림 4-61]과 같은 단 로드실린더에서는

$P = F \times A$

$P = F \times \pi D^2/4$: 실린더 로드 전진

$P = F \times (\pi D^2/4 - \pi d^2/4)$: 실린더 로드 후진

$F_0 = P \pi \{(D/2)^2 - (d/2)2\}$

실린더내의 유량 $Q = (\pi D^2/4) \times 1$(로드 이동거리)

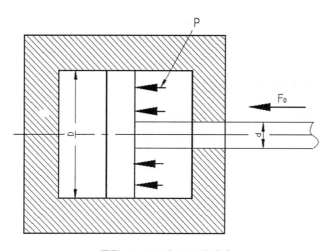

그림 4-61 단 로드실린더

F_0 : 공기압이나 유압에 의해 발생되는 힘(kgf)

P : 단위면적에 대한 공기압 또는 유압(kgf/cm^2)의 고정력

D : 실린더 안지름(cm)

d : 피스톤 로드의 바깥지름(cm)으로서 피스톤이 발생하는 힘을 구할 수 있다.

예제 01

실린더 안지름 D=160mm. 피스턴로드 d=30mm, 레버 지름 l_1=1.75cm, l_2=6.2cm 조오의 이동, 유압척의 효율 $\eta_1 = \eta_2 = 0.16$의 공작물의 지름 D_c=60mm, 도입 깊이 t=2mm, 절삭 지름(절입 주분력은 절입 깊이의 1/2의 장소에 걸린다.), 매분이송 S=0, 15mm, 재료 SM45C, 비절삭저항 q=250kgf/cm^2, tan α =0.1인 유압척에서 필요한 유압력 P는 얼마인가?

풀이

절삭력에 의한 접선방향의 주분력 $f_t = tsq = 2 \times 0.15 \times 250 = 75\,\mathrm{Kgf}$ 절삭력에 의한 축방향의 분력 $f_a = 0.2 \times 75 = 15\,\mathrm{Kgf}$으로 된다.

더욱이 원심력 F_c는 $F_c = \dfrac{w}{g} \times r \left(\dfrac{2\pi n}{60}\right)^2 = \dfrac{5.4}{980} \times 80 \left(\dfrac{2\pi \times 500}{60}\right)^2 = 121\,\mathrm{Kgf}$

γ 늑공작물 반지름 30mm+조오의 중심위치 50mm=80mm, μ =조오1조는 1.8Kgf이고, 3조=5.4Kgf, n =500rpm이다.

따라서 필요한 유압력은

$$P \geq \frac{4 \times 1.75}{\pi \times (16^2 - 5^2 \times 6.2 \times 0.16)} \left\{ \frac{1}{0.1}\left(75 \times \frac{58}{60} + 15\right) + 0.16 \times 121 \right\}$$

$$\therefore P \geq 8.7\,\mathrm{Kgf/cm^2}$$

(3) 진공에 의한 클램핑

얇은 평판이나 변형하기 쉬운 공작물의 클램핑의 전면에 균일하게 착 달라붙게 하여, 작업 또는 가공하는 클램핑 방법이다. 클램핑이 할 때는 진공의 상태를 완전하게 압력을 균등하게 하여야 한다. 또한 비자성체의 공작물을 클램핑 할 때 사용한다.

(4) 자력에 의한 클램핑

영구자석, 전자석의 두 종류가 있는데, 일반적으로 자석의 것이 강력하다. 오늘날 영구 자석의 공구는 각, V블록, 둥근 모양 등 각종의 것이 시판되고 있다. 이것들을 조합한 것으로 여러 가지의 클램핑 장치를 얻게 되어 이용 범위가 매우 넓다.

7. 특수 클램핑

일반적으로 기계적 클램핑 방법으로서는 고정할 수 없는 부정형물이나 아주 얇은 것을 세팅하기 위하여 저용융 금속이나 에폭시 수지, 우레탄 고무 접착제 등이 쓰이고 있다.

(1) 접착 방법

접착제로서는 접착강도의 높은 에폭시계, 아크릴계의 것을 베이스에 칠하여 사용한다. 조건으로서는 사용 후 접착제의 가용성, 또 냉각액 또는 절삭유에 의하여 접착제가 희석되는 문제가 있다. 어느 쪽에서도 경 절삭 작업용으로서, 작업 범위는 한정되지만, 비자성 스테인레스, 세라믹 등의 얇은 판 가공용으로 편리하다.

(2) 저용융금속에 의한 방법

Bi계, Sn계, Zn계 등의 저용융 금속이지만 창연(Bismuth)계의 50%의 Bi, 그 밖의 Pb, Sn, Cd, 안티몬, 우드메탈 등은 72℃의 저융점에서 취급이 쉽다. [그림 4-65]와 같이 금속성의 틀을 가진 고정용 베이스 위에 공작물을 두고, 이것을 홀

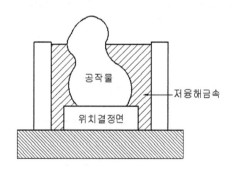

그림 4-65 저 용융 금속에 따른 공작물의 고정

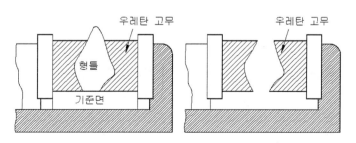

그림 4-66 우레탄 고무를 사용한 예

려 넣어 응고할 때에 팽창하는 성질이 있기 때문에 공작물을 상온에서도 정확한 클램핑을 할 수 있다. 가공 후 탕 속에서 용융하여, 공작물은 틀 안에서 간단하게 꺼낼 수 있다.

(3) 에폭시 수지

에폭시 수지는 특수한 바이스나 척 죠오를 주조하는데 사용되며 얇은 금속, 모래, 유리등과 같은 주조 재료를 단독 또는 혼합하여 사용한다. 에폭시 수지는 표면에 컴파운드를 채워 공작물을 삽입함으로서 쉽게 성형된다. 에폭시가 경화됐을 때 공작물을 쉽게 제거할 수 있도록 이 형제(Releasing agent)를 사용한다.

(4) 우레탄 고무에 의한 방법

우레탄 고무는 금속에 잘 접착되지만, 이 형제를 바른 부분에는 잘 붙지 않는다. 이 성질을 이용하여 바이스 죠오에 공작물이 물리도록 성형하여 우레탄 고무를 접착한다. [그림 4-66]은 이 방법으로 위치결정면에 이 형제를 발라 그 속에 형을 넣고 액체의 우레탄 고무(urethane rubber)를 흘러 넣으면 상온에서 1일 정도 후 접착된다. 하지만 70℃로 가열하면 빨리 굳는다. 이 방법은 저용융 금속에서도 할 수 있고 스스로 굳기를 택할 수 있으며, 또 수축 팽창이 적은 우레탄 고무 쪽이 편리하다.

제4장 익힘문제

1. 각종 클램핑 방법 및 기본원리를 설명하시오.

2. 클램핑력의 안정평행의 원칙을 설명하시오.

3. 클램프의 종류를 들고 간단히 설명하시오.

4. 스트랩 클램프의 보의 고정력 식을 간단히 설명하시오.

5. 쐐기 클램프의 자립조건을 설명하시오.

6. 나사 클램프의 자립조건을 설명하시오.

7. 토글 글램프의 기본적인 특징을 간단히 설명하시오.

제 5 장

치공구 본체

5.1 치공구 본체

    치공구 본체와 치공구에 사용되는 모든 부품과 장치 즉, 위치 결정구, 지지구, 클램핑구, 이젝터 등의 기타 보조장치를 수용하고 있으며, 절삭력, 클램핑력 등의 외력에 변형이 발생되지 않고 공작물을 유지할 수 있는 견고한 구조로 만들어져야 한다.

    치공구 본체와 크기 및 형상을 결정하는데는 공작물의 크기. 작업내용 등에 의하여 결정되며, 치공구 본체는 공작물의 간격을 적당히 두어 공작물 장·탈착이 자유롭도록 하고, 치공구를 공작기계에 설치, 운반을 할 수 있는 요소가 있어야 하며, 가공 중에 발생되는 칩(chip)의 제거가 용이한 구조이어야 한다.

    치공구 몸체의 구조는 형태가 다양하다. 강판을 나사에 의하여 조립하여 제작하는 조립형, 강판을 용접에 의하여 제작하는 용접형, 주조 작업에 의하는 주조형 등이 있으며, 각 형태는 장·단점을 가지고 있다. 본체에 사용되는 재료의 재질은 강철, 주철, 마그네슘, 알루미늄, 합성수지, 목재 등이 사용된다.

1. 치공구 본체 설계시 고려사항

① 본체는 위치결정구(locator), 지지구(support), 클램핑(clamping) 및 기타 요소들 이 설치될 수 있는 충분한 크기로 한다.

② 공작기계, 공구 와 같은 외부요인에 의한 간섭을 피할 수 있는 충분한 여유를 주어야 한다.

③ 칩(chip)의 배출 및 제거가 용이한 구조로 한다.

④ 공작물의 최종 정도, 치공구의 변형, 가공 오차 등을 고려하여 공작물의 중량, 절삭력, 원심력 또는 열 팽창 등에 견들 수 있는 충분한 강성을 유지할 수 있도록 한다.

⑤ 공작물의 위치 결정 및 지지부분이 가능한 한 외부에서 보이도록 설계한다.

⑥ 마모 발생 부위는 이에 견딜 수 있는 내마모성의 정지 PAD등을 설치한다.

⑦ 치공구가 안정되고 취급이 용이하도록 치공구의 특성에 따라 지그다리, 레벨링(leveling) 또는, 버튼(button)등을 설치한다.

⑧ 취급이 용이하도록 손잡이나 중량물의 경우 아이볼트(Eye bolt), 호이스트 고

리(Hoist ring) 등을 설치한다.

⑨ 작업자의 안전을 고려하여 날카로운 모서리는 제거하고 돌출부는 가급적 없어야 한다.

⑩ 절삭유가 바닥이나 기계에 흘러 넘치지 않도록 하며 칩이 쌓이는 홈은 제거한다.

⑪ 복잡하고 대형인 치공구를 특히 주의하고, 작업자의 피로를 감안하여 치공구의 높이, 각인사항, 색상 등에 관해서도 충분히 고려한다.

⑫ 공작물을 설치하는 강재 지지 판과 핀은 고정용 보조부를 붙인다.

⑬ 공작물과 본체 사이에는 적당한 간격을 두어 공작물의 출입을 자유롭게 한다.

⑭ 치공구를 공작기계에 설치 고정시키기 위한 운반 요소가 있어야 한다.

⑮ 칩의 제거가 쉬운 구조이어야 한다.

5.2 치공구 본체의 종류와 특징

치공구 본체의 구조에는 주조물, 강판을 조립한 것, 용접한 것의 세 가지 [그림 5-1 참고]가 있는데 각 방법에는 뚜렷한 사용목적이 있으며 나름대로의 장·단점이 있다. 조립구성은 강판을 나사와 고정 핀으로 체결한 것으로 편리하고 경제적인 구조방법이다. 그러나, 이는 다른 두 가지 방법으로 만든 몸체보다는 강도 면에서 불리하고 취급 부주의로 인하여 체결나사가 풀어지거나 하여 잘 변형된다는

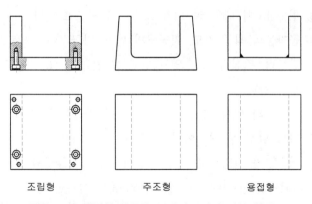

조립형　　　　　　주조형　　　　　　용접형

그림 5-1 채널형 치공구 본체의 3가지 기본 형식

단점을 가지고 있다. 주조형 본체는 많은 형태의 특수공구를 위해 사용되며 요구하는 크기와 모양으로 주조할 수 있으며 견고성과 강도를 저하시키지 않고서도 본체의 속을 비게 함으로써 무게를 가볍게 할 수 있다. 또한 기계적 가공을 최소로 줄일 수 도 있다. 용접된 몸체 면은 여러 부착물이 체결되어야 하는 다른 면과 마찬가지로 기준면으로 사용되므로 용접이나 불림, 샌드블라스팅 공정들에 의해 발생되는 어떤 결함이나 비틀림을 제거하기 위해 기계적 가공이 필요하다.

1. 주조형 치공구 본체

(1) 주조형 본체의 특징

주조형은 요구되는 크기와 모양으로 주조될 수 있으며, 견고성과 강도를 저하시키지 않고서도 본체의 속을 비게 함으로서 무게를 가볍게 할 수 있으며, 기계가공 여유시간을 최소로 줄일 수 있고, 가공성이 양호하며, 진동을 흡수할 수 있고, 견고하고(강성)변형이 작다. 주로 소형과 중형의 공작물에 적합한 장점이 있으며, 단점으로는 목형에서부터 제작이 이루어지므로 제작에 많은 시간이 소요되며, 충격에 약하고, 용접성이 불량한 것을 들 수 있다. 또한, 목형비가 추가되고 리드타임이 오래 걸린다. 주조용으로 사용되는 재료는 주철, 알루미늄, 주물수지 등이 있으며, 주조형의 본체를 설계할 경우에는 벽두께의 하 한치를 잘 결정하여야 용융 금속이 형틀 내에서 완전한 주형이 형성 될 수 있다.

(2) 주조형 본체의 설계원칙

주조형 치공구는 거의 모든 설계문제를 해결할 수 있는 많은 해결 수단과 장치를 가지고 있으므로 설계자는 매우 다양한 형태의 치공구를 주조형으로 설계할 수 있다. 그러나 그 설계에는 경제적인 관점에서 볼 때 주물을 형틀에서 빼어내는 것, 형틀 내에서 금속의 자유로운 유동, 주물의 균일한 수축 및 열 점을 제거시키는 것들과 관계를 가지고 있는 몇 가지 법칙들이 있다. 모든 치공구는 공작물을 물리 수 있는 상자형 형태로서의 작업 공간을 가지고 있으며 이러한 공간은 공작물의 장탈을 용이하게 해줄 뿐 아니라 형틀에서 주물을 쉽게 빼낼 수 있게 해준다.

전형적인 주조형 본체의 드릴지그는 상, 하부 표면에서 각형 다리의 역할을 하는 많은 부분품과 각형 다리를 서로 연결시켜주는 직선형 평 철을 가지고 있는데 중자(코어)가 없어도 주물을 주형에서 빼낼 수 있도록 제작할 수 있다. 평철의 폭을 줄이기 위해 뒷면을 깍아 내거나 각형 다리의 수평 리브를 더 길게 하고자 하면 서로 다른 두 가지 형상의 4개의 중자가 필요하다.

(3) 주조형 본체의 치수결정법

금속의 자유유동조건은 주조형 본체 벽두께의 하한치를 결정하는데 있어서 중요한 요소가 된다. 벽의 두께가 그 하한치보다 적게되면 용융 금속으로부터 열 손실이 과다하게되므로 형틀 내에서 완전한 주형이 형성되지 않는다. 또한 하한치를 결정하는 또다른 요소는 금속의 유동길이 즉 주형의 크기이며 그 하한치는 해석적인 방법보다 주로 경험식들에 의해 결정된다. 널리 사용되는 하한치는 다음과 같다.

- 보통크기의 주형 : 10~13mm
- 소형의 주형 : 6~10mm
- 극소형의 주형 : 3mm

[그림 5-2]에 제시된 I형보, T형보, ㄱ형보에서는 그 두께를 전체적인 치수에 의해 결정한다.

$$t=\sqrt{H}\,\text{mm} \quad\cdots\cdots\quad \text{(i)}$$

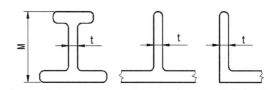

그림 5-2 개방형 보의 치수

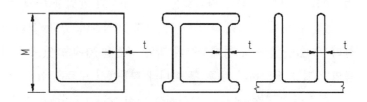

그림 5-3 이중 웨브(double web)보의 치수

이중 웨브(dowble wed)형태의 보 [그림 5-3]에서는 형틀내부가 높은 온도로 유지되므로 용융 금속의 유동이 냉주(cold run)현상이 발생하지 않을 정도로 자유로워 벽두께의 하한치를 [그림 5-2]의 형태에 비하여 적게 설계할 수 있으며 더 얇아진 두께를 가지고도 강도는 충분하다. 그때 각 웨브(wed) 의 두께(t)는 다음 식에 의해 결정된다.

$$t = 0.8\sqrt{H} \, \text{mm} \, \cdots\cdots \, (\text{ii})$$

[그림 5-4]와 같이 많은 판재를 가진 구조에서는 판재(리브 또는 칸막이 벽)간의 간격(L)에 의해 두께(t)를 결정한다.

$$t = 6 + \frac{1}{3}\sqrt{L} \, \text{mm} \, \cdots\cdots(\text{iii})$$

식 (i), (ii), (iii)은 수학적으로 증명할 수 없는 경험식이나, 극히 예외적인 경우를 제외한 치수균형이 잘 잡힌 주조형의 설계에서는 그 효용성이 매우 높다.

주물의 균일한 수축이라는 조건은 이론적으로는 두께가 일정한 주형제작을 의미하나, 실제적으로는 약간 적은 경우가 적합하다. 그러나 주형으로의 열 전달이 많아 응고속도가 빠른 주물부품은 응고속도가 느린 부품보다 무겁게 설계하여야 균일하게 수축할 수 있는 주물 및 잔류 응력이 적은 주물을 제작할 수 있기 때문에 전체적으로 두께가 완전히 균일한 주형을 제작할 필요는 없다. 주물자체의 응력 집중에 의한 균열을 피하기 위해 내. 외부 구석에 라운드(round)처리를 하여야 하며 특히 내부구석에 라운드(round)처리를 하여야하며 특히 내부구석의 라운드는 외부구석의 라운드보다 더 중요한 의미를 갖는다. 라운드 반경(r)은 벽두께의 치수에 의해 그 하한치를 다음 수식에서 구할 수 있다.

내부구석 라운드 반경 = 0.5t ~ 1.0t

외부구석 라운드 반경 = 0.18t ~ 0.2t ⋯⋯⋯⋯(iv)

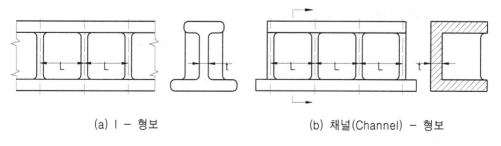

(a) ㅣ- 형보   (b) 채널(Channel) - 형보

그림 5-4 판재를 가진 보의 치수

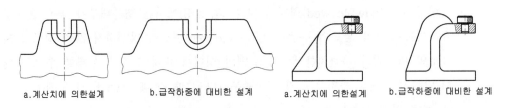

a.계산치에 의한설계 **b.급작하중에 대비한 설계** **a.계산치에 의한설계** **b.급작하중에 대비한 설계**

그림 5-5 러그의 실제적인 설계 예 **그림 5-6** 브라켓트 실제적인 설계 예

열점 (hot spot)즉, 냉각속도가 느린 부분이 형성되어 슬래그 (slag)의 집적과 주물내 기공의 형성을 촉진시키는 금속의 불필요한 축척을 피하기 위하여 내부구석의 라운드반경(r_1)을 무조건 크게 설계해서는 안된다. 주조형 치공구의 주요 치수들을 계산에 의해 결정하기 위해서는 외부 부하하중, 체결력, 반동력 등을 고려해야한다. 외부 부하하중에는 절삭력, 공작물과 치공구의 무게 그리고 관성력 등이 있으며, 관성력에는 선반용 치공구와 회전 연삭용 치공구의 원심력 및 평면 왕복운동을 하는 플fp이너(planer)와 표면 연삭기의 왕복 행정시 발생하는 감. 가속 관성력이 있다. 형태가 복잡한 치공구는 외팔보, 단순보, 축과 볼트, 앵글 (angle)등의 단순한 형태의 구조물로 변환시켜 그러한 힘들을 계산한 다음에 치수를 결정한다. 그러나 많은 부품들의 치수설정 및 설계가 해석적인 방법에 의해서만 가능한 것이 아니고 설계자의 경험과 감각의 조화에 의해서 가능해질 수 있다.

[그림 5-5]의 체결볼트용 러그(lug)는 계산에 의해 구해진 예상한계 응력을 훨씬 넘어서는 급작스런 응력에 대비해서 [그림 5-5]의 (b)와 같이 충분한 면적을 가지고 있는 형태로 설계하여야한다. 그와 비슷한 일례를 브라켓트(bracket)설계에 적용시킨 것을 [그림 5-6]에 제시하였다.

여기서 [그림 5-5]의 (b)는 (a)보다도 큰 하중이 걸리는 경우에 사용된다.

(4) 기계가공이 주물에 미치는 영향

치공구 본체를 주조형으로서 제작할 때는 기계적 가공에 소요되는 경비와 주물의 표면부분이 가지는 특수한 강도를 고려하여 기계적 가공 공정의 횟수를 줄여야 한다. 일련의 시험 에 의하여 주물강은 표면부분이 강도가 가장 강하고 중심부로 갈수록 강도가 약해짐을 알 수 있다. 불안전한 상태에 있는 주물에 기계적 가공을 하였을 때 외부하중과 균형을 이루고 있던 금속의 일부분이 제거됨에 따라 그 주물은 변형을 일으키기 쉽다. 변형은 잔류 응력의 새로운 균형이 이루어질 때까지 계속되는데 거기에 적용하는 응력은 주물자체에 원래 존재하던 응력에 절삭 공구의 작동으로 새로 첨가되는 응력을 더한 것이다. 따라서 공작물을 정확하게 고정시킬 수 있는 치공구를 제작하게 위해서는 주물의 조직 표준화, 어닐링 (annealing) 및 응력제거 작업의 공정이 필요하다.

2. 용접형 치공구 본체

(1) 용접형 본체의 특징

용접형은 일반적으로 강철, 알루미늄, 마그네슘 등으로 제작되며, 몸체의 형태 변경이 용이하며, 고강도이고, 제작시간의 단축으로 인한 비용 절감, 무게를 가볍게 할 수 있는 등의 다양성이 있는 이점이 있으며 중형이나 대형에 적합하다. 또한 가장 많이 사용되는 형태이다. 단점으로는 용접에 의하여 발생되는 열변형을 제거하기 위하여, 풀림(annealing), 불림(normalizing), 샌드 블라스팅(sand blasting) 등의 내부 응력를 제거하는 제 2차 작업이 필요하게 된다[그림 5-7, 5-8 참고].

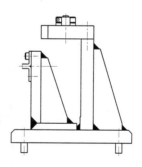

그림 5-7 용접형 본체

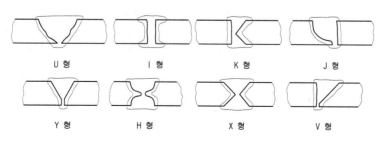

U형   I형   K형   J형

Y형   H형   X형   V형

그림 5-8 용접부의 형상과 기호

(2) 용접형 본체의 구조원리

몇 가지 예외를 제외하고 용접형 치공구 본체는 압연 저탄소강으로 제작된다. 이 구조는 약간의 제약이 있지만 실제적으로 두께의 제한을 받지 않고 어떠한 크기의 부재라도 용접을 할 수가 있으며 숙달된 용접공은 용접전의 판재 예열, 열의

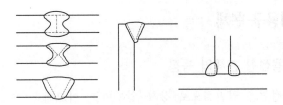

그림 5-9 용접형 치공구 본체의 용접방법

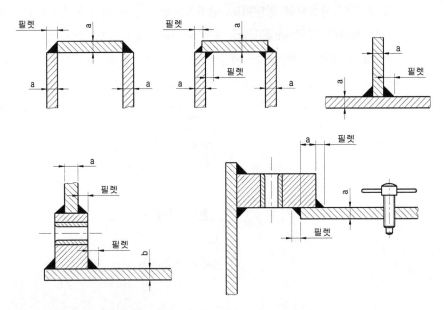

그림	두께(a, b)	필렛의 치수	로드의 치수
a	6 ~ 9.5	6 ~ 9.5	4
	11 ~ 13	11 ~ 13	5
b	14 ~ 25	9.5	5
	26 이상	13	5
c, d, e	6 ~ 9.5	6	4
	11 ~ 25	9.5	5
	26 이상	13	5

그림 5-10 용접부위의 세부사항 및 치수

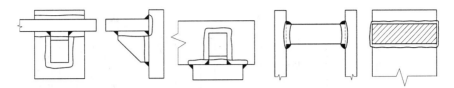

그림 5-11 치공구 본체의 용접 예

집중을 방지하기 위한 적절한 용접순서의 결정, 무거운 재료나 두께가 크게 다른 재료끼리의 결합 등의 특수하고 난해한 작업을 잘 다룰 수가 있다. 치공구 본체의 용접에는 이미 알려진 모든 모양의 용접형태가 사용될 수 있으나 [그림 5-9]의 형태가 가장 많이 사용되고 있다.

넓은 부분에 걸쳐 용접이 행해지므로 피로현상이 심각하게 영향을 미치지는 못한다. 따라서 치공구 본체 용접에서는 다른 구조물 용접보다 V-형, U-형 용접이 적게 사용되어 지며 무거운 재료끼리의 용접에서도 반드시 용입 용접(Weld Penetration)을 할 필요는 없다.

[그림 5-10]은 몇 가지 전형적인 치공구 본체 용접의 세부사항 및 치수를 나타낸 것이며, 필렛(Fillet)의 크기는 결합부재의 두께에 의해 결정되며 특별한 강도가 필요한 곳에는 필렛 부분이 더 크게 용접된다. 필렛의 허용응력은 34.5N/mm^2 이다. [그림 5-11]은 각종 치공구 본체의 용접모양을 나타낸 것이다.

(3) 용접형 본체의 설계원칙

치공구 본체를 설계할 때 용접형은 주조형과는 달리 굽힘 가공이 제작단가의 상승을 초래하기 때문에 용접형 설계에서는 경제적인 면을 고려하여 가능한 곡면 형상을 피하고 직선형판재, 스트립(strip), 바아(bar)등과 같이 단가가 낮은 부품을 사용해야 한다. 그 결과 외관상 용접형 구조가 주조형 구조보다 아름답지 못하게 되나 이는 경제성 또는 효율성에 크게 영향을 미치지 않으므로 설계할 때 무시하여도 된다.

스트립나 삼각 보강판과 같은비용이 싼 보강재를 사용하여 용접형 치공구의 강도를 증가시켜 줌으로써 용접형 설계에 많은 이점을 제공하여 준다. 예를 들면 U-형상의 개방형박스(open box)는 강도가 충분하지 않다는 결점을 가지고 있으나, 이러한 결점은 [그림 5-12]에서와 같이 2개의 스트립(strap)를 사용하거나 [그림 5-13]에서와 같이 4개의 삼각 보강판을 사용함으로써 보완할 수 있다. 브

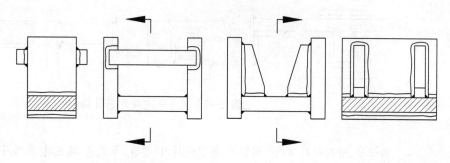

그림 5-12 스트랩으로 보강 예　　　　**그림 5-13** 보강판으로 보강 예

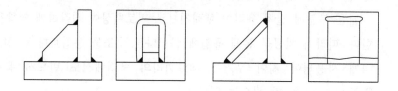

그림 5-14 보강 판의 비교 예

라켓트(bracket)를 설계 할 때는 삼각 보강판을 사용하는 것보다 경사 쇠띠를 사용하는 것이 경제적인 면이나 효율적인 면에서 더 유리하다. 그 예를 [그림 5-14]에 제시하였다.

　치공구 본체를 용접형으로 설계하게 되면 평판뿐만 아니라 표준형 구조형광을 광범위하게 활용할 수 있게 해 준다. 부품을 평판으로 설계할 경우 구석부의 유·무(有無)에 관계없이 장방형 부재에서와 마찬가지로 기계적 절삭 가공량은 매우 많아진다. 길이가 짧은 곡면형 부재는 보스(boss)를 제작할 때 사용되며 앵글(angle)은 부재의 두께나 넓이에 관계없이 그 용도가 다양하다. 채널(channel)-형, I-형, Z-형 등과 같은 표준형부재는 상대적으로 벽 두께가 얇아지며 거의 사용되지 않는다.

　설계자가 용접형으로 치공구를 설계하면 그 크기에서는 제한을 받지 않는다. 또한 용접 공정 후 구조물의 변형을 방지하기 위하여 치공구는 풀림(annealing) 또는 불림(normalizing)등의 열처리 공정과 페인팅(painting)공정을 거쳐야 한다. 그러한 치공구 설계는 한 본체에서 강도가 서로 다른 부재끼리의 결합을 가능하게 해준다. 지그의 다리부분은 저급 공구강으로 만들어 열처리한 다음 본체에 용접 결합한다. 이때, 용접 결합 후에 하는 풀림 또는 불림 등의 열처리공정을 거치는 동안 지그 다리부분의 재질은 그 경도가 약 35(Rockwell C)에 이르게 되어 내마모성이 우수해지고 기계적 가공의 조건에도 적합해진다.

주조형 치공구의 설계에는 형틀과 주물이 항상 단순해야 한다는 전제조건이 따르지만, 용접형 치공구에는 기계적 가공면적이 가능한 적어야 한다는 제작조건에 의해 설계자는 용접형 고정구를 설계할 때 주조형 고정구에서 보다 더 많은 제한을 받게 된다. 또한 설계자는 용접 후에 이루어지는 모든 기계적 가공공정을 명백히 알고있어 가공공정 중에 용접부가 제거되는 범실을 방지하여야 한다. 그러한 범실이 현장에서 종종 발생한다는 사실도 인식하고 있어야 할 것이다.

3. 조립형 치공구 본체

(1) 조립형 본체의 특징

조립형 본체는 일반적으로 용접형과 같이 활용도가 높으며, 기계가공이 편리하고 용이하게 사용되며 강판, 주조품, 알루미늄, 목재 등의 재료를 맞춤핀과 나사에 의하여 조립 제작된다. 조립형의 이점은 설계 및 제작이 용이한 편이며, 수리가 용이하고, 리드타임이 짧으며, 외관이 깨끗하고, 표준화 부품의 재사용이 가능하다.

단점으로는 전체 부품을 가공 및 끼워 맞춤에 의하여 조립이 되므로 제작시간이 길며, 여러 부품이 조립된 관계로 주조형이나 용접형에 비하여 강도(강성)가 약하고, 장시간 사용으로 인하여 나사가 풀리거나 변형의 가능성이 있다. 비교적 작거나 중형에 적합하다[그림 5-15 참고].

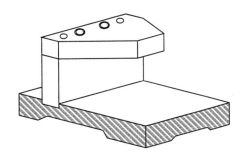

그림 5-15 조립형 본체

(2) 조립형 본체의 설계원칙

조립형 치공구 본체는 용접형에서의 열적 문제나 주조형에서의 야금학 적 문제 등의 제한을 받지 않기 때문에 설계가 매우 자유롭다. 그 재료로서는 저탄소강에 서부터 중탄소강이 사용되나 탄소함량이 너무 낮아지면 표면을 매끈하게 가공하기가 어려워진다. 결합부의 안전성과 강도를 고려한 재료의 두께결정에는 두 가지 법칙이 있다.

첫째, 두께가 주조용을 목적으로 할 때와 같은 치수로 설계되었다면 구성체는 충분한 지지면적을 갖게되며 그 두께는 체결나사 외경의 2배까지 될 수 있으며 상한한계는 없다.

둘째, 강도를 보강할 필요가 있을 때는 [그림 5-16]에서 사용한 스트랩(steel strip)를 사용한다. 보강 판의 사용은 조립형 구조에서의 두 가지 서로 다른 결합 양상을 보여준다. 조립형 지그에서 채널(channel)과 앵글(angle)이 필요성이 있을 것이다. 경험으로 미루어보아 이 방법은 면적이 $50 \times 200 \sim 100 \times 300 mm^2$일 때는 경제적이나 이보다 커지면 용접을 하는 것이 제작비가 더 적게든다.

비교적 형상이 자유로운 부품은 형상제작용 띠톱(contour band saw)이나 화염절단기로 절단한 후 필요한 부분을 기계 가공하는 것이 유리하다. 용접형에서는 어려운 작업인 최상위 기준면의 가공을 조립형에서는 미리 할 수 있다는 이점을 가지고 있다.

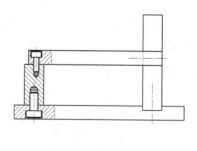

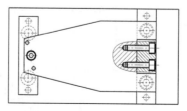

그림 5-16 조립형 치공구의 예

4. 플라스틱 치공구

전자부품관련 분야에서 많이 사용되는 것으로 원칙적으로 주물이나 박판 가공으로 제작하는 플라스틱 치공구는 그 강도가 주철과 대등하거나 약간 적은데, 그러한 강도 면에 있어서의 제한 때문에 과대 하중이 걸리지 않는 곳에 사용한다. 그러한 플라스틱 치공구는 재료의 특성 때문에 중량이 가볍고 가공 및 가공 후 조작이 쉬우며 또한 파손되었을 때 적은 경비로 쉽게 수리할 수 있으며 근본적인 설계의 변경도 용이하다는 장점을 가지고 있다. 치공구설계자는 그러한 사항들을 항상 숙지하여 설계 및 작업공정에 결합이 없도록 해야 할 것이다.

5. 치공구의 세가지 설계방식 비교

지금까지 치공구 설계에 필요한 세부사항들에 관하여 설명하였으며, 이 절에서는 세 가지 설계유형(조립형, 용접형, 주조형)의 상대적인 장단점, 활용범위 및 후처리 기계적 가공에 관계되는 제반 문제점을 결론적으로 비교, 검토하고자 한다. 설계자는 이러한 사항들을 항상 숙지하여 치공구를 설계할 때 최적화를 기하여 시간과 경비의 불필요한 소모를 피하여야 한다.

조립형 치공구는 공작물의 크기가 작을 때, 크기가 보통인 공작물의 형상이 단조로울 때, 치공구 제작시간이 한정되어 있을 때 등의 경우에 사용된다. 또한 조립형은 용접형에서와 마찬가지로 규격화된 재료의 사용을 가능하게 해주고 그 재료들을 분해, 재결합함으로써 치공구의 형상변경이 가능하며 또한 재료의 용도를 변경하여 재 사용할 수도 있다. 주조형 치공구는 이론적으로는 어떤 크기의 공작물이라고 체결할 수 있도록 설계하나 통상 보통크기의 공작물 체결에 적합하다. 설계자가 치공구를 주조형으로 설계할 경우에는 형틀의 제작에 필요한 시간과 경비를 고려하여야 한다. 그러나 한 형틀에서 여러 개의 치공구를 양산할 때는 경제적으로 유리하다. 벽 두께가 두꺼운 채널(Channel)이나 앵글(Angle)과 같이 규격화된 주조물의 제작에는 주조형 설계가 특히 유리하나, 치공구의 형상을 변경하고자 할 때는 주조형은 실용적인 것이 못된다.

용접형 치공구는 현재 가장 많이 사용되며 특수한 경우를 제외하고는 주조형보다 용도가 다양하며 실질적으로 활용할 수 있는 장점도 더 많다. 구조물의 강도가 동일한 경우에는 용접형이 주조형보다 무게가 가벼우며, 치공구의 크기가 같을 경우에도 주조형에서처럼 형틀의 제작이 필요 없기 때문에 시간과 경비가 절감되며 또한 고도의 전문기술과 경험이 필요하지는 않다. 후처리 기계적 가공면적이 적어지면 가공허용치수가 적어지게 되고 결국 예상되는 변형량이 적어진다는 것을 의미한다. 용접형 치공구에서 이론적인 가공여유는 치공구의 크기에 의해 결정되는데 중간 크기에서는 3mm이고 대형 크기에서는 6mm이며 한 몸체로 구성되어 용접부위가 작을 때는 위의 치수에 1.5mm를 더하여야 한다. 이 치수들은 주조형에서도 마찬가지로 적용되며, 강철을 가공할 때 소요되는 시간은 주철의 경우에서보다 약 5% 증가된다. 용접형이 주조형보다 기계적 가공경비가 10% 절감되고, 제작 공정이 완전히 끝났을 때 절감되는 경비는 총 소요경비의 25%에 달한다. 또한 용접형 치공구는 그 부품을 제거하거나 새로운 부품을 부착시킴으로써 형상을 변화시킬 수도 있다. 이때 설계자는 새로운 부품에 풀림, 후처리 기계가공을 하여야 한다는 점을 고려하여 설계하여야 한다.

세 가지 설계 방법에 어느 특정한 방법에 의해서만 치공구를 설계하는 것이 아니고 그 장·단점을 고려하여 작업능률을 극대화시킬 수 있는 복합적인 구조형은 용접형 또는 주조형으로 설계하고 정확한 위치 결정이 필요한 부품은 다웰 핀과 체결나사를 사용하여 본체에 고정시키는 복잡한 조립형으로 설계할 수도 있다. 이렇게 하면 보다 정확한 작업을 수행하도록 보조하여 주는 치공구를 제작할 수 있으며 치공구에서 공작물의 장탈을 용이하게 할 수 있다.

6. 치공구 본체의 소재

치공구 본체의 소재를 표준화하며, 제작시간 단축 및 제작비용을 감소시킬 수 있으므로 경제적인 치공구를 제작할 수 있다. 일반적으로 사용할 수 있는 표준화된 치공구 재료로는, 정밀 연삭 가공된 판재, 주조된 브라켓트(bracket), 구조형 강, 주조품 등이 있다. 정밀 연삭 된 판재는 저 탄소 공구강, 경화 공구강 등의 재료로서 일정한 규격을 유지하고 있으며 주조된 브라켓트(bracket)는 주철, 알루미늄, 주강 등의 재료로서 여러 가지 형상으로 제작되며, 구조형 형강의 형상은 I형, U형, 상자형, L형 등의 있으며, 적당한 크기로 절단한 후 기계 가공하여 사용된다[그림 5-17, 5-18 참고].

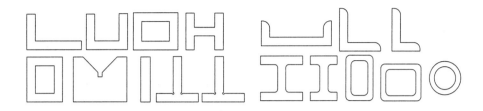

그림 5-17 주조 브라겟트 소재   그림 5-18 구조용 형강

5.3 맞춤 핀(Dowel, Knock Pin)과 그 위치선정

지그와 고정구의 부품들을 정확한 위치에 결합시키기 위해서는 두 개의 맞춤 핀(일명 다웰 핀, 노크 핀이라고도 함)이 위치결정 보조장치 및 치공구 부품의 복원조립, 트러스트를 받을 때 이동방지를 위하여 사용된다. 맞춤 핀의 용도는 매우 광범위하나 그 기능의 특수성 때문에 정밀한 설계가 필수적이다.

1. 맞춤 핀의 규격 및 재질

맞춤 핀은 [그림 5-19]와 같이 테이퍼 핀과 평행 핀을 구별하며, 맞춤 핀의 치수는 회사에 따라 이미 규격화되어 표준품으로 사용되고 있다. [그림 5-20]에서와 같이(a)의 직경 D에 의해 D×L×R이 결정된다.

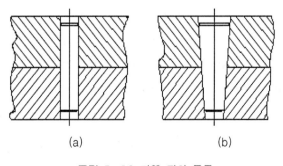

(a)   (b)

그림 5-19 다웰 핀의 종류

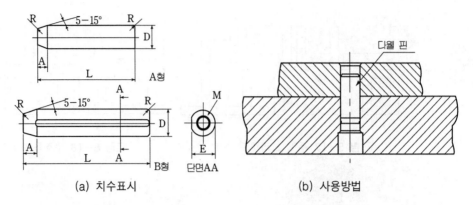

그림 5-20 맞춤 핀(Dowel Pin)의 치수표시와 사용방법

맞춤 핀은 공구(tooling)의 전 분야에 걸쳐 광범위하게 사용되며, 이 작은 요소의 설계와 적용은 매우 중요한 사항이다. 표준 맞춤 핀은 쉽게 구매할 수 있다. 취급시 용이하고 안전하게 삽입시키기 위해 안내부 끝에 약 5°~15° 정도의 테이퍼를 부여하고 있으며, 맞춤 핀의 길이는 맞춤 핀 직경의 1.5~2배 정도가 적당하며 원통형과 테이퍼(taper)형이 있다. 표준형 테이퍼는 1/48(약 1/50)로 하며 테이퍼 형 맞춤 핀은 작은 압력에도 쉽게 풀리므로 자주 분해할 곳에 이용된다. 맞춤 핀의 재질은 STC5, SM45C가 사용되며 연강이나 드릴 로드(drill rod)가 사용되는 경우도 있다.

2. 맞춤 핀의 공차 및 경도

표준 맞춤 핀의 표면 강도는 KSB1320에서는 담금질 및 뜨임 한 것으로 HRC 23~33이지만, 일반적으로 치공구에서는 HRC 60~64로 사용한다. 또한 중심부의 경도는 HRC 50~54 정도이며, 전단 강도는 100~150Kgf/mm^2(1035~1450N/mm^2)정도이다. 직경 공차는 +0.003mm이고 표면 거칠기 0.1~0.15μm이다.

통상 맞춤 핀은 견고하게 압입 되도록 중간 끼워 맞춤이 되어야 하므로 치수보다 0.005mm(0.0002″)더 크게 제작하지만, 구멍이 마멸되었거나 잘못되었을 때 보수 작업이 가능하도록 0.025mm(0.001″)정도 크게 하여 사용된다. 평행 핀의 끼워 맞춤 공차는 m6, 또는 h8의 2종류이며 테이퍼 핀은 작은 쪽의 지름 공차로 하여 $\frac{1}{50}$ 의 테이퍼로 규정하며, 표면거칠기는 3.2S 또는 6.3S로 하며 끼워 맞춤은 중간 끼워 맞춤이 되어야 한다.

3. 맞춤 핀의 사용 방법

맞춤 핀으로 위치가 결정된 치공구를 확실하게 결합시키기 위해서 클램핑 나사가 사용되는데 통상 맞춤 핀의 직경이 클램핑 나사의 직경보다 작다. 그러나 프레스작업을 목적으로 하는 금형(Die)에서는 다이에 가해지는 충격이나 진동을 고려하여 맞춤 핀과 클램핑 나사의 직경을 같게 한다. 핀에 과중하중이 걸리지 않고 단지 정확한 위치결정만을 위해 사용될 때는 핀을 연강으로 만들 수도 있으나 전단하중을 받을 때는 하중을 받는 부분을 열처리하여야 한다. 치공구 도면에서 다웰 핀의 위치는 구멍중심선으로 표시하며 그 위치는 치공구제작자가 임의로 약간 변경 할 수도 있다. 위치선정의 정밀도를 높이기 위해서 두 개의 핀을 서로 멀리 대각선으로 배치하여야 한다.

[그림 5-21]은 역 방향으로 조립되는 것을 방지하기 위해서 한쪽을 S 만큼 편위 시킨다. 구멍위치는 치공구의 몸체 끝 면으로부터 핀 직경의 1.5~2배만큼 맞물려 삽입되어야 하며, 조립품의 두께가 핀 직경의 4배 이상 일 때는 [그림 5-20]의 (b)처럼 구멍입구를 크게 가공한다. 또 한쪽에서 만 끼울 경우 구멍의 깊이는 적용된 맞춤 핀의 길이보다 3mm 이상 깊게 가공되어야 한다. 맞춤 핀의 구멍은 치공구의 부분품을 일단 나사로 체결, 조립한 후 가공되어야 한다.

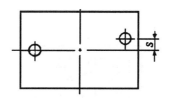

그림 5-21 역 방향 방지 조립

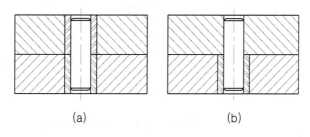

(a)   (b)

그림 5-22 안내부시를 사용한 맞춤 핀

[그림 5-22]에서와 같이 조립품에서 한 부품이 자주 착탈되어야 할 때는 맞춤 핀을 안내형 삽입부시와 함께 사용하는 것이 좋다. 이때 열처리 된 핀과 부시를 사용하면 정밀하고 내마모성이 강하게 결합시킬 수 있다. 핀을 제거할 때 작업을 쉽게 하기 위해서 조립품을 완전히 관통하는 구멍을 뚫어야 하나, 설계구조상 막힌 구멍에 억지 끼워 맞춤을 할 때는 구멍의 깊이는 핀의 삽입깊이보다 깊게 파져야 하는데, 먼저 깊은 구멍을 파고서 핀이 들어갈 자리만큼 리이밍 작업을 하여야 한다. 막힌 구멍을 더 깊게 파는 또 다른 이유 중에 하나는 핀이 삽입되어 들어갈 때 구멍내부의 공기압력이 증가하는 현상 때문이다. 이때 형성된 압력의 크기는 보일(Boyle)의 법칙에 따르나 이를 계산할 필요는 없다. 핀 구멍 가공시 리이밍이나 래핑(Lapping)작업을 하게 되면 추가경비가 소모되기 때문에 기계가공 작업량을 줄이기 위해서 위치공차가 0.005mm보다 작을 경우는 홈 핀(Grooved Pin)이나 스프링 핀을 사용할 수도 있다. 대부분의 경우, 치공구 부품을 결합 할 때에는 두 개의 맞춤 핀이 필요하다. [그림 5-23]의 (a)와 (b)는 맞춤 핀 간격이 좁고 볼트체결을 너무 많이 하여 비용이 증가할 뿐만 아니라 과잉으로 인한 분해 조립이 문제가 있다. 그러므로 두 개의 평행 핀은 되도록, 멀리 떼어서 설치한다. [그림 5-23]의 (c)는 조립된 치공구 부품이 원통 모양의 끼워 맞추는 부분(중심내기용)을 가질 때에는 한 개의 평행 핀만으로 충분하다. [그림 5-23]의 (d)는 치공구 부품을 다른 방법으로 고정할 경우, 예를 들면, 홈에 끼워 고정할 경우에도 같다.

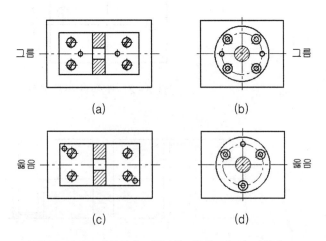

그림 5-23 치공구에 사용되는 맞춤 핀 의 사용법

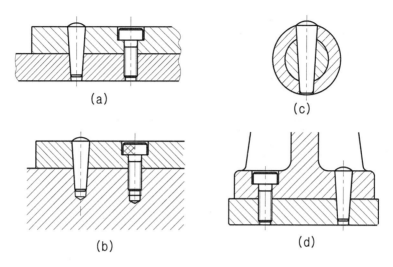

그림 5-24 테이퍼 핀의 적용 예

[그림 5-24]에서와 같이 테이퍼 핀은 주로 다음과 같은 경우에 사용한다. 결합할 부품사이의 미끄럼 방향에 관계없어 하중을 완전하게 받을 때와 두 개의 치공구 부품이 열처리가 안 된 경우, 결합된 부품을 나중에 분해할 때 그러나 그것은 그다지 사용되지 않는다. 테이퍼 핀을 다시 빼 낼 수 있도록 할 때는, 나사붙이 테이퍼 핀이나 안쪽 나사붙이 테이퍼 핀을 쓸 때도 있다. [그림 5-24]의 (a)와 (b)는 두 개의 부품만 서로 고정할 경우이고, [그림 5-24]의 (c)는 컬러나 보스 및 유사한 부품을 축 위에 고정할 때 적용하며 테이퍼 핀을 쓸 경우에 정확하고 강도가 그다지 요구되지 않을 때에는 스프링 핀으로 대용할 수 있다. 이때 박아 넣는 구멍은, 드릴 가공에 의한 H12의 공차(tolerance)로 하여, 리머 가공을 하지 않아도 된다. [그림 5-24]의 (d)는 큰 치공구에서는 기계 가공할 때 어려움으로 맞춤 핀 구멍을 핸들 드릴로 뚫지 않으면 안될 때, 이 때에는 맞춤 핀을 맞춤 면에 대하여 직각으로 구멍을 뚫을 수 없다. 다른 이유 때문에 맞춤 면에 대하여 맞춤 핀 구멍을 경사지게 뚫어지게 한다.

평행 핀은 [그림 5-25]와 같이 주로 일반적으로 간단하게 사용될 때 많이 사용되며, [그림 5-25]의 (a)같이 두 개 이상의 부품을 서로 이동하지 않게 멈춤 시킬 때, [그림 5-25]의 (a)와 (b)처럼 결합하려는 부품, 또는 그 중 하나가 담금질되어 있는 경우, 많이 사용하며 [그림 5-25]의 (c)는 하나로 고정할 치공구 부품의 맞춤 핀 구멍에 관통이 안 될 경우에는 바깥쪽 부품에 고정시킨다. [그림 5-25]의

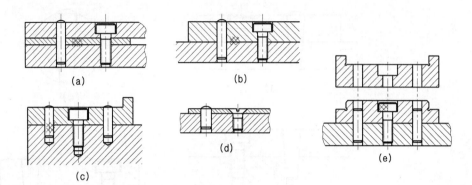

그림 5-25 평행 핀의 적용 예

(c)와 (e)는 맞춤 면에 맞춤 핀 구멍이 수직으로 된 두 개의 다웰 핀이 평행한 경우이며, 고정시킬 부품이 얇을 경우는

[그림 5-25]의 (d)와 같이 설치한다. 핀 멈춤 용 한쪽 부품을 교환할 때는 [그림 5-25]의 (e)처럼 설치하되, 이 때에는 담금질 평행 핀을 쓰는 것이 합리적이다.

5.4 기계 테이블 고정방법

1. 기계 테이블 위치결정

공작 기계의 치공구를 고정하는 데는 여러 가지의 방법이 쓰이고 있다. [그림 5-26]의 (a)는 치공구 본체의 베이스에 직접 홈을 만든 방식으로 제작이 어렵고 잘못된 방법이다. [그림 5-26]의 (b)는 볼트에 고정방식으로 일반적으로 많이 사용되고 있으며 비교적 고정 방법 좋은 방식이다. [그림 5-26]의 (c), (d)의 그림은 상품화되어 있는 시중품을 활용하는 방식으로 최근에는 많이 활용되고 있다. 키이 홈 및 고정구 용 위치 고정 키이의 '키이 홈 블록'을 사용하면 다음과 같은 정점이 있다. 공작 기계에 의하여 클램프 홈의 폭이 여러 가지로 변하여도 치공구를 사용할 수 있고, 공작 기계에 맞는 두 개의 위치결정 키이를 준비하는 것만으로써 각종 기계에 치공구를 장착하는데 사용이 편리하다.

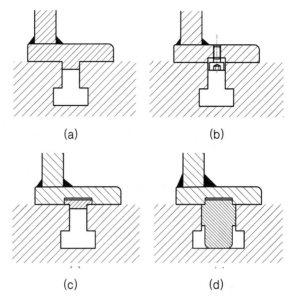

(a)   (b)

(c)   (d)

그림 5-26 테이블 T 홈과 텅 설치

　볼트 고정식 위치결정 키이는 공작 기계테이블의 홈을 상하게 할 수도 있다. 치공구를 운반이나 보관할 때에 볼트 멈춤 위치결정 키이의 돌출부가 부딪치면 비틀려져 치공구 고정에 지장을 준다. 상처를 크게 입은 키이의 안내부를 무리하게 테이블 홈에 넣으면 기계테이블 T홈을 손상하기 때문이다. 따라서 [그림 5-26]의 (c)와 (d)처럼 볼트를 고정하지 않고 텅을 설치하는 것이 좋으며 텅의 제작 공차는 헐거운 끼워 맞춤으로 하고 열처리 후 연삭 가공이 되어야 한다.

2. 테이블과 고정구의 결합

　고정구를 테이블에 고정시키기 위해서는 고정구의 형태에 관계없이 테이블에는 T-홈을 파고 T-볼트 혹은 T-너트를 사용한다. 고정구를 테이블에서 분리시키기 위해서는 T-홈을 따라 테이블의 끝까지 슬라이딩 시켜야 한다.

　[그림 5-27]은 T볼트에 의한 테이블과 치공구 본체를 체결한 것으로 구면와셔와 지그용 볼트로 이용하여 고정하여야 한다.

　[그림 5-28]은 치공구본체와 기계테이블의 고정관계를 나타낸 것으로 텅 설치와 T볼트에 의한 고정상태를 나타낸 조립도면이다.

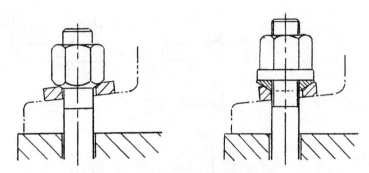

그림 5-27 테이블과 치공구 본체 고정

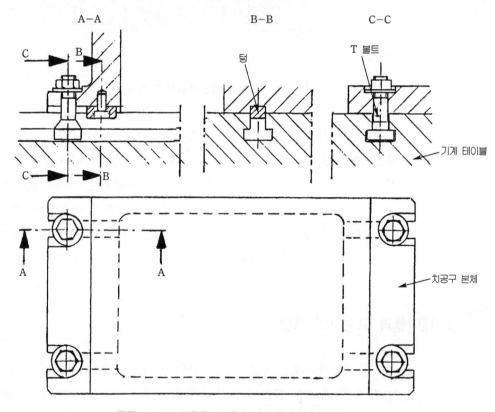

그림 5-28 치공구 본체와 기계테이블의 관계

제5장 익힘문제

1. 공구 본체 설계시 고려사항은 무엇인가?

2. 치공구 본체의 종류와 특징에 대하여 간단히 설명하시오.

3. 치공구 본체의 세 가지 설계방식을 비교 설명하시오.

4. 다웰 핀에 대하여 종류, 재질, 경도 등을 설명하시오.

5. 치공구 본체로 사용될 수 있는 이미 가공된 소재들의 종류를 열거하시오.

6. 기계테이블과 고정구 결합방법에 대하여 설명하시오.

제 6 장

드릴 지그

6.1 드릴머신과 드릴지그

드릴머신은 주축에 드릴척을 고정시키고, 드릴척에 드릴을 고정하여 주축의 회전과, 상.하 운동으로 구멍을 가공하는 공작기계이다. 드릴지그를 사용하지 않고 작업하면 금긋기, 펀칭, 컴퍼스작업, 공작물 고정으로 공정이 분류된다. 드릴지그를 사용하면 이 같은 공정의 분산을 단일공정으로 줄이면서 공구안내와 위치결정을 할 수 있다. 또한 드릴링을 할 수 있는 공작기계로는 밀링, 선반, 보링, 드릴머신 등이 있으며, 이 용도가 가장 많은 드릴지그에 대하여 기술한다.

그림 6-1 지그에 의한 탁상드릴작업

1. 드릴지그의 3요소

드릴지그 구성의 3대 요소는 위치결정장치, 클램프장치, 공구안내장치이며 이들의 구성요소에 대하여 설계, 제작시 고려해야 할 각각의 요점을 기술하면 다음과 같다.

(1) 위치결정장치

공작물의 위치결정은 절삭력이나, 고정력에 의해 위치의 변위가 없어야 하며 정확하고 안정되게 공작물을 유지시켜야 한다. 위치결정 상의 주의할 점은 다음과 같다.

① 공작물의 기준면은 치수나 가공의 기준이 되므로 위치결정 면으로 한다.

② 공작물의 밑면 즉 안정된 면을 위치결정면으로 한다.

③ 절삭력이나 고정력에 의해 공작물의 변위가 생기지 않도록 위치 결정한다.

④ 위치결정은 3점 지지를 이용하여 3-2-1 지지법을 기본으로 한다.

⑤ 주조, 단조품 등의 위치 결정은 조절될 수 있도록 한다.

⑥ 넓은 면이나, 면의 접촉부는 칩의 배출이 용이하도록 칩 홈을 설치한다.

⑦ 표준부품과 규격품을 사용하여 제작, 조립, 수리 등이 쉽도록 한다.

⑧ 기준면은 오차의 누적을 피하기 위해 일괄 사용하나 부득이한 경우에는 제
2, 제3의 기준면을 선정한다.

(2) 클램프(체결) 장치

고정력이 공작물에 따로 작용하여 변위가 발생하거나, 칩이나 먼지 등에 의해
서 클램핑 상태가 나쁘면 공작물의 정도 및 작업능률에 큰 영향이 있으므로 다음
사항에 유의하여야 한다.

① 클램프장치는 구조를 간단하고 조작이 쉽도록 한다.

② 절삭력에 의해 변위 발생이 없도록 클램핑력이 충분하도록 한다.

③ 절삭방향에 따라 위치결정면과 클램프방법을 선택하도록 한다.

④ 다수 공작물을 클램프 하는 경우 클램핑력이 일정하게 작용하도록 한다.

⑤ 가능하면 표준부품을 사용한다.

(3) 공구의 안내

드릴지그의 공구를 안내하는 요소로는 부시가 있다. 부시는 드릴을 정확한 위
치로 안내하고 정해진 구멍을 뚫을 때 필요하다. 부시는 본체와 억지 끼워 맞춤이
되어야하고 마모가 심하므로 열처리 강화하여 사용한다. 지그를 사용하여 구멍을
뚫을 때 오차의 발생원인은 다음과 같다 .

(1) 지그 자체 구멍의 오차와 중심거리의 오차

(2) 부시의 편심에 의한 오차와 구멍의 기울기에 의한 오차

(3) 고정부시와 삽입부시의 틈새 오차와 안. 팎 지름의 편심 오차

(4) 공작물 가공 면과 부시와의 거리에 의한 오차

(5) 공작물 체결과 절삭력 등에 의한 변형으로 생기는 오차

(6) 공작물의 내부결함과 칩, 먼지 등의 외부요인에 의한 오차

6.2 드릴 지그 부시

드릴지그로 공작물을 가공할 때 지그 본체에 부시를 사용하지 않고 공구를 안내하면 공구와 칩의 마찰로 인해 본체의 수명이 단축된다. 이러한 현상을 막기 위하여 내마모성이 강한 재료를 열처리 강화하여 부시로 사용하고 부시를 사용하므로 정확한 공구의 안내와 특수한 작업을 쉽게 할 수 있다. 부시의 종류로는 고정부시, 삽입부시, 특수부시, 안내부시로 나눌 수 있다.

1. 부시의 종류와 사용법

부시(bush)는 드릴(drill), 리이머(reamer), 카운터 보어(counter bore) 등의 절삭공구의 정확한 위치 결정 및 안내를 하기 위하여 사용되는 것으로, 복잡한 작업을 쉽고 정밀하게 수행할 수 있으며, 드릴 지그에서는 중요한 역할을 수행하게 된다.

(1) 고정 부시(pressfit bushing)

드릴 지그에서 일반적으로 많이 사용되는 부시(bush)는 고정 부시로서, 플랜지가 부착된 것과 없는 것이 있으며, 부시의 고정은 억지 끼워 맞춤으로 압입하여 사용한다. [그림 6-2]는 부시의 종류 중, 플랜지(flange)가 부착된 부시는 윗면을 위치 결정면으로 하여 드릴의 절삭 깊이를 제한하는 경우에 사용이 되기도 하며, 부시의 입구는 공구의 삽입이 용이하도록 직경을 크게 하거나 둥글게 가공한다. 플랜지가 없는 부시(민머리 부시)는 부시의 상단과 하단이 지그 판과 동일면 상에 위치하게 된다.

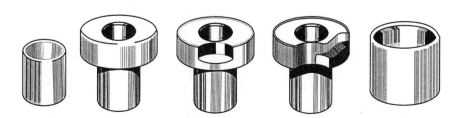

그림 6-2 부시의 종류

(2) 삽입 부시(renewable bushing)

삽입 부시는 [그림 6-3]처럼 압입된 고정 부시 위에 삽입되는 부시를 말하며, 동일한 가공 위치에 여러 종류의 상이한 작업이 수행될 경우나, 부시의 마모시 교환이 용이하도록 하기 위하여 사용이 된다.

① 회전형 삽입 부시(slip renewable bushing)

회전형 삽입 부시는 하나의 가공 위치에 여러 가지의 작업이 이루어질 경우, 내경의 크기가 서로 다른 부시를 교대로 삽입하여 작업을 하게된다. 예를 들면 드릴링(drilling)이 이루어진 후 리이밍(reaming), 태핑(tapping), 카운트 보링(counter boring)등의 연속작업이 요구되는 경우에 적합하며, 부시의 머리부는 제거가 용이하도록 너어링(knurling)이 되어 있고 고정을 위한 홈을 가지고 있다 [그림 6-4 참고].

② 고정형 삽입 부시(fixed renewable bushing)

고정형 삽입 부시는 사용 목적 상 고정 부시와 같이 직경이 동일한 한 종류의 가공이 장시간 이루어지거나, 또는 장시간 사용으로 인하여 부시의 교환이 요구

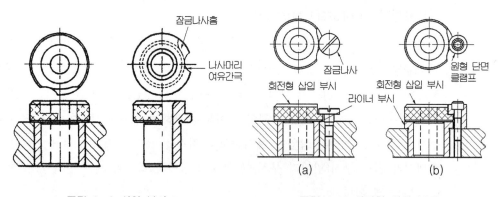

그림 6-3 삽입 부시 　　**그림 6-4** 회전형 삽입 부시

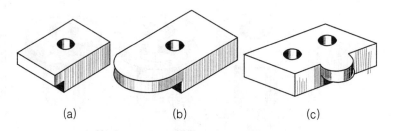

그림 6-5 삽입부시 고정용 클램프

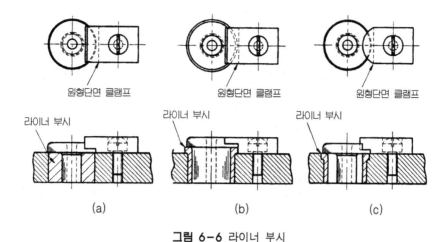

그림 6-6 라이너 부시

될 경우 교환이 용이하도록 되어있으며, 부시를 교환하면 다른 작업도 가능하게 된다. 부시의 머리부에는 고정을 위한 홈을 가지고 있으며, 홈에 조립이 되는 잠 금 클램프에 의하여 고정이 이루어지게 된다[그림 6-5 참고].

③ 안내 부시(liner bushing)

라이너 부시는 삽입 또는 고정 부시를 설치하기 위하여 지그 몸체에 압입되어 고정되는 부시를 말하며, 삽입 부시로 인한 지그 몸체의 마모와 변위를 방지하기 위하여 지그 몸체보다 강도가 높은 라이너 부시를 조립하여 사용하게 된다[그림 6-6 참고].

(3) 특수 부시

① 양쪽 구멍 부시

드릴 가공부가 인접되어 있어 여러 개의 부시를 설치하기가 어려울 경우에는 [그림 6-7]처럼 하나의 부시에 여러 개의 구멍을 가공하여 사용하게 되며, [그림 6-7]에서는 하나의 부시로 두 개의 구멍을 가공할 수 있도록 되어 있으며, 위치 를 확실히 하기 위하여 맞춤 핀과 볼트가 사용되었다.

② 편심 부시

가공 구멍이 인접되어 있으면, 부시의 설치에 어려움이 있게 된다. 한 개의 부 시로 여러 개의 인접한 구멍을 가공하기 위해서는 [그림 6-8]처럼 한 개의 부시 에 여러 개의 구멍을 만들어 사용하거나, 편심으로 구멍을 만들고 일정한 각도로

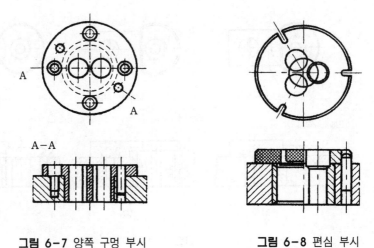

그림 6-7 양쪽 구멍 부시 · · · · · · · · · · 그림 6-8 편심 부시

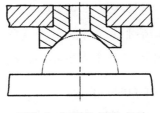

그림 6-9 중심 결정 부시

회전할 수 있도록 하여 여러 개의 인접한 부시 역할을 하게되며, [그림 6-8]에서는 부시를 120° 회전하여 3개의 구멍을 가공하는 편심 부시의 예이다.

③ 나사 부시

부시를 고정할 경우 나사에 의하여 고정이 이루어지는 부시를 말하며, 부시의 외경의 일부에 나사가 가공되어 있어, 부시의 고정시에는 나사의 체결에 의하여 고정이 되도록 되어 있으며, 사용목적은 고정 부시와 동일하나 나사에 의하여 고정이 되므로 나사의 가공정도에 따라 지그 몸체와의 수직 정밀도가 불량할 수 있는 단점이 있다.

④ 중심 결정 부시

공작물의 형태가 원형 또는 원추형처럼 대칭형이며, 중심에 드릴 가공이 이루어져야 할 경우, 부시의 하단의 형태를 공작물의 형상(각도, 원호)에 맞도록 제작하여 하강을 시키면 공작물은 중심 위치 결정이 이루어진다. 공작물의 중심이 이루어진 후 드릴 가공을 하여 간단하게 중심 가공을 할 수 있게 된다[그림 6-9 참고].

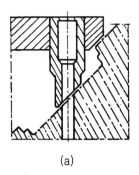
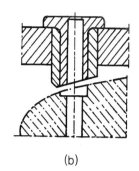

(a)   (b)

그림 6-10 경사 부시

⑤ 경사 부시

공작물의 경사진 부분에 드릴 가공을 할 때에는 공구가 미끄러져서 정확한 위치에 가공이 이루어지지 않는다. 이 경우에 공구의 이탈을 방지하기 위하여 부시의 하단부를 공작물의 형상(경사)과 동일하게 제작하여 사용하면 정확한 가공을 할 수 있다[그림 6-10 참고].

⑥ 회전 부시

회전부시는 내륜과 외륜, 그리고 베어링(beaeing)으로 구성이 되어 있으며, 내륜과 외륜 사이에 베어링(bearing)이 삽입되어 있어, 내·외륜이 공회전을 하게 되어 있다. 부시의 내벽에는 공구의 절삭날 보다는 공구의 안내부시가 접하게 되며, 회전 부시의 내륜은 공구와 같이 회전을 하게 된다. 예를 들어 보오링 (boring) 공구처럼 가늘고 긴 공구의 경우 하부의 변위를 방지하기 위하여 사용되는 경우가 있다.

2. 부시의 재질 및 경도

부시(bush)는 경도가 높은 절삭공구와 마찰이 일어나므로 공구의 경도에 못지 않은 경도가 요구된다. 그러므로 부시는 내마모성이 있어야 하므로 열처리하여 연삭 및 래핑(lapping)등에 의하여 정밀하게 가공이 되어야 한다.

부시의 재질은 KS B 1030에 의하면 탄소 공구강 5종(STC 5)으로, 경도는 HV 679(HRC 60), 원통면의 거칠기는 3S로 규정하고 있다. 기타 부시용 재질로는 부시의 고품질화를 위해서는 고크롬, 고탄소강을 사용하며 이것은 보통의 부

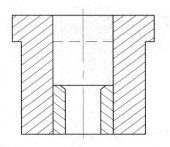

그림 6-11 내부만 열처리 된 부시

시보다 5~6배나 내구성이 크다. 부시는 초경합금(WC, 부시의 교환 없이 장시간 사용할 경우) 사용하는 경우도 있으며, 이것은 6% Co와 94% WC인 코발트 급으로서 HrC 90의 경도를 나타내고 있다. 이 경우 부시 본체의 길이는 카바이드로 만들고 머리부는 강으로 만들어서 부시 윗 부분에서 구리로 납땜하여 사용한다. 이 부시의 수명은 보통 부시보다 50배 정도 더 높다. 때때로 절삭 공구를 안내하기 위한 부시를 주철로 제작하여 내부만 열처리하여 사용하고 있으며[그림 6-11 참고], 이때에는 반드시 절삭 공구의 날이 부시와 접촉되지 않는 경우이다.

3. 드릴 부시의 설치 방법

드릴 부시는 본체와 수직으로 정확하게 설치가 되어야 정밀도를 높일 수 있다. 드릴 부시는 일반적인 경우 압입되며, 압입되는 과정에서 내경의 변화가 발생할 수 있으므로 정밀도가 떨어지고, 그로 인하여 공구가 파손되는 경우도 있다.

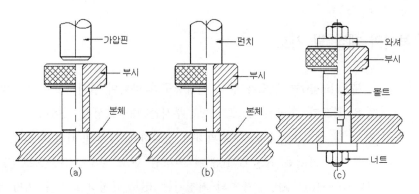

그림 6-21 드릴부시 설치방법

부시의 올바른 설치 방법은 부시의 외경과 본체의 내경 치수가 기준치수로 가공이 되어야 하며, 조립시에는 수직이 유지되도록 프레스(press)등에 의하여 정확한 압입이 이루어져야 한다. [그림 6-12]의 (c)는 볼트와 너트를 이용하여 제작된 부시 설치용 기구로서, 프레스에 의하여 설치가 어려울 경우는 간단하면서도 정확하게 설치할 수 있는 기구의 예이다[그림 6-12 참고].

4. 절삭유의 통로

공작물이 주철인 경우는 절삭유의 급유를 필요로 하지 않지만 강과 같이 유동칩이 발생하는 공작물에는 절삭유의 급유가 필요하다. 절삭유를 사용하는 목적은 다음과 같다.
① 절삭저항을 감소시킨다.
② 절삭중의 발열을 방지한다.
③ 다듬질 면을 매끈하게 한다.
④ 공구의 수명을 연장시킨다.
⑤ 정밀한 공작과 양질의 제품을 얻을 수 있다.
[그림 6-13]에서와 같이 부시의 밑면이 지그 판과 일치하게 제작된 경우에는 드릴의 회전원심력에 의하여 절삭유의 흐름이 분산되어, 절삭효과 및 안전을 저해하는 요인이 된다.

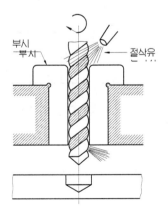

그림 6-13 절삭유의 배출

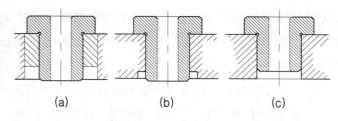

그림 6-14 절삭유의 효과

[그림 6-14]는 부시와 지그판의 높이를 달리하여 절삭유의 효과를 높일 수 있게 한 것이다.

5. 지그 판(Jig Plate)

지그 판은 드릴 부시를 고정하고 위치를 결정해 주는 드릴 지그의 요소이다. 지그 판의 두께는 앞서 설명한 바와 같이 부시의 길이와 동일하고 절삭공구를 안내하는데 충분한 길이로 하면 된다. 보통 드릴 지그의 판은 드릴 지름의 1~2배 사이의 두께이면 부정확성을 방지하는데 충분하다[그림 6-15 참고]. 부시의 지그 판 두께는 모든 절삭력을 쉽게 견딜 수 있어야 하며 공구의 정밀도를 유지해야 한다.

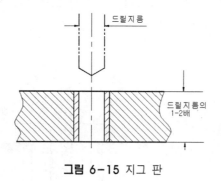

그림 6-15 지그 판

6. 공작물과 부시와의 간격

단단한 공작물의 칩은 [그림 6-16]의 (a)와 같이 드릴의 홈을 따라 배출시키면 부시의 내면이 쉽게 마모되어 정밀도가 빨리 떨어지므로, (b)와 같이 H정도의 간

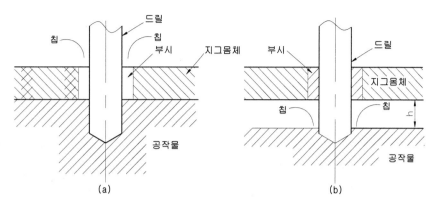

그림 6-16 공작물과 부시와의 간격

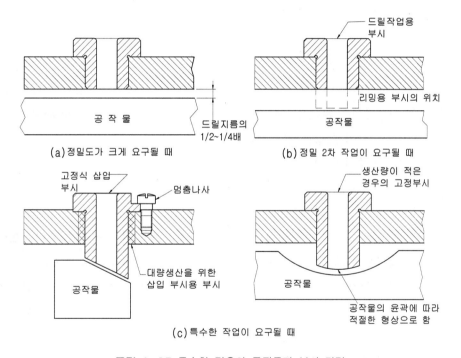

(a)정밀도가 크게 요구될 때

(b) 정밀 2차 작업이 요구될 때

(c)특수한 작업이 요구될 때

그림 6-17 특수한 경우의 공작물과 부시 간격

격을 주어 옆으로 배출시키는 것이 바람직하다. 높은 정밀도를 요구하는 구멍 가공에는 [그림 6-16]의 (a)와 같이 밀착시키는 경우도 있지만, 보통 드릴에서는 칩 제거 및 냉각제의 급유 관계 등의 어려운 점이 많이 있다.

보통 공작물과 부시의 간격 h는 주물의 칩과 같이 연속되지 않고 부서지기 쉬운 것은 드릴 지름의 1/2정도, 즉 부시 안지름의 1/2정도로 한다. 그러나, 구멍 깊이가 깊은 것은 칩이 많이 발생하므로, 간격 h는 조금 넓혀 줄 필요가 있다. 그러나 일반강의 유동형 칩이 연속적으로 나오는 경우는 최소 간격을 보통 드릴 지름과 동일하게, 즉 부시 안지름의 1배 정도로 한다. 정밀도가 요구될 때나 다음 공정에서의 정밀도가 필요할 때, 또는 경사진 표면이나 곡면에 구멍을 가공할 때 등은 예외이다. 이러한 경우에는 요구되는 정밀도를 얻기 위해서 부시를 가능한 한 공작물과 접근시킨다. [그림 6-17(c) 참고] 적절한 부시의 간격은 전체의 지그 기능 면에서 중요한 사항이다. 만약 부시가 불필요하게 공작물에 접근되어 있다면 칩 때문에 부시가 쉽게 마모될 것이다. 또한 너무 멀리 떨어지면 정밀도가 저하된다.

7. 드릴 부시의 설계 방법

(1) 드릴 부시의 치수 결정 방법

드릴부시 설계시 제일 먼저 고려할 사항은 위치결정과 드릴의 직경을 선정하여 치수를 결정하여야 한다. 설계순서는 다음과 같은 순서에 의한다.

① 드릴 직경을 결정
② 부시의 내경과 외경 결정
③ 부시의 길이와 부시 고정판 두께 결정
④ 부시의 위치결정

드릴 지름의 결정은 공작물의 구멍 치수에 의해 결정하되, 일반적으로 드릴 작업에서는 드릴의 크기보다 구멍이 크게 가공될 우려가 많으므로 드릴 지름을 잘 결정해야 한다. 두 번째는 드릴 부시의 안지름과 바깥 지름은 결정된 드릴 지름을 호칭 지름으로 하여 고정 부시만으로 할 것인가, 고정 부시와 함께 삽입 부시를 사용할 것인가를 제작될 공작물의 수량과 가공 공정에 따라 결정한다. 부시의 종류가 결정된 후에는 KSB 1030에 의한 부시의 안·바깥 지름 치수를 선택한다. (치수결정 방법은 데이터 부록 참고) 세 번째는 부시의 길이와 지그 본체의 두께 결정이다. 이것도 역시 데이터 부록 참고에 의하여 부시 길이 L은 동일 지름에 대하여 고정 부시의 경우 3종류에 의해 선택된다.

[표 6-1]은 KS 규격에 사용하는 드릴 지름과 리머 지름의 치수 차를 참고로 표시한 것이며 [표 6-2]는 KS 끼워 맞춤 공차 중에서 부시에 많이 사용되는 것을 나타낸 것이다.

표 6-1 드릴과 리머 지름의 치수 공차(KSB1030-1973)(단위 : 0.001mm)

지름의 구분	1 이상 3 이하	3 초과 6 이하	6 초과 10 이하	10 초과 18 이하	18 초과 30 이하	30 초과 50 이하	50 초과 80 이하
드릴 지름의 치수 공차	+0 −14	+0 −18	+0 −22	+0 −27	+0 −33	+0 −39	+0 −46
H7구멍 리머 지름의 치수 공차	+6 +2	+9 +4	+12 +6	+15 +7	+17 +8	+20 +7	+24 +11

표 6-2 드릴과 리머 지름의 치수차(KSB1030-1973) (단위 : 0.001mm)

축의 종류, 등급 \ 구멍 호칭치수의 구분		1 이상 3 이하	3 초과 6 이하	6 초과 10 이하	10 초과 18 이하	18 초과 30 이하	30 초과 50 이하	50 초과 80 이하
축	p 6	+16 +9	+20 +12	+24 +15	+29 +19	+35 +22	+42 +26	+51 +32
	m 5	+7 +2	+9 +4	+12 +6	+15 +7	+17 +8	+20 +9	+24 +11
구멍	G 6	+10 +3	+12 +4	+14 +5	+17 +6	+20 +7	+25 +9	+29 +10
	H 7	+9 +0	+12 +0	+15 +0	+18 +0	+21 +0	+25 +0	+30 +0

(2) 지그의 중심 거리 공차

다음에는 지그의 중심 거리 공차의 결정 방법이다. 일반적으로 구멍 중심 거리 공차는 [표 6-3]에서 선택하면 된다. 이 공차는 기준면과 구멍과의 리머 구멍 중심 거리 공차는 ±0.005mm, 드릴 구멍의 중심거리 공차는 ±0.05mm로 부여한다.

표 6-3 지그의 중심거리 공차(단위 : 0.001mm)

구멍의 종류 \ 중심거리	180 이하	180 이상
리머 구멍	±5	±10
드릴 구멍	±30	±50

(3) 드릴 부시의 표시 방법

KS B 1030에서는 부시의 표시 방법을 다음과 같이 규정하고 있다. 즉 적당한 곳에 종류별로 표시하는 기호(드릴용은 D, 리머용은 R), D×L(또는 D×d×L) 및 제조자 명 또는 이에 대신하는 것을 표시한다고 되어 있다. 또한 부시의 호칭 방법으로서는 명칭, 종류, 용도, D×L(또는 D×d×L)로 되어 있다. 예를 들면 지그용 부시, 우회전 너치형 삽입 부시, 드릴용 15×22×20 이다. 드릴 부시 표시방법은 [표 6-4]와 같다.

표 6-4 ISO 규격의 드릴 부시 표시 방법

부시의 종류	항목별 표시 방법		
	내 경	외 경	길 이
S : 회전 삽입 부시 F : 고정 삽입 부시 L : 플랜지 없는 라이너 부시 HL : 플랜지 붙이 라이너 부시 P : 플랜지 없는 고정 부시 H : 플랜지 붙이 고정 부시	호칭직경의 표시 문자나 소수, 분수	1/64 의 배수	1/16 의 배수
표시 방법 : 내경 - 부시의 종류 - 외경 - 길이			
예 : 0.250-P-48-16(내경 0.250″, 외경3/4″, 길이1″인 플랜지 없는 고정 부시			

(4) 드릴 부시의 끼워 맞춤 공차 및 흔들림 공차

ISO 및 ANSI 규격에서 보면 드릴부시는 지그 플레이트와의 끼워 맞춤에서 항상 억지 끼워맞춤으로 압입되며, 안내부시와 회전삽입부시는 중간 끼워 맞춤으로 압입되어야 한다.

① 지그와 안내 부시 : H7-n6 또는, H7-p6

② 안내 부시과 회전삽입 부시 : F7-m6

③ 안내 부시과 고정삽입 부시 : F7-h6

드릴 부시의 흔들림 공차는 KS B 1030에 의하면 부시 안지름을 기준으로 하여 바깥지름의 각 부분의 흔들림을 측정하되 그 허용차는 다음 [표 6-5]를 따른다.

표 6-5 부시의 흔들림 공차(KS B 1030) (단위 : 0.001mm)

부시의 안지름 구분(mm)	18 이하	18 초과 50 이하	50 초과 80 이하
흔들림	5	8	10

8. 드릴 지그 다리(jig feet)

드릴지그에서 다리가 없는 넓은 밑면은 어느 한 군데에만 칩이 들어가도 안정성이 나빠진다. 또 일반적인 지그는 볼트 머리나 핸들 등이 테이블에 닿기 때문에 그대로 놓을 수는 없다. 그러므로 지그는 일반적으로 다리를 달아 주며, 지그의 다리는 원칙적으로 4개로 한다. 이는 3개의 다리는 다리 밑에 칩이 들어가도 항상 안정되어 있기 때문에 경사진 그대로 작업이 되기 때문이다. 그러나 4개의 다리일 경우, 지그가 덜컹거리기 때문에 기울어진 것을 곧 알 수가 있다.

다리의 높이는 일반적으로 손가락이 들어갈 수 있을 정도의 15~20mm 정도로 하지만, 소형 지그에서는 3~5mm 정도로 만들어진다. 공작물을 하측으로 내려가게 하든가, 리머 등이 밑으로 나오는 지그의 경우는 그것이 테이블에 닿지 않도록 다리를 길게 한다. 구멍 가공이 6mm 이하는 반드시 지그다리를 설치하여야 하며 그 이상은 직립드릴, 레이디얼드릴, 밀링머신에서 작업이 이루어지면 안전하고 능률적이나 밀링고정구와 같이 고정 장치를 설계하여야 한다.

[그림 6-18]은 지그 다리에 나사를 가공하여 본체와 조립하였으며, [그림 6-19]는 지그 다리를 억지 끼워(press fit)맞춤 조립하여 나타낸다. 다리 밑면이 뾰족한 것이나 둥글게 된 것은 마모가 빠르며, 테이블을 상하게 하므로 좋지 않다. 선단 모서리에 라운드(R), 모따기(C)을 약간 해주는 것이 좋다. 또 다리의 밑면에는 보통 센터 구멍을 남기지 않으며, 본체와 조립 후 밑면을 동시 연삭가공하는 것이 중요하다.

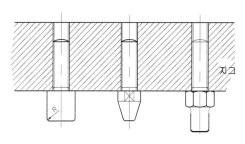

그림 6-18 나사 끼워 맞춤 다리

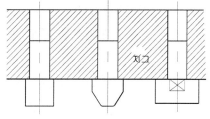

그림 6-19 타입(때려 박음)형 다리

6.3 드릴 지그의 설계

　　치공구 설계자는 현장경험이 풍부하며, 표준부품의 사용과 전반적인 규격집을 확보하고, 공작물의 크기, 모양, 조건 등에 이르기까지 다양한 변화에 혼동 없이 설계를 할수 있어야 한다. 치공구 설계에서 고려되어야 할 사항을 3단계로 나누어 보면 첫째, 부품도면과 생산계획을 연구하고 생산량을 고려하여야 하며, 둘째, 스케치로써 치공구에 대한 예비적인 계획을 세워야 하고, 셋째, 치공구를 제작할 수 있는 치공구 도면을 작성하여야 한다.

1. 설계계획

(1) 사전설계의 분석

　　모든 치공구 설계의 구상은 설계자의 마음속에서부터 시작한다. 실제 금속가공 분야에서의 투울링을 고찰한다는 것은 많은 계획과 연구에 의하여 이루어진다. 치공구를 설계하는 첫 번째 단계는 모든 관련된 정보를 구체화시키는 것이다. 부품도와 공정 작업도를 분석하여 어떠한 공구가 필요한가를 찾아내는 것이다.

　　다음은 치공구 설계자가 부품 도면에 대하여 사전에 분석해야 할 사항을 기술한 것이다.

① 부품의 크기와 형상은 치공구의 부피와 무게에 영향을 준다.

② 부품재료의 종류와 상태는 설계와 제작에 직접적인 영향을 준다.

③ 수행해야 할 기계가공 작업의 종류에 따라서 제작될 치공구의 종류가 결정된다.

④ 설계상 정밀도는 통상 치공구의 공차에 반영된다.

⑤ 제작될 부품 수량은 치공구를 얼마나 고급화시킬 것인가에 영향을 준다.

⑥ 부품을 위치 결정하고 고정시키는데 가장 좋은 기준면을 선정한다.

⑦ 각 작업에 해당되는 공작기계의 형상과 크기를 선정한다.

⑧ 치공구의 형상과 치수를 정한다.

⑨ 작업순서에 맞추어 먼저 설계해야 될 치공구를 결정한다.

(2) 스케치

스케치란 치공구 요소들을 일정순서에 의해 점차적으로 도면에 나타내는 것을 말하는데 공구에 대한 예비계획은 스케치에 의해 이루어진다. 스케치를 할 때는 3각법으로 하되 공구의 간격, 설치방법 및 테이블의 크기 등 모든 기계요소를 고려해야 한다. 부품의 3도면은 치공구를 계획하는데 핵심이 되고 필요시 공작물의 도면은 색연필, 또는 공구 부품의 스케치에 사용된 선들과 쉽게 구별할 수 있는 선으로 스케치한다 .

2. 드릴 지그의 설계 절차

드릴 지그의 설계를 계획하고 스케치 할 때에는 다음의 순서가 고려되어야 한다.
① 부품(제품) 도면과 공작물과 관련된 기계작업을 분석한다.
② 공작물의 재질에 따른 절삭공구와 관련되는 공작물의 위치를 선정한다.
③ 부시의 적정모양과 위치를 결정한다.
④ 공작물에 적절한 위치 결정구와 지지구를 선정한다.
⑤ 클램프장치와 다른 체결 기구를 선별한다.
⑥ 기능별 장치의 주요 도면을 구별한다.
⑦ 지그 본체와 지지구조물의 재질, 형태를 정한다.
⑧ 기준면 설정과 중요치수 결정 및 안전장치에 대해서 검토한다.

이상과 같은 사항을 고려하여 스케치하되 최종적으로 완성된 스케치 도면은 드릴 머신과의 간섭여부를 재검토하고 수정하여 완성된 스케치 도면을 만든다.

(드릴 지그 설계순서 1)

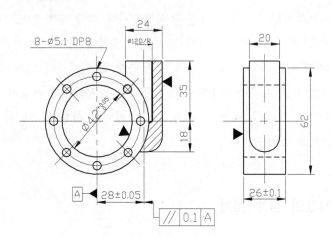

그림 6-20 부품도

(1) 치공구 설계에 필요한 사항

① 제 품 명 : 브라켓(Bracket)

② 재   질 : GC200

③ 열 처 리 : HRC 15~20

④ 가공수량 : 20,000 EA/월

⑤ 가공부위 : Ø12드릴가공

⑥ 사용장비 : 탁상드릴머신

⑦ 사용공구 : Ø12표준드릴

⑧ 가공수량을 고려하여 삽입부시를 사용하여 교환이 가능하도록 할 것.

⑨ 경제성을 고려하여 치공구 제작비가 적게 들도록 할 것 .

⑩ 신속한 클램프의 선정과 제품의 장착 및 장탈을 고려한 설계를 할 것.

⑪ 표준품, 시중품의 활용과 요소 부품수리 및 교환의 용이성을 고려할 것.

(2) 설계순서

① 공작물 도면 분석 및 지그의 형태이해

  ㉠ 공작물의 형태, 수량, 가공 정밀도, 재질, 치수의 기준, 가공방법 등을 파악
    하고 지그의 형상, 종류, 용도, 장·단점을 파악하고 위치결정 점과 클램프
    점을 파악한 후 드릴가공에서 설계가 편리한 방향으로 위치를 잡는다.

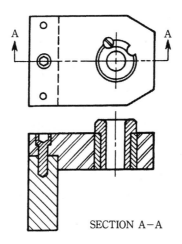

SECTION A–A

그림 6-21 지그플레이트 조립

ⓛ 내경과 구멍이 정확한 직각가공을 위하여 위해 앵글 플레이트 형태를 택한다.

ⓒ 본체는 용접형을 선택하되 지그 플레이트는 맞춤 핀을 한 쌍을 사용하되 억지끼워 맞춤방식을(H7p6) 택하고 머리 붙이 육각볼트를 사용한다[그림 6-21 참고].

② 공작물의 위치결정 및 부시위치 선정

ⓐ 공작물의 가장 넓은 평면을 위치 결정면으로 한다.

ⓑ 치수의 기준이 공작물의 중심에 있으므로 공작물의 내경을 기준으로 하기 위하여 핀에 의한 위치 결정방법을 사용한다.

위치결정구의 치수는 제품도 치수가 $\varnothing 42_{0}^{+0.050}$이므로 최소치수 $\varnothing 42$를 기준으로 원활한 장착과 장탈이 이루어지도록 $\varnothing 42_{-0.02}^{-0.01}$의 정도로 택한다.

위치결정구가 본체와의 끼워 맞춤은 억지 끼워 맞춤으로 하는 것을 원칙으로 하되 별도의 볼트조립이 될 경우는 중간 끼워 맞춤으로 한다.

ⓒ 가공부 측면에 위치결정 및 회전방지용 고정 위치결정 핀을 택한다.

선 또는 점 접촉으로 하는 것도 무방하나 정확한 위치결정을 위하여 면 접촉을 하되 다웰 핀에 의한 볼트조립으로 한다.

ⓓ 수량을 고려하여 라이너부시를 사용한다. 부시 설계는 설계순서에 의한다. 데이터 북을 활용하여 삽입부시를 먼저 선정하고 삽입부시 외경에 따라 안내부시를 선정한다.

③ 클램핑 기구의 선정

공작물의 급속 클램핑을 위하여 C와셔를 이용하여 클램핑 한다. C와셔의 호칭 치수는 볼트외경으로 하며 볼트머리는 공작물 구멍보다 작게 한다.

④ 앵글플레이트 지그의 설계

ㄱ 모눈종이를 이용하여 3각법과 3도면(2도면)으로 간단히 스케치한다.

ㄴ 중심선을 그리고 공작물은 가상선으로 하고 CAD로 설계제도를 한다.

ㄷ 조립도를 완성하고 조립도에 필요한 조립치수, 데이텀, 기하 공차를 부여한다. 본체 플레이트 두께는 16mm 이상으로 하며 일반적으로 제작이 간단한 용접형으로 하고, 용접 후 응력을 제거하여 위치 결정면에 대하여 기계가공을 한다. 지그 플레이는 두께는12mm 이상으로 한다.

탁상드릴에서 작업을 할 경우 손가락이 들어갈 수 있는 크기로 길이는 16mm 정도로 하고 4개를 설치한다. 억지 끼워 맞춤으로 하되 밑면을 동시 연삭하는 것이 좋다. 조립도상에 중요조립치수를 기입하고 형상공차를 기입한다.

ㄹ 조립도상에 주요 품번을 명기하고 표제란에 각 부품의 품번대로 품명, 재질, 수량, 비고란 등을 명기한다.

ㅁ 부품도를 3각법으로 도면화 한다.

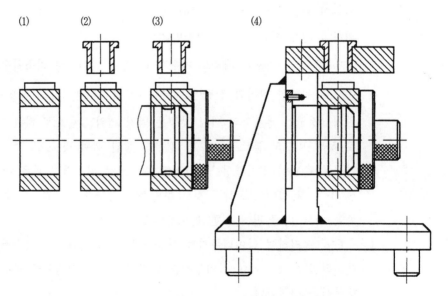

(1)   (2)   (3)   (4)

그림 6-22 앵글플레이트 드릴지그 설계 순서

ⓗ 표제란 위에 도면의 주기사항(주기란, NOTE)을 명기한다.

ⓢ 치공구설계작업에 필요한 Data book 및 Catalog를 참고하여 KS제도법에 따라 적용할 것.

⑤ 도면의 한계(limits)와 선의 굵기 및 문자의 크기를 구분하기 위한 색상을 다음과 같이 정한다.

㉠ 도면은 A1또는 A2 규격을 선정하되 A2 도면의 한계설정(limits) 다음과 같다. A와 B의 도면의 한계선은(도면의 가장자리 선)은 출력되지 않도록 한다.

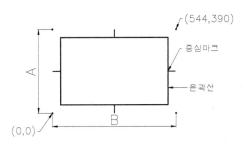

도면의 한계		중심마크
A	B	C
390	544	5

㉡ 선 굵기 구분을 위한 색상

선 굵 기	문자 크기	색 상(color)	용 도
0.5mm정도	7.0mm	흰 색(White)	윤곽선
0.5mm정도	5.0mm	초록색(Green)	외형선, 개별주서등
0.35mm정도	3.5mm	노랑색(Yellow)	숨은선, 치수문자, 일반주서등
0.25mm정도	2.5mm	빨 강(Red)	해칭, 치수선, 치수보조선, 중심선등
0.18mm정도	1.8mm	파란색(Blue)	제품도

(드릴 지그 설계순서 2)

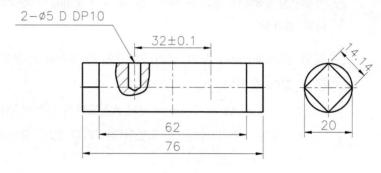

그림 6-23 부품도

(1) 치공구 설계에 필요한 사항

① 제 품 명 : 브라켓(Bracket)

② 재　　질 : SM45C

③ 열 처 리 : HRC 15~20

④ 가공수량 : 20,000 EA/월

⑤ 가공부위 : 2-∅5.1드릴가공

⑥ 사용장비 : 탁상드릴머신

⑦ 사용공구 : ∅5.1표준드릴

⑧ 가공수량을 고려하여 삽입부시를 사용하여 교환이 가능하도록 할 것.

⑨ 경제성을 고려하여 치공구 제작비가 적게 들도록 할 것 .

⑩ 신속한 클램프의 선정과 제품의 장착 및 장탈을 고려한 설계를 할 것.

⑪ 표준품, 시중품의 활용과 요소 부품수리 및 교환의 용이성을 고려할 것.

(2) 설계순서

① 공작물 도면 분석 및 지그의 형태이해

　공작물의 형태, 수량, 가공 정밀도, 재질, 치수의 기준, 가공방법 등을 파악하고 지그의 형상, 종류, 용도, 장·단점을 파악한다.

　공작물 장착의 정확성을 위하여 바이스 형태를 택한다.

② 공작물의 위치결정 및 부시위치 선정

　㉠ 공작물 양단에 위치한 사각의 평면부와 선단부를 이용한다.

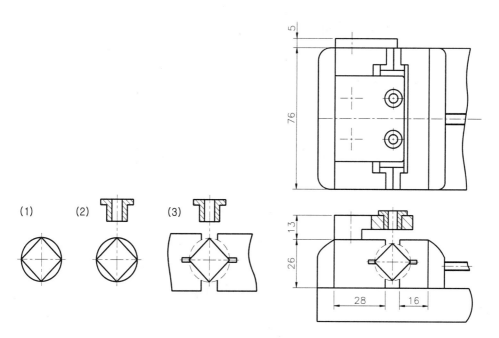

그림 6-24 바이스 드릴지그 설계 순서

ⓛ 바이스 죠오에 V홈을 설치하여 위치결정 한다.

ⓒ 고정 죠오 측면에 하나의 위치 결정구를 설치하여 공작물의 길이 방향을 위
치결정을 한다.

③ 클램핑 기구의 선정

바이스 지그는 일반 바이스와 같이 나사에 의하여 클램핑이 되도록 한다.

(드릴 지그 설계순서 3)

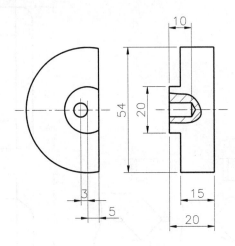

그림 6-25 부품도

(1) 치공구 설계에 필요한 사항

① 제 품 명 : 브라켓(Bracket)

② 재   질 : SM20C

③ 열 처 리 : HRC 15~20

④ 가공수량 : 20,000 EA/월

⑤ 가공부위 : Ø6드릴가공

⑥ 사용장비 : 탁상드릴머신

⑦ 사용공구 : Ø6표준드릴

⑧ 가공수량을 고려하여 삽입부시를 사용하여 교환이 가능하도록 할 것.

⑨ 경제성을 고려하여 치공구 제작비가 적게 들도록 할 것 .

⑩ 신속한 클램프의 선정과 제품의 장착 및 장탈을 고려한 설계를 할 것.

⑪ 표준품, 시중품의 활용과 요소 부품수리 및 교환의 용이성을 고려할 것.

(2) 설계순서

① 공작물 도면 분석 및 지그의 형태이해

공작물의 형태, 수량, 가공 정밀도, 재질, 치수의 기준, 가공방법 등을 파악하고 지그의 형상을, 종류, 용도, 장·단점을 파악한다.

공작물 형태에 따라 맞게 리이프 형태를 택한다.

② **공작물의 위치결정 및 부시위치 선정**

　　㉠ 공작물의 가장 넓은 평면과 측면 위치 결정면으로 한다.

　　㉡ 공작물의 측면 위치 결정은 4개의 핀으로 한다.

③ **클램핑 기구의 선정**

　리이프를 닫으면 클램핑 되는 구조로 택하며 리이프에 볼트를 설치하여 리이프를 닫으면 공작물이 클램핑이 되도록 한다.

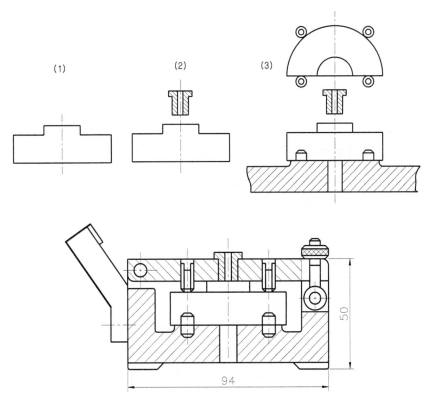

그림 6-26 리이프 드릴지그 설계 순서

(드릴 지그 설계순서 4)

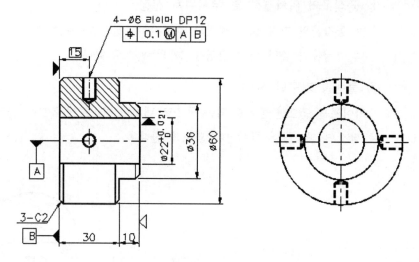

그림 6-27 부품도

(1) 치공구 설계에 필요한 사항

① 제 품 명 : 브라켓(Bracket)

② 재   질 : SM45C

③ 열 처 리 : HRC 15~20

④ 가공수량 : 20,000 EA/월

⑤ 가공부위 : 4-∅6리머 가공

⑥ 사용장비 : 탁상드릴머신

⑦ 사용공구 : ∅6표준 리머, ∅5.8표준 드릴

⑧ 가공수량을 고려하여 삽입부시를 사용하여 교환이 가능하도록 할 것.

⑨ 경제성을 고려하여 치공구 제작비가 적게 들도록 할 것 .

⑩ 신속한 클램프의 선정과 제품의 장착 및 장탈을 고려한 설계를 할 것.

⑪ 표준품, 시중품의 활용과 요소 부품수리 및 교환의 용이성을 고려할 것.

(2) 설계순서

① 공작물 도면 분석 및 지그의 형태이해

공작물의 형태, 수량, 가공 정밀도, 재질, 치수의 기준, 가공방법 등을 파악하고 지그의 형상을, 종류, 용도, 장·단점을 파악한다.

원주 상에 정확한 각도의 구멍가공을 위하여 분할 형태를 택한다.

② 공작물의 위치결정 및 부시위치 선정

공작물의 내경을 기준으로 하고 ∅6리이머 구멍에 분할이 가능한 플런저 형태로 위치결정을 한다. 또는 몸체에 분할장치를 만든다.

③ 클램핑 기구의 선정

공작물의 급속 클램핑을 위하여 C 와셔를 이용하여 클램핑 한다.

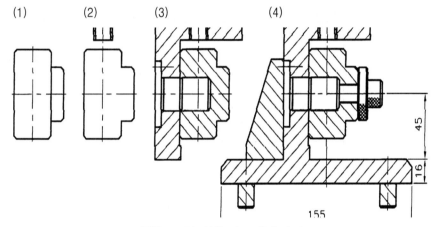

그림 6-28 분할 지그 설계 순서

(드릴 지그 설계순서 5)

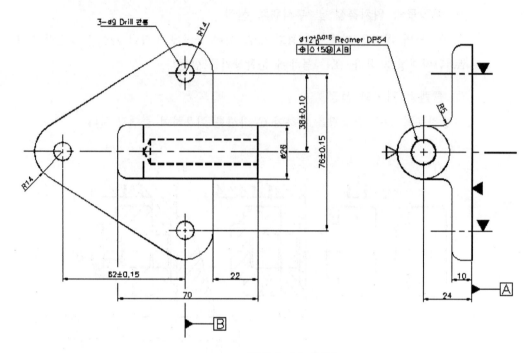

그림 6-29 부품도

(1) 치공구 설계에 필요한 사항

① 제 품 명 : 브라켓(Bracket)

② 재　　질 : GC200

③ 열 처 리 : HRC 15~20

④ 가공수량 : 20,000 EA/월

⑤ 가공부위 : ∅12리이머 가공

⑥ 사용장비 : 탁상드릴머신

⑦ 사용공구 : ∅11.8표준드릴, ∅12리이머

⑧ 가공수량을 고려하여 삽입부시를 사용하여 교환이 가능하도록 할 것.

⑨ 경제성을 고려하여 치공구 제작비가 적게 들도록 할 것 .

⑩ 신속한 클램프의 선정과 제품의 장착 및 장탈을 고려한 설계를 할 것.

⑪ 표준품, 시중품의 활용과 요소 부품수리 및 교환의 용이성을 고려할 것.

(2) 설계순서

① 공작물 도면 분석 및 지그의 형태이해

공작물의 형태, 수량, 가공 정밀도, 재질, 치수의 기준, 가공방법 등을 파악하고 지그의 형상을, 종류, 용도, 장·단점을 파악한다.

공작물 형태에 따라 앵글 플레이트 형태를 택한다.

② 공작물의 위치결정 및 부시위치 선정

㉠ 3-Ø9위치 수평으로 다이아몬드 핀과 둥근 핀을 이용하여 위치 결정 방법에 한다. 2개의 다이아몬드 핀을 사용해도 무방하다.

㉡ 공작물의 가장 넓은 면은 면 접촉으로 위치 결정을 한다.

③ 클램핑 기구의 선정

토글에 의한 방법으로 하는 것이 좋다.

(1)   (2)

(3)   (4)

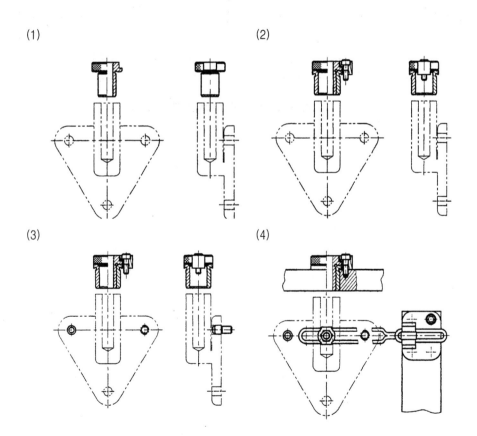

④ 본체를 완성하고 전체적인 조립치수를 기입한다.

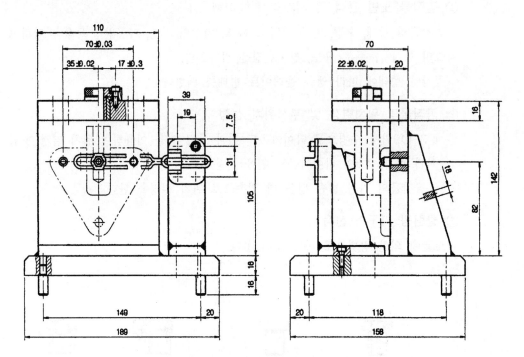

그림 6-30 앵글플레이트 지그 설계순서

(드릴 지그 설계순서 6)

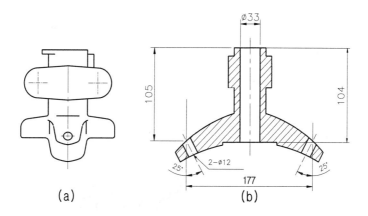

그림 6-31 부품도

(1) 치공구 설계에 필요한 사항은 다음과 같다.

① 제 품 명 : 브라켓(Bracket)

② 재   질 : GC200

③ 열 처 리 : HRC 15~20

④ 가공수량 : 20,000 EA/월

⑤ 가공부위 : 2-∅12드릴가공

⑥ 사용장비 : 탁상드릴머신

⑦ 사용공구 : ∅12표준드릴

⑧ 가공수량을 고려하여 삽입부시를 사용하여 교환이 가능하도록 할 것.

⑨ 경제성을 고려하여 치공구 제작비가 적게 들도록 할 것.

⑩ 신속한 클램프의 선정과 제품의 장착 및 장탈을 고려한 설계를 할 것.

⑪ 표준품, 시중품의 활용과 요소 부품수리 및 교환의 용이성을 고려할 것.

(2) 설계순서

① 공작물 도면 분석 및 지그의 형태이해 공작물의 형태, 수량, 가공 정밀도, 재질, 치수의 기준, 가공방법 등을 파악하고 지그의 형상을, 종류, 용도, 장·단점을 파악한다. 각도로 편위 된 구멍을 가공하기 위하여 수정된 앵글 플레이프 형태를 선정한다.

② 공작물의 위치결정 및 부시의 위치선정

　㉠ 공작물의 가장 넓은 평면을 위치 결정면으로 한다.

　㉡ 드릴구멍의 각도만큼 공작물을 기울려 부시를 위치결정하고 측면에 조절식
　　 위치결정을 한다.

③ 클램핑 기구의 선정

조절위치결정과 같이 볼트로서 클램핑이 겸할 수 있도록 한다.

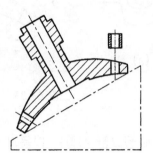

㉠ 부시와 위치결정 및 클램프 기구를 선정한다.

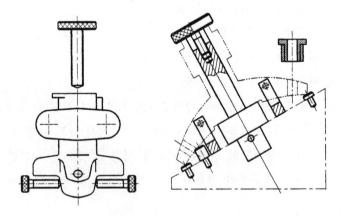

㉡ 클램핑 및 기타장치를 설계한다.

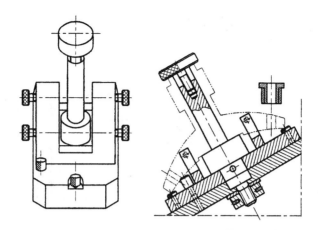

ㄷ 본체를 설계하고 전체적인 외각치수를 기입한다.

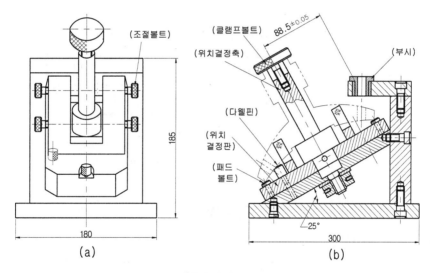

그림 6-32 앵글플레이트 지그 설계 순서

(드릴 지그 설계순서 7)

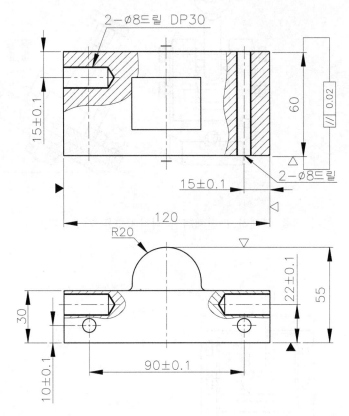

그림 6-33 부품도

(1) 치공구 설계에 필요한 사항

① 제 품 명 : 브라켓(Bracket)

② 재   질 : SF500

③ 열 처 리 : HRC 25~30

④ 가공수량 : 30,000 EA/월

⑤ 가공부위 : 4-Ø8드릴가공

⑥ 사용장비 : 탁상드릴머신

⑦ 사용공구 : Ø8표준드릴

⑧ 가공수량을 고려하여 삽입부시를 사용하여 교환이 가능하도록 할 것.

⑨ 경제성을 고려하여 치공구제작비가 적게 들도록 할 것 .

⑩ 신속한 클램프의 선정과 제품의 장착 및 장탈을 고려한 설계를 할 것.

⑪ 표준품, 시중품의 활용과 요소 부품수리 및 교환의 용이성을 고려할 것.

(2) 설계순서

① 공작물 도면 분석 및 지그의 형태이해

공작물의 형태, 수량, 가공 정밀도, 재질, 치수의 기준, 가공방법 등을 파악하고 지그의 형상을, 종류, 용도, 장·단점을 파악한다.

공작물 형태에 따라 박스 형태를 택한다.

② 공작물의 위치결정 및 부시위치 선정

㉠ 3-2-1위치 결정 방법에 의하여 위치 결정을 한다.

㉡ 공작물의 가장 넓은 면은 핀에 의한 면 접촉으로, 측면은 몸체의 핀에 의하여 위치 결정을 한다.

③ 클램핑 기구의 선정

나사에 의한 클램핑 방법을 하며 나사선단에 특수 회전체를 부착한다.

평형장치에 의한 박스형태를 택한다.

㉠ 부시 및 위치결정구를 설계한다.

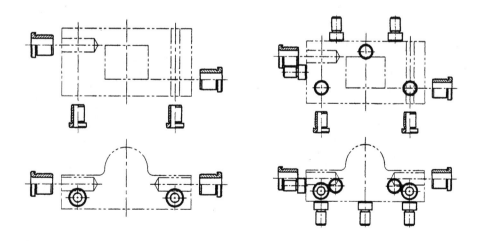

㉡ 평형장치 등 글램핑 장치를 설계한다.

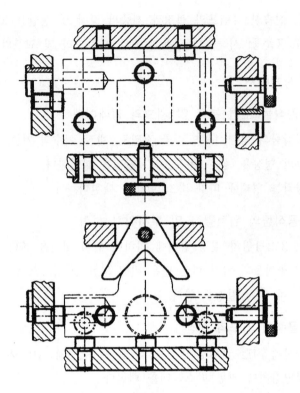

ⓒ 본체를 설계하고 전체치수기입 및 형상공차 및 조립치수를 기입한다.

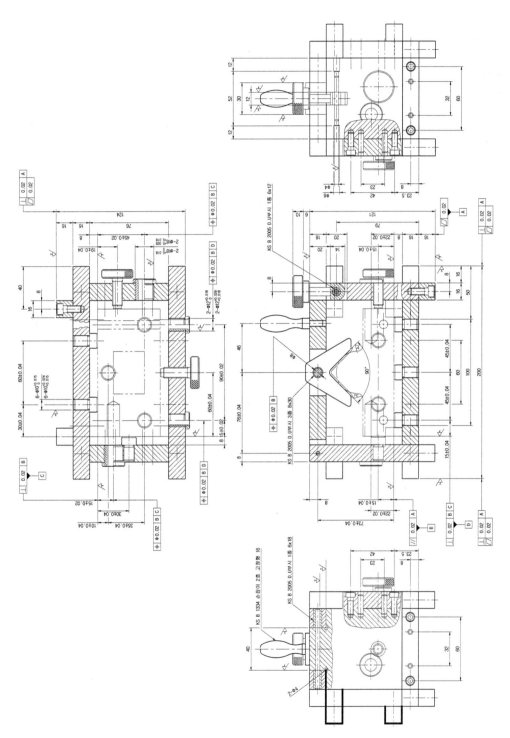

그림 6-34 박스 지그의 설계순서

제 6 장 **익힘문제**

1. 드릴작업을 할 수 있는 공작기계는 무엇이며 각각의 특징을 설명하시오.

2. 드릴부시의 설계방법을 설명하시오.

3. 드릴지그 부시의 종류를 들고 설명하시오.

4. 공작물과 부시와의 간격을 설명하시오.

5. 드릴부시의 설계방법을 설명하시오.

6. 드릴지그의 설계절차를 설명하시오.

밀링 고정구

7.1 밀링 고정구의 개요

밀링 머신을 공구를 회전시켜 테이블 위에 고정된 공작물을 이송시켜 가면서 커터에 의해 절삭되는 공작 기계이다. 밀링 고정구를 설계할 때 주의할 사항은 밀링 작업은 다른 공작 기계를 이용해서 행하는 작업에 비하여 가공 중 떨림을 일으키기 쉽고, 고정구의 가공이 어렵게 되므로 공작물의 정확한 위치 결정과 확실한 클램핑이 요구된다. 따라서 공작물의 클램핑 기구는 밀링 고정구로서 중요한 기구이다.

일반적인 공작물의 클램핑에는 바이스를 많이 사용하나, 이 밀링 바이스는 조작이 간단하고 응용능력이 넓어 제일 적당하지만, 형상이 복잡하고 대형일 경우에는 클램핑 기구를 설계하지 않으면 안 된다. 바이스의 가압 방식에는 수동 가압식, 공기압식, 기계유압식, 공기유압식 등이 있다. 밀링 작업에서는 공작물에 적합한 고정구를 사용함으로서 동시에 여러 개의 공작물을 가공할 수 있어 경제적인 생산이 가능하며, 고정구의 설계에 있어서는 사용하는 밀링 머신의 내용에 대하여 충분한 지식(작업 면적, 테이블의 크기, T홈의 치수, 밀링 머신의 종류, 가공 능력 등)을 갖도록 하여야 하며, 공작물의 요구 정밀도, 가공 방법 등을 고려하고, 장·탈착은 가능한 짧은 시간에 이루어질 수 있는 구조를 택하여야 한다.

그림 7-1 고정구에 의한 밀링작업

1. 밀링 고정구의 분류

밀링 작업에 이용되는 고정구로서 가공 조건 별로 분류하면 다음과 같다.

① 범용 고정구 : 바이스, 회전 테이블, 분할대, 경사대 등
② 소형 공작물용 고정구
③ 분할 고정구
④ 교환 가공 고정구
⑤ 모방 밀링 고정구
⑥ 앵글 플레이트 고정구
⑦ 멀티 스테이션 고정구 등이 있다.

2. 밀링 고정구의 설계

밀링 고정구의 설계에 있어서는 사용하는 밀링 머신의 내용에 대하여 충분한 지식을 갖도록 해야 하며, 작업 면적, 테이블의 치수, T홈의 치수, 기계의 이동량, 전동기의 출력, 이송 속도의 범위, 밀링 머신의 종류 등을 잘 알아야 한다. 또한 밀링 작업을 계획하는 시점에서 다음 항목들을 검토하는 것이 중요하다.
① 공작물의 크기, 중량, 강성 및 가공기준
② 연삭 여유 및 공작물 재질의 피 절삭성
③ 요구되는 표면 거칠기, 평면도, 직각도, 등의 정밀도
④ 공작물 1개 가공시 소요 시간 및 허용 생산 원가
⑤ 가공 방법 (엔드밀 가공, 조합 커터, 공정 분해 가공, 평면 밀링 가공 등)
⑥ 사용하는 밀링 머신의 크기 및 능력
⑦ 재질의 변화에 따른 공구의 기준

3. 공작물의 배치 방법

공작물을 밀링 머신의 테이블 위에 배열하는 방법은 다음과 같다[그림 7-1 참조].
① 1개 부착은 공작물을 1개만 고정구에 부착하여 가공하는 것을 말하며, 고정구의 제작이 간단하고 중형 이상의 공작물 고정에 적합하며, 장착과 장탈의 시간이 짧다.
② 직렬 부착은 테이블의 길이 방향으로 2개 이상의 공작물을 일정 간격으로 1열로 배열하는 방법으로 공작물에 따라 가공 시간이 짧은 공작물은 간격을 좁게

고정시키고, 시간을 많이 요하는 공작물은 간격을 넓게 배열하여, 가공이 끝난 공작물을 순차적으로 들어내고 새로운 공작물을 고정함으로써 기계의 가동률을 높인다.

③ 병렬 부착은 테이블에 2개 이상의 공작물을 나열하는 방식으로서 다량 생산에 적합한 방식이며 공구제작의 어려움과 공작물의 오차, 그리고 장착과 장탈에 많은 시간이 소요되는 단점이 있다. 그러나 공정 단축과 밀링에서 응용이 가능한 특징이 있다.

④ 교대 부착은 테이블 좌·우에 공작물을 배치하여, 한 쪽의 공작물을 가공하는 도중에 다른 쪽의 공작물을 장차, 장탈하기 때문에 기계의 가동률을 높일 수 있다. 가공 시간이 비교적 긴 공작물과 대형 공작물에 적합한 방법이며 아버 모양의 커터를 사용할 때 한쪽은 상향 절삭되는 것에 주의하여야 한다.

⑤ 연속 부착은 회전테이블, 또는 드럼에 공작물을 부착하는 방법이다. 가공과 장착, 장탈이 연속적으로 이루어지며, 기계의 정지가 없기 때문에 가동률이 매우 높다. 회전 테이블형 밀링 머신, 드럼형 밀링 머신이 이러한 가공을 전문적으로 하는 밀링 머신이다.

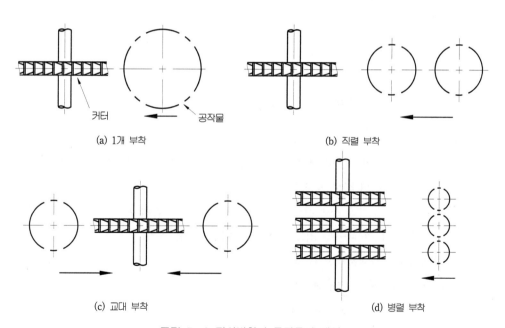

(a) 1개 부착   (b) 직렬 부착

(c) 교대 부착   (d) 병렬 부착

그림 7-2 절삭방향과 공작물의 배열

치공구 설계

7.2 밀링고정구의 설계, 제작상의 문제점

1. 위치 결정과 가공 오차개념

가공을 완료했을 때 공작물의 모양은 도면에 표시된 정확한 기하학적 형상과 표준치수에 대해서 편차가 있다. 어떤 가공이든지 도면에 표시된 대로 정확히 가공할 수가 없으므로 오차의 한계가 주어지는데 이 오차의 최대허용차를 공차라 한다. 오차는 다음과 같이 두 가지로 나누어 생각할 수 있다.

① 개개 요소면의 호칭치수의 편차.
② 좌표치수의 호칭치수에 대한 편차와 상호관련(평행도, 직각도, 동심도, 대칭 등)에서의 편차, 즉 3요소면 과 축 상호간의 배치오차

기준결정장치와 치공구의 제작오차에 따른 위치결정오차는 공간에서의 편차, 즉 좌표에 의해 정해지는 치수와 상호관련에 직접 영향을 준다. 그러면 개개면(특히 측정기로 구해지는 직경치수와 상대하는 요소의 치수)의 치수와 모양의 편차에는 영향을 주지 않는다.

좌표에 의해 정해지는 치수와 관계된 오차는 다음과 같이 세 가지로 구분된다.

① 공작물의 위치결정 오차
② 공작기계의 자체조작오차
③ 가공의 오차

위치결정오차(Es)는 공작물을 치공구에 장치하는 작업에서 생기는 것이며 기준결정면오차 (Eb)와 공작물을 클램핑 할 때 생기는 클램핑 오차 (Ef)를 합한 것이다. 그밖에 치공구에 관련된 부가오차 (Ej)도 포함한다. 부가오차는 치공구 제작시의 오차, 치공구를 기계에 설치할 때의 오차, 위치 결정 요소의 마모 등에 의해 생긴다. 자체조작오차 (△m) 은 절삭공구를 치수에 맞추거나 측정기 등를 공작기계 위에서 조작하는 과정에서 생기는 것이다.

가공오차는 (△w) 다음과 같은 원인으로 발생한다.

① 무 부하 상태에서 공작기계의 기하학적 오차
② 부하에 의해 발생하는 공작기계 – 치공구 – 공작물 – 공구의 가공체계에서의

　　탄성변형

③ 절삭공구의 마모와 열변형

　　위와 같은 오차를 고려하면 필요한 정밀도를 얻기 위한 조건이 구해진다. 불량품을 내지 않는 가공조건은 $(E_s) + (\triangle m) + (\triangle w) \leqq \sigma$ (σ: 허용되는 치수의 공차)이다.

　　위의 오차합계는 수학적으로 정확히 표현되는 산술적인 것이 아니라 기계 제작상에 있어서 세밀하게 논하는 일정한 방식으로 구해지는 것이다. 위치결정오차 (E_s)를 구성하는 (E_b), (E_f), (E_j)의 각 오차는 주어진 좌표에 의해 정해지는 치수 분산 범위의 크기를 정한다. 예를 들면 주어진 위치결정에서 얻어지는 치수를 (H)로 하고 기준결정오차 이외에 다른 오차가 없다고 가정하면 기준결정오차 (E_b)가 치수 (H)의 분산범위로 한다. 즉 여러 개의 공작물 가공에서 분산 범위는 공작물중의 최대치수(H_{max})와 최소치수(H_{min})의 차로 정해진다.

　　$(E_b) =$ 최대치수$(H1_{max}) -$ 최소치수$(H1_{min})$ 이와 같이 가공 시에 클램핑오차 (E_f)만 있다고 가정하면 $(E_f) =$ 최대치수$(H2_{max}) -$ 최소치수$(H2_{min})$ 또한 부가오차(E_j)만 있다고 가정하면 $(E_j) =$ 최대치수$(H3_{max}) -$ 최소치수$(H3_{min})$가 된다.

　　그러나 실제로는 이것들의 오차들의 오차가 동시에 발생하므로 세 개의 오차를 포함한 전 분산 범위를 정하여야 한다. 이것을 위치결정오차(E_s)라 한다. (E_s)와 (E_b), (E_f), (E_j)는 표준 분산의 관계가 있으므로 $(E_s) = \sqrt{E_b2 + E_f2 + E_j2}$ 으로 나타낼 수 있다.

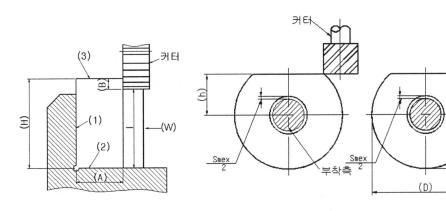

그림 7-2 커터의 세팅　　　　　**그림 7-3** 축 중심의 클램핑 오차

따라서 위치결정오차(Es)＝Hmax−Hmin ＝$\sqrt{Eb2+Ef2+Ej2}$이다. 기준결정오차(Eb)는 좌표에 다른 치수로 가공할 때 구조기준의 이동에 의해 생기는 분산범위의 크기로 된다. [그림 7-2]에서 공작물의 위치결정기준 (1)은 치수 (A)와 관계되므로 기준면이 된다. 이때는 치수 (A)에 대한 기준결정오차는 제로(0)이다. 면(3)은 가공 면에 대한 기준면이 된다. 조절된 공작기계의 밀링 축의 위치가 완전히 고정되었으므로 주어진 여러 개의 가공소재는 모두 (1)의 높이로 가공된다. 높이(H)의 공차로 인하여 기준면(3)을 기준으로 한(B)는 (δ)만큼 역시 공차가 생긴다. 즉 치수(B)에 대한 기준결정오차는 보조기준면(2)과 구조기준면을 연결하는 기준치수(H)의 공차와 같아진다.

[그림 7-3]은 가공 면에 대한 구조기준은 공작물 소재의 축 외경이며 위치결정기준은 축의 중심이다. 틈새가 있으면 공작물의 중심과 위치결정의 축 중심과 일치하지 않고 구조기준(공작물 축)이 치수 Smax/2 만큼 위 아래로 이동하여 전체의 이동은 Smax가 된다. 따라서 기준결정오차(Eb)는 Smax가 된다. 클램핑 오차(Ef)는 구조기준이 클램핑 함으로써 생기는 좌표치수의 분산범위의 크기가 된다. 클램핑력에 의한 구조기준의 변화량이 항상 일정하면 클램핑 오차 (Ef)는＝0이되나 공작물마다 모두 상태가 다르므로 구조기준의 변화량은 공작물마다 조금씩 다르게 되므로 클램핑오차 (Ef)가 존재하게 된다. 기계를 공작물에 대하여 조절하고 여러 개의 공작물에서 좌표에 의해 정해지는 치수(H)를 얻을 때 [그림 7-4]에서와 같이 공작물의 밑면, 즉 치공구의 위치결정요소가 최소의 접촉변형일 때는 구조기준이 (m′),(n′)의 위치가 되고 또한 최소로 클램핑이 작용하였을 때 치

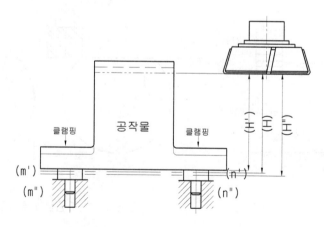

그림 7-4 클램핑에 의한 고정오차

수(H′)가 얻어진다. 여러 개의 공작물 중에서 몇 개의 공작물이 큰 클램핑 힘의 작용에 의해 구조기준이 (m″), (n″)으로 클램핑이 되었을 경우 치수(H″)가 얻어진다. 그러므로 호칭 치수 (H)는 (H′)에서 (H″)의 변이로 변화(분산)한다. 이 분산범위의 크기가 클램핑 오차가 된다.

클램핑 오차 (Ef)＝(H″)－(H′)에서 치공구에 관계된 오차(Ej)는 치공구 제작의 오차, 위치결정 요소의 마모, 기계의 테이블 혹은 주축에 대한 치공구의 기준결정과 클램핑 방법에 의해 생기는 것이며 좌표치수에 영향을 주는 부가적인 오차를 말하다. (Ej)를 생기게 하는 원인은 적시에 제거할 수 없으므로 위치결정오차(Es)의 계산에서는 보통 이 값을 무시하여 위치결정오차(Eb)와 클램핑 오차(Ef)의 합으로 정한다. 가공에 있어서 기준결정오차와 클램핑 오차가 동일선상에 있을 때 이 합산은 산술적으로 구할 수 있다. 위치결정오차(Es)＝(Eb)＋(Ef)이다. 그러나 (Eb)와 (Ef)가 서로 임의의 각도로 될 경우 (Es)는 (Eb)와(Ef)의 벡터 합(vector 합)으로서 구해진다. 위치결정오차(Es)＝(Eb)＋(Ef)＝$\sqrt{Eb2+Ef2}$이다.

예를 들면 [그림 7-5]와 같이 틈새가 있는 위치결정구에 공작물을 위치결정 할 때는 기준결정오차 (Eb)가 생긴다. 또 이 위치결정구의 반대쪽 면을 클램핑하면 클램핑 오차(Ef)가 생긴다. (Eb)와 (Ef)의 크기를 알고 있으면 위의 식을 이용하여 반경방향의 변위 혹은 공작물 축 외경과 가공 후 축 외경과의 거리(a)와(c)로서 구해진다. 클램핑 오차는 치공구의 구조, 공작물의 치수와 형상, 정밀도, 기준면의 질, 클램핑력의 크기 등과 같은 요소와 관계하므로 이 오차는 예외를 제외하고 대표적인 치공구에 대하여 실험적인 방법에 의해서만 구할 수 있다. 공작물을 평면에 부착하였을 때

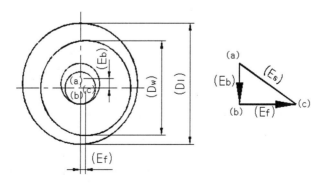

그림 7-5 축의 위치결정 틈새

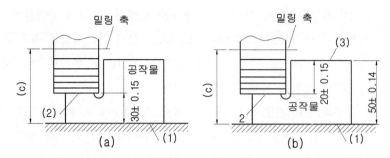

그림 7-6 밀링 가공의 오차

[그림 7-6]의 (a)에서 위치결정기준면 (1)이 구조 기준면이 된다. 이때 기준결정오차는 (0)이며 밀링가공(Milling 가공)에 의해 얻어지는 치수 ±0.15mm의 합계오차에 영향을 주지 않는다. [그림 7-6]의 (b)에서는 면(1)은 보조면 이 되고 구조 기준면은 (3)이 된다. 이와 같을 때 기준결정오차는 피할 수가 없게 된다. 밀링 축의 위치가 변화하지 않는다고 하면 (c=일정)구조 기준면(3)은 밀링의 날 끝에 대하여 기준치수 50mm의 공차 0.28mm변화하므로 이 공차가 기준결정오차로 된다. 주어진 치수는 20±0.15mm 임으로 기준결정오차를 제외하면 위치결정구 및 가공에 허용되는 공차는 0.3−0.28=0.02mm만 남게 된다. 위치결정구 및 가공오차는 0.02mm로 부족한 편이므로 기준결정 오차를 제거하거나 치수20의 공차를 크게 하여야 한다. 치수 20의 공차를 크게 하는 것이 구조상 기술적으로 불가능할 때 기준치수 50의 공차를 작게 하여 가공에 혀용 되는 공차에 여유를 주어야 한다. 위치결정구 및 가공에 필요한 공차가 0.1mm를 필요로 한다면 0.3 (절삭깊이 20의 공차)−0.1(부착 및 가공에 필요한 공차)=0.2(기준결정오차)이므로 작업도에는 20±0.15와 50±0.1로 표시된다..

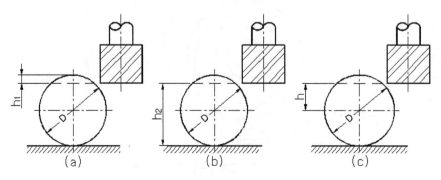

그림 7-8 부적절한 위치결정오차

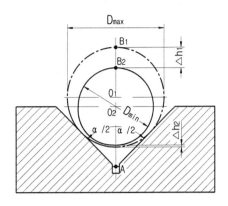

그림 7-9 V블록의 위치결정오차

[그림 7-8]은 축의 원통 면에 밀링(Milling)으로 홈 가공할 때 축을 부적절한 위치결정을 나타낸다. 그림 (a)은 가공 면과 치수 h_1과 관계된 축의 상부가 구조 기준이 되며 (b)에서는 바닥 면에서부터 h_2가 결정되므로 하부의 바닥 면이 구조 기준이 된다. 그림 (c) 축 외경에서부터 치수 h가 정해지므로 축 외경이 구조 기준이 된다. 이러한 경우 보조기준(축과 받침대의 접촉선)에 축이 설치되므로 치수 h_1, h_2, h에 대하여 기준결정오차가 생기게 된다.

[그림 7-9]와 같은 V블록에 축이 위치결정 될 때 이 오차의 크기는 공작물인 축 직경의 공차 δD와 V블록 위치결정면의 각 α에 관계된다. 1점 쇄선은 축 직경의 최대치 Dmax이고 실선은 최소치 Dmin을 표시한다(Dmax－Dmin＝Sb).

[그림 7-8]의 (a)를 예로 들면 기준결정오차 Eh_1은 축의 상부가 구조면이므로 [그림 7-9]에서 축 상부 면의 오차, 즉 $AB_1－AB_2$에 해당한다. 그러므로 Eh_1은 축 직경의 공차 δD와 블록의 각 α에 의해 정해진다. 공작물의 기준결정과 클램핑에서 발생하는 오차는 좌표에 의해 정해지는 치수와 상호관련의 정밀도에 직접 영향을 주므로 기준의 선택은 중요한 의미가 있다.

가공된 면의 기준선택에 대하여 다음과 같은 몇 가지의 일반적인 법칙이 필요하다.

① 이미 가공된 면의 위치결정기준은 보조기준면이 아니고 기준결정오차를 제거할 수 있는 구조기준면이어야 한다.

② 이것들이 기준면에는 최대의 클램핑힘과 절삭력에 대하여 안정성이 확실해야 하며 변형이 최소인 곳을 택하여야 한다. 이와 같은 면이 없을 경우에는 평면, 축 단, 홈이 있는 구멍 등을 가공해서 특별한 기준면을 만든다.

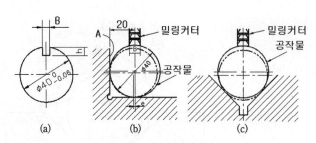

그림 7-10 홈의 절삭

③ 일반적으로 모든 작업에 있어서 정밀한 면 단 하나를 위치결정 기준면으로 선택하여야 한다. 가공공정 도중에 기준을 바꾸면 먼저 선택했던 기준면과 새로 선택한 기준면과의 배치정도에 따른 부가적인 오차가 생긴다.

평행도, 직각도, 편심, 동심도 등의 치수법의 정도를 공작 정도라 한다. 정도를 결정하는 요소로는, 공작 기계 자체의 정도와 위치결정구나 클램핑력 그리고 절삭력에 의해서 발생하는 오차 등이 있다.

[그림 7-10]의 (a)는 축에 홈이 있는 공작물의 예로서, 폭 B의 절삭하기 위해서 그림 (b)에 나타내는 고정구에 대해, 위치결정면 A로부터 정확하게 20mm의 위치에 폭 B의 밀링 커터를 위치시켜서 축에 키이 홈을 절삭한다.

이 때 공작물은 0.06mm의 공차 내에서 최소 치수로 제작된 경우, 공작물은 그림과 같이 e(0.03mm)만큼 편심되어 홈이 제작된다.

그림 (c)은 V-블록에서 위치 결정하는 것으로 (b)와 같은 수평 방향의 편심은 없게 되지만, 상하로 편심이 나타나게 된다. 따라서 이 경우 만약 밀링 커터의 높이가 일정하면 공작물의 지름의 대소는 홈의 깊이 h에 영향을 끼치는 것에 주의해야 한다.

2. 공작물과 커터의 행정

[그림 7-11]에서 커터에 의하여 공작물의 윗면 (a), (b), (c), (d)를 절삭할 경우, 커터의 직경이 클수록 절삭이 시작되는 위치는 공작물에서 멀어지게 되나, 가공이 완료되는 위치는 항상 일정하다. 절삭 이송량과 밀링 커터의 직경, 밀링 머신의 가공 능력 등을 고려하여 경제적인 가공이 되도록 하여야 한다. [그림 7-11]는 평면 밀링 커터로서 공작물의 상면(a), (b), (c), (d)를 절삭하는 경우로서, A점

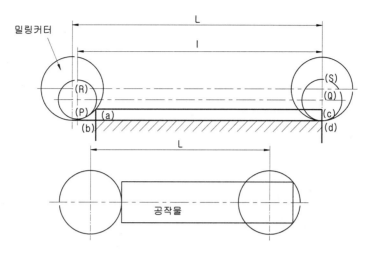

그림 7-11 공작물과 커터의 행정

의 각을 절삭 시작할 때의 큰 밀링 커터의 중심은 R, 작은 밀링 커터의 중심은 P
이며, 절삭 끝마칠 때의 각각의 중심은 S, Q이다.

따라서 절삭 이송 량은 L>l로 되므로, 밀링 커터의 지름이 큰 쪽이 크게 된다.
또 작은 밀링 커터는 절삭마력이 작은 이점도 있지만 그 반면 절삭 날의 수명이
짧다. 정면 밀링 커터의 경우는 [그림 7-11]에 표시한 바와 같이 절삭 초기의 중
심부터 절삭 완료의 중심까지의 이송량 L은 밀링 커터의 지름이 큰 쪽이 적은 것
이 명백하다

3. 다수 클램핑

많은 량의 소형 공작물을 동시에 클램핑할 경우 일반적으로 중간이 떠오르게
된다. 이 경우 가로 방향으로부터 각 공작물마다 클램핑기구가 접촉할 수 있는 클
램핑 기구를 택하거나, 모든 공작물이 위치 결정면에 접촉할 수 있도록 하는 것이

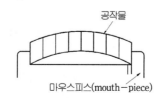

그림 7-12 공작물을 겹쳐서 클램핑

좋다. [그림 7-12]는 공작물을 여러 개를 동시에 놓은 후 양단으로부터 바이스로 클램핑 한 것으로, 이러한 경우는 일반적으로 그림과 같이 중간이 떠오르므로 이 경우 가로 방향으로부터 각 공작물 1개마다에 클램핑 나사를 설치해서 클램핑 하든가, 기타 조치를 취해 주어야 한다.

4. 조합된 밀링 커터 가공

[그림 7-13]은 A, B, C, D, E의 5개가 조합된 조합된 밀링 커터에 의한 작업의 예로서, 한 번의 절삭으로 복잡한 형상의 가공을 완료할 수 있게 되며, 이 경우 커터 직경의 차이로 인하여 각 커터마다 각기 다른 절삭속도를 가지게 되므로 이를 고려하여야 하며 일반적으로 고정밀도의 가공에는 사용하지 않는다. 수평 밀링에서 측면 밀링커터, 총형 밀링커터, 평면 밀링커터 등을 여러 개 조합하여 사용하면 대량생산에 유리하다. 또 많은 커터를 조합시킨 밀링작업은 기계의 큰 마력과, 강성을 필요로 하므로 2~3회 나누어서 가공하는 것이 유리하다. [그림 7-14]는 직경에 차이가 큰 2개의 밀링 커터를 조합하여 가공하는 것으로 절삭속도가 양쪽에 상당히 차이가 나므로 회전수, 이송이 양쪽 동시에 맞추기가 어려워 가공에 주의를 요한다.

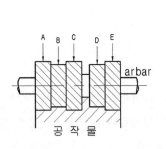

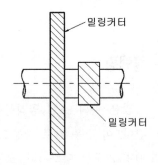

그림 7-13 조합된 밀링 커터의 사용 예   **그림 7-14** 지름이 다른 2개의 밀링 커터

5. 절삭에 의한 추력

[그림 7-15]는 나선 방향이 서로 다른 2개의 나선형 평면 밀링 커터를 조합하

여 평면을 절삭하는 경우로서, 이 때 절삭력의 축 방향분력 (추력)이 그림 (a)와 같이 고정구의 몸체에 작용하는 것이 좋다. 그림 (b)와 같이 추력이 클램프에 작용할 경우에는 클램핑력을 감소시켜서 공작물이 이탈할 경우도 있다 (클램프) 쬠쇠에 작용하는 것은 원칙적으로는 좋지 않다.

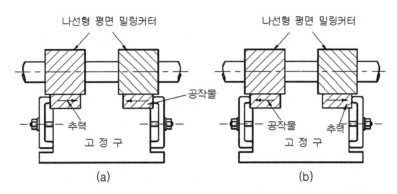

그림 7-15 절삭에 의한 추력

6. 공작물의 장·탈착

공작물의 장·탈착은 급속 클램핑 방식을 택하여 시간을 절약하여야 하며, 기계적인 방법으로는 캠, 링크, 나사 등에 의한 신속한 클램핑 기구가 있지만, 유·공압, 전자력 등을 응용한 방법도 활용된다

일반적으로 고정구에 있어서 장착·장탈의 시간은 정미가공시간이 단시간에 끝나는 정도가 문제가 되나, 되도록 빨리 장착·장탈 하기 위해 기계적 방법으로서는 캠, 링크, 나사 등에 의산 신속한 클램핑 기구가 고려되지 있지만 공기압, 유압, 전자력 등을 응용한 고급고정구도 제작된다. 반대로 정미절삭시간이 장시간 소요되는 공작물에서는 장착·장탈이 요하는 시간을 단축하기 위해 고정구를 복잡화하고 비싼 가격으로 하는 것보다 간단하게 해 주는 경우가 많으며, 주로 나사 클램프와 같이 클램핑의 확실성을 가질 수 있는 정도가 사용되는 경우가 비교적 많다.

[그림 7-16]은 왕복 운동하는 테이블 상에 올려놓는 2조의 고정구에 의해 작업을 연속적으로 행하는 경우를 나타낸다. (한쪽에서 절삭이 행해지는 동안 다른 한쪽에서는 장착·장탈을 행하는 것이다.)

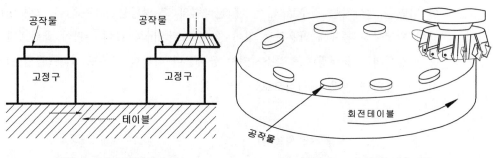

그림 7-16 교번절삭작업　　　　　　　　**그림 7-17** 밀링 연속가공

[그림 7-17]은 회전 운동하는 테이블 상에 공작물을 올려서 연속 가공하는 것으로서, 1개의 절삭 시간 중에 공작물의 장착, 장탈, 클램핑을 행하는 능률적인 방법이다.

이와 같은 능률적인 작업에서의 공작물의 장착 및 장탈은 공작물의 높이나 방향을 확실하게 하고 고정이 빠르며 정확성이 있는 고정구가 아니면 테이블의 이송속도를 늦추어야 하므로, 결국 능률이 그다지 오르지 않게 된다.

교번가공이나 움직이고 있는 테이블 상에서 공작물의 연속가공에 따라서 장착이 곤란한 경우는 별도로 매거진(magazine)을 제작해서, 별도의 장소에서 공작물의 높이나 방향을 맞추어서 매거진에 장착, 이 매거진을 테이블상의 고정구에 재빨리 장착하도록 하는 것도 있다. 매거진은 장탈이 정확하게 행해지는 것으로, 직립도 고정구에 올려놓으면 저절로 맞도록 고려하여 제작한다.

7. 커터의 위치결정 방법

새로운 공작물이 고정구에 설치되고 커터에 의하여 가공이 이루어질 경우, 일반적을 공작물을 정확한 치수로 가공하기 위해서는 몇 차례의 시험가공에 의하여 커터의 위치를 정립하게 된다. 이 경우 몇 개의 공작물을 손상하게 되며, 시간을 소비하는 등 비경제적이다.

[그림 7-18]은 커터 설치 블록의 사용 예로서 커터 설치 블록 (b)의 위치는 표준 게이지 (e)의 간격 만틈 커터의 정 위치에서 떨어져 설치되며 정확한 가공면과 경도를 가지고 있어야 한다. 커터 설치 블록은 2개로서 충분하며 게이지 (e)에 의하여 커터의 위치를 결정하게 된다.

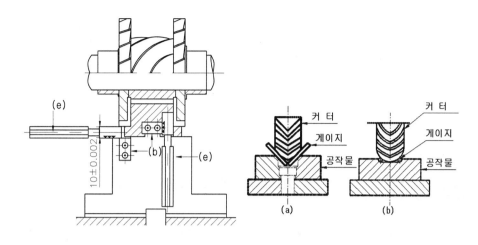

그림 7-18 커터 설치 블록의 사용   **그림 7-19** 커터의 위치 결정

[그림 7-19]의 (a)는 V홈을 가공하기 위하여 사용되는 커터 설치 블록의 예로서, 일정한 두께의 게이지를 사용하여 커터의 위치를 결정하게 된다. (b)의 경우는 라운딩 커터의 설치 블록의 사용 예로서, 게이지로는 핀을 사용하여 커터의 위치를 결정하게 된다.

[그림 7-20]은 커터 설치 블록의 사용과 측정 기준 블록의 사용 예로서, 커터 설치 블록에 의하여 커터의 위치가 결정된 후 가공이 완료되면 가공 부위의 정밀도를 검사하기 위하여 측정 기준 블록이 설치되어 있다. 측정 기준 블록은 가공이 완료된 공작물을 검사하기 좋은 위치에 부착되어야 하며, 정밀한 가공면과 경도

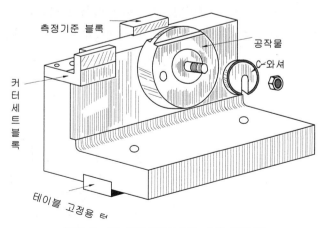

그림 7-20 커터세트블록과 측정기준블록

를 가지고 있어야 하고 통과(go) 정지(not go) 게이지로서 검사를 한다. 고정구의 밑에 부착된 텅(tougue)은 고정구의 위치 및 가공 방향과 고정구의 평행을 유지하기 위하여 사용된다.

7.3 커터 세트 블록(Cutter Set Block)

고정구에 사용되는 커터 안내 장치는 지그에서의 부시와는 다른 방법이 필요하게 된다. 일반적으로 커터의 안내 장치로는 세팅 게이지(setting gage), 세트 블록(set block)과 셋업 게이지(set-up gage)등이 있으며, 이들은 가공할 공작물의 정확한 위치에 절삭공구를 설치하기 위해서 사용되며 시험 절삭의 시도, 부품의 측정과 커터의 재 설치 등이 따르며, 이렇게 함으로써 위치 변위 량을 감소시킬 수가 있는 것이다.

세트 블록과 두께 게이지(feeler gage)는 밀링, 선삭, 연삭과 같은 공정에서 공작물과 절삭공구와의 관계 위치를 정확하게 설치하기 위해 사용된다. 세트 블록은 셋업 게이지(set-up-gage)로 알려져 있으며 통상 고정구에 직접 위치 결정되어 있고 커터의 기준으로 사용되는 표면은 작업해야 할 가공 형상에 따라 결정되어 진다.

두께 게이지(feeler gage)는 커터를 설치할 때 세트 블록의 마멸 및 손상을 방지하기 위한 적절한 간격이면 된다. 세트 블록은 일반적으로 작은판이나 윤곽 블록 또는 템플릿으로서 영구 체결 또는 반영구적으로 고정구에 고정 시켜 사용된다. 이와 같은 세크 블록의 대표적인 예가 [그림 7-21]이다.

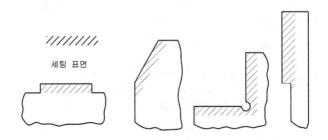

세팅 표면

그림 7-21 세트 블록의 대표적인 사용 예

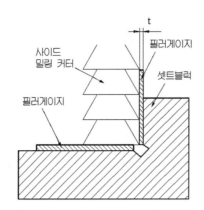

그림 7-22 세트 블록에 의한 커터의 위치선정

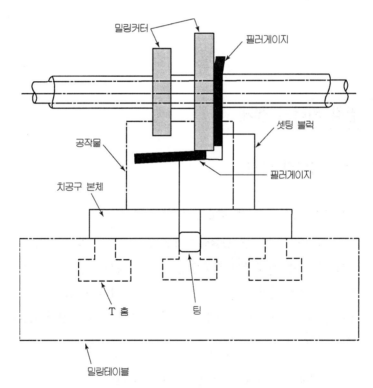

그림 7-23 셋트 블럭과 필러게이지에 의한 커터의 위치 관계 조립도

[그림 7-22]는 세트 블록을 설계할 때 고려해야 할 사항은 두께 게이지의 치수 허용차이다. 이 두께 게이지는 뒤틀림이나 휨을 방지할 수 있도록 1.5mm 또는 3mm 사이의 두께가 많이 사용되고 있다. 사용의 편리를 위해서 두께 게이지의 크기와 공구 부품 번호를 직접 두께 게이지 상에 적당히 각인 한다. 커터 안내 장

치는 항상 내마모성 재료로 제작되며 통상 열처리된 공구강을 사용하나 때때로 텅스텐 카바이드를 쓰는 경우도 있다. 이 안내 장치는 본체에 고정나사로 고정하고 움직이지 못하도록 다웰 핀에 의해 정확한 위치를 맞춘다. 커터 안내 장치의 기준면은 절삭공구의 진행방향에 공작물과의 거리를 두어 설치하며 세트 블록의 기준면상에 두께 게이지나 블록 게이지를 위치 시켜 사용한다. 이 방법은 공구의 날 부분을 정밀가공하고 공구안내장치의 열처리 표면에 직접 접촉시키지 않는 방법으로 공구의 날끝이나 안내장치의 면이 접촉됨으로서 발생하는 과다한 마모현상 같은 돌발적인 사고나 위험을 방지 할 수 있는 것이다. 이러한 표준간격의 실제거리는 0.8mm 이내가 좋다. 표준으로 정하지 않은 경우는 필러게이지로 측정할 수 있는 값이 가장 적합하다.

7.4 밀링 커터의 설계

1. 정면 밀링 커터의 설계

(1) 수직 경사각과 절삭날 경사각

주 절삭날(외주 절삭날)에 직각인 단면의 경사각을 수직 경사각(orthogonal)이라고 하며, 주 절삭날의 절삭방향에 대한 경사각을 절삭날 경사각이라고 한다. 수직 경사각과 절삭날 경사각은 측면 경사각(side rake)과 축방향 경사각(back rake) 및 어프로오치각(외주 절삭날각)에 의해서 결정되며, 다음과 같은 식에 의해서 구할 수 있다.

$$\tan r_0 = \tan rf \cos \varphi + \tan rp \sin \varphi$$

$$\tan \lambda = \tan \lambda p \cos \varphi - \tan \lambda f \sin \varphi$$

여기서, r_0 : 수직경사각(orthogonal angle)(진 경사각)

λ : 절삭날 경사각(cutting edge inclination)

rp : 축방향 경사각(back rake)

rf : 측면 경사각(side rake)

φ : 어프로오치각(approach angle)

표 7-1 경사각의 값

피삭재	실제의 경사각
강철삭용	$-8° \sim 8°$
주물절삭용	$4° \sim 10°$
경합금 스테인리강	$15° \sim 20°$

참고로 수직 경사각은 밀링 커터의 절삭 성능을 정하는 중요한 날끝 각도 (구성 각도) 이다. 정(正)이 큰 경사각은 절삭성이 좋으며 소비 동력이 작으나, 초경 밀링 커터의 경우에는 날끝 강도가 약해져서 치핑이나 결손의 원인이 된다. 반대로 부(負)가 큰 경사각을 절삭저항의 증가가 열의 발생에 있어서 수직 경사각의 값은 공구재료에 따라서다르지만 초경 합금에 있어서는 [표 7-1]과 같은 값이 많이 이용된다.

(2) 어프로오치각(외주 절삭날 각)

절입 깊이와 날 1개 당의 이송이 일정할 때에는 어프로오치 각이 클수록 절삭칩의 두께는 얇아진다. 그러므로 단위 절삭날 길이 당의 절삭 저항이 감소하며, 공구의 수명이 길어진다. 또한, 날끝의 강도가 커진다. 그러나 너무 크면 배분력의 증가에 대한 채터링이 발생하여 공구 수명이 저하된다. 일반적으로는 $0° \sim 45°$의 범위를 채택하고 있으나 때로는 $60°$, $75°$ 쓰인다. 특별한 예로는 작업상 필요에 따라 직각 절삭($\phi = 0$)이 있다.

(3) 부 절입 각(정면 절삭 날 각)

결정하는 절삭날이며, 부 절입각을 되도록 적게 함으로써 다듬질 면의 정밀도가 좋아진다. 심은날식에 있어서 부 절입각을 2단이나 3단으로 취하는 일이 있으며, 제1단 째는 절삭날이 길이를 짧게 하여 $0° \sim 2°$의 각도를 취하고, 제2단 째는 $5° \sim 15°$의 각도를 취한다. 드로우 어웨이식의 경우는 정면 절삭각이 $0° \sim 0°30'$으로 정면 절삭날의 길이가 회전당 이송의 $1.2 \sim 1.5$배가 되도록 드로우 어웨이 팁을 결정한다. 특히, 다듬질용 정면 밀링 커터에서는 이러한 부 절입각이나 부 절삭날의 길이에 주의를 해야하며, 개중에는 주축의 경사를 고려해서 부 절입각을 부로 취할 때도 있다.

(4) 여유각

수직 여유각(외주 여유각)과 정면 여유각이 있으나 어느 것이나 목적이 같기 때문에 날끝 강도를 저하시키지 않는 범위에서 피삭재와의 틈새는 충분한 값을 취해야 한다. 일반적으로 7'가 많이 쓰이고 있다.

(5) 날 수

정면 밀링 커터의 날 수는 여러 가지 각도에서 검토하여야 한다. 일반적으로 다음과 같은 4개의 항목을 들 수 있다.

① 밀링 머신의 마력

밀링머신 마력에 대해서는 가령, 사용하는 밀링 머신이 정해져 있고, 그의 능력 내에서 밀링 절삭을 하는 경우에 먼저 절삭 속도는 피삭재에 따라서, 적당한 값이 있으며, 밀링 머시인의 지름에 따라 회전수가 정해진다. 테이블 이송은 매분 절삭 체적에 비례하며, 밀링 머신의 마력에 따라 한도가 있다. 그 뿐 아니라 날 1개당 에 적당값이 있어 결과적으로 날의 수가 결정된다. 밀링 머신이나 피삭재의 강성 이 부족할 때에는 절삭날 수를 적게 할 수가 없다.

② 절삭칩의 배출성

절삭칩의 배출성에 대해서는 피삭재에 의해서 필요한 절삭 칩 포켓의 크기가 달라진다. 강이나 알루미늄 합금과 같은 절삭에는 큰 포켓이 필요하며, 주철의 절 삭시에는 작아도 된다. 이를테면, 절삭칩 포켓의 대소에 따라서 날의 수가 정 해진다.

③ 밀링 머신의 구조적 강도

밀링머신의 구조적 강도에 대하여는 밀링머신의 마력의 조건이 만족된 상태에 다시 날 수에 제한을 가하는 항목이다. 피절삭 저항이 큰 재료는 절삭할 때에는 절삭 날의 강도를 증가할 필요가 있으며 절삭칩의 배출성의 조건도 만족시키면 당연히 날 수는 적어진다.

④ 공작물(절삭)폭

절삭폭에 대하여는 동시 절삭날 수의 문제이다. 이를테면, 너비가 좁은 면이나 그의 집합체를 절삭할 때에 동시 잘삭날 수가 1이상이 아니면 진동이 발생하기 쉽고 수명이 저하하게 된다. 이와 같은 경우에는 절삭날 수를 많게 할 필요가 있다. 또한, 피삭재의 너비가 넓고 클램프가 약할 때에는 반대로 날 수를 적게 하여야 한다.

일반적으로 밀링 커터의 날수를 구하는 공식은 $((2 \times D) \div 25.4) + 8$이고, 밀링커터 직경은 공작물 크기에 따라 $D = (1.3 \sim 1.5) \times$ 공작물 폭이다.

7.5 밀링 고정구의 설계 절차

밀링 고정구의 설계 및 스케치의 전개 시에는 다음의 요소들을 순차적으로 고려해야 한다.

1. 고정구 설계의 전개

고정구의 설계 전개 과정은 지그설계 과정과 유사하나 다음과 같다.

① 작업자의 작업 범위를 결정하기 위해서 부품도와 생산계획을 분석하고 생산량을 고려한다.

② 공작물은 기계 가공시 적당한 위치에서 눈에 잘 보이게 스케치한다.

③ 위치결정구와 지지구를 적절한 위치에 스케치한다.

④ 클램프 및 기타 체결장치를 스케치한다.

⑤ 절삭공구의 세팅블록과 같은 특수장치를 스케치한다.

⑥ 고정구 부품을 수용할 본체를 스케치한다.

⑦ 고정구의 여러 부품의 크기를 대략 판단한다.

⑧ 절삭공구와 아버(arbor) 등에 고정구가 간섭이 생기는가를 점검한다.

⑨ 예비스케치가 끝나면 충분히 검토한 후 도면을 완성하고 재질을 명시한다.

밀링 고정구의 설계 전개에서 먼저 부품도와 생산 계획의 분석으로 밀링 가공 공정의 범위가 결정되면 공작물을 3면도에 스케치한다. 이 스케치는 밀링 가공에 알맞은 위치에 공작물이 보이도록 해야 한다.

(플레이트 밀링고정구 설계순서1)

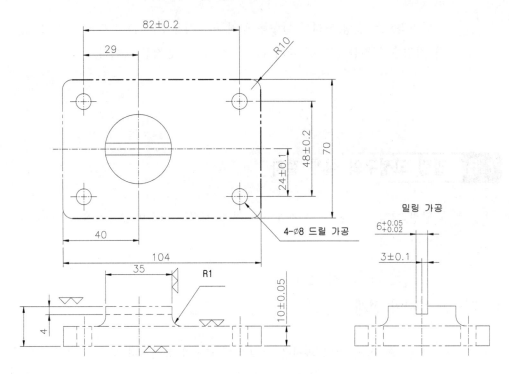

그림 7-24 부품도

(1) 치공구 설계에 필요한 요구사항

① 제 품 명 : 브라켓(Bracket)

② 재　　질 : SCM

③ 열 처 리 : HRC 25~30

④ 가공수량 : 10,000 EA/월

⑤ 가공부위 : 6±0.03

⑥ 사용장비 : 수평 밀링머신

⑦ 사용공구 : ⌀100×6×25.4 사이드커터

⑧ 밀링테이블 사양 : T-slot 폭 16mm, T-slot 수 2개, T-slot 간거리 60mm, 테이블 폭 280mm

⑨ 필러게이지와 커터의 설치 개략도를 그릴 것.

⑩ 경제성을 고려하여 치공구 제작비가 적게 들도록 할 것.

⑪ 신속한 클램프의 선정과 제품의 장착 및 장탈을 고려한 설계를 할 것.

⑫ 표준품, 시중품의 활용과 요소 부품수리 및 교환의 용이성을 고려할 것.

(2) 밀링 고정구 설계순서

① 공작물 도면 분석 및 고정구의 형태이해

공작물의 형태, 수량, 가공 정밀도, 재질, 치수의 기준, 가공방법 등을 파악하고 치공구의 형상을, 종류, 용도, 장·단점을 파악한다.

공작물 형상에 의하여 플레이트 고정구 형태를 택한다.

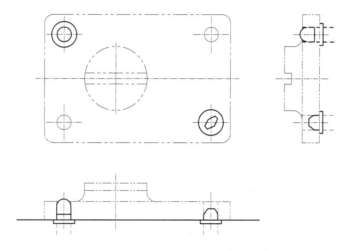

그림 7-25 위치결정구 설계(스케치)

② 공작물의 위치결정

㉠ 공작물의 가장 넓은 평면을 위치 결정면으로 하고 위치결정면은 평면도 유지를 위하여 반드시 연삭 작업을 한다.

㉡ 2개의 구멍에 핀으로 위치 결정을 하고 하나는 원형 핀으로 하고 또다른 핀은 다이아몬드형으로 설치를 하되 방향에 주의하도록 한다.

2개의 다이아몬드형으로 설치하여도 무방하다.

③ 클램핑 기구의 선정

클램핑 기구는 플레이트 고정구의 특성상 위치결정 된 평면상에서 안전하게 잡아두고 있는 두 개의 스트랩 클램프로 설계를 한다. 토글에 의한 방법도 좋은 방법이다

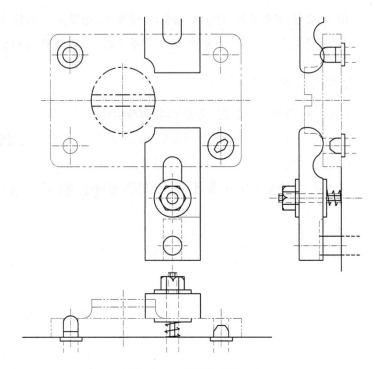

그림 7-26 클램핑 장치설계

④ 특수 장치 적용

커터의 정확한 설치와 정밀한 가공을 위해 커터세트블록을 설치하고 이 세트블록상에 필러 게이지를 설치를 한다. 필러 게이지의 두께는 1.5~3mm이며 길이는 120mm이하로 설계하면 된다. 세트블록은 공작물을 지지하여주는 동일한 평면상에 설치되도록 설계를 하되 2개의 볼트와 2개의 다웰 핀을 사용하여야 한다.

⑤ 본체 설계

고정구의 본체 설계는 위치 결정구, 지지구, 클램프 및 특수 장치 등을 수용할수 있는 충분한 크기로 한다.

[그림 7-27]은 앞에서 계획된 고정구 부품들을 수용할 수 있는 충분한 면적과 두께를 가진 평판으로 되어 있다. 이 고정구를 기계테이블과 일렬로 배열시키기 위해서 본체의 밑면에 있는 슬롯 홈에 안내키(tongue)가 조립되어 있다.

본체의 사각 모서리 부분은 스트랩 클램프 등으로 기계 테이블에 고정할 수 있도록 계획되어야 하며 T-볼트로 테이블에 고정하려면 볼트를 위한 홈이 본체에 그려져야 한다.

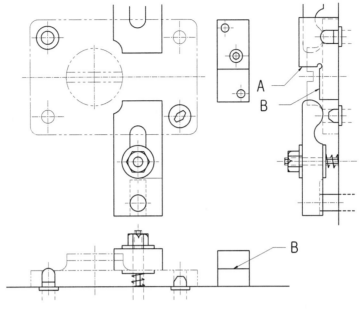

그림 7-27 세트블록 설계

⑥ 치수 결정

　예비 스케치가 끝나면 전체 크기가 결정되고 일부 치수가 스케치에 첨가된다. 정확한 치수는 최종 고정구 도면이 완성될 때 계산한다[그림 7-28 참고].

⑦ 설계 검토

　고정구의 부품이 아버(arbor)나 아버 지지구(arbor support)와 간섭이 생기지 않도록 확인을 해야 한다.

　절삭 공구의 진동을 방지하기 위하여 충분히 큰 직경의 아버에 절삭공구를 설치해야만 한다. 만약 클램프나 다른 부품이 너무 높아서 매우 큰 직경의 절삭공구를 사용하지 않고는 이 아버 밑으로 고정구가 통과할 수 없다면 이 설계는 일부 수정해야 될 것이다. 설계시 실수를 피하기 위해서 절삭 공구와 아버를 고정구 도면에 가상선으로 나타내면 이런 실수를 피할 수 있다.

　[그림 7-28]은 고정구의 완성된 조립도면에 절삭 공구와 아버의 가공 위치를 나타내며 이러한 연습을 통해서 간섭을 피하게 되고 고정구의 기능을 확실하게 하며 절삭 공구의 연삭을 위해 커터 직경에 대한 적당한 허용치를 주도록 하는 것이 좋다.

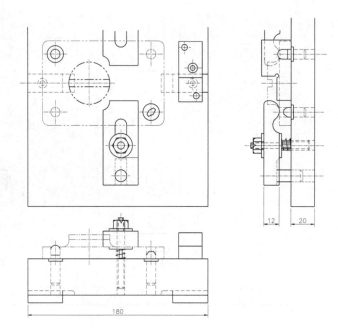

그림 7-28 본체설계 및 외각치수기입

⑧ 플레이트 고정구의 설계

㉠ 모눈종이를 이용하여 3각법과 3도면(2도면)으로 간단히 스케치한다.

㉡ 공작물은 가상선으로 한여 CAD상에 설계제도를 한다.

㉢ 조립도를 완성하고 조립도에 필요한 조립치수, 데이텀, 기하 공차를 부여
한다.

㉣ 조립도상에 주요 품번을 명기하고 표제란에 각 부품의 품번 대로 품명, 재
질, 수량, 비고란 등을 명기한다.

㉤ 부품도를 3각법으로 도면화 한다.

㉥ 표제란 위에 도면의 주기사항(주기란, NOTE)을 명기한다.

㉦ 치공구설계작업에 필요한 Data book 및 Catalog를 참고하여 KS 제도법에
따라 적용할 것.

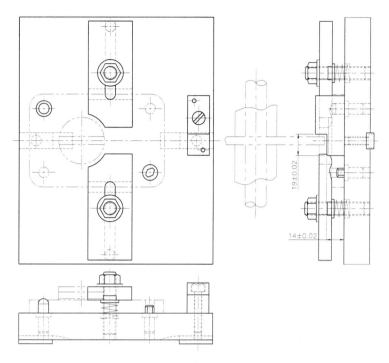

그림 7-29 완성된 조립도면

(앵글플레이트 밀링고정구 설계순서 2)

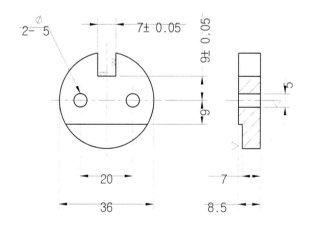

그림 7-30 부품도

(1) 치공구 설계에 필요한 사항

① 제 품 명 : 브라켓(Bracket)

② 재   질 : SCM

③ 열 처 리 : HRC 25~30

④ 가공수량 : 10,000 EA/월

⑤ 가공부위 : 7±0.05

⑥ 사용장비 : 수평 밀링머신

⑦ 사용공구 : ∅100×7×25.4 사이드커터

⑧ 밀링테이블 사양 : T-slot 폭 16mm, T-slot 수 2개, T-slot 간거리 60mm, 테이블 폭 280mm

⑨ 필러게이지와 커터의 설치 개략도를 그릴 것.

⑩ 경제성을 고려하여 치공구 제작비가 적게 들도록 할 것.

⑪ 신속한 클램프의 선정과 제품의 장착 및 장탈을 고려한 설계를 할 것.

⑫ 표준품, 시중품의 활용과 요소 부품수리 및 교환의 용이성을 고려할 것.

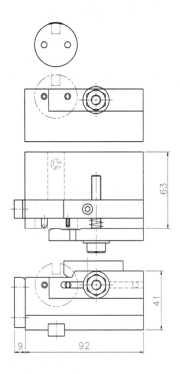

그림 7-31 앵글플레이트 고정구 설계

(2) 설계순서

① 공작물 도면 분석 및 고정구의 형태이해

공작물의 형태, 수량, 가공 정밀도, 재질, 치수의 기준, 가공방법 등을 파악하고 고정구의 형상을, 종류, 용도, 장·단점을 파악한다.

공작물 형상에 의하여 앵글 플레이트 고정구 형태를 택한다.

② 공작물의 위치결정

㉠ 공작물의 가장 넓은 평면을 위치 결정면으로 한다.

㉡ 2개의 구멍에 핀으로 위치 결정한다.

③ 클램핑 기구의 선정

클램핑 기구는 플레이트 고정구의 특성상 위치 결정된 평면 상에서 안전하게 잡아 두고 있는 두 개의 스트랩 클램프로 설계를 한다. 토글에 의한 방법도 좋은 방법이다

④ 특수 장치 적용

커터의 정확한 설치와 정밀한 가공을 위해 커터 세트블록을 설치하고 이 세트블록 상에 필러 게이지를 설치를 한다. 필러 게이지의 두께는 1.5~3mm이며 길이는 120mm 이하로 설계하면 된다. 세트블록은 공작물을 지지하여 주는 동일한 평면상에 설치되도록 설계를 하되 2개의 볼트와 2개의 다웰 핀을 사용하여야 한다.

⑤ 본체 설계

고정구의 본체 설계는 위치 결정구, 지지구, 클램프 및 특수 장치 등을 수용할 수 있는 충분한 크기로 한다.

[그림 7-31]은 앞에서 계획된 고정구 부품들을 수용할 수 있는 충분한 면적과 두께를 가진 평판으로 되어 있다. 이 고정구를 기계테이블과 일렬로 배열시키기 위해서 본체의 밑면에 있는 슬롯 홈(텅)에 안내키(tongue)가 조립되어 있다.

본체의 사각 모서리 부분은 스트랩 클램프 등으로 기계 테이블에 고정할 수 있도록 계획되어야 하며 T-볼트로 테이블에 고정하려면 볼트를 위한 홈이 본체에 그려져야 한다.

⑥ 치수 결정

예비 스케치가 끝나면 전체 크기가 결정되고 일부 치수가 스케치에 첨가된다. 정확한 치수는 최종 고정구 도면이 완성될 때 계산한다.

⑦ 설계 검토

고정구의 부품이 아버(arbor)나 아버 지지구(arbor support)와 간섭이 생기지 않도록 확인을 해야 한다.

절삭 공구의 진동을 방지하기 위하여 충문히 큰 직경의 아버에 절삭공구를 설치해야만 한다. 만약 클램프나 다른 부품이 너무 높아서 매우 큰 직경의 절삭공구를 사용하지 않고는 이 아버 밑으로 고정구가 통과할 수 없다면 이 설계는 일부 수정해야 될 것이다. 설계시 실수를 피하기 위해서 절삭 공구와 아버를 고정구 도면에 가상선으로 나타내면 이런 실수를 피할 수 있다.

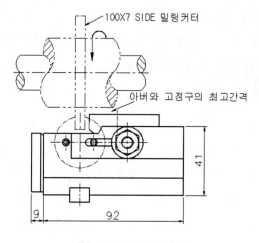

그림 7-32 아버 간격

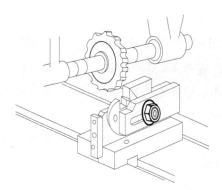

그림 7-33 밀링 테이블에 설치된 고정구

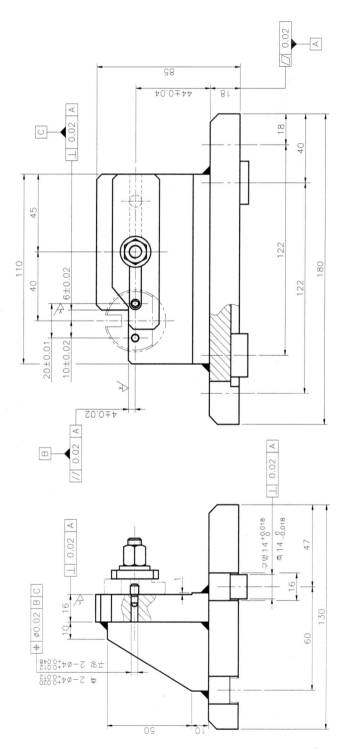

그림 7-34 밀링고정구 조립도면

제7장 익힘문제

1. 밀링고정구의 종류와 그 특징에 대하여 간단히 설명하시오.

2. 밀링고정구 설계시 반드시 검토되어야 할 사항은 무엇인가?

3. 위치결정과 가공에서 치수와 관련된 오차는 무엇인가?

4. 밀링작업시 다수의 클램핑할 때 주의 사항을 기술하시오.

5. V블럭을 이용하여 공작을 위치결정시 상하 좌우의 편위량을 설명하시오.

6. 밀링테이블에 공작물을 고정하는 텅 및 세트블록에 대하여 간단히 설명하시오.

7. 밀링고정구 설계 순서 및 밀링커터의 설계시 요점을 기술하시오.

8. Ø75의 밀링 커터의 날 수는 얼마인가?

제 8 장

선반 고정구

8.1 선반 고정구 개요

1. 선반 고정구의 의미

선반 고정구는 선반작업에 사용되는 치공구를 말하며, 선반은 일반 공작기계 중에서 가장 많이 사용되는 공작 기계로서, 내·외경 절삭, 테이퍼 절삭, 정면 절삭, 드릴링, 보오링, 나사가공 등을 할 수 있으며, 여러 가지 고정구를 사용함으로서, 광범위하고 효율적인 작업을 할 수 있다. 선반 고정구는 선반 작업이 단순하듯이 대체적으로 단순하고, 간단한 형태로서, 주로 활용되는 고정구의 종류는 척(chuck), 센터(center), 심봉(mandrel), 콜릿 척(collet chuck),에 의한 척 선반 고정구와 면판(face plate) 및 앵글플레이트을 활용하는 면판 선반 고정구가 주로 사용된다.

선반 고정구는 특수한 경우를 제외하고는 표준품 및 시중품을 적극 활용하는 것이 좋다. [그림 8-1]은 선반작업 몇 가지를 나타낸 것으로 그림 (a)는 척으로 공작물을 고정한 것이고, 그림 (b)는 면판과 앵글플레이트에 의하여 공작물을 설치하였으며 그림 (c)는 심봉에 의한 양 센터에 의하여 공작물을 회전시키면서 바이트로 절삭하여 필요한 형상으로 선반가공하는 것이다.

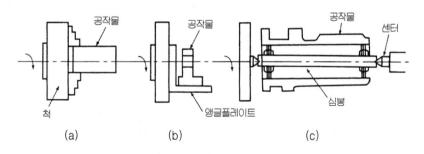

그림 8-1 고정구에 의한 선반 작업

2. 선반 고정구의 설계, 제작시 주의사항

선반 치공구의 설계, 제작시 주의하여야 할 점들은 다음과 같다.
① 회전 또는 절삭력에 의하여 공작물의 위치가 변하지 않도록 확실한 위치 결정

및 클램핑(clamping)을 하고, 주물품의 경우 탕구, 압탕, 주물귀 위치는 위치
결 정구 정당하지 않으며, 분할선도 피하는 것이 좋다.

② 공작물의 장착과 장탈이 용이하도록 정확히 위치 결정을 한다.

③ 고정구는 공작물과 함께 회전해야 되므로, 작업 중에 떨림이나 비틀림이 발생
하지 않도록 클램핑이 확실해야 한다.

④ 공작물이 클램핑력이나 절삭력에 의해서 변형되지 않도록 해야 한다.

⑤ 고정구는 강성이 있고 가벼우며 신속한 작동이 이루어져야 한다.

⑥ 고속도 회전의 경우는 편심이 일어나지 않도록 평행도를 주는 것을 고려한다.

⑦ 작업 중 칩의 제거가 용이하고 작업의 안전성을 확보해야 한다.

⑧ 중복 위치 결정은 피하고 1회의 장착으로 가공을 끝내도록 구조를 설계한다.

⑨ 새로운 곳을 동시에 클램핑하는 경우, 클램프 압력의 균일성을 고려한다.

⑩ 마모 부품은 교환이 가능한 구조로 하며, 동시에 고정구 호환성을 고려한다.

⑪ 표준 부품을 사용하여 제작과 정비가 신속히 되도록 한다.

⑫ 공작물의 종류 형상에 따라서는 바이트 조정용의 기준면을 설치한다.

⑬ 클램핑 기구는 급속 체결 방식을 택할 것.

8.2 표준 선반 고정구

1. 척(chuck)

선반 작업에 사용되는 척은 주축대에 고정되어 공작물과 같이 회전하게 되므로
안전도가 확실하여야 하며, 척의 종류 중 기계식에는 단동 척과 연동 척, 콜릿 척
이 있으며, 유공압식 척과 전자척 등이 있다.

[그림 8-2]의 (a)는 단동 척(independent chuck)으로서 각 죠오(jaw)는 개별
로 움직이며 주로 불규칙한 공작물의고정에 사용되고 고정력이 큰 편이다. (b)는
연동 척(universal chuck)으로서 각 죠오는 동시에 일정하게 움직이므로 공작물
의 내・외형을 기준으로 동심 가공에 적합하다. 유공압 척(hydroulic chuck)은
공작물의 고정력을 유공압에 의하여 발생시키는 것으로서, 죠오(jaw)의 형상은

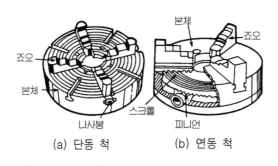

그림 8-2 단동 척과 연동 척

그림 8-3 레버 척

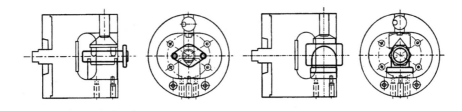

그림 8-4 레버 척의 공작물 척 킹 상태

공작물의형상에 적합하도록 개조하여 사용이 가능하며, 급속 장·탈착이 가능하고 클램핑력의 조절이 가능한 장점이 있다. 전자 척(magnecting chuck)은 공작물의 형태가 일반 척으로 고정이 불가능하거나 박판인 경우에 사용된다.

척 고정구는 기존의 척에서 어떠한 형상의 공작물이라도 가공할 수 있는 다양한 고정구의 기능을 겸비한 다양한 척 고정구가 전문업체에 의하여 시중에 개발되어 있으며 대표적으로 볼형 만능척(Universal Ball Lock Chuck), 핀 아버 척(Pin Arbor Chuck), 레버 척(Lever Chuck), 급속 죠 교환 척(Quick Jaw Change Chuck), 양 센터 척(Retractable Chuck), 기어 척(Gear Chuck) 반자동 분할 척(Semi-automatic Indexing Chuck), 자동 분할 척(automatic Indexing Chuck), 콜릿 척(Collet Chuck) 등이 있으므로 척 고정구는 특수한 경우를 제외하고는 새롭게 설계하는 것보다 기성품을 활용하는 것이 절대적으로 유리하다고 볼 수 있다.

[그림 8-3]과 [그림 8-4]와 같이 레버 척은 원형이 아닌 공작물이나 한쪽 면을 기준으로 가공해야 하는 제품에 적합하며, 일반적으로 3 죠척에서 가공할 수 없는 공작물에 적합하다. [그림 8-5]는 간단한 조립도면이다.

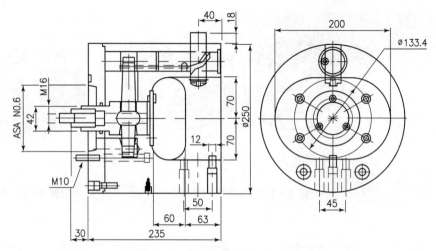

그림 8-5 레버 척의 간단한 조립도면

그림 8-6 반자동 분할 척

그림 8-7 반자동 분할 척에서 주로 사용되는 공작물

　　[그림 8-6]은 반자동 분할 척으로 [그림 8-7]의 공작물 형태를 가공 할 수 있는 척으로 공작물의 클램프는 유압실린더에 의하여 자동으로 척킹되며 클램핑이 강하여 중절삭이 가능한 구조이며, 4×90° 분할은 공작물이 클램프 된 상태에서 수동으로 조정한다. [그림 8-8]은 반자동 분할 척의 간단한 조립도면이다.

[그림 8-9]는 자동 분할 척으로 [그림 8-10]의 다양한 공작물을 한번 클램프로 척 회전 중 분할(60°, 90°, 120°)이 이루어지므로 주축을 정지시키지 않고도 다 공정 가공을 할 수가 있으며 NC선반의 경우 분할을 프로그램으로 자동으로 작동 시킬 수 있다. [그림 8-11]은 자동 분할 척의 간단한 조립도면이다.

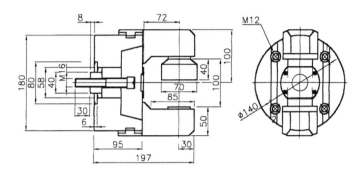

그림 8-8 반자동 분할 척의 간단한 조립도면

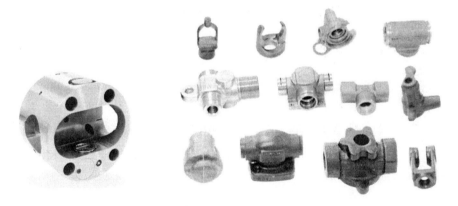

그림 8-9 자동 분할 척   **그림 8-10** 자동 분할 척에서 가공이 가능한 다양한 공작물

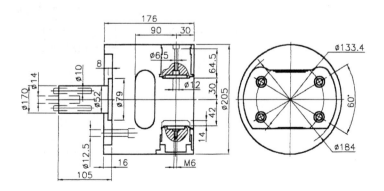

그림 8-11 자동 분할 척의 간단한 조립도면

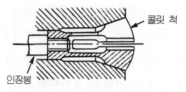

(a) 인장봉을 사용한 크램핑

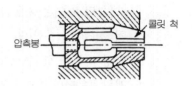

(b) 압축봉을 사용한 크램핑

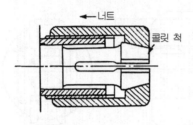

(c) 너트에 의한 클램핑

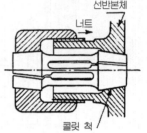

(d) 너트에 의한 클램핑

그림 8-12 콜릿 척

[그림 8-12]는 콜릿 척(collet chuck)의 보기이며, 콜릿척은 테이퍼(taper)에 의하여 내·외경이 압축 또는 팽창되어 공작물을 고정하게 된다. 콜릿 척은 공작물과의 접촉이 전체적으로 이루어지고, 고정력도 전체적으로 작용하므로 공작물에 손상이 발생하지 않으며 급속 장·탈착이 가능하다.

[그림 8-13]은 콜릿 척의 사용 예로서 (a)는 테이퍼 핀 k를 회전과 동시에 밀어 넣어 공작물을 고정하게 되며(b)는 볼트(s)를 체결하여 테이퍼(taper)를 가지고 있는 볼트(k)를 밀어 고정하게 되며 내경을 기준으로 고정이 이루어진다.

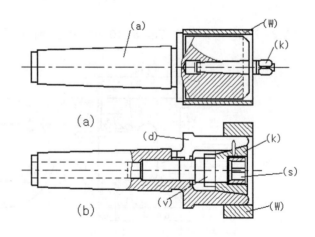

그림 8-13 콜릿 척을 사용한 예

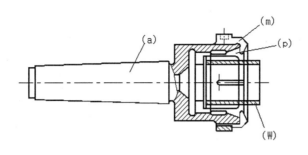

그림 8-14 콜릿척을 사용한 예

그림 8-15 콜릿 척

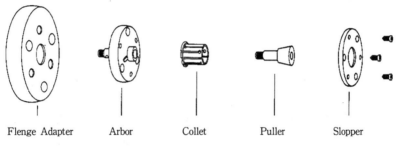

Flenge Adapter   Arbor   Collet   Puller   Slopper

그림 8-16 Collet Chuck Lay-Out

[그림 8-14]는 공작물의 외경을 클램핑(clamping)하는 예로서, 클램핑 너트 (m)을 체결하면 콜릿(p)가 본체의 테이퍼 부분을 따라 이동하면서 콜릿을 압축하게 되어, 공작물의 클램핑이 이루어진다. 공작물을 탈착할 경우는 너트(m)을 풀게되면 콜릿의 내경이 확장되어 공작물과 분리되게 된다.

[그림 8-15]에서와 같이 콜릿 척의 특징을 보면 공작물의 클램핑은 고정구 고정 봉(Draw Bar)이 콜릿 척 뒷부분의 고정 볼트(Draw Bolt)와 연결되어 위치결정 축(Puller)를 당기면서 클램핑이 이루어진다.

[그림 8-16]은 콜리 척의 레이아웃을 나타낸 그림으로 공작물의 형태에 따라 일부만의 부품교환으로 쉽게 사용할 수 있는 장점이 있다.

[그림 8-17]은 접시형 스프링 와셔(washer)를 이용하여 공작물을 고정하는 예로서, 접시형의 얇은 스프링 와성 여러개를 조립하여 측면에서 힘을 가하면 접시형 와셔가 평와셔처럼 변형이 일어나게 되며, 이 과정에서 와셔의 내경이 축소되어 공작물을 고정하게 된다. 반대로 너트를 풀면 스프링 와셔는 원상태로 복귀하면서 내경이 확장되어 공작물의 탈착이 이루어진다

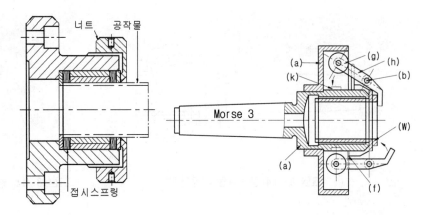

그림 8-17 접시 스프링 와셔를 이 용한 척킹

그림 8-18 원심력을 이용한 척킹

    [그림 8-18]은 원심력을 잉요하여 공작물을 고정하는 척으로서, 공작물이 척에 삽입되고 척이 회전을 하면 레버(h)와 원심력에 의하여 공작물을 고정하게 된다. 레버(lever)(h)는 핀(b)에 의하여 지지되어 있으며, 핀(b)를 중심으로 회전하게 된다. 레버 (h)의 한쪽 선단에는 무거운 추(g)가 부착되어 있어 주축이 회전을 하면 레버가 원심력에 의하여 무거운 공작물(w)가 중심에서 멀어지게 되고, 반대편은 축소하여 공작물을 고정하게 되며, 주축의 회전이 높을수록 강력한 힘으로 공작물을 고정하게 된다.(k)는 고무로서 회전이 정지할 경우 접촉을 부드럽게 하기 위하여 부착되어 있으며, 원심력을 이용한 척(chuck)은 주로 경 절삭에 적당하다.

8.3 여러 가지 선반 고정구

1. 심봉(mandel)

    심봉은 미세한 각도의 테이퍼(taper)를 가지고 있는 봉으로서 주로 내경을 기준으로 외경을 동심 가공하는 경우에 사용된다.

    [그림 8-19]의 (a)는 간단한 심봉으로 양 센터 구멍이 있으며 d_2의 지름은 d_1 보다 크게 하여 테이퍼로 만든다. 보통 테이퍼는 고도의 정밀도를 요하지 않을 경

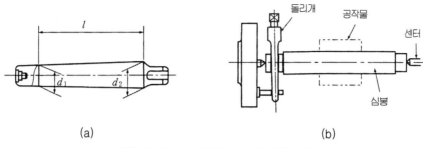

그림 8-19 심 봉 및 심 봉에 의한 가공

우 1/100 정도로 만들어진다. 테이퍼의 길이 $l = (d_2 - d_1) \times 100$ 이 된다. [그림 8-19]의 (b)는 구멍을 먼저 가공한 공작물을 테이퍼 심봉에 압입하여 이것을 양 센터로 지지하고 돌리개에 의하여 회전시켜 공작물의 외경을 정밀하게 다듬질하는 것이다. 심봉의 종류는 고정 심봉, 조립 심봉, 팽창 심봉 등이 있으며 심봉의 테이퍼 정도는 공작물의 형태와 정밀도에 차이는 있으나 일반적으로 100mm에 0.05mm정도의 작은 테이퍼가 사용되며, 양 센터(center)를 중심으로 정확하게 가공이 되어야 하고 고탄소강으로 제작하여 열처리에 의하여 경도를 유지하여야 한다.

양단의 센터 구멍은 접시 모양으로 정확히 만들어져 있으며, 래핑 다듬질한다. 또, 심봉의 단면이 공작물의 착탈시에나 연질의 재료에 닿을 경우가 있으므로(프레스를 사용해야 하지만) 그와 같은 경우 센터 구멍에 홈이 가지 않도록 주의하여야 한다.

절삭력에 견딜 수 있도록 심봉에 공작물을 강하게 압입하는 경우가 많기 때문에, 심봉 표면은 탄소 공구 강재(STC)를 담금질하여 사용하여 강도는 Hs 70 이상으로 한다 이 때 끼워넣는 공작물은 심봉 표면에 아주 높은 면압이 가해져 공작물을 빼낼 때 홈이 생기는 경우가 발생하므로 처음부터 압입전에 강한 윤활제 (보통 기계유에 광명단을 다량 넣는다)를 바르든가, 심봉 표면을 Cr도금해서 연삭 다듬질함이 바람직하다.

[그림 8-20]은 주로 사용되는 각종 심봉의 형태를 나타내고 있다.

(a)는 단순하게 테이퍼만을 가지고 있는 심봉으로서 공작물을 심봉의 외경이 작은 쪽으로 밀어넣어 고정하게 되며, 공작물의 한쪽은 심봉과 작은 틈이 발생되어 동심으로 가공이 어려운 경우가 발생할 수도 있다.

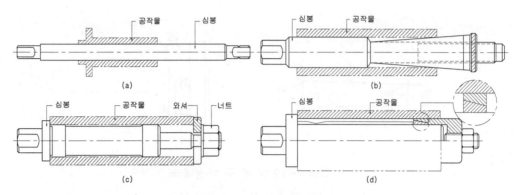

그림 8-20 각종 심봉의 종류

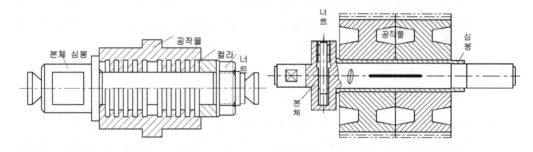

그림 8-21 파형·링을 이용한 심봉   **그림 8-22** 유체에 의한 팽창식 심봉

    (b)는 조립형의 심봉으로서 공작물의 양단만이 심봉과 접촉하게 되며, 너트에 의하여 고정이 되므로 고정력을 조정할 수 있다.

    (c)는 심봉의 외경이 테이퍼를 따라 동일하게 팽창하므로 공작물과 심봉의 접촉이 균일하게 되고, 테이퍼(taper)의 정밀도에 따라 동심 가공의 정도가 결정되며, 공작물 내경의 변화에 대처가 가능하다.

    [그림 8-21]은 특수한 형태의 심봉(mandrel)으로서, 본체 d에 조립되어 있는 파형의 링(ring)s가 너트 m에 의하여 축 방향으로 압축되면 링s가 압축되면서 외경이 팽창되어 공작물의 내경에 접촉하여 공작물을 고정하게 된다. 이것은 특수한 형태의 맨드럴로서 외경용으로 활용되며 링 s는 탄성을 가지고 있는 재료로 제작되어 규격품이 생산되고 있다.

    [그림 8-22]는 공작물 2개를 동시에 고정하는 심봉으로서, 유압에 의하여 심봉의 외경이 팽창되어 공작물을 고정하게 된다. 너트를 조이면 심봉 내부에 주입되어 있는 기름이 압축되어 심봉의 외경을 팽창시키게 된다. 유압 발생장치는 작동이 편리하도록 축과 수직으로 설치되어 있다.

2. 면판(Face plate)

면판(face flate)과 앵글 플레이트(angle plate)등을 이용하여 각종 복잡한 공작물을 선반 가공하는 경우가 많다. [그림 8-23], [그림 8-24]는 여러 개의 동일한 제품을 면판에 설치하여 가공하는 예로서, 동시 가공이 가능하며 공작물 형상이 불규칙한 경우에 많이 이용된다.

[그림 8-25]는 앵글플레이트(angle plate)를 이용하여 공작물을 가공하는 예로서 면판에 앵글플레이트가 설치되고, 앵글플레이트 위에 공작물을 위치 결정 및 클램핑 할 수 있는 장치가 설치되어 있다. 공작물의 위치 결정은 몸체 위에 설치되고 클램핑은 지주와 고정판, 너트(nut)에 의하여 클램핑이 이루어지며, 공작물의 양면을 가공하기 위하여 분할 장치가 설치되어 있다. 공작물은 축을 중심으로 회전하고, 분할은 핀에 의하여 이루어지며, 너트에 의하여 클램핑(clam ping)이 된다. 주축이 회전할 경우 무게 균형을 유지하기 위하여 밸런스 추가 설치되어 있다.

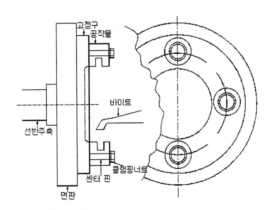

그림 8-23 면판식 고정구에 의한 후렌지 가공

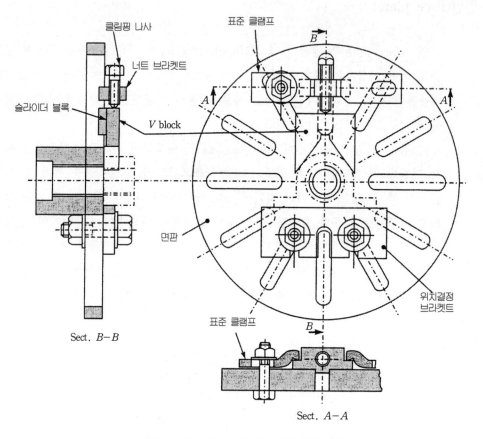

클램핑 나사
너트 브라켓트
슬라이더 블록
표준 클램프
V block
A
A
B
면판
표준 클램프
B
위치결정 브라켓트

Sect. B−B
Sect. A−A

그림 8−24 면판 고정구에 의한 내경가공

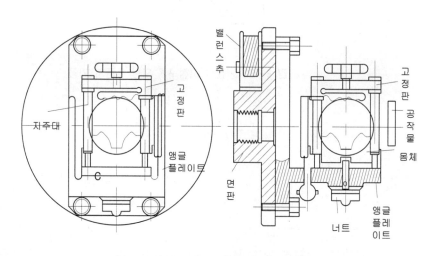

밸런스추
지주대
고정판
앵글 플레이트
면판
너트
고정판
공작물
몸체
앵글 플레이트

그림 8−25 면판과 앵글플레이트 고정구

3. 밸런스 추와 흔들림

[그림 8-26]은 앵글 플레이트에 부착한 공작물의 추로서, 추의 중심을 G_1, 공작물의 G_2, 그 각각의 무게를 W_1, W_2라 하고, 주축 중심선에서 각 중심까지의 거리를 각각 l_1, l_2라고 하면, 추와 공작물의 주축 중심선에 대한 모멘트를 M_1, M_2 했을 경우, $M_1 = l_1 \times W_1$, $M_2 = l_2 \times W_2$ 로 된다. 이 양 모멘트가 같을 때 부착 상태는 균형을 이루고, 주축을 어떤 상태에서 회전시켜도 일정한 상태로 정지할 수가 있다. 회전균형이 맞지 않을 경우 기계, 고정구 등의 강성부족으로 베어링 자국이 생기고, 이 흔들림 때문에 변형이 나타나 공작물의 정밀가공이 곤란하다.

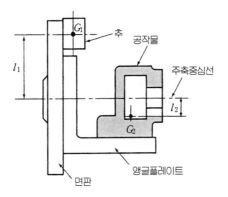

그림 8-26 앵글플레이트와 균형 추

(선반 고정구 설계순서 1)

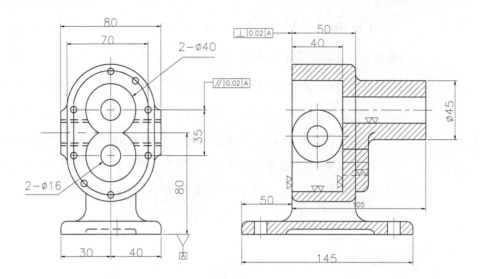

그림 8-27 부품도

(1) 치공구 설계에 필요한 사항

① 제 품 명 : 브라켓(Bracket)

② 재   질 : GC200

③ 열 처 리 : HRC 15~20

④ 가공수량 : 20,000 EA/월

⑤ 가공부위 : 표시된 내경 및 단면

⑥ 사용장비 : 정면선반

⑦ 사용공구 : 내경 및 단면바이트

⑧ 가공수량을 고려하여 수리 교환이 가능하도록 할 것.

⑨ 경제성을 고려하여 치공구 제작비가 적게 들도록 할 것 .

⑩ 신속한 클램프의 선정과 제품의 장착 및 장탈을 고려한 설계를 할 것.

⑪ 표준품, 시중품의 활용과 요소 부품수리 및 교환의 용이성을 고려할 것.

(2) 설계순서

① 공작 및 지그의 형태이해

공작물의 형태, 수량, 가공 정밀도, 재질, 치수의 기준, 가공방법 등을 파악하고

고정구의 형상을, 종류, 용도, 장·단점을 파악 한다.

공작물 형상을 고려하여 앵글플레이트에 의한 면판형 고정구로 택한다.

② 공작물의 위치결정

공작물의 밑면과 측면 그리고 뒷면의 일부를 기준으로 위치결정 한다.

③ 클램핑 기구의 선정

나사에 의한 크램핑 방법으로 하며, 공작물의 윗면에 클램핑력이 가해지도록 하고 공작물의 밑면의 측면에 볼트를 설치한다.

④ 선반 고정구 설계

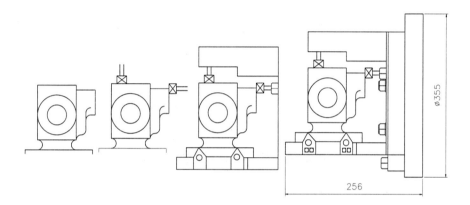

그림 8-28 선반 고정구의 설계 순서

(선반 고정구 설계순서 2)

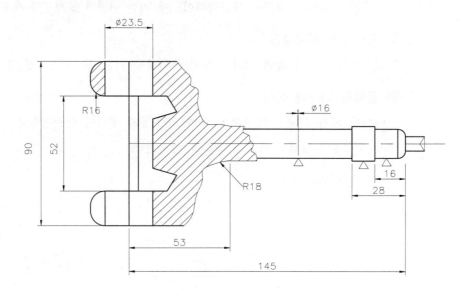

그림 8-29 부품도

(1) 치공구 설계에 필요한 사항은 다음과 같다.

① 제 품 명 : 피스톤 로드

② 재   질 : SM45C 단조

③ 열 처 리 : HRC 15~20

④ 가공수량 : 20,000 EA/월

⑤ 가공부위 : 표시된 외경

⑥ 사용장비 : 보통선반

⑦ 사용공구 : 외경 바이트

⑧ 가공수량을 고려하여 수리 교환이 가능하도록 할 것.

⑨ 경제성을 고려하여 치공구 제작비가 적게 들도록 할 것 .

⑩ 신속한 클램프의 선정과 제품의 장착 및 장탈을 고려한 설계를 할 것.

⑪ 표준품, 시중품의 활용과 요소 부품수리 및 교환의 용이성을 고려할 것.

(2) 설계순서

① 공작물 도면 분석 및 고정구의 형태이해

공작물의 형태, 수량, 가공 정밀도, 재질, 치수의 기준, 가공방법 등을 파악하고

고정구의 형상을, 종류, 용도, 장·단점을 파악한다.

공작물 형상을 고려하여 앵글플레이트에 의한 V블록과 센터형 고정구로 택한다.

② 공작물의 위치결정

공작물 형상에 의하여 측면의 V블록에 의하여 위치결정이 되도록 하고 단조품을 고려하여 위치결정이 되도록 한다.

③ 클램핑 기구의 선정

센터로서 지지를 하되 센터 가이드가 스프링에 의하여 조절이 되도록 한다.

④ 선반 고정구 설계

ⓖ 모눈종이를 이용하여 3각법과 3도면(2도면)으로 간단히 스케치한다.

ⓛ 공작물은 빨간색으로 한다.

ⓒ 조립도를 완성하고 조립도에 필요한 조립치수, 데이텀, 기하 공차를 부여한다.

ⓔ 조립도상에 주요 품번을 명기하고 표제란 에 각 부품의 품번 대로 품명, 재질, 수량, 비고란 등을 명기한다.

ⓜ 부품도를 3각법으로 도면화 한다.

ⓗ 표제란 위에 도면의 주기사항(주기란, NOTE)을 명기한다.

ⓢ 치공구설계작업에 필요한 Data book 및 Catalog를 참고하여 KS제도법에 따라 적용할 것.

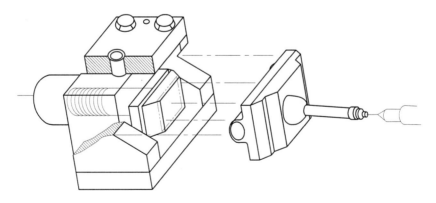

그림 8-30 입체도

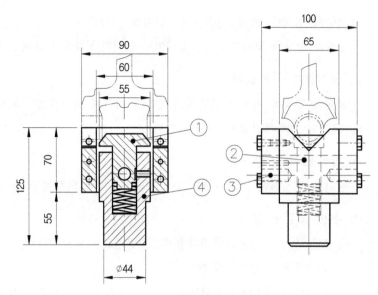

① 센터가이드　　② V홈 위치 결정구
③ 조절 핀　　　　④ 생 크

그림 8-31 조립도

(선반 고정구 설계순서 3)

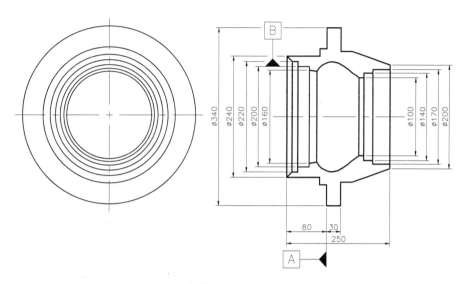

그림 8-32 부품도

(1) 치공구 설계에 필요한 사항은 다음과 같다.

① 제 품 명 : 리어 허브(Rear hub)

② 재   질 : 가단주철

③ 열 처 리 : HRC 15~20

④ 가공수량 : 20,000 EA/월

⑤ 가공부위 :

⑥ 사용장비 : CNC 선반

⑦ 사용공구 : 내경, 단면바이트

⑧ 가공수량을 고려하여 수리 교환이 가능하도록 할 것.

⑨ 경제성을 고려하여 치공구 제작비가 적게 들도록 할 것 .

⑩ 신속한 클램프의 선정과 제품의 장착 및 장탈을 고려한 설계를 할 것.

⑪ 표준품, 시중품의 활용과 요소 부품수리 및 교환의 용이성을 고려할 것.

(2) 설계순서

① 공작물 도면 분석 및 고정구의 형태이해

공작물의 형태, 수량, 가공 정밀도, 재질, 치수의 기준, 가공방법 등을 파악하고

고정구의 형상을, 종류, 용도, 장·단점을 파악한다.

공작물 형상을 고려하여 척 고정구로 설계한다.

② 공작물의 위치결정

공작물 형상에 의하여 Ⓑ내경, Ⓐ단면

③ 클램핑 기구의 선정

3조오 척으로 고정하되 진동을 감안하여 유압식 인장 바를 이용하여 견고하게 클램핑 한다.

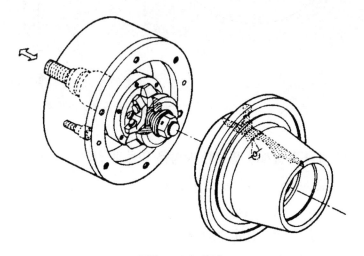

그림 8-33 입체도

제8장 익힘문제

1. 선반 고정구는 대하여 간단히 설명하시오.

2. 선반고정구 설계, 제작시 주의 사항을 4가지이상 기술하시오.

3. 콜릿 척에 종류를 들고 특징을 간단히 설명하시오.

4. 심봉에 종류 및 특징을 간단히 기술하시오?

5. 면판 고정구 설계시 추의 용도를 간단히 설명하시오.

보링 고정구

9.1 보링 고정구의 개요

9.1 보링 고정구의 개요

보링 작업은 절삭공구에 의하여 1차 가공이 되었거나, 주물 제품과 같이 소재 자체에 가지고 있는 구멍의 치수와 거리를 정밀하게 가공하는 작업으로서, 절삭 방식은 공작물 고정식과 공구 고정식이 있다. 보링 작업시 보링 바(bar)에는 한 개 또는 그 이상의 공구가 부착되어 동시에 가공이 이루어지기도 하며, 전용 보링 머신은 주로 대형의 공작물에 적합하다. 보링 고정구는 일반적으로 드릴 지그와 밀링 고정구에서도 응용이 되며 공작물과 공구의 고정, 중심내기, 공구 안내 및 지지, 측정 등을 용이하고 능률적으로 행하기 위하여 사용되며, 보오링 머시닝에서 가장 많이 사용되는 지그는 보오링용 고정구와 밀링용 고정구이다.

1. 보링 고정구 설계 제작시 주의사항

보링 고정구는 공작물과 가공 공구와의 상대위치를 결정하기 위한 장치로서 공작물을 파악하는 부분과 공구의 위치를 결정하는 부분으로 구성되어 있다.

① 보링 (boring) 고정구는 충분한 강성을 지녀야 하며, 보링 공구(boring tool)는 확실하게 고정되어야 한다.

② 고정구에 공작물을 확실하게 장착하기 위해서는 공작물의 변형의 경향, 또는 절삭력이 작용하는 상태를 충분히 고려하여 공작물의 위치결정면을 설계초기에 미리 정한다.

③ 보링 공구가 공작물을 관통할 경우에는 고정구와 테이블(table)에 여유 구멍을 만들어 주어야 한다.

④ 보링 바(boring bar)가 고정구에 지지될 경우에는 진동을 줄일 수 있도록 부시 (bush)나 베어링(bearing)를 설치하여야 한다.

⑤ 보링 바는 충분한 강성을 지녀야 한다.

⑥ 고정구에 기준면의 선정에 신중을 기하여 공작물의 변형이 일어나지 않도록 해야 한다.

⑦ 칩(chip)의 배출 방법을 고려하여야 한다.

⑧ 취급과 보수, 그리고 공작물의 장·탈착이 용이하여야 한다.

⑨ 보링 바의 이동이나 보링 공구(boring tool)의 조절을 위하여 고정구와 보링
공구사이는 여유를 두어야 한다.

2. 보링 공구의 종류와 가공 방법

보링(boring)가공의 방법에는 보링 바에 바이트(bit)를 부착하여 사용하는 것
과, 보링 헤드(boring head)와 같이 주축과 편심을 주어 사용하는 것을 대표적으
로 들 수 있다. 먼저 보링 바의 구조를 보면 [그림 9-1]의 (a)는 일반적으로 많이
사용되는 테이퍼 구조로 주축선단에 직접 장착하는 것으로 모스 테이퍼로 되어
있으나 내셔날 방식도 사용되고 있다. 보링바 선단에는 바이트를 설치하기 위한
바이트 구멍과 그것을 고정하기 위한 나사가 있지만 바이트 부분에는 여러 가지
형식이 있다. [그림 9-1]의 (b)는 (a)의 처럼 주축에 직접 장착하는 것으로 다른
끝을 일반적으로 엔드 서포트로 지지한다. 보링 바의 테이퍼 중앙부위는 약간의
홈을 주어 넓은 면 전체가 위치결정이 되지 않도록 하는 것이 원칙이다. 그것은
치공구 설계에 있어서 기본 원칙이다.

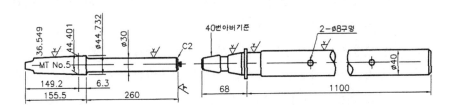

그림 9-1 보링 바

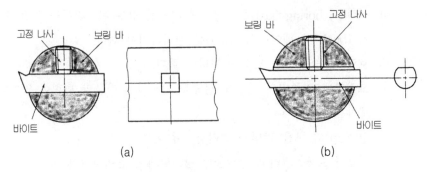

(a)   (b)

그림 9-2 바이트의 간단한 부착

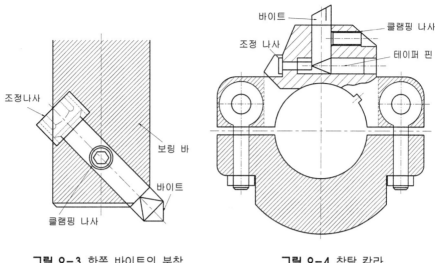

그림 9-3 한쪽 바이트의 부착   **그림 9-4** 착탈 칼라

[그림 9-2]는 보링 바에 바이트를 간단하게 부착하여 사용하는 방법으로, 바이트 날 끝의 돌출량에 따라서 공작물의 가공 내경이 결정되며, 바이트의 조정은 고정 나사를 풀고 감각에 의하여 이루어지게 된다.

[그림 9-3]은 바이트를 경사지게 부착하여 공작물의 내경과 바닥을 동시에 가공할 수 있으며, 바이트의 조정은 나사에 의하여 이루어지게 된다.

[그림 9-4]는 바이트의 조정 장치가 부착된 칼라(collar)로서, 바이트의 조정은 테이퍼 핀(taper pin)에 의하여 이루어지며, 보링 바에 부착하여 사용하게 된다. 칼라의 교환이 용이하므로 여러 종류의 칼라를 교환하여 다양한 가공을 할 수 있는 장점이 있다.

[그림 9-5]는 판형의 바이트를 보링 바의 중앙에 삽입 고정하여 사용하는 예로서, 동시에 2개의 절삭날을 이용하여 공작물의 내경, 또는 윗면을 가공하게 된다. 이 방법은 절삭중에 진동이 발생하기 쉬우므로 가공면이 불량한 경우가 발생할 수 있어 절삭이 어려운 단점이 있다. [그림 9-6]은 한쪽 지지형의 보링 바의 예로서, 주로 깊지 않은 구멍을 보링할 경우에 이용되며, 사용 및 제작이 간단하고 보조 기구가 필요하지 않게 된다. 보링 바의 형태는 한쪽 지지형과 양쪽 지지형이 있으며, 보링 바는 강성을 유지하기 위한 일반적으로 직경(D)와 길이(L)의 비는 다음과 같이 취할 수 있다.

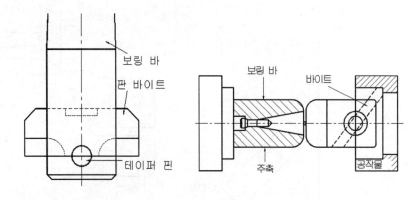

그림 9-5 판 바이트의 사용 예　　　　그림 9-6 한쪽 지지형 보링 바

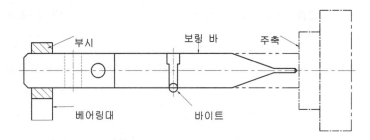

그림 9-7 양쪽 지지형 보링 바 (Line boring bar)

① 부시의 길이(베어링 대) L ≧ D

② 양 쪽 지지형 바　　　　 L ≦ 10D

③ 한 쪽 지지형 바　　　　 L ≦ 6D

　[그림 9-7]은 양쪽 지지형 보링 바의 예로서, 깊은 구멍 또는 동일 중심선상에 있는 다수의 구멍을 가공하기 위하여 사용되며, 보링 바의 한쪽은 주축에 연결되고, 다른 한쪽은 부시(bush) 또는 베어링(bearing)에 의하여 지지되도록 되어 있다.

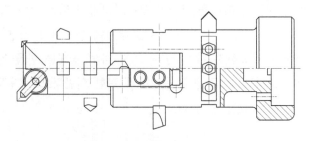

그림 9-8 프리 세트 보링 공구

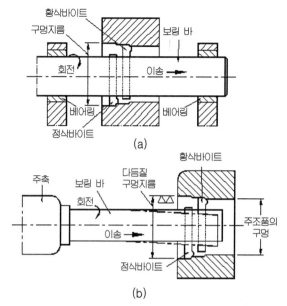

그림 9-9 2개의 바이트에 의한 보링

[그림 9-8]은 프리 세트(동시 가공형) 보링 공구로서, 한 개의 보링 바에 각기 다른 여러 개의 바이트를 고정하여 사용되며, 동시에 직경이 다른 여러곳을 가공할 수 있으므로 가공 능률이 높아 대량 생산용으로 적합하나, 공작물의 가공부에 제한을 받게되고 보링 바는 우수한 강성을 지녀야 한다.

[그림 9-9]는 보링 바에 2개의 바이트를 설치하여 복합 절삭을 하는 경우로서, 황삭용과 정삭용의 바이트를 일정한 간격으로 설치하여 사용하며 한 번의 이송으로 가공이 완료되게 된다. 이 경우 황삭 바이트는 1차 가공된 구멍이 편심이나 불규칙한 형상을 하고 있게 되면 황삭 바이트에 절삭력이 고르지 않고 변화하게 된다. 이 때 보링 바의 강성이 부족하면 황삭용 바이트의 절삭력에 따라 휨이 발생되며, 이는 뒤에 설치되어 있는 정삭용 바이트에 영향을 주게되어 내경 치수의 변화 및 진원도, 테이퍼, 다듬질 면 등에 문제가 발생되게 된다. 이 현상은 한쪽 지지형 보링 바에 심하게 나타내며, 바이트의 절삭력이 극한에 달하면 [그림 9-8]에서 (b)의 점선과 같이 보링 바에 변형이 발생되어 결국 정밀한 가공이 이루어질 수 없게 된다.

[그림 9-10]은 위와 같은 단점을 보완할 수 있는 예를 나타내고 있으며, 그림에서 황삭용 바이트로 일단 보링 가공을 한 후 다음 단계로 정삭용 바이트가 보링 가공을 하게 되어 황삭 작업시 발생되는 진동이 정삭 작업시에는 영향을 미치지

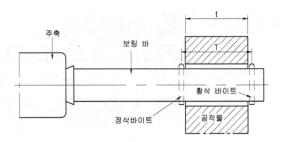

그림 9-10 보링 바이트의 간격

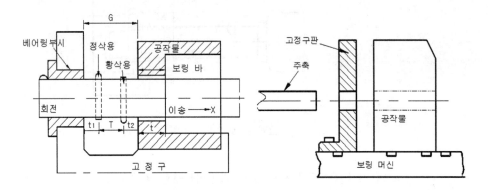

그림 9-11 고정구와 공작물의 간격   그림 9-12 간단한 보링 고정의 사용 예

않게 된다. 그림에서 바이트의 간격은 보링 깊이 t보다 크게 하여야 한다. 그러나 황삭 작업시에 발생한 절삭열로 인하여 가공부가 팽창 등의 변형을 가져온 상태에서 정삭 작업이 이루어질 경우 측정 치수의 오차가 발생할 수 있으므로 황삭과 정삭 사이에 시간적인 여유를 주거나 또는 충분한 절삭유로 냉각효과를 얻도록 하여야 한다.

[그림 9-11]은 치공구와 공작물 사이에 간격(G)을 둔 것으로서 보링 바가 회전하면서 X방향으로 전진하면 황삭 작업이 수행되고 황삭이 완료되면 정삭이 이루어지게 된다.

치공구와 공작물의 간격 G와 그림에서 t_1, t_2의 크기는 바이트가 공작물이나 부시에 닿지 않는 범위에서 비교적 작게 설계 제작한다.

[그림 9-12]는 보링 작업의 기초적인 방법으로서, 공작물과 보링 공구 사이에 고정구를 설치한 예이다. 고정구에 가공된 구멍의 위치는 공작물의 가공 위치에 맞게 되어 있으나 구멍의 크기는 1~6mm 정도 크게 가공되어 있어 보링 바에 다

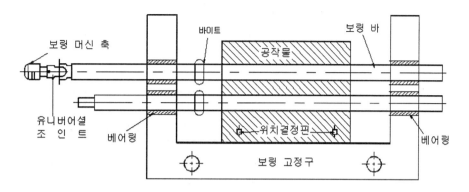

그림 9-13 보링 고정구의 사용 예

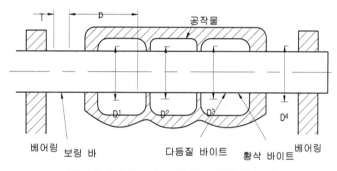

그림 9-14 양쪽을 지지하는 보링 바의 예

이알 게이지(dial gage)를 설치하여 중심을 정한 후에 각 구멍의 지름으로 절삭되도록 제작된 바이트를 가진 보링 바로 가공을 하게 된다.

[그림 9-13]은 공작물을 관통하여 보링 가공할 수 있는 구조로서 공작물은 고정구의 중앙에 위치하고 있으며 고정 핀에 의하여 위치 결정이 이루어진다. 2개의 보링 바는 보링 위치가 각기 다른 구멍의 정확한 위치에 삽입되어 있는 베어링에 의하여 양단을 지지하게 되므로 가공정도가 좋게 된다. 보링 바는 유니어버셜 조인트(unjiversal joint)에 의하여 주축과 연결이 되어 회전 및 이송이 이루어진다.

[그림 9-14]는 양쪽을 지지하는 보링 바의 예로서, 동시에 D_1, D_2, D_3, D_4의 4곳을 가공하게되며, 보링 바에는 황삭용 바이트와 정삭용 바이트가 1조로 되어 4곳에 설치되어 있다.

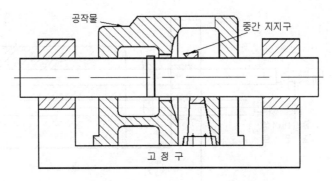

그림 9-15 중간 지지구의 사용 예

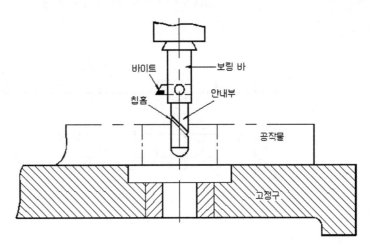

그림 9-16 보링 바의 안내부를 가진 보링 고정구

    각 바이트 간의 피치 P는 공작물의 구멍간의 피치와 동일하여 동시에 가공이 되도록 하였으며, 이 경우 보링 바가 가늘 경우는 떨림 현상이 발생하므로 주의하여야 한다.

    [그림 9-15]는 보링 바(boring bar)가 비교적 가늘고 긴 경우에는 중앙 부위에 보링 바를 지지할 수 있는 중간 베어링(bearing)의 설치가 요구되며, 보링 바의 떨림을 방지하므로서 보다 정밀한 보링 가공을 수행할 수 있게 된다.

    [그림 9-16]은 하나의 구멍을 수직으로 보링 가공하는 예로서, 보링 바의 선단부가 고정구에 설치되어 있는 부시에 삽입이 이루어진 후에 가공이 이루어지도록 되어 있다. 고정구의 부시에 보링 바의 일부가 안내 및 지지 되므로 정확하고 능률적인 보링 가공이 이루어지게 되며, 칩(chip)으로 부터의 영향을 줄이기 위하여 홈이 가공되어 있다.

3. 보링 바의 떨림

보링 작업의 경우 보링 바(bar)의 떨림으로 인하여 많은 문제가 발생하게 된다. 보링 바의 떨림의 주원인은 다음과 같이 들 수 있으며, 정밀하고 정확한 보링 가공을 위해서는 다음의 원인이 제거되어야 한다.

① 동력 전달부의 테이퍼가 맞지 않는 경우
② 보링 바의 강성이 부족할 경우
③ 절삭 깊이가 크거나 이송이 빠를 경우
④ 절삭 속도가 부적합할 경우
⑤ 바이트 돌출이 클 경우
⑥ 바이트 인성의 위치가 부적합할 경우
⑦ 바이트 여유각이 부적합할 경우
⑧ 공작물의 클램핑이 불확실할 경우
⑨ 공작물의 형상이 약한 경우
⑩ 보링 바와 바이트의 고정이 불확실할 경우
⑪ 보링 바와 베어링과의 흔들림이 클 경우
⑫ 동력 전달 과정에 문제가 있는 경우

4. 중립선 각(neutral angle)

보링 작업에서 바이트의 각도는 작업 능률에 영향을 많이 미친다. 특히 작은 지름의 보링 가공에서는 보링 바와 바이트의 상호 관계에서 바이트의 날끝이 가공 구멍의 중심선보다 높게 부착되며 이때 날끝과 중심을 연결한 각도를 중립선 각이라고 한다.

[그림 9-17]에서와 같이 바이트의 날끝이 중심 AB 보다 H 만큼 올라가 있으므로 바이트에 임의의 경사각을 주어도 가공중의 실제 경사각은 0도에 가까울 정도로 작아지게 되며, 여유각의 경우도 그림에서와 같이 바이트의 각도와 가공중의 각도에 차이가 있으므로바이트의 각도 설정에 충분한 고려가 있어야 한다. 바이트의 여유각은 공작물의 재질에 따라 설정되어야 하며, 이 각도가 크면 바이트에 마모가 빨리 발생되어 수명이 단축되고, 가공면에 떨림 현상이 발생되며, 작으면 절삭성과 가공면이 나쁘게 된다.

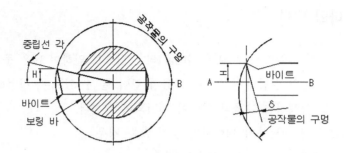

그림 9-17 보링 바이트와 중심선각 및 틈새각

(1) 바이트 구멍

보링 바의 바이트 구멍은 일반적으로 둥근 구멍이 가공하기 쉽고 바이트의 끼워 맞춤도 확실하므로, 비교적 작은 바이트로 정밀 가공을 하는 경우 둥근 구멍이 많이 사용된다. 그러나, 일반적으로는 선반 등의 바이트와 같이 자루의 단면 형상은 4각의 것이 광범위하게 이용된다. 또 바이트 구멍은 [그림 9-18]과 같이 정확하게 보링 바 축 심에 직각으로 다듬질하고, 또 그 폭 b에는 H7정도의 공차를 주며, 축심과 직각 방향의 폭 c에는 0~0.5mm 정도 (+)의 공차를 주는 것이 좋다.

다음 4각 구멍의 크기도 다음의 두 가지 사항이 고려되어야 한다. 그 하나는 바이트 자루의 크기로서 바이트 자루부(bite shank)의 크기 b를 구하여야 한다 [그림 9-19]에서 바이트의 선단에 집중 하중이 걸려 한쪽 만 지지한다고 생각하면,

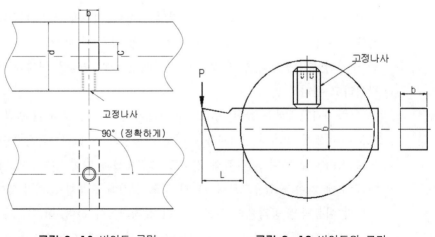

그림 9-18 바이트 구멍   그림 9-19 바이트의 크기

표 9-1 대략 값

재　료	K	재료	K
연　강	190	주철　（연） （경）	60～90 100～160
강 (저탄소강) 　(고탄소강)	220 240	가단 주철	120
니켈, 크롬, 몰리브덴 등의 합금강	190～250	청강(포금)황동	80

$$PL = \sigma b^3/6 \qquad \therefore \ b = \sqrt[3]{\frac{6PL}{\sigma}} \ \text{로 된다.}$$

여기서,　L : 바이트의 돌출량(mm)

　　　　　σ : 자루에 발생하는 응력(kgf/mm^2) 일반적으로 3~6kgf/mm^2 정도 잡는다.

　　　　　b : 자루의 치수(1변의 길이)(mm)

이지만 식 중의 P는 절삭 저항(kgf)이며, 금속을 절삭날로 가공할 경우 절삭에 요하는 힘을 표시한다.

　여기서 절삭 저항 값에 대한 간단한 계산 방법을 알아본다. 절삭 저항 P를 간단하게 구할 경우 칩 면적의 함수로써 취급하는 것이 보통이고 그 대략 값을 구하는 식은 다음과 같다.

$$P = a \times K$$

여기서,　P : 절삭 저항(kgf)

　　　　　a : 칩면적(mm^2)

　　　　　K : 비 적삭 저항(칩면적 1mm^2 당의 하중)(kgf/mm^2)

각 재질에 따른 K의 대략적인 값이 [표 9-1]에 나타나 있다.

또 위 식의 칩면적 a는 보통 다음 식에 의하여 구하여진다.

$$a = h \times f$$

여기서,　h : 절삭날의 절입량(mm)

　　　　　f : 절삭 이송량(mm)

치공구 설계

예제 **01** 주철을 보링하는 경우 절입량을 5mm, 이송량을 0.15mm로 하고 바이트 돌출량 L을 10mm로 하면 바이트 자루 부의 크기 b의 값은 얼마가 되겠는가?
(단, 자루에 발생하는 응력 σ =6kgf/mm²로 함)

풀이

비절삭 저항 K는 (표 9-1)에서 60~90이므로 90으로 풀면
$$P = a \times K = h \cdot f \cdot K = 5 \times 0.15 \times 90 ≒ 70 (kgf)$$
그러므로 자루 부의 크기 b는
$$b = \sqrt[3]{\frac{6PL}{\sigma}} = \sqrt[3]{\frac{6 \times 70 \times 10}{6}} = \sqrt[3]{700} ≒ 9 (mm)$$

따라서, 바이트 자루 부의 크기는 9mm 정도로 한다.

또 다른 하나는 보링 바의 축 지름을 정하는 것으로써 간단하게 양쪽 지지형 보링바 에서는 다음과 같이 결정된다.

4각 구멍의 치수 b는 축 지름의 1/4, 따라서 일반적으로 $b = d/4$ 전후로 하며, 볼이 바가 휘기 쉬운 긴 것 등은 $b = d/5$ 전후로 하고, 짧고 강성이 충분한 것은 $b = d/3$ 전후로 한다

다음 한쪽 지지형 보링 바의 선단에 뚫린 것은 $d/3 \sim d/2$ 정도까지 크게 한다.

바이트는 되도록 허용되는 한도 내에서 큰 쪽이 날 끝의 수명도 길고 가공 결과가 좋다.

(2) 바이트의 처짐

절삭 진행 중 바이트의 처짐을 나타낸 것이다. 이 바이트의 처짐은 생크의 4각 단면이 많으므로 I를 b와 h로 나타내어 대입변형 하면 아래의 식으로도 구할 수 있다.

$$\delta = \frac{4Pl^3}{Ebh^3}$$

여기서, P : 절삭력(kgf)
l : 바이트의 돌출 길이(cm)
b : 생크의 폭(cm)
δ : 바이트 생크의 처짐(cm)

절삭력 P에 의하여 생크 선단의 처짐 량 δ가 어느 한도 이상 많을 것 같으면, 진동이나 칩 절삭 결함의 원인이 됨으로 0.01mm 이하에 처짐이 되도록 생크를 설계하여 사용하는 것이 좋다.

(3) 봉의 길이의 떨림 현상

보오링 봉은 주로 보오링 고정구나 보오링 머시인에 사용되지만, 레이디얼 드릴링머신, 밀링 머시인 등 직접 주축에 장착해서 사용된다. 보오링 봉의 길이는 대체로 70~150mm 정도가 많지만 실정에 맞추어서 설계한다. 재질은 경 절삭에는 주로 SM45C나 동등이상의 재질을 담금질한 후 뜨임 처리하여 경도가 Hs 36~40 정도로 한 후 연삭하여 사용되며 중 절삭은 내마모성이 요구되므로 STS, STC 등의 재질로 고주파 열처리하여(HRC 50~55 정도) 뜨임 처리하여 연삭 작업을 하여 사용한다. 담금질 후 뜨임 한 다음 씨이닝 등의 열처리를 하지 않을 경우 후에 휨이 발생한다.

보어링 봉이 가늘고 긴 것, 가령 주축 단에 부착한 가늘고 긴 한쪽 지지 보오링 봉이나 길게 분리된 양단을 베어링으로 지지지한 가는 양단지지 보오링 봉 등은 어느 것이나 떨림 현상을 일으키며 원활한 절삭이 곤란하다. 따라서 떨림 현상을 일으키지 않는 절삭을 위해 보오링 봉의 길이와 지름과의 관계를 고려할 필요가 있다.

여러 학자들의 의견에 따르면, 떨림은 절삭력의 변동 때문에 보오링 봉이 함께 흔들림으로써 나타난다고 하며, 먼저 곧고 그다지 굵지 않은 봉의 가로 진동의 고유진동수의 식

$$f = \frac{\lambda^2}{2\pi \ell^2} \sqrt{\frac{EIg}{\gamma A}}$$

여기서 l : 봉의 길이(cm)

        E : 봉의 재료 세로 강성계수 (kgf/cm^3)

        I : 진동방향에 직각인 주축에 관한 단면관성 모멘트(cm^4)

        A : 단면적(cm^2)

        γ : 비중 량(kgf/s^2),

        g : 980(cm/s^2)

        λ : 경계 조건과 진동형에 의하여 정해지는 무 차원의 계수의 식으로부터 얻어지며, 여기에서는 상세한 것은 생략하지만 결국 $C = \frac{L}{\sqrt{d}}$ 로다.

이 C값이 실험 결과에 의해 12 보다 큰 한쪽 지지 보오링 봉의 경우는 저속회전이 아니면 떨림 현상 때문에 절삭이 불가능하고, 12 이하이면 고속으로 충분히 절삭할 수 있다고 알려져 있다.

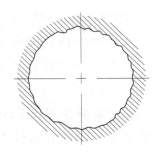

그림 9-20 떨림 보링 가공의 예   **그림 9-21** 떨림 칩

다음 부득이 극단의 가늘고 긴 한쪽 지지 보오링 봉으로 $d=40mm$, $L=$
440mm의 가공을 하는 경우 이것은

$$C=\frac{44}{\sqrt{4}}=22로 되며,$$

여기서 GC재료를 거칠게 하면 80rpm 정도에도 떨림이 발생한다. 보오링 후의
구멍의 상태는 [그림 9-20]과 같이 내면은 대략 2mm 간격의 주기로, 거친 요철
의 떨림을 발생하고 있다.

그러나 이와 같은 보오링 작업도 광산기계의 주철 부품가공에 거친 작업으로서
는 (나중에 다듬질 보링하기 위해서)충분히 실용되고 있다

[그림 9-21]은 주철품을 $C=16$ 정도 조건의 한쪽 보오링 봉으로 절삭한 경우
청색으로 칩이 융착되어 떨림 자국을 남기며 거칠게 가공된 칩의 예이다. 결국 한
쪽지지 보오링 봉에는 역시 $C=12$ 정도로 제작해 놓으면 이상적이지만, 실제의
설계에서는 그것이 허용되지 않는 경우가 많다. 그러므로 이와 같은 경우 보오링
작업이 나중에 다듬질 될 수 있는 거칠기의 경우는 $C=16\sim17$ 정도까지는 일단
떨림을 일으켜도 실용될 수 있다. 또 극단의 경우 $C=20$ 정도에서도 바이트의
절삭각도나 상태, 회전속도, 이송 기타의 조건을 최대로 연구하면 아주 큰 떨림을
일으켜도 거칠기로서는 실용될 수 있다.

다듬질의 한쪽지지 보오링 작업에서는 $C=12$ 정도 이하로 하는 것이 좋지만,
여러 가지 조건을 최적으로 행하면 $C=14\sim15$ 정도까지는 일단 실용될 수 있다.

다음 양쪽지지 보오링 봉의 경우는 다음과 같다.

어느 정도 떨림을 허용하는 거칠기에는 C값이 65나 70 정도에도 다른 조건에
따라 실용될 수 있다.

(4) 절삭 토오크

[그림 9-22]는 공작물를 구멍 속에 보링 바를 넣고, 내경을 D의 치수도 보링하는 것으로 Pr은 보링(Boring)구멍의 반경방향의 절삭저항 P는 보링 구멍의 외주 절선 방향의 절삭저항이다. 보링 바에 작용하는 절삭 토오크은 다음 식에서 구할 수 있다.

$$T = P \times \frac{D}{2}, \ P = a \times K$$

여기서 T : 절삭 토오크(cm/kgf)
            P : 절삭저항
            D : 보링 절삭하는 구멍지름

따라서, 예를 들면 연강을 절삭깊이 3mm, 이송 0.1mm로, 구멍지름 80mm을 보링하는 경우의 보링 바에 작용하는 뒤틀림의 강도(절삭 토오크)는, 절삭면적을 구한 후, 절삭저항을 구하면 절삭면적 $a = hg = 3 \times 0.1 = 0.3\text{mm}^2$이며, 연강 비절삭저항 K를 190kgf/mm^{2}로 하면, 절삭저항 $P = aK = 0.3 \times 190 = 57$kgf 절삭토오크 $T = P \times D/2 = 57 \times 8/2 = 228$cm/kgf이 된다.

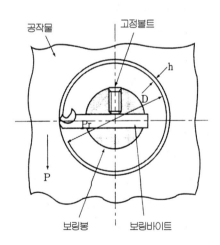

그림 9-22 보오링 가공

(보링 고정구 설계순서 1)

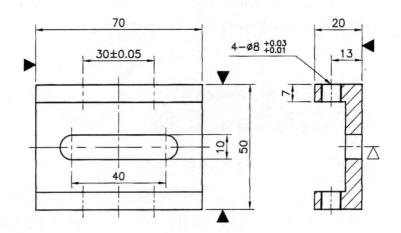

그림 9-23 부품도

(1) 치공구 설계에 필요한 사항

① 제 품 명 : 브라켓(Bracket)

② 재   질 : SM20C

③ 열 처 리 : HRC 15~20

④ 가공수량 : 20,000 EA/월

⑤ 가공부위 : 4-∅12 가공

⑥ 사용장비 : 보링 머신

⑦ 사용공구 : 바이트

⑧ 경제성을 고려하여 치공구 제작비가 적게 들도록 할 것

⑨ 신속한 클램프의 선정과 제품의 장착 및 장탈을 고려한 설계를 할 것.

⑩ 표준품, 시중품의 활용과 요소 부품수리 및 교환의 용이성을 고려할 것.

(2) 설계순서

① 공작물 도면 분석 및 지그의 형태이해

 공작물의 형태, 수량, 가공 정밀도, 재질, 치수의 기준, 가공방법 등을 파악하고 고정구의 형상을, 종류, 용도, 장·단점을 파악한다.

② 공작물의 위치결정

공작물의 가장 넓은 밑면과 측면을 위치 결정면으로 한다.

③ 클램핑 기구의 선정

나사에 의한 클램핑 방법으로 공작물의 중앙에 가공된 홈을 이용하여 클램핑
한다.

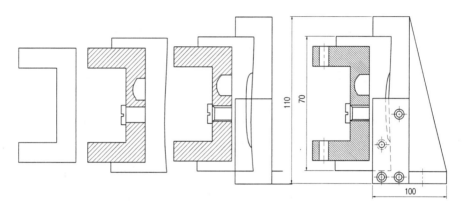

그림 9-24 보링 고정구 설계 순서

(보링 고정구 설계순서 2)

(1) 치공구 설계에 필요한 사항은 다음과 같다.

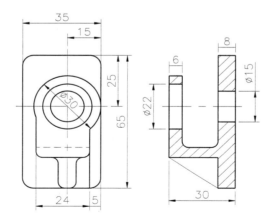

그림 9-25 제품도(부품도)

① 제 품 명 : 브라켓(Bracket)

② 재   질 : GC20

③ 열 처 리 : HRC 15~20

④ 가공수량 : 20,000 EA/월

⑤ 가공부위 : ∅22 가공

⑥ 사용장비 : 보링 머신

⑦ 사용공구 : 바이트

⑧ 경제성을 고려하여 치공구 제작비가 적게 들도록 할 것 .

⑨ 신속한 클램프의 선정과 제품의 장착 및 장탈을 고려한 설계를 할 것.

⑩ 표준품, 시중품의 활용과 요소 부품수리 및 교환의 용이성을 고려할 것.

(2) 설계순서

① 공작물 도면 분석 및 지그의 형태이해

공작물의 형태, 수량, 가공 정밀도, 재질, 치수의 기준, 가공방법 등을 파악하고 고정구의 형상을, 종류, 용도, 장·단점을 파악한다.

② 공작물의 위치결정 및 부시위치 선정

공작물의 가장 넓은 밑면과 측면에 위치결정면으로 한다.

③ 클램핑 기구의 선정

클램핑 기구는 보링 지그의 특성상 지그의 몸체 보다 돌출이 되지 않는 범위 내에서 볼트에 의한 방식으로 두 곳에 설치한다.

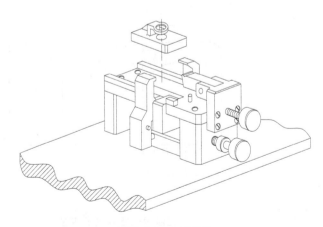

그림 9-26 입체도

(보링 고정구 설계순서 3)

(1) 치공구 설계에 필요한 사항은 다음과 같다.

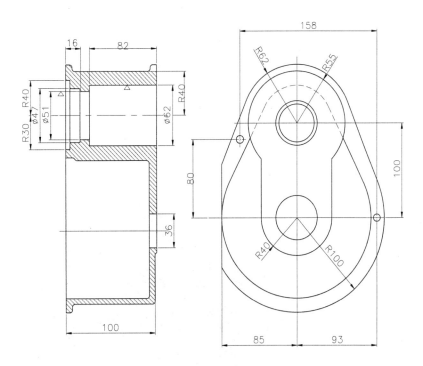

그림 9-27 제품도

① 제 품 명 : 하우징

② 재   질 : GC20

③ 열 처 리 : HRC 15~20

④ 가공수량 : 20,000 EA/월

⑤ 가공부위 : ∅62, ∅40, 2-∅47 구멍 가공

⑥ 사용장비 : 보링 머신

⑦ 사용공구 : 바이트

⑧ 경제성을 고려하여 치공구 제작비가 적게 들도록 할 것.

⑨ 신속한 클램프의 선정과 제품의 장착 및 장탈을 고려한 설계를 할 것.

⑩ 표준품, 시중품의 활용과 요소 부품수리 및 교환의 용이성을 고려할 것.

(2) 설계순서

① 공작물 도면 분석 및 지그의 형태이해

공작물의 형태, 수량, 가공 정밀도, 재질, 치수의 기준, 가공방법 등을 파악하고 고정구의 형상을, 종류, 용도, 장·단점을 파악한다.

② 공작물의 위치결정 및 부시위치

선정 공작물의 가장 넓은 밑면에 위치 결정면으로 한다. 2개의 구멍에 위치결정 및 방오법을 설치한다.

③ 클램핑 기구의 선정

클램핑 기구는 스트랩 클램프로 볼트에 의한 방식으로 3곳에 설치한다.

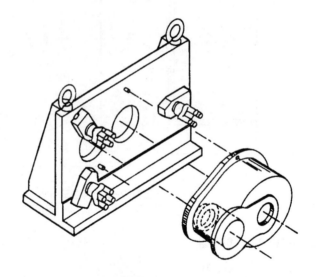

그림 9-28 입체도

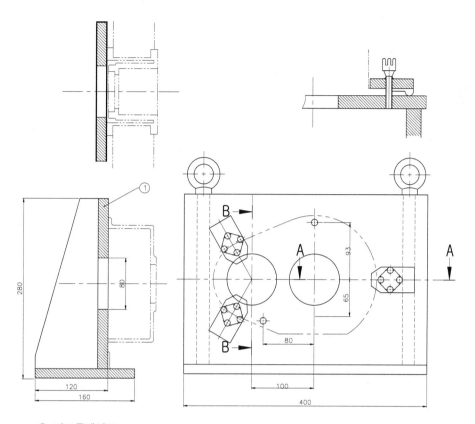

① 지그플레이트

② 클램프

③ 핀

그림 9-29 조립도

익힘문제

1. 보링고정구의 설계, 제작시 특징을 설명하시오.

2. 보링 바의 구조를 간단히 설명하시오.

3. 보링 바의 강성유지를 위해 직경과 길이 비를 어떠한 방법으로 정하는가?

4. 보링 바의 떨림 원인을 설명하시오.

제10장

기타 지그와 고정구

10.1 연삭 고정구

연삭 작업은 많은 입자로 구성되어 있는 숫돌을 고속으로 회전하여 공작물을 가공하는 절삭방법으로서, 일반적으로 선반, 밀링 등에 의하여 1차 가공된 공작물의 최종 가공방법으로 활용되며, 가공부의 치수가 정밀하고 표면 조도가 좋은 장점이 있다.

연삭 고정구의 활용 범위는 선반, 밀링 고정구 등과 거의 동일하며, 연삭 고정구의 종류는 평면 연삭용, 내·외경 연삭용, 각도 연삭용, 총형 연삭용, 분할 연삭용, 공구 연삭용 등이 있으며, 연삭 작업은 숫돌이 고속으로 회전하는 관계로 치공구의 설계 및 제작시에는 특히 안전성을 고려하여야 하며, 일반적인 주의 사항은 다음과 같다.

① 위치 결정 부위나 스토퍼(stopper)에는 충분한 내마모성이 있어야 한다.

② 숫돌의 분말과 칩(chip)에 의하여 가공면의 정도가 떨어지지 않아야 하며, 분말과 칩의 배출이 잘 되도록 하여야 한다.

③ 클램핑력이나 절삭열에 의해 변형이 발생하지 않도록 하여야 한다.

④ 클램핑은 확실히 하여야 하며, 가공 중 공작물의 위치가 변하지 말아야 한다.

⑤ 측정은 공작물이 고정된 상태에서 이루어질 수 있도록 한다.

⑥ 장착과 장탈은 용이하여야 한다.

⑦ 절삭유의 공급과 배출이 잘 되도록 하여야 한다.

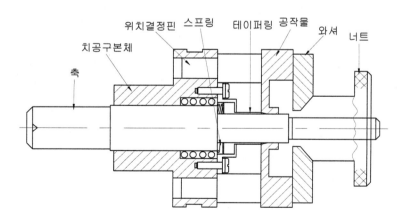

그림 10-1 심봉과 너트를 이용한 연삭고정구

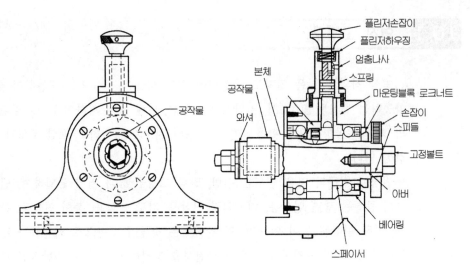

그림 10-2 분할 연삭 고정구

　[그림 10-1]은 내경에 테이퍼(taper)를 가진 공작물의 외경을 연삭하기 위한 고정구로서, 공작물의 위치 결정은 스프링에 의하여 테이퍼 링(ring)이 공작물의 내경에 조립되어 축과 동심으로 위치 결정이 이루어지고, 핀(pin)에 의하여 측면 위치 결정이 이루어진다. 공작물의 클램핑(clamping)은 특수 와셔(washer)을 축에 삽입한 후 너트를 체결하여 이루어진다.

　[그림 10-2]는 8각으로 연삭하기 위한 분할(indexing)고정구로서, 8각형 캠의 측면 전체가 연삭 된다. 분할 판은 고정구의 몸체 내부에 위치하고 있으며, 분할 장치는 고정구의 위 부분에 위치하고 있다.

　공작물의 위치 결정은 축에 의하여 이루어지며, 클램핑(clamping)은 와셔 (washer)와 너트(nut)에 의하여 이루어지며 축은 고정볼트에 의하여 스핀들에 고정된다. 링과 후부베어링에는 스페이서가 끼워진다. 로크너트가 후부베어링을 정확하게 위치한다. 분할은 분할플런저, 플런저 하우징, 스프링 및 멈춤나사로 되어 있으며, 이 고정구의 몸체 위쪽에 부착시킨다. 플런저를 손잡이를 당기고 손잡이 휠을 회전시키면 분할 링의 노치는 플런저 밑에 차례로 오개 된다. 플런저는 부시을 통하여 미끄러지며, 노치에 물려 부품을 8개 부위의 각 평평한 면에서 연삭되도록 고정한다.

　[그림 10-3]은 다양한 각도를 연삭하기 위한 평면 연삭용으로서, 앵글플레이트 (angle plate)형의 몸체에 동일한 간격으로 5개의 구멍이 3열로 가공되어 있으므

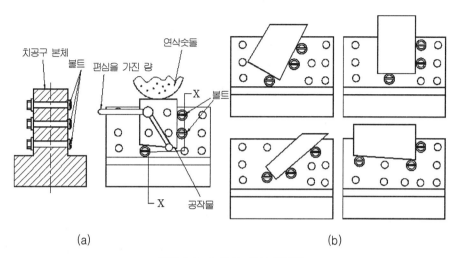

그림 10-3 각도 연삭 고정구

로, 공작물의 형상과 각도에 맞는 위치의 구멍에 볼트와 편심을 가진 링(ring)을 조립하여 공작물의 위치를 결정하게 된다. 공작물의 클램핑은 나사, 캠, 토글클램 프 등을 이용하면 된다. 연삭용 치공구의 형상은 선반과 밀링고정구와 거의 동일 하며, 가공 방법이 다를 뿐이라 할 수 있다.

10.2 용접 고정구

1. 용접 고정구의 설계, 제작의 고려사항

용접용 고정구는 용접을 간단하고 정확히 경제적으로 행하고, 용접시 발생되는 공작물의 수축과 변형, 치수 및 강도의 변화를 줄이기 위하여 사용되는 고정구이 다[그림 10-4 참조]. 용접 고정구의 종류는 공작물의 용접부의 형상에 따라 여러 종류로 분류할 수 있으며, 용접 고정구의 설계 제작시에는 다음 사항을 고려하여 야 한다.

① 고정구의 구조와 클램핑 방법은 공작물의 장착과 탈착이 용이하여야 한다.

② 제작비용을 고려하여 가장 경제적으로 설계 제작한다.

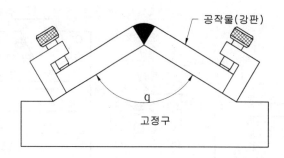

공작물(강판)

q

고정구

그림 10-4 간단한 용접고정구

③ 용접 후의 수축 및 변형을 미리 고려하여 설계, 제작한다.

④ 공작물의 위치결정 및 클램핑 위치 설정은공작물의 잔류 응력과 균열을 고려하여 결정한다.

⑤ 공작물의 구조나 형상에 따라 가용접 고정구와 본용접 고정구로 분류하여 설계, 제작하는 것이 바람직하다.

가용접용 고정구는 주로 위치 결정과 치수 정도의 정확을 기하기 위한 목적으로 만들고, 본 용접용 고정구는 용접 작업자가 안전하고 편리하며 능률적인 용접을 할 수 있도록 회전 고정구나 포지셔너 등으로 하향 용접할 수 있도록 설계 제작한다.

용접 고정구의 설계상 요점을 몇 가지 소개하였으나 매우 많은 다른 부품의 용접에 대하여 완전한 만족을 줄 수 있는 만능 고정구를 제작할 수는 없으며, 각 공작물의 모양과 성격에 따라 고정구 설계를 고려할 필요가 있다.

2. 용접 고정구의 구성요소

위치결정 고정구, 지지구 부착 고정구, 구속 고정구, 회전 고정구, 포지셔너, 안내, 기타 위치 결정 고정구는 용접 구조용의 각 요소를 규정의 치수, 위치형상에 고정해 놓기 위해 필요하고, 이 위치 결정 고정구의 설계에 대하여는

① 용접시의 팽창과 용접후의 수축 때문에 치수 변화와 변형을 고려하지 않으면 안 된다.

② 위치 결정면은 강도와 강성이 큰 것으로 하고 용접 비틀림 등으로 인한 고정구 오차가 없도록 한다.

③ 용접 변형이 나타나는 곳에는 거기에 알맞는 구속력을 갖는 면을 설정한다.

④ 용접 고정구에서 제품을 장탈하기 쉽도록 하기 위한 위치 결정면의 구조를 고려하고, 수축된 방향은 면이 닿지 않도록 고려할 필요가 있다.

⑤ 기타 기준을 취하는 방향, 용접 작업의 용이한 구조, 원가 등의 고려를 필요로 한다.

구속 고정구는 용접시에 나타나는 비틀림 변형을 가능한 한 나타나지 않도록 구속해서 그대로 상온 상태와 같이 되도록 적절한 강도로 만들어진 고정구로써, 이것에 따라 정도가 좋은 용접 구조물을 얻을 수 있는 경우가 있다. 그러므로, 구속 고정구는 널리 사용되고 있다. 구속력은 가능한 한 면의 근처를 스토퍼(stopper)나 체결 볼트, 기타 장치로 확실하게 구속할 필요가 있다.

회전 고정구는 작업자가 용접 구조물을 용접하기 쉬운 자세가 되도록 회전대, 포지셔너, 기타를 사용해서 작업할 수 있도록 만든 것으로써, 작업 능률면에서도 확실한 작업을 할 수 있기 때문에 널리 이용되고 있다.

안내는 용접 고정구로 자동 용접을 사용할 때 용접선에 대하여 항상 와이어의 위치가 일정하게 되도록 중심을 맞추는 장치나 상하 이동 등에 대한 평행 기구 등을 말하며, 고정구의 능률을 올리기 위한 하나의 중요한 부분이다. 그 밖에 용접 고정구로서는 치수 결정이나 치수 점검 게이지류, 형상 점검 게이지류 등이 있다.

3. 용접 고정구를 계획할 경우 고려사항

용접 고정구를 계획할 경우 고려해야 할 사항은 다음과 같다.

① 대형 구조물에는 블록방식을 채택하므로 각 고정구의 배열, 재료의 운반 경로 등의 전반적인 생산 공정에 대하여 잘 검토하고, 적절한 고정구 설계를 하여야 한다.

② 공장 설비, 가공 방법 등의 기준을 제품의 모양, 용접 위치 등에 따라서 어떤 고정구를 사용하며, 어디에서 나뉘어 블록 조립을 해야 하는가를 검토한다. 대형구조물을 공장 밖으로 운반할 때에 운반이 가능한 치수로부터 블록 조립의 크기를 검토하여야 한다.

③ 조립에 있어서는 용접 방법에 따라 고정구 방식이 크게 변하나. 가능한 한 고능률의 기계 용접을 사용한다.

④ 고정구 제작에 있어서는 비용이 많이 들기 때문에 제품의 생산량에 따라, 고정구의 설계 사양을 고려하여야 한다. 따라서, 생산량이 적을 경우에는 고정구를 간단히, 많은 경우에는 정밀도가 높고 능률적인 고정구를 설계, 제작하여야 한다.

⑤ 고정구의 기준면을 생각하고 블록 조립을 할 때에는 어느 고정구이든 동일 기준면이 되도록 한다.

⑥ 제관 제품의 조립에서는 어느 정도 조립 치수의 오차를 인정하여야 하므로, 고정구 설계에서는 여유를 둘 위치와 그 허용치수 범위를 먼저 결정하여야 한다.

⑦ 부품을 바른 위치에 쉽게 부착할 수 있고, 또한 부품의 부착 및 분리가 용이하여야 한다.

⑧ 위치 결정용 받침쇠는 쉽게 변형되지 않는 것이어야 한다.

⑨ 고정구에 고정되는 부품의 크기는 되도록 손으로 잡을 수 있는 것이 바람직하다.

⑩ 고정구는 가능한 제품의 제조원가를 고려하여 경제적으로 만들어야 한다.

⑪ 제품의 수가 적을 때에는 일반용 고정구를 사용하는 것이 바람직하다.

⑫ 먼지, 스패터 등이 모이지 않는 구조로 한다.

⑬ 받침쇠는 외부에서 식별할 수 있도록 색을 칠하는 것이 좋다.

⑭ 고정구의 높이는 작업하기 쉬운 높이로 하는 것이 바람직하다.

⑮ 고정구 주위의 부품의 배치를 생각한다.

　물론, 이들의 조건을 전부 만족하는 것은 어려우나, 가능한 한 좋은 고정구를 만들기 위하여는 능률의 향상, 공수의 감소, 변형의 감소, 제품의 정밀도 향상 등을 도모하여야 한다.

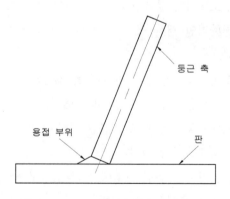

그림 10-5 간단한 용접 고정구의 방법

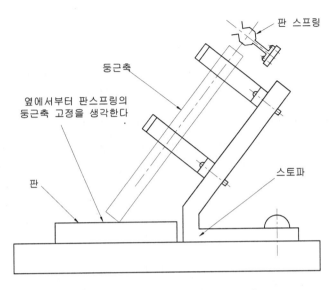

그림 10-6 간단한 용접 고정구의 예

　[그림 10-5]는 용접이라든가 기타의 방법으로 판 위에 일정한 각도로 둥근 축을 고정하는 방법을 구상할 때 [그림 10-6]과 같이 판 스프링에 둥근 축을 고정하고 용접을 할 경우 간편하게 위치결정과 정확한 작업이 이루어 질 것이다. 물론 판은 스토퍼에 밀착시켜야 될 것이고 공작물 착탈은 손으로 잡아당기면 판 스프링에 의하여 공작물이 쉽게 꺼낼 수가 있다.

10.3 조립 지그

　조립용 지그는 하나의 공작물 또는 제품에 부품을 조립하기 위하여 사용되는 지그로서, 정확하고 경제적으로 조립하기 위하여 사용되는 지그이다. 조립용 지그의 종류는 공작물의 조립부의 형상에 따라 여러 가지로 분류할 수 있다.

　조립용 지그에서 공작물의 위치결정 및 클램핑을 위한 설계 특성은 조립 부품의 모양에 따라 결정되며, 조립용 지그에서는 부품을 안내할 수 있는 기구와 부품을 조립할 수 있는 프레스 기구를 필요로 하게 된다. 그리고 부품의 조립시에는 조립부의 버어로 인한 조립상의 문제가 발생할 수 있으므로 버어의 제거가 필요하다.

[그림 10-7]은 축(Shaft)과 캠(Cam)으로서 축(D)의 직경에 캠을 조립하여 테이퍼 핀 구멍을 동시에 드릴 및 리이머 가공한 후 다웰 핀으로 축과 캠을 고정할 때의 조립지그의 설계를 구상할 때 그 방법은 다음과 같다.

이때는 축(D)의 직경에 단이 없어 축 방향의 위치결정치수에 지정된 것과 같이 주의하면서 조립이 이루어지도록 해야 한다.

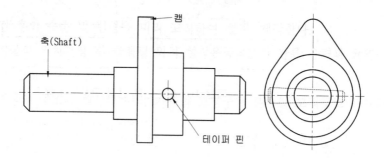

그림 10-7 축과 캠

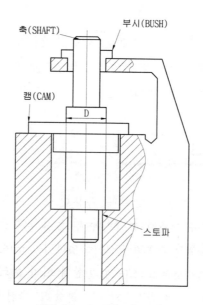

그림 10-8 조립 지그 예

이를 위한 조립 지그에 관한 구상을 하면 [그림 10-8]과 같이 설계할 수 있다. 캠을 지그에 장착하고 축의 상부에서부터 넣고 축의 중심과 그 기울기를 부시로 안내한 후 위에서 압입하면 가능하다. 지그의 스토퍼까지 조립되면 측정하지 않아도 축방향의 위치가 정확히 결정된다.

1. 조립 지그 설계상의 고려사항

조립지그를 설계하고자 할 때는 다음사항을 고려해야 한다.
① 조립 정밀도
② 위치 결정의 적정 여부
③ 공작물의 장착과 장탈
④ 작업 자세
⑤ 조작 장치(각종 핸들, 밸브, 스위치 등)의 위치
⑥ 조작력
⑦ 작업력(인간공학적)
⑧ 양손 동시 사용의 가능성 여부
⑨ 발 사용의 가능성 여부
⑩ 안정성
⑪ 잘못된 조직에 대한 고려
⑫ 충격, 소음, 전기 충격 등의 고려
⑬ 조립 수량
⑭ 가격과 이윤
⑮ 기타

10.4 검사용 지그

검사용 지그는 가공 또는 조립이 완료된 각종 공작물의 주요부 치수가 주어진 한계 내에 있는가를 파악하기 위하여 사용되는 지그를 말하며, 사용 목적은 한계

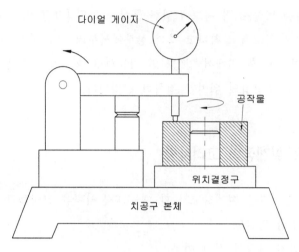

다이얼 게이지

공작물

위치결정구

치공구 본체

그림 10-9 검사 지그의 예

게이지와 동일하나, 한계 게이지의 경우는 형태 및 검사 범위가 단순하며, 검사 지그의 경우는 치공구 요소를 갖추고 있는 점이 차이가 있다 할 수 있다.

검사용 지그의 종류는 각종 공작물의 검사부의 형상에 따라 여러 종류로 구별할 수 있으며, 내경, 외경, 깊이, 단차, 편심, 각도, 직각도, 홈, 진원도, 진직도, 동심도, 평면도, 원통도, 평행도, 대칭도, 피치검사용 등을 들 수 있다[그림 10-9 참조].

10.5 자동차 지그

1. 자동차 지그의 발달과정

자동차 지그는 1976년 영국에서 처음 도입되어 국내 설계 및 제작이 시작되었다. 그전에는 외국에서 지그를 도입하여 차체를 조립생산 하였으며 지그를 직접 설계하여 제작 사용하는 것은 힘든 상태였다. 초기의 지그는 주로 토글 클램프(Toggle Clamp)를 이용한 수동작업 지그를 설계 및 제작하였으며 그 후 공기 압을 이용한 에어 실린더(Air Cylinder)등을 사용한 클램프 시스템(Clamp System)이 도입되면서 지그설계 및 제작분야에 많은 발전을 하게 되었으며 수동토글 방식에서 에어 시퀀스(Air Sequence)제어의 방식을 도입하여 공기의 힘을 이용하여 자동 클램프하는 단계로 발전하게 되었다. 그 이후 에어 시퀀스 제어에서 한 단계 발전하여 전기 릴레이(Relay)를 이용한 전기제어 시스템이 도입되었으며, 그 이후 공압 분야의 급격한 발전을 가져왔으며 전기 제어 시스템을 조합하여 자동차 지그 및 운반장치 등을 설계 제작하게 되었다.

그 이후 자동 다단 건(Auto Multi Gun)을 이용하여 자동 용접 지그를 설계 제작하게 되었으며, 운반장치 부분도 크게 발전하면서 SERVO MOTOR를 이용한 4축 ROBOT도 설계, 제작되면서 자동차 차체 지그가 크게 발전되었다. 90년 중반부터 지그 설계를 CAD로 설계하기 시작하였으며, 자동차 제조사에서 캠 자료(Cam Data)를 받아서 단면을 CAD로 작성하게 되었으며 위치결정 및 클램프를 와이어 방전등을 이용하여 NC가공을 시작하였다. 브라 켓(Bracket) 류도 맞춤구멍(Dowel Hole)을 NC 가공하게 되었으며, 조립시 NC로 맞춤(Dowel)을 박아서 조립하게 되었다. 지금은 지그를 0.2mm의 공차 내의 지그를 제작 가능함에 따라서, 자동차 회사들은 한 LINE에서 여러 차종을 생산하는 방식들을 도입하게 되었으며, 자동차 지그 분야가 설계 및 제작기술이 향상되어 현재는 다양한 SYSTEM들이 개발되고 있다.

2. 자동차 치공구의 의미

자동차 차체를 생산하기 위해 필요한 각종 장치를 말하며 일반적으로 차체 지그라 말한다. 또한 공작물의 로케이터기구를 지그라 하며 공작물의 클램프기구를 고정구라 말한다. 차체 지그는 부수적으로 용접기능이 있어야 한다.

(1) 로케이터(Locator)의 의미

위치를 정한다는 뜻으로 지그에서는 제품 패널(Panel)을 조립(Ass′y)하기 위하여 자연 또는 강제 상태로 놓았을 때 변형이 가지 않도록 위치를 결정하여 주고 절대로 움직이지 않도록 하는 것 . 즉 기준을 말한다.

(2) 클램프(Clamp)의 의미

제품 패널(Panel)이 작업 중에 이동이나 진동하지 않도록 적절한 고정력을 가해지는 기구를 말한다.

3. 자동차 지그 구성(Unit)의 기본구조

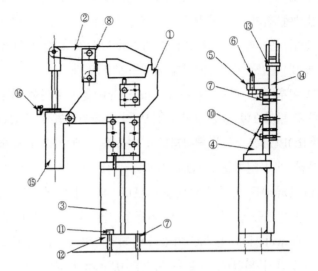

그림 10-10 자동차 치공구의 기본구조

NO	품 명	규 격(표준 부품 NO)	특기 사항
1	LOCATOR	제작품	
2	CLAMP	제작품	
3	SUB BLOCK	표준품 : KES G R 171~174	높이 : 200~800 용도별 선정
4	고정 BRKT	표준품 : KES G R 181~R186	용도별 사양 선정
5	PIN BRKT	제작품	
6	기 준 핀	표준품 : KES G R 101~R107	용도별 사양 선정
7	DOWEL PIN	표준품 : KES G R 123	용도별 사양 선정
8	LINK	표준품 : KES G R 141~R144	용도별 사양 선정
9	BOLT	구입품 : M8 × 1.25	SOCKET BOLT
10	BOLT	구입품 : M10 × 1.25	육각 머리 BOLT
11	BOLT	구입품 : M12 × 1.5	육각 머리 BOLT
12	SPRING WASHER	구입품 : 호칭-8, 10, 12	KS규격 참조
13	HINGE PIN	표준품 : KES G R 111~R114	구멍 : H7, 축 : g6
14	OILESS BUSH	구입품 : HB 12 18 16	
15	CLAMP CYL	구입품 : 지정 사양	무급유 TYPE CLEVIS쪽 : 16.5, 19.5
16	L/S & L/S BRKT	L/S : 구입품, L/S BRKT : 표준품	필요시 기본구조에 추가

제10장 익힘문제

1. 연삭고정구설계시 주의사항을 설명하시오.

2. 용접고정구설계시 고려사항을 설명하시오.

3. 조립지그설계시 고려사항을 설명하시오.

4. 자동차치공구 의미에 대하여 간단히 설명하시오.

제11장

게이지 설계

11.1 게이지(Gauge)의 정의

게이지에 대한 최초의 사고방식은 모범적인 것을 만들어 놓고 그것과 똑같은 것을 만들어 낸다고 하는 데에서 출발하고 있다. 따라서 처음에는 같은 모양의 축에 대해서는 그것과 같은 지름의 원통을 사용하여 퍼스에 의해 옮기거나 양자를 손톱 끝으로 비교하거나 하는 방법이 채택되었다.

부품의 가공은 도면에 주어진 치수로 정확하게 가공 및 제작하기란 불가능하다. 그것은 제조방법의 피할 수 없는 부정확도 때문이라고 말할 수 있다. 그러나 사용목적에 알맞게 하기 위하여 2개의 허용한계치수를 주어서 그 허용한계 치수 내에 있으면 사용에 만족하도록 하고 있다. 이러한 허용한계 치수의 차를 공차라 하고, 그 공차 범위를 검사하는 기구를 게이지라 한다. 또 다른 의미에서 게이지란 압력계, 수면계, 하이트 게이지, 다이얼 게이지 등 그것 자체로서 어느 양을 측정할 수 있는 계측기들과 블록게이지, 테이퍼게이지, 나사게이지 등과 같이 일정하여진 치수, 각도, 형상을 가지고 있어 표준량을 표시하는 목적 또는 끼워 맞추거나 비교를 해서 직접 검사하는 목적에 사용되는 용어이다.

1. 게이지(Gauge)의 필요성

기계를 제작한다는 것은 두 개 이상의 부품을 만들어 그것을 조립하는 것이다. 기계를 다량 생산할 때에는 가장 능률적인 방법으로 생산할 필요가 있다. 그러기 위해서는 조합될 부품을 일일이 현물에 맞추어서 가공하지 않고 조합 부품을 별도로 해도 조립 후에 예정된 기능을 충분히 얻을 수 있어야 한다. 이와 같이 다량 생산된 부품이 생산된 장소나 시간에 관계없이 곧 조립되고 또한 예정된 기능을 갖추는 것을 호환성이 있다고 한다. 게이지는 치수 공차를 관리하고 바로 이러한 호환성을 얻을 목적으로 사용되는 것이다. 다량생산 방식이 되고 분업화됨에 따라서 제품을 간단한 방법으로 또한 충분한 호환성을 얻을 수 있는 방법으로 검사할 필요가 있다. 즉 구멍 가공에는 원통형의 게이지를 축 가공에는 구멍형의 게이지를 사용하여 각각 끼워 맞추었을 때 무리 없이 통과하게 되면 합격이라고 판정하는 방법이다. 그러나 이 방법으로서는 게이지에 대해 제품을 꼭 맞춰서 만드는 데 한계가 있고 정도가 높이 요구됨에 따라서 끼워 맞춤에 지장을 초래하게 되었다. 그래서 더욱 검사방법이 진보하여 현재 사용되고 있는 한계 게이지 방식이 확립되었던 것이다. 제품을 검사하는 기구로서는 마이크로메타, 다이얼 게이지 등 각종 측정기가 있으나 취급이 귀찮고 개인 오차, 눈금을 잘못 읽는 등 오차가 일어나기 쉽다. 또 이들로서 치수를 측정하여도 그 측정치가 제품의 치수가 얼마인가를 아는 것이 직접 목적이 아니고 한계 게이지 의 통과 측에서 통과하지 않는 것으로 제품이 그 오차 내에 있다고 한정하다.

2. 게이지(Gauge)의 이점

① 검사는 간단하고 능률적인 것이다

② 게이지는 간단한 구조로 만들어져 있어 다른 검사 기기 보다 가격이 싸다.

③ 게이지를 이용한 측정은 숙련을 요하지 않고 누구든지 간단하게 사용할 수가 있다.

④ 작업 중에 조기불량 발견이 용이하다. 따라서 기술 습득이 빨라지며 작업에 속도감이 붙는다.

⑤ 미숙련공이 게이지를 사용하여 만든 부품이 숙련공이 게이지 없이 만든 것과 같은 품질이거나 오히려 더 나을 수도 있는 경우도 있다.

⑥ 완성품 중에 불량품의 혼입을 미연에 방지할 수 있음으로 다음 공정에서 불량 개소를 모르고 가공하는 사례를 미리 예방할 수도 있다.

⑦ 기능상 별 지장이 없는 범위에서 허용하는 최대 공차를 인정 합격시킴으로써 필요이상의 정밀도를 요구하지 않기 때문에 결과적으로 코스트 다운을 가능하게 한다.

3. 게이지의 종류

게이지라고 하는 말은 실제로 상당히 넓은 의미로 사용되고 있어서 측정기를 포함하고 있는 경우가 많다. 조정가능의 게이지도 있지만 우리가 흔히 게이지라고 부르고 있는 것은 고정치수 게이지를 말한다.

(1) 형상에 따른 분류

① 지시식 게이지(Indicating Gage)

다이얼 게이지, 전기마이크로메타, 공기마이크로메타 등이 있으나, 주로 인디게이터를 사용하여 한계 치수내의 합격, 불합격판정은 물론, 실제치수를 측정하여 정밀 끼워 맞춤을 가능하게 할 수 있으며, 지시 된 수치는 반드시 실제의 치수에 대해서 1 : 1이 안되는 경우도 있으며 지시식 게이지는 기능게이지의 일종이다.

[그림 11-1]의 지시식 게이지는 제품이 공차에서 얼마나 벗어났는지를 정확하게 지시하는 것으로 제품을 구멍중심에 위치시키고 외경의 흔들림을 측정하기 위하여 다이얼 인디케이트를 돌리면서 측정한다. 지시식 게이지는 일반적으로 검사실 내에서 사용하는 것이 원칙이다. 그림 (a)는 수평형이고 그림 (b)는 수직형 지시식 게이지이다.

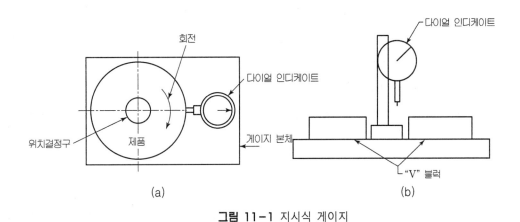

그림 11-1 지시식 게이지

② 고정식 게이지(Fixture Gage)

블록 게이지, 테이퍼 게이지, 나사 게이지 등과 같이 미리 정하여진 치수, 각도 형상을 검사하는 것과 치수가 조절 가능한 것이 있으며, 대부분의 한계 게이지가 이 분류에 속한다.

③ 복합(조립) 게이지(Multiple Gage)

1회의 검사로서 제품 또는 공작물의 1개이상의 치수를 검사하고 측정하기 위한 특수 게이지이다. 주로 제품의 치수관계 등을 검사하기 위하여 조립되어 만들어진 게이지로서, 동시에 여러 가지의 요소를 검사할 수 있도록 되어 있는 것을 포함한다. 따라서 이것은 1개 이상의 고정치수 게이지 또는 지시식 게이지가 조립된 조립 게이지이다. 이와 같은 것을 검사 고정구라고 할 때도 있다.

④ 링 게이지(Ring Gage)

원형의 내측 면을 갖는 게이지로서 원통상과 원추상(테이퍼 게이지)이 있다.

⑤ 플러그 게이지(Plug Gage)

여러 가지 단면형상의 외측 면을 갖는 게이지로서 테이퍼가 붙어 있는 것도 포함된다.

⑥ 스냅 게이지(Snap Gage)

바깥지름, 길이, 두께 등을 검사하기 위한 평행, 평면의 내측 면을 갖는 게이지이다.

⑦ 캘리퍼 게이지(Caliper Gage)

스냅게이지와 같은 형상이나 플러그게이지와 같은 외측을 함께 갖는 게이지로서, 오늘날 그 사용이 잘 안되고 있다. 스냅게이지를 캘리퍼 게이지라고 부르는 경우도 있다.

⑧ 리시빙 게이지(Receiving Gage)

원형 이외의 여러 가지 단면형의 내측 면을 갖는 게이지를 총칭한 것으로서, 구면 게이지라든가 스플라인, 링 게이지 라든가 하는 경우와 같이 대상이 되는 명칭을 붙여 부르는 경우가 많으며 리시버 게이지라고도 하며 기능 게이지의 일종이다.

[그림 11-2]는 링 모양의 제품을 점검하는 리시버 게이지로서 내경과 외경을 동시에 사용하는데 사용하는 것이다.

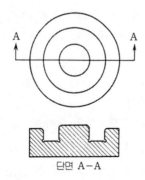

단면 A-A

그림 11-2 리시버 게이지

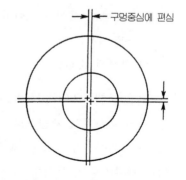

구멍중심에 편심

그림 11-3 구멍 중심이 편심된 부품

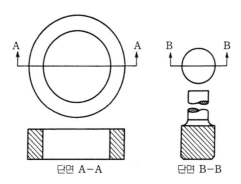

단면 A-A   단면 B-B

그림 11-4 분리 게이지

[그림 11-3]과 같이 제품모양이 구멍이 편심 되어있는 경우에는 리시버 게이지로 검사가 곤란하므로 [그림 11-4]처럼 내경과 외경을 분리한 분리 게이지로 측정하여야 한다.

⑨ 플러시 핀 게이지(Flush pin Gage)

주로 깊이 검사등에 사용되는 것으로서 슬리브와 핀으로서 구성되고 그 양단면의 차를 손끝 또는 손톱 끝으로 판정하는 게이지이며, 독일에서는 타스테라고도 부른다. 그 이용 범위는 매우 넓다.

⑩ 판형 게이지(Profile gage, Template Gage)

제품의 형상에 대응하여 여러 가지 측정 면을 가진 게이지이며, 간단하기 때문에 이용범위가 넓다.

⑪ 에어 게이지(Air Gage)

공기를 이용하여 검사하는 방법으로 그 사용범위가 광범위하며 극히 미세한 초정밀 검사에 응용할 수 있다. 검사시 에어게이지는 헤드와 디스플레이를 함께 사용하여야 하며, 헤드 만 교체하여 사용가능 하므로 비용도 적게 든다.

⑫ 전자식 게이지(LVDT System)

차동트랜스(LVDT)를 응용한 검사 System으로 검사 자동화 부분에 많이 응용하는 추세이다. 그 응용분야가 매우 광범위하고 초정밀 측정이 가능하여 많은 발전을 거듭 하는 추세이다.

(2) 사용목적에 따른 분류

① 표준(기준) 게이지(Master Gage)

제품에 대해서는 직접 사용하지 않는 것을 원칙으로 하고, 게이지의 점검관리 상의 치수기준이 되는 것이다.

② 점검 게이지(Reference Gage)

제품에 대하여 사용하지 않고 게이지의 치수검사 또는 마모 등을 검사할 때 사용한다.

③ 검사용 게이지(Inspection Gage)

샘플링 검사, 또는 수입검사에 주로 사용한다. 공작용 게이지가 일정량 마모되면 전용하여 사용한다. 공작용에 합격한 제품이 반드시 검사용 게이지에서도 합격할 수 있도록 치수가 정해져 있는 것이 보통이다.

④ 공작용 게이지(Working Gage)

제품의 가공 중 또는 공장 내에서의 검사에 사용된다.

4. 게이지(Gauge)사용상 주의 사항

(1) 게이지 선정

게이지는 제품의 호환성을 유지하면서 경제적으로 제품을 제작하는 것을 목적으로 하고 있다. 따라서 제품의 생산량, 가공조건, 게이지의 가격 등을 고려하여 얼마만큼의 정밀도와 어떠한 종류의 게이지를 사용하는 것이 좋은지를 결정해야 한다.

(2) 취급시 주의 사항

게이지는 정밀도가 높고 가격이 비싸므로 신중하게 다루지 않으면 손상을 입게 되고, 수명을 단축시키게 된다.

게이지의 일반적인 주의사항은 다음과 같다.

① 기계 운전 중에는 사용을 금한다.

② 필요이상의 힘을 가해서 사용하지 않는다.

③ 떨어뜨리거나 부딪치지 않게 주의한다.

④ Chip이나 먼지 등이 묻은 상태에서 사용하지 않는다.

⑤ 녹이 슬지 않게 잘 보관해야 한다.

⑥ 정기적이 정도 검사를 해야 한다.

11.2 한계 게이지(Limit Gauge)

1. 한계 게이지

기계나 각종 치공구의 부품의 가공에 있어 치수에 주어지는 허용범위내의 공차를 조사하여 부품을 가공한 후 실제치수가 그 공차 범위내에 있도록만 하면 상호 관계가 만족되고 또한 조립작업도 용이하고 대량생산에 따른 부품의 호환성도 있기 때문에 경제적으로 유리하게 된다. 이와 같이 생산량이 많은 부품 또는 제품의 합 부를 검사하기 위한 기구를 한계게이지라 하며, 허용치수범위에서 최대값 및 최소값이 주어진 통과측과 정지측의 두 개의 게이지를 조합한 형식을 취하고 있다. 이 방식을 처음으로 채택한 것은 1978년 미국인 Whixney가 처음으로 한계게이지 방식을 취하였다.

(1) 한계 게이지의 장점

① 검사하기가 편하고 합리적이다.

② 합·부 판정이 쉽다.

③ 취급의 단순화 및 미숙련공도 사용 가능.

④ 측정시간 단축 및 작업의 단순화

(2) 한계 게이지의 단점

① 합격 범위가 좁다.

② 특정 제품에 한하여 제작되므로 공용사용이 어렵다.

2. 한계 게이지의 사용재료

(1) 한계 게이지 재료에 요구되는 성질

① 열팽창 계수가 적을 것

② 변형이 적을 것

③ 양호란 경화성 : HRC 58 이상

④ 고도의 내마모성

⑤ 가공성이 좋으며 정밀 다듬질이 가능할 것

(2) 한계 게이지의 재료

① 표면 경화강 및 합금공구강(STC3)

② 탄소공구강 STC4

(3) 한계 게이지 등급

① XX 급

최고급의 정도를 갖고 실용되는 최소 공차로 정밀한 래핑(lapping)가 공을 한 마스터 게이지로, 극히 제품 공차가 작거나 또는 참고용 게이지에만 사용되는 데, 플러그에만 적용된다.

② X 급

제품 공차 비교적 작을 때에 사용되는 래핑 가공이 된 게이지로, 제품 공차 0.002인치 이하인 것이다.

③ Y 급

X급보다 제품 공차가 큰 경우(0.0021~0.004인치)로 가장 많이 쓰이는 래핑 가공을 한 게이지 이다.

④ Z 급

Y급보다 제품 공차가 큰 경우로 0.004인치 이상일 때로 보통 래핑 가공을 원칙으로 하나 연삭 가공으로 완성해도 좋다고 되어 있다.

⑤ 공차 부호의 방향

통과측 플러그 게이지는 +로 하고, 정지측 게이지는 -로 한다.

3. 한계 게이지의 종류

(1) 구멍용 한계 게이지

구멍용 한계 게이지는 여러 가지 형상의 것이 있으며, 호칭 치수에 크기에 따라 다른 종류의 것이 사용된다. 즉, 호칭 치수가 비교적 작은 것은 플러그 게이지 (plug gauge) 가 사용되고, 그보다 큰 것은 평 플러그 게이지 (flat plug gauge), 그 이상은 봉 게이지 (bar gauge)가 사용되며 한계 게이지의 종류와 치수의 적용 범위는 [표 11-1]에 나타난다.

표 11-1 구멍용 한계 게이지의 종류와 치수의 범위

구멍용 한계게이지의 종류		호칭 치수의 범위(mm)
원통형 플러그 게이지	테이퍼로크 형	1~50
	트리로크 형	50~120
평형 플러그 게이지		80~250
판 플러그 게이지		80~250
봉 게이지		80~500

① 플러그 게이지(plug gauge)

보통 사용되는 플러그 게이지는 [그림 11-5]의 (a)에 나타낸 것과 같으며, 구조는 통과측 (go end)과 정지측 (not go end)이 있고, 통과측은 원통부의 길이가 정지측보다 길게 되어 있다. 구멍과 통과측 지름에 차가 극히 작을 때는 게이지를 구멍에 넣기 어려우므로, 구멍의 축선과 게이지의 축선이 일치 되도록 하여야 한다. 만약 플러그 게이지가 기울면 움직이지 않게 되어 게이지의 표면에 흠이 생길 수도 있다. 이런 경우에는 게이지 선단부에 적당한 안내면을 만들어 구멍에 밀어 넣기 좋게 하는 방법도 있다. 간단한 안내면은 [그림 11-5]와 같은 것이 있으며, (b)에서는 안내부의 길이와 지름이 중요하며, (c)에서는 안내부의 앞면에 모따기가 있고 그 뒤 측에 환상의 홈이 있으므로 기울어진 위치에서도 게이지를 구멍에 넣을 수 있으며, 깊숙하게 넣으면 게이지의 중심과 구멍의 중심이 일치하여 쉽게 구멍에 넣을 수 있다.

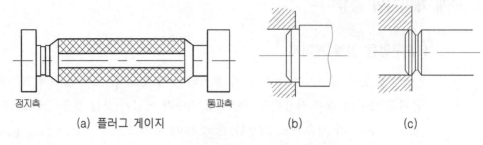

정지측　　　　　　　　　　　　　통과측

(a) 플러그 게이지　　　　　　　(b)　　　　　　　　　(c)

그림 11-5 플러그 게이지 형상

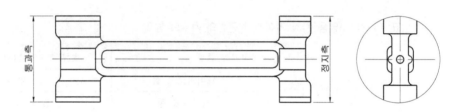

그림 11-6 평 플러그 게이지

② 평 플러그 게이지(flat plug gauge)

용도는 호칭지름이 큰 구멍의 측정에 플러그 게이지 (plug gauge)를 사용하면 중량이 많아 취급이 곤란할 경우에 [그림 11-6]과 같은 평 플러그 게이지를 사용한다. 구조는 플러그 게이지를 얇게 절단한 것과 같은 모양으로 원통의 일부를 측정 면으로 한다.

③ 봉 게이지(bar gauge)

용도는 부품의 호칭 치수가 더욱 커지면 평 플러그 게이지로도 무겁고 취급하기 어려워지므로 봉 게이지를 사용한다. 이것은 [그림 11-7]처럼 단면이 원통 면과 구면인 것의 두 가지가 있다.

④ 테보 게이지(ter-bo gauge)

구조는 [그림 11-8]에 나타낸 것처럼 통과측(go end)은 최소 허용값과 동일한 지름을 갖는 구의 일부로 되어 있고, 정지측(not go end)은 같은 구면 상에 공차만큼 지름이 커진 구형의 돌기모양의 볼(Ball) 붙어 있다. 따라서, 이것을 넣고 돌릴 때 돌기를 넣어서 돌지 않으면 허용 한계 치수 내에 있다는 것을 알 수 있다.

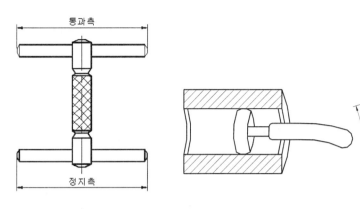

그림 11-7 봉 게이지   **그림 11-8** 터보 게이지

터보게이지는 테일러의 원리에 맞지 않으므로 이 게이지는 구멍의 길이가 짧고 구멍의 진직도가 제작 방법에 의하여 보증되어 있으며 그다지 중요하지 않은 긴 구멍에 주로 쓰인다. 그러나 회전 및 전후로 이동함으로서 진직도, 타원형 등 형상오차를 알 수 있는 장점이 있으나 연한재질은 깎아먹을 우려가 있어 검사에 주의를 요한다.

(2) 축용 한계 게이지

이 한계 게이지의 종류 및 치수의 범위를 [표 11-2]에 나타냈다. ISO규격에 호칭치수 315mm 이하에서는 스냅게이지를 사용하고 315mm를 초과하는 것에는 마이크로 인디게이터 부착게이지 사용을 권장하고 있다. 단, 작은 지름에 대하여 통과측에는 링 게이지를 또 얇은 두께의 공작물에 대하여는 통과측, 정지측 모두 링 게이지를 사용하고 있다.

표 11-2 축용 한계 게이지의 종류와 치수 범위

축용 한계 게이지의 종류	호칭 치수의 범위(mm)
링 게이지	1~100
양구판 스냅 게이지	1~50
편구판 스냅 게이지	3~50
C형판 스냅 게이지	50~180

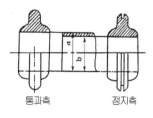

통과측   정지측

그림 11-9 링 게이지

① 링 게이지(ring gauge)

[그림 11-9]에 나타낸 구조로써, 지름이 작은 것이나 두께나 얇은 공작물의 측정에 사용된다. 링 게이지는 스냅 게이지에 비하여 가격이 비싸지만 테일러의 원리에 따라 통과측에는 링 게이지를 사용하는 것이 바람직하다.

② 스냅 게이지(snap gauge)

이것을 형식상으로 분류하면 [그림 11-10]과 같이 된다. 스냅 게이지를 사용한 방법은 일반적으로 측정 압력이 작용하므로 취급에 주의하여야 한다. 조립식 (multiple gauge라 고도하며, 0.8~12mm의 것이 있음)은 고정식 게이지로 만들면 비경제적이므로 적은 수의 부품을 검사할 때 유리하다. 이것은 마모되면 측정면을 수정할 수 있고, 또 중간에 끼우는 블록(block)은 블록 게이지와 흡사한 정밀도를 가지므로 정밀도가 높다. (±0.5~1μm) 스냅 게이지의 검사에는 원통형의 검사 게이지를 사용할 수 있으며, 지름이 100mm까지는 원판 게이지 그 이상의 것은 원통 게이지를 사용한다.

스냅게이지는 테일러의 원리에 따라 정지측에만 사용하는 것이 좋으나, 게이지 원가 가격이 싸고 사용상 편리성, 축의 형상오차가 작다는 것 등을 고려하여 통과측, 정지측 모두 사용하고 있다. 편구 스냅 게이지 [그림 11-10]의 (c)는 양구 스냅 게이지 [그림 11-10]의 (a)와 (b)에 비하여 게이지 부를 돌려 사용하지 않아도 좋고 검사시간도 단축시킬 수 있는 장점이 있다.

스냅게이지는 고유치수와 작동치수로 구별되는데, 고유치수는 힘을 받지 않을 때 가지는 치수이고, 작동치수는 연직으로 한 스냅게이지를 주의 깊게 가만히 정지시켰다 놓았을 때 사용하중에 의하여 통과하는 점검게이지의 지름이다. 작동치수와 고유치수의 차이는 스냅게이지의 형상, 탄성, 마찰계수 및 사용하중과 관계가 있다. [그림 11-10]의 (d)와 같이 측정면사이의 거리를 조정할 수 있는 조정식 스냅게이지도 있다. 조절식 한계게이지는 게이지 버튼 또는 슈우(Shoe)를 조정하

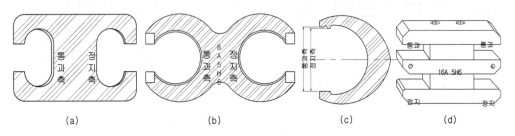

그림 11-10 각종 스냅게이지 형태

여 치수를 맞출 수 있도록 설계된다. 조절식 게이지의 치수 조절은 검사의 대상이 되는 공작물의 수량이 많아 게이지의 치수를 결정하는 부분이 마멸되어 치수 조절이 가능하다. 유사치수의 공작물을 검사할 때에도 치수를 조절함으로서 사용이 편리하다. 그러므로 통과측에 부여하는 마모여유를 부여하지 않는다. 이 조정식 스냅게이를 사용하면 다품종 소량생산의 공작물 검사에 유리하다.

(3) 기타의 한계 게이지

이상의 구멍과 축 이외에 폭, 길이, 단의 깊이와 높이, 원호 등을 측정할 수 있는 게이지가 있고, 이것들은 주로 판 게이지(profile gage, template gage) 되어 있다.

4. KS 방식에 의한 한계 게이지 설계

(1) KS의한 한계 게이지 방식

한계 게이지의 치수차·공차를 정할 경우에 고려사항
① 제품의 한계 치수를 확실하게 지킬 수 있도록 되어 있는가
② 통과측 게이지의 마모여유를 필요로 하며, 그 양은 적당한가
③ 정지측은 마모되더라도 제품에 지장을 미칠수 있을 정도로 제품공차에 게이지 공차가 먹어 들어가거나 밖으로 지나치게 벗어나 있지 않은가
④ 위치도, 동심도의 양자에 의해 게이지공차의 점유되는 양이 지나치게 많아 제품 공차를 부당하게 축소시키고 있지 않은가
⑤ 검사용·공작용의 2종류의 게이지로 적용시켰을 때 공작용게이지에 합격한 것이 반드시 검사용 게이지에 합격하도록 되어 있는가

(2) 한계 게이지 설계

① 구멍용 플러그 한계 게이지(PLUG GAGE) (ISO, KS, JIS방식)
[그림 11-11, 표 11-3 참고]

- 통과측 : (구멍의 최소치수 + 마모여유) $\pm \dfrac{\text{게이지공차}}{2}$

편측공차환산 $= \left(\text{구멍의 최소치수} + \text{마모여유} - \dfrac{\text{게이지공차}}{2} \right) + \text{게이지공차}$

- 정지측 : (구멍의 최대치수)$\pm \dfrac{\text{게이지공차}}{2}$

편측공차환산$=\left(\text{구멍의 최대치수}+\dfrac{\text{게이지공차}}{2}\right)-\text{게이지공차}$

(설계보기) : 호칭치수 35K6($35\,^{+0.003}_{-0.013}$)인 구멍을 검사하기 의한 PLUG

GAGE의 설계(호칭치수 35, 제품공차 0.016)

- 통과측 : $(34.987+0.004)\pm\dfrac{0.0025}{2}$

34.991 ± 0.00125

$\left(34.987+0.004-\dfrac{0.0025}{2}\right)+0.0025=\ 34.98975\,^{+0.0025}_{0}$

- 정지측 : $35.003\pm\dfrac{0.0025}{2}$

35.003 ± 0.00125

$(35.003+0.00125)-0.0025=\ 35.00425\,^{0}_{-0.0025}$

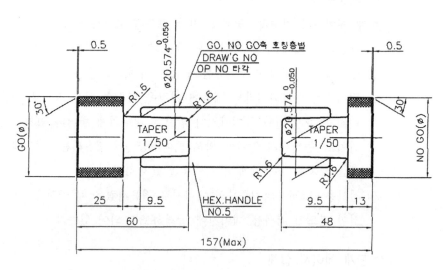

그림 11-11 구멍용 플러그 한계게이지

표 11-3 플러그 게이지 공차표(ISO, JIS, KS) (단위 : μm)

호칭치수의 구분(mm)		제품 공차																											
		4		5		6		8		9		10		11		12		13		14		15		16		18		19	
초과	이하	W	G	W	G	W	G	W	G	W	G	W	G	W	G	W	G	W	G	W	G	W	G	W	G	W	G	W	G
–	3	1	1.2			1.5	1.2					2	1.2							3	2								
3	6			1	1.5			2	1.5							2.5	1.5									3.5	2.5		
6	10					1	1.5			2	1.5											2.5	1.5						
10	18							2	2					2.5	2											3	2		
18	30									2	2.5							2.5	2.5										
30	50													3	2.5									4	2.5				
50	80																	4	3									5	3
80	120																					5	4						
120	180																							6	5				
180	250																												
250	315																												
315	400																												
400	500																												

호칭치수		20		21		22		23		25		27		29		30		32		33		35		36		39		40	
초과	이하	W	G	W	G	W	G	W	G	W	G	W	G	W	G	W	G	W	G	W	G	W	G	W	G	W	G	W	G
–	3									6	2																		
3	6															7	2.5												
6	10					4	2.5					5	3											8	2.5				
10	18																												
18	30			3.5	2.5															6	4								
30	50									4	2.5															7	4		
50	80															5	3												
80	120					6	4															6	4						
120	180									7	5															8	5		
180	250	6	7											7	7														
250	315							7	8									8	8										
315	400									7	9													10	9				
400	500											8	10													12	10		

표 11-3 플러그 게이지 공차표(ISO, JIS, KS) (단위 : μm)

호칭치수의 구분(mm)		제품 공차																											
		43		46		48		52		54		57		58		62		63		70		72		74		81		84	
초과	이하	W	G	W	G	W	G	W	G	W	G	W	G	W	G	W	G	W	G	W	G	W	G	W	G	W	G	W	G
–	3																												
3	6					7	4																						
6	10													8	4														
10	18	9	3																	9	5								
18	30							11	4																			11	6
30	50															13	4												
50	80			9	5																			15	5				
80	120									11	6																		
120	180																	12	8										
180	250			9	7																	14	10						
250	315							11	8																	16	12		
315	400											13	9																
400	500																	15	10										
		87		89		97		100		115		120		130		140		155		160		185		210		230		250	
초과	이하	W	G	W	G	W	G	W	G	W	G	W	G	W	G	W	G	W	G	W	G	W	G	W	G	W	G	W	G
–	3																												
3	6																												
6	10																												
10	18																												
18	30																												
30	50							13	7																				
50	80											15	8																
80	120	17	6													17	10												
120	180							20	8											19	12								
180	250									25	10											29	14						
250	315													28	12									33	16				
315	400			18	13											31	13									38	18		
400	500					20	15											35	15									44	20

② 구멍용 플러그 한계 게이지(PLUG GAGE) (MI L-STD방식)

[그림 11-11, 표 11-5 참고]

- 통과측 : (구멍의 최소치수+마모여유(w))+게이지공차(G)
- 정지측 : (구멍의 최대치수)−게이지공차(G)

  (설계보기) : 호칭치수 $35^{+0.003}_{-0.013}$인 구멍을 검사하기 의한 PLUG GAGE의 설계

  (호칭치 수 35, 제품공차 0.1)

- 통과 : $(34.987+0.005)+0.003 = 34.992^{+0.003}_{0}$

- 정지 : $35.003^{0}_{-0.003}$

③ 축용 링 및 스냅 한계 게이지(RING AND SNAP GAGE) (ISO, KS, JIS방식)

[그림 11-12, 표 11-4 참고]

- 통과측 : (축의 최대치수−마모여유(w))$\pm \dfrac{게이지공차(G)}{2}$

  편측공차환산= $\left(축의\ 최대치수 − 마모여유 + \dfrac{게이지공차}{2}\right) − 게이지공차$

- 정지측 : (축의 최소치수)$\pm \dfrac{게이지공차(G)}{2}$

  편측공차환산= $\left(축의\ 최소치수 − \dfrac{게이지공차}{2}\right) + 게이지공차$

  (설계보기) : 호칭치수88m5($88^{+0.028}_{+0.013}$)인 축을 검사하기 위한 RING AND SNAP GAGE의 설계(호칭치수 88, 제품공차 0.015)

- 통과측 : $(88.028-0.005)\pm \dfrac{0.004}{2}$

  88.023 ± 0.002

  $\left(88.028 − 0.005 + \dfrac{0.004}{2}\right) = 88.025^{0}_{-0.004}$

- 정지측 : 88.013 ± 0.002

  $\left(88.013 − \dfrac{0.004}{0}\right) + 0.004 = 88.011^{+0.004}_{0}$

표 11-4 링·스냅 게이지 공차표(ISO, JIS, KS) (단위 : μm)

호칭치수의 구분(mm) 초과	이하	4 W	4 G	5 W	5 G	6 W	6 G	8 W	8 G	9 W	9 G	10 W	10 G	11 W	11 G	12 W	12 G	13 W	13 G	14 W	14 G	15 W	15 G	16 W	16 G
–	3	1	1.2			1.5	1.2					2	2							3	2				
3	6			1	1.5			2	1.5							3	2.5								
6	10					1	1.5			2	1.5											3	2.5		
10	18							2	2					2.5	2										
18	30									2	2.5														
30	50																	2.5	2.5						
50	80											3	2.5											4	2.5
80	120																	4	3						
120	180																					5	4		
180	250																								
250	315																								
315	400																								
400	500																								

호칭치수의 구분(mm) 초과	이하	18 W	18 G	19 W	19 G	20 W	20 G	21 W	21 G	22 W	22 G	23 W	23 G	25 W	25 G	27 W	27 G	29 W	29 G	30 W	30 G	32 W	32 G	33 W	33 G
–	3													6	3										
3	6	3.5	2.5																	7	4				
6	10									4	2.5														
10	18	3.5	3													5	3								
18	30							3.5	4															6	4
30	50													5	4										
50	80			5	3															6	5				
80	120									6	4														
120	180	6	5											7	5										
180	250					6	7											7	7						
250	315											7	8									8	8		
315	400													7	9										
400	500															8	10								

표 11-4 링·스냅 게이지 공차표(ISO, JIS, KS) (단위 : μm)

호칭치수의 구분(mm)		제품 공차																							
		35		36		39		40		43		46		52		54		57		62		63		72	
초과	이하	W	G	W	G	W	G	W	G	W	G	W	G	W	G	W	G	W	G	W	G	W	G	W	G
–	3																								
3	6																								
6	10			8	4																				
10	18									9	5														
18	30																								
30	50					7	4													13	7				
50	80											9	5												
80	120	8	6													11	6								
120	180																					12	8		
180	250							9	8			10	10											14	10
250	315													12	12										
315	400			10	9													14	13						
400	500							12	10											16	15				

		74		81		87		89		97		100		115		130		140		155	
초과	이하	W	G	W	G	W	G	W	G	W	G	W	G	W	G	W	G	W	G	W	G
–	3																				
3	6																				
6	10																				
10	18																				
18	30																				
30	50																				
50	80	15	18																		
80	120					17	10														
120	180											20	12								
180	250													25	14						
250	315			16	12											28	16				
315	400							18	13									31	18		
400	500									20	15									35	20

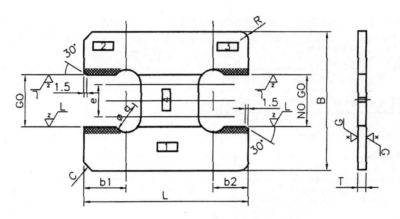

그림 11-12 스냅 한계게이지

④ 축용 링 및 스냅 한계 게이지(RING AND SNAP GAGE)(MI L-STD방식)

- 통과측 : (축의 최대치수－마모여유(w))－게이지공차(G)

- 정지측 : (축의 최소치수)＋게이지공차(G)

  (설계 보기) : 호칭치수 $88\ ^{+0.028}_{+0.013}$인 축을 검사하기 위한

  ㉠ RING GAGE의 설계(호칭치수 88, 제품공차 0.1)[표 11-5 참고]

  - 통과 : $(88.028-0.005)-0.005= 88.023\ ^{0}_{-0.005}$

  - 정지 : $88.013\ ^{+0.005}_{0}$

  ㉡ SNAP GAGE의 설계[그림 11-12, 표 11-6 참고]

  설계방법은 구멍용 한계 게이지와 동일

(3) 위치도 검사게이지 설계(ISO, KS, JIS방식)

① 검사할 제품이 구멍일 경우[그림 11-13, 표 11-3 참고]

보기 1 (MMC 방식) :

게이지 핀의 치수 : (구멍의 최소치수－위치도)$\pm \dfrac{\text{게이지공차}(G)}{2}$

$$=(\text{구멍의 최소}-\text{위치도})-\dfrac{\text{게이지공차}}{2}+\text{게이지공차}$$

※ 위치도는 10% 마모여유는 주지 않는다.

보기 2 (좌표공차방식) :

게이지 핀의 치수 :

$$(\text{구멍의 최소치수} - \text{구멍간 거리공차 (Total 공차의 } 1/2)) \pm \frac{\text{게이지공차}(G)}{2}$$

게이지 핀간 거리 공차 : 구멍간 거리 Total 공차의 ±5%적용 0.0025~0.0127

※ 마모여유는 주지 않는다.

① 검사할 제품이 축인 경우[펴 11-4 참고]

$$\text{게이지 구멍의 치수 : (축의 최대} + \text{위치도}) + \frac{\text{게이지공차}}{2} - \text{게이지공차}$$

표 11-5 플러그 게이지와 링 게이지 제작 공차치수(MIL-STD)(단위 : μm)

(통과)

치수 \ 제품공차	Master		0.012		0.025		0.050		0.100		0.150		0.200		0.400	
	W	G	W	G	W	G	W	G	W	G	W	G	W	G	W	G
0.5-20		0.5		1.0	1.0	1.0	2.5	1.8	5.0	2.5	8.0	5.0	10	8.0	12	12
20-40		0.8		1.5	1.0	1.5	2.5	2.0	5.0	3.0	8.0	8.0	10	8.0	12	12
40-65		1.0		2.0	0.5	2.0	2.5	3.0	5.0	4.0	5.0		10	10	12	12
65-115		1.2			0.5	2.5	2.5	4.0	5.0	5.0	5.0		8.0	12	10	15
115-165		1.5					1.2	5.0	5.0	6.0	5.0		8.0	12	10	15
165-230		2.0							2.5	8.0	2.5		5.0	15	10	18
230-305		2.5							2.5	10	2.5		5.0	15	10	20

(정지)

치수 \ 제품공차	0.012		0.025		0.100		0.250		0.500	
	W	G	W	G	W	G	W	G	W	G
0.5-20		1.0		1.0		1.8		2.5		5.0
20-40				1.5		2.0		3.0		6.0
40-65				2.0		3.0		4.0		8.0
65-115				2.5		4.0		5.0		10
115-165						5.0		6.0		12
165-230						6.0		8.0		15
230-305						8.0		10		20

*참고 : MIL-STD-110.

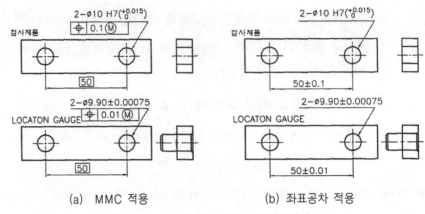

(a) MMC 적용   (b) 좌표공차 적용

그림 11-13 구멍용 위치도 검사게이지

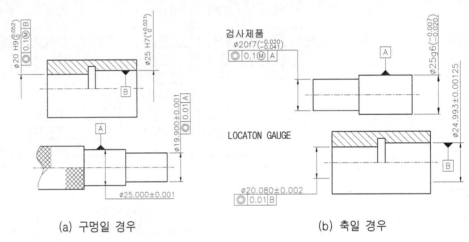

(a) 구멍일 경우   (b) 축일 경우

그림 11-14 동심도 검사 게이지 (MMC 적용)

(4) 동심도 검사 게이지(MMC 적용) 설계(ISO, KS, JIS방식)

① 검사할 제품이 구멍일 경우[그림 11-14, 표 11-3 참고]

기준부위 치수 : (구멍의 최소치수) $\pm \dfrac{\text{게이지공차}(G)}{2}$

$\qquad\qquad = (\text{구멍의 최소치수} - \dfrac{\text{게이지공차}}{2}) + \text{게이지공차}$

동심부위 치수 : (구멍의 최소치수 $-$ 동심도) $\pm \dfrac{\text{게이지공차}(G)}{2}$

$\qquad\qquad = (\text{구멍의 최소치수} - \text{동심도}) - \dfrac{\text{게이지공차}}{2} + \text{게이지공차}$

※ 동심도는 10% 마모여유는 주지 않는다.

② 검사할 제품이 축일 경우[그림 11-14, 표 11-4 참고]

기준 부위 치수 : (축의 최대치수)$\pm \dfrac{\text{게이지공차}(G)}{2}$

$=$(축의 최대치수$+ \dfrac{\text{게이지공차}}{2}$) $-$ 게이지공차

동심 부위 치수 : (축의 최대치수$+$동심도)$\pm \dfrac{\text{게이지공차}(G)}{2}$

$=$(축의 최대치수$+$동심도)$+ \dfrac{\text{게이지공차}}{2} -$ 게이지공차

※ 동심도는 10% 마모여유는 주지 않는다.

(5) 위치도 검사 게이지 설계(MI L-STD방식)

① 검사할 제품이 구멍일 경우[그림 11-15, 표 11-5 참고]

보기 1 : (MMC적용)

게이지 핀의 치수 : (구멍의 최소치수$-$위치도)$+$게이지공차(G)

※위치도 10% 마모여유는 주지 않는다.

보기 2 : (좌표공차 적용)

게이지 핀의 치수 :

   (구멍의 최소치수$-$구멍간 거리(Total 공차의 1/2))$+$게이지공차

게이지핀간 거리 공차 : 구멍간 거리 Total 공차의 $\pm$5%적용 0.0025~0.0127

※마모여유는 주지 않는다.

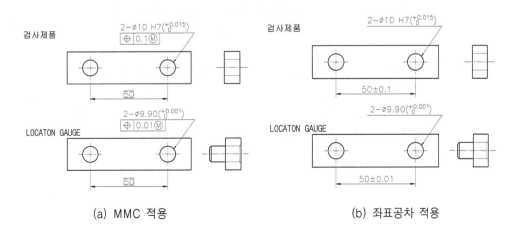

(a) MMC 적용   (b) 좌표공차 적용

그림 11-15 위치도 검사 게이지 설계

(6) 동심도 검사 게이지(MMC 적용) 설계(MI L-STD)

① 검사할 제품이 구멍일 경우[그림 11-16, 표 11-5 참고]

   기준부위 치수 : (구멍의 최소치수)＋게이지공차(G)

   동심부위 치수 : (구멍의 최소치수－동심도)＋게이지공차(G)

   ※동심도는 10% 마모여유는 주지 않는다.

② 검사할 제품이 축일 경우[그림 11-16, 표 11-5 참고]

   • 기준 부위 치수 : (축의 최대치수)－게이지공차(G)

   • 동심 부위 치수 : (축의 최대치수＋동심도)－게이지공차(G)

   ※ 동심도는 10% 마모여유는 주지 않는다.

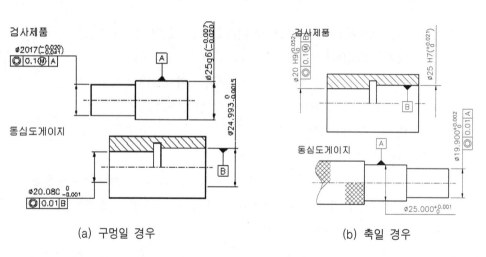

(a) 구멍일 경우   (b) 축일 경우

그림 11-16 동심도 검사 게이지(MMC 적용)설계(MI L-STD방식)

(7) 스냅 게이지(SNAP GAGE)[그림 11-17, 표 11-6 참고]

   검사치수 : $10 \, {}^{+0.1}_{0}(10.0 \sim 10.1)$

   A : 통과 측 (제품의 최대 치수－마모여유)－게이지 공차

   B : 정지 측 (제품의 최소 치수)＋게이지 공차

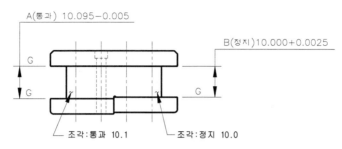

그림 11-17 스냅 게이지

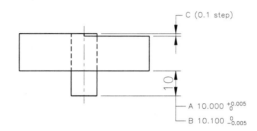

그림 11-18 플러쉬 핀 게이지

표 11-6 Snap Gage 및 기타 (단위 : μm)

치수 \ 제품공차	0.012			0.025			0.050			0.080			0.100			0.120			0.150			0.180		
	W	통과	정지	W	통과	정지	W	통과	정지	W	통과	정지	W	통과	정지	W	통과	정지	W	통과	정지	W	통과	정지
0-20		1.0	1.0	2.5	1.0	1.0	2.5	2.5	2.5	2.5	2.5	2.5	5.0	5.0	2.5	5.0	5.0	2.5	8.0	5.0	2.5	10	5.0	2.5
20-40		1.5		2.5	1.5	1.5	2.5	2.5	2.5	2.5	2.5	2.5	5.0	5.0	2.5	5.0	5.0	2.5	8.0	5.0	2.5	10	5.0	2.5
40-65		2.0			2.0	2.0	2.5	2.5	2.5	2.5	2.5	2.5	5.0	5.0	2.5	5.0	5.0	2.5	8.0	5.0	2.5	8.0	5.0	5.0
65-115		2.5			2.5	2.5	2.5	2.5	2.5	5.0	5.0	5.0	5.0	5.0	5.0	8.0	5.0	5.0	8.0	5.0	5.0	8.0	8.0	5.0
115-165		3.0			3.0		5.0	3.0	2.5	5.0	5.0	5.0	8.0	5.0	5.0	8.0	5.0	5.0	8.0	5.0	8.0	8.0	8.0	8.0
165-215		4.0			4.0		5.0	4.0	2.5	5.0	5.0	8.0	5.0	5.0	8.0	5.0	5.0	8.0	5.0	8.0	8.0	8.0	10	8.0
215-265		4.5			4.5		5.0	5.0		8.0	2.5	2.5	10	5.0	5.0	10	6.0	5.0	10	8.0	5.0	5.0	12	8.0
265-315		5.0			5.0		5.0	5.0		8.0	2.5	2.5	10	5.0	2.5	12	8.0	5.0	12	10	5.0	5.0	15	10
315-370										2.5	2.5		12	5.0	2.5	12	8.0	2.5	12	10		5.0	18	10
370																						2.5	20	12

* MML-STD-120 참고

1. Taper, Snap, Depth, Length, Flush pin Gage에 적용
2. Depth, Length, Flush pin Gage는 마모를 주지 않고 통과측 G/A 공차 적용

표 11-6 Snap Gage 및 기타 (단위:μm)

치수 \ 제품공차	0.200 W	통과	정지	0.230 W	통과	정지	0.250 W	통과	정지	0.300 W	통과	정지	0.350 W	통과	정지	0.400 W	통과	정지	0.500 W	통과	정지	0.6이상 W	통과	정지
0-20	10	5.0	2.5	10	5.0	2.5	10	8.0	2.5	10	15	5	10	15	5	10	20	5	10	25	10	10	25	20
20-40	10	5.0	2.5	10	8.0	2.5	10	8.0	5.0	10	15	5	10	15	5	10	20	5	10	25	10	10	25	20
40-65	10	8.0	5.0	10	10	8.0	10	10	8.0	10	18	7	10	20	7	10	20	5	10	25	10	10	25	20
65-115	8.0	8.0	8.0	10	10	8.0	10	10	8.0	10	18	7	10	20	7	10	25	10	10	25	10	10	25	20
115-165	8.0	10	8.0	10	10	8.0	10	12	10	10	20	10	10	15	10	10	25	10	10	25	10	10	25	26
165-215	8.0	10	10	10	12	10	10	15	10	10	20	10	10	25	10	10	30	15	10	38	15	10	38	38
215-265	8.0	12	10	8.0	15	10	10	18	12	10	22	12	10	30	15	10	30	15	10	38	20	10	38	38
265-315	5.0	15	12	8.0	18	12	10	20	12	10	22	12	10	30	15	10	30	15	10	38	20	10	38	38
315-370	5.0	18	12	8.0	20	12	8.0	23	15	7	25	15	10	35	15	10	35	20	10	50	25	10	50	50
370	5.0	20	15	8.0	23	15	8.0	25	15	7	25	15	10	35	15	10	35	20	10	50	25	10	50	50

(8) 플러쉬 핀 게이지(FUSH PIN GAGE)[그림 11-18, 표 11-6 참고]

검사치수 : 10.0~10.1

A : 최소치

제품의 최소치수＋게이지 공차

B : 최대치

제품의 최대치수－게이지 공차

C : STEP (참고치수로 표시)

게이지 공차＝±(제품공차×10%)/2＝±(0.1×0.1)/2＝±0.005

① 슬리브와 핀을 이용하는 경우

㉠ Pin에 단차를 주는 경우

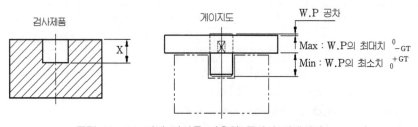

그림 11-19 핀에 단차를 이용한 플러쉬 핀게이지

ⓛ 양 측 판형인 경우

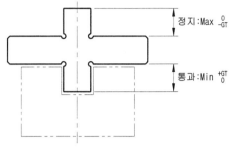

그림 11-20 판 형

ⓒ 슬리브에 단차를 주는 경우

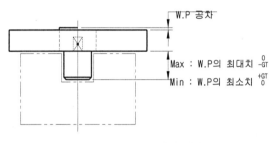

그림 11-21 단차 형

② 판형 플러쉬 핀 게이지

단 붙이 구멍의 위쪽에서 치수기준인 경우

(예제 1)

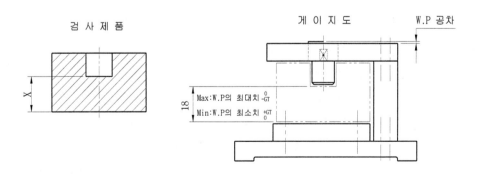

검 사 제 품   게 이 지 도

(예제 2)

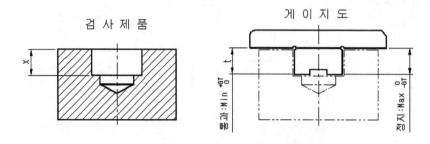

검사제품

게이지도

그림 11-22 판형 플러쉬 핀 게이지

(한계 게이지 설계 실습 1)

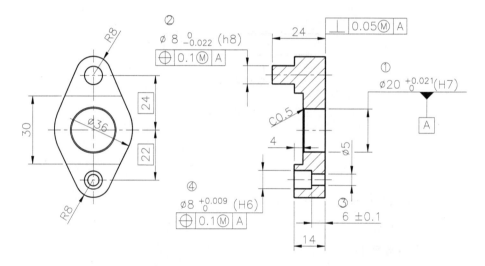

(1) 한계게이지 설계 조건

① 제품명(부품명) : RETAINER

② 재질 : GC20

③ 수량 : 월 1000 개

④ Ø20H7(①)의 구멍을 검사하기 위한 PLUG GAGE 설계

⑤ Ø8h8(②)의 축을 검사하기 위한 RING, SNAP GAGE 설계

⑥ 6±0.1(③)의 구멍 깊이를 측정하기 위한 FLUSH PIN GAGE 설계

⑦ Ø20H7의 구멍을 기준으로 한 Ø8h8(②)과 Ø8h6(④)의 위치관계점검을
위한 LOCATION GAGE 설계

11.3 기능 게이지 설계

한계 게이지에 의한 검사에서 합격된 부품이라 할지라도 조립 라인에서 무난히 조립 되어 진다고 볼 수 없으며, 조립은 되었다고 하나 설계자의 의도에 부응하는 기능이 확보되었다고 할 수 없다.

기능 게이지는 한계 게이지에 의해 합격된 부품에 한하여 기능 게이지를 검사 해야 한다. 한계 게이지에 의해 불합격된 부품은 1차 불합격품으로 기능 게이지로 검사할 필요가 없다. 한계 게이지에 의해 합격된 부품이라도 100% 조립이 될 수 없고 부품의 기능이 확보되었다고 할 수 없다.

기능 게이지의 공차를 부여하는 방법은 각 규격마다 조금씩 차이가 있으나, 대체로 여러 공정으로 나누어져 가공되어지는 경우에는 공차 누적을 고려하여 작성되어진 공차 도표를 바탕으로 하는 공정도의 공차값을, 그리고 간단한 공정으로 공차의 누적이 없는 경우 부품도 공차값이 10~20% 적용하는 것이 일반적이다. 여기에서는 쉽게 계산되어 질 수 있는 공차의 10%를 게이지 공차로 적용하는 것으로 설계하는 방법을 설명하기로 한다.

1. 기능 게이지(functional gage)

기하공차(진직도, 직각도, 평행도, 경사도, 위치도, 대칭도)에 대하여 MMC 기준이 적용될 경우에는, 필요하다면 기능 게이지를 사용하여 사이즈 형체에 규정된 기하공차로 기능적 호환성을 측정할 수가 있다. 게이지 형상은 측정 대상물의 실효 상태 치수의 경계(virtual condition size boundary) 일 때의 사이즈와 같으며, 역대칭으로 만들어진 총형 게이지이다.

측정 대상물이 들어가기만 하면 합격으로 판단할 수 있는 특수 GO 게이지이다. 예를 들면, 위치도 공차의 측정용 게이지는 위치도 공차에 한하여 검정이 가능하다. 그러나 형체의 가공 상태의 경향이나 편위의 정도를 알 수는 없으며, 형체 사이즈는 한계 게이지의 GO 및 NOT-GO에 의해 별도 점검을 하게 된다.

또한 기능 게이지 자체는 제작비용이 높기 때문에 양산품의 검정이 아니면 채산이 맞지 않을 염려가 있다.

역설적으로 말한다면, 기능 게이지가 설계되지 않는 경우에는 MMC가 적용되지 않고 있다고 말할 수 있다. 여기서 주의할 것은, MMC 기준은 축선 또는 중심면을 갖는 사이즈 형체에 적용되지만, 사이즈(크기)를 갖지 않는 형체, 즉 형체의 표면, 평면 또는 단면(斷面) 등에는 적용할 수 없다. 더불어 축선을 갖는 기어의 축간 거리나 링크 기구와 같이 형체의 치수변동에 관계없이 기능상 규정된 형상, 자세 또는 위치공차 등을 확보할 필요가 있을 경우에는 적용할 것이 아니다.

(1) 동 축 형체 구멍의 위치도 기능 게이지

① 기준 치수$=25\text{H7}$의 MMS $^{+\text{게이지 공차(부품 공차의 10\% 적용)}}_{\quad 0}$

② 게이지 치수$=15\text{H8}$의 실효 치수 $^{+\text{게이지 공차(부품 공차의 10\% 적용)}}_{\quad 0}$

$\qquad =(15\text{H8MMS}-\text{위치공차})\ ^{+\text{게이지 공차}}_{\quad 0}$

$\qquad =(15.000-0.15)\ ^{+0.0027}_{\quad 0}=14.85\ ^{+0.0027}_{\quad 0}$

③ 위치 공차$=$부품 위치 공차의 10%

$\qquad =0.015\times0.1=0.0015$

(2) 동 축 형체 축의 위치도 기능 게이지

① 기준 치수$=25\text{h6}$의 MMS$-$게이지 공차(부품 공차의 10%)

$\qquad =\ 25\ ^{0}_{-0.0013}$

② 게이지 치수$=15\text{h7}$의 실효 지수$-$게이지 공차

$\qquad =(15\text{h7의 MMS}+\text{위치공차})\ ^{0}_{-\text{게이지공차}}$

$\qquad =(15-0.15)\ ^{0}_{-0.0018}$

$\qquad =15.15\ ^{0}_{-0.0018}$

③ 위치 공차$=$부품 위치 공차의 10%

$\qquad =0.15\times0.1=0.015$

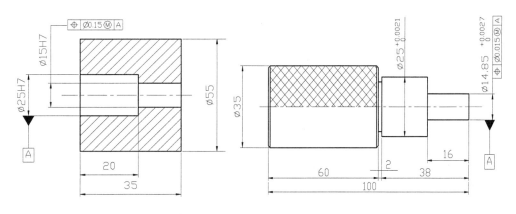

그림 11-23 부품도   그림 11-24 기능게이지

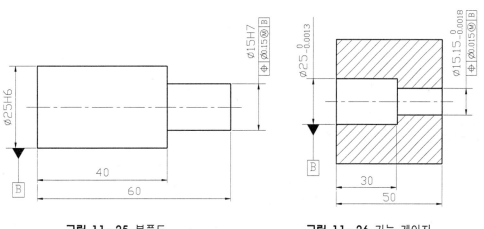

그림 11-25 부품도   그림 11-26 기능 게이지

(3) 구멍의 위치도 기능 게이지

① 기준 치수= ϕ25H8의 MMS+게이지 공차(부품 공차의 10%)

$$= 25 \, ^{+0.0033}_{0}$$

② 게이지 핀 치수= ϕ5H9의 실효 치수+게이지 공차(부품 공차의 10%)

$$=(\phi\text{5H9 MMS}-\text{위치 공차})+\text{게이지 공차}$$

$$= (5-0.2) \, ^{+0.003}_{0} = 4.8 \, ^{+0.003}_{0}$$

④ 이론적으로 정확치수 $\boxed{45}$, $\boxed{22.5}$의 제작 공차=위치도 공차의 10%=±0.005

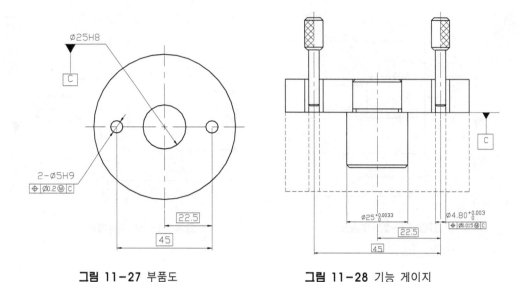

그림 11-27 부품도   **그림 11-28** 기능 게이지

11.4 나사 게이지 설계

나사용 한계 게이지는 게이지 제작회사가 취급하고 있는 각종 게이지 중에서 가장 많은 것이다. 이것은 나사 부품이 일반적으로 널리 사용되고 다량으로 생산되기 때문에 그 호환성이 공업상 대단히 중요하게 요구되고 있고 나사의 형상이 복잡해서 각 나사 요소 즉, 유효경 피치, 나사 산의 각도 등의 오차가 누적되어 끼워 맞춤에 크게 영향을 미치며 이들 오차를 개별적으로 검사한다고 해도 대단히 어려우며 특히 암나사에 대해서는 곤란하기 때문이다. 따라서 나사 부품에 대해서는 한계 게이지 방법에 의한 검사 이외에는 간단하고도 호환성을 보증할 수 있는 것은 없다.

나사 플러그 게이지를 사용해서 너트를 검사할 때에 하나 한 개의 나사 플러그 게이지를 너트에 끼워보면 게이지가 너트에 잘 끼워 들어가는 것과 너트가 게이지 보다 작아서 잘 끼워 들어가지 않는 것과 두 종류로 판정할 수 있다. 나사용 한계 게이지는 이 판정방법을 이용해서 치수가 다른 두 종류의 나사 게이지를 사용하여 검사되는 나사가 규격에 규정된 정도, 등급, 범위 내에 있는가 어떤가를 알 수 있게 해 준다. 이 두 종류의 나사 게이지를 통과측 나사 게이지 와 정지측 나사 게이지라 부르며, 게이지의 사용목적에 따라서 검사용, 공작용으로 분류한다. 나사용 한계 게이지로 나사 부품을 검사하는 것은 그 나사가 KS에 규정되어 있는 각 치수 허용차에 합격하고 있나, 불합격인가를 검사하는 것이 아니고 종합적인 치수·검사를 통해 나사 부품이 호환성을 갖고 있는지 검사하는 것이다.

1. 나사 플로그 게이지(Screw Plug Gauge)

(1) 통과나사 PLUG 게이지

게이지의 표시를 간략하게 하기 위하여 각 게이지에 각각의 기호들이 정해져 있다. 통과나사 PLUG 게이지는 GO THREAD PLUG GAUGE의 머리 문자를 따서 GP로 표기한다. 통과나사 PLUG GAUGE에는 크게 병목나사 GAUGE(KS B 5221) 세목나사 GAUGE(KS B 5222) 로 나눈다.

(2) 정지 나사 플로그 게이지(PLUG GAUGE)

정지 나사 PLUG GAUGE의 기호는 NOT GO WORKING THREAD PLUG GAUGE의 약자로 WP로 사용한다.

표 11-7 미터 보통 나사(단위:mm)

나사의 호칭	K1	L1	K2	L2	m	d3 기존치수	d3 허용차	e (참고)	f (참고)	L	핸들 번호
M4×0.7~M5×0.8	7	29	5	27	6	4.567	0 -0.025	–	–	74	0
M6~M9	10	35	7	32	6	6.096	0 -0.025	–	–	99	1
M10.M11	13	38	13	38	6	7.874	0	–	–	110	2
M12	17	42	17	42	6		0.025	–	–	117	
M14.M16	17	42	13	38	6	10.414	0	6	1	122	3
M18~M22	25	50	17	42	6		-0.050	6	1	134	
M24.M27	32	62	25	55	8	15.494	0 -0.050	8	1.5	163	4
M30.M33	32	67	25	60	9.5	25.574	0	8	1.5	176	5
M36.M39	42	77	32	67	9.5		-0.050	8	1.5	193	
M42z~M52	45	80	32	67	9.5			8	1.5	196	

표 11-8 미터가는 나사(단위 : mm)

나사의 호칭 지름	피치	두꺼운형		얇은형		m	d₃		e (참고)	f (참고)	L	핸들번호
		K₁	L₁	K₂	L₂		기준 치수	허용차				
M4~M5	0.5	5	27	5	27	6	4.596	0 -0.025	–	–	72	0
M6,M7	0.75	7	32	5	30	6	6.096	0 -0.025	–	–	94	1
M8,M9	1	10	35	7	32	6	6.096	0 -0.025	–	–	99	1
	0.75	7	32	5	30	6			–	–	94	
M10,M11	1.25	10	35	7	32	6	7.874	0 -0.025	–	–	104	2
	1	10	35	7	32	6			–	–	104	
	0.75	7	32	5	30	6			–	–	99	
M12	1.5	13	38	10	35	6	7.874	0 -0.025	–	–	110	2
	1.25	13	38	10	35	6			–	–	110	
	1	13	38	10	35	6			–	–	110	
M14~M16	1.5	13	38	10	35	6	10.414	0 -0.050	6	1	115	3
	1	13	38	10	35	6			6	1	115	
M17	1.5	13	38	13	35	6	10.414	0 -0.050	6	1	118	3
	1	13	38	13	35	6			6	1	118	
M18~M22	2	25	50	17	42	6	10.414	0 -0.050	6	1	134	3
	1.5	17	42	13	38	6			6	1	122	
	1	13	38	13	38	6			6	1	118	
M24~M28	2	25	55	17	47	8	15.494	0 -0.050	8	1.5	148	4
	1.5	17	47	13	47	8			8	1.5	136	
	1	13	43	13	43	8			8	1.5	132	
M30,M32	3	25	60	17	52	9.5	20.574	0 -0.050	8	1.5	161	5
	2	25	60	17	52	9.5			8	1.5	161	
	1.5	17	52	13	48	9.5			8	1.5	149	
M35~M50	4	32	67	25	60	9.5	20.574	0 -0.050	8	1.5	176	5
	3	32	67	25	60	9.5			8	1.5	176	
	2	25	60	17	52	9.5			8	1.5	161	
	1.5	17	52	13	48	9.5			8	1.5	149	
M52	4	42	77	25	60	9.5	20.574	0 -0.050	8	1.5	186	5
	3	32	67	25	60	9.5			8	1.5	176	
	2	25	60	17	52	9.5			8	1.5	167	
	1.5	17	52	13	48	9.5			8	1.5	149	

주(2) : L₂의 값은 L₁과 동일하여도 좋다.

비 고 : 1. 핸들에 대해서는 나사 플러그 게이지용 핸들(테이퍼록형)에 정한다.

　　　2. 테이퍼부는 이 표의 수치에 관계없이 보통 부속서 부표에 정한 테이퍼록형 테이퍼 게이지에 의해 검사한다.

　　　3. 나사 플러그 게이지와 핸들은 테이퍼부를 가볍게 때려 박아서 조립한다.

　　　4. d_3가 나사 게이지의 골지름 보다 큰 경우에는 그림의 1점 쇄선으로 표시하는 것과 같이 여유를 둔다.

　　　5. 테이퍼부 작은 지름 끝의 둥글기는 45° 모따기 형으로 하여도 좋다.

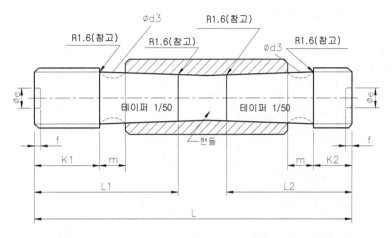

그림 1-29 두꺼운 형 나사게이지 얇은 형 나사 플로그 게이지

(3) 나사 플로그 게이지용 핸들(SCREW PLUG GAUGE용 HANDLE)

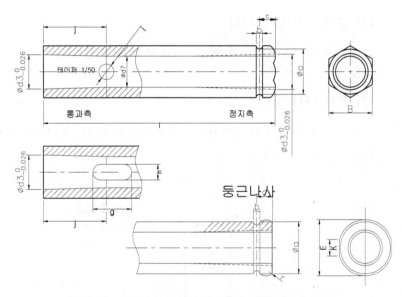

그림 11-30 나사 플러그 게이지용 핸들(테이퍼 록형)

표 11-9 나사 플러그 게이지용 핸들치수 (단위 : mm)

핸들 번호	B	l	d7	j	i	h×g	d3	r (참고)	정지쪽표시용홈			k	E
									a	b	c		
00	6	40	3.5	16	-	2.4×8	3.962	1	5.5	1	4	3	6
0	8	50	4.1	17	-	3×9	4.597	1	7.5	1	4	4	8
1	9	70	5.6	20	-	3×12	6.096	1.5	8.5	1.5	6	5	10
2	12	75	7.4	20	6	-	7.874	1.5	11.5	1.5	6	6.5	13
3	17	80	9.9	21	9	-	10.414	2.5	14.5	1.5	6	8	18
4	21	90	14.7	25	10	-	15.494	2.5	20.	2.5	6	11	22
5	26	100	19.8	280	11	-	20.574	3	25	3	6	14	28

비고 : 1. 6각 핸들인가, 둥근 핸들인가는 사용자가 지정한다. 지정이 없을 경우에는 6각 핸들로 한다.
2. 테이퍼부는 이 표의 수치에 관계없이 보통 부속서 부표에 정한 테이퍼록형 테이퍼 게이지에 의하여 검사한다.
3. 이 핸들을 파멸 점검나사 플러그 게이지에 사용하는 경우에는 보통 정지 쪽 표시용 홈을 붙이지 않는다.

2. 나사 링 게이지(SCREW RING GAUGE)

(1) 통과 나사 링 게이지

통과 나사 링 게이지의 기호는 GR로 GO THREAD RING GAUGE의 약자이다.

(2) 정지 나사 링 게이지

공작용 정지 나사 링 게이지의 기호는 WR로 NOT GO WORKING THREAD RING GAUGE의 약자이다.

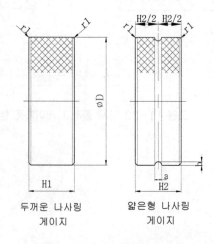

두꺼운 나사링
게이지

얇은형 나사링
게이지

그림 11-31 나사 링 게이지

표 11-10 미터보통 나사 (단위 : mm)

나사의 호칭	바깥지름 D	두꺼운형 H1	앏은 형 H2	정지쪽 표시용 홈		참 고	
				a	b	r1	r2
M1~M1.4	25	2	2	0.6	0.4	0.4	0.4
M1.6~M2.6		3	3	0.6	0.4	0.4	0.4
M3×0.5		4	3	0.6	0.4	0.6	0.4
M4×0.7~M5×0.8		6	4	0.8	0.4	0.6	0.6
M6~M9	30	8	6	1.2	0.6	0.8	0.6
M10 · M11	40	10	8	1.6	0.8	1.2	0.8
M12		15	10	2.4	1.2	1.6	1.2
M14 · M15	50	15	10	2.4	1.2	1.6	1.2
M18~M22		22	15	2.4	1.2	2.2	1.6
M24 · M27	65	28	22	3.2	1.6	2.4	2.2
M30 · M33	80	28	22	3.2	1.6	2.4	2.2
M36 · M39		38	28	3.2	1.6	3.2	2.4
M42 · M45	95	38	28	3.2	1.6	3.2	2.4
M48 · M52		40	28	3.2	1.6	3.2	2.4
M56 · M60	110	45	38	4.0	2.0	3.2	3.2
M64 · M68		50	38	4.0	2.0	3.2	3.2

* KS B 0220-1979

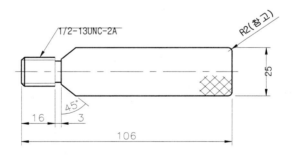

그림 11-32 링 게이지용 핸들

표 11-11 미터가는 나사 (단위 : mm)

나사의 호칭지름	피 치	바깥지름 D	두꺼운형 H1	얇은형 H2	정지측표시용홈 A	정지측표시용홈 B	참 고 r1	참 고 r2
M1~M1.8	0.2		2	2	0.6	0.4	0.4	0.4
M2~M3.5	0.35 0.25	25	3	3	0.6	0.4	0.4	0.4
M4~M5.5	0.5		4	3	0.6	0.4	0.6	0.4
M6 · M7	0.75		6	4	0.8	0.4	0.6	0.6
M · M9	1 0.75	30	8 6	6 4	1.2 0.8	0.6 0.4	0.8 0.6	0.6 0.6
M10 · M11	1.25 1		8	6	1.2	0.6	0.8	0.6
	0.75	40	6	5	0.8	0.4	0.6	0.6
M12	1.5 1.25		10	8	1.6	0.8	1.2	0.8
M14~M16	1.5 1	50	10	8	1.6	0.8	1.2	0.8
M17	1.5 1		10	10	2.4	1.2	1.2	1.2
M18~M22	2 1.5 1	65	22 15 10	15 10 10	2.4 2.4 2.4	1.2 1.2 1.2	2.2 1.6 1.2	1.6 1.2 1.2
M24~M28	2 1.5 1	65	22 15 10	15 10 10	2.4 2.4 2.4	1.2 1.2 1.2	2.2 1.6 1.2	1.6 1.2 1.2
M30~M32	3 2	80	22	15	2.4	1.2	2.2	1.6
	1.5		15	10	2.4	1.2	1.6	1.2
M33~M39	3 2 1.5	80	28 22 15	22 15 10	3.2 2.4 2.4	1.6 1.2 1.2	2.4 2.2 1.6	2.2 1.6 1.2
M40~M50	4 3	95	28	22	3.2	1.6	2.4	2.2
	2 1.5		22 15	15 10	2.4 2.4	2.4 2.4	2.2 1.6	1.6 1.2
M52	4 3 2 1.5		38 28 22 15	22 22 15 10	3.2 3.2 2.4 2.4	1.6 1.6 1.2 1.2	3.2 2.4 2.2 1.6	2.2 2.2 1.6 1.2
M55~M58	4 3 2 1.5	110	38 28 22 15	22 22 15 10	3.2 3.2 2.4 2.4	1.6 1.6 1.2 1.2	3.2 2.4	2.2 2.2 1.6 1.2
M70~M72	6 4 3 2 1.5	125	50 38 28 22 15	50 38 28 22 15	40 3.2 3.2 2.4 2.4	2.0 1.6 1.6 1.2 1.2	3.2 2.2 2.2 1.6	3.2 2.2 2.2 1.6 1.2

주(1) : 이 호칭범위의 나사링 게이지는 다음 그림에 정한 링 게이지용 핸들을 바깥 둘레의 대칭 위치 2개소에 붙인다.
비 고 : 1. R 및 R1 의 수치는 참고로 표시하고 있으나 45° 모따기 형으로 하여도 좋다.
　　　　2. 바깥지름 125mm 이상이고 또한 게이지 길이 38mm 이상 의 나사 링 게이지는 무게를 가볍게 하는 목적으로 바깥둘
　　　　레 부를 적당히 얇게 할 수 있다.

3. 관용 테이퍼 나사 게이지(KS B 5231 참고)

관용 테이퍼 나사 게이지 에서는 나사의 전장 중에서 손 쥠 (HAND TIGHT) 의 길이의 범위나 나사 총형과 호환성에 대해서 검사하는 것으로 기본경의 대·소는 게이지를 손으로 끼워 넣어서 정지하였을 때의 게이지와 제품의 상대적 위치에 의해서 검사된다. 게이지에는 제품의 기준이 될 단면이 위치하는 최대 최소를 나타내는 게이징 노치가 있다.

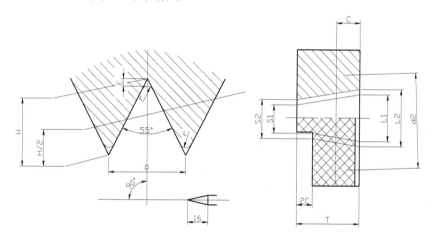

그림 11-33 테이퍼 나사의 링 게이지

굵은 실선은 테이퍼 나사의 기본 산 모양을 표시한다.

$$P = \frac{25.4}{n}$$

$$H = 0.3602379$$

$$h = 0.640329$$

$$r = 0.1372789$$

게이지 나사 산의 골 밑에는 동작상 약간의 틈새(m)가 있어도 좋다.

굵은 실선은 테이퍼 나사의 기본 산 모양을 표시한다.

$$p = \frac{25.4}{n}$$

$$H = 0.3602379$$

$$h = 0.6403279$$

$$r = 0.1372789$$

게이지의 나사 산의 골 밑에는 공작상 약간의 틈새가 있어도 좋다.

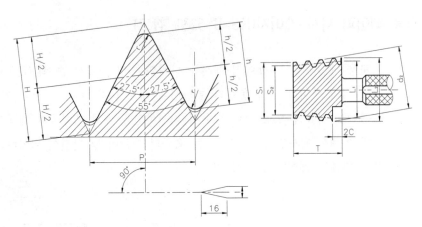

그림 11-34 테이퍼 나사 플러그 게이지

표 11-12 나사 게이지의 치수

검사하는 관용나사의 호칭	나사산의 수 (25.4mm에 대하여) n	둥글기 r	게이지의 두께 (각 게이지에 공통) T	노치의 길이 테이프 나사링 게이지 2b	노치의 길이 테이프 나사 플러그 게이지 2C	기본 지름의 위치에서의 유효지름 (1) D2	작은 지름의 끝면에 있어서의 치수 테이프 나사링 게이지 — / 테이프 나사플러그 게이지 바깥지름 S	유효지름 S2	안지름 S1 / —	큰 지름의 끝면에 있어서의 치수 테이프 나사링 게이지 — / 테이프 나사플러그 게이지 바깥지름 L	유효지름 L2	안지름 L1 / —
PT1/8	28	0.125	6.01	1.28	2.26	9,174	9,423	8,841	8,261	9,799	9,218	8,673
PT1/4	19	0.184	9.02	2.68	3.34	12,301	12,698	11,841	10,986	13,261	12,495	11,549
PT3/8	19	0.184	9.36	2.68	3.34	15,806	16,181	15,325	14,469	16,766	15,910	15,045
PT1/2	14	0.249	12.24	3.62	4.54	19,793	20,332	19,170	18,008	21,097	19,935	18,773
PT3/4	14	0.249	13.61	3.62	4.54	25,279	25,732	24,570	23,408	26,583	25,421	24,259
PT1	11	0.317	15.59	4.62	5.78	31,770	32,455	30,976	29,497	33,430	31,951	30,472
PT1 1/4	11	0.317	17.90	4.62	5.78	40,431	40,972	39,493	38,014	42,091	40,612	39,133
PT1 1/2	11	0.317	17.90	4.62	5.78	46,324	46,865	45,386	43,607	47,984	46,505	45,026
PT2 1/2	11	0.317	17.90	4.62	5.78	58,135	58,477	56,998	55,919	59,795	58,312	56,837
PT2	11	0.317	24.38	6.92	6.92	73,705	73,876	72,397	70,918	75,400	73,912	72,422
PT3 1/2	11	0.317	27.56	6.92	6.92	86,405	86,378	84,899	83,420	88,100	86,621	85,142
PT3	11	0.317	29.15	6.92	6.92	98,851	98,724	97,245	95,766	100,546	99,067	97,588
PT4	11	0.317	32.32	6.92	6.92	111,226	111,226	109,747	108,268	113,246	111,767	110,288
PT5	11	0.317	35.50	6.92	6.92	136,951	136,427	134,948	133,469	138,646	137,167	135,688
PT6	11	0.317	35.50	6.92	6.92	162,351	162,327	160,348	158,869	164,046	162,567	161,088
PT7	11	0.317	45.09	10.16	10.16	187,751	186,729	185,250	183,771	189,548	188,069	186,590
PT8	11	0.317	48.26	10.16	10.16	212,151	211,931	210,452	208,973	211,948	213,469	211,990
PT9	11	0.317	48.26	10.16	10.16	238,551	237,331	235,852	234,373	240,348	238,869	237,390
PT10	11	0.317	51.44	10.16	10.16	263,951	262,532	261,053	259,574	265,748	264,269	262,790
PT12	11	0.317	53.98	12.70	12.16	314,751	313,253	311,774	310,295	316,627	315,148	313,669

주(1) : KS B 0222(관용 테이퍼나사)의 기준지름의 위치에 있어서의 유효지름 d_2, D_2에 따른다.

비 고 : KS B 0222(관용 테이퍼 나사)의 기준의 길이 a가 표의 수치와 다른 나사에 대하여서는 게이지의 두께는 다음 식에 따라 계산한다.

게이지의 두께＝(지정에 따른다)＋b＋c

표 11-13 나사 게이지 의 치수차 (단위 : μ)

검사하는 관용나사의 호칭	게이지 두께의 허용차 ±	너치의 길이		산의 반각의 허용차 ±또는-	피치의 허용차 (2) ±또는-	바깥지름·유효지름		안지름	
		위 허용차 +	아래 허용차 -			위 허용차 +	아래 허용차 -	위허용차 +	아래 허용차 -
PT 1/8	10	0	20	18	8	0	10	10	0
PT 1/4	10	0	20	14	8	0	10	10	0
PT 3/8	10	0	20	14	8	0	10	10	0
PT 1/2	10	0	20	12	9	0	16	16	0
PT 3/4	10	0	20	12	9	0	16	16	0
PT 1	10	0	20	11	9	0	16	16	0
PT 1 1/4	10	0	20	11	9	0	20	20	0
PT 1 1/2	10	0	20	11	9	0	20	20	0
PT 2	10	0	20	11	9	0	20	20	0
PT 2 1/2	20	0	40	11	9	0	24	24	0
PT 3	20	0	40	11	9	0	24	24	0
PT 3 1/2	20	0	40	11	10	0	24	24	0
PT 4	20	0	40	11	10	0	24	24	0
PT 5	20	0	40	11	10	0	24	24	0
PT 6	20	0	40	11	10	0	28	28	0
PT 7	20	0	40	11	11	0	28	28	0
PT 8	20	0	40	11	11	0	28	28	0
PT 9	20	0	40	11	11	0	28	28	0
PT	20	0	40	11	11	0	28	28	0
PT	20	0	40	11	11	0	28	28	0

주(2) : 표 가운데 피치의 허용차란 게이지의 나사부분의 길이내의 임의의 산과 산사이의 피치의 합계에 대한 것을 말한다.

비 고 : 1. 바깥지름, 유효지름, 및 안지름은 하나의 게이지 전체 길이에 걸쳐, 이 허용차의 범위안에 들어와 있어야 한다.

2. 테이퍼 나사 링게이지의 유효지름, 피치의 허용차, 산의 허용차는 표의 수치에 관계없이 테이퍼 나사 플러그 게이지를 손으로 죄어서 끼웠을 때에 작은 주름의 끝면의 엇갈림이 다음 표의 범위 안에 있는 것으로서, 이에 적합한 것으로 보아도 좋다.

(단위 : mm)

검사할 관용나사의 호칭	엇갈림의 허용차
PT 1/8~PT 3/8	± 0.03 이내
PT 1/2~PT 1	± 0.04 이내
PT 1 1/4~PT 2	± 0.06 이내
PT 2 1/2~PT 5	± 0.07 이내
PT 6 ~PT 8	± 0.08 이내
PT 9 ~PT 12	± 0.1 이내

11.5 치수공차 및 끼워 맞춤

1. 치수공차 및 끼워 맞춤

제품 또는 부품은 주어진 치수로 정확히 말들 수 없기 때문에 목적에 따라 허용할 수 있는 한계를 정하고 그 차를 공차라 한다. 편의상 기준치수를 정하고 2개의 한계치수는 그 기준치수로부터의 편차에 의해 정의된다. 편차의 크기 및 부호는 한계치수에서 기준치수를 뺌으로서 얻을 수 있다. 다시 말하면 기준치수에 대한 산포의 범위가 공차로서 설계상 무시할 수 없는 값이다. 공차를 운용하는 기본원칙은 다음과 같다.

① 기능상 필요로 하는 공차 등급의 설정(품질 면)한다.

② 요구되는 공차를 가장 경제적으로 실행(원가, 시간적인 면)으로 요약된다. 전자는 공차 설정의 단계로서 설계부문에서 담당하고 후자는 공차 실현의 단계로 제조부문의 역할이 된다.

2. 끼워맞춤의 개념

끼워맞춤이란 두 개의 기계부품이 서로 끼워맞추기 전의 치수차에 의하여 틈새 및 죔새를 갖고 서로 접합하는 관계를 말한다.

3. 관계용어 설명

① 틈새(clearance) : 구멍의 치수가 축의 치수보다 클 때의 치수차

② 죔새(intereference) : 구멍의 치수가 축의 치수보다 작을 때의 치수차

③ 끼워맞춤의 변동량(variation of fit) : 끼워 맞춤이 변동하는 범위로 두 종류의 기계부품이 서로 끼워 맞춰지는 구멍과 축과의 치수공차의 합

④ 헐거운 끼워 맞춤(clearance fit) : 항상 틈새가 생기는 끼워 맞춤, 축의 허용구역은 완전히 구멍의 허용구역보다 아래에 있다.

⑤ 억지 끼워 맞춤 (intereference) : 항상 죔새가 생기는 끼워 맞춤, 축의 허용구

역은 완전히 구멍의 허용구역보다 위에 있다.

⑥ 중간 끼워 맞춤(transition fit) : 경우에 따라 틈새가 생기는 것도 있는 끼워 맞춤으로 축의 허용구역은 구멍의 허용구역에 겹친다.

⑦ 최소 틈새(minimum clearance) : 헐거운 끼워 맞춤에서 구멍의 최소 허용치수에서 축의 최대 허용치수를 뺀 값

⑧ 최대 죔새(maximum clearance) : 헐거운 끼워맞춤 또는 중간 끼워맞춤에서 구멍의 최대 허용치수에서 축의 허용치수를 뺀 값

⑨ 최소 죔새(minimum interference) : 억지 끼워 맞춤에서 축의 최소 허용치수에서 구멍의 최대 허용치수를 뺀 값

⑩ 최대 죔새(maximum interference) : 억지 또는 중간 끼워 맞춤에서 조립하기 전의 축의 최대 허용치수에서 구멍의 최소 허용치수를 뺀 값

⑪ 구멍기준 끼워 맞춤(basic hole fit) : 여러 가지의 축을 한가지의 구멍에 끼워 맞춤으로서 틈새나 죔새가 다른 여러 가지의 끼워 맞춤을 얻는 방식으로 주로 구멍기준 끼워 맞춤을 많이 사용한다.

⑫ 축기준 끼워맞춤(basic shaft fit) : 여러 가지의 구멍을 한가지의 축에 끼워 맞춤으로서 틈새나 죔새가 다른 여러 가지의 끼워 맞춤을 얻는 방식

⑬ 기준구멍(basic hole) : 구멍기준 끼워맞춤의 기준이 되는 구멍을 말하여 아래 치수 허용차가 0으로 되는 구멍을 사용한다.

⑭ 기준축(basic shaft) : 축 기준 끼워 맞춤의 기준이 되는 축을 말하며 위치수 허용차가 0인 축을 사용한다.

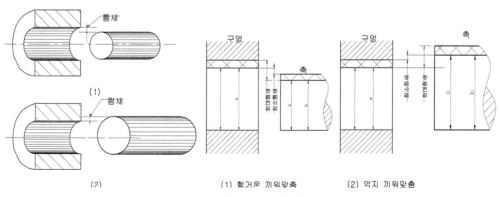

그림 11-35 틈새와 죔새

최대허용치수	A=50.025 a=49.975	최대틈새=A-b=0.050	헐거운 끼워맞춤
최소허용치수	B=50.020 b=49.950	최소틈새=B-a=0.025	
최대허용치수	A=50.025 a=50.050	최대죔새=a-B=0.050	억지 끼워맞춤
최소허용치수	B=50.020 b=50.034	최소죔새=b-A=0.009	
최대허용치수	A=50.025 a=50.011	최대죔새=A-B=0.011	중간 끼워맞춤
최소허용치수	B=50.020 b=49.095	최소틈새=a-B=0.030	

4. IT 기본 공차의 등급

ISO 공차 방식에 따른 기본 공차로서 IT 기본 공차 또는 그냥 IT 라고도 부르며 01급, 1급 … 16급의 18등급으로 되어 있고 IT 01, IT0 … IT 16 등으로 표시된다.

IT01~ IT 4 : 주로 게이지류

IT 5~ IT10 : 주로 끼워 맞춤을 하는 부분

IT11~ IT16 : 끼워 맞춤이 필요 없는 부분

① IT 01 : 고급 표준 게이지류

② IT 0 : 고급 표준 게이지류, 고급 단도기

③ IT 1 : 표준 게이지. 단도기

④ IT 2 : 고급 게이지. 플러그 게이지

⑤ IT 3 : 양질의 게이지. 스냅 게이지

⑥ IT 4 : 게이지, 일반 래핑 또는 슈퍼피니싱에 의한 고급 가공

⑦ IT 5 : 볼 베어링. 기계래핑. 정밀 보오링. 정밀 연삭. 호우닝

⑧ IT 6 : 연삭. 보오링. 핸드 리이밍

⑨ IT 7 : 정밀선삭. 부로우칭. 호우닝 및 연삭의 일반작업

⑩ IT 8 : 센터 작업에 의한 선삭. 보오링. 보통의 기계 리이밍 터어렛 및 자동 선반 제품

⑪ IT 9 : 터어렛 및 자동선반에 의한 일반제품 보통의 보오링 작업·수직선 반·고급밀링 작업

⑫ IT 10 : 보통 밀링작업 쉐이핑 슬로팅 플래이너 작업, 드릴링, 압연, 압출제품

⑬ IT 11 : 횡선삭·횡보오링 기타 황삭의 기계가공 인발·파이프·펀칭·구

멍·프레스 작업

⑭ IT 12 : 일반 파이프 및 봉 프레스 제품

⑮ IT 13 : 프레스 제품·압연 제품

⑯ IT 14 : 금형 주조품·다이캐스팅·고무형 프레스·쉘몰딩 주조품

⑰ IT 15 : 형단조·쉘몰딩주조·시멘트 주조

⑱ IT 16 : 일반주물·불꽃 절단

5. IT 기본 공차값의 산출

① IT5~IT16의 기본공차 산출은 공차단위(i 또는 I)에 공차 단위의 수를 곱하여 산출한다.

표 11-14 공차의 등급과 단 위수

공차등급	IT5	IT6	IT7	IT8	IT9	IT10	IT11	IT12	IT13	IT14	IT15	IT16
공차단위의 수	7	10	16	25	40	64	100	160	250	400	640	1000

$i = 0.45 \sqrt[3]{D} + 0.001\,D(\mu)$ … 500mm 이하인 경우

$I = 0.004\,D + 2.1(\mu)$ … 500mm 이상의 경우

D : 각 치수구분의 양 한계치수 D_1, D_2의 기하평균치이다.

$D : \sqrt{D_1 \times D_2}$

(예) 치수구분 50~80mm에 대한 IT7의 공차 값은?

$D = \sqrt{50 \times 80} = 63.25$

$I = 0.45 \sqrt[3]{63.25} + 0.001 \times 63.25 ≒ 1.856$

IT 7의 공차 단위수는 16

∴ IT7 = I × 16 = 1.856 × 16 = 29.7

② IT01~IT1의 기본 공차값은 다음 식에 의한다.

IT01 → $0.3 + 0.008D(\mu)$

IT0 → $0.5 + 0.012D(\mu)$

IT1 → $0.8 + 0.020D(\mu)$

③ IT2~IT4의 IT기본 공차값은 IT1과 IT5의 값 사이를 등비로 분할한 것이다.

④ IT기본 공차표(3 이하~500) : IT기본 공차는 치수구분 500 이하까지 표에 따른다.

표 11-15 IT기본 공차의 값 (단위 : $\mu = 0.001$mm)

치수의 구분(mm) 을초과 / 이하		IT 01 (01급)	IT 0 (0급)	IT 1 (1급)	IT 2 (2급)	IT 2 (2급)	IT 4 (4급)	IT 5 (5급)	IT 6 (6급)	IT 6 (6급)	IT 7 (7급)	IT 8 (8급)	IT 9 (9급)	IT 10 (10급)	IT 11 (11급)	IT 12 (12급)	IT 13 (13급)	IT 14 (14급)	IT 15 (15급)
–	3	0.3	0.5	0.8	1.2	2	3	4	6	10	14	25	40	60	100	140	250	460	600
3	6	0.4	0.6	1	1.5	2.5	4	5	8	12	18	30	48	75	120	180	300	480	750
6	10	0.4	0.6	1	1.5	2.5	4	6	9	15	22	36	58	90	150	220	360	540	900
10	18	0.5	0.8	1.2	2	3	5	8	11	18	27	43	70	110	180	270	430	700	1100
18	30	0.6	1	1.5	2.5	4	6	9	13	21	33	52	84	130	210	330	520	840	1300
30	50	0.6	1	1.5	2.5	4	7	11	16	25	39	62	100	160	250	390	620	1000	1600
50	80	0.8	1.2	2	3	5	8	13	19	30	46	74	120	190	300	460	704	1200	1900
80	120	1	1.5	2.5	4	6	10	15	22	35	54	87	140	220	350	540	870	1400	2200
120	250	2	3	4.5	7	10	14	20	29	46	72	115	185	290	460	720	1150	1850	2900
250	315	2.5	4	6	8	12	16	23	32	52	81	130	210	320	520	810	1300	2100	3200
315	400	3	5	7	9	13	18	25	36	57	89	140	230	360	570	890	1400	2300	3600
400	500	4	6	8	10	15	20	27	40	63	97	155	250	400	630	970	1550	2500	4000

⑤ IT기본 공차(500~3150) : IT기본 공차는 치수의 구분에 대응하여 각각 IT 6~IT16의 11등급으로 나누고, 그 치수는 [표 7-4]에 따른다.

표 11-16 IT기본 공차의 값 (단위 : mm, $\mu = 1.001$m)

치수의 구분 이상 / 이하		IT6 (6급)	IT7 (7급)	IT8 (8급)	IT9 (9급)	IT10 (10급)	IT11 (11급)	IT12 (12급)	IT13 (13급)	IT14 (14급)	IT15 (15급)	IT16 (16급)
500	630	44	70	110	175	280	0.44	0.7	1.1	1.75	3.8	4.4
630	800	50	80	125	200	320	0.50	0.8	1.25	2.0	3.2	5.0
800	1000	56	90	140	230	360	0.56	0.9	1.4	2.3	3.6	5.6
1000	1250	66	105	165	260	420	0.66	1.05	1.65	2.6	4.2	6.6
1250	1600	78	125	195	310	500	0.78	1.25	1.95	3.1	5.0	7.8
1600	2000	92	150	230	370	600	0.92	1.5	2.3	3.7	6.0	9.2
2000	2500	110	175	280	440	700	1.10	1.75	2.8	4.4	7.0	11.0
2500	3150	135	210	330	540	800	1.35	2.1	3.3	5.4	8.6	13.5

6. 상용하는 끼워 맞춤

　　KS에서는 우리 나라 기계공업에 널리 사용되고 있는 끼워 맞춤을 구멍기준(H_5~H_{10}), 축 기준(h_4~h_9) 별로 골라 상용하는 끼워 맞춤으로 정하고 있다. 상용하는 끼워 맞춤에서는 H구멍을 기준으로 하고 이에 대하여 적당한 축의 종류를 선택하여 필요한 틈새 또는 죔새를 얻는 방법 또는 h축을 기준 축으로 하고 이에 대하여 적당한 구멍의 종류를 선택하여 틈새 또는 죔새를 어는 끼워 맞춤이다.

(1) 상용하는 구멍기준식 끼워 맞춤

표 11-17 상용하는 구멍 기준식 끼워 맞춤

기준구멍	축의 종류와 등급 : 헐거운 끼워맞춤						중간끼워맞춤				억지 끼워맞춤						
	b	c	d	e	f	g	h	js	k	m	n	p	r	s	t	u	x
H5						4	4	4	4	4							
H6						5	5	5	5	5							
					6	6	6	6	6	6	※6	※6					
H7				(6)	6	6	6	6	6	6	6	※6	※6	6	6	6	6
				7	7	(7)	7	7	(7)	(7)	(7)	※(7)	※(7)	(7)	(7)	(7)	(7)
H8					7		7										
				8	8		8										
			9	9													
H9				8	8		8										
		9	9	9	9		9										
H10	9	9	9														

주 : 이들의 끼워 맞춤은 치수 구분에 따라 예외가 생긴다.
　　 표 중( )를 한 것은 되도록 사용하지 않은 것으로 한다.

(2) 상용하는 축 기준식 끼워 맞춤

표 11-18 상용하는 축 기준식 끼워 맞춤

기준축	구멍의 종류와 등급																
	헐거운끼워맞춤						중간끼워맞춤				억지끼워맞춤						
	b	c	d	e	f	g	h	js	k	m	n	p	r	s	t	u	x
h4							5	5	5	5							
h5							6	6	6	6	6(2)						
h6				6	6		6	6	6	6	6	6(2)					
			(7)	7	7		7	7	7	7	7	7(2)	7	7	7	7	7
h7				7	7	(7)	7	7	7	7	7	7	(7)(2)	(7)			
					8		8										
h8		8	8	8			8										
		9	9				9							'			
h9		8	8				8										
		9	9	9			9										
	10	10	10														

주 : (^{2})이들의 끼워 맞춤은 치수의 구분에 따라 예외가 생긴다.
비고 : 1. 표중의 괄호를 붙인 것을 될 수 있는 대로 사용하지 않는다.
　　　 2. 중간 끼워 맞춤 및 억지 끼워 맞춤에서는 기능을 확보하기 위하여 선택조합을 필요로 한 것이 많다.

표 11-19 구멍 기준식 상용하는 끼워맞춤 적용보기

기준구멍	축	적용장소	기준구멍	축	적용장소
H6	m5	전동축(로울러 베어링)	H8	f6	베어링
	k5	전동축·크랭크 축상 밸브·기어·부시		e6	밸브·베어링·샤아프트
	j5	전동축·피스턴 핀·스핀들·측정기		j7	기어축·리머·보오링
	h5	사진기·측정기·공기척		h7	기어축·이동축·피스톤·키이·축 이음·커플링·사진기
	p6	전동축(로울러 베어링)		(g)	베어링
	n6	미션·크랭크·전동축		f7	베어링·밸브 시이트·사진기·부시·캠축
	m6	사진기		e7	베어링·사진기·실린더·크랭크축
	k6	사진기		h7	일반 접합부
	j6	사진기		f7	기어축
H7	x6	실린더		h8	유압부·일반 접합부
	u6	샤아프트·실린더		f8	유압부·피스톤부·기어 펌프축 ·순환 펌프축
	t6	슬리이브·스핀들·가버너축		e8	밸브·크랭크 축·오일 펌프링
	s6	변속기		e9	워엄·슬리이브·피스톤 링
	r6	캠축·플랜지·핀 압입부		d9	고정핀·사진기용 작은 축받침
	p6	록핀·체인·실린더·크랭크·부시·캠축	H9	h8	베어링·조작축 받침
	n6	부시·미션·크랭크·기어·가버너축		e8	피스톤 링·스프링 안내홈
	m6	부시·기어·커플링·피스톤축·커플링		d9	워엄·슬리이브
	j6	지그 공구·전동축	H10	d9	고정핀·사진기용 작은 베어링
	h6	기어축·이동축·실린더·캠		c9	키이 부분
	g6	회전부·드러스트 칼러·부시		h9	차륜 축

7. 보통 치수공차

(1) 절삭가공의 치수공차

선반이나 밀링 등에 의한 절삭가공의 보통 치수 공차는 정밀급, 보통급, 거친급
으로 구분하고 그 치수공차는 아래 표에 의한다.

표 11-20 절삭 가공의 보통 치수차(KS B 0412) (단위 : mm)

치수의 구분 \ 등급	정밀급(12급)	보통급(14급)	거친급(16급)
0.5 이상 3 이하	±0.05	±0.1	-
3 이상 6 이하			±0.2
6 이상 30 이하	±0.1	±0.2	±0.5
30 이상 120 이하	±0.15	±0.3	±0.8
120 이상 315 이하	±0.2	±0.5	±1.2
315 이상 1000 이하	±0.3	±0.8	±2
1000 이상 2000 이하	±0.5	±1.2	±3

[절삭가공의 보통 치수차(JIS)]

구분	호칭 치수	공차	예
소수점 이상	~25 25~75 75~150 150~300 300 ~600 600~	±0.15 ±0.2 ±0.3 ±0.45 ±0.6 ±0.8	132일 때 132±0.3
소수점 이하 1자리	일반공차의 1/2		132.0일 때 132±0.15
132소수점 이하 2자리	~150 150~300 300~	±0.01 ±0.02 ±0.03	132.00일 때 132±0.01
소수점 이하 3자리	~150 150~300 300~	±0.005 ±0.01 ±0.015	(132.000일 때 132±0.005

(2) 주조가공의 보통치수차

주조에 의한 주철품의 길이·두께 및 빼기 테이퍼의 보통치수 공차는 정밀급과 보통급이 있으며, 다음 표에 의한다.

표 11-21 길이의 치수차(KS B0411) (단위 : mm)

가공치수		100 이하	100 이상 200 이하	200 이상 400 이하	400 이상 800 이하	800 이상 1600 이하	1600 이상 3150 이하
치수차	정밀급±	1.0	1.5	2.0	3.0	4.0	-
	보통급±	1.5	2.0	3.0	4.0	5.0	7.0

표 11-22 두께의 치수차(KS B0411) (단위 : mm)

가공치수		5 이하	5 이상 10 이하	10 이상 20 이하	20 이상 30 이하	30 이상 40 이하
치수차	정밀급±	0.5	1.0	1.5	2.0	2.0
	보통급±	1.0	1.5	2.0	3.0	4.0

표 11-23 빼기 테이퍼의 허용값(KS B0411)

구분	바깥쪽		안쪽	
등급	정밀급	보통급	정밀급	보통급
허용값	2/100	3/100	3/100	5/100

표 11-24 굽힘각의 각도차 (단위 : 도)

굽힘종류　　　　　등급	1급	2급
직 각 굽 힘	1	2
기 타 굽 힘	1.5	3

표 11-25 굽힘 치수와 치수차 (단위 : mm)

분　등급　치수구	30 이하	30 이상 100 이하	100 이상 300 이하	300 이상 1000 이하
1급	0.3	0.4	0.6	0.9
2급	0.5	0.7	1.0	1.5

표 11-26 구멍 중심과 테두리와의 거리의 치수차 (단위 : mm)

구멍치수	구멍 중심과 테두리와의 거리 등급	30 이하		30 이상 100 이하		100 이상 300 이하		300 이상 1000 이하	
		1 급 ±	2 급 ±	1 급 ±	2 급 ±	1 급 ±	2 급 ±	1 급 ±	2 급 ±
금속	6 이하	0.15		0.2					
	6 이상 12 이하	0.2		0.25					
	12 이상 30 이하	-		0.3					
	30 이상	-	0.5	0.35	0.7	-	1.0	-	1.5
비금속	6 이하	0.2		0.25					
	6 이상 12 이하	0.25		0.3					
	12 이상 30 이하	-		0.35					
	30 이상	-		0.45					

비고 1급에서는 각 구멍 및 타원 구멍에 대하여 큰 치수에 대한 치수차를 적용한다.

(3) 프레스 가공의 보통치수공차

프레스 제품의 펀칭, 구멍과 구멍의 중심거리, 구멍 중심에서 테두리까지의 거리, 굽힘 각도의 보통치수공차에는 1,2 급이 있으며, 다음 표에 의한다.

표 11-27 펀칭의 치수차 (단위 : mm)

재 질	구분 등급 판두께	30 이상		30 이상 100 이하		100 이상 300 이하		300 이상 1000 이하	
		1급[3] ±	2급[3] ±	1급[3] ±	2급[3] ±	1급[3] ±	2급[3] ±	1급[3] ±	2급[3] ±
금속	1 이하	0.15		0.25		0.35			
	1 이상 3.2 이하	0.2		0.3		0.4			
	3.2 이상 6 이하	0.25	0.5	0.35	0.7	0.5	1.0	-	1.5
비금속	0.5 이하	0.15		0.25		0.35			
	0.5 이상 2 이하	0.2		0.3		0.4			
	2 이상	0.25		0.35		0.5			

참고 (1) 블랭킹 : 펀칭 작업에서 따내어진 부분을 제품으로 함을 말한다.
　　 (2) 피어싱 : 펀칭 작업에서 따내고, 나머지 부분을 제품으로 함을 말한다.
　　 (3) 1 급에서는 지름 6mm이하의 둥근 펀칭 구멍의 치수차를 +쪽에만 붙이고, -쪽에는 0으로 한다.

표 11-28 구멍과 구멍의 중심거리 치수차(KB B0413) (단위:mm)

재질 / 구멍치수	구멍과 구멍의 중심거리	30 이하		30 이상 100 이하		100 이상 300 이하		300 이상 1000 이하	
	등 급	1급 ±	2급 ±	1급 ±	2급 ±	1급 ±	2급 ±	1급 ±	2급 ±
금속	6 이하	0.1		0.15					
	6 이상 12 이하	0.15		0.2					
	12 이상 30 이하	–		0.25					
	30 이상	–		0.3					
비금속	6 이하	0.15	0.5	0.2	0.7	–	1.0	–	1.5
	6 이상 12 이하	0.2		0.25					
	12 이상 30 이하	–		0.3					
	30 이상	–		0.4					

비고 1. 1급에서는 각 구멍 및 타원 구멍에 대하여는 큰 치수에 대한 치수차를 적용한다.
　　 2. 1급에서는 2개의 구멍지름이 서로 다를 때에는 큰 지름에 대한 치수차를 적용한다.

제11장 익힘문제

1. 게이지의 이점은 무엇인가?

2. 한계 게이지의 장점은 무엇인가?

3. 한계 게이지 설계에서 KS방식과, MIL-STD방식을 비교설명 하시오.

4. 한계 게이지 방식에 있어서 치수차, 공차를 정할 경우에 고려 사항을 설명하시오.

5. 기능 게이지를 간단히 설명하시오.

제12장

치공구 설계·
제작의 기본

12.1 치공구의 칩 대책

절삭가공으로 나타나는 칩은 연속하여 나와 바이트에 감기거나 잘고 조그만 조각으로 나타나 사방으로 흩어져 때로는 정밀기계의 속에까지 들어가 기계를 정지시키거나 가공정밀도를 저하시키는 등 여러 가지 문제를 일으킨다. 또한 칩 위에 놓인 공작물은 정확한 위치결정이 이루어지지 않으며 또한 가공 중 칩의 변형으로 공작물이 움직이는 경우도 있다. 또 위치결정면이나 기준면의 칩을 제거하는 시간이 작업 시간보다 더 많이 소요되는 경우도 있다. 따라서 치공구 설계 시에는 이러한 칩의 제거에 특히 유의 하여야한다.

다음은 치공구 설계시의 칩 제거상의 주의할 점을 나타낸다.

① 칩이 자동에 의하여 미끄러져 나가거나 원심력에 의하여 치공구에서 나가도록 설계한다.

② 위치결정면이나 유동하는 핀은 공작물의 바로 밑에 두거나 덮어서 칩이 떨어져 들어가지 않게 한다.

③ 절삭 중에 발생하는 칩은 가능한 한 치공구의 내부에 떨어져 들어가지 않게 한다.

④ 위치결정면을 열처리경화 한 것은 자화(磁化)되어 칩이 빠져 나오기 힘들므로 특히 치공구의 보이지 않는 모서리에 주의하여야한다.

⑤ 칩 제거를 위한 통로를 만들어 준다.

⑥ 칩의 통로는 조금 불필요하다고 느낄 정도로 다듬질 해 주는 것이 좋다.

⑦ 이 밖에도 자동연속작업을 하는 치공구 에서는 특히 칩 제거에 유의하여야 하며 여러 개의 부품을 병렬 또는 직렬로 절삭하는 경우는 특별히 주의하여야 한다. 또한 클램프에 들어가는 스프링에 칩이 끼어 곤란한 경우가 발생되는 수도 있으며 칩이 너무 쌓여 기계를 중지시켜 제거하는 경우를 초래해서는 안 된다.

이러한 칩 제거시 압축공기를 사용하는 경우도 있으나 작업이 너무 거칠고 보통 절삭유 등을 호오스 등을 통해 4~5m/sec로 흘러 유속으로 제거하는 수가 많다.

1. 칩의 형태

주철, 청동 기타 취성 재료를 기계 가공할 때는 많은 먼지와 함께 부스러기 모양의 칩이 발생되며, 강이나 연성재료는 여러 가지 형태의 길다란 칩이 생성된다. 대부분의 1점 절삭공구는 고속절삭시 연속상의 칩이 나선상으로 말려 나오고, 엉키고 뭉쳐져서 절삭가공을 방해하는 경우가 생기므로 칩 브레이커(chip breaker)를 사용해야 한다. 트위스트 드릴가공도 플루트부분에 칩이 엉키고 플루트 공간을 막을 염려가 있으므로 드릴 치공구(지그)를 설계하는 담당자는 드릴 지그(부시)에 수직으로 빠져 나올 수 있도록, 드릴가공시 생성되는 칩의 특성을 잘 이해하여 설계해야 할 것이다.

정면 밀링 공구는 일원 상에 여러 개의 1점 절삭공구가 고정된 복합형태로 되어 있어 가공물을 지나가는 커터 날의 통로길이보다 길지 않은 표준 칩의 형태로 칩의 길이가 일정한 한계 내에 있다. 대개의 밀링커터는 칩이 짧게 생성된다.

2. 버어(Burr)의 형성

연성재료를 기계 가공할 때는 항상 버어의 발생문제가 연상된다. 완전 취성 재료는 버어가 생성되지 않으나 부스러지거나 모서리가 파괴된다. 이것은 치공구설계 자체에는 별로 큰 문제가 되지는 않지만 기계가공상 별개의 한 문제가 된다. 버어의 형성은 [그림 12-1]에서와 같이 소재가 공구의 절삭력에 밀려 생성되며 [그림 12-1]에서 (B와 C점) B에 형성된 버어는 다음 절삭공정에서 계속 제거되지만 C의 버어는 절삭가공 표면의 거칠기(면의 조도)를 결정하는 요소가 된다. 버어의 크기는 일정한 규칙이 없으나, 이송 량이 클수록, 절삭속도가 낮을수록, 공구의 경사각이 작을수록, 재료의 연성이 클수록, 더욱 큰 버어가 형성된다.

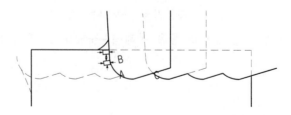

그림 12-1 버어의 형성 메카니즘

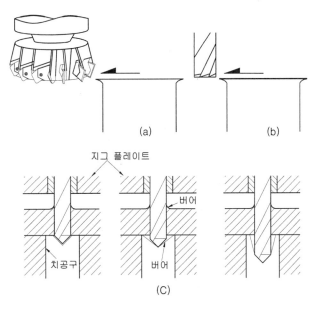

그림 12-2 밀링과 드릴의 버어 생성

가공부품이 치공구에 고정되어 가공시 생기는 버어가 외부에 형성되는 한은 치공구 설계자에게는 별로 문제시되지 않는다. 이것은 1점 절삭공구나 밀링 커터를 사용할 때에 해당되는 것이지만[그림 12-2]의 (a)와 (b)는 드릴 가공시에 치공구 내부에 형성되는 버어는 문제가 되며, 원만하게 형성되도록 적당한 공간을 두지 않으면 안 된다[그림 12-2]의 (c)의 공작물 상측에는 드릴 부시과 부품의 윗면 사이에 버어가 형성되도록(여러 가지 다른 목적이 있지만) 간극을 두어야 한다. 또 치공구의 베이스 부분에는 버어가 형성되도록 필요한 공간을 두어야 한다.

3. 칩의 제거

치공구에 떨어지는 칩은 가공부품에 떨어지는 칩보다는 더 큰 문제는 없으며 쉽게 제거시킬 수 있다. 그러나 몇 가지 중요한 사항들이 치공구설계시 거론되고 있다. 펌프의 용량, 파이프나 노즐의 크기, 공작기계 테이블의 그루우브와 채널의 크기나 길이, 스트레이너, 시이브, 필터, 침전탱크 등을 포함한 부대설비의 여건들을 고려한 냉각유의 적절한 공급·회수방법과 냉각유의 충돌로 인한 분산방지장치, 작업자나 기계보호를 위한 방지칸막이의 설치 등을 고려해야 한다. 공기제트

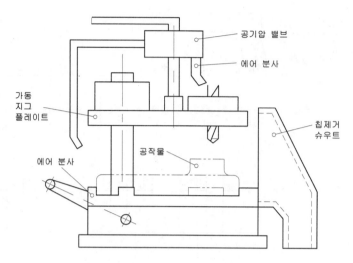

그림 12-3 공기분사에 의한 칩 제거 방식의 예

방식으로 칩을 제거하는 경우는 여러 가지의 장단점이 같이 내재하여 있으나 차
폐판, 방지 칸막이, 슈우트, 턱트 등을 기술적으로 사용하면 대부분의 단점들을
커버할 수 있다. [그림 12-3]은 이런 일례를 보인 것이다. 고정식 로케이트 플레
이트로 구성된 기구식 치공구와 가동형 지그 판이 2개의 공기분사노즐과 함께 장
치되어 있고, 에어밸브는 판상 지그가 개방된 상태에 있을 때 작동된다. 부품이
끼워지기 전에 공기가 분산되어 고정 로케이터 플레이트와 지그 판을 깨끗이 한
다. 이 방식은 건식 연식가공에 일반화되어 있고, 또 주철, 알루미늄, 마그네슘 가
공시에도 사용할 수 있다. 또한 여러 종류의 플라스틱을 기계 가공할 때에도 널리

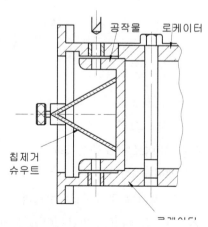

그림 12-4 슈우트를 이용한 칩 제거

사용되고 있다. 치공구 내부에 칩이 다량 모여 있으면, 배출시켜야 하는데, 그러기 위해서는 치공구의 벽면이 허용하는 한 개구부(開口部)를 크게 만들어 두고, 손쉽게 제거할 수 있도록 가공부품이 끼워지는 주변에 충분한 간극을 두는 것이 좋다.

[그림 12-4]는 드릴 지그에서 깔때기모양의 슈우트를 사용하여 칩을 제거하는 특수한 예를 나타낸 것이다. 부품은 원통형이며, 2개의 플렌지에 구멍가공을 하기 위한 드릴 지그로 슈우트에 의하여 드릴가공시 나오는 칩이 밖으로 배출된다.

4. 칩의 도피와 유입방지

치공구 설계의 모든 단계에서 직면하는 가장 큰 문제는 필연적으로 나타나는 칩, 먼지, 녹, 페인트의 분말입자나 주물의 주물사 입자 같은 오물이나 칩의 파편에 의하여 기인된다. 이들이 구석 부나 빈틈에 모여, 부품과 로케이터 사이의 접촉 상태를 불량하게 하는 요인이 된다.

수직면은 자연적으로 먼지가 쌓이기 어렵고, 수평위치결정면은 비교적 용이하게 깨끗이 할 수 있기 때문에 위치결정면은 작게 만들고, 측면이나 단 부(端 部) 정지구는 오히려 수직면으로 설치하려는 것이다. 예리한 모서리를 가진 평탄 면이 다른 평탄 면에 미끄러질 때, 미끄러지는 평탄 면에 스크레이퍼 작용을 하는

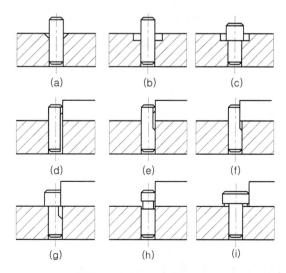

그림 12-5 칩이나 먼지의 공간을 위한 로케이터 형태

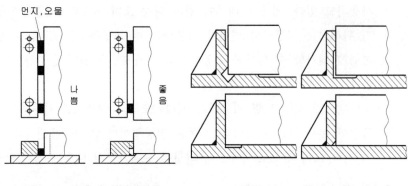

그림 12-6 측면 위치결정구   그림 12-7 구석의 칩 도피 홈

것과 똑같이 로케이팅 패드의 모서리는 부품의 접촉면의 먼지를 제거하여 깨끗하게 한다. 더욱이 로케이팅 패드에 그루우브를 내놓으면 이러한 효과가 더 크게 된다. 같은 원리로 부품의 모서리부분이 반대로 위치결정면의 먼지를 제거하여 깨끗이 하기도 한다. 이런 사실은 「접촉면은 오물도피공간(relief space)으로 둘러쌓이게 설계」하는 오손방지설계의 일반 원칙으로 되고 있다. 물론 오물도피 공간은, 역시 기계가공에서 형성되는 버어의 도피공간이 되기도 한다. 이 공간은 많은 칩이 쌓이면 감당하지 못하지만, 부품의 모서리로 밀던가 하여 쉽게 오물이 빠져나갈 수 있는 공간은 충분히 되는 것이다. 로케이터용 핀이나 버튼은 [그림12-5]의 (a)나 (b), (c)와 같이 모서리를 따내거나 주위를 둥글게 움 푹 판 구멍에 설치할 수 있다. 또, (d)나 (e)처럼 핀이나 버튼을 평탄하게 깎아서 끼울 수도 있다.

[그림 12-6]처럼 길다란 측면이나 단 부 로케이터는 모서리를 따내거나 반듯하게 안쪽을 따내어 [그림 12-6의 오른쪽] 만드는 것이 좋다.

두 개의 기준면이나 측면의 위치결정면이 수직으로 만날 경우는 구석 부에 도피 홈을 만들어 둔다. 도피 홈의 모양은 경우에 따라 여러 가지로 다르며 [그림

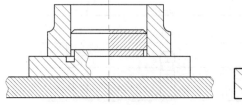

그림 12-8 원형의 칩 도피 홈   그림 12-9 경사 위치결정면을 가지는 로케이터

12-7]은 그 중 4가지의 예를 나타낸다. 원형 로케이터의 오물도피공간 설계도 이상에서 언급한 방법에 따라 실시하며 [그림 12-8]은 그 일례를 나타낸다. 이 경우에 핀이나 버튼에 대하여 도피공간의 홈 부는 실제적으로-오물도피공간, 버어 도피공간, 연삭 가공시의 간극-3가지 기능을 다하게 된다.

어떤 경우는 [그림 12-9]와 같이 측면이나 단 부의 정지부에 경사면을 만들어 2가지의 기능을 다 발휘하도록 할 수도 있다. 경우는 부품이 평탄하고 부품보다 로케이터가 높아야 되며 화살표방향의 클램핑 힘만으로 부품이 아래쪽에 밀려 붙는 효과가 나타난다. 경사각은 보통 7~10°의 범위 내에서 응용된다.

5. 유입 방지구와 시일

베어링이나 슬라이딩 핀, 쐐기 같은 가동부가 있는 치공구는 실제로 기계의 일부가 된다. 따라서 지지 면에 들어가는 먼지를 못 들어가게 막아야한다. 원만한 방법은 [그림 12-10]과 같이 더스트 캡(a)을 사용하거나, 수명의 한계는 있으나 (b)의 방법을 일정한 시간을 두고 주유해야 하며 갈아 끼워야하고 현재는 O-링을 사용하는 예도 많다.

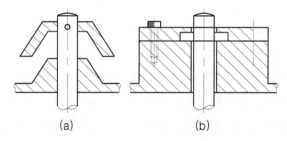

(a)   (b)

그림 12-10 캡(a)과 시일(b)을 이용한 칩의 유입방지 방법

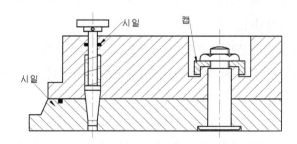

그림 12-11 분활용 치공구에 응용된 캡과 시일

분할대용 치공구는 가동부분을 가지는 중요한 치공구의 하나이다. 모든 베어링 부분(지지면)이 잘 접촉해야만 요구하는 정밀도가 유지되므로 오물의 유입을 적극적으로 방지하지 않으면 안된다. 이의 대표적인 설계 예는 [그림 12-11]과 같은데 킹 핀은 캡으로 차폐되어 있고, 인덱스 핀과 밑면은 시일로 보호되어 있다.

방지기구나 시일 링은 가동부분이 노출되었을 때 필요하며, 대부분의 치공구는 비용을 들이지 않고 부품 자체에서 자동적으로 방지기구 역할을 하도록 설계되고 있는 실정이다.

12.2 치공구 제작의 중요작업

1. 치공구 제작, 가공의 주의사항

① 위치결정 핀, 부시 등은 되도록 시중품을 사용하되 직접 제작할 때는 연삭여유를 두고 가공하여, 열처리 및 연삭가공 한다.

② 부시 및 위치 결정구가 삽입되는 구멍은 수직으로 정밀 리이머 가공되어야 하며 필요시 지그그라인딩 작업을 해야 한다.

③ 리이머 작업시에는 절삭유를 사용한다. 리이머 작업시 절삭유를 사용하지 않거나, 사용하여도 작업조건이 맞지 않으면 가공된 구멍이 리이머의 직경보다 커지는 경우가 있으니 리이머의 여유, 절삭조건, 이송을 참조할 것.

④ 위치결정 핀, 안내 핀, 부시 등이 조립되는 곳은 끼워 맞춤 공차 KS B 0401에 준 한다.

⑤ 부시의 내·외경의 동심도가 중요하므로 열처리 후에 연삭가공으로 동심도를 유지시킨다.

⑥ 치공구의 본체는 평면도, 직각도 등이 유지되도록 신중을 기하고 공작물이 위치결정이 이루어지는 곳은 표면조도가 유지되도록 연삭가공으로 마무리한다.

⑦ 클램핑 볼트의 머리는 치공구의 윗면보다 돌출 되어서는 안되므로 볼트 머리부가 길 경우는 머리를 가공하여 낮춘다.

⑧ 안내 핀의 끝은 둥글게 가공하여 윗판의 조립이 쉽게 이루어지도록 한다.

⑨ 치공구의 조립시 본체의 직각도 및 평행도가 유지하도록 한다.

⑩ 치공구 조립시 오차가 발생하지 않도록 유념하고 위치결정용 볼트의 조립부는 기계탭 또는 2번 탭으로 완료한다.

⑪ 커터 설정 블록은 몸체에 조립한 후 연삭 가공한다.

⑫ 텅의 설치 홈의 가공은 공작물 설치면 과 직각이 유지되도록 가공한다.

⑬ 지그플레이트, 커터설정블록 등을 본체와 조립 할 때는 볼트를 체결한 후 맞춤 핀 가공을 한다.

⑭ 제작된 치공구는 공작물을 시험 가공하여 결과를 내고, 문제점 및 보완 점을 찾는다.

2. 지그 위치구멍의 가공방법

정밀한 구멍을 가공하는 지그의 구멍위치는 도면 치수와 같이 정확한 것이 요구되며, 이는 일반 드릴링머시인으로는 매우 힘들다. 그러므로 보통 이러한 지그의 구멍은 지그 그라인딩으로 가공한다.

지그 그라인딩은 보통 0.001mm까지의 이송눈금을 가진 특별히 정밀한 공작기계로서, 0.005mm 정도의 구멍 위치 정밀도를 얻기 위해서는 이 기계를 사용하지 않고는 힘들다. 그러나 구멍의 위치정밀도가 그리 높지 않을 때는 금긋기 작업을 한 후 일반 공작 기계로써 구멍 가공을 한다. 지그 그라인딩를 사용하지 않고 비교적 정밀한 지그를 가공하는 방법으로 다음과 같은 방법이 있다.

(1) 조립법

조립법이란 [그림 12-12]와 같이 치공구의 각 구멍 Z, Z′ 등을 별도로 가공한 후 (a)를 치공구 몸체의 일정 위치에 볼트(c)으로 일단 죄인 다음, 다른 각 구멍의 위치를 정확하게 측정하여 그 위치를 수정하고, 마지막으로 테이퍼 핀을 박아 고정하는 방법으로서, 기준면 등도 이와 같은 방법으로 조립되어야 한다.

(2) 버튼(button)법

다음은 버튼에 의한 방법을 나타낸다. 이는 우선 [그림 12-13]과 같은 버튼을 만든다. 다음에는 지그 플레이트(plate)에 가공할 구멍 위치를 금긋기 작업으로 결정하고, 여기에 나사를 내어 [그림 12-14]와 같이 버튼을 와셔와 나사로 (a),

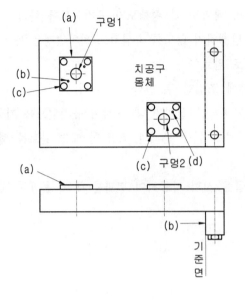

그림 12-12 조립법

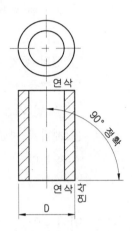

그림 12-13 버튼

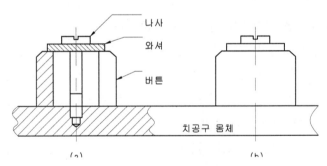

그림 12-14 버튼의 부착

(b)와 같이 클램핑 한 다음 이것을 달아준 버튼 사이에 블록 게이지를 넣거나, 마이크로미터로 외측을 측정하여 (거기에 버튼의 지름을 + －하여 준다) 중심 거리를 구한다.

정확할 때까지 버튼을 두드려 위치를 수정하며, 실제 구멍 가공은 [그림 12-15]와 같이 면 판에 장착시킨 후 다이얼 게이지(dial gauge)로 정확하게 중심을 맞춘 후 버튼을 제거하고 구멍을 가공한다.

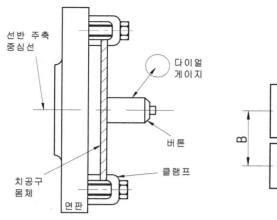

그림 12-15 버튼을 이용한 중심 맞춤법

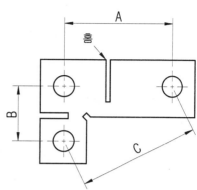

그림 12-16 수정법

(3) 수정법

마지막 수정법으로는 우선 금긋기 작업으로 구멍 위치를 잡은 후 조그만 구멍을 우선 가공하고, 이를 측정한 다음 구멍을 수정하여 정확히 위치를 잡아 주는 방법이 있다. 또 다른 방법으로는 [그림 12-16]과 같이 얇은 지그 판의 홈을 낸 후 구멍을 가공하여, 이 때의 구멍의 관계 (A, B, C)에 따른 홈을 좁히거나 넓히거나 하여 위치를 수정해 주는 방법이 있다. 이와 같은 방법은 상당한 고정밀도의 구멍 가공이 가능하다.

3. 스크레이핑(Scraping)

일반 공작 기계로 가공된 제품은 완전한 정밀도를 기대하기 어렵다. 이 때 SM 55C, STC 7 등의 손잡이에 팁(tip) 등을 부착시킨 스크레이퍼(scraper)로 다듬질하는 작업을 스크레이핑이라 한다. 보통은 $5 \sim 10 \mu$ 정도의 정밀도를 얻을 수 있으며, 초경팁을 사용할 경우 3μ 이하의 정밀도를 얻을 수 있다. 최근에는 블록 게이지가 링킹(밀착) 될 정도의 평면을 스크레이핑 작업으로 얻는 경우도 많다.

4. 재료에 관계된 지그의 변형

재료에 관계된 다음에 설명하는 문제에서 변형이 생기는 것이 비교적 많으므로 주의를 요한다.

(1) 열처리에 의한 변형

열처리를 했기 때문에 변형된다고 생각하는 것은 상식이다. 열처리에 의한 변형은 변태 응력에 의한 변형과 열 응력에 의한 변형과 열처리 취급이 잘못된 것에 의한 변형이 있지만, 또 재료중의 가공 응력이 원인이 되어 열처리시에 나타나는 변형이 있다. 균일한 밀도의 재료에서도 절삭가공으로 큰 가공변형을 표면에 남게 하므로 정밀하게 가공하여 놓아도 나중에 열처리하면 변형을 발생시킨다. 열처리하지 않아도 시간이 흐름에 따라서 잔류 응력이 없어져서 변형이 생긴다.

절삭가공 때 잔류 응력을 작게 하기 위해서는 구성인선(built up edge)을 없게 한다. 절삭력을 작게 한다, 절삭속도를 높인다, 큰 전면경사각을 주고 또한 큰 측면 경사각을 준다. 가공경화는 바이트 절삭에서 0.3mm 절삭에서는 0.5mm 전후로 알려져 있다. 따라서 정밀부품에는 잔류 응력을 발생시키지 않는 가공을 하여야 하고 잔류 응력을 제거하여 안정된 조직을 한 재료를 사용하는 것이 중요하다. 열처리 후에 나타난 이들 변형은 연삭·절삭·기타로 수정할 수 있는 경우는 그다지 문제는 없지만, 비용이라든가 기타 이유로 수정할 수 없는 경우는 사용재료, 열처리 방법, 기타에 주의를 요한다.

(2) 가공 잔류 응력과 변형

일반적으로 재료를 단조, 절삭, 연삭, 기타 여러 방법으로 가공할 때, 그 부품의 표면에 변질 층으로서 잔류응력 층이 발생함과 더불어 표면 가까이의 결정조직은 현저하게 변화를 일으킨다. 가공잔류 응력 층을 남긴 것은 정밀 가공해 두어도 뒤에 불규칙적인 변형이 생기기 쉽다.

가공잔류 응력 층을 적게 하기 위해서는, 선삭 가공으로는 절삭속도를 높인다든가, 구성인선을 없게 하든가, 무리한 절삭을 하지 않도록 하는 것이다.

더욱, 잔류응력은 거친 연삭작업 후 바르게 드레싱 한 고운 숫돌로서 다듬질 연삭하면 제거할 수 있다고도 한다. 잔류 응력은 단조, 주조, 열처리 등으로 생기므로, 생산기술에는 주의를 요한다.

(3) 밀도가 고르지 못함과 변형

재료의 밀도가 불균형한 것은, 정밀가공 하여 두어도 뒤에 열처리하면 비뚤어지는 현상이 생기는 일이 많다. 따라서, 단조할 경우, 자주 클램핑하는 부분과 그렇지 않은 부분이 있는 것(일반적으로 자유단조)은 정밀부품으로서 비교적 적당하지 않다.

가공 경화층과 밀도가 고르지 못한 것에 의한 변형을 피하기 위해서는 580~600℃로 담금질하여 응력의 존재를 제거한 후, 최후의 정밀가공을 하는 것이 좋다.

(4) 경년 변형

정밀 가공한 것이 장기간 조금씩 변형하는 것으로, 게이지 등과 같은 특히 정밀을 요하는 것에도 나타나는 경우가 많다. 경년 변형을 피하기 위해서는 조직을 안정시켜 둘 것, 잔류 응력을 제거해 두어야 한다. 게이지 기타의 것의 경년 변형을 막기 위해 서브제로처리라 하여, 예를 들면 -75~-90℃ 정도로 냉각하여 조직을 안정시키기도 한다.

(5) 바우싱거 효과와 변형

바우싱거 효과라는 것은, 어떤 응력을 가한 후, 이것에 반대방향의 응력을 가하면, 그 탄성한도가 현저히 저하하는 현상을 말하며, 예를 들면, [그림 12-17]에 나타낸 것과 같이, 외력 P를 가하여 강판을 구부려서 L상의 물품을 만든 경우, 이 L형 부품에 반대방향의 점선화살표 P′의 힘을 가하면, 그 탄성한도가 현저히 저하되므로 약한 힘 P′로 이미 굽어 변형되어 버린다.

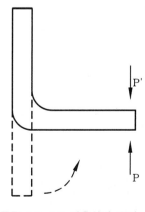

그림 12-17 바우싱거 효과

이 바우싱거 효과는 뒤틀어짐, 선단에 있어서도 나타나기 때문에, 이와 같은 부품은 치공구 등의 일 부품으로서 한번 보기에 치수가 크고 강하게 보이는 설계라도, 외력에 의하지 않고 변형이 나타나므로 주의를 요한다. 바우싱거 효과는 금속의 원래경도와는 무관계로 저온Annealing하면 바우싱거 효과는 소실된다.

(6) 외력에 의한 변형

주철제의 대형치공구 등의 설치방법이 나쁘고, 무리한 자세에 의해 뒤틀려서 장기간 방치해 두면, 정밀하게 만든 치공구가 변형되어 버린다. 보통 주철은 상온에서도 강한 힘이 장기간 일정방향으로 작용하면, 일종의 크리이프가 나타나므로 주의를 요한다. 따라서 주철제 치공구 중에서 응력이 일정방향으로 특히 큰 부분은 그 힘에 의해 장기간 외력 방향에 변형이 나타날 우려가 있으므로 응력은 어느 한도 이상이 되지 않도록 충분한 크기(혀용응력은 상당히 작다)로 설계하여야 한다.

제12장 익힘문제

1. 치공구설계시 칩 제거상의 주의할 점에 대하여 설명하시오.

2. 버의 형성에 관하여 간단하게 설명하시오.

3. 치공구 제작의 중요작업을 설명하시오.

4. 지그 위치의 구멍의 가공방법 3가지는 무엇인가.

5. 바우싱거 효과를 설명하시오.

제13장

치공구의 자동화

● ● ● ● ● ● ● ●

13.1 자동화 치공구

13.1 자동화 치공구

1. 자동화 치공구의 계획

자동화 치공구의 계획을 하기 전에 일반적으로 다음과 같은 점에도 주의하고 고려하여 체크해 두는 것이 좋다.

즉, 공작물의 크기, 형상, 무게, 가공정도 생산수량과 지금부터의 전망, 공작물의 재질, 열처리, 설치기준과 정도, 가공의 전후공정의 관계, 작업난이도, 인구, 절삭조건, 사용기계, 작업자의 능력, 측정, 검사 방법, 치공구 납기, 치공구 계획과 설계기간, 기타이다. 또, 싸고 빠르게 치공구를 만들기 위해 지금까지의 치공구조사(개조할 수 있는가 없는가)를 조사하여 치공구형상, 정도, 재료, 열처리, 표준부품, 시중품 이용, 주문해야할 것 등을 검토한다. 때로는 절삭 기타 각종의 시험을 하여 자신없는 곳, 급소라고 생각되는 곳을 확인해 둘 필요도 있다.

다음에 일반적 기계가공에 있어서의 치공구의 계획으로서 다음의 각 항목을 체크해 두는 것도 좋다.

(1) 정보수집

① 지금가지는 어떻게 가공했는가
② 현장 사람의 생각과 의견을 들어둔다.
③ 타사는 어떻게 하고 있는가
⑤ 유사 치공구의 상황은 어떤가
⑤ 공장 작업자의 질, 능력

(2) 공작물의 검토

① 도면의 해독능력은 어떠한가
② 어디를 가공하는가
③ 어떤 공구로 가공하는가
④ 치공구는 어떤 구상이 되는가
⑤ 가공 곤란한 곳은 어딘가
⑥ 시간이 걸리는 가공은 어딘가
⑦ 가공한 것을 어떻게 하여 측정검사 하는가

⑧ 소재에 관하여 끼워 맞춤을 하는 곳은 없는가

(3) 공정에 관하여

① 공정순서는 어떠한가
② 동시가공, 다인 가공은 어떠한가
③ 공정과 기준검토
④ 계획시간은 적당한가
⑤ 치공구는 어떤 능력 또는 몇 대 필요한가

(4) 기계에 관하여

① 가공하는 기계는 무엇을 사용하는가
② 기계의 성능, 상태는 어떠한가
③ 컬럼과 베드에 대해서 치공구의 스페이스는 어떠한가
④ 공구, 치공구를 설치해도 움직이는 양(스트로크)은 충분한가
⑤ 레이아웃(Lay out)와의 관계는 어떤가

그리고, 자동화 치공구 계획은 [그림 13-1]과 같이 몇 개의 항목에 관하여 검토하는 것이 좋다. 치공구는 일반적으로 간단하고 싼 것도 만들어지지만 고도기술을 충분하게 고려하여 복잡하고 비싼 것도 만들어진다.

그래서, 어느 정도의 것을 만드는 것이 좋은가는 계획단계에 고려된다. 그 때문에 시간과 cost에 관한 검토가 필요하다. 즉, 경제적으로 생각하면 자동화 치공구를 만드는 것으로 지금가지 사람의 손을 필요로 한 작업시간을 몇 시간 절약할수 있는가 하는 것이 된다. 예를 들면 어떤 자동화 치공구를 1년간 사용함에 의해 그 동안에 종합시간의 몇 시간을 절약할 수 있는가를 예측해 본다.

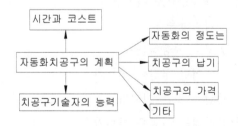

그림 13-1 자동화 치공구의 계획

그리고, 그 작업의 현재 단가를 그 시간에 곱하여 얻어진 금액정도의 자동화치공구를 계획하는 것도 하나의 목표일 것이다.

다음에, 치공구기술자의 능력을 생각하여 자동화를 계획하는 것이 좋다. 마이크로 스위치(s/w)라든가 리미트 스위치(Limit s/w)를 사용한 간단한 검출로 간단하고 싸고 확실한 간이 시퀀스제어를 계획하면 초보자라도 그다지 힘들이지 않고 기대하는 것을 만들 수 있다고 봐도 좋다.

그러나, 일렉트로닉스의 고도검출, 고도회로를 계획하면 그 개발에 생각지도 않은 시간이 필요하게 되거나 노이즈(noise)로 인한 오 동작이라든가 안정성, 기타에 의해 어쩔 수 없는 결과가 되는 경우가 가끔씩 있다.

자동화는 완전 무인화 하는 것도 한 방법이지만 사람이 급소에 일부 손을 대어 자동화할 수 있도록 하는 것도 좋다. 완전무인화 치공구를 계획하면, 결국 그 치공구 만의 자동화에 머무르지 않고 치공구에 들어오거나, 또 나가는 공작물의 흐름에 무인화도 필요하게 되므로 이 주변기술에도 자동화가 관계하기 때문에 납기, 가격에도 크게 영향을 주게 된다. 자동화 치공구의 계획에서는 어디가 곤란한가를 잘 생각하고, 예를 들면 공작물의 기하학적인 형상이 되어도 위치결정을 잘 할 수 있는가 없는가 슈우트(Shoot), 콘베어(Conveyor) 등이 잘 흐르는가 흐르지 않는가, 공작물이 목적한 부분에 잘 들어가는가 들어가지 않는가… 등 1회나 10회 정도의 실험으로는 안되므로, 몇 십 회, 몇 백 회 조건을 바꾸어 간이실험장치를 만들고 확인해 둘 필요도 있다.

인간의 손은 복잡한 동작을 실로 잘하고 있다. 그것을 간단히 생각하여 서투르게 기계화하면 우직한 기계 움직임에 크게 낭패보게 된다.

자동화기계가 실로 잘, 부드럽게 일하는 것을 보기도 한다. 그러나, 그 기계 속에 들어가 보면 특별한 고도의 기술로서 결과가 나타나 있다.

2. 자동화 치공구의 구성 및 고려사항

자동화 치공구를 생각하면 [그림 13-2]와 같이 우선, 일반 치공구의 구상 위에 자동화 치공구가 치공구 메카니즘을 생각하고, 그 메카니즘 중에서 클램프기구라든가, 공작물의 위치결정기구, 기타를 움직여 자동화를 생각할 수 있다.

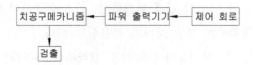

그림 13-2 자동화 치공구

그 움직이는 곳을 힘을 나타내는 기구를 접속해두어 그 기구를 검출기라든가 타이머 기타에 의해 제어회로로 잘 움직이게 하는 것이 좋다. 치공구의 클램프를 출력하는 기구는 그다지 종류가 많지 않으며 다음의 것이 일반적으로 사용된다.

① 전자밸브-AC 솔레노이드
　　　　　　 -DC 솔레노이드
② 모터
③ 공기압실린더
④ 유압실린더
⑤ 기타

자동화 치공구에 있어서 고려사항은 다음과 같다.

① 위치결정이 단순하고 정확하게 위치결정이 되어야 한다.
② 클램핑력이 강력하고 조절할 수 있는 구조이어야 한다.
③ 공작물의 장착 및 장탈 장치와 클램핑 장치는 서로 간섭이 되지 말아야 한다.
④ 칩 처리와 절삭유 제거장치가 용이하고 청소가 가능할 수 있어야 한다.
⑤ 칩의 용이한 배출과 공작물의 자동공급 및 추출이 용이하도록 구멍의 위치 결정을 세로보다 가로로 하는 구조로 한다.

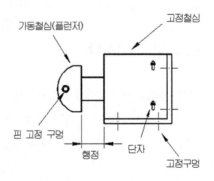

그림 13-3 AC 솔레노이드

[그림 13-3]은 AC 솔레노이드를 설명한 것이다. 그림의 단자(리드 선이 나온 것도 있다)에 전류를 스위치나 전자 릴레이의 접점으로 이송하면 그 순간 가동 철심(plunger)은 고정 철심의 각 구멍 속에 왕복 행정 소리가 나며 갑자기 당기게 된다. 당기는 흡입력은 일반 상품으로 0.5kg에서 10kg 정도 이내이다. 움직일 수 있는 행정은 15mm에서 30mm 정도이다. 단자에 부여하는 전원의 전압은 대부분 교류 110~220V이지만 그 이외의 것도 만들어진다. AC 솔레노이드는 흡입했을 때 가동 철심의 흡착 면은 고정 철심에 완전히 밀착하지 않으면 안 된다. 밀착하지 않으면 이상한 소리를 내거나 열이 난다.

[그림 13-4]의 (a)는 스프링을 사용하여 클램프하는 예이다. 이 경우 AC솔레노이드는 완전히 밀착한다. 그러나 이 설계도 정전일 때 클램프력이 늦춰지거나, 장시간 클램프할 때에는 장시간 전류가 AC 솔레노이드에 계속 흐르게 된다.

따라서 [그림 13-4]의 (b)와 같이 스프링으로 고정하도록 클램프 기구를 만들어 두었다가 클램프력을 낮출 때만 사용한다. AC 솔레노이드에 일반적으로 지나치게 강한 클램프력을 요구하는 것은 무리이고, 또 서서히 조용한 클램핑도 기대할 수 없다. AC 솔레노이드로 10kg 이상의 힘을 요구하면 스위치의 개폐나 전류 소모, 소음, 수명 등으로 보아 모터나 에어 실린더 쪽이 바람직하다. 또한 모터로 클램프하는 경우에 모터를 적당히 감속하여 이송나사를 회전시켜 나사의 축 방향의 움직임을 이용하거나 링크 등으로 클램프 한다.

이 때 모터의 종류와 클램프기구의 강도에 따라서 모터가 클램프을 완료했을 때 마이크로 스위치가 눌러지거나 타이머에 의해서 전류가 절단되도록 한다.

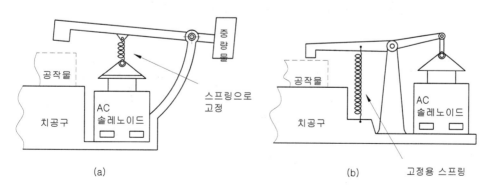

그림 13-4 스프링 고정에 의한 클램프 기구

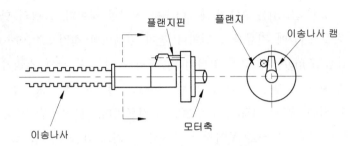

그림 13-5 아이들 구동의 축이음

모터의 힘을 이용하여 나사를 체결한 후 그 모터를 회전시켜서 클램프력을 늦출 때 모터가 역회전의 시작시점에 그 즉시로 기계를 역회전시키는 것이 아니고 [그림 13-5]와 같이 여유를 두어서 모터 축이 어느 정도 역회전한 후에 이송 나사 핀을 걸어서 회전을 시키는 것이 바람지할 때가 있다. 치공구의 클램프에 있어 에어 실린더를 사용하는 것은 클램프시 공기를 소비하지 않고 경쾌하게 할 수 있으므로 널리 응용되고 있다.

[그림 13-6]은 에어 실린더를 사용한 클램프이며, [그림 13-7]은 에어 실린더의 클램프을 설명한 것으로 Pb1의 체결 푸시 버튼 스위치를 일시 누르면 NO1 전자 릴레이가 기억하여 SOL(전자 밸브)에 전류를 계속 보낸다. 그러면 에어 실린더는 전자 밸브를 변환하여 공기의 흐름을 변환하기 때문에 피스톤은 전진한다.

다음에 Pb2의 늦춤 용 푸시 버튼 스위치를 일시 누르면 전자 릴레이는 기억을 해제하여 전자 밸브로 가는 전류를 단절한다. 그러면 전자 밸브는 복귀되고 이 때문에 공기의 흐름이 변환하여 피스톤은 후퇴한다. 에어 실린더는 같은 압력의 공기가 작용해도 피스톤이 전진할 때가 후퇴할 때보다 힘이 강하다. 그것은 피스톤

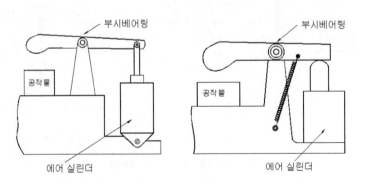

그림 13-6 공기압 클램프

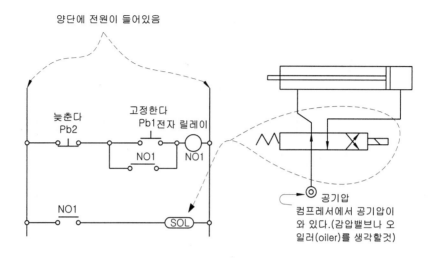

그림 13-7 공기압 클램프의 원리

로드의 면적이 후퇴할 때는 마이너스가 되기 때문이다. 피스톤식 클램프 치공구 기구는 일반적으로 클램프 할 때보다 늦출 때 큰 힘을 요구하는 일이 많다. 예컨대 [그림 13-6]도 베어링에 미끄럼 베어링을 사용하면 이것이 현저하게 좋다.

　공기압은 정전과 함께 컴프레서(compressor)의 공기가 소실되지 않지만, 유압은 펌프가 멎으면 유압 회로에 따라서는 곧 유압이 내려가므로 공기압보다 더 유의해야 한다.

　[그림 13-8]은 실린더와 전자밸브를 사용하여 공작물을 클램핑하는 설명도이다. 실린더에는 배관을 하여 전자밸브을 전기제어하는 것으로 고압의 유압이라든가 공기압을 실린더에 주거나 배출시켜 클램프가 움직인다.

　전자밸브 외에 수동 밸브을 사용하여 손으로 밸브을 바꾸기도 한다. 밸브을 캠식으로 하여 움직이는 기구에 의해 캠이 눌러져 밸브가 바뀌고 그것에 의해 유압이라든가 공기압으로 다른 무엇인가가 움직이게 하기도 한다. [그림 13-8]을 조금 더 자세히 설명하면 [그림 13-9]와 같다.

　전자밸브에 실린더를 배관하고, 전자밸브의 솔레노이드의 접선에 전기배선을 한다. 이때, s/w S를 열어 두면 전자밸브는 밸브내에 설치된 스프링의 힘으로 교환되며, 그 때문에 유압은 밸브의 좌우에서 밸브 내에 오른쪽위로 나와 실린더의 B 배관구로 들어가서 피스톤을 Z 화살표와 같이 눌러 전진하며, 이 경우 스트로크 한도 내 움직일 수 있는 곳끼리 움직임 실린더 좌 단을 계속 누른다.

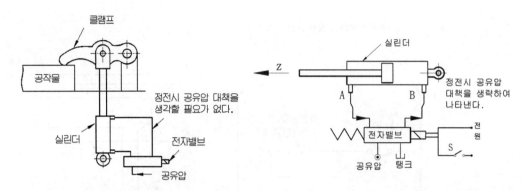

그림 13-8 실린더와 전자밸브에 의한 자동화 클램프 　　　**그림 13-9** 실린더의 제어

　　　이때 피스톤 좌측에 존재한 기름은 실린더 A 배관구에서 유출되어 밸브 내를 오른쪽 밑으로 나와 탱크로 되돌아간다. 이와 같은 상태일 때 리미트 스위치 (Limit s/w등) S가 닫히면 (s/w가 아닌 전자릴레이의 접점을 여기에 넣으며 그것이 닫혀도 같음) 이때 전원으로부터의 전류는 전자밸브의 솔레노이드로 흐른다.

　　　그러면, 전자밸브는 솔레노이드의 힘으로 교환되어 유압의 흐름이 바뀌며 유압은 밸브 내를 왼쪽위로 나와 실린더 A배관구에서 실린더에 유입된 피스톤을 Z 화살표의 역으로 움직이며 피스톤 오른쪽의 기름은 이때 B배관구에서 흘러나와 밸브 내를 통하여 탱크로 되돌아간다.

　　　그리고, 필요한 때 스위치(s/w) S를 열면 솔레노이드는 전류가 끊어져 힘을 잃기 때문에 밸브 내 스프링의 힘으로 밸브는 다시 바뀌어 원상태로 회복된다. 따라서 스위치(s/w) S를 닫거나 열거나 함에 따라서 피스톤은 전진이나 후퇴한다

　　　즉, 이와 같이 전기회로를 잘 닫거나 여는 것이 우선 제어라고 생각해도 좋다. 유압실린더가 아닌 공기실린더를 사용한 때도 원리적으로는 상기와 같은 생각으로 실린더를 움직일 수 있다.

　　　[그림 13-10]은 검출을 설명하는 것으로 치공구에 공작물을 들어가서 위치가 결정된다. 이때 정확히 위치결정된 것을 검출하기 위해 s/w를 스토퍼에 설치한다.

　　　공작물이 스토퍼에 밀착되지 않으면 s/w는 닫히지 않도록 만들어 두는 것으로 위치결정이 완전히 되면 s/w에서 점선의 전류가 흐른다. 이 전류는 위치결정완료를 알리는 정보를 가진 전류로서 단지 조명을 위해 전등 등에 계속 흐르는 전류와는 의미가 다르다.

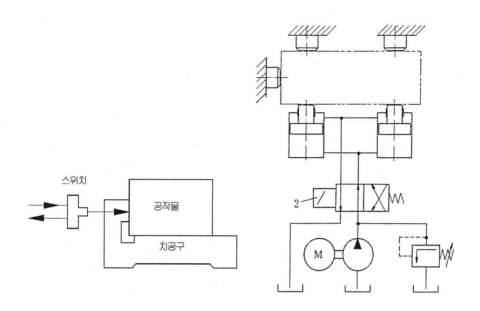

그림 13-10 검출

그림 13-11 공유압에 의한 자동화 클램핑 장
치도

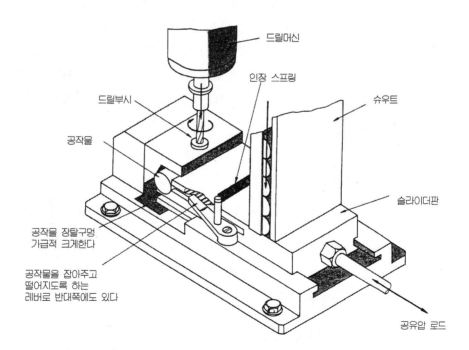

그림 13-12 공유압 바이스를 사용한 자동화의 예

그래서 이것이 신호라고 하며, 이 전류가 전자밸브에 흐르면 실린더는 클램핑 이라든가 기타 필요한 동작을 하게 된다.

[그림 13-11]은 공유압에 의한 두 군데의 동시에 클램핑할 수 있는 장치 회로 도이다.

[그림 13-12]는 공유압으로 움직이는 슬라이더 판에 의하여 슈우트(shoot)내에 공급된 공작물을 한 개씩 분리시켜 클램핑하는 자동화 바이스이다.

공작물의 축 방향 위치결정 장치는 나타나지 않지만 V블록으로 형태로 하면 된다.

슬라이더 판과 같이 공작물이 되돌아오는 것을 방지하기 위하여 공작물을 한 개씩 떨어지도록 레버 장치를 설치하였다. 공작물의 배출 구멍은 가능한 크게 하여 공착물의 착탈과 칩 및 절삭유이 원활하게 배출하기 위해서 중요한 사항이다.

3. 자동화방법

자동화의 주된 방법은 [그림 13-13]과 같이 정보를 우선 검출하여 그 신호에 따라 치공구 메카니즘에 필요한 것을 행하게 하는 방법이다.

이것은, 검출기에 의해서 치공구관계의 상태가 어떻게 되었는가(공작물이 왔다 든 가, 위치결정 했다 라든 가, 클램프 했다 든 가, 가공이 끝나다 든 가 등 …를 신호로 알고 그것에 응하기 위해 치공구 메카니즘 동작이 시작된다고 하는 방법 이다.

그림 13-13 검출기에서 시작

그림 13-14 검출이 아닌 지령

이와 같이, 검출신호에 따라 치공구 메카니즘의 어딘가 움직이면 그 움직임을 다시 검출하여, 그것에 의해 다음의 무엇인가가 계속하는 움직이는 시퀸스 동작을 시키는 경우가 많다.

[그림 13-14]는 검출이 아니고 타이머류에 따라 어떤 시간의 경과 후(어떤 곳이 어떤 상태가 되어 있을 것이므로)여기를 움직인다고 하는 것과 같이, 시간을 보고 제어회로가 지령을 내려 파워를 출력하여 기구를 움직이는 것이다. 지령을 내린다는 것은 움직일 수 있다는 의미로 전류를 부여하는 것으로 생각해도 좋다.

시간을 보고 제어지령을 내린다는 것은 공작물이 슈우트(Shoot)를 미끄러져 내린 시점에서 일정시간 경과 후, 이미 그 공작물은 치공구에 들어가 있을 것이다 라는 것으로 타이머가 지령을 내려 클램프 시킨다. 클램프 동작도 서서히 움직여 클램프 완료까지에는 어느 정도의 시간이 걸린다.

그래서, 클램프에 지령을 내린 후, 이미 클램프가 끝났을 것이라는 시간을 보고, 별도지령이 새로이 내려 다음의 무엇인가를 하다 라고 하게 된다.

이 경우는 공작물이 예를 들면 슈우트(Shoot)를 잘 미끄러지지 않고 어딘가에 걸려 멈추어도, 그것을 검출하지 않으므로 시간까지 경과되면 다음의 일을 무의미하게 하기도 한다. 즉, 검출기에 의해 동작을 하나하나 검출하여(확인하고) 그 것에 따라서 다음의 뭔가가 행해진다고 하는 방법과는 다르다.

그럼 정보의 검출이란 어떤 것인가 하면, [그림 13-15]는 그 간단한 설명도이다. 마이크로스위치의 액츄에이터(Actuator)로 어떤 핀에 입력하여 Z방향에 힘을 가하면 즉, 치공구에 공작물이 들어와 힘을 s/w에 가한다든 가, 클램프가 내려가서 클램핑 했을 때 마이크로 s/w에 어딘가가 닿아 힘을 가하여, 이것에 의해 마이크로 s/w내부의 접점은 바뀌어 교류전원의 200V인 전류가 전자밸브에 흐르게 된다.

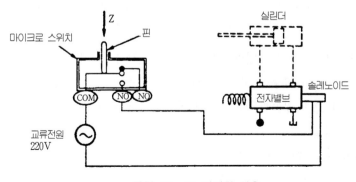

그림 13-15 간단한 검출

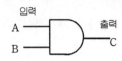

그림 13-16 2입력 AND

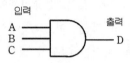

그림 13-17 3입력 AND

이때의 전류를 마이크로 s/w가 상태를 검출하여 신호를 출력했다는 것이다. 그리고, 이 검출신호라는 전기는 마이크로 s/w를 사용하고 있으므로 전압도 전류도 크게 할 수 있기 때문에 바로 그 신호로 전자밸브가 움직여 유압이라든가 공기압으로 바꾸게 된다.

이와 같이 마이크로 s/w라든가 Limit s/w를 아이디어를 잘 발휘하여 사용하는 것으로 치공구에 관계된 넓은 범위의 검출을 할 수 있다.

검출신호의 예로서 200V에 10A라는 강력한 신호이면 제어회로는 간단해지는 경우가 많다. 그러나 이와 같은 s/w류의 검출에서는 물체에 닿거나 접촉되지 않으면 검출할 수 없다. 무 접촉으로 빛이라든가 자기라든가 기타 응용검출은 곤란하다. 그래서, 고도의 각종 검출에는 일반적으로 센서가 전자가 되어, 일렉트로닉스를 응용하는 경우가 많다. 일렉트로닉스의 진보로 각종 IC(Integrated Circuit : 집적회로)가 있다. 이들 IC중에서 가장 사용 간단한 게이트류에 AND 게이트가 있다. [그림 13-16]은 2입력 AND로, 입력 측에는 A와 B의 2개의 입력이 있으며, 출력은 C이다. 이 입력 A와 B에 모두 전선을 통하게 하여 전압이 들어오면 출력 C로 전압을 출력한다는 기능이 AND인 것이다.

예를 들면 치공구에 공작물 들어가고 그곳의 s/w에서 신호가 나왔다. 클램프에 의해 그곳의 s/w에서 신호도 나왔다. 양 신호가 맞았을 대 출력 C에 전압이 나와 이것으로 무엇인가를 하게 하는 것이다(전압이 나오면 그것으로 파워 기구가 여러 가지을 움직인다)

[그림 13-17]은 3입력 AND이다. 이 경우는 입력 측 A.B.C라는 3개의 입력에 어떤 전압이 모두 들어왔을 때만 출력 D에 전압이 나오고, 그렇지 않을 때는 전압이 나오지 않는다. 예를 들면 치공구에 설치한 마이크로 s/w가 눌려지는 것으로 공작물이 치공구 안에 들어왔다는 신호를 이 AND A입력에 전선을 통하게 하여 주고, 다음에 클램프 했다는 마이크로 s/w의 신호가 입력B에 들어가고 공구는 정상이라는 신호가 입력 C에 들어가게 한다.

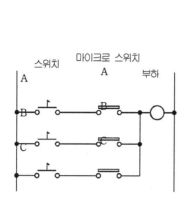

그림 13-18 회로도

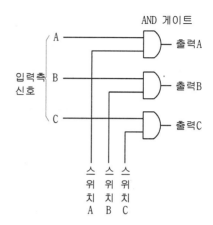

그림 13-19 AND 게이트

이때 AND가 성립되어 출력 D에 전압이 나온다. 조건이 갖추어지지 않을 때는 출력에 전압이 나오지 않는다. 단, 이와 같은 IC류는 거의 모두 그 전압으로서 5V라는 전자을 다루는 기술이다. 전자용 IC나 L, S, I(Large Scale Integrated Circuit)에는 몇백 종류 이상의 극히 유익한 회로가 싸게 시판되고 있다. 이것을 사용하면 자동화시설을 매우 쉽게 만들 수 있게 된다.

[그림 13-18]의 마이크로 스위치 회로도를 싼 가격의 에 판매되고 있는 IC를 사용하면 [그림 13-19]의 AND게이트로 쉽게 해결 할 수 있다. 입력측의 A, B, C의 S/W가 ON/OFF되었는지에 전압상태가 들어온다. 이때 아래쪽의 S/W A, B, C를 어떻게 하는가에 따라서 AND 게이트의 좌측에 들어온 신호는 우측의 출력에 나오거나, 나오지 않거나 마음되로 할 수 있다. 이와 같이 AND 게이트는 IC로서 AND 게이트 4개를 사용한다.

[그림 13-20]은 공기압을 사용한 위치결정 검출의 설명도이다. 그림과 같이 치공구 스토퍼에 공작물을 위치결정 할 때, 저압으로 소량만 보내도 공기가 스토퍼의 위치에 전달이 되도록 배관이 되어있다. 따라서, 공작물이 이 스토퍼에 접근하면 오른쪽 그림과 같이 공기는 좁아진 틈을 강하게 불어 나와서, 먼지 등을 없어지고 적은 힘을 가한 것만으로 스토퍼에 밀착한다. 그러면 공기압으로 하지 않을 경우라도 압력이 약간 상승하므로, 압력 s/w가 ON이 되며 이 신호를 AND 게이트 등에 입력되어 필요한 회로를 생각할 수 있다.

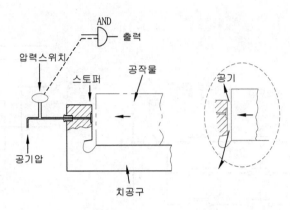

그림 13-20 위치 결정의 검출

제13장 익힘문제

1. 자동화 치공구를 계획할 시 일반적으로 고려할 사항은 무엇인가 ?

2. 자동화 치공구에서 클램프에 적용되는 기구는 무엇인가?

3. 자동화치공구에 있어서 고려사항은 무엇인가?

4. 자동화의 3요소 및 5요소를 설명하시오?

치공구 재료와 열처리

14.1 치공구 재료의 개요

치공구 제작용 재료는 기계 제작용으로 사용하는 보통의 철강 재료를 사용하는 경우가 많다. 물론, 치공구의 기능이나 사용조건에 따라 선택하는 것이므로 반드시 철강 재료만 사용하는 것은 아니다. 필요에 따라서는 경금속인 비철금속 재료나 합성 수지와 같은 비금속 재료를 사용하기도 한다. 지그 및 고정구 설계에 부가하여 치공구 설계자는 치공구에서 사용할 재료를 선택할 의무가 있다. 대부분 선정된 재료는 치공구를 제작하는데 많은 영향을 미친다. 어떤 공구에 쓰일 재료를 선택하기 위해서는 재료의 가공성, 내구성 및 경제성을 고려하여야 한다. 그러므로 재료 선택을 하려면 설계자는 공구에 사용되는 일반 재질의 성질과 특성에 대한 지식이 있어야 한다.

1. 치공구 재료에 필요한 성질

치공구용 재료는 각 부품이 갖는 기능을 충분히 발휘하기 위하여 필요한 여러 가지 특성을 갖추어야함은 물론이고, 원하는 모양과 치수로 가공하기 쉬운 성질과 구입의 경로 및 가격과 관련된 경제성 등을 갖추어야 한다. 치공구용 재료에 필요한 성질로는 가공성, 열처리성, 표면 처리성이 좋아야 하며 충분한 경도, 인성, 내식성, 내마모성 등의 기계적 성질이 좋아야 한다. 그밖에 가해지는 하중(외력)에 대하여 변형이나 파괴가 일어나지 않고 그 기능을 충분히 발휘할 수 있는 충분한 강도(내구성)가 있어야 한다. 또, 사용 조건이나 환경에 대하여 견딜 수 있는 여러 특성이 요구된다.

(1) 경도(hardness)

재료의 침투 또는 압흔에 대한 저항 능력을 말한다. 이는 또한 다른 재질과 비교하여 측정하는 하나의 방법이다. 통상 재료는 경도가 높을수록 인장 강도도 더 커진다. 가장 널리 사용하는 측정 방법은 록크웰 및 브리넬 경도 시험이다.

(2) 인성(toughness)

부하를 갑자기 걸었다든지 또는 영구 변형 없이 반복적으로 충격을 주었을 때

이를 재료가 흡수하는 경도를 말한다. 경도는 약 로크월 경도 HRC44~48 또는 브리넬 경도 HB410~453까지 인성을 규제하며, 이 값 이상에서는 취성이 인성을 대체한다.

(3) 내마멸성

내마멸성은 비금속재료나 경도가 같은 재료로 일정한 접촉을 하며 마찰을 일으킬 때 마멸로부터 견디는 능력을 말한다. 경도는 내마멸성의 일차적인 요소이다. 통상적으로 내마멸성은 경도에 의하여 증가된다.

(4) 기계가공성(machinability)

얼마나 재료가 잘 기계 가공되느냐 하는 것을 규정하는 것이다. 기계가공성에 관련된 요소는 절삭 속도, 공구 수명 및 표면 거칠기(surface finish)이다.

(5) 취성(brittleness)

취성은 인성에 반대되는 현상이다. 취성 재료는 갑자기 하중을 받았을 때 파손되는 경향이 있다. 대단히 경한 재료는 대부분의 경우에 대단히 취성이 크다.

(6) 강도(strength)

강도란 재료가 파단될 때까지의 하중에 저항하는 정도를 말한다. 금속에서 사용하는 각종 기계를 만들 때 가장 중요한 것은 강도이다. 일반적으로 강도라 하면 인장강도를 뜻하지만 인장강도가 크다고 해서 강도에 비례하지는 않는다.

(7) 인장 강도(tensile strength)

잡아당길 때 재료의 저항을 규정하는 것으로 재료의 강도를 결정하는데 사용되는 첫 번째 시험이다. 인장 강도는 약 로크웰 HrC57 또는 브리넬 경도 HB578까지 경도와 비례하여 증가한다. 그 이상에서의 취성은 인장 강도 값을 부정확하게 한다.

(8) 전단 강도(shear strength)

전단 강도는 평행이면서 서로 반대 방향에서 사용하는 힘에 재료가 저항하는 힘을 측정하는 것이다. 전단 강도는 인장 강도의 약 60%정도이다. 금속재료의 성질을 지배하는 주된 요소는 합금 원소와 열, 또는 기계적 처리이다. 비금속재료의 성질은 제조 중 공정에 의하여 또는 자연적으로 조정된다. 비금속 공구 재료의 성질은 정상적으로 제조한 후에 수정될 수 있다. 재료의 성질이란 무엇이며 다른 성질과는 어떠한 관계가 있는지를 안다는 것은 대단히 중요한 것이지만 이것만으로는 불분명하다. 공구 설계자는 사용된 재료가 요구되는 결과를 얻을 수 있는가를 알아야 한다. 공구 재료에는 철, 비철 및 비금속 재료로써 나눈다.

2. 치공구 재료의 분류와 선택

일반 기계 재료를 분류하면 철, 구리 등과 같은 금속 재료와 목재, 플라스틱과 같은 비금속 재료로 나누며, 금속 재료 중 철강 재료 이외의 금속 재료를 비철금속 재료라 한다. 도에 의하여 분류하면 구조용 재료(일반 구조용, 기계 구조용)와 특수용 재료로 나누고, 특수용 재료에는 공구용, 베어링용, 스프링용, 내열, 내식, 자성 재료 등 특수한 조건에 사용되는 것이 있다. 또한, 비금속 재료에는 합성수지, 고무, 가죽 등의 재료가 있다. 치공구는 때에 따라 많은 부품으로 구성되는데 이들 각 부품에 대한 재료의 선택은 이들 부품이 사용되는 조건과 환경에서 그 기능을 충분히 발휘할 수 있는 특성 및 가공성과 경제성 등을 고려하여 종합적으로 판단하여 선정하여야 한다.

14.2 치공구 철강 재료

철강 재료는 일반적으로 순철, 강 주철의 세 종류로 구분한다. 이 중에서 순철은 공업용으로 사용 빈도가 적으며, 탄소가 적당히 함유된 강과 주철이 주로 사용된다. 보통 강과 주철은 탄소 함유량으로 구분하는데, 학술상 분류는 0.12~2.11%C의 것을 강, 2.11~6.68%C의 것을 주철 이라고 한다. 또 강을 탄소강과 합금강으로 분류하는 경우도 있는데, 탄소강은 C 이외에 Si, Mn, P, S등의 원소가 분순물의 성격으로 약간 포함한 것이고 합금강은 탄소강에 특수한 성질을 부여하기 위해 Ni, Cr, Mn, Si, MO, W, V 등의 합금 원소를 한 가지 또는 그 이상 첨가한 것이다. 주철의 종류는 보통 주물에 사용하는 일반 주철과 필요한 합금 원소를 첨가한 합금 주철, 그리고 특수처리를 한 특수 주철이 있고, 파단면의 상태에 따라 회주철과 백주철로 구분하며, 치공구용으로는 주로 회주철을 사용한다.

1. 주철

주철은 치공구 본체로 사용되며 어느 정도 상품화된 지그 및 고정구의 부품으로 사용된다. 이 재료는 치공구를 만드는데 시간이 절약되고 값이 싼 재료로 많이 대체되고 있다. 주철을 사용함에 있어 주된 단점은 주물을 주문 생산하는데 너무 많은 시간이 걸린다는 것이다. 주물은 목형, 주형, 용탕 등 여러 가지 공정을 거쳐서 만들어진다. 이들의 각 단계는 오래 걸릴 뿐만 아니라, 비용도 많이 든다. 성형된 재료가 대다수의 지그 및 고정구 제작에 보다 효과적이며 염가로 사용된다. 보통은 회주철을 말하는 것으로 인장 강도가 $10 \sim 25 kg/mm^2$(고급 주철 : $25 kg/mm^2$ 이상과 일반 주철 : $25 kg/mm^2$ 이하)정도이며, 기계 가공성이 좋고 값이 싼 것이 특징이다. 보통 주철은 일반 기계 부품, 수도관, 난방용품, 공작 기계의 베드나 프레임, 기계 구조물의 몸체 등을 만드는 재료로 널리 쓰이며 치공구의 본체는 거의 주철로 만든다. 그러나 주철로 치공구를 만들 때 주문 생산을 해야하는 경우, 시간과 경비가 많이 필요하다는 점이 주요 단점이다. KS D 4310에서는 회주철품이라고 하여 GC100~GC350의 6종류를 규정하고 있는데 1종~3종을 일반 주철(GC100, GC150, GC200)이라고 하고 4종~6종을 고급 주철(GC250, GC300, GC350)이라고 볼 수 있다. 주철은 보통 주철과 고급 주철을 비롯하여 합금 주철, 특수 주철 등이 있으나 치공구용 재료로는 보통 주철을 많이 사용한다. 주철의 특성은 압축 강도가 인장 강도에 비해 3~4배 정도로 크며 내마모성이 우수하고 염산이나 질산 등의 산에 대한 내식성은 약한 편이나 알칼리나 물에 대한 내식성은 매우 좋다. 내열성은 400℃ 정도까지는 좋은 편이나 그 이상의 온도가 되면 내열성이 나빠지며, 충격이나 인장에 견디는 힘이 약하다.

(1) 주철의 성질

주철의 성질은 탄소량 또는 같은 탄소량이라 하더라도 그 때의 성분, 용해(溶解) 조건 등에 따라 달라질 수 있으나 일반적인 주철의 성질은 다음과 같다.

① 주철의 장점

　㉠ 주조성이 우수하고 복잡한 부품의 성형이 가능하다.

ⓛ 가격이 저렴하다.

ⓒ 잘 녹슬지 않고 칠(도색)이 좋다.

ⓔ 마찰저항이 우수하고 절삭가공이 쉽다.

ⓜ 압축 강도가 인장강도에 비하여 3~4배 정도 좋다.

ⓗ 내마모성이 우수하고, 알카리나 물에 대한 내식성(부식)이 우수하다.

ⓢ 용융점이 낮고 유동성이 좋다.

② 주철의 단점

ㄱ 인장강도, 휨 강도가 작고 충격에 대해 약하다.

ⓛ 충격값, 연신율이 작고 취성이 크다.

ⓒ 소성가공(고온가공)이 불가능하다.

ⓔ 내열성은 400℃까지는 좋으나 이상온도에서는 나빠진다.

ⓜ 산(질산, 염산)에 대한 내식성이 나쁘다.

ⓗ 단조, 담금질, 뜨임이 불가능하다.

(2) 주철의 조직

① 주철 중에 함유되는 탄소량

ㄱ 탄소의 상태와 파단면의 색에 따른 분류

- 회주철 : 유리탄소 또는 흑연이며, 다른 일부분은 지금 중 에 화합 상태로 퍼얼라이트(pearlite) 또는 시멘타이트(cementite)로서 존재하는 화합 탄소(combined carbon)로 되어 있다. 따라서 주철에 함유하는 탄소량은 보통이 2가지 합한 전 탄소(total carbon)로 나타낸다. 즉 흑연＋화합탄소＝전 탄소이다. 주철은 같은 탄소량이라 하더라도 여러 조건(성분, 용해 조건, 주입 조건)등에 의하여 흑연과 화합탄소(Fe_3C)의 비율이 뚜렷하게 달라지는데 흑연이 많을 경우에는 그 파면이 흰색을 띠는 회 주철(gray cast iron)로 된다.

- 백주철 : 흑연의 양이 적고 대부분의 탄소가 화합탄소로 존재할 경우에는 그 파면이 흰색을 띠는 백 주철(white cast iron)로 되는 것이다. 일반적으로 주철이라 함은 회주철을 말한다.

- 반주철 : 회주철과 백주철의 혼합된 조직으로 되어 있을 경우에는 반주철(mottledcast iron)이라 한다.

표 14-1 회주철품의 종목 및 기계적 성질

종류	기호	주철품의 주요 두께(mm)	공시재의 주조된 상태의 지름(mm)	인장강도 (kgf/mm²)	항절 시험		브리넬 경도(HB)
					최대하중 (kgf)	디플렉션	
1종	GC100	4 이상 0 이하	30	10 이상	700 이상	3.5 이상	201 이하
2종	GC150	4 이상 8 이하	13	19 이상	180 이상	2.0 이상	241 이하
		8 이상 15 이하	20	17 이상	400 이상	2.5 이상	223 이하
		15 이상 30 이하	30	15 이상	800 이상	4.0 이상	212 이하
		30 이상 50 이하	45	13 이상	1700 이상	6.0 이상	201 이하
3종	GC200	4 이상 8 이하	13	24 이상	200 이상	2.0 이상	255 이하
		8 이상 15 이하	20	22 이상	450 이상	3.0 이상	235 이하
		15 이상 30 이하	30	20 이상	900 이상	4.5 이상	233 이하
		30 이상 50 이하	45	17 이상	2000 이상	6.5 이상	217 이하
4종	GC250	4 이상 8 이하	13	28 이상	220 이상	2.0 이상	269 이하
		8 이상 15 이하	20	26 이상	500 이상	3.0 이상	248 이하
		15 이상 30 이하	30	25 이상	1000 이상	5.0 이상	241 이하
		30 이상 50 이하	45	22 이상	2300 이상	7.0 이상	229 이하
5종	GC300	8 이상 15 이하	20	31 이상	550 이상	3.5 이상	269 이하
		15 이상 30 이하	30	30 이상	110 이상	5.5 이상	262 이하
		30 이상 50 이하	45	27 이상	2600 이상	7.5 이상	248 이하
6종	GC350	15 이상 30 이하	30	35 이상	1200 이상	5.5 이상	277 이하
		30 이상 50 이하	45	32 이상	2900 이상	7.5 이상	269 이하

2. 일반 구조용 압연 강재

일반 구조용 압연 강재는 특별한 기계적 성질을 요구하지 않는 곳에 사용하는 것으로 건축물, 교량, 철도 차량, 조선, 자동차 등의 일반 구조용으로 사용하며, 강판, 평강, 형강, 봉강 및 그 밖의 다른 모양으로 광범위하게 쓰인다. KS D 3503에서는 'SS'라는 기호로 최저 인장 강도에 따라 4종류로 규정되어 있다. 이 규정은 최저 인장 강도만을 규정하고 있어 탄소 함유량에 상당한 차이가 날 수 있으며, 이에 따라 경도도 달라지므로 주의가 필요하다. 치공구에서는 간단한 본체에 SS330, SS400 등이 주로 사용되며 재료가 대량으로 생산되는 것이므로 구입이 쉽고 경제성이 있다.

3. 탄소강 단강품

단조 또는 압연에 의하여 가공되는 단강품은 KS D 3710에서 SF라는 기호로 인장강도를 기준으로 분류하였으며, 이 중에서 SF450A 이하 일반 강재로 취급하여 기계 구조용 부품, 핀, 축, 핸들, 레버 등에 사용된다.

4. 기계 구조용 탄소강

기계 구조용 탄소강은 일반 구조용 압연 강재보다 신뢰도가 높아 기계의 주요 부품에 쓰이는 강재이다. 기계 부품으로 사용할 때는 거의 담금질과 뜨임 등의 열처리를 하여 사용하며, 작은 축이나 강도가 많이 필요하지 않은 부품은 불림(normalizing)하여 사용하는 것이 일반적이다. KS D 3752에서는 SM10C 등과 같은 방법으로 표시하며, 숫자는 탄소함량을 기준으로 정한 것이지만 탄소 함량과 같은 숫자는 아니다. 리벳, 볼트, 너트, 소형부품 등에는 SM10C~SM20C를 사용하고 고주파 열처리 부품, 키, 핀 등에는 SM45C를 쓴다.

5. 탄소 공구강

탄소 공구강은 탄소의 함량이 0.6~1.5%인 고 탄소강으로서 일반 공구 재료로 사용되는 강재를 말한다. 공구강은 일반적으로 경도와 강인성을 크며 내마모성이 우수하고 가공과 열처리가 비교적 쉬운 편이다. 이러한 특성을 잘 활용하여 치공구의 특수 부품에 이용할 수 있다. KS D 3751에서는 STC1과 같은 기호로 표시한다. 탄소 공구강은 지그 및 고정구의 재질로 많이 사용하는 재질이다. 가공하기 쉽고, 가격이 싸며, 유용성과 다양성은 공구 구조물로써 가장 일반적인 것이다. 강은 저탄소강, 중탄소강 및 고탄소강의 세 가지 종류로 분류한다.

(1) 탄소강의 용도

① 0.15%C 이하의 저탄소강: 탄소량이 적어 담금질 뜨임에 의한 개선이 어려워 냉간가공을 하여 강도를 높여 사용할 때가 많다. 대상강, 박강판, 강선등에는 냉간 가공성이 좋으며 규소 함유량이 적은 저탄소강이 사용된다. 보일

러용 강판 및 강관은 냉간 가공성, 용접성, 내식성이 좋아야 하므로 저탄소 강이 가장 적당하다.

② 0.16~0.25%C 탄소강 : 강도에 대한 요구보다도 절삭 가공성을 중요시하는 것으로 0.15%C 부근의 것은 침탄용강 또는 냉간 가공용 강으로 널리 사용 된다. 0.25%C부근의 것은 볼트, 너트, 핀, 등 용도는 극히 넓다. 엷은 탄소 강 관재로는 0.15~0.25%C 정도가 많이 사용된다. 강주물도 이 범위의 탄소량의 것이 주조가 가장 쉽다.

③ 0.25~0.35%C 탄소강 : 이 범위의 탄소강은 단조, 주조, 절삭가공, 용접 등 어떠한 경우에도 쉽다. 또한 조질에 의해서 재질을 개선할 수도 있다. 담금 질, 뜨임을 실시하면 대단히 강인해 지며 차축기타 일반 기계 부품에서는 압연 또는 단조 후 풀림이나 불림을 행하므로 열간가공에 의해서 조대화또 는 불균일하게 된 결정입자를 균일 미세화해서 그대로 절삭 가공만을 하여 사용한다.

④ 0.35~0.60%C 탄소강 : 취성이 있고 담금질성은 크나 담금질 균열이 생기 기 쉽다. 열균열이 생기기 쉽고 인성도 불충분하기 때문에 크랭크축, 기어 등에 사용할 때는 설계상 충분히 주의해야 하며, 이 범위의 탄소강은 비교 적 용도가 적다.

⑤ 0.65%C 이상의 고탄소강 : 구조용재로서 0.6%C 이상의 고탄소강을 사용하 는 일은 거의 없으나 공구강, 핀, 차륜, 레일(rail), 스프링 등과 같은 내마모 성, 고항복점을 요구하는 물품에 사용된다.

(2) 탄소함량에 따른 분류

① 가공성만을 요구하는 경우 0.05~0.3%C
② 가공성과 강인성을 동시에 요구하는 경우 0.3~0.45%C
③ 가공성과 내마모성을 동시에 요구하는 경우 0.45~0.65%C
④ 내마모성과 경도를 동시에 요구하는 경우 0.65~1.2%C

6. 합금강(특수강)

탄소강에서 얻을 수 없는 특별한 성질을 얻기 위해서 양질의 강괴를 선정하여 여기에 탄소 이외의 Mn, Si, Ni, Cr, Mo, V 등의 합금원소를 첨가하면 목적하는 강도가 증가됨에 따라 인성도 좋아져서 경량화에 유리한 특수 재료를 얻을 수 있다. 이러한 강을 합금강 또는 특수강이라 한다. 합금강은 용도에 따라 구조용, 공구용, 특수 용도용으로 구분한다. 이러한 합금강은 비싸기 때문에 치공구용 재료로는 그다지 많이 사용하지 않지만 그 종류와 간단한 특성을 설명하여 공구강을 이해하는데 도움이 되도록 한다. 가장 일반적인 합금 원소와 그들의 영향은 다음과 같다.

- 탄소-주된 경화 원소
- 유황-기계가공성 향상
- 인-기계가공성 향상
- 망간-경도의 증대, 탈 황제
- 니켈-인성의 증대
- 크롬-내식성(15% 크롬보다 많은 경우), 경도 깊이(15% 크롬보다 낮은 경우)
- 몰리브덴-경도 깊이, 고온에서의 강도, 인성 증대
- 바나듐-입자 미세화
- 텅스텐-경화능, 고온에서의 강도, 경도 증대
- 실리콘-유동성, 탈산제
- 실리콘과 망간-작업 경화능력 향상
- 알루미늄-탈산제
- 붕소(boron)-경화능력 향상
- 납-기계가공성 향상
- 구리-내식성 증대
- 코발트-경도 증대

(1) 구조용 합금강

구조용 탄소강 보다 큰 강도나 기계적 성질이 우수한 것이 필요할 때에는 중탄소강에 Cr, Mn, Ni, Mo 등을 첨가한 구조용 합금강을 사용한다. 대개 담금질 및 뜨임과 같은 열처리를 하여 사용하는 것이 보통이다. 구조용 합금강에는 열처리 효과가 좋은 강인강, 침탄 또는 질화 등에 의하여 표면을 경화하는 표면 경화용강 등이 있다.

(2) 공구용 합금강

탄소 공구강은 주로 일반 공구 재료로 쓰이지만, 고온에서 경도가 떨어지거나 담금질 효과가 나빠서 담금질 균열 및 변형이 생길 염려가 많다. 이러한 결점을 보완하기 위해서 탄소강에 Cr, W, V, Mo 등을 첨가하여 담금질 효과를 개선하고, 경도나 내마모성 등을 크게 한 합금강이다.

공구란 금속을 가공할 때 절삭, 전단 등에 사용되는 날 류 또는 측정에 사용되는 기구를 말하는 것으로서 공구 재료로서 구비해야 할 조건은 다음과 같다.

① 상온 및 고온 경도가 높을 것
② 내마모성이 클 것
③ 강인성이 있을 것
④ 열처리 및 가공이 용이해야 할 것
⑤ 가격이 저렴할 것

따라서 각종 공구 재료로서 사용되는 특수강은 탄소 공구강보다 강도, 인성, 내마모성이 우수해야 한다. 그러므로 공구용 특수강은 높은 탄소 함유량 외에 Cr, W, Mn, Ni, V 등이 하나 이상 첨가되며, 고급 특수강에서는 성질 개선을 위하여 Mo, V, Co 등이 더 첨가된다.

① 합금 공구강(STS) : 경도를 크게 하고 절삭성을 개선하기 위하여 탄소 공구강에 Cr, W, V, Mo 등을 첨가한 강으로서 바이트(bite), 탭(tap), 드릴(drill), 절단기(cutter), 줄 등에 쓰인다.

② 고속도강(SKH) : 절삭 공구강의 대표적인 특수강으로서 W, Cr, V 이외의 Co, Mo 등을 다량 함유하고 있는 고 합금강으로 500~600℃까지 가열하여도 뜨임에 의해서 연화되지 않고 고온에서도 경도 감소가 적은 것이 특징이다. 대표적인 것으로는 W 18%, Cr 4%, V 1%를 함유한 18-4-1형이 있다.

㉠ 고속도강의 열처리 : 1250~1350℃에서 담금질하고 550~600℃에서 뜨임하여 2차 경화시킨다. 풀림은 820~860℃에서 행한다.

㉡ 고속도강의 종류
  • W계 고속도강 : 18-4-1이 대표적으로 SKH1, 2종이 해당한다.
  • Mo계 고속도강 : W계에 비해 가격이 싸고, 인성이 높으며 담금질 온도가 낮아 열처리가 용이하다.
  • Co계 고속도강 : Co의 첨가는 고온경도를 높이고 절삭의 내구성을 향

상시킨다. 강력 절삭공구로써 SKH 13~5종이 해당한다.

※ 공구강의 경도순서 : 탄소공구강 < 합금공구강 < 스텔라이트 < 고속 도강 < 초경합금 < 세라믹 < 다이아몬드 < CBN

③ 주조경질 합금 : 주조한 강을 연마하여 사용하는 공구 재료로서 충분한 강도를 가지고 있으므로 열처리가 필요 없고 단조가 불가능하다. 대표적인 것으로는 Co를 주성분으로 하는 Co-Cr-W-C계의 스텔라이트(stellite)가 있으며 절삭용 공구, 다이스(dies), 드릴(drill), 의료용 기구, 착암기의 비트 (bit) 등에 사용된다.

④ 소결 초경 합금 : 고속도강보다 더욱 훌륭한 공구 재료로서 Co, W, C 등의 분말형 탄화물을 프레스로 성형하여 소결시킨 것으로 소결 경질 합금이라고도 한다. 상품명으로는 독일의 비디아(Widia), 미국의 카아볼로아 (Carboloy), 영국의 미디아(Midia), 일본의 탕갈로이(Tungaloy) 등이 있다. 초경합금은 사용목적, 용도에 따라 재질의 종류와 형상이 다양한데, 절삭공구용 P, M, K종과 내마모성 공구용으로 D종 그리고 광산공구용으로 E종이 있다.

⑤ 세라믹공구(Ceramictool)

Al_2O_3 외 99% 이상의 분말을 산화물, 탄화물 등을 배합하여 1600℃ 이상에서 소결한 공구로 1000℃ 이상에서 경도를 유지할 수 있다. 하지만, 초경합금보다 취약하고 열충격에 약한 단점이 있다. Al_2O_3-Tic계 세라믹은 이 결점을 개선한 것이다.

표 14-2 공구 재료의 성질을 비교

구 분	고탄소강	고속도강	WC공구	세라믹공구
비 중	7.85	8.5~8.8	8~15	3.7~4.1
열전도율 (cal/s·cm²·℃)	0.02~1.10	0.07	0.05~0.18	약 0.05
열팽창계수	$11~15×10^{-6}$	$11×10^{-6}$	$5~7×10^{-6}$	약 $8×10^{-6}$
탄성계수(kgf/mm²)	$2.1×10^4$	$3~4×10^4$	$4.5~6×10^4$	$3~4×10^4$
압축강도(kgf/mm²)	열처리 따라 다름	350	400~560	200
로크웰 경도(H_{RC})	HRC55~61	HRC58~61	HRC88~91	HRC86~94
연화 온도(℃)	200~400	600	1100~1200	1500
열 처 리	필요	필요	불필요	불필요
가 격	저	중	고	고

(3) 특수용 합금강

구조물이나 기계 요소에서 특수한 용도나 조건에 사용되는 부품을 만들기 위한 합금강을 말하며 내식강, 내열강, 스프링강, 베어링강, 전자기용 자석강 등이 있다.

① 쾌삭강

탄소강에 S, Pb, 흑연을 첨가시켜 절삭성을 향상시킨 것을 말하며, S을 0.16% 정도첨가시킨 황 쾌삭강, 0.10~0.30% 정도의 Pb을 첨가시킨 납 쾌삭강, 탄화물을 흑연화시킨 흑연 쾌삭강이 있다.

② 게이지(gauge)강

블록 게이지(block gauge), 와이어 게이지(wire gauge) 등 정밀 기계 기구 등에 사용된다. 조성은 W-Cr-Mn이고 소입 후 장시간 저온뜨임 또는 영하 처리(심냉 처리)한다.

게이지 강은 다음과 같은 성질이 필요하다.

- 내마모성이 크고 경도가 높을 것
- 담금질에 의한 변형 및 담금질 균열이 적을 것
- 오랜 시간 경과하여도 치수의 변화가 적을 것
- 열팽창계수는 강과 유사하며 내식성이 좋을 것

③ 스프링용 특수강

보통 냉간 가공의 것과 열간 가공의 것이 있다. 철사, 스프링, 얇은 판스프링 등은 냉간 가공, 판스프링, 코일 스프링은 열간 가공에 속하는데 열간 가공용의 스프링으로서는 0.5~1.0%C의 탄소강 외에 Mn강, Si-Mn강, Si-Cr강, Cr-V강 등의 특수강이 사용된다.

④ 베어링 강

0.95~1.10%의 고탄소 크롬강이 사용되는데 고급용은 V, Mo 등을 첨가해서 사용된다. 고탄소 크롬강은 내구성이 크고 담금질 후 140~160℃에서 반듯이 뜨임한다.

⑤ 스테인레스강

Cr, Ni을 다량 첨가하여 내식성을 현저히 향상시킨 강으로서 녹이 슬지 않는다 하여 불수강이라고도 한다. 일반적으로 Cr의 함량이 12% 이상인 강을 스테인레스강이라 하고, 그 이하의 강은 그대로 내식성 강이라 하며, 금속 조직학상 마아텐자이트계와 페라이트계 및 오오스테나이트계로 분류되는데 그 대표적인 것은 18-8형 스테인레스강인 오오스테나이트계 스테인레스강이다.

표 14-3 스테인레스강의 분류와 특성

분류(조직상)	강종	성분	담금경화성	내식성	굴곡가공성	용접성
마아텐자이트계	Cr 계	C>0.15 Cr<18	있 음	나 쁨	나 쁨	불 가
페 라 이 트 계	Cr 계	C<0.2011<Cr<27	전혀없음	보 통	보 통	보 통
오오스테나이트계	Cr-Ni	Cr>16,C<0.20, Ni>7	없 음	좋 음	좋 음	좋 음

18-8 스테인레스강이라 함은 그 성분이 18% Cr, 8% Ni인 것으로 그 특징은 다음과 같다.

㉠ 내산 및 내식성이 13% Cr 스테인레스강보다 우수하다.

㉡ 비자성이다.

㉢ 인성이 좋으므로 가공이 용이하다.

㉣ 산과 알칼리에 강하다.

㉤ 용접하기 쉽다.

㉥ 탄화물(Cr4c)이 결정립계에 석출하기 쉽다.

(즉, 결정입계부식이 발생하는데 이를 강의 예민화(Sensitize)라 한다.)

※ 입계부식방지법

㉠ Cr 탄화물(Cr4c)를 오스테나이트 조직중에 용체화하여 급냉시킨다.

㉡ 탄소량을 감소시켜 Cr4C의 발생억제

㉢ Ti, V, Nb등을 첨가하여 Cr4C의 발생억제

⑥ 내열강과 내열 합금(STR)

㉠ 공업의 발달에 따라서 기계나 설비의 중요한 부분이 고온을 받아야 할경우가 많다. 따라서 재료도 고온에 견딜 수 있는 것이 요구되는 데 그 고온에 견딜 수 있는 내열 재료의 구비 조건은 다음과 같다.

• 고온에서 화학적으로 안정해야 한다.

• 고온에서 기계적 성질이 우수해야 한다(경도, 크리프한도, 전연성)

• 고온에서 조직이 변하지 않아야 한다.

- 열팽창 및 열변형이 적어야 한다.
- 소성 가공, 절삭 가공, 용접 등이 쉬워야 한다.

  ⓒ 내열강의 종류에는 Fe-Cr계를 기본으로 하여 이것에 Cr을 비롯한 여러 원소를 첨가한 페라이트계 내열강, 이 중에는 특히 Cr량을 적게 하여 고온취성을 피하고 Si를 첨가하여 내산성의 저하를 보충한 시크로 내열강(0.1% C, 6.5% Cr, 2.5% Si), 18-8계 스테인레스강을 주체로하고 이것에 Ti, Mo, Ta, W등을 첨가하여 만든 오오스테나이트계 내열강, 초내열 합금(super heat resisting alloy)등이 있다.

⑦ 전자기용 특수강

  ㉠ 규소강(Si)

저 탄소(0.08% 이하)강에 0.5~4.5%의 Si를 첨가한 규소강(silicon steel)은 잔류 자속밀도가 적다. 따라서 히스테리시스 손실이 적으므로 발전기, 전동기, 변압기등의 철심 재료에 적합하다.

  ㉡ 자석강

강한 영구자석 재료로는 결정입자가 극히 미세하고 결정 입계가 많은 것이 좋은다. 잔류 자기와 항자력이크고, 온도, 진동 등에 의해 자기를 상실하지 않는 것으로 텅스텐, 코발트, 크롬이 함유된 강이다.

KS 자석강은 Fe-Co-Cr-W 계 합금이다.

  ㉢ 비 자성강

변압기, 차단기, 반전기의 커버 및 배전판에 자성재를 사용하면 맴돌이 전류가 유도 발생되어 온도가 상승되므로 이것을 피하기 위하여 비 자성재료를 사용하는데, Ni의 일부를 Mn으로 대치한 Ni-Mn강 또는 Ni-Cr-Mn강 등이 사용된다.

⑧ 불변강

불변강(invariable steel)이라 함은 온도가 변화하더라도 어떤 특정의 성질(열팽창 계수, 탄성 계수 등)이 변화하지 않는 강을 말하며, 그 종류에는 다음과 같은 것들이 있다.

  ㉠ 인바아(invar) : Ni 36%를 함유하는 Fe-Ni 합금으로서 상온에서 열팽창계수가 매우 적고 내식성이 대단히 좋으므로 줄자, 시계의 진자, 바이메탈 등에 쓰인다.

  ㉡ 초인바아(super invar) : 인바아보다도 열팽창계수가 한층 더 작은 Fe-Ni-

Co합금이다.

ⓒ 엘린바아(elinvar) : 상온에 있어서 실용상 탄성 계수가 거의 변화하지 않는 30%Ni - 12% Cr 합금으로 고급 시계, 정밀 저울 등의 스프링 및 기타 정밀 계기의 재료에 적합하다.

ⓔ 플래티나이트(platinite) : 전구의 도입선과 같은 유리와 금속의 봉착용으로 쓰이는 Fe-Ni계 합금으로 페르니코(Fe 54%, Ni 28%, Co 18%), 코바르(Fe 54%, Ni 29%, Co 17%)라는 것도 있다.

ⓜ 코엘린바(Coelinvar) : 스프링, 태엽, 기상관측용 기구의 부품에 사용된다.

ⓗ 퍼멀로이(permalloy) : Ni 75~80%, co 0.5% 함유, 약한 자장으로 큰 투자율 가지므로 해저전선의 장하 코일용으로 사용되고 있다.

14.3 치공구 비철금속 재료

알루미늄 합금, 마그네슘 및 비스므트 합금, 동 및 동합금 등과 같은 비철금속 재료는 치공구 제작용으로 금속과 같이 많이 쓰지는 않지만 무게가 가볍다거나 가공성 및 안전성이 좋은 것과 저렴하다 이와 같은 장점 때문에 그 용도가 증가하고 있다.

1. 알루미늄과 그 합금

알루미늄은 마그네슘, 베릴륨 다음으로 가벼운 금속이며 전기 전도율과 열 전도율은 구리 다음으로 좋으며, 대개 중에서 산소와 화학 작용을 하여 산화 알루미늄이라는 얇은 보호 피막을 형성하여 내식성이 우수하다. 알루미늄은 순금속 상태에서는 강도가 작아 치공구용 재료로 사용 하기는 부적당하므로 여기에 구리, 규소, 마그네슘 등과 같은 합금 원소를 첨가하여 기계적 성질을 개선시킨다. 알루미늄 합금의 열처리는 탄소강과는 달리 시효 경화를 이용한다. 시효 경화란 시간이 경과함에 따라 고용물질이 석출되면서 강도가 증가하는 현상을 말하며 인공적으로 시효 경화를 일으키는 인공 시효와 대기 중에서 진행하는 자연 시효가 있다.

자연 시효를 이용할 경우 열처리 과정을 생략할 수 있어 시간과 경비를 절감할 수 있다. 알루미늄 합금은 용접 및 기계적인 조립을 할 수 있으며, 주조용 합금과 가공용 합금이 있으므로 특성에 맞는 재료를 선택해야 한다. 알루미늄은 비철 공구 재료로써 가장 광범위하게 사용되고 있다. 그 주된 이유는 가공성, 적응성 및 무게 등이다. 알루미늄은 앞으로 그 용도가 증가되어 광범위하게 각종 형상을 만들 수 있다. 지그 및 고정구에 사용되는 가장 많은 형태는 알루미늄 공구판과 압출품이다. 알루미늄 공구은 각종 크기로 사용할 수 있고, 정밀도는 2500mm 길이에 ±0.13mm이내이다. 알루미늄 압출품은 보다 더 정밀하여 규정치수에 ±0.05mm 이내로 제작된다. 알루미늄의 또 다른 장점은 경도나 안정성을 증가시키기 위한 공정이나 열처리를 병행할 수 있다는 점이다. 알루미늄은 보통 필요한 조건에 따라 주문하며 그 후의 처리는 불필요하다. 이는 시간과 경비를 절감하는 것이다. 알루미늄은 용접도 할 수 있으며 기계적인 클램핑 력에 의해 결합될 수 있다.

2. 마그네슘과 그 합금

마그네슘은 열 전도율과 전기 전도율이 구리나 알루미늄보다 훨씬 낮고, 기계적 성질도 뒤지는 편이나 실용 금속 중에서 가장 가벼우며 비중에 대한 인장 가도 즉, 비강도가 대단히 큰 금속이다. 미그네슘 합금은 주물로 만들 대 인장 강도, 연신율, 충격값 등이 알루미늄 합금과 비슷하다. 또한, 절삭성은 목재와 같을 정도로 좋아서 치공구용 재료로 사용할 때는 부품의 무게 경감과 가공비의 절감이라는 효과가 기대된다. 그러나, 바닷물에는 아주 약하며 냉간 가공도 거의 불가능하다. 단련 재로서의 강도는 두랄루민의 약 1/3정도이며, 충격 값도 두랄루민 보다 작다. 마그네슘 합금도 용접이나 기계적으로 결합시킬 수 있다. 마그네슘은 지그 및 고정구의 재료로써 사용하는 또 다른 하나의 비철공구 재료이다. 이 금속은 대단히 가볍고 다양하게 사용할 수 있고 무게 대 강도의 비가 높다. 마그네슘은 알루미늄이나 강보다 더 빠르게 기계 가공될 수 있다. 마그네슘은 용접할 수도 있으며 기계적인 접합도 할 수 있다. 마그네슘 사용에 있어 한가지 문제점은 화재의 위험이 크다는 것이다. 그러나 칩을 거칠게 하고 적절한 절삭유를 사용하면 화재의 위험은 크게 감소한다. 마그네슘을 어떤 형태로 기계 가공할 때에는 화재에 대비하여 모래나 건조된 가루를 뿌리는 것이 좋다.

3. 비스무스 합금(Bismuth Alloys)

비스므스 합금은 저용융 합금으로 치공구 제작에 이용한다. 이 합금은 재질이 연하기 때문에 공작물에 상처가 나지 않도록 고정하는 바이스 조오나 네스트 (nest)등과 같은 특수 고정 장치에 많이 사용한다. 주로 비스무트 합금 원소로 사용하고 있는 원소는 납, 안티몬, 리듐, 카드뮴 및 주석 등이다. 이들 합금원소는 재질을 강하게 하거나 정확한 주조형으로 성형할 수 있게 한다.

14.4 치공구 비금속 재료

금속이 아닌 목재나 플라스틱과 같은 재료는 약해서 치공구용 재료로 쓸모가 없는 듯하지만 때에 따라 중요한 위치를 차지한다. 특히, 소량 생산용인 경우 값이 싸고 가공이 쉬운점 등과 같이 금속에서 얻을 수 없는 특성을 이용할 수 있다. 치공구에 사용하는 비금속 재료로는 목재, 우레탄, 에폭시, 플라스틱 등이 있다. 비금속 공구 재료는 치공구의 중요한 부품이 된다. 소량생산을 하는 많은 공구는 비금속 재료를 사용함으로써 만들기 쉽고 고정구 가격이 싸며 좋은 장점을 가지고 있다. 지그 및 고정구에 사용하는 재료로는 목재, 우레탄, 에폭시 또는 플라스틱 수지가 있다

1. 목재

정밀도가 그다지 요구되지 않는 소량 생산에 사용된다. 합판, 칩 보드, 침식시킨 목재 또는 자연 목재 등 여러 가지 형태로 사용한다. 습기가 많은 곳에서 사용하는 치공구에 사용할 때는 나이테의 방향을 반대로 붙여 서로 휘는 힘에 의해 변형을 방지할 수 있다[그림 14-1 참고]. 목재는 정밀도가 요구되지 않는 제한된 생산용 공구에만 사용된다. 이 재료는 통상 베니어판, 판지, 건조시킨 목재 및 자연 목재 등 여러 가지 형태로 사용된다. 이들 각을 적절히 사용할 때 공구 역할을 하며 습기를 많이 함유한 공구에 대하여는 목재의 변형 방지를 위해 밀봉 및 처

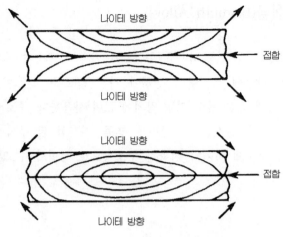

나이테 방향

접합

나이테 방향

나이테 방향

접합

나이테 방향

그림 14-1 변형 방지를 위한 접합

리를 하여야 한다. 천연 목재는 서로 상호 휘는 힘에 대항하기 위하여 접합시켜야 한다. 많은 특수형의 부시와 인서트가 목재공구와 함께 사용한다. 이들 부시를 압입하였거나 또는 목재 공구에 아교를 사용하여 붙였을 때 잘 붙어 있게 하기 위하여 돌기부(serration)를 두어 가공한다.

2. 우레탄

우레탄은 우리가 흔히 볼 수 있는 고무의 한 종류이다. 고무나무에서 채취한 액체인 라텍스를 응고시켜 만든 생고무에 황을 15% 이하로 첨가하면 연질 고무가 되고, 30% 이상을 첨가하여 오래 가열하면 경질 고무 즉 에보나이트가 된다. 이러한 천연 고무는 시일이 경과하면 노화 현상이 일어나서 탄력이 줄어들고 표면이 갈라지는 등 문제점이 있다. 이런 결점을 개선시키기 위해 합성 고무를 만들어 사용하는데, 이 중에서 우레탄 고무는 내마모성과 경도가 아주 높으며, 탄성, 내유성 등이 우수하여 치공구 재료뿐만 아니라 자동차의 타이어, 소형공업용 바퀴 등에도 이용된다. 치공구에서는 연질 공작물의 표면을 보호하면서 클램핑을 할 경우 2차 고정용 클램프로 사용한다[그림 14-2 참고]. 이러한 2차 고정용 클램프는 우레탄의 좋은 탄성을 이용한 것이다. 우레탄은 지그 및 고정구에 2차 클램핑 또는 연질 공작물의 표면 보호용으로 사용된다. 이 재질의 주요 장점은 비틀림을 제어할 수 있다는 점이다[그림 14-3 참고].

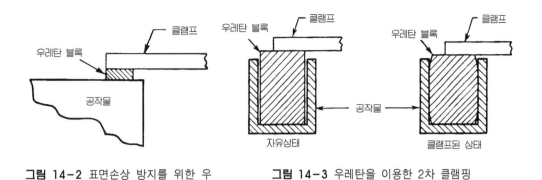

그림 14-2 표면손상 방지를 위한 우
레탄 사용

그림 14-3 우레탄을 이용한 2차 클램핑

3. 에폭시 및 플라스틱

에폭시 또는 플라스틱으로 만든 네스트나 척의 조 등은 가격이 싸고, 또한 목제 등에서는 얻을 수 없는 여러 성질을 얻을 수 있어 사용이 증가되고 있다. 수지의 특성은 가볍고 가공이 쉬우며 내식성이 우수한 장점을 갖고 있으나 열에 매우 약하며 강도가 부족한 것이 일반적인 단점이다. 그러나 최근에는 탄소계 수지 등 재질에 따라 강도, 인성, 내열성 등이 충분한 것도 많이 개발되어 그 상용 가치는 대단히 크게 향상되었다. 에폭시 및 플라스틱 수지는 특수한 공작물 홀더로서 지그 및 고정구에 그 사용이 많다. 에폭시나 플라스틱 수지로 만든 네스트나 척의 조는 강하고 가격이 염가이며 사용도가 많다. 이들 혼합물은 사용목적에 알맞게 미리 섞어서 판매한다. 어떤 것은 주조용으로 되어 있고 어떤 것은 반죽형으로 되어있다. 이들 재료는 내마멸성과 강도를 높이기 위하여 타 물질을 섞어서 사용할 수 있다. 이 첨가가 재료는 유리 비드(glass bead), 유리 가루, 강구, 줄칼 밥, 돌 또는 호도껍질 가루 등이 있다. 수지는 가볍고 강하며 인성이 있고 통상 변형이 없다. 또한, 이 재료는 아주 작은 형상도 만들 수 있으며 수축이 없다. 목재와 같이 특별히 외측을 돌기시킨(serrated)부시 및 인서트가 이들 화합물의 용도를 증가시키기 위하여 사용한다. 그러나, 외측돌기 인서트는 항상 필요한 것은 아니다. 완전히 고정하였을 때 어떤 화합물은 만족한 결과를 얻기 위하여 드릴링과 탭핑에도 사용할 수 있다. 특히 플라스틱은 고분자재료로서 가볍고 내식성, 내마멸, 내충격성이 좋은 반면에 내열성이 나쁘고 무른 것이 흠이다. 이러한 단점을 보안한 강화 플라스틱이 기계재료로 쓰이는데, F.R.P.(glass fiber reinforced plastics)로서 강도가 높아 이용가치가 크다.

4. 합성수지

(1) 합성수지의 개용 및 분류

합성수지는 어떤 온도에서 가소성(可塑性)을 가진 성질이란 의미를 나타내는 플라스틱 (plastics)이다. 가소성이란 유동체와 탄성체도 아닌 물질로서 인장, 굽힘, 압축 등의 외력을 가하면 어느 정도의 저항력으로 그 형태를 유지하는 성질을 말한다. 합성수지는 천연수지의 대용품으로서 개발된 것으로 석유, 석탄 등에서 얻어지면 특히 원유를 정제할 때의 부산물로 제조한다.

합성수지는 인조수지로서 다음과 같은 공통적인 성질을 나타낸다.

① 가볍고 강하다. 유리섬유 강화 플라스틱, 폴리아세탈, 나일론, 폴리카보네이트 등은 중량당 강도가 강철과 비슷하고, FRP는 강철보다 강력하다.

② 가공성이 크고 성형이 간단하다. 또 철분을 혼합하면 전도성(電導性)이 좋은 플라스틱을 제조할 수 있고, 표면에 쉽게 도금(鍍金)이 될 수 있으므로 내열성과 강도 등을 크게 개선할 수 있다.

③ 전기 절연성이 좋다.

④ 산, 알카리, 유류, 약품 등에 강하다.

⑤ 단단하나 열에는 약하다. 가열하면 연소되어 사용할 수 없고, 열전도율(熱傳導率)이 낮아 부분적으로 과열(過熱)되기 쉬우므로 주의해야 한다.

⑥ 투명한 것이 많으며 착색이 자유롭다.

⑦ 비강도는 비교적 높고, 표면의 강도가 약하다. 표면경도가 가한 것으로서 멜라민수지가 있으나, 그 경도는 금속재료에 미치지 못하며 폴리스티렌, 폴리에틸렌등 일반용 수지는 표면경도가 크게 낮고 흠이 나기 쉬우므로 주의해야 한다.

⑧ 가격이 저렴하다. 일반적으로 제품의 제조원가는 금속보다 높은 경우도 있으나, 비중(比重)이 낮고 대량생산이 가능하므로 가격이 저렴하다.

(2) 합성수지의 일반적 특성

① 물리적 성질

  ㉠ 비중 : 0.91(PP)~2.3으로 가볍다

  ㉡ 투명성 : 투명 내지는 유백계 반투명이 많다. 아크릴 수지는 광 투과율 90
  ~92%이다.

  ㉢ 마모계수 : 일반적으로 작고 미끌어 지기 쉽다

② 기계적 성질

  ㉠ 인장강도 : 일반적으로 10kg/mm^2 이하로 작다.(FRP라도 15~35kg/mm^2)

  ㉡ 강성 : 금속에 비하여 훨씬 작다

  ③ 표면경도 : 일반적으로 작아 흠집이 나기 쉽다.

③ 열적 성질

  ㉠ 열전도성 : 금속의 수 100분의 1로 낮으며 비열은 0.2~0.6이다.

  ㉡ 열안정성 : 연속내열온도 300℃ 이하로서 열팽창은 일반적으로 금속보다 크
  다. 열분해온도가 낮아 타기 쉽다(연기·가스를 발생시키는 것도 있다).

④ 전기적 성질

  ㉠ 절연성 : 초고전압 이외의 절연재료를 독점할 정도로 우수한 것이 많다.

  ㉡ 대전성 : 정전기의 대전성이 높고 먼지가 흡착하면 장애가 크다.

⑤ 화학적 성질

  ㉠ 내수성 : 뽀바르 등을 제외하면 내수성이 높다.

  ㉡ 흡수성 : 염화비닐, 나일론 등은 크다.

  ㉢ 내약성 : 일반적으로는 강하나 수지에 따라 차이가 크다.

⑥ 내구성

  내후성, 내광성, 내마모성, 내피로성 등 일반적으로 약하나 수지의 종류·그레
이드 등에 따라 차이가 크다.

(3) 합성수지의 종류 및 특징

  합성수지는 가열하면서 가압 및 성형하여 굳어지면 다시 가열해도 연화하거나
용융되지 않고 연소하는 열경화성수지와, 성형 후에도 가열하면 연화 및 용융되
었다가 냉각하면 다시 굳어지는 성질을 가진 열가소성 수지로 분류된다. 열경화

표 14-4 합성수지의 특징 및 용도

	종 류	특 징	용 도
열경화성수지	페놀 수지	경질, 내열성	전기 기구, 식기, 판재, 무음기어
	요소 수지	착색 자유, 광택이 있음	건축 재료, 문방구 일반, 성형품
	멜라민 수지	내수성, 내열성	테이블판 가공
	규소 수지	전기 절연성, 내열성, 내한성	전기 절연재료, 도표, 그리스
열가소성수지	스티렌 수지	성형이 용이함, 투명도가 큼	고주파 절연재료, 잡화
	염화 비닐	가공이 용이함	관, 판재, 마루, 건축재료
	폴리 에틸렌	유연성 있음	판, 피름
	초산 비닐	접착성이 좋음	접착제, 껌
	아크릴 수지	강도가 큼, 투명도가 특히 좋음	방풍, 광학 렌즈

성 수지에는 페놀계 수지, 요소 수지, 멜라민 수지, 실리콘 수지, 푸란 수지, 폴리에스테르 수지 및 에폭시 수지 등이 있고 열가소성 수지에는 스티렌 수지, 염화비닐 수지, 폴리에틸렌 수지, 초산비닐 수지, 아크릴 수지, 폴리아미드 수지, 불소 수지 및 쿠마론인덴 수지 등이 있다.

원료별로 분류하면 석탄에서는 아세틸렌계의 염화 및 초산비닐, 석회질소계의 멜라민 수지, 코크스계의 요소수지, 콜타르계의 페놀 수지, 폴리아미드 등이 있고, 석유에서는 에틸렌계의 폴리에틸렌, 폴리스티렌, 염화비닐리덴, 프로필렌계의 아크릴수지 등이 있으며 목재에서는 질산 및 초산셀롤로즈가 있다.

열경화성(熱硬化性) 수지는 기계적 강도가 크고, 내열성(耐熱性)이 좋아서 기계재료 및 치공구재료로서 기어, 베어링 케이스, 핸들, 소형기구의 프레임 등에 쓰인다.

14.5 치공구 부품과 재료

치공구는 본체와 각 요소를 이루는 부품들로 구성되어 있다. 이들은 사용 목적에 따라 위치 결정, 고정, 공구의 안내 등의 역할을 담당하며 이에 따라 적당한 특성이 필요하다. 그러므로, 여기에 맞는 재료를 선택해야 치공구로서의 제 기능을 충분히 발휘할 수 있는 것이다. 즉, 공작물의 정밀도에 대응해서 치공구의 정밀도가 결정되며, 변형이나 흔들림 등이 새기지 않고 기능을 발휘할 충분한 기계적 강성, 가공물의 착탈에 의한 마모 등도 고려하여 재료를 선택해야 한다. 여기서는 치공구의 일반 부품들에 대하여 보통 사용할 수 있는 재료들을 나열하여 효율적인 재료 선택에 도움이 되도록 한다.

1. 본체의 재료

(1) 본체

본체, 프레임, 케이스, 베드 등의 경우 주조하여 사용하는 경우가 많은데 이 때의 재질은 주로 GC200 또는 GC250 등을 사용하며, 구조가 복잡한 치공구 본체에 적합하다. 강성은 강재에 비하여 다소 떨어지지만 내마모성이나 내압축성이 우수하며 가격이 싸기 때문에 경제적인 면에서 유리하다. 그러나 목형의 제작에서부터 완성품의 생산까지 걸리는 시간이 많은 점을 충분히 고려해야 한다. 이럴 경우 생산적인 측면에서 강판 또는 용접 구조물을 본체로 이용하는 경우가 있다. 강판 구조물은 주조품에 비하여 가벼우며 강성이 뒤지지 않는다는 점과 제작 시간이 단축된다는 장점이 있다. 용접 구조물로 사용하는 강재는 주로 SS400 등을 사용 하에 필요에 따라서 SM35C 이상의 재료를 사용하기도 한다.

(2) 다리

치공구의 다리는 제작하는 방법에 따라서 그 재료가 달라진다. 주조를 할 경우는 본체와 같은 재질로 하는 것이 보통이고 나사 박음이나 억지 끼워 맞춤 등의 방법으로 만들 경우는 주로 SM35C를 사용한다.

2. 기본 부품의 재료

치공구는 본체뿐만 아니라 각 요소들의 기능에 따라 그 성능이 크게 좌우된다고 볼 때 작은 부품하나라고 가볍게 생각할 수 없는 것이다. 그러한 면에서 각 부품들을 제작하는 재료와 선정은 매우 중요하며 여기에 제시한 내용은 어디까지나 일반적인 사항들이므로 각각의 특성 및 조건에 맞는 재료를 선택하여야 한다.

(1) 치공구의 기둥 및 플레이트

사용 목적에 따라서 SS400이나 SM45C, 또는 STC7을 사용한다.

(2) 힌지(hinge)

힌지는 보통 힌지 판과 힌지 핀으로 구성되어 있으며 핀과 베어링 부분의 마모로 인한 흔들림이 생기는 경우가 많다. 특히 힌지판이 지그판인 경우 위치 결정 정도가 제품에 미치는 영향은 매우 크다. 핀의 경우 SM45C를 열처리하여 연마한 것을 사용한다.

(3) 아이 볼트

이 부품은 강도나 정밀도 등이 크게 중요시되는 부품이 아니므로 치공구 전체의 무게를 충분히 견딜 수 있는 설계를 하고 이에 따른 재료를 선택하면 무난하다. 아이 볼트의 재료로는 보통 SS400이 사용된다.

(4) 손잡이

손잡이에 사용되는 재료는 주철, 알루미늄 주물, 구조용 강재, 비금속 재료 등과 같은 보통의 재료를 사용하며 부식(corrosion)을 방지하기 위하여 크롬 도금을 하는 경우도 있다. 그러나, 요즈음은 우수한 합성수지가 개발되어(손잡이 등) 많이 활용되고 있다.

(5) 핸들

핸들 종류는 보통 SM35C 정도이면 충분히 사용할 수 있다.

(6) 핸드 휠

보통은 주철을 많이 사용하며, 크롬 도금을 하는 경우가 있다.

(7) 쐐기(wedge)

쐐기는 SM45C 또는 STC5을 담금질, 뜨임 등의 열처리를 하여 사용한다.

(8) 스프링 핀

보통 SM45C를 담금질 처리를 하여 사용한다.

(9) 볼트 너트

일반적으로 SM35C 또는 SS400 등을 사용하고 압입 볼트는 SM35C를 담금질 하여 경도가 HRC50이상이 되게 만들어 사용한다. 지그용 너트로는 SB400 정도를 사용한다.

(10) 와셔

지그용 볼트, 너트를 같이 사용하는 지그용 스프링 와셔에는 SS400을 사용하고, 지그용 구면와셔에는 STC7을 사용한다.

(11) 받침판

특별히 필요한 경우 STC7을 열처리 강화하여 사용한다.

(12) 위치 결정핀

위치 결정핀은 마모를 고려하여 SM45C 또는 STC5를 열처리 강화하여 사용한다.

(13) 조(jaw)

일반적으로 STC3을 열처리 강화하여 사용한다.

3. 클램핑용 부품

공작물을 고정하는 치공구용 부품으로는 각종의 나사 외에 클램프, 클램프 판및 클램프 캠 등이 있고 이들도 사용 조건에 따라 적절한 재료를 선택하여야한다.

(1) 클램프

클램프에는 평형, U형, 특수형 등이 있고, 재질은 보통 SM35C를 사용한다.

표 14-5 치공구 부품의 기호와 용도

품번	품 명	재료	재료 기호 및 용도	K
1	지그용 부시 (BUSHING)	STC5 STC3	탄소 공구강 5종 (C 0.80~0.90) 탄소 공구강 3종 (C 1.00~1.110)	HRC 60 이상 (Hv 697)
2	C-WASHER (C와셔)	SS400	일반구조용 압연강재 2종	
3	SWINGWASHER 스윙와셔	SS400	일반구조용 압연강재 2종 인장강도 41~50kg/mm	
4	위치결정핀 (Locating Pin)	STC5	탄소 공구강 5종	HRC 55~60 (Hv 595-697)
5	지그용 구면 와셔	STC7	탄소 공구강 5종 (0.31~0.38)	HRC 30~40
6	지그용 육각 너트, 볼트	SM45C, SS400	후렌지 붙이 BOLT SM 35C 담금질 HRC 50이상	지그용 육각너트SB 45HRC 25~30
7	치공구본체	SS400, SM35C GC200, 250	SS340는 일반 구조용 압연 강재1종 인장강도 34~41kg/mm	C(탄소)가 많을수록 용접은 힘들다.
8	핸들	SM35C	기계 구조용 탄소강 (C 0.31~0.38)	큰 힘 필요시 SF 40사용
9	클램프, 축 볼트, 너트, 키, 받침	SM50C, SF540A, SM45C, SS400	SF(Steel Foring) 탄소강 단강품	고급재료가 아닌 일반적인 철사용
10	CAM 캠	SM45C SM15CK STC5, STC7	SM20CK, 15CK, 20CK는 표면 경화 처리	특히 마모 고려시선단부는 HRC 40~47
11	잠금핀 (Locating Pin)	STC3	치공구에 공작물을 Locating 시키는데 사용	HRC 40~50
12	텅(TONGE)	STC3 SM45C	T홈에 공구의 밑변을 정확히 위치결정시 사용	
13	V-BLOCK	SM45C, STC3 GC200~250	GC200은 회주철(품 3종),인장강도 20kg/mm, 래핑사상 고정도 요하는 경우STC 5	주철은 스크래이핑 STC 3은 HRC 58이상
14	쐐기(Wedge)	STC5 SM45C		담금질 해서 사용
15	세트블록	STC5 SM45C		HRC 58~62
16	필러게이지	STC3	1.5~3mm	HRC 58~62

(2) 클램프 판

보통은 주철, SM45C을 사용한다.

(3) 클램프 캠

캠은 마모가 심하므로 이를 고려하여 SM45C 또는 STC7을 열처리 강화하여 사용한다.

4. 지그용 부시

부시에는 고정 부시와 삽입 부시가 있으며 지그용 부시는 드릴이나 리머 등의 날과 직접 닿게 되고 칩 등에 의해 마모가 심해지므로 원칙적으로 탄소 공구강이나 탄소강을 열처리하여 경도를 HRC 55 이상으로 만들어 사용한다. 삽입 부시의 정지용 나사에는 보통 SM25C 이상이 이용되고, 치공구에는 고탄소강, 탄소 공구강 및 특수강이 자주 사용된다. 물론, 이들 재료는 사용 목적에 따라 필요한 기계적 성질을 얻을 수 있는 각종 열처리가 필요하므로 이에 대한 관련지식이 요구된다.

14.6 치공구 재료의 열처리

기계 부품 재료를 선택하고 그 재료에 열처리, 특히 담금질, 뜨임을 하여 기계적 성질을 개선하고 필요한 강도, 경도, 인성 등을 주기 위하여 금속학적으로 재료를 선택하고 어떠한 열처리 방법을 적용할 것인가를 계획하고 설계하는 것을 열처리 설계라 한다. 일반적으로 열처리 불량 원인 중에는 설계의 잘못 때문에 불량이 나타나는 경우가 많다. 열처리 중에서 공작물의 변형에 영향을 미치는 일차 요소는 재질 및 부품의 설계, 형상이라고 할 수 있다.

금속을 적당한 온도로 가열 및 냉각하여 사용 목적에 적합한 성질로 개선하는 것을 열처리라 하며 일반적으로 널리 이용되는 열처리는 다음과 같이 분류한다.

① 일반 열처리: 담금질, 뜨임, 풀림, 불림
② 항온 열처리: 오스템퍼링, 마르템퍼링, 마르퀜칭
③ 표면 경화 열처리: 침탄법, 질화법, 화염 경화법, 고주파 경화법, 시안화법 등
　이 있으며 여기서는 강에 대한 일반적인 열처리는 재료나 열처리 교재를 참
　고 바란다.

1. 재료의 선정

특수 부품을 만들기 위하여 선정된 재료는 열처리에 대한 효과를 고려한 조건
과 환경에 잘 적용될 수 있는가를 알기 위하여 참고 자료를 세심히 분석하여야
하고 새로운 재료를 사용할 때는 사용 전에 미리 분석 시험해 보아야 한다.

2. 열처리 설계

열처리법을 어떻게 계획하고 설계하는가 하는 점이 열처리 설계시의 주요 관점
이다. 비록 완전한 재료를 사용했다 하여도 잘못 설계된 부품은 열처리 중이나 도
는 열처리 후, 그리고 사용 중에라도 항상 문제점이 발생한다. 열처리 설계시 고
려해야 할 사항은 다음과 같다.
① 먼저 필요한 여러 조건을 충분히 검토하여 치공구 부품으로서의 기능을 분석
　하고 그 중에서 가장 중요시 해야할 사항을 결정한다. 예를 들면 인성, 내마모
　성, 내충격성 등과 같은 조건 중 어느 것이 제일 중요한가를 결정하는 일이다.
② 필요한 조건에 맞는 재료를 선택한다. 과거의 경험이나 기타의 자료에서 선정
　하게 되는데 몇 가지의 종류가 선정될 수 있다. 이때에는 경제성, 가공성 (작
　업의 난이도), 구입조건 등과 열처리, 표면처리(침탄 등)의 필요성 등 여러 조
　건을 종합·분석하여 선정한다.
③ 부품의 치수 및 모양에 관해 열처리 불량 원인이 될 수 있는 점을 개선한다.
　특히 제품의 두께가 부분마다 다를 대는 냉각 속도가 달라지므로 열응력으로
　인하여 균열 등이 발생하여 전체를 불량으로 나타난다. 또, 모서리가 각진 부
　분은 둥글게 가공하여 응력 집중 현상을 미리 방지하여야 한다. 뿐만 아니라
　재료 표면의 홈집 등도 응력 집중에 상당한 영향을 준다. 이런 이유로 인해 부

품의 형상을 열처리 특성에 맞도록 수정을 가할 필요가 있기 때문에 제품의 두께를 가능한 한 같도록 해야 하고 제품의 모서리 부분은 둥글게 하는 등, 기종에 영향을 끼치지 않는 범위 내에서 부품의 모양을 변경하면 열처리시 나타나는 불량을 최소로 줄일 수 있다.

3. 치공구의 열처리

치공구의 열처리는 대개의 경우 내부 응력을 제거하기 위한 풀림을 하는 경우가 많다. 물론, 치공구 부품 중에는 담금질이나 뜨임 등의 열처리가 필요한 것이 상당히 많지만 여기서는 치공구를 시공하는 과정이나 가공 후에 풀림이 미치는 영향을 알아본다. 치공구는 정밀한 치수가 필요한 것이 보통이다. 다라서 시간의 경과에 따라 변형이 생기는 것을 미리 방지해야만 하는데, 이때에 필요한 것이 풀림으로, 특히 풀림 중에서도 응력 제거를 위한 저온 풀림을 많이 사용한다. 치공구의 몸체는 주물로 만들거나 강판 용접 구조물로 만드는 과정에서 내부 응력이 발생하게 된다. 이러한 내부 응력을 제거하지 않은 상태로 시간이 흐르면 변형이 생기게 되므로 기계 가공 전에 응력 제거를 위한 풀림을 시행한 후 작업을 해야 한다. 또, 가공 정도가 크면 가공 중 가공경화가 발생하여 내부 응력이 발생한다. 그러므로, 가공을 많이 하는 경우에는 중간에 제2차 풀림을 시행한 후 마무리 가공을 하는 거이 좋다. 이때의 풀림은 치공구를 노중에 넣고 500℃~550℃ 정도에서 시행하는 저온 풀림이 많이 이용된다. 또한, 지그의 부시 종류 또는 내마모성이 필요한 부품에는 공구강을 담금질한 후 뜨임에 의해 적당한 경도와 인성을 얻을 수 있다.

4. 치공구 제작용 주요 재료의 열처리

치공구 제작용으로 사용되는 많은 재료 중에서 열처리에 의해 그 성능의 개선이 뚜렷하게 나타나는 몇 종류에 대한 열처리 개요를 알아본다.

(1) 주강의 열처리

주강은 보통 주조 그대로의 상태로는 기계적 성질이 불량하므로 내부 응력을 제거하고 조직을 개선하기 위하여 주조 후 열처리하여 사용한다. 보통 주강이 빠른 속도로 냉각되면 약한 조직으로 되므로 이와 같은 조직을 균일화하고 인성을 회복시키기 위한 열처리가 필요하다. 보통은 강의 열처리법과 거의 같지만 담금질은 특수한 경우에만 사용한다. 주조 조직을 개선하고 재질을 균일화시키기 위하여 풀림 처리를 반드시 실시한다.

(2) 주철의 열처리

보통 주철의 열처리는 저온에서의 응력 제거 열처리를 하는 정도이다. 보통 600℃ 부근에서 오랜 시간 가열하여 서냉시키는 것으로 조직의 변화는 적은 것이다.

(3) 공구강 및 특수강의 열처리

이들 강들은 첨가되 합금 원소에 따라 열처리성이 매우 크게 영향을 받으므로 각각에 따라 적당한 열처리를 하여야 한다.

(4) 알루미늄 합금의 열처리

알루미늄 합금은 시효 경화에 의한 열처리를 한다. 시효 경화에 대표적인 합금은 두랄루민인데 이 합금은 500℃에서 용체화 처리하여 급랭한 다음 상온에 방치하면 시간이 지남에 따라 경화되며, 150~170℃로 가열하면 경화 현상이 촉진된다. 이러한 시효 경화를 일으키는 합금은 두랄루민을 주로 하는 구리-알루미늄 합금, 여기에 마그네슘이 함유된 초 두랄루민, 알루미늄-구리-니켈계의 합금, 알루미늄-마그네슘계의 합금 등이 있다.

5. 열처리에 따른 결함

열처리를 하면 필요한 여러 특성을 얻을 수 있는 반면에 결함도 나타난다. 여기에 그 대표적인 내용은 다음과 같다.
① 산화와 탈탄이 발생한다.
② 흑연화가 일어난다. 특히 과공석강을 장시간 가열하면 발생하는 경우가 많다.
③ 결정 입자의 조대화 와 열응력에 의한 균열이 발생한다.
④ 열처리에 의한 변형이나 균열이 생긴다. 열처리 후의 치수 변형의 원인이 된다.
⑤ 연삭 균열이나 편석 등이 발생한다.

6. 열처리에 따른 설계 특징

부품설계의 방향은 열처리의 반응에 얼마나 잘 맞는가 하는 것이 주요 요소이다. 비록 완전한 재료를 사용하였다 하더라도 잘못 설계된 부품은 열처리 중이나 사용 중 항상 문제점을 가질 것이다. 그러므로 여러 가지 요소를 고려하여야 하나 그 중 설계에 있어 가장 일반적인 잘못은 질량의 불일치, 예리한 모퉁이 처리 및 표면 상태의 불량 등이다. 질량의 불일치는 각종 변화율로 부품을 냉각시키는데 원인이 있다. 이는 균열이나 전체의 불량품으로 나타난다. 불량이 일어나지 않으려면 부품은 단면이 균일하여야 한다. 히는 부품을 제작할 때 열처리의 문제점을 피하는 방법이다. [그림 14-4]는 질량의 불일치로 인한 열처리 영향을 나타낸 것이다.

예리한 모서리는 공구 불량에 대한 주요한 점이다. 가능한 한 모서리와 라운드(fillet)는 둥글게 하여 날카롭지 않게 하여야 한다. 비록 카운터 싱크나 카운터 보링된 구멍은 날카로운 모서리가 없어야 한다. 날카로운 모서리나 끝은 냉각될 때 부품을 금이 가게 하는 응력 집중이 일어나기 때문이다.

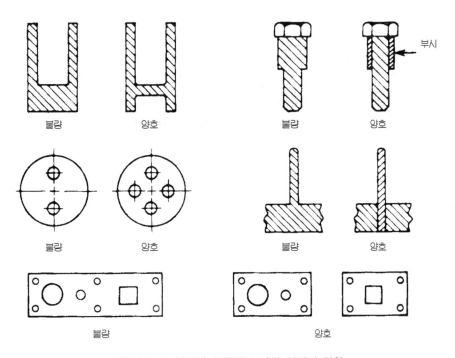

그림 14-4 질량의 불일치로 인한 열처리 영향

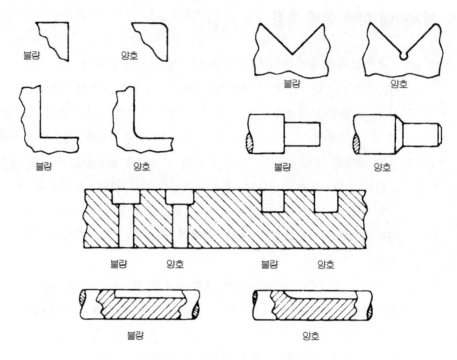

그림 14-5 모서리부위의 열처리 불량

    [그림 14-5]는 날카로운 모서리를 피하는 방법을 나타낸 것이다. 표면이 좋고 나쁨의 조건은 공구의 흠집, 거칠음(버어) 또는 기타 다른 형태의 표면 불규칙성 이다. 긁힘과 거칠음은 전 부품에 영향을 주고, 재질표면에 응력이 집중된다. 치 공구의 결함은 열처리의 영향이 크며 이러한 문제를 해결하기 위하여 치공구설계 자는 먼저 재질 선정 및 설계에 주의를 하여야 한다.

제14장	익힘문제

1. 치공구재료에 필요한 성질은 무엇인가?

2. 합금강의 원소는 무엇인가?

3. 주철의 성질에 대하여 얼마인가?

4. 공구재료의 구비조건은 무엇인가?

5. 치공구에 사용되는 비철금속과 비금속은 무엇인가?

6. 치공구부품의 기호와 용도는 무엇인가?

7. 치공구에서 주로 사용되는 열처리는 무엇인가?

제15장

치공구 설계 및 제작에
사용되는 규격

1. 부시와 부속품의 명칭

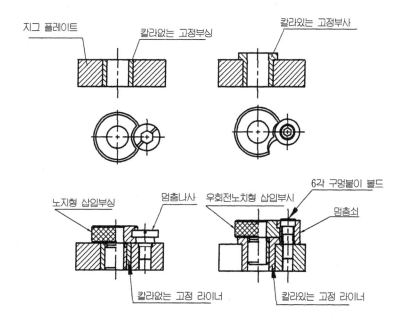

종류			용도	기호	제품명칭
부시	고정 부시	칼라없음	드릴용	BUFAD	지그용 (칼라없음) 드릴용 고정부시
			리머용	BUFAF	지그용 (칼라없음) 드릴용 고정부시
		칼라있음	드릴용	BUFBD	지그용 칼라있는 드릴용 고정부시
			리머용	BUFFR	지그용 칼라있는 드릴용 고정부시
	삽입 부시	둥근형	드릴용	BUSCD	지그용 둥근형 드릴용 꽂음부시
			리머용	BUSCR	지그용 둥근형 드릴용 꽂음부시
		우회전용 노치용	드릴용	BUSDD	지그용 우회전용 노치 드릴용 꽂음부시
			리머용	BUSDR	지그용 우회전용 노치 드릴용 꽂음부시
		좌회전용 노치용	드릴용	BUSED	지그용 좌회전용 노치 드릴용 꽂음부시
			리머용	BUSER	지그용 좌회전용 노치 드릴용 꽂음부시
		노치용	드릴용	BUSFD	지그용 노치형 드릴용 꽂음부시
			리머용	BUSFR	지그용 노치용 드릴용 꽂음부시
	고정 라이너	칼라없음	부시용	LIFA	지그용 (칼라없음) 고정라이너
		칼라있음		LIFB	지그용 칼라있는 고정라이너
부속품	멈춤쇠 멈춤나사		부시용	BUST	지그부시용 멈춤쇠
				BULS	지그부시용 멈춤나사

2. 부시(KSB 1030)

(1) 고정 부시의 형상과 치수

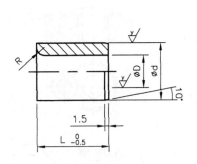
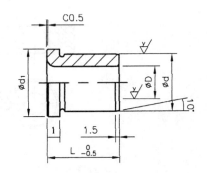

$D(G6)$		$d(p6)$		R	d_1	l	L									구멍 $(H7)$
~2.0	+0.008 +0.002	5	+0.020 +0.012	0.8	9	2.5	8	10	12							+0.010 0
2.1~3.0		7		0.8	11	2.5	8	10	12							
3.1~4.0	+0.012 +0.004	8	+0.024 +0.015	1	12	3	10	12	16							+0.012 0
4.1~6.0		10		1	14	3	10	12	16							
6.1~8.0	+0.014 +0.005	12	+0.029 +0.018	2	16	4		12	16	20						+0.015 0
8.1~10.0		15		2	19	4		12	16	20						
10.1~12.0	+0.017 +0.006	18		2	22	4			16	20	25					+0.018 0
12.1~15.0		22		2	26	5			16	20	25					
15.1~18.0		26	+0.035 +0.022	2	30	5				20	25	30				
18.1~22.0	+0.020 +0.007	30		3	35	6				20	25	30				+0.021 0
22.1~26.0		35	+0.042 +0.026	3	40	6					25	30	35			
26.1~30.0		42		3	47	6					25	30	35			
30.1~35.0	+0.025 +0.009	48		4	55	8						30	35	45		+0.025 0
35.1~42.0		55		4	62	8						30	35	45		
42.1~50.0		62	+0.061 +0.032	4	69	8							35	45	55	
50.1~55.0	+0.029 +0.010	70		4	77	8							35	45	55	+0.030 0

(2) 라이너 부시의 형상과 치수

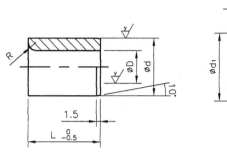
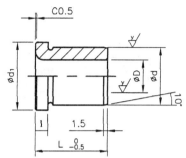

D		d(p6)		R	d_1	l	L					구멍(H7)
8	+0.024 +0.015	12	+0.029 +0.018	2	16	4	12	16				+0.018 0
10		15		2	19	4	12	16				
12	+0.029 +0.018	18	+0.035 +0.022	2	22	4		16	20			+0.021 0
15		22		2	26	5		16	20			
18		26		2	30	5			20	25		
22	+0.034 0.021	30	+0.042 +0.026	3	35	6			20	25		+0.025 0
26		35		3	40	6				25	30	
30		42		3	47	6				25	30	
35	+0.041 0.025	18	+0.051 +0.032	4	55	8				30	35	+0.030 0
42		55		4	62	8				30	35	
48		62		4	69	8					35	45	
55	+0.049 +0.030	70		4	77	8					35	45	

(3) 회전용 삽입부시의 형상과 치수

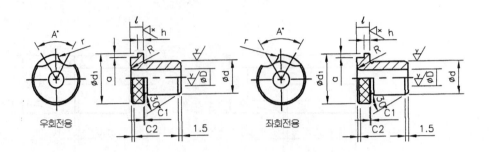

우회전용　　　　　　　　좌회전용

D $\begin{bmatrix} G6 \\ (\text{리머용}) \end{bmatrix}$		d(m5)		d_1	l	h	a	R	$A°$	r	L			
1.6~2.0	+0.008 +0.002	8		16	8	3.5	3	0.8	60	7	12			
2.1~3.0	(+0.014 +0.008)	8	+0.012 +0.006	16	8	3.5	3	0.8	60	7	12			
3.1~4.0	+0.012 +0.004	8		16	8	3.5	3	1	60	7	12	16		
4.1~6.0	(+0.020 +0.012)	10		19	8	3.5	3	1	60	7	12	16		
6.1~8.0	+0.014 +0.005	12		22	8	3.5	3	2	60	7		16	20	
8.1~10.0	(+0.024 +0.015)	15	+0.015 +0.007	26	9	3.5	3	2	60	7		16	20	
10.1~12.0	+0.017 +0.006	18		30	9	3.5	3	2	45	7		20	25	
12.1~15.0	(+0.029 +0.018)	22		35	12	5	4	2	45	9		20	25	
15.1~18.0		26	+0.017 +0.008	40	12	5	4	2	45	9			25	30
18.1~22.0	+0.020 +0.007	30		47	12	5	4	3	40	9			25	30
22.1~26.0	(+0.034 +0.021)	35		55	15	6	5	3	40	10			30	35
26.1~30.0		42	+0.020 +0.009	62	15	6	5	3	35	10			30	35
30.1~35.0	+0.025 +0.009	48		69	15	6	5	4	35	10				35	45
35.1~42.0	(+0.041 +0.025)	55	+0.024 +0.011	77	15	6	5	4	35	10				35	45

(4) 너치형 삽입부시의 형상과 치수

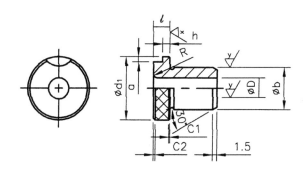

D $\left[\begin{smallmatrix} G6 \\ (리머용) \end{smallmatrix}\right]$		$d(m5)$		d_1	l	h	a	R	$A°$	r	L				
1.6~2.0	$\begin{smallmatrix}+0.008\\+0.002\end{smallmatrix}$	8		16	8	3.5	3	0.8	60	7	12				
2.1~3.0	$\left(\begin{smallmatrix}+0.014\\+0.008\end{smallmatrix}\right)$	8	$\begin{smallmatrix}+0.012\\+0.006\end{smallmatrix}$	16	8	3.5	3	0.8	60	7	12				
3.1~4.0	$\begin{smallmatrix}+0.012\\+0.004\end{smallmatrix}$	8		16	8	3.5	3	1	60	7	12	16			
4.1~6.0	$\left(\begin{smallmatrix}+0.020\\+0.012\end{smallmatrix}\right)$	10		19	8	3.5	3	1	60	7	12	16			
6.1~8.0	$\begin{smallmatrix}+0.014\\+0.005\end{smallmatrix}$	12		22	8	3.5	3	2	60	7		16	20		
8.1~10.0	$\left(\begin{smallmatrix}+0.024\\+0.015\end{smallmatrix}\right)$	15	$\begin{smallmatrix}+0.015\\+0.007\end{smallmatrix}$	26	9	3.5	3	2	60	7		16	20		
10.1~12.0	$\begin{smallmatrix}+0.017\\+0.006\end{smallmatrix}$	18		30	9	3.5	3	2	45	7			20	25	
12.1~15.0	$\left(\begin{smallmatrix}+0.029\\+0.018\end{smallmatrix}\right)$	22		35	12	5	4	2	45	9			20	25	
15.1~18.0		26	$\begin{smallmatrix}+0.017\\+0.008\end{smallmatrix}$	40	12	5	4	2	45	9				25	30
18.1~22.0	$\begin{smallmatrix}+0.020\\+0.007\end{smallmatrix}$	30		47	12	5	4	3	40	9				25	30
22.1~26.0	$\left(\begin{smallmatrix}+0.034\\+0.021\end{smallmatrix}\right)$	35		55	15	6	5	3	40	10				30	35
26.1~30.0		42	$\begin{smallmatrix}+0.020\\+0.009\end{smallmatrix}$	62	15	6	5	3	35	10				30	35
30.1~35.0	$\begin{smallmatrix}+0.025\\+0.009\end{smallmatrix}$	48		69	15	6	5	4	35	10					35	45
35.1~42.0	$\left(\begin{smallmatrix}+0.041\\+0.025\end{smallmatrix}\right)$	55	$\begin{smallmatrix}+0.024\\+0.011\end{smallmatrix}$	77	15	6	5	4	35	10					35	45

3. 부시 멈춤나사 (KS B 1340)

(1) 형상과 치수

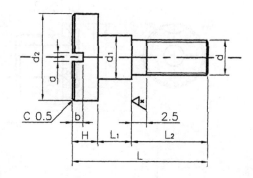

d		d_1		d_2		a	b	H	L_1		L_e	L
호칭치수	피치	크기	허용차	크기	허용차				크기	허용차		
5	0.8	6	±0.2	12	±0.2	1.6	1.5	3	4	±0.1	9	16
6	1	7		15		1.6	2	4	5.5	±0.2	10.5	20
8	1.25	9		18	±0.3	2	2.5	5	6.5		12.5	24

(2) 부시 잠금 나사의 위치 치수

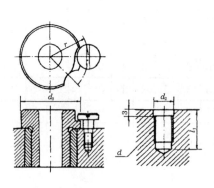

d_3	d	r		d_2	l_2
		기준치수	허용차		
16	5	12	±0.2	5.2	11
19	5	13.5		5.2	11
22	5	15		5.2	11
26	5	17		5.2	11
30	5	19		5.2	11
35	6	22		6.2	14
40	6	14.5		6.2	14
47	6	28	±0.3	6.2	14
55	8	33		8.2	16
62	8	36.5		8.2	16
69	8	40		8.2	16
77	8	44		8.2	16

4. 지그용 멈춤쇠

(1) 원형 형태(KS B 1030)

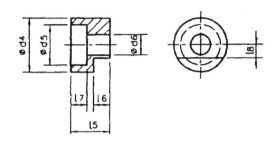

삽입 부시의 구멍지름 d_1	l_5		l_6		허용차	l_7	d_4	d_5	d_6	l_8	6각 구멍 붙이 볼트의 호칭
	칼라 없는 고정 라이너 사용시	칼라 있는 고정 라이너 사용시	칼라 있는 고정 라이너 사용시	칼라 있는 고정 라이너 사용시							
6 이하	8	11	3.5	6.5		2.5	12	8.5	5.2	3.3	M 5
6 초과 12 이하	9	13	4	8		5.5	13	8.5	5.2	3.3	
12 초과 22 이하	12	17	5.5	10.5	+0.25 +0.15	3.5	16	10.5	6.3	4	M 6
22 초과 30 이하	12	18	6	12		3.5	19	13.5	8.3	4.7	M 8
30 초과 42 이하	15	21	7	13		5	20	13.5	8.3	5	
42 초과 85 이하	15	21	7	13		5	24	16.5	10.3	7.5	M 10

[비고] d_4, d_5, d_6, l_5, l_6 및 l_8의 허용차는 KS B 0412에 규정하는 보통급으로 한다.

(2) 사각 라운드형태

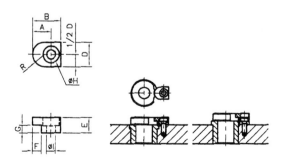

(단위 : mm)

A	B	D	E	F	G	H	R
11	19	16	8	5	3	6.5	8
12.5			10	6	5		
16	25	19	10	8	5	8.5	9.5
17.5	28.5	19	11	8	5.5	10.5	9.5
			12.5		6		

(3) 사각 평면형

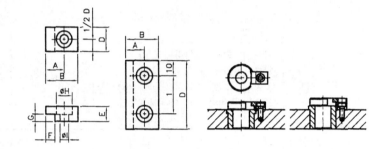

(단위 : mm)

A	B	D	E	F	G	H
12.5	22	16	10	6	5	6.5
16	25	25	10	8	5	8.5
	28.5					
20	30	32	10	11	5.5	10.5
		44.5				
		32	12.5		6	
		44.5				

5. 6각 머리붙이 볼트(KS B 1003 : 본체 자리파기 및 볼트 구멍의 치수)

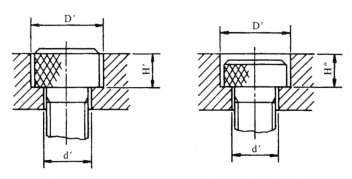

호칭(d)	M3	M4	M5	M6	M8	M10	M12	M14	M16	M18	M20	M22
d′	3.4	4.5	5.5	6.6	9	11	13	16	18	20	22	24
D′	6	8	9.5	11	14	17.5	22	23	26	29	32	35
H′	2.7	3.6	4.6	5.5	7.4	9.2	11	12.8	14.5	16.5	18.5	20.5
H″	3.3	4.4	5.4	6.5	8.6	10.8	13	15.2	17.5	19.5	21.5	23.5

6. 6각 머리붙이 볼트(KS B 1003)

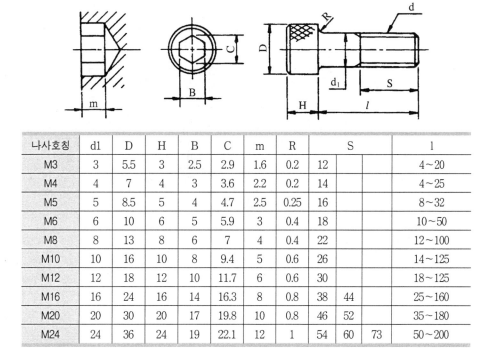

나사호칭	d1	D	H	B	C	m	R	S			l
M3	3	5.5	3	2.5	2.9	1.6	0.2	12			4~20
M4	4	7	4	3	3.6	2.2	0.2	14			4~25
M5	5	8.5	5	4	4.7	2.5	0.25	16			8~32
M6	6	10	6	5	5.9	3	0.4	18			10~50
M8	8	13	8	6	7	4	0.4	22			12~100
M10	10	16	10	8	9.4	5	0.6	26			14~125
M12	12	18	12	10	11.7	6	0.6	30			18~125
M16	16	24	16	14	16.3	8	0.8	38	44		25~160
M20	20	30	20	17	19.8	10	0.8	46	52		35~180
M24	24	36	24	19	22.1	12	1	54	60	73	50~200

7. 스터드 볼트(KS B 1037)

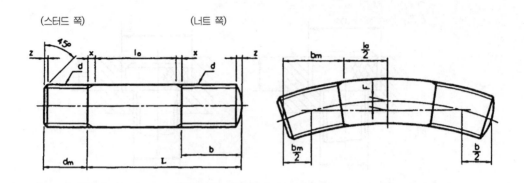

(스터드 쪽)　　　　(너트 쪽)

호칭지름:(d)		4	5	6	8	10	12	(14)	16	(18)	20
피치 p	보통나사	0.7	0.8	1	1.25	1.5	1.75	2	2	2.5	2.5
	가는나사	-	-	-	-	1.25	1.25	1.5	1.5	1.5	1.5
d_s	기준치수	4	5	6	8	10	12	14	16	18	20
	허 용 차	0 -0.12				0 -0.15		0 -0.18			0 -0.21
b	기준치수	10	12	14	18	20	22	25	28	30	32
	허 용 차	+1.1 0	+1.4 0	+1.5 0	+1.9 0	+2.2 0	+2.6 0	+3 0	+3 0	+3 0	+5 0
b_a 1종	기준치수	-	-	-	-	12	15	18	20	22	25
	허 용 차	-	-	-	-		+1.1 0			+1.3 0	
2종	기준치수	6	7	8	11	15	18	21	24	27	30
	허 용 차	+0.75 0	+0.9 0			+1.1 0			+1.3 0		+1.6 0
3종	기준치수	8	10	12	16	20	24	28	32	36	40
	허 용 차	+0.9 0		+1.1 0		+1.3 0			+1.6 0		
z (약)		0.8	0.8	1	1.2	1.5	2	2	2	2.5	2.5
C		12~40	12~45	12~52	12~55	16~100	20~100	25~100	32~100	32~160	32~160

8. 지그용 C형 와셔(KSB 1328)

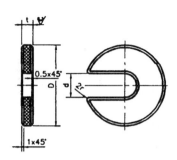

호칭	d	t	D											
6	6.4	6	20	25	–	–	–	–	–	–	–	–	–	–
8	8.4	6	–	25	–	–	–	–	–	–	–	–	–	–
		8	–	–	30	35	40	45	–	–	–	–	–	–
10	10.5	8	–	–	30	35	40	45	–	–	–	–	–	–
		10	–	–	–	–	–	–	50	60	70	–	–	–
12	13	8	–	–	–	35	40	45	–	–	–	–	–	–
		10	–	–	–	–	–	–	50	60	70	80	–	–
16	17	10	–	–	–	–	–	–	50	60	70	80	–	–
		12	–	–	–	–	–	–	–	–	–	–	90	100
20	21	10	–	–	–	–	–	–	–	–	70	80	–	–
		12	–	–	–	–	–	–	–	–	–	–	90	100
24	25	10	–	–	–	–	–	–	–	–	70	80	–	–
		12	–	–	–	–	–	–	–	–	–	–	90	100
27	28	10	–	–	–	–	–	–	–	–	70	80	–	–
		12	–	–	–	–	–	–	–	–	–	–	90	100

9. 지그용 고리모양 와셔(KSD1341)

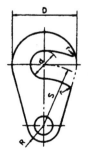 

호칭	d	d₁	D	r	R	S	t
6	6.6	8.5	20	2	8	18	6
8	9	8.5	26	2.5	8	21	6
10	11	8.5	32	2.5	8	24	6
12	13.5	10.5	40	3	10	27	8
16	18	10.5	50	3	10	33	8
20	22	10.5	60	3	10	38	8
24	26	12.5	65	4	12	42	10
27	29	12.5	70	4	12	45	10

10. 지그용 위치결정핀(KSB1319)

[작은 머리 원형 핀]

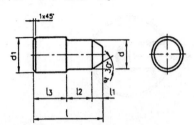

[작은 머리 마이아몬드 핀]

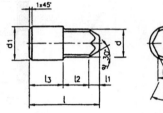

[지그용 위치 결정 핀 모양, 치수]

d	d₁	t	t₁	t₂	t₃	B (약)	a도 (약)
3 이상 4l 이하	4	11 / 13	2	4	5 / 7	1.2	50
4 초과 5 이하	5	13 / 16	2	5	6 / 9	1.5	50
5 초과 6 이하	6	16 / 20	3	6	7 / 11	1.8	50
6 초과 8 이하	8	20 / 25	3	6	9 / 14	2.2	5.0
8 초과 10 이하	10	24 / 30	3	8	11 / 17	3	60
10 초과 12 이하	12	27 / 34	4	10	13 / 20	3.5	60
12 초과 14 이하	14	30 / 38	4	11	15 / 23	4	60
14 초과 16 이하	16	33 / 42	4	12	17 / 26	5	60
16 초과 18 이하	18	36 / 46	5	12	19 / 29	5.5	60
18 초과 20 이하	20	39 / 47	5	12	22 / 30	6	60
20 초과 22 이하	22	41 / 49	5	14	22 / 30	7	60
22 초과 25 이하	25	41 / 49	5	14	22 / 30	8	60
25 초과 28 이하	28	41 / 49	5	14	22 / 30	9	60
28 초과 30 이하	30	41 / 49	5	14	22 / 30	9	60

[작은 머리 원형 핀]

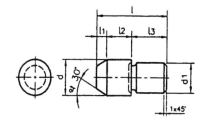

[작은 머리 마이아몬드 핀]

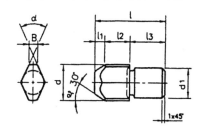

[지그용 위치 결정 핀 모양, 치수]

(단위 : mm)

d	d₁	t	t₁	t₂	t₃	B (약)	a도 (약)
6 이상 8 이하	5	19	3	6	10	2.2	50
8 초과 10 이하	7	22	3	8	11	3	60
10 초과 12 이하	8	25	4	8	13	3.5	60
12 초과 14 이하	10	28	4	9	15	4	60
14 초과 16 이하	12	32	4	10	18	5	60
16 초과 18 이하	13	35	5	10	20	5.5	60
18 초과 20 이하	14	37	5	10	22	6	60
20 초과 22 이하	16	39	5	12	22	7	60
22 초과 25 이하	17	42	5	12	25	8	60
25 초과 28 이하	20	42	5	12	25	9	60
28 초과 20 이하	22	42	5	12	25	9	60

11. 플랜지 붙이 위치결정핀

원형 핀   다이아몬드 핀

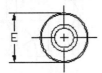
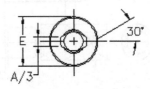

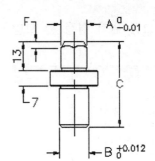

[플랜지 붙이 지그용 위치 결정 핀 모양, 치수]

(단위 : mm)

B	A	C	D	E	F	G
8	6	30	11	16	2	13
13	8	38	13	22	3	16
	10					
	12					
20	14	49	17	29	5	19
	16					
	18					
25	20	67	25	38	7	24

12. 평형 핀

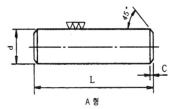

A 형

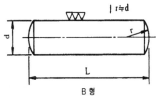

B 형

호칭지름		1	1.2	1.6	2	2.5	3	4	5	6	8	10	13	16	20	25	30	40	50
기본치수		1	1.2	1.6	2	2.5	3	4	5	6	8	10	13	16	20	25	30	40	50
d 치수차 m6 (상)		+0.008	+0.008	+0.008	+0.008	+0.008	+0.008	+0.012	+0.012	+0.012	+0.015	+0.015	+0.018	+0.018	+0.021	+0.021	+0.021	+0.025	+0.025
d 치수차 m6 (하)		+0.002	+0.002	+0.002	+0.002	+0.002	+0.002	+0.004	+0.004	+0.004	+0.006	+0.006	+0.007	+0.007	+0.008	+0.008	+0.008	+0.008	+0.008
d 치수차 h7 (상)		0	0	0	0	0	0	0	0	0	0	0	0	0	0	0	0	0	0
d 치수차 h7 (하)		−0.009	−0.009	−0.009	−0.009	−0.009	−0.009	−0.012	−0.012	−0.012	−0.015	−0.015	−0.018	−0.018	−0.021	−0.021	−0.021	−0.025	−0.025
표면거칠기		3-s	3-s	3-s	3-s	3-s	3-s	3-s	3-s	3-s	3-s	6-s	6-s	6-s	6-s	6-s	6-s	6-s	6-s
C 약				0.2	0.2	0.4	0.4	1	1	1	1	1	1.5	1.5	1.5	1.5	3	3	3

ℓ

1	1.2	1.6	2	2.5	3	4	5	6	8	10	13	16	20	25	30	40	50
3	3																
4	4	4															
5	5	5	5	5													
6	6	6	6	6	6												
8	8	8	8	8	8	8											
10	10	10	10	10	10	10	10										
12	12	12	12	12	12	12	12	12									
	14	14	14	14	14	14	14	14	14								
	16	16	16	16	16	16	16	16	16								
		18	18	18	18	18	18	18	18	18							
		20	20	20	20	20	20	20	20	20							
		22	22	22	22	22	22	22	22	22	22						
			25	25	25	25	25	25	25	25	25						
				28	28	28	28	28	28	28	28						
				32	32	32	32	32	32	32	32	32					
						36	36	36	36	36	36	36					
						40	40	40	40	40	40	40	40				
							45	45	45	45	45	45	45				
							50	50	50	50	50	50	50	50	50		
									56	56	56	56	56	56	56		
									63	63	63	63	63	63	63	63	
										70	70	70	70	70	70	70	
										80	80	80	80	80	80	80	80
										90	90	90	90	90	90	90	90
										100	100	100	100	100	100	100	100
												110	110	110	110	110	110
												125	125	125	125	125	125
													140	140	140	140	140
													160	160	160	160	160
														180	180	180	180
														200	200	200	200
															225	225	225
															250	250	250

13. 테이퍼 핀

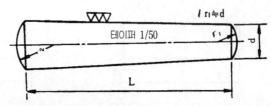

테이퍼 1/50 · L · d · l · r₁≒d

L \ 호칭지름	0.6	0.8	1	1.2	1.6	2	2.5	3	4	5	6	7	8	10	13	16	20	25	30	45	50
기본치수 d	0.6	0.8	1	1.2	1.6	2	2.5	3	4	5	6	7	8	10	13	16	20	25	30	45	50
치수차 d	+0.018 / 0	+0.018 / 0	+0.025 / 0	+0.025 / 0	+0.025 / 0	+0.025 / 0	+0.025 / 0	+0.025 / 0	+0.03 / 0	+0.03 / 0	+0.03 / 0	+0.035 / 0	+0.035 / 0	+0.043 / 0	+0.043 / 0	+0.052 / 0	+0.052 / 0	+0.052 / 0	+0.062 / 0	+0.062 / 0	+0.062 / 0
L 기본치수																					
4	4																				
5	5	5																			
6	6	6	6																		
8		8	8	8	8																
10		10	10	10	10	10															
12			12	12	12	12	12														
14			14	14	14	14	14	14													
16				16	16	16	16	16	16												
18					18	18	18	18	18	18											
20						20	20	20	20	20											
22						22	22	22	22	22											
25						25	25	25	25	25	25										
28							28	28	28	28	28	28									
32									32	32	32	32	32								
36									36	36	36	36	36	36							
40									40	40	40	40	40	40							
45									45	45	45	45	45	45	45						
50									50	50	50	50	50	50	50						
56									56	56	56	56	56	56	56	56					
63									63	63	63	63	63	63	63	63					
70									70	70	70	70	70	70	70	70	70				
80										80	80	80	80	80	80	80	80	80			
90										90	90	90	90	90	90	90	90	90			
100										100	100	100	100	100	100	100	100	100	100	100	100
110												110	110	110	110	110	110	110	110	110	110
125												125	125	125	125	125	125	125	125	125	125
140													140	140	140	140	140	140	140	140	140
160															160	160	160	160	160	160	160
180																180	180	180	180	180	180
200																200	200	200	200	200	200
225																	225	225	225	225	225
250																		250	250	250	250
280																			280	280	280

14. 지그용 구면 와셔(KSB 1327)

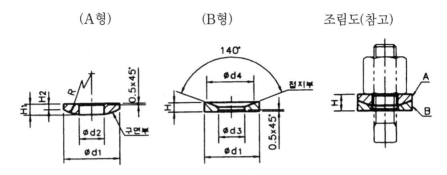

(A형)　　　　　(B형)　　　　　조립도(참고)

(단위 : mm)

와셔의 호칭	d_1	d_2	d_3	d_4	H_1	H_2	H_3	H_4	R	볼트의 호칭
6	13	6.7	7	12	2.5	1.5	2.5	4.5	15	M 6
8	18	8.7	9.5	16.5	3.5	1.8	3	5.5	20	M 8
10	22	10.5	12	20.5	4	2.1	3.5	6	25	M10
12	26	13.5	15	24	5	3	4	7.5	30	M12
16	32	17	19	29.5	6	3.4	5	9.5	35	M16
20	40	21	23	37	7.5	3.8	7	12	40	M20
24	48	25	27	44.5	9	7.9	8	14	50	M24
27	52	28	30	48	10	6	9	16	60	M27

15. 지그용 6각 너트 - KS B 1035

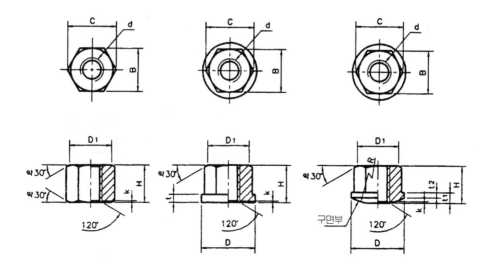

너트의 호칭	나사의 호칭(d)	H	B	C (약)	D₁(약)	K(약)	D	t	R(약)	t₁	t₂
6	6	9	10	11.5	9.8	0.5	13	2	15	2.5	1.5
8	8	12	13	15.0	12.5	0.6	18	2.5	20	3.5	1.8
10	10	15	17	19.6	16.5	0.8	22	3	25	4	2.1
12	12	18	19	21.9	18	1	26	3	30	5	3
16	16	24	24	27.7	23	1	32	3	35	6	3.4
20	20	30	30	34.6	29	1.3	40	4	40	7.5	3.8
24	24	36	36	41.6	34	1.5	48	4	50	9	4.9
27	27	40	40	47.3	39	1.6	52	5	60	10	6

16. 치공구용 클램핑 나사

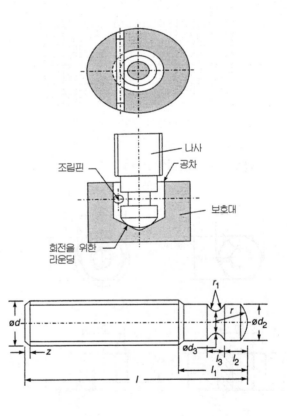

d	d_2	d_3	r	r_1	l_1	l_2	l_3	l	z
M6	4.5	3	3	0.6	6.5	2.2	2.2	30,50	1
M8	6	4	5	0.8	8.5	2.8	3	40,60	1.25
M10	7	5	6	0.8	10	3.2	3	60,80	1.5
M12	9	6	6	1.0	13	4.3	4.5	60,80,100	1.75
M16	12	9	9	1.0	17	6.3	4.5	80,100,125	2
M20	15	10	13	1.5	21	7.4	6	100,125,150	2.5

17. 치공구용 클램핑 나사 보호대

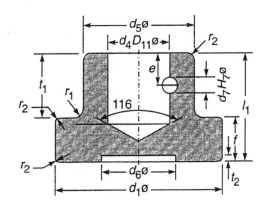

d_1	d_4	d_5	d_6	d_7	e	f	h	r_1	r_2	t_2	t_1	나사 규격	핀 규격
10	3.8	8	4	1.5	2.5	2.5	7	1.2	0.3	0.5	4.5	M5	1.5m6×6
12	4.8	10	5	1.5	2.5	2.5	8	1.5	0.3	0.5	5	M6	1.5m6×8
16	6.4	12	7	2	3	3.5	9.5	2	0.4	0.5	6	M8	2m6×8
20	7.4	15	8	2	3.5	5	12	2	0.4	1	7	M10	2m6×14
25	9.5	18	10	3	4.5	6	15	3	0.6	1	9	M12	3m6×14
32	12.5	22	14	3	6	7	19	3	0.6	1	12	M16	3m6×16
40	15.5	28	18	4	7.5	9	24	4	0.8	1	15	M20	4m6×20

18. 치공구 잭 핀용 스트랩 클램프

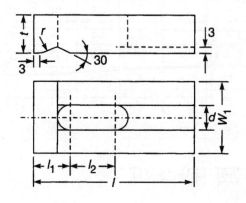

나사 치수	d H10	l	l1	l2	r	W₁	t
M6	6.6	60	13	13	12	20	12
M8	9	68	15	15	14	25	14
M10	11	75	18	20	16	30	16
M12	14	90	20	25	20	40	20
M16	18	110	23	30	25	50	25
M20	22	125	25	35	30	60	30
M24	26	150	30	40	30	70	35
M30	33	200	35	50	35	80	40

19. 치공구 스트랩 클램프용 잭 핀

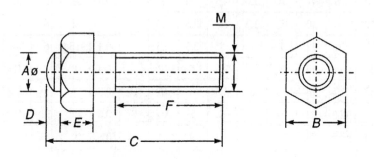

A	B	C	D	E	F
M10	17	56	5	6	40
M12	20	65	6	7	50
M16	28	80	7	10	60
M20	35	100	8	12	70
M24	40	110	8	15	80

20. 고정구의 텅(TONGUE) 치수

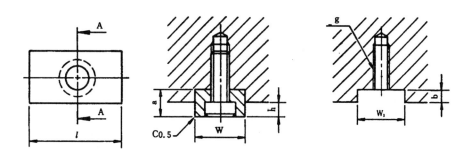

T홈 치수	W		W₁	
	기준치	허용차	기준치	허용차
14	14	0 -0.018	14	+0.018 0
16	16		16	(0) -0.018
20	20	0 -0.021	20	+0.021 0

T홈 치수	참 고			
	h	g	l	a
14	5(6)	M6	25	10
16			34(40)	10
20	6(8)	M8	36(50)	12

21. 치공구 본체와 기계테이블 고정치수

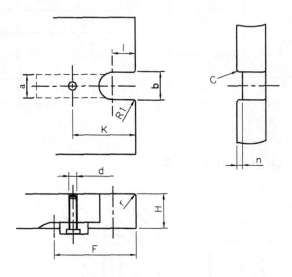

(단위 : mm)

고정보트지름	a	b	c	H	l	F	K	n	d	r
8	8	10	32	12	10	30	20	3.5	3	1
10	10	12	40	15	12	45	30	4	3	1
12	12	14	48	18	15	50	35	4	4	1.5
14	14	16	56	21	18	60	40	4.5	5	1.5
16	16	18	64	24	20	70	50	5	6	2
18	18	20	80	30	25	85	60	6	8	2
20	20	22	96	36	30	100	70	7	8	2.5
24	24	26	112	42	35	115	85	8	10	2.5
28	28	30	128	48	40	130	95	10	10	3
34	34	36	144	54	45	150	110	11.5	10	3

22. 지그 다리

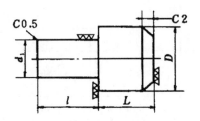

(단위 : mm)

d_1	d	D	l	L	비고
6 $^{+0.020}_{+0.012}$	6	10	10	18	
6 $^{+0.020}_{+0.012}$	6	10	10	22	
10 $^{+0.024}_{+0.015}$	10	13	13	24	
10 $^{+0.024}_{+0.015}$	13	16	13	30	
10 $^{+0.024}_{+0.015}$	13	16	13	33	

23. 지그용 클램프 웨지

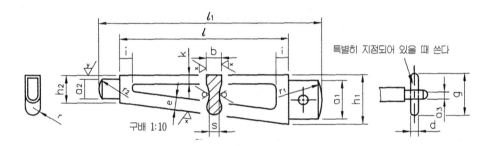

(단위 : mm)

l	a_2	a_3	b	d	g	e	h_1	h_2	i	k	l_1	r	r_1	r_2	s
50	8	4	3	3	–	25	10	5	–	–	70	2	8	4	–
75	15	8	4	4	6	35	17.5	10	8	3	100	3	15	8	3
100	22	13	6	5	7	40	25	15	10	4	130	4	22	13	4
125	27	15	8	6	8	60	30	17.5	12	5	160	5	27	15	5
150	32	18	10	10	10	10	35	20	15	9	190	6	32	18	6

24. 편심 캠 레버

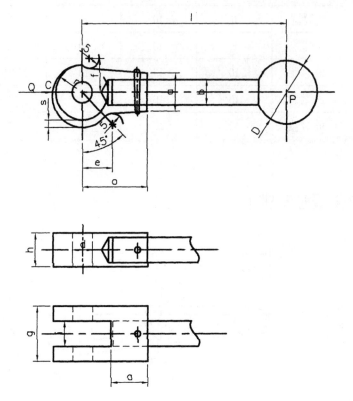

(단위 : mm)

치수 구분	a	b	d	e	f	g	h	i	l	o	r	s	D	P : Q
1	18	12	10	15	16	26	16	12	100	32	13	3.6	30	1 : 24
2	21	14	12	17	18	30	18	14	130	38	15	4.1	30	1 : 27
3	24	16	14	19	20	34	20	16	170	44	17	4.6	40	1 : 31
4	28	18	16	21	22	38	24	18	220	50	20	5.5	50	1 : 35

25. 손잡이(KSB 1334)

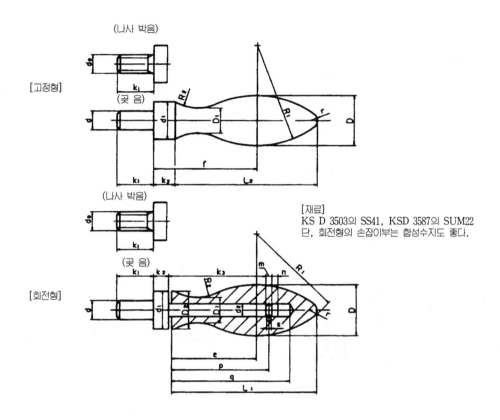

[재료]
KS D 3503의 SS41, KSD 3587의 SUM22
단, 회전형의 손잡이부는 합성수지도 좋다.

호칭 치수	D	나사의 호칭 d_0	d 기준 치수	허용차 (K7)	K_1 기준 치수	허용차	K_2	L_1	L_2	d_1	D_1	D_2	f	e	R_1	R_2	r	p	q	K_3	m	n	d	s
10	10	M4	4	+0.013 +0.001	9	±0.3	4	–	28	7	5	–	20	–	20	9.5	2	–	–	–	–	–	–	–
13	13	M5	5	+0.013 +0.001	10	±0.3	5	–	35	8	6.5	–	25	–	24	14.5	2.5	–	–	–	–	–	–	–
16	16	M6	6	+0.013 +0.001	13	±0.3	7	42	40	10	8	11	32	28	28	19	3	31.8	38	31	2.5	2	5	2
20	20	M8	8	+0.016 +0.001	15	±0.3	8	52	50	13	10	14	40	34	40.5	21	4	39	47	38	3	3	6	2.3
25	25	M10	10	+0.016 +0.001	18	±0.3	10	65	60	16	13	18	50	45	50	29	5	50.5	59	49	4	3	7	3.2
32	32	M12	12	+0.016 +0.001	20	±0.4	13	85	80	20	16	22	64	58	55	40.5	6	64	75	62	5	4	9	4
36	36	M16	16	+0.019 +0.001	22	±0.4	14	96	90	22	18	25	70	64	68	41	7	70.5	85	68	6	6	151	5
40	40	M16	16	+0.019 +0.001	24	±0.4	16	107	100	26	20	28	80	73	71	47	8	82.5	97	80	6	6	13	5

26. 손잡이(KSB 1334)

[A형]   [C형]

[B형]

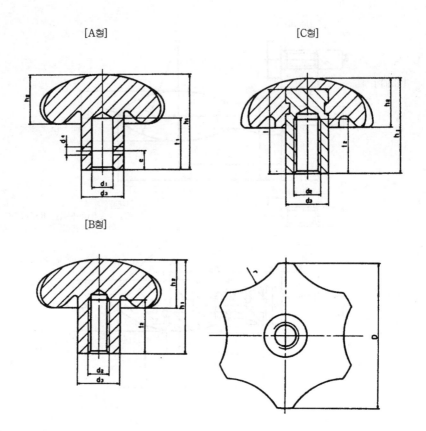

호칭치수	D	나사의 호칭 d₂	d₁		d₃	h₁	h₂	t₁	t₂	e	(참고)		
			기준 치수	허용차 (H8)							d₄	r	t
32	32	M5	5	+0.018 0	12	20	10	14	10	5	2	10	17
40	40	M6	6		14	24	12	16	12	6	2	15	21
50	50	M8	8	+0.022 0	16	30	15	19	16	7	3	20	26
63	63	M10	10		20	38	19	23	20	8	3	25	32
SD	80	M12	12		25	50	24	28	24	10	4	30	46

27. 기계테이블

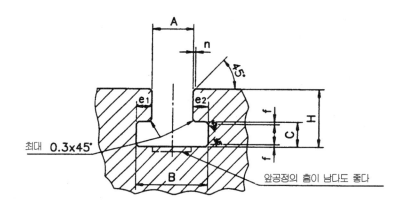

최대 0.3×45°

45°

앞공정의 홈이 남다도 좋다

[T홈의 모양·치수]

(단위 : mm)

A						B		C		H		|e₁-e₂|	참고	
기준치수	허용차					기준치수	허[(1)]용차	기준치수	허[(1)]용차	최대치	최[(1)]소치	허용차	n (최대)	f (최대)
	0급 H 7	1급 H 8	2급 H 12	3급 H 14	4급									
5	5	+0.012 0	+0.018 0	+0.12 0			10	+1 0	3.5	+1 0	10	8			
6	6						11	+1.5 0	5		13	11	0.5	1	0.6
8	8	+0.015 0	+0.022 0	+0.15 0			14.5		7	+1 0	18	15			
10	10						16		7		21	17			
12	12	+0.018 0	+0.027 0	+0.18 0	+0.43 0	+2.7 0	19	+2 0	8		25	20			
14	14						23		9		28	23	1	1.6	1
18	18						30		12	+2 0	36	30			
22	22	+0.021 0	+0.033 0	+0.21 0	+0.52 0	+3.3 0	37	+3 0	16		45	38			
28	28						46		20		56	48			
36	36	+0.025 0	+0.039 0	+0.25 0	+0.62 0		56	+4 0	25	+3 0	71	61			
42	42					+3.9 0	68		32		85	74	2	2.5	1.6
48	48						80	+5 0	36	+4 0	95	84			
54	54	+0.030 0	+0.046 0	+0.30 0	+0.74 0		90		40		106	94			2

28. 지그용 클램프(KSB 1342)

(1) 지그용 클램프(평 · 홈 붙임, 나사 붙임) 의 형상과 치수

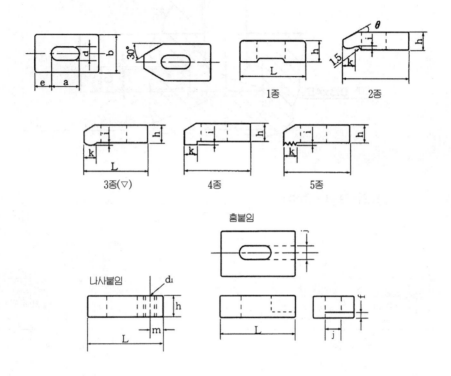

호칭	d	L	a	b	e	h	f	j	i	k	m	d1	클램프볼트 호칭치수
6	7	40	15	20	10	9	3	6	1.5	7	6	M6	M6
		50	20										
		63	25										
8	9.5	50	20	25	12	12	4	8	1.5	9	6	M6	M8
		63	25										
		80	35										
10	12	63	22	32	15	16	5	10	2	12	8	M8	M10
		80	32										
		100	40			9			3	14			
12	14	63	28	32	14	19	6	12	3	14	10	M10	M12
		80	30	40	20								
		100	40										
		125	50										
16	19	80	35	40	18	19	7	16	3	14	11	M12	M16
		100	35										
		125	45	50	26	25			3.5	17			
		160	65										
20	23	100	45	50	22	25	9	20	3.5	17	13	M16	M20
		125	55										
		160	60										
		200	80	63	32	30			4	20			
		250	105										
24	27	125	50	63	36	30	10	24	4	20	15	M18	M24
		160	60										
		200	80										
		250	100	71	42	35			5	27			
		315	130										
27	30	125	50	71	36	30	11	26	4	20	16	M20	M27
		160	60										
		200	80										
		250	100	80	42	40			5	27			
		315	130										

(2) 발 붙임 클램프

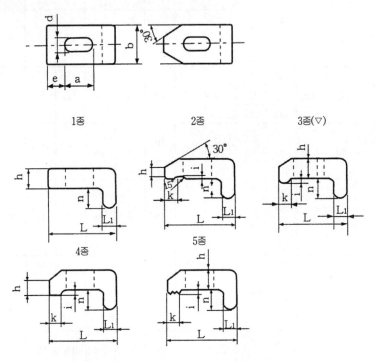

호칭	d	L	a	b	e	h	L₁	k	i			n						볼트 호칭치수
6	7	40 50 63	15 20 25	20	10	9	7	7	1.5	5	10	15	20					M6
8	9.5	50 63 80	20 25 35	25	12	12	9	9	1.5		10	15	20	25				M8
10	12	63 80 100	22 32 40	32	15	16 19	12 14	12 14	2 3			10	15	20	25			M10
12	14	60 80 100 125	28 30 40 50	32 40	14 20	19	14	14	3				10	15	20	25		M12
16	19	80 100 125 160	35 35 45 65	40 50	18 26	17 25	14 17	14 17	3 3.5					20	30	40	50	M16
20	23	100 125 160 200 250	45 55 60 80 105	50 63	22 32	25 30	17 20	17 20	3.5 4						30	40	50	60	M20

(3) U자 클램프

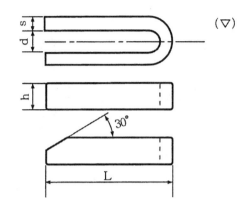

호칭	d	L	h	s	클램프볼트 호칭치수
12	14	100	25	12	M12
		125			
		160			
		200			
16	19	125	32	16	M16
		160			
		200			
		250	38		
20	23	160	38	16	M20
		200			
		250			
		315		19	
24	27	200	38	19	M24
		250			
		315			
27	30	400	38	19	M27
		200			
		250			
		315			
		400	50		

29. 치공구용 플런저

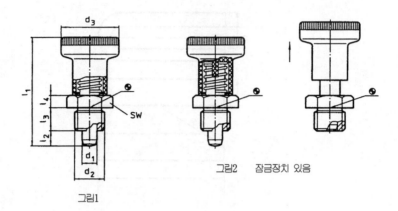

그림2   잠금장치 있음

그림1

구 분	d_1 -0.02 -0.04	d_2	d_3	l_1 ≈	l_2 최소	l_3 -0.15	l_4	SW	g
잠금 너트 없음 (그림 1)	6	M12 ×1.5	25	45	6	10	5	17	34
	8	M16×1.5	31	54	8	12	6	19	60
잠금 너트 있음 (그림 2)	6	M12×1.5	25	45	6	10	5	17	34
	8	M16×1.5	31	54	7	12	6	19	59
치수 별 잠금 너트		M12×1.5							8
		M16×1.5							17

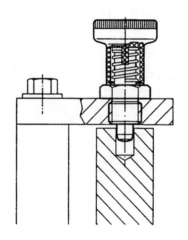

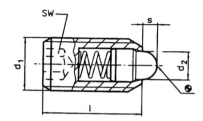

구 분	d₁	d₂	l	s	SW	스프링력*		g
						F_1 N≈	F_2 N≈	
스틸 일반 스프링력	M 6	2.7	15	2.0	3	6	17	2
	M 8	3.8	18	2.0	4	16	33	4
	M10	4.5	23	2.5	5	19	42	8
	M12	6.2	26	3.5	6	22	57	12
	M16	8.5	33	4.5	8	38	78	31
	M20	10.0	43	6.5	10	39	81	64
	M24	13.0	48	8.0	12	72	155	100
스틸 강화된 스프링력	M 6	2.7	15	2.0	3	11	25	2
	M 8	3.8	18	2.0	4	23	59	4
	M10	4.5	23	2.5	5	20	54	8
	M12	6.2	26	3.5	6	38	96	12
	M16	8.5	33	4.5	8	50	100	31
	M20	10.0	43	6.5	10	52	133	64
	M24	13.0	48	8.0	12	91	223	100
스텐레스 스틸 일반 스프링력	M 6	2,7	15	2,0	3	6	17	2
	M 8	3,8	18	2,0	4	16	33	4
	M10	4,5	23	2,5	5	19	42	8
	M12	6,2	26	3,5	6	22	57	12
	M16	8,5	33	4,5	8	38	78	31
	M20	10,0	43	6,5	10	39	81	64
	M24	13,0	48	8,0	12	72	155	100
스텐레스 스틸 강화된 스프링력	M 6	2,7	15	2,0	3	11	25	2
	M 8	3,8	18	2,0	4	23	59	4
	M10	4,5	23	2,5	5	20	54	8
	M12	6,2	26	3,5	6	38	96	12
	M16	8,5	33	4,5	8	50	100	31
	M20	10,0	43	6,5	10	52	133	64
	M24	13,0	48	8,0	12	91	223	100

30. 토글 클램프의 형태 및 종류

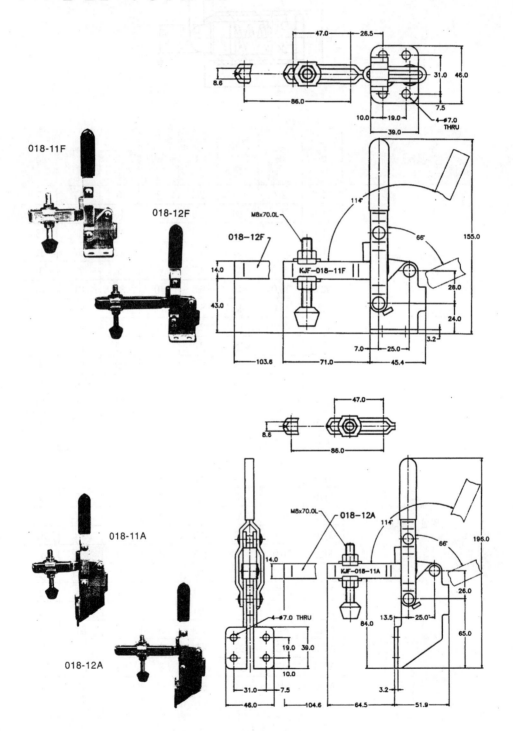

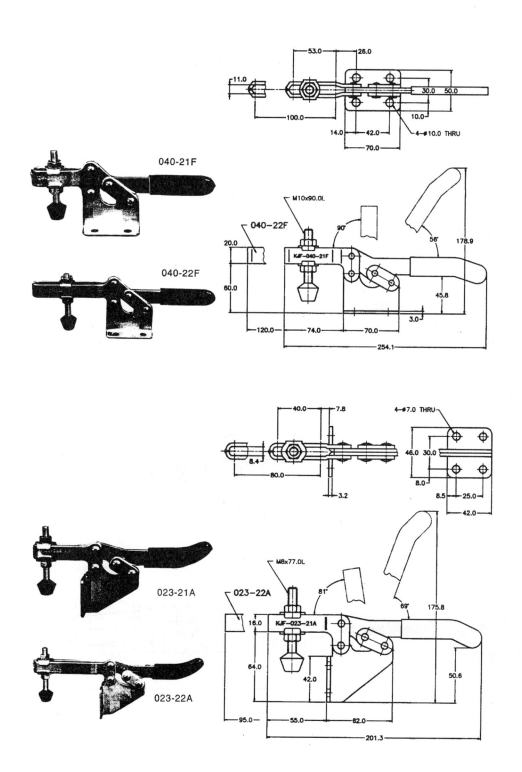

040-21F

040-22F

023-21A

023-22A

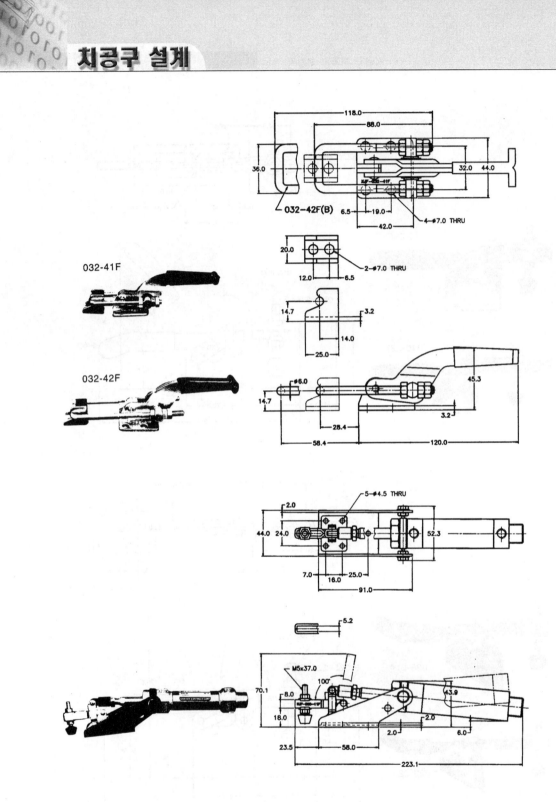

032-41F

032-42F

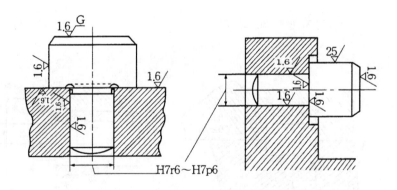

31. 끼워 맞춤 공차의 실례

위치결정구의 억지 끼워 맞춤

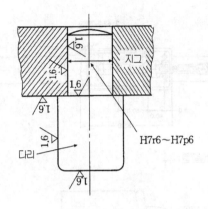

지그 다리의 억지 끼워 맞춤

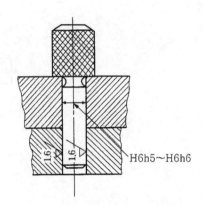

분할 핀의 끼워 맞춤

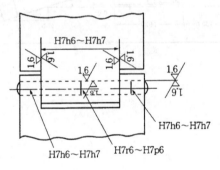

힌지 핀과 리프의 끼워 맞춤

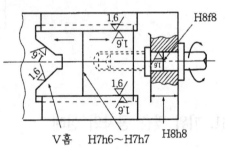

V홈의 슬라이더 끼워 맞춤

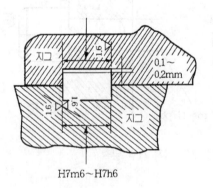

고정용 키의 끼워 맞춤

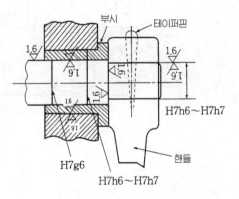

베어링 부시의 끼워 맞춤

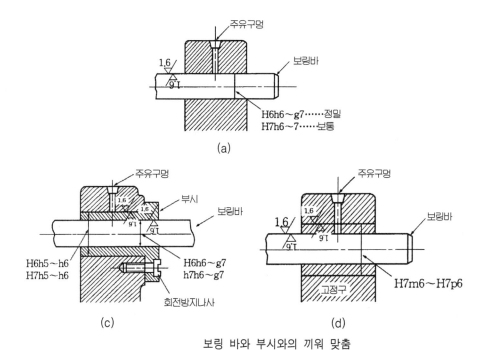

보링 바와 부시와의 끼워 맞춤

치공구 설계 도면

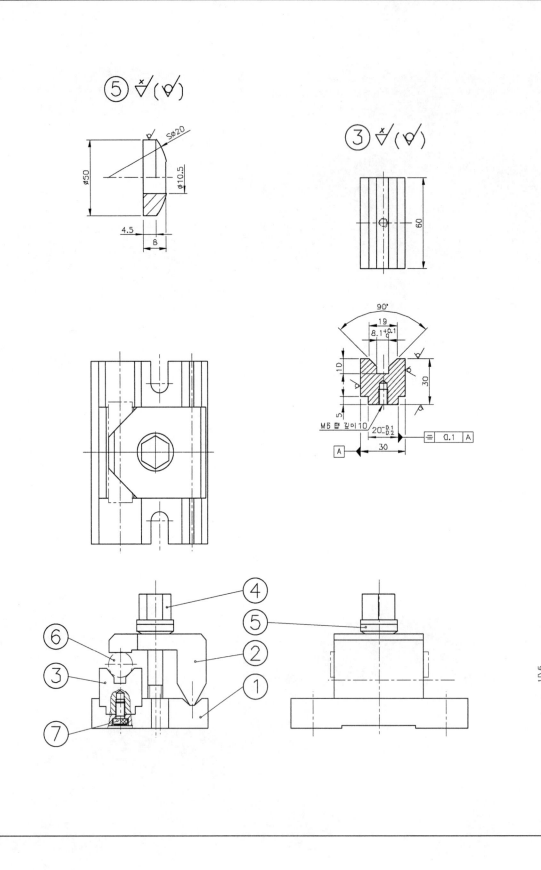

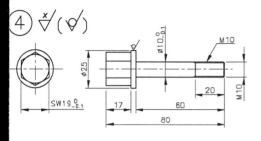

④ ⱽ(ⱽ)

SW19 ⁰₋₀.₁

⌀25

⌀10 ⁰₋₀.₁

M10

M10

17 60 20

80

② ⱽ(ⱽ)

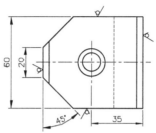

60

20

45° 35

67

90°

⌀18

4 4

4

47

⌀12

2

60°

3 ⁰₋₀.₂

16 20

① ⱽ(ⱽ)

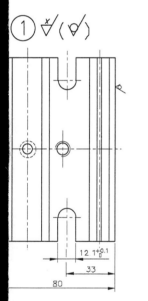

12.1 ⁺⁰·¹₀

33

80

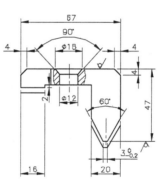

30 ⁺⁰·²₋₀.₁

20 ⁺⁰·¹₀

⌀6.6

90°

3.1

15

5

20

⌀11

M10

11

36

60

2

50

주 서

1. 일반공차 : 가공부 KSB 0412 보통급
2. 도시되고 지시없는 모따기 2x45°
   필렛 및 라운드 R3
3. 표면 거칠기

$\overset{w}{\triangledown} = \frac{25}{\triangledown}$, $\overset{x}{\triangledown} = \frac{6.3}{\triangledown}$, $\overset{y}{\triangledown} = \frac{1.6}{\triangledown}$

4. 일반 모따기 0.2x45°

7	육각머리볼이블트	규격품	1	M6X10
6	물림지표	SM20	1	⌀16X70
5	와셔	SM45C	1	⌀25X8
4	육각볼트	SM45C	1	⌀25X80
3	v블록	SM20	1	☐30X60
2	물림판	SM20	1	67X47X60
1	기믄판	SM20	1	80X20X120
품 번	품 명	재 질	수 량	비 고
과제명	고정 지그	척 도	N S	

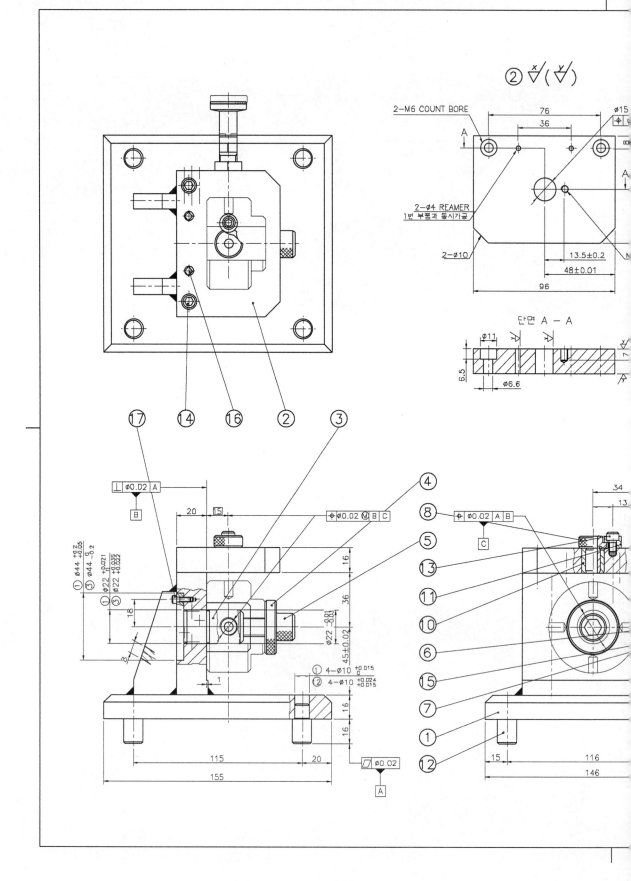

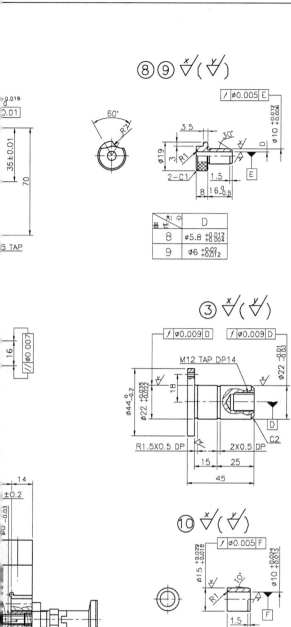

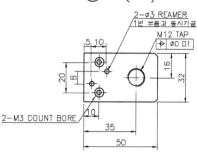

2-ø3 REAMER
1번 부품과 동시가공

M12 TAP

2-M3 COUNT BORE

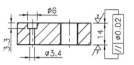

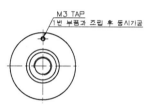

M3 TAP
1번 부품과 조립 후 동시가공

품번 치수	D
8	ø5.8 +0.012 +0.004
9	ø6 +0.02 +0.012

주 서

1. 일반공차 : 가공부 KSB 0412 보통급
2. 도시되고 지시없는 모따기 1x45°
   필릿 및 라운드 R3
3. 표면 거칠기

$$\frac{w}{\nabla} = \frac{25}{\nabla}, \quad \frac{x}{\nabla} = \frac{6.3}{\nabla}, \quad \frac{y}{\nabla} = \frac{1.6}{\nabla}$$

4. 일반 모따기 0.2x45°
5. 용접 후 잔류 응력 제거하여 기계가공 후 연삭 (품번 1)
6. 동시 가공부 기계 가공시 주의 (품번 2)
7. 조립 후 맞춤핀 가공 주의 (품번 3, 7)
8. 인덱스 플런저 : EH 2201. 206

18	평 형 핀	시중품	2	ø3p6 x 30
17	육각 홈붙이 볼트	시중품	1	M3 x 10
16	평 형 핀	시중품	2	ø5p6 x 30
15	육각 홈붙이 볼트	시중품	2	M6 x 20
14	육각 홈붙이 볼트	시중품	2	M6 x 25
13	육각 홈붙이 볼트	시중품	1	M5 x 10
12	지그 다리	SM45C	4	HrC45 이상
11	멈 춤 쇠	STC3	1	HrC58-62
10	라이너 부시	STC5	1	HrC58-62
9	리머 삽입 부시	STC5	1	HrC58-62
8	드릴 삽입 부시	STC5	1	HrC58-62
7	플런저 지지대	SM45C	1	
6	인덱스 플런저	시중품	1	
5	육각 홈붙이 볼트	시중품	1	M12 x 35
4	C 와셔	SS400	1	8 x 25
3	로케이터	SM45C	1	HrC58-62
2	지그 플레이트	SM45C	1	HrC58-62
1	본 체	GC20C	1	
품 번	품 명	재 질	수 량	비 고
과제명	드릴 지그	척 도		N S

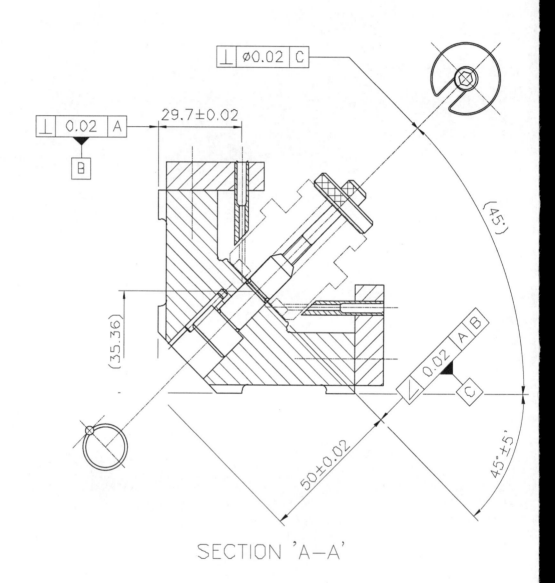

SECTION 'A—A'

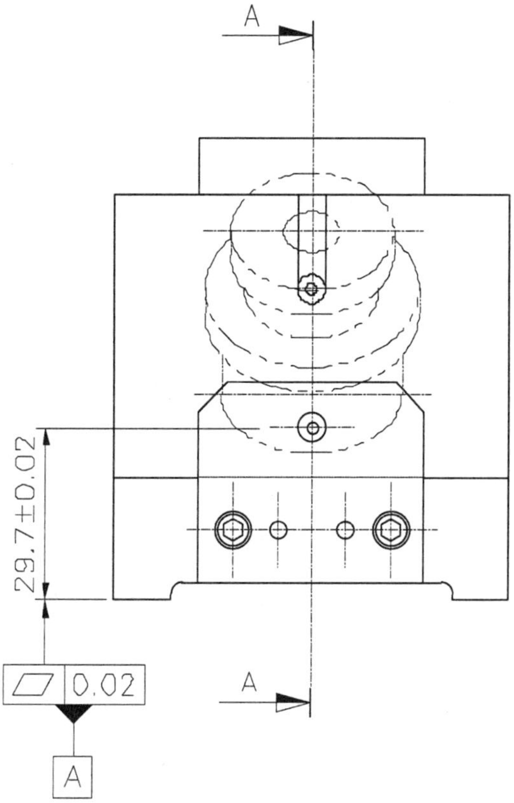
A
29.7±0.02
0.02
A
A

5				
4				
3				
2				
1				
품 번	품 명	재 질	수 량	비 고
종목명		적 도	N S	

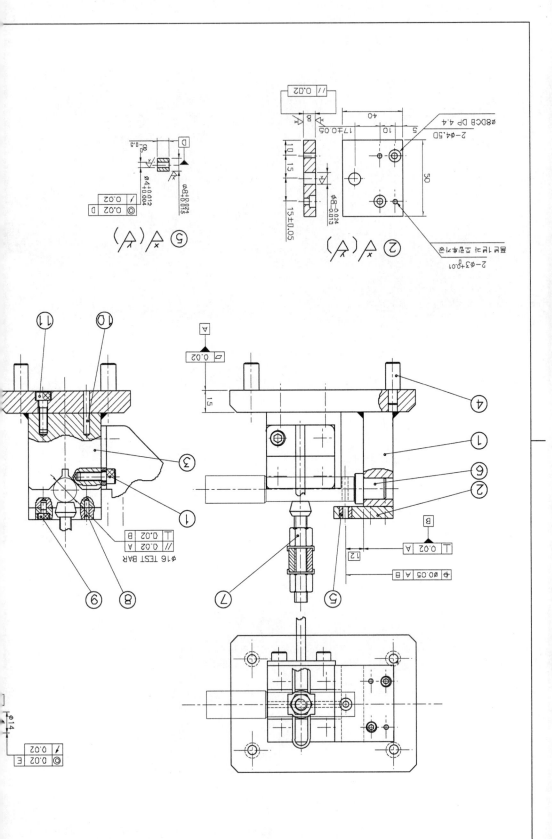

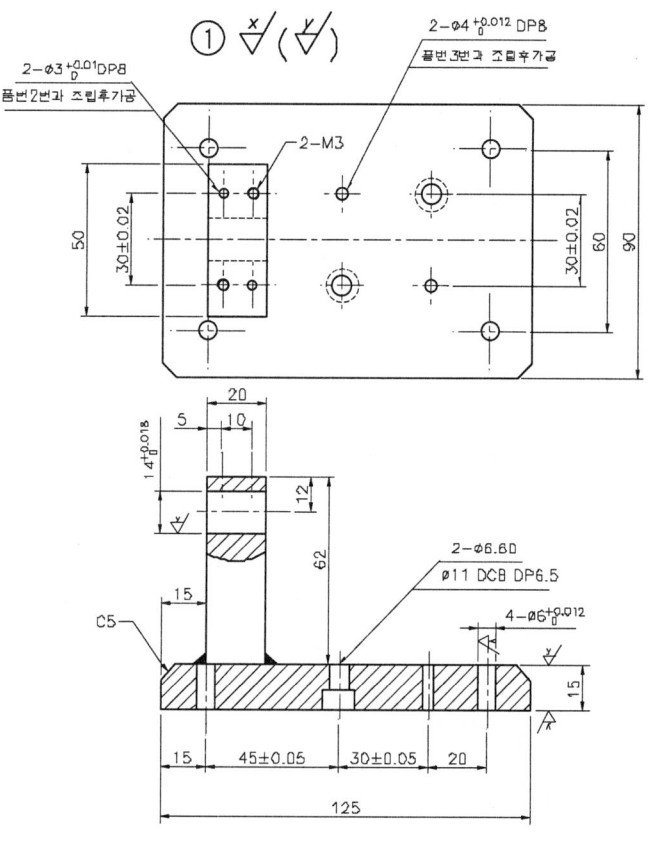

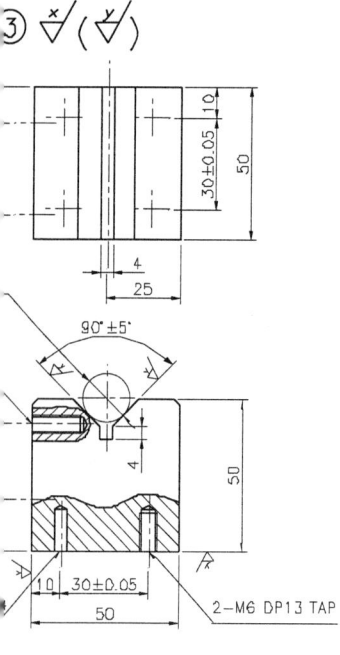

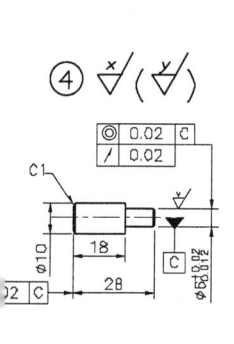

주 서

1. 일반공차 : 가공부 KSB 0412보통급
2. 본제는 용접후 반드시 기계가공할것
3. 지그다리는 베이스와 먹지 기워 맞춤(H7p6)후
　　　　　　　　바닥면 동시 가공
4. 도시되고 지시없는 모따기 2x45°
　　　　　　　　필렛 및 라운드 R3
5. 기능작동부를 제외하고 흑착색 기함
6. 표면 거칠기

$$\overset{w}{\nabla} = \frac{25}{\nabla}, \quad \overset{x}{\nabla} = \frac{6.3}{\nabla}, \quad \overset{y}{\nabla} = \frac{1.6}{\nabla}$$

7. 일반 모따기 0.2x45°

12	육각구멍붙이볼트	규격품	6	M4*20
11	육각구멍붙이볼트	규격품	2	M6*25
10	맞춤핀	규격품	2	Ø4p6*25
9	육각머리붙이볼트	규격품	2	M4*13
8	맞춤핀	규격품	2	Ø3p6*12
7	토글클램프	규격품	1	HRC58-62
6	위치결정구	SM45C	1	HRC58
5	고정부시	STC5	1	HRC58
4	지그다리	SM45C	4	부룬열처리
3	V-블록	SM45C	1	HRC58-62
2	수직판	SM45C	1	HRC58-62
1	베 이 스	SM45C		
품 번	품　　　명	재 질	수 량	비　고
과제명	밀링 그정구	척　도		N S

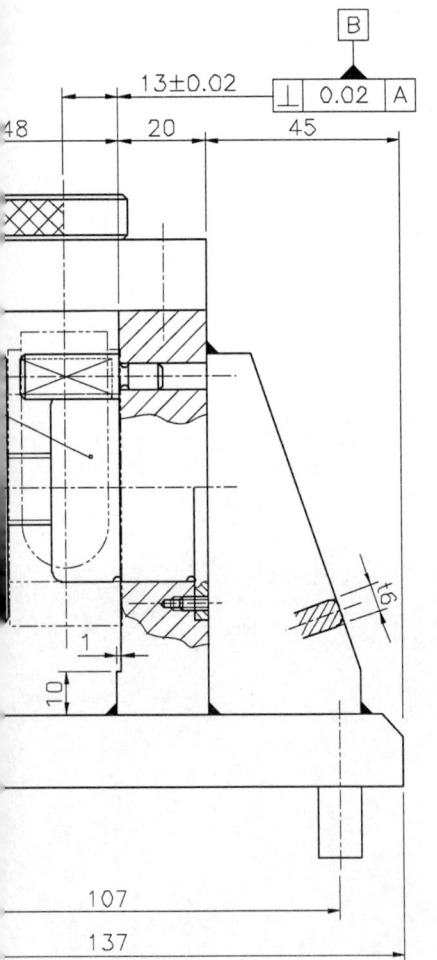

13±0.02

48   20   45

1

10

107

137

주 서

1. 일반공차 : 가공부 KSB 0412 보통급
2. 도시되고 지시없는 모따기 1x45°
         필렛 및 라운드 R3
3. 일반 모따기 0.2x45°
4. 열처리 경도값 - 품번 3, 4, 5, 7, 8, 9
     : HRC58~62
5. 동시가공부 기계가공시 주의
6. 표면 거칠기

$$\frac{w}{\bigtriangledown} = \frac{25}{\bigtriangledown}, \quad \frac{x}{\bigtriangledown} = \frac{6.3}{\bigtriangledown}, \quad \frac{y}{\bigtriangledown} = \frac{1.6}{\bigtriangledown}$$

12	평행핀	표준품	2	Φ6p6*24
11	육각홈붙이볼트	표준품	2	M6*16
10	육각홈붙이볼트	표준품	1	M16*36
9	지그용C형와셔	SB41	1	
8	라이너부시	STC3	1	
7	드릴부시	STC3	1	
6	멈춤나사	SM45C	1	
5	지그다리	SM45C	4	
4	위치결정핀	SM45C	1	
3	로케이터	SM45C	1	
2	지그플레이트	SM45C	1	
1	베이스	SM20C	1	
품 번	품 명	재 질	수 량	비 고
과제명	드릴지그	척 도	N S	

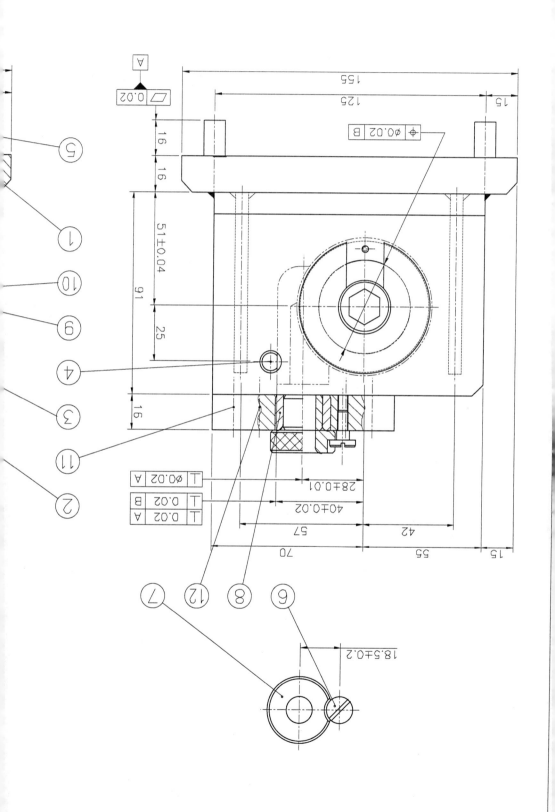

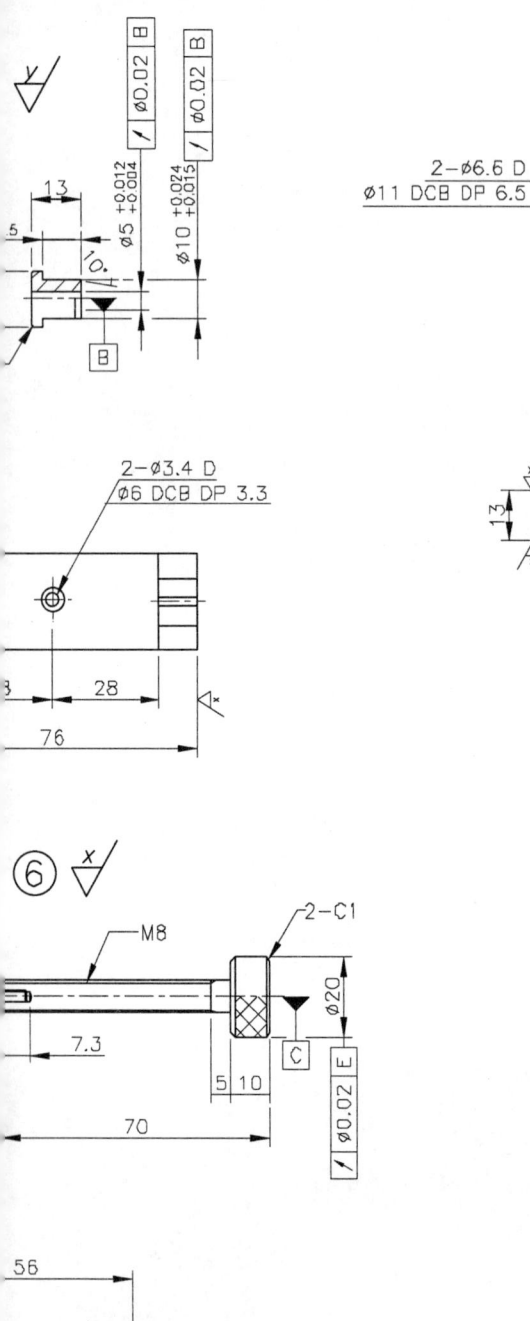

④ $\overset{x}{\nabla}$ ($\overset{y}{\nabla}$)

⑦ $\overset{x}{\nabla}$

⑥ $\overset{x}{\nabla}$

주 서

1. 일반공차 : 가공부 KSB 0412 보통급
2. 도시되고 지시없는 모따기 1x45°
   필렛 및 라운드 R3
3. 표면 거칠기

$$\overset{w}{\nabla} = \frac{25}{}, \quad \overset{x}{\nabla} = \frac{5.3}{}, \quad \overset{y}{\nabla} = \frac{1.6}{}$$

4. 일반 모따기 0.2x45°
5. ——— 열처리 (품번 4)
   HRC55±2, DP:0.8±0.2

11	육각홈붙이볼트	시중품	1	M3X15
10	육각홈붙이볼트	시중품	2	M3X10
9	육각홈붙이볼트	시중품	2	M6X15
8	육각홈붙이볼트	시중품	2	M5x20
7	GUIDE	SM20C	1	HRC58
6	클램프	SM45C	1	HRC58
5	고정부시	STC 3	1	HRC58
4	부시 가이드	SM20C	1	HRC58
3	V-블럭	SM45C	1	HRC58
2	V-블럭	SM45C	1	HRC58
1	베이스	SM45C	1	HRC58
품번	품 명	재 질	수량	비 고
과제명	바이스 드릴지그	척 도	N	S

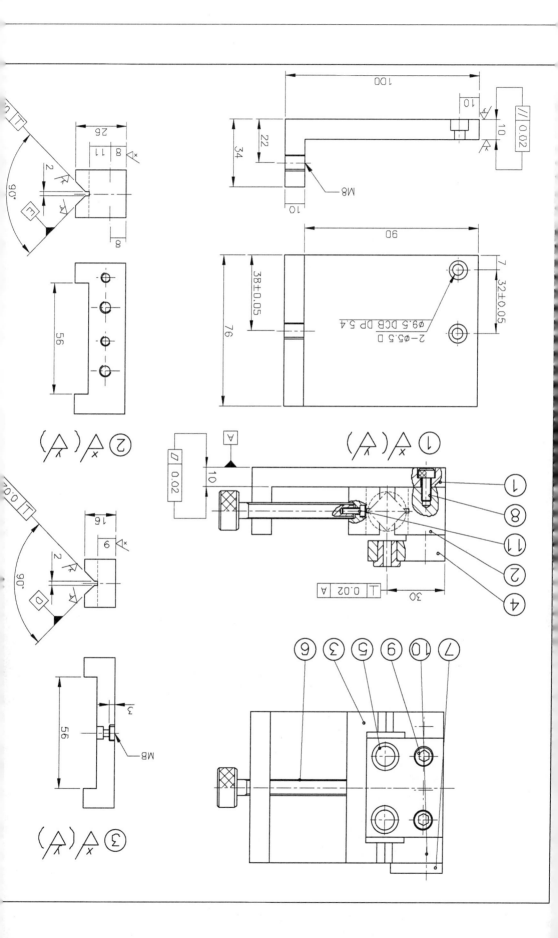

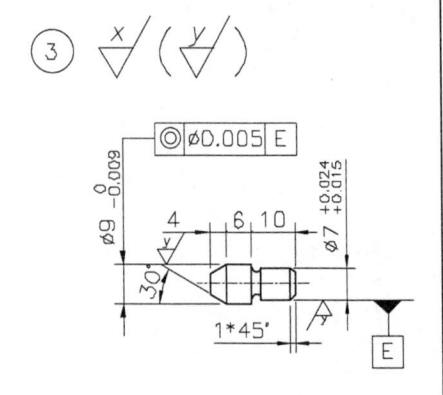

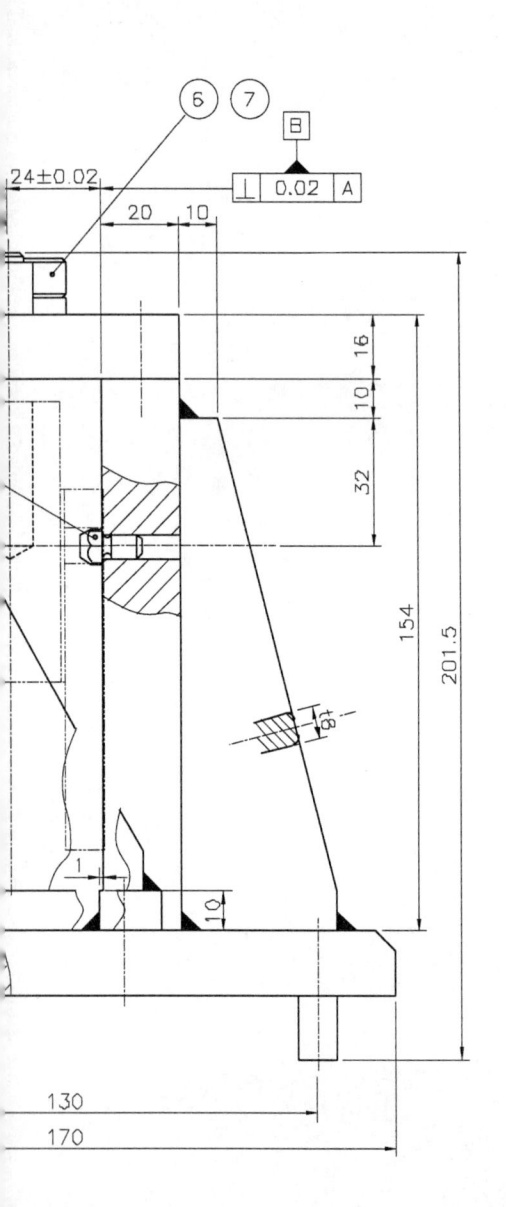

주 서

1. 일반공차 : 가공부 KSB 0412 보통급
2. 도시되고 지시없는 모따기 1x45°
   필렛 및 라운드 R3
3. 일반 모따기 0.2x45°
4. 열처리 경도값 — 품번 3, 4, 6, 7, 9
   : HRC58~62
5. 동시가공부 기계가공시 주의
6. 표면 거칠기

$$\overset{w}{\bigtriangledown} = \overset{25}{\bigtriangledown}, \quad \overset{x}{\bigtriangledown} = \overset{6.3}{\bigtriangledown}, \quad \overset{y}{\bigtriangledown} = \overset{1.6}{\bigtriangledown}$$

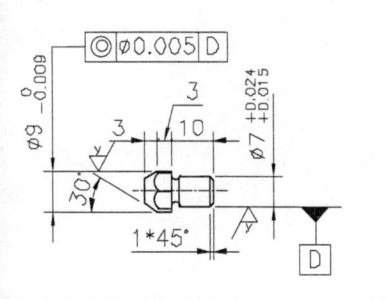

14	토글클램프	시중품	1	
13	평행핀	표준품	2	∅6p6*24
12	육각홈붙이볼트	표준품	2	M6*20
11	육각홈붙이볼트	표준품	1	M5*16
10	육각홈붙이볼트	표준품	8	M6*10
9	지그다리	SM45C	4	∅10*26
8	토글지지대	SM20C	1	
7	리머용부시	STC4	1	∅12리머용
6	드릴용부시	STC3	1	∅11.5드릴용
5	멈춤쇠	SM45C	1	
4	다이아몬드핀	STC5	1	∅00*00
3	위치결정핀	STC5	1	∅00*00
2	지그플레이트	SM45C	1	115*70*16
1	베 이 스	SM20C	1	
품 번	품 명	재 질	수량	비 고
과제명	드릴지그	척 도		N S

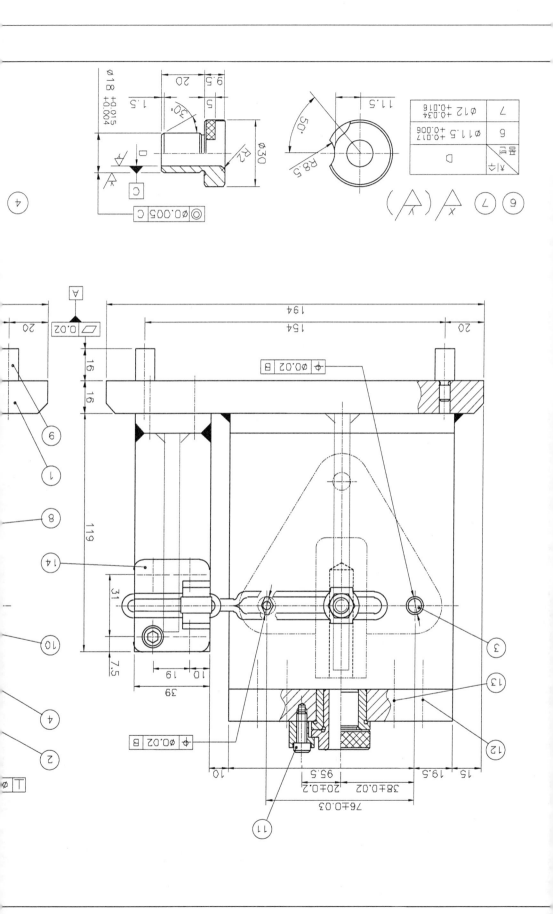

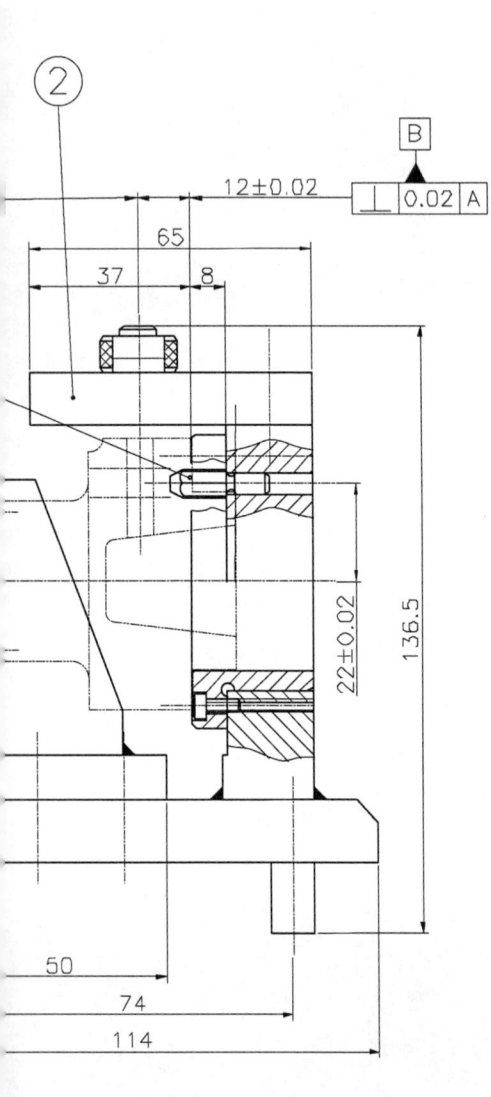

주 서

1. 일반공차 : 가공부 KSB 0412 보통급
2. 도시되고 지시없는 모따기 1x45˚
                        필럿 및 라운드 R3
3. 일반 모따기 0.2x45˚
4. 열처리 경도값 ─ 품번 3, 4, 5, 6
                        : HRC58~62
5. 동시가공부 기계가공시 주의
6. 토글클램프 : ○○제조 018-11F
7. 표면 거칠기

$$\overset{w}{\triangledown} = \overset{25}{\triangledown}, \quad \overset{x}{\triangledown} = \overset{6.3}{\triangledown}, \quad \overset{y}{\triangledown} = \overset{1.6}{\triangledown}$$

15	토글클램프	시중품	1	
14	평행핀	표준품	2	∅6p6*24
13	평행핀	표준품	2	∅3p6*12
12	육각홈붙이볼트	표준품	1	M6*12
11	육각홈붙이볼트	표준품	2	M3*8
10	육각홈붙이볼트	표준품	8	M6*10
9	육각홈붙이볼트	표준품	1	M5*10
8	토글지지대	SM20C	1	
7	멈춤쇠	SM45C	1	
6	지그다리	SM45C	1	
5	지그용 부시	STC3	1	∅11.5드릴용
4	다이아몬드핀	STC5	1	7.5 h7-23
3	로케이터	STC5	1	
2	지그플레이트	SM45C	1	
1	베이스	SM20C	1	
품 번	품 명	재 질	수량	비 고
과제명	드릴지그	척 도		N S

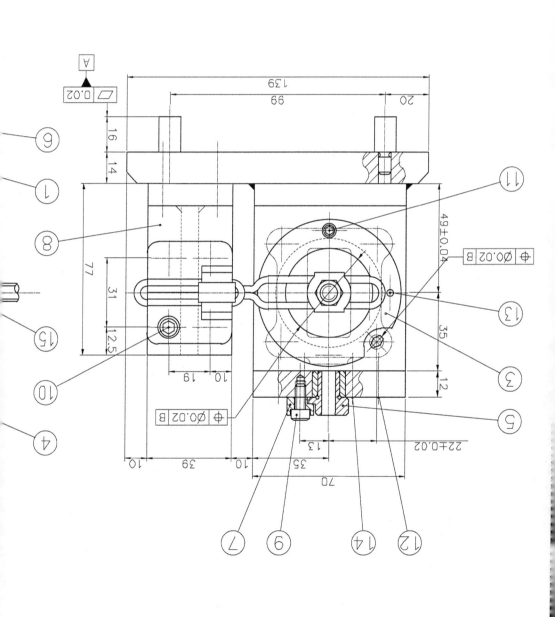

DETAIL A

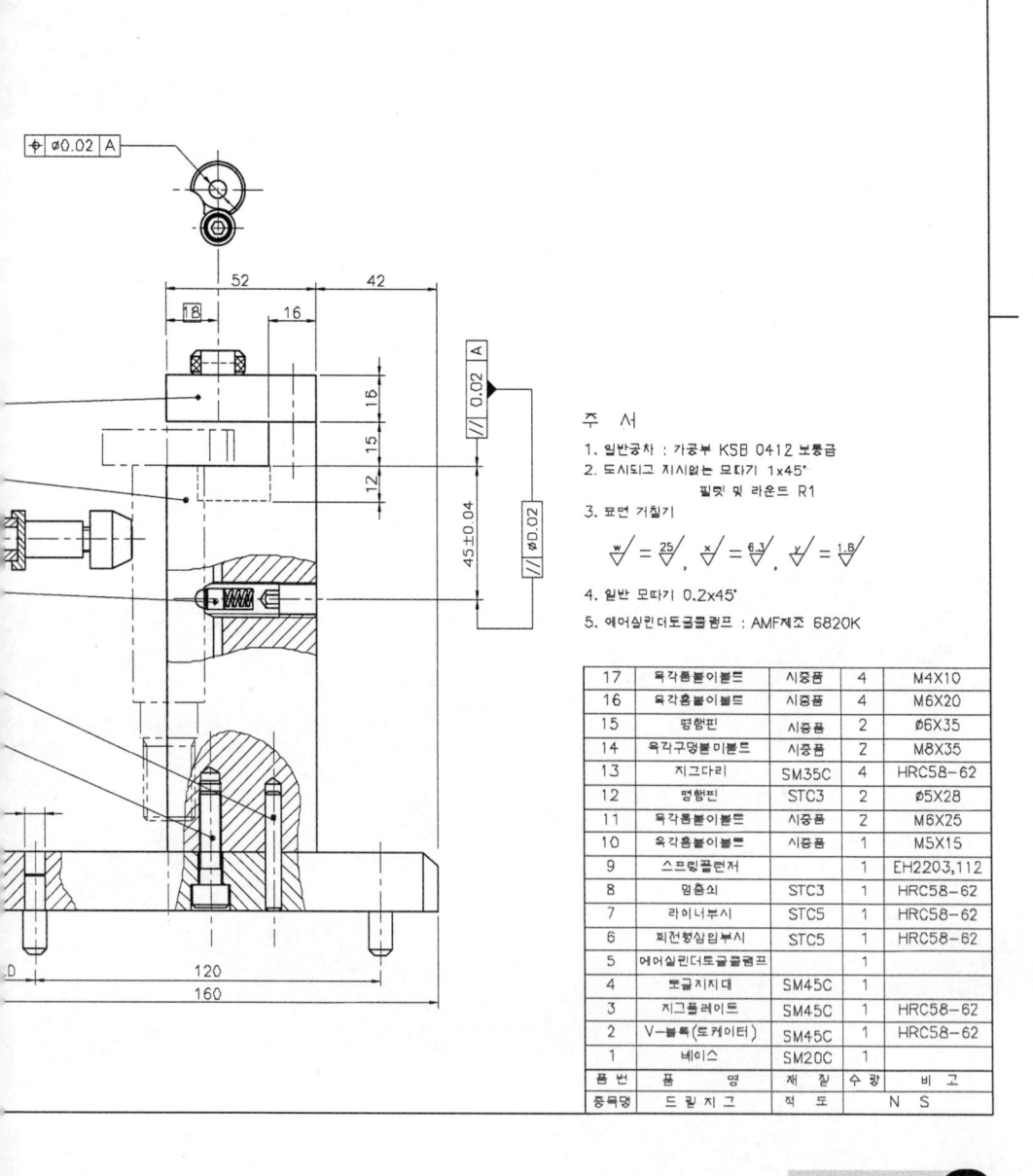

주 서

1. 일반공차 : 가공부 KSB 0412 보통급
2. 도시되고 지시없는 모따기 1x45°
   필렛 및 라운드 R1
3. 표면 거칠기

$$\frac{w}{\triangledown} = \frac{25}{\triangledown}, \quad \frac{x}{\triangledown} = \frac{6.3}{\triangledown}, \quad \frac{y}{\triangledown} = \frac{1.8}{\triangledown}$$

4. 일반 모따기 0.2x45°
5. 에어실린더토글클램프 : AMF제조 6820K

품번	품 명	재 질	수량	비 고
17	육각홈붙이볼트	시중품	4	M4X10
16	육각홈붙이볼트	시중품	4	M6X20
15	평행핀	시중품	2	Ø6X35
14	육각구멍붙이볼트	시중품	2	M8X35
13	지그다리	SM35C	4	HRC58-62
12	평행핀	STC3	2	Ø5X28
11	육각홈붙이볼트	시중품	2	M6X25
10	육각홈붙이볼트	시중품	1	M5X15
9	스프링플런저		1	EH2203,112
8	멈춤쇠	STC3	1	HRC58-62
7	라이너부시	STC5	1	HRC58-62
6	회전형삽입부시	STC5	1	HRC58-62
5	에어실린더토글클램프		1	
4	토글지지대	SM45C	1	
3	지그플레이트	SM45C	1	HRC58-62
2	V-블록(로케이터)	SM45C	1	HRC58-62
1	베이스	SM20C	1	
품 번	품 명	재 질	수 량	비 고
종목명	드릴지그	척 도		N S

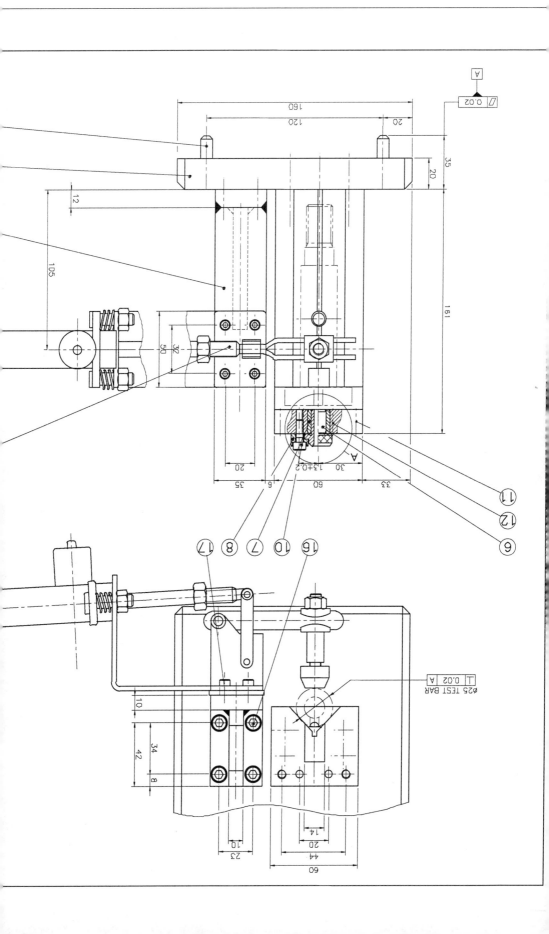

⑤

M6

20

10

⌀10

▱ 0.02

②

⌀6+0.024/+0.015 ⌀10+0.018/+0.007

1.5

A

↗ ⌀0.02 A

10

⌀6+0.02/+0.012

⑨

28

⌀6 0/-0.012

⑩

40

⌀5 0/-0.012

x/(v)

⌀6 TEP   ⌀8+0.01/0

20+0.02/0   40

11   36   7

18

94

⌀6+0.08/0

R5

③

주 서

1. 일반공차 : 가공부 KSB 0412 보통급
2. 도시되고 지시없는 모따기 1×45°
                     필렛 및 라운드 R3
3. 표면 거칠기

$$\overset{w}{\triangledown} = \frac{25}{\triangledown}, \quad \overset{x}{\triangledown} = \frac{6.3}{\triangledown}, \quad \overset{y}{\triangledown} = \frac{1.6}{\triangledown}$$

4. 일반 모따기 0.2×45°
5. 지그부시는 유냉 시킬것
6. 지그다리 일면 연삭
7. 기능 작동부위를 제외하고 흑착색 가함
8. ——— 열처리 (품번 B)
          HRC55±2, DP:0.8±0.2

30

M6

20   30

2-⌀5 DRILL
⌀8 CB DP5

16

20

30

10	pin	STC3	1	HRC58~62
9	pin	STC3	1	HRC58~62
8	bracket	SM45C	1	HRC58
7	plate	SM35C	1	HRC58
6	bush	STC5	1	HRC60~
5	guide pin	STS3	1	HRC56~58
4	bolt	SM45C	1	HRC25~30
3	rip nut	SM45C	1	HRC25~30
2	guide pin	STS3	1	HRC56~58
1	bace	SM35C	1	HRC58
품번	품 명	재 질	수량	비 고
과제명	리프형 드릴 지그	척 도		N S

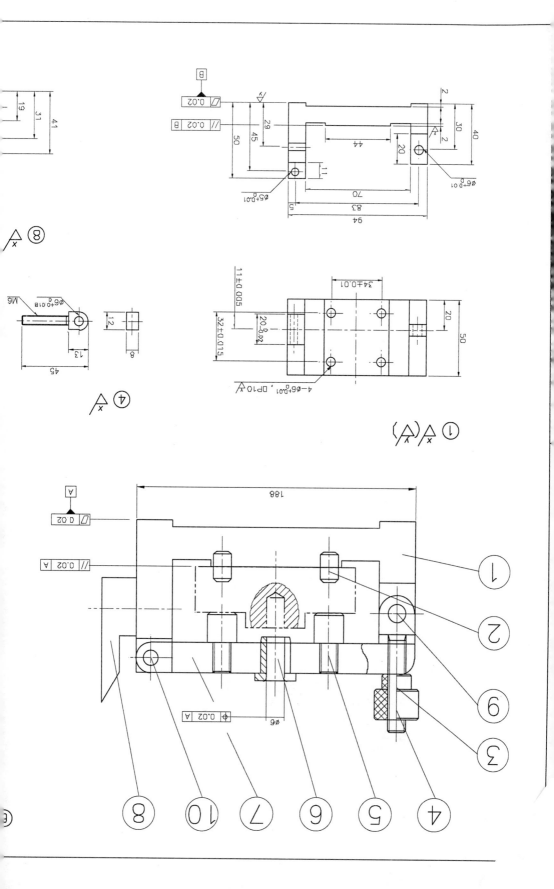

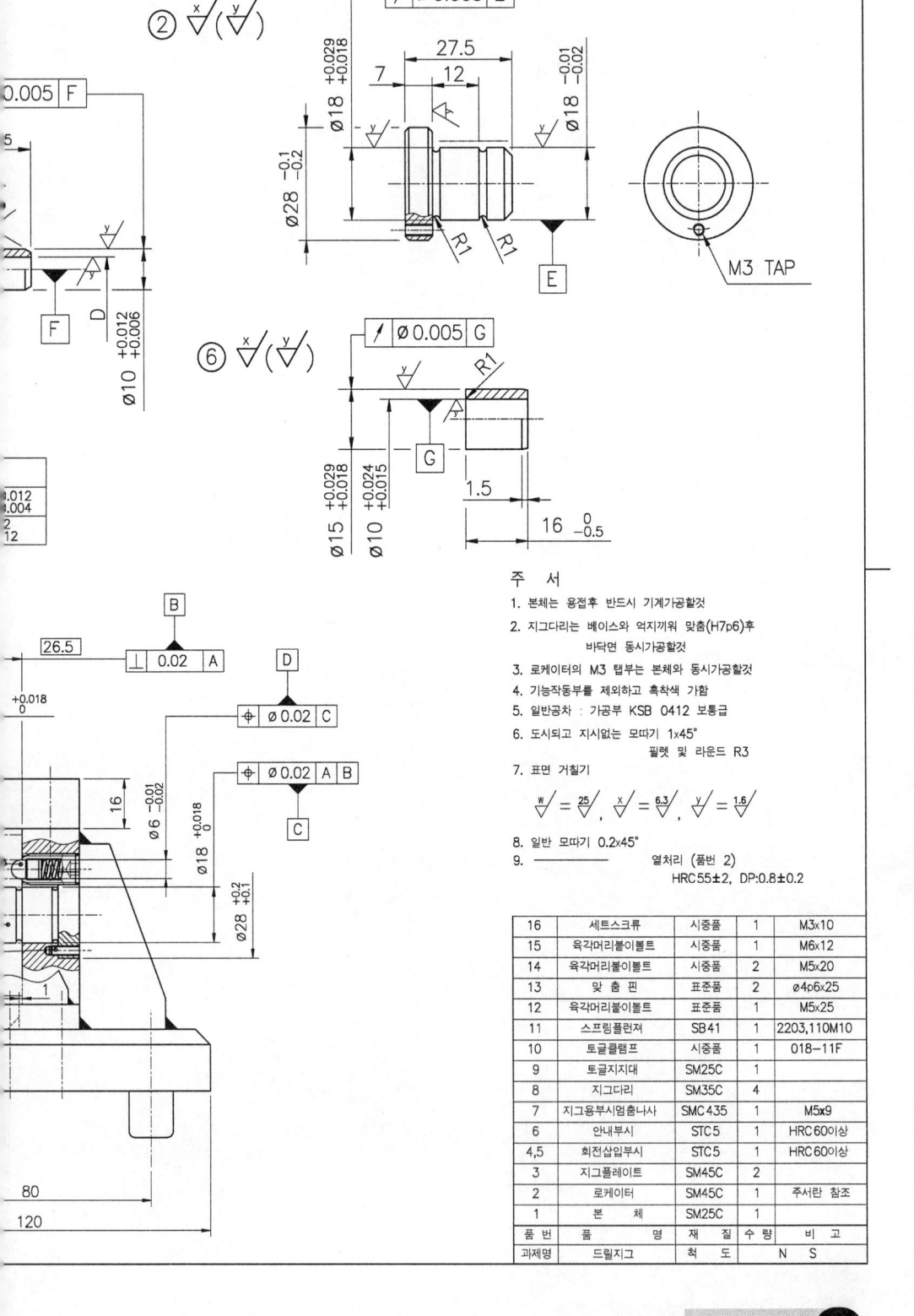

주 서
1. 본체는 용접후 반드시 기계가공할것
2. 지그다리는 베이스와 억지끼워 맞춤(H7p6)후
   바닥면 동시가공할것
3. 로케이터의 M3 탭부는 본체와 동시가공할것
4. 기능작동부를 제외하고 흑착색 가함
5. 일반공차 : 가공부 KSB 0412 보통급
6. 도시되고 지시없는 모따기 1x45°
                    필렛 및 라운드 R3
7. 표면 거칠기

$$\overset{w}{\nabla} = \overset{25}{\nabla}, \quad \overset{x}{\nabla} = \overset{6.3}{\nabla}, \quad \overset{y}{\nabla} = \overset{1.6}{\nabla}$$

8. 일반 모따기 0.2x45°
9. ─────── 열처리 (품번 2)
              HRC 55±2, DP:0.8±0.2

16	세트스크류	시중품	1	M3x10
15	육각머리붙이볼트	시중품	1	M6x12
14	육각머리붙이볼트	시중품	2	M5x20
13	맞 춤 핀	표준품	2	ø4p6x25
12	육각머리붙이볼트	표준품	1	M5x25
11	스프링플런져	SB41	1	2203,110M10
10	토글클램프	시중품	1	018-11F
9	토글지지대	SM25C	1	
8	지그다리	SM35C	4	
7	지그용부시멈춤나사	SMC435	1	M5x9
6	안내부시	STC5	1	HRC60이상
4,5	회전삽입부시	STC5	1	HRC60이상
3	지그플레이트	SM45C	2	
2	로케이터	SM45C	1	주서란 참조
1	본 체	SM25C	1	
품 번	품 명	재 질	수 량	비 고
과제명	드릴지그	척 도		N S

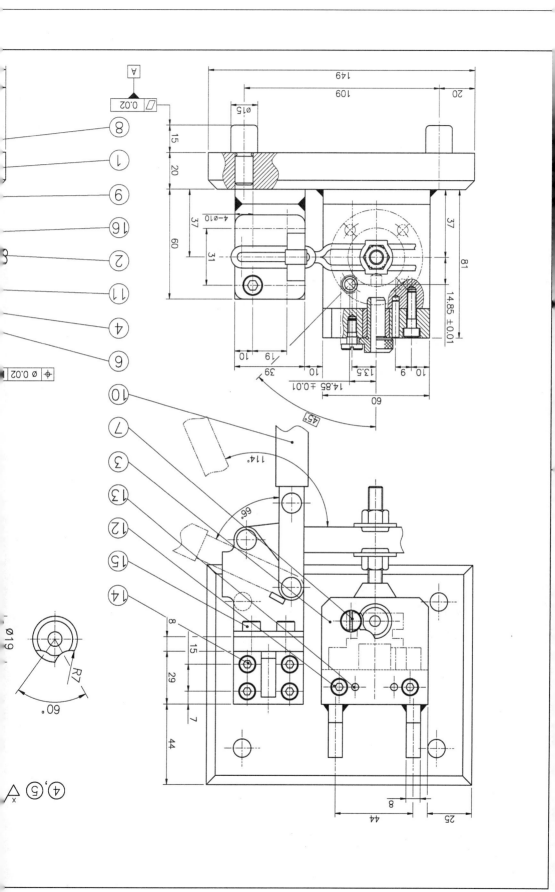

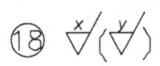

⑱ $\overset{x}{\nabla}(\overset{y}{\nabla})$

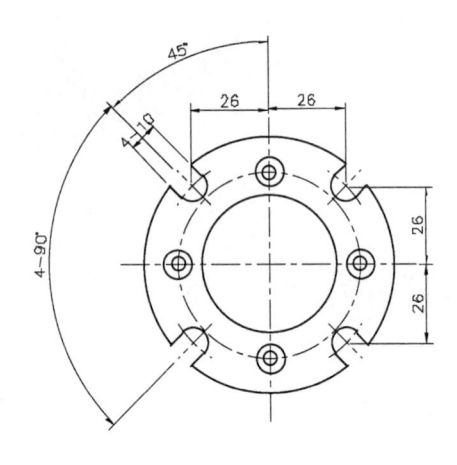

45°
26 26
4-9°
4-⌀
⌀0.005 E
26
26

10
// D.02 A
/ ⌀0.005 C
A
⌀44+0.025
⌀84
C
2-⌀ 8.5 깊은홈 자리 파기 5.4

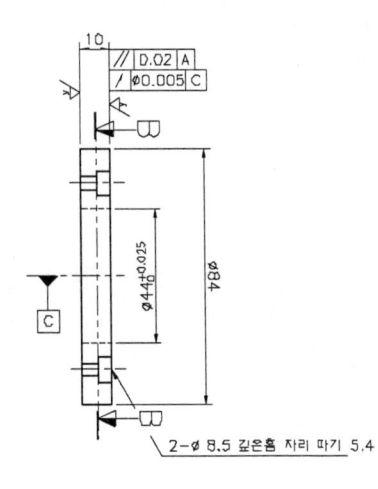

⑤ $\overset{x}{\nabla}(\overset{y}{\nabla})$

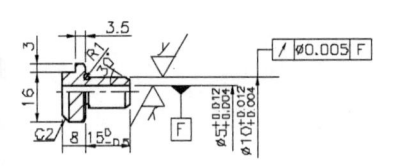

3.5
3
R7
16
⌀5+0.012/+0.004
⌀10+0.012/+0.004
C2
8 15°
/ ⌀0.005 F
F

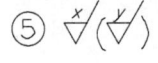

28
M12 탭 관통
⌀44-0.03/-0.07
30+0.025
30°
30°
/ ⌀0.005 D
D
20
⊥ 0.02 A

주 서

1.   드릴 테이블에 고정할것
1. 일반공차 : 가공부 KSB 0412 보통급
2. 도시되고 지시없는 모따기 1x45°
                    필렛 및 라운드 R3
3. 표면 거칠기

$$\overset{w}{\nabla} = \frac{25}{\nabla} , \quad \overset{x}{\nabla} = \frac{6.3}{\nabla} , \quad \overset{y}{\nabla} = \frac{1.6}{\nabla}$$

4. 일반 모따기 0.2x45°
7. 지그다리는 고정베이스와 수직판을 볼트조립후 밑면 연삭할것

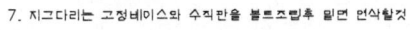

19	라이너 부시	SM45C	1	HRC58
18	로케이터 패드	SM45C	1	HRC58
17	COLLAR	SM45C	1	HRC58
16	육각 머리붙이 볼트	시중품	2	M3
15	육각 머리붙이 볼트	시중품	10	M12
14	육각 머리붙이 볼트	시중품	1	M5 X 0.6
13	패드	시중품	1	HRC58
12	패드스프링	시중품	2	HRC58
11	패드지지대	SM40C	2	HRC40
10	멈춤쇠	SM45C	1	HRC58
9	나치형 삽입부시	SM45C	1	HRC58
8	C 와셔	SM45C	1	HRC58
7	지 그 다 리	SM45C	4	HRC58
6	평형지지대	SM45C	1	HRC58
5	로케이터 핀	SM45C	1	HRC58
4	플레이트판	SM45C	1	HRC58
3	수 직 판	SM45C	1	HRC58
2	수 직 판	SM45C	1	HRC58
1	고정 베이스	SM45C	1	HRC58
품번	품 명	재 질	수 량	비 고
과제명	드릴지그	척 도		N S

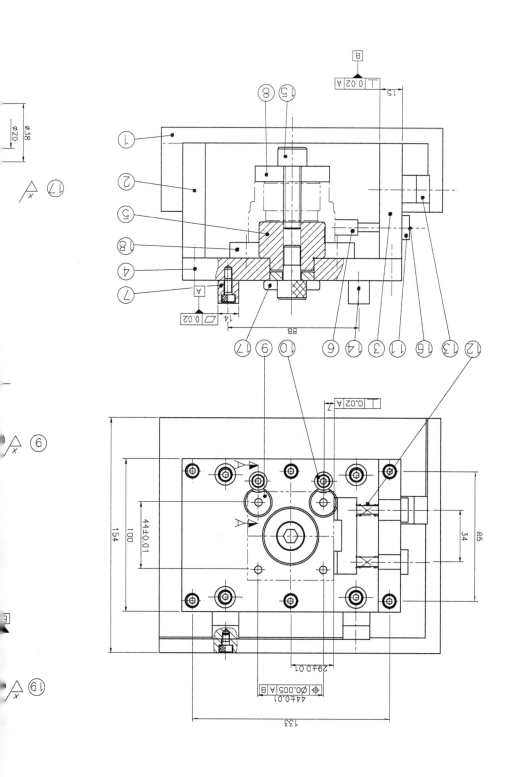

단면 A-A

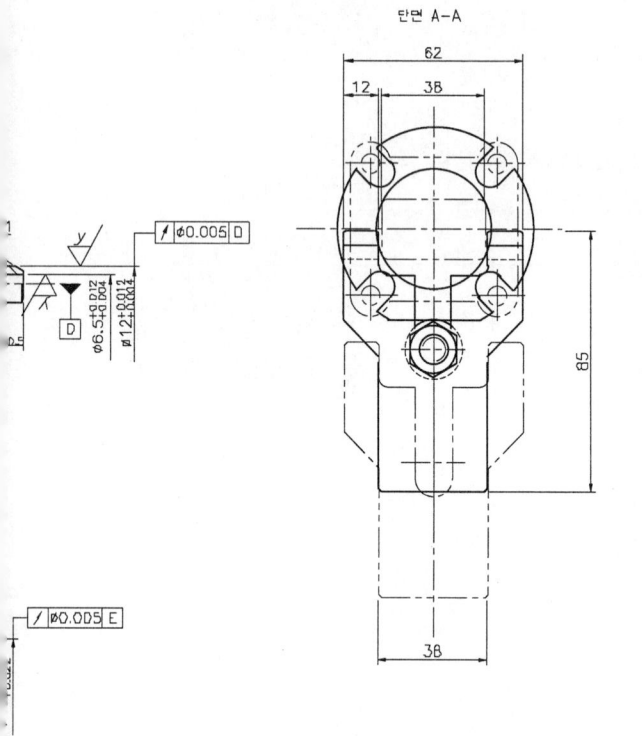

단면 B-B

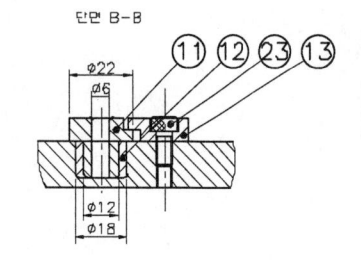

ø22
ø6
ø12
ø18

주 서

1. 고정 베이스는 볼트 조립후 기계 가공 할것
2. 지그 다리는 조립후 열면 동시 연삭
3. 일반공차 : 가공부 KSB 0412 보통급
4. 도시되고 지시없는 모따기 1x45°
   필렛 및 라운드 R3
5. 표면 거칠기

$\frac{w}{\nabla} = \frac{25}{\nabla}$, $\frac{x}{\nabla} = \frac{6.3}{\nabla}$, $\frac{y}{\nabla} = \frac{1.6}{\nabla}$

6. 일반 모따기 0.2x45°

4-90°

22 22

22

22

4-10

3-ø9.5 깊은홈 자리 파기 5.4

27	베이스	SM45C	1	
26	육각 머리 붙이 볼트	시중품	5	M8x20L
25	스프링	시중품	2	ø1.5xø11x20L
24	스프링	시중품	1	ø2xø13x40L
23	육각 머리 붙이 볼트	시중품	4	M5x1DL
22	육각 머리 붙이 볼트	시중품	1D	M5x14L
21	육각 머리 붙이 볼트	시중품	3	M5x20L
20	육각 머리 붙이 볼트	시중품	6	M6x15L
19	지그용 너트	시중품	1	M10
18	지그용 너트	시중품	1	M12
17	DU BUSH	한도	2	
16	와서	SM45C	1	
15	LEVEL PAD	SM45C	4	
14	로케이터 패드	SM40C	6	
13	FLAT CLAMP	SM45C	4	
12	안내용 고정 부시	STC5	4	HRC60
11	삽입 부시	STC5	4	HRC60
10	STOPPER	SM45C	1	HRC40
9	GUIDE BAR	SM45C	1	HRC40
8	SUPPORT BOLT	SM45C	2	HRC40
7	WASHER	SM45C	4	HRC40
6	STUD BOLT	SM45C	1	HRC40
5	PLAIN CLAMP	SM45C	1	HRC40
4	LOCATOR	SM45C	1	HRC40
3	BUSH PLATE	SM45C	1	HRC40
2	수직판	SM45C	1	HRC40
1	ANGLE PLATE	SS4D0	1	HRC40
품 번	품 명	재 질	수 량	비 고
과제명	드릴지그	척 도		N S

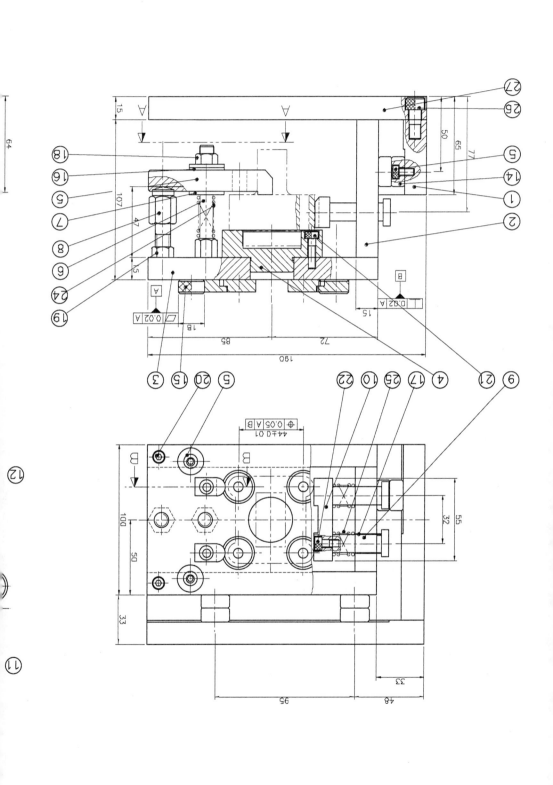

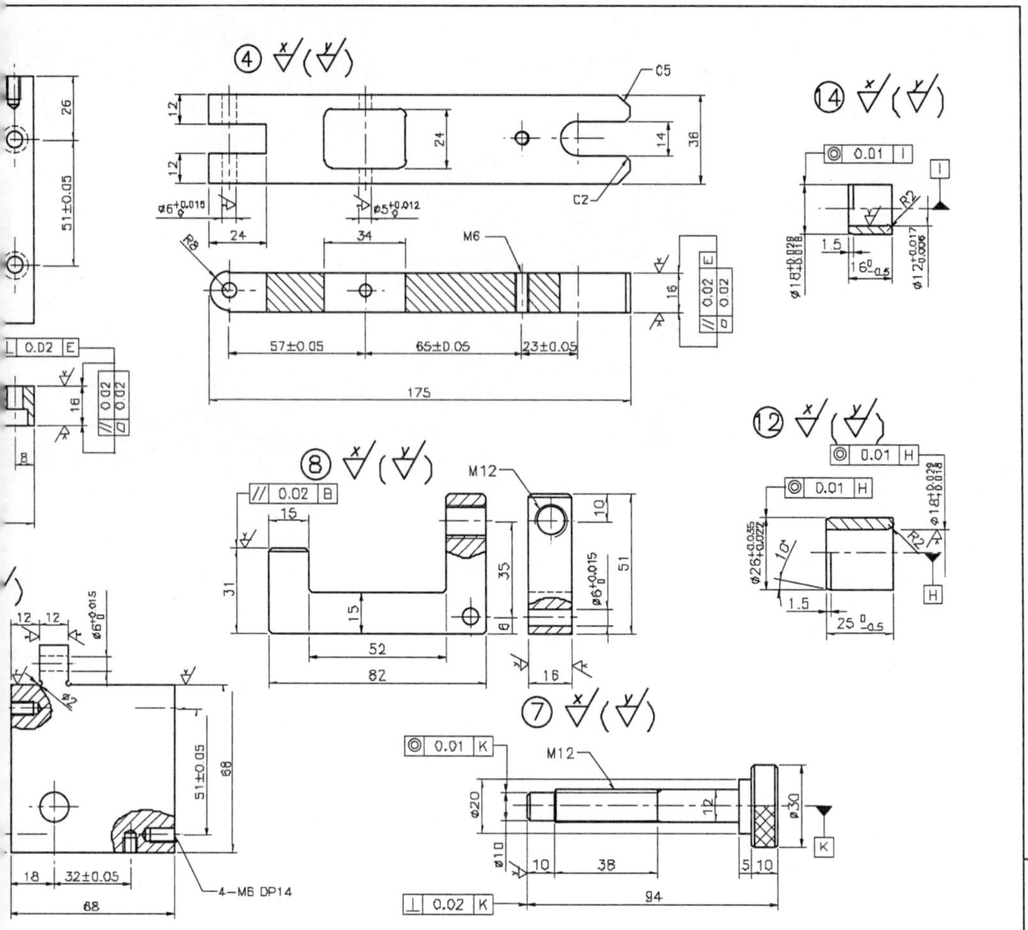

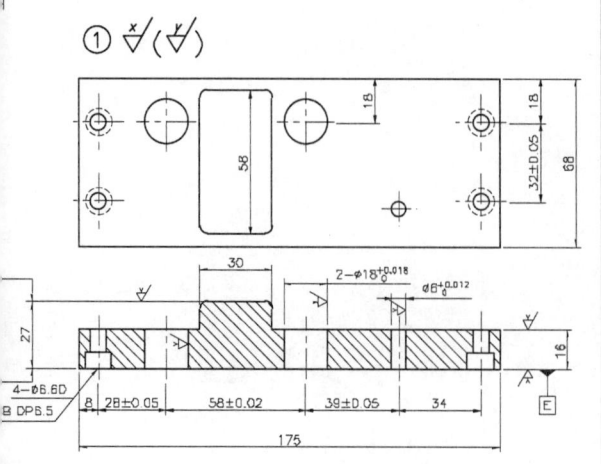

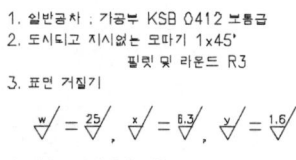

주 서

1. 일반공차 : 가공부 KSB 0412 보통급
2. 도시되고 지시없는 모따기 1x45°
   필릿 및 라운드 R3
3. 표면 거칠기

$$\frac{w}{\nabla} = \frac{25}{\nabla}, \quad \frac{x}{\nabla} = \frac{6.3}{\nabla}, \quad \frac{y}{\nabla} = \frac{1.6}{\nabla}$$

4. 일반 모따기 0.2x45°

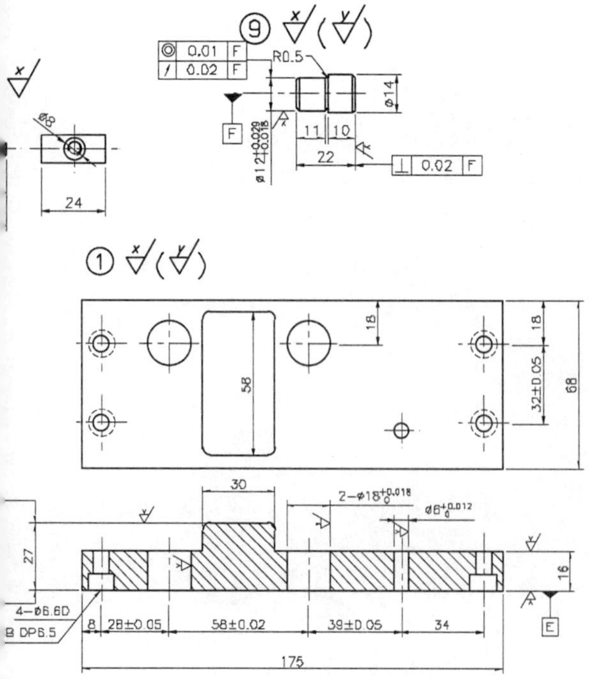

품번	품 명	재 질	수 량	비 고
18	손잡이	규격품	1	
17	BOX JIG 다리	SM45C	8	HRC58
16	덮개조임 볼트	SM45C	1	M6
15	지그용부시멈춤나사	규격품	1	
14	고정부시	규격품	2	
13	회전용 삽입부시	규격품	1	
12	라이너 부시	규격품	1	
11	Epualizer 고정구	SM45C	1	HRC58
10	위치결정핀	STC5	2	HRC58-62
9	위치결정핀	STC5	1	HRC58-62
8	부동 체결구	SM45C	1	
7	클램프	SM45C	1	
6	수직판	SM45C	1	
5	수직판	SM45C	1	
4	BOX JIG 덮개	SM45C	1	
3	수직판	SM45C	1	
2	수직판	SM45C	1	
1	베 미 스	SM45C	1	
과제명	BOX JIG	척 도	N S	

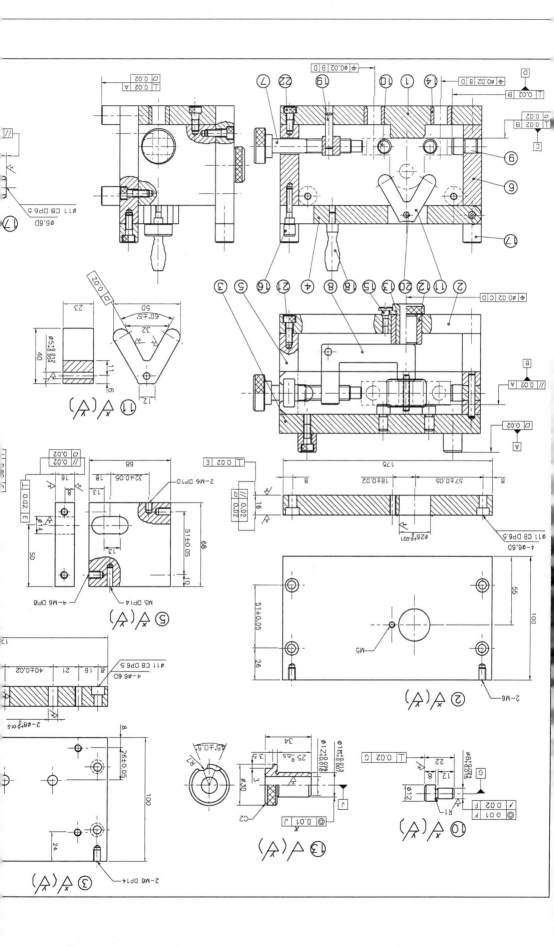

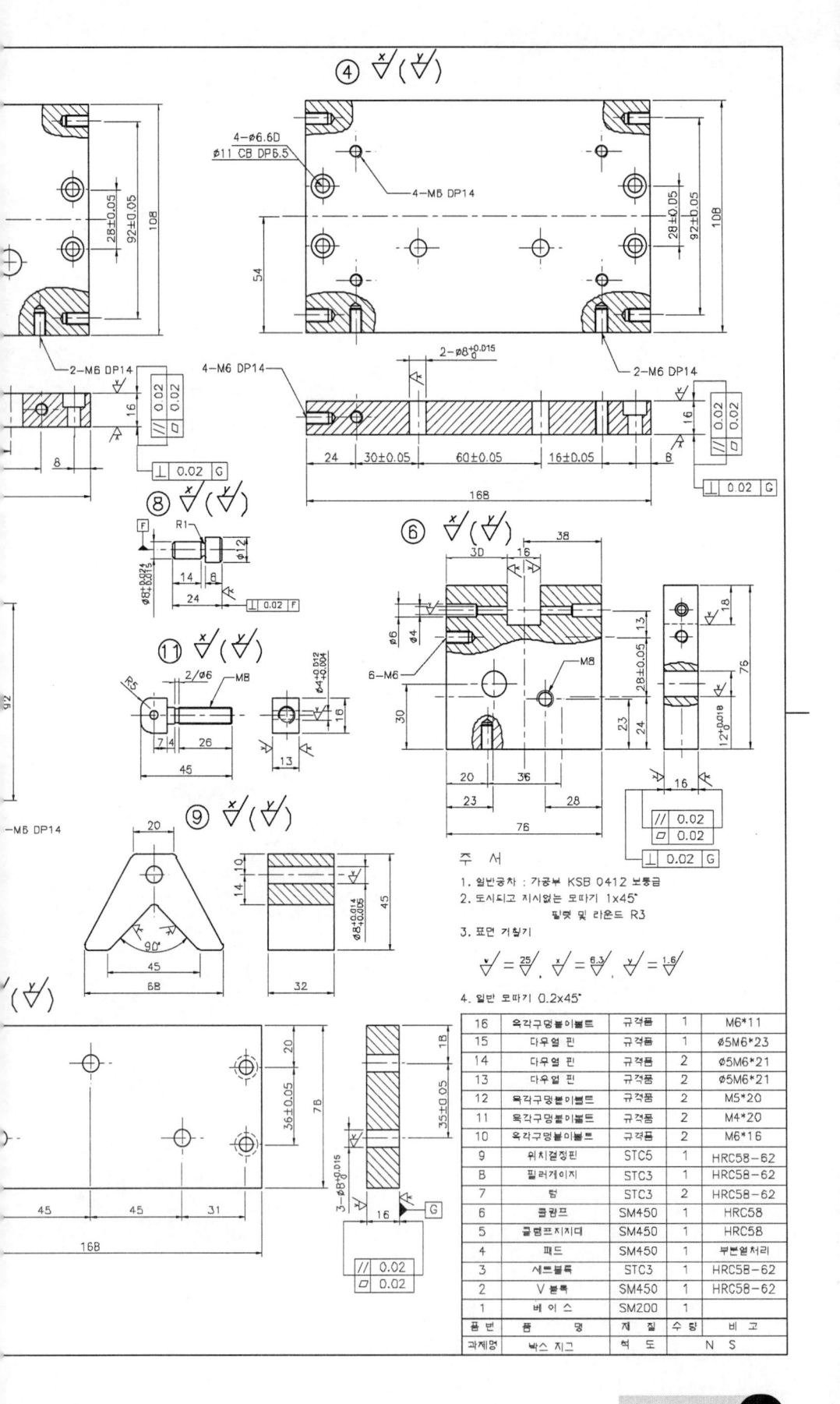

주 서

1. 일반공차 : 가공부 KSB 0412 보통급
2. 도시되고 지시없는 모따기 1x45°
   필렛 및 라운드 R3
3. 표면 거칠기

$$\overset{\text{x}}{\forall} = \frac{25}{\forall}, \quad \overset{\text{y}}{\forall} = \frac{6.3}{\forall}, \quad \overset{\text{z}}{\forall} = \frac{1.6}{\forall}$$

4. 일반 모따기 0.2x45°

16	육각구멍붙이볼트	규격품	1	M6*11
15	다우엘 핀	규격품	1	Ø5M6*23
14	다우엘 핀	규격품	2	Ø5M6*21
13	다우엘 핀	규격품	2	Ø5M6*21
12	육각구멍붙이볼트	규격품	2	M5*20
11	육각구멍붙이볼트	규격품	2	M4*20
10	육각구멍붙이볼트	규격품	2	M6*16
9	위치결정핀	STC5	1	HRC58-62
8	필러게이지	STC3	1	HRC58-62
7	턱	STC3	2	HRC58-62
6	클램프	SM450	1	HRC58
5	클램프지지대	SM450	1	HRC58
4	패드	SM450	1	부분열처리
3	셋트블록	STC3	1	HRC58-62
2	V블록	SM450	1	HRC58-62
1	베 이 스	SM200	1	
품번	품 명	재 질	수량	비 고
과제명	박스 지그	척 도		N S

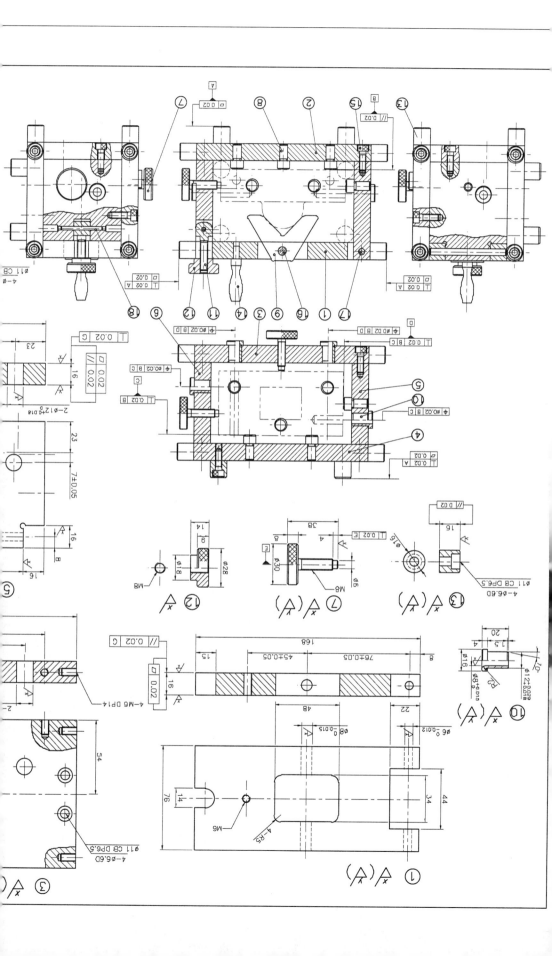

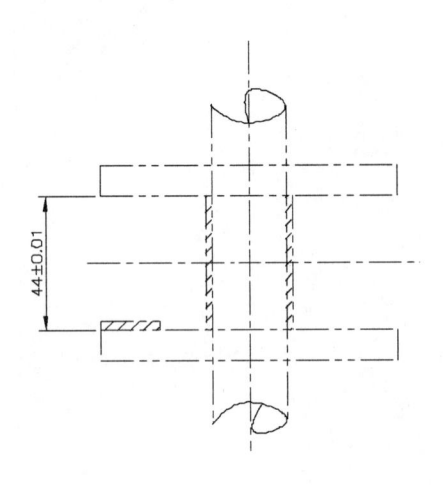

44±0.01

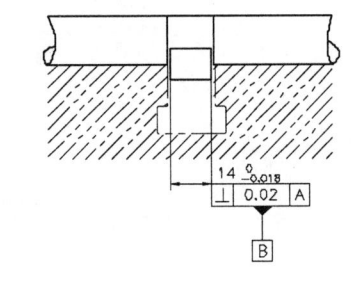

14 $^{0}_{-0.018}$

⊥ | 0.02 | A

B

② $\overset{x}{\forall}$ ($\overset{y}{\forall}$)

주 서

1. 일반공차 : 가공부 KSB 0412 보통급
2. 도시되고 지시없는 모따기 1x45°
   필릿 및 라운드 R3
3. 표면 거칠기

$$\overset{w}{\forall} = \frac{25}{\forall}, \quad \overset{x}{\forall} = \frac{6.3}{\forall}, \quad \overset{y}{\forall} = \frac{1.6}{\forall}$$

4. 일반 모따기 0.2x45°

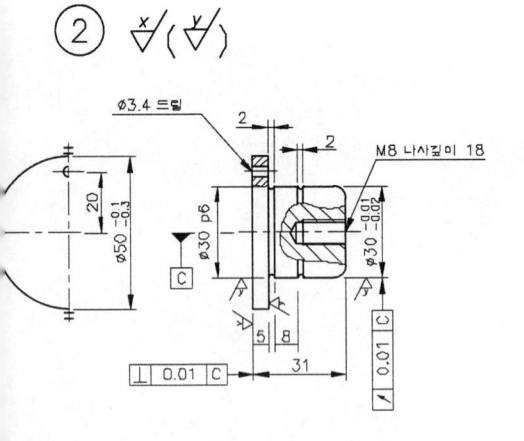

ø3.4 드릴

M8 나사깊이 18

12	맞춤 핀	규 격 품	1	ø3m6x30
11	육각머리붙이 볼트	규 격 품	1	M6 × 1
10	육각머리붙이 볼트	규 격 품	1	M3 × 0.5
9	육각머리붙이 볼트	규 격 품	2	M6 × 1
8	육각머리붙이 볼트	규 격 품	1	M8 × 1.25
7	위치 결정핀	규 격 품	1	ø6용
6	필러 게이지	STC3	1	HRC58
5	C — 와셔	규 격 품	1	M8 용
4	텀	STC3	1	HRC58
3	세트 블록	STC3	1	HRC58
2	위치 결정구	SM45C	1	HRC58
1	베 이 스	SM45C	1	
품 번	품 명	재 질	수 량	비 고
과제명	밀링고정구	척 도		N S

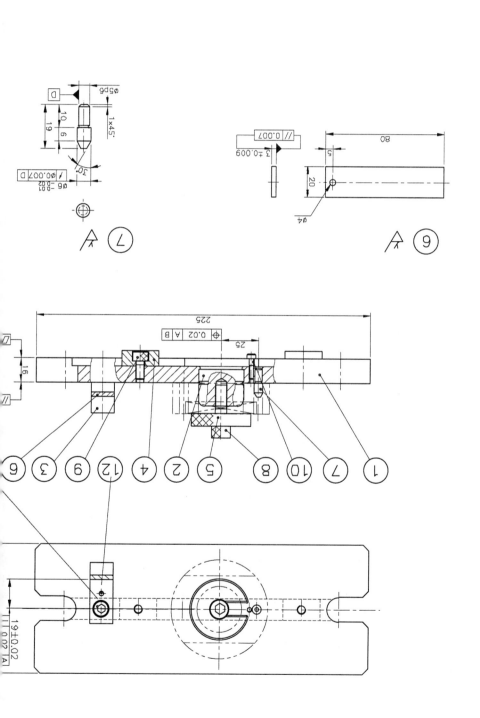

주 서

1. 일반공차 : 가공부 KSB 0412 보통급
2. 도시되고 지시없는 모따기 1x45°
   필렛 및 라운드 R3
3. 표면 거칠기

$$\frac{w}{\nabla} = \frac{25}{\nabla}, \quad \frac{x}{\nabla} = \frac{6.3}{\nabla}, \quad \frac{y}{\nabla} = \frac{1.6}{\nabla}$$

4. 일반 모따기 0.2x45°
5. 용접 후 내부 응력을 제거하고 가공할 것.

13	육각 홈붙이 볼트	표 준 품	2	M6 지그용
12	플런지 너트	표 준 품	1	M8 지그용
11	스 프 링	표 준 품	1	
10	핀	SM 45C	2	HRC50~55
9	필러 게이지	STC3	1	HRC58~62
8	위치 결정판	STC3	1	HRC58~62
7	위치 결정판	STC3	1	HRC58~62
6	스트랩 받침 볼트	SM30C	1	
5	스터드 볼트	SM30C	1	
4	스트랩 클램프	SM45C	1	HRC 45
3	보 강 판	SM25C	1	
2	수 직 판	SM45C	1	HRC 45
1	베 이 스	SM25C	1	
품 번	품 명	재 질	수 량	비 고

과제명	밀링 고정구	척 도	N S

척도 2:1

척도 2:1

척도 4:1

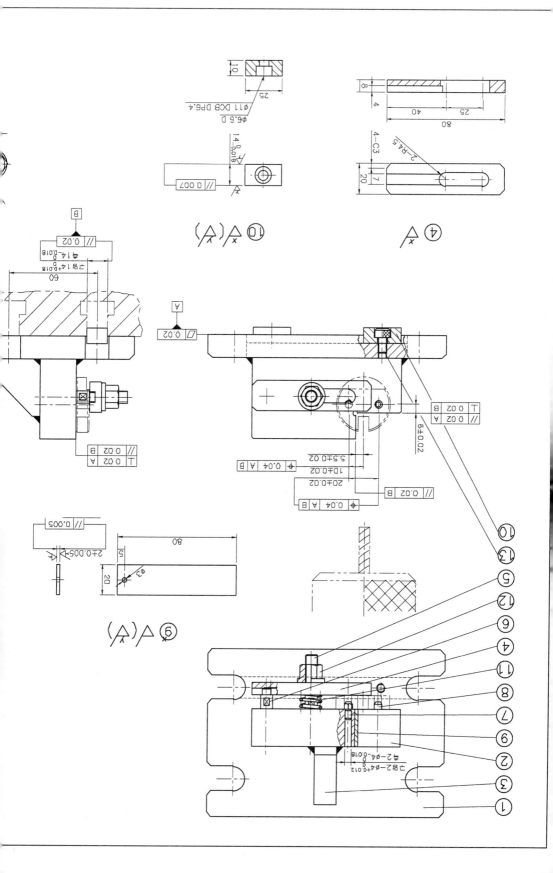

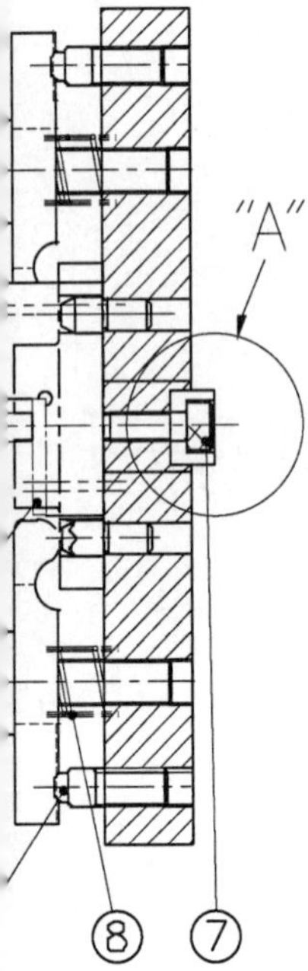

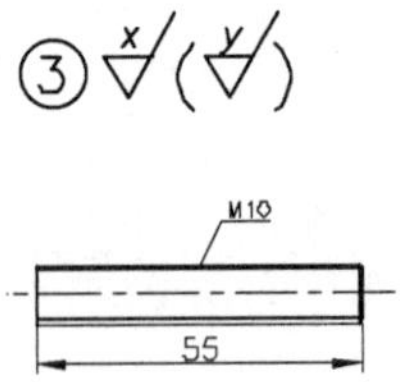

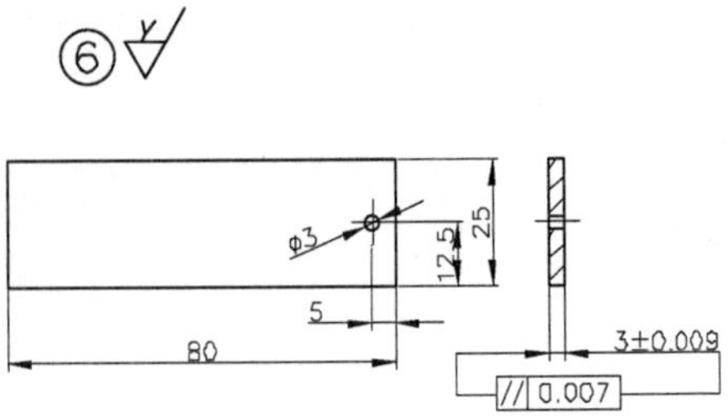

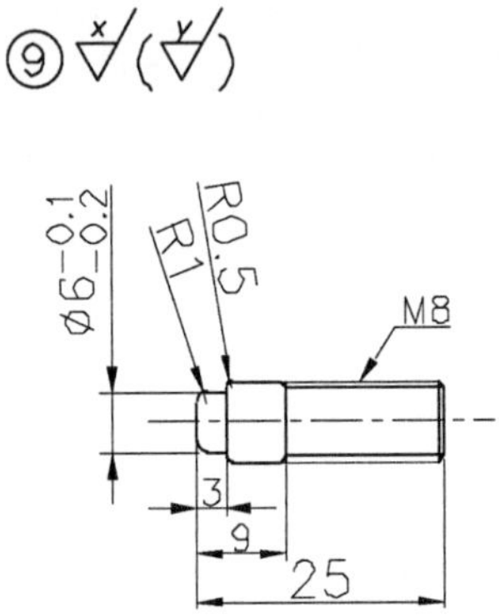

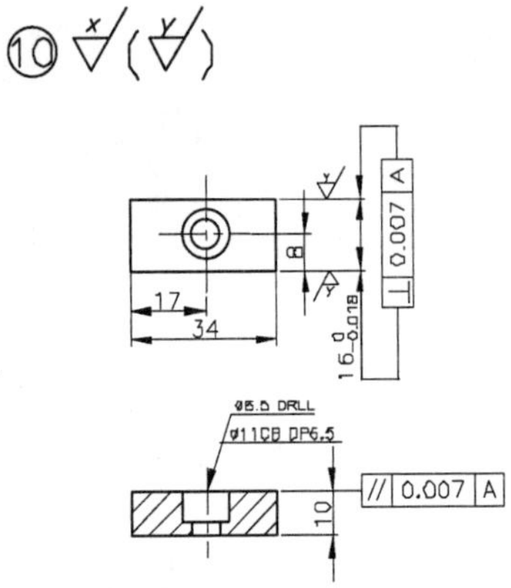

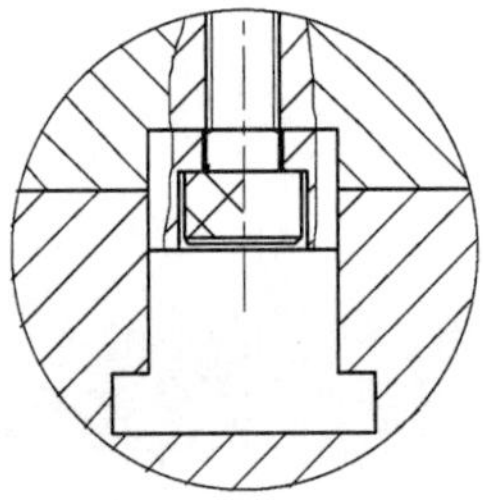

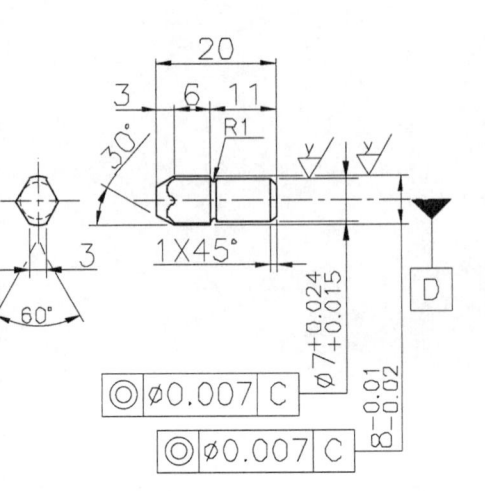

③ $\overset{x}{\vee}(\overset{y}{\vee})$

M10
55

⑥ $\overset{y}{\vee}$

Ø3
12.5
25
5
80
3±0.009
// 0.007

⑨ $\overset{x}{\vee}(\overset{y}{\vee})$

Ø6-0.1/-0.2
R0.5
R1
M8
3
9
25

⑩ $\overset{x}{\vee}(\overset{y}{\vee})$

// 0.007 A
17
34
B
16-0.018
A

Ø5.5 DRLL
Ø11CB DP6.5
10
// 0.007 A

"A"

⑦ ⑧

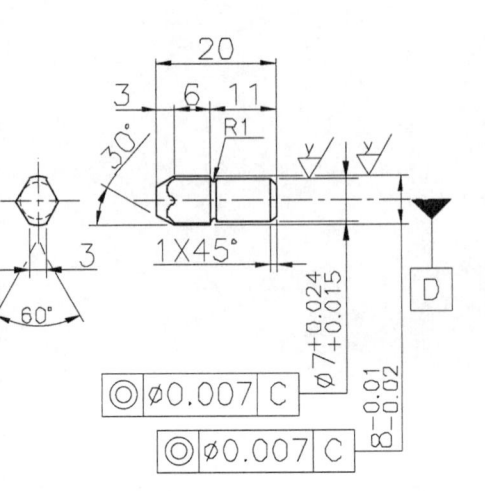

DETAIL "A"

주 서
1. 일반공차 : 가공부 KSB D412 보통급
2. 도시되고 지시없는 모따기 1x45°
          필릿 및 라운드 R3
3. 표면 거칠기

$$\overset{w}{\vee} = \frac{25}{}, \quad \overset{x}{\vee} = \frac{6.3}{}, \quad \overset{y}{\vee} = \frac{1.6}{}$$

4. 일반 모따기 0.2x45°
5. ──── 열처리 (품번 4)
          HRC55±2, DP:0.8±0.2

⑫ $\overset{x}{\vee}(\overset{y}{\vee})$

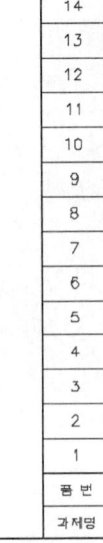

20
3 6 11
30°
R1
1X45°
3
60°
Ø7 +0.024/+0.015
8 -0.01/-0.02
◎ Ø0.007 C
◎ Ø0.007 C
D

14	맞춤핀	STC3	2	HRC60~65
13	육각머리 붙이볼트	SM45C	2	M5X35
12	위치 결정핀	STC5	1	HRC55~60
11	위치 결정핀	STC5	1	HRC55~60
10	링	STC3	2	
9	지지대 볼트	SM45C	2	
8	스프링	PW2	2	
7	육각머리 붙이볼트	STC3	2	M6X23
6	필러 게이지	STC3	2	HRC58~62
5	세트 블록	STC3	1	HRC58~62
4	지그용 육각 너트	SM45C	2	HRC25~30
3	스터드 볼트	SM45C	2	M10X55
2	스트랩 클램프	SM45C	2	
1	베 이 스	SB41	1	
품 번	품 명	재 질	수 량	비 고
과제명	밀링고정구	척 도		N S

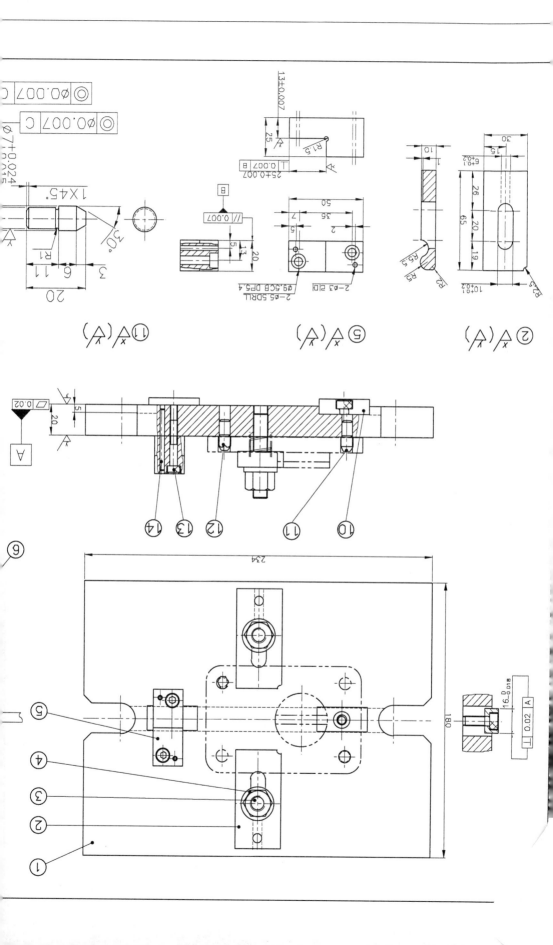

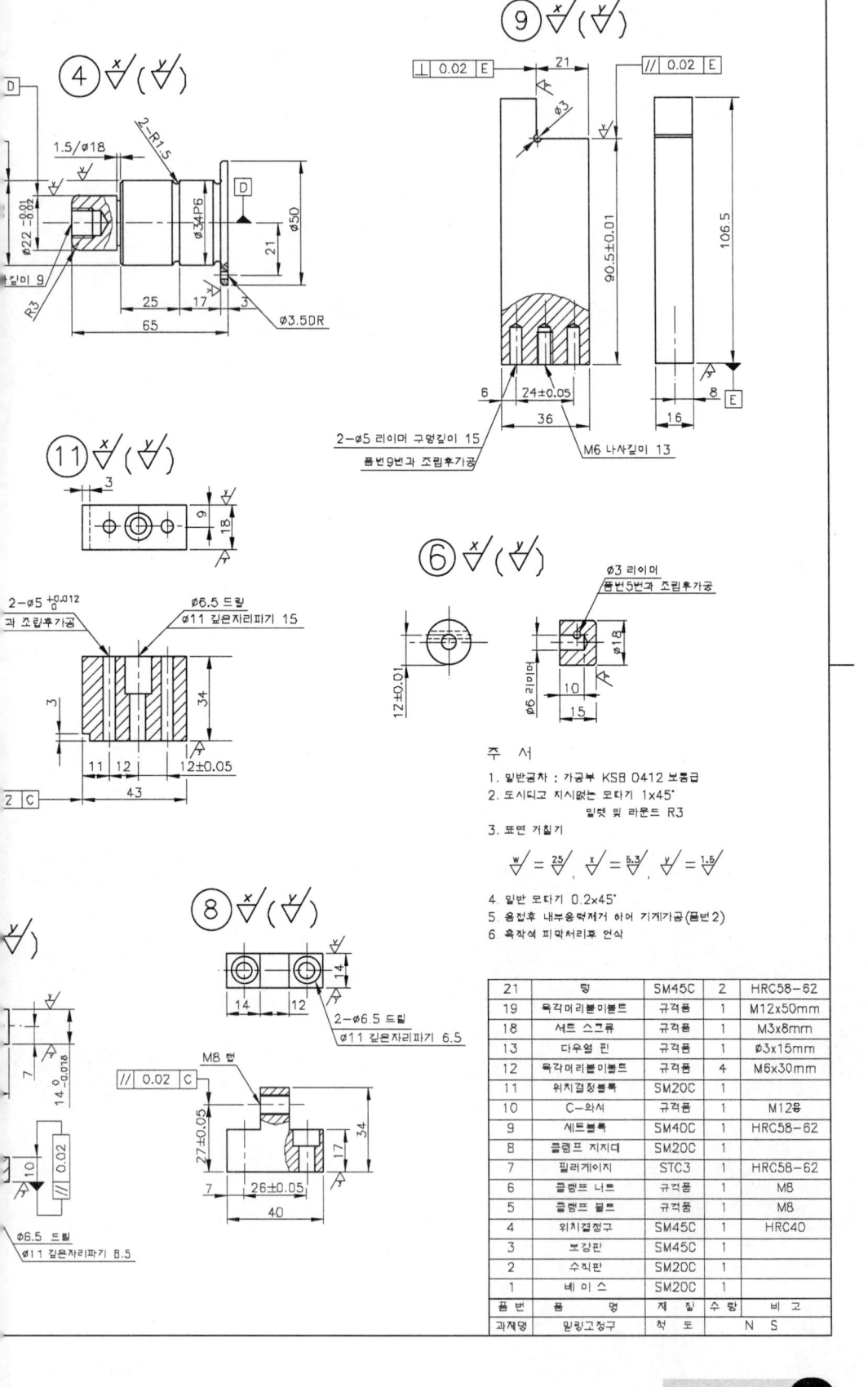

주 서

1. 일반공차 : 가공부 KSB 0412 보통급
2. 도시되고 지시없는 모따기 1x45°
   필렛 및 라운드 R3
3. 표면 거칠기

$$\frac{w}{\sqrt{}} = \frac{25}{\sqrt{}} \qquad \frac{x}{\sqrt{}} = \frac{6.3}{\sqrt{}} \qquad \frac{y}{\sqrt{}} = \frac{1.6}{\sqrt{}}$$

4. 일반 모따기 0.2x45°
5. 용접후 내부응력제거 하여 기계가공(품번2)
6. 흑착색 피막처리후 인삭

21	핑	SM45C	2	HRC58-62
19	육각머리볼트	규격품	1	M12x50mm
18	셋트 스크류	규격품	1	M3x8mm
13	다우얼 핀	규격품	1	Ø3x15mm
12	육각머리볼트	규격품	4	M6x30mm
11	위치결정블록	SM20C	1	
10	C-와셔	규격품	1	M12용
9	셋트블록	SM40C	1	HRC58-62
8	클램프 지지대	SM20C	1	
7	필러게이지	STC3	1	HRC58-62
6	클램프 너트	규격품	1	M8
5	클램프 볼트	규격품	1	M8
4	위치결정구	SM45C	1	HRC40
3	보강판	SM45C	1	
2	수직판	SM20C	1	
1	베이스	SM20C	1	
품 번	품 명	재 질	수 량	비 고
과제명	밀링고정구	척 도	N	S

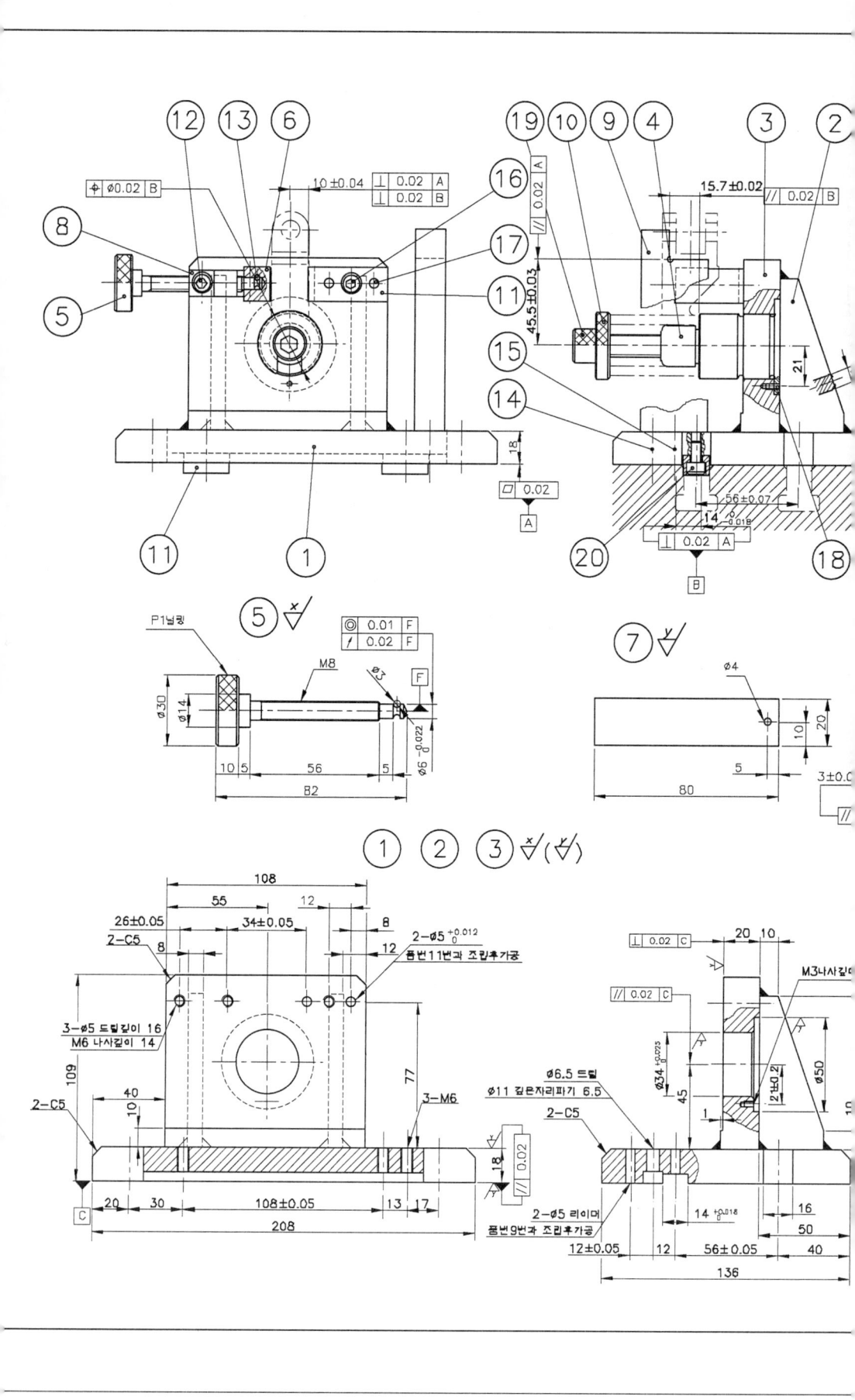

② X̌(V̌)

C3

Ø26
Ø30₋₀.₀₂

/ Ø0.005 G

Ø10.2 D/R DP17
M12 TAP DP14

③ X̌(V̌)

// 0.005 H

⊥ 0.005 H

18
Ø3

76.5
61.5±0.04

Ø4 REAMER DP12
조립 후 동시가공

15

H

17
30

Ø4.1 D/R DP12
M5 TAP DP10

⑫ X̌(V̌)

10
20

8

80

3±0.01

// 0.005

⑤ X̌(V̌)

Ø6.6
6.5
10

Ø11
25

14₋₀.₀₁B

// 0.007

26±0.01

26

A

⊥ 0.02 A
// 0.02 B

C

⌖ Ø0.02 C D E

F

Ø30₊₀.₀₂₁
Ø44±0.1

18

1

0.018

(16)

35

60±0.15

140

주 서

1. 용접 후 응력 제거 및 기계 가공 (품번 1)
2. 기능 작동 부위 제외하고 흑착색 가함
3. ——— 열처리 (품번 2,3)
   HRC60±2, DP:0.6±0.2
4. 일반공차 : 가공부 KSB 0412 보통급
5. 도시되고 지시없는 모따기 1x45°
   필렛 및 라운드 R3
6. 표면 거칠기

$$\sqrt[w]{} = \frac{25}{} , \quad \sqrt[x]{} = \frac{6.3}{} , \quad \sqrt[y]{} = \frac{1.6}{}$$

7. 일반 모따기 0.2x45°

12	필러 게이지	STC 3	1	HRC58-62
11	세트 스크류	표준품	1	M3x8
10	맞춤 핀	표준품	1	Ø5p6x25
9	육각 홈붙이 볼트	표준품	2	M5x30
8	육각 홈붙이 볼트	표준품	2	M6x15
7	C 와셔	SS 41	1	
6	육각 홈붙이 볼트	표준품	1	M12x45
5	스프링 플런저	표준품	4	EH 2203. 112
4	렁	STC3	2	HRC58-62
3	세트 블록	SM45C	1	
2	로케이터	SM45C	1	
1	본 체	SM25C	1	
품 번	품 명	재 질	수 량	비 고
과제명	밀링 고정구	척 도	N S	

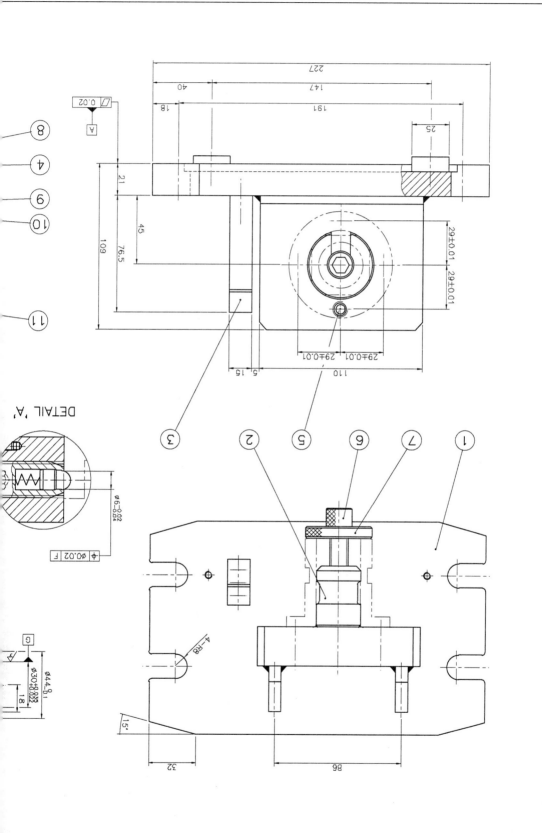

DETAIL 'A'

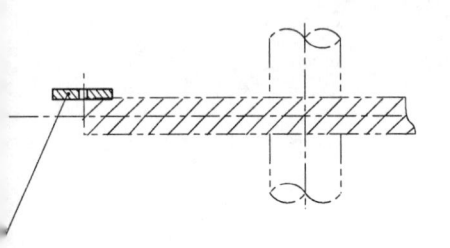

//│0.02│B│   51±0.03   //│0.02│B│
                ⊥│0.02│C│

주.

1. 일반공차 (가) 기계가공 KS B 0112 보통급
           (나) 주　조 KS B 0411 정밀급
2. 지시하지 않은 라운드와 필렛 R1, 모떼기 C1
3. 날카로운 모서리 제거 C0.2~0.5
4. 표면 거칠기

$\forall$ / ~ , $\frac{W}{\forall}$ - 25 , $\frac{X}{\forall}$ - 6.3 $\frac{Y}{\forall}$ - 1.6

5. 에어실린더토글클램프 : AMF제조 6320K
6. 조립후 연삭가공〈품번2〉

① 14$^{+0.018}_{0}$
⑦ 14$^{+0.018}_{0}$

⊥│0.02│A│

B

18	필러게이지	STC3	1	HRC58-62
17	평행핀	시중품	2	φ5X25
16	육각홈볼트	시중품	2	M5X18
15	평행핀	시중품	2	φ6X25
14	육각홈볼트	시중품	1	M6X25
13	평행핀	시중품	2	φ6X25
12	육각홈볼트	시중품	2	M6X17
11	육각홈볼트	시중품	2	M6X14
10	세트스크류	시중품	2	M4X9
9	육각홈볼트	시중품	5	M4X8
8	육각홈볼트	시중품	2	M5X45
7	핑	STC3	2	HRC58-62
6	토글지지대	SM20C	1	
5	에어실린더토글클램프	시중품	1	
4	로케이터	STC5	1	HRC58-62
3	V-블록	SM45C	1	HRC58-62
2	세트블록	STC3	1	HRC58-62
1	베이스	SM25C	1	HRC58
품 번	품　　명	재 질	수 량	비 고
과제명	밀링 고정구	척 도		N S

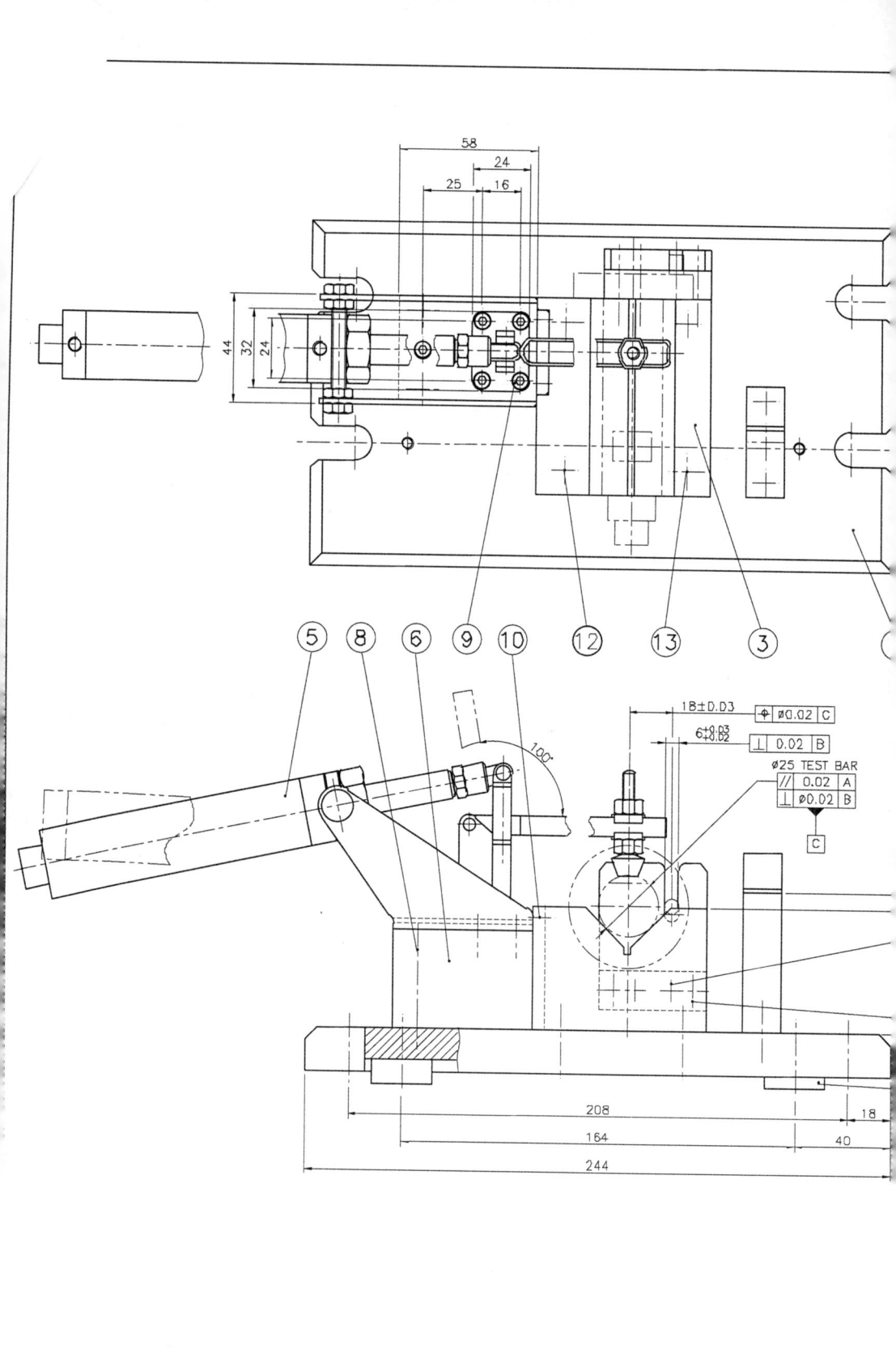

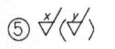
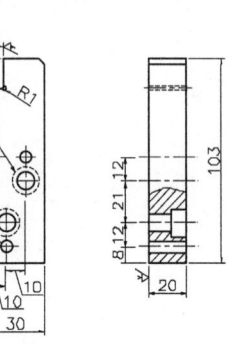

⑤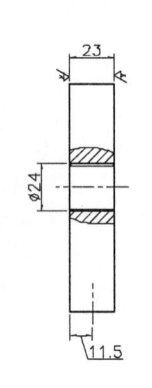

②

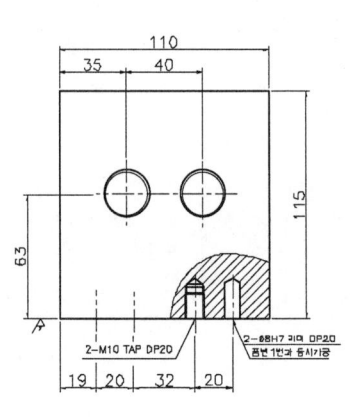

110
35 40
Ø24
23
63
115
11.5
19 20 32 20

2-M10 TAP DP20
2- 8H7 리머 DP20
품번 1번과 동시가공

⑮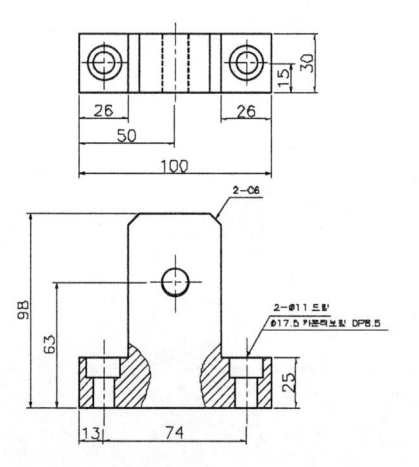

26 26
50
100
15 30

⑯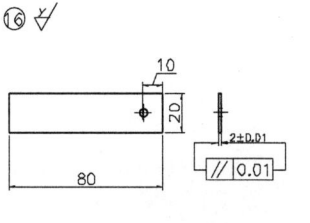

10
20
80
2±0.01
// 0.01

2-Ø6
98
63
25
13 74
2-Ø11 드릴
Ø17.5 카운터보링 DP8.5

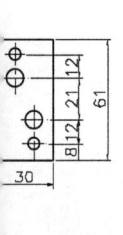
8 12 21 12
61
30

주서

1. 동시가공시 주의
2. 일반공차 : 가공부 KSB 0412 보통급
3. 흑착색 피막처리후 연삭
4. 열처리 HRC 60이상(품번1,2,4)
5. 도시되고 지시없는 모따기 1X45°
6. 일반 모따기 0.2X45°
7. 표면 거칠기

⑰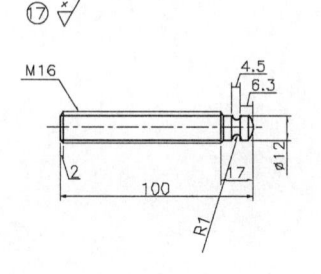

M16
4.5
6.3
Ø12
2
100
17
R1

17	클램핑 나사	SM45C	1	
16	필러 게이지	STC3	1	
15	클램프 지지대	SM45C	1	
14	평행핀	모른품	2	Ø6X15
13	육각홈붙이 볼트	규격품	2	M8X15
12	육각구멍붙이 볼트	모른품	6	M10X20
11	평행핀	모른품	4	Ø8X30
10	육각붙이 볼트	규격품	2	M6X15
9	따어붙 링	STC3	2	
8	손잡이	STC3	1	
7	꽂힘 핀	규격품	2	Ø3X20
6	클램핑 나사보호대	규격용	1	
5	셋트 블럭	STC3	1	
4	V블럭	SN20C	1	
3	스므링 플런저	규각품	1	
2	수 직 판	SN20C	1	
1	베 이 스	SN20C	1	
품 번	품 명	재 질	수 량	비 고
과제명	밀링 고정구	척 도		1:1

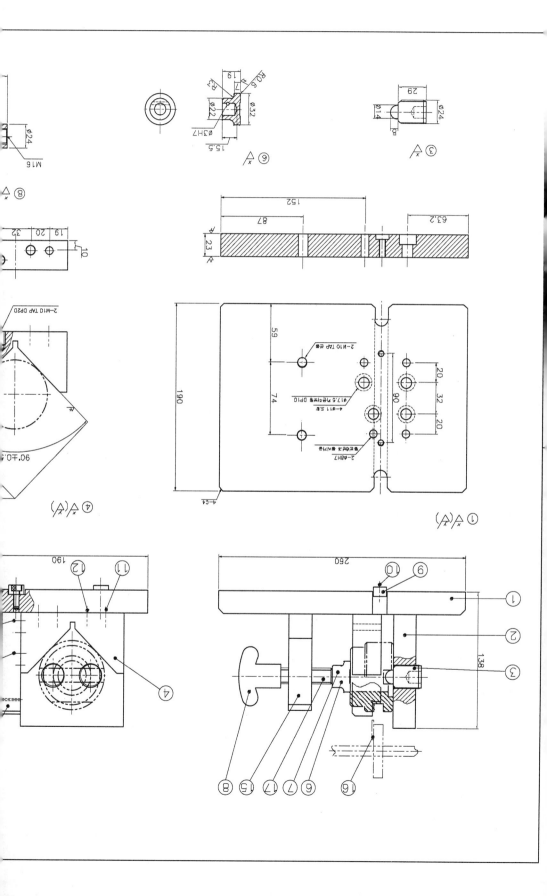

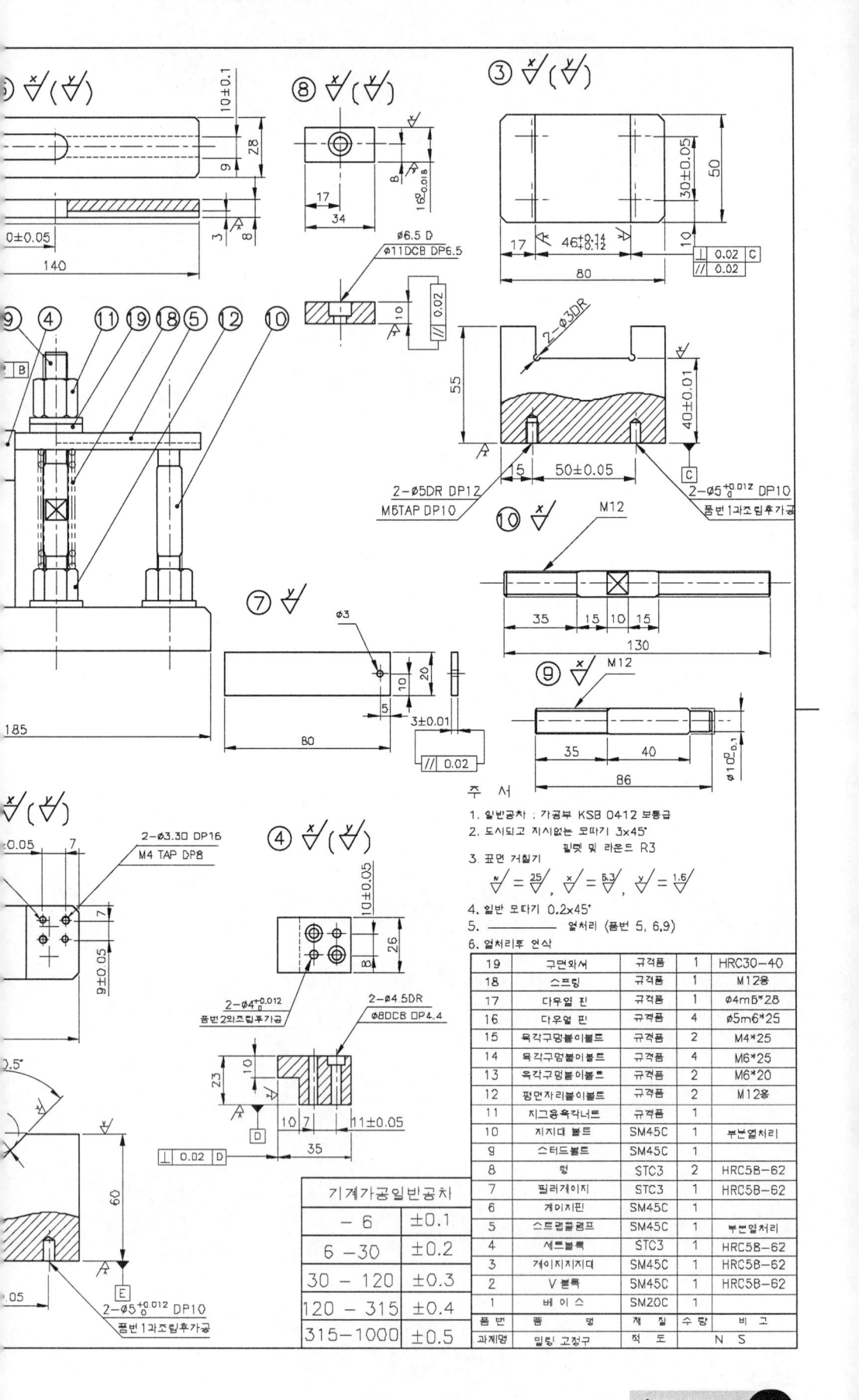

주 서

1. 일반공차 ; 가공부 KSB 0412 보통급
2. 도시되고 지시없는 모따기 3×45°
   필렛 및 라운드 R3
3. 표면 거칠기

$$\overset{N}{\forall} = \frac{25}{\forall}, \quad \overset{x}{\forall} = \frac{6.3}{\forall}, \quad \overset{y}{\forall} = \frac{1.6}{\forall}$$

4. 일반 모따기 0.2×45°
5. ──── 열처리 〈품번 5, 6,9〉
6. 열처리후 연삭

19	구면와셔	규격품	1	HRC30~40
18	스프링	규격품	1	M12용
17	다우얼 핀	규격품	1	Ø4m6*28
16	다우얼 핀	규격품	4	Ø5m6*25
15	육각구멍붙이볼트	규격품	2	M4*25
14	육각구멍붙이볼트	규격품	4	M6*25
13	육각구멍붙이볼트	규격품	2	M6*20
12	평면자리붙이볼트	규격품	2	M12용
11	지그용육각너트	규격품	1	
10	지지대 볼트	SM45C	1	부분열처리
9	스터드볼트	SM45C	1	
8	팅	STC3	2	HRC58~62
7	필러게이지	STC3	1	HRC58~62
6	게이지핀	SM45C	1	
5	스트랩클램프	SM45C	1	부분열처리
4	셋트블록	STC3	1	HRC58~62
3	게이지지지대	SM45C	1	
2	V블록	SM45C	1	HRC58~62
1	베이스	SM20C	1	
품번	품 명	재 질	수 량	비 고
과제명	밀링 고정구	척 도		N S

기계가공일반공차	
– 6	±0.1
6 –30	±0.2
30 – 120	±0.3
120 – 315	±0.4
315–1000	±0.5

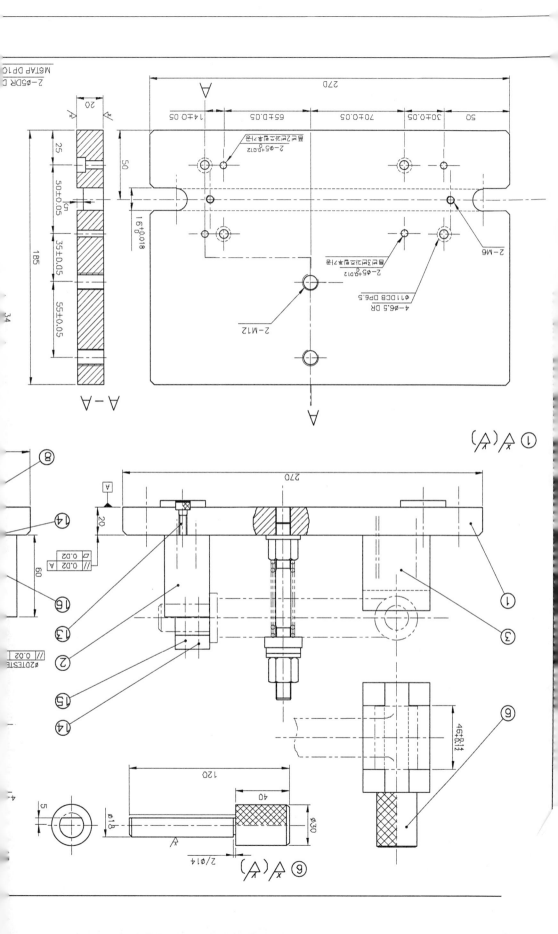

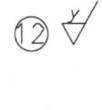

⑫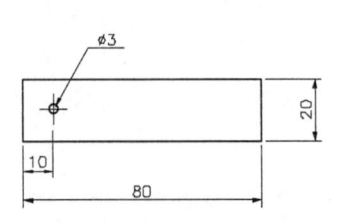

ø3

3±0.01

// 0.01

20

10

80

④

⑨

⑥

50

36.2

21

// 0.02

A

⑧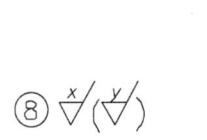

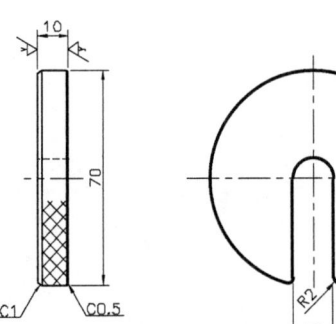

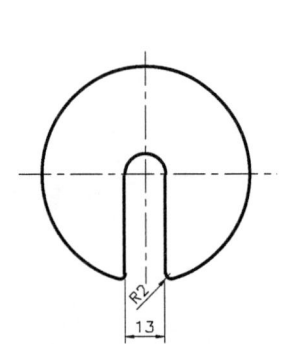

10

70

C1   C0.5

R2

13

⑤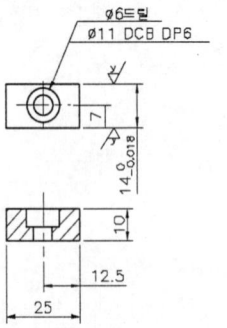

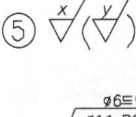

ø6드릴
ø11 DCB DP6

7

14 0 -0.018

10

12.5

25

10

주 서

1. 용접후 잔류 응력 저거하여 기계가공 (품번 2)
2. 일반공차 : 기계 가공 ±0.1
3. 흑착색 미막처리 (품번 1,2,3,4,5,6)
4. 열처리 로크윌 경도 (HRC 50 이상)
5. 표시되지 않은 모따기 1x45°
6. 일반 모따기 0.2x45°
7. 표면 거칠기

$\bigtriangledown = \sim$, $\overset{w}{\bigtriangledown} = 25$, $\overset{x}{\bigtriangledown} = 6.3$, $\overset{y}{\bigtriangledown} = 1.6$

11	육각머리볼이볼트	규격품	2	M6
10	육각머리볼이볼트	규격품	1	M16
9	잠금너트	SM45C	1	SS450
8	C 와셔	SS400	1	HRC58
7	스프링플런저	규격품	1	EH 2203
6	인덱스플런저	규격품	1	EH 2212
5	링	STC3	2	HRC40-50
4	플런저지지대	SM25C	1	HRC58
3	로케이터	STC3	1	HRC58-62
2	수 직 판	SM20C	1	
1	베 이 스	SM20C	1	
품번	품 명	재 질	수 량	비 고
과제명	밀링 고정구	척 도		N S

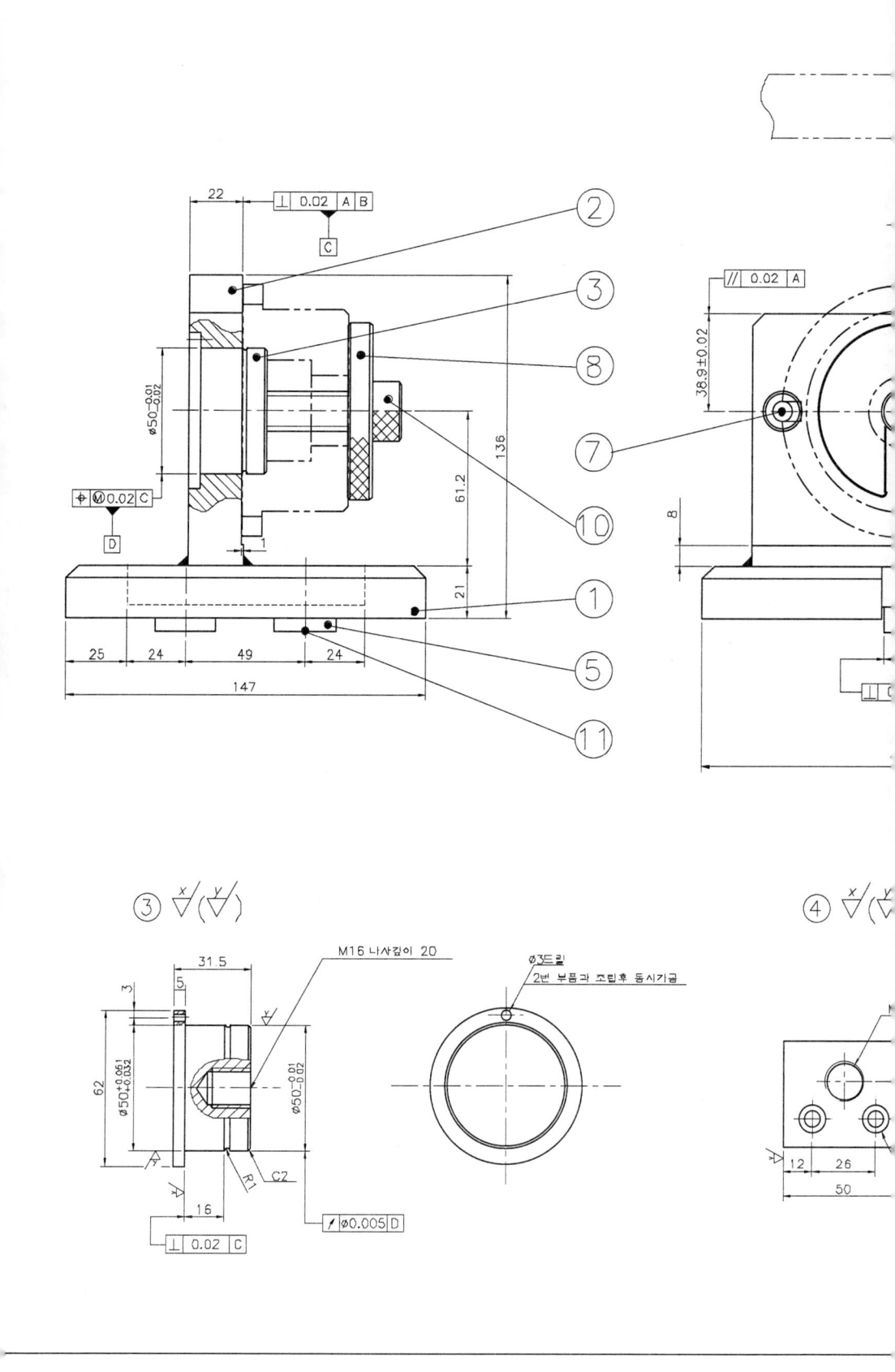

22

⊥ | 0.02 | A | B
C

⌀50⁻⁰·⁰¹₋₀.₀₂

⊕ | ⊕0.02 | C
D

1

25 24 49 24

147

136

61.2

21

② ③ ⑧ ⑦ ⑩ ① ⑤ ⑪

// | 0.02 | A

38.9±0.02

8

③ ⦸ˣ/ʸ (⦸)

3
5
31.5

M16 나사깊이 20

⌀3드릴
2번 부품과 조립후 동시기공

62

⌀50⁺⁰·⁰⁶¹₊₀.₀₃₂

⌀50⁻⁰·⁰¹₋₀.₀₂

R1 C2

16

⊥ | 0.02 | C

⟋ | ⌀0.005 | D

④ ⦸ˣ/(⦸

12 26

50

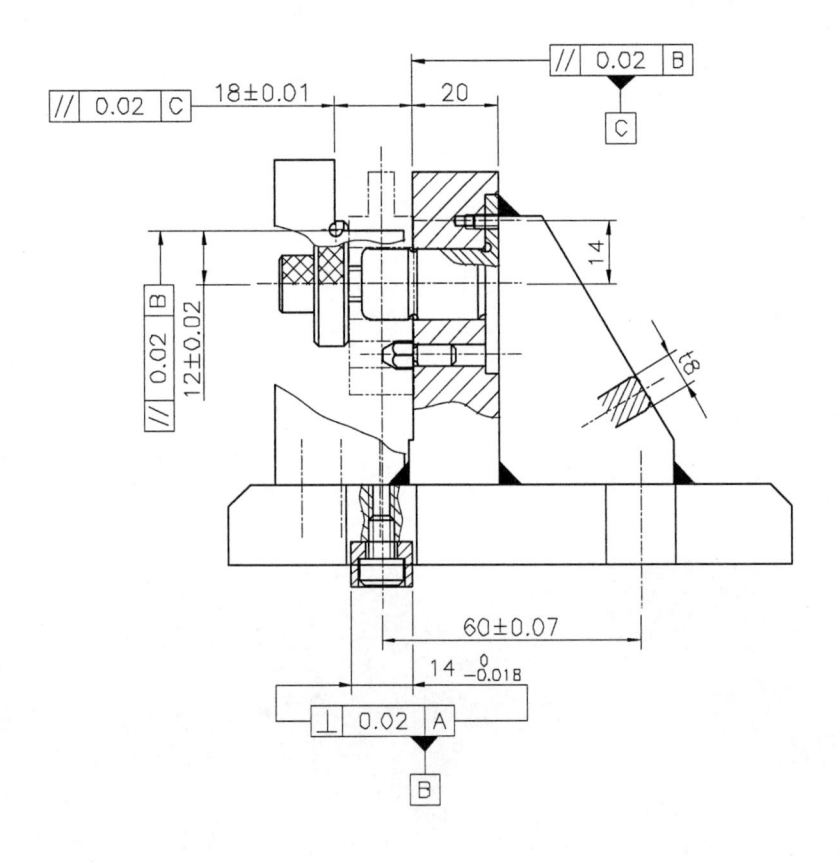

5				
4				
3				
2				
1				
품 번	품 명	재 질	수 량	비 고
과제명		척 도	N	S

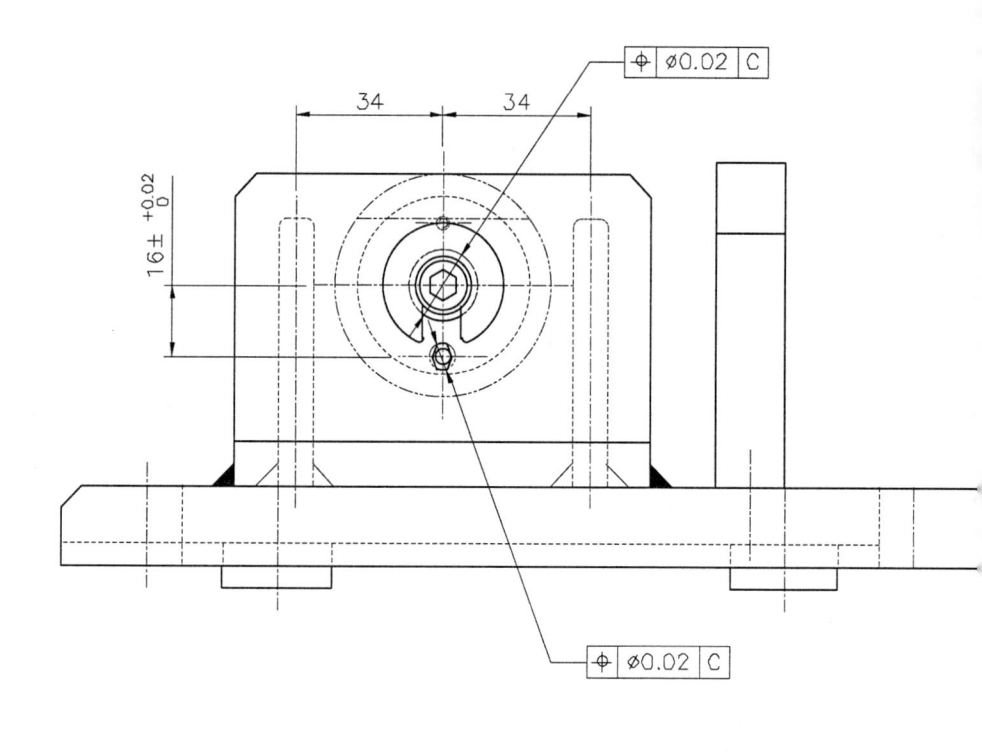

5				
4				
3				
2				
1				
품 번	품 명	재 질	수 량	비 고
과제명		척 도	N	S

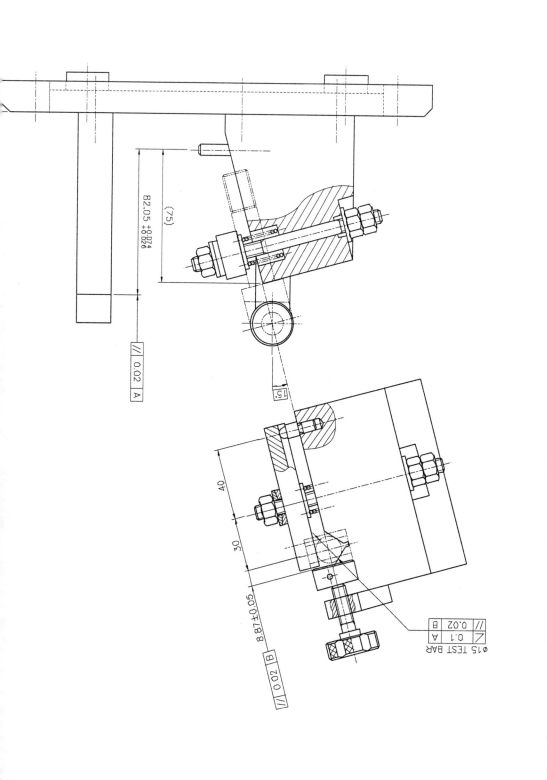

82.05 +0.074 +0.026

(75)

// 0.02 A

15°

40

30

8.87±0.05

B // 0.02

Φ15 TEST BAR

∠	0.1	A
//	0.02	B

φ25 TEST BAR

| // | 0.02 | A | B |

品番	品　名	材　質	수　량	비　고
1				
2				
3				
4				
5				

$14\ ^{0}_{-0.018}$

| ⊥ | 0.02 | A |

B

| ⊥ | 0.02 | A |
| ≡ | 0.02 | B |

$4\ ^{-0.06}_{-0.08}$

| / | 0.02 |

A

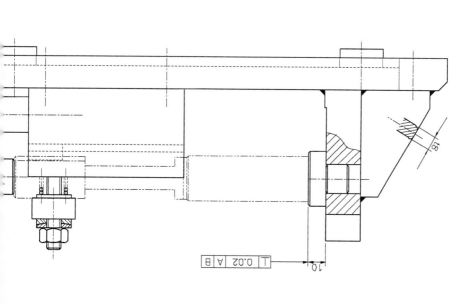
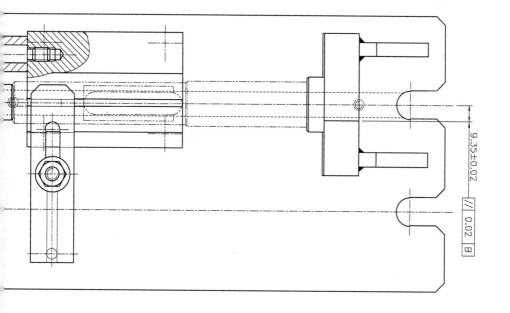

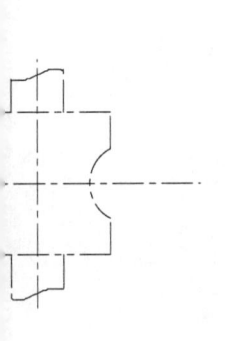

$$\sqrt{} = \frac{25}{\sqrt{}}, \quad \sqrt{} = \frac{6.3}{\sqrt{}}, \quad \sqrt{} = \frac{1.6}{\sqrt{}}$$

주 서

1. 일반공차 : 가공부 KSB 0412 보통급
2. 도시되고 지시없는 모따기 1×45°
　　　　　　　필렛 및 라운드 R3
3. 표면 거칠기

4. 일반 모따기 0.2×45°
5. 에어실린더토글클램프 : AMF제조 NO.1820K

11	필러게이지	STC3	1	HRC58-62
10	육각홈붙이볼트	시중품	2	M6X22
9	육각홈붙이볼트	시중품	4	M4X12
8	평행핀	시중품	2	Ø6X25
7	육각홈붙이볼트	시중품	2	M6X25
6	육각홈붙이볼트	시중품	2	M6X18
5	텅	SM45C	2	HRC58-62
4	토글지지대	SM20C	1	
3	에어실린더토글클램프	시중품	1	
2	V-블록(로케이터)	SM45C	1	HRC58-62
1	베이스	SM20C	1	
품번	품 명	재 질	수량	비 고
과제명	밀링고정구	척 도		N S

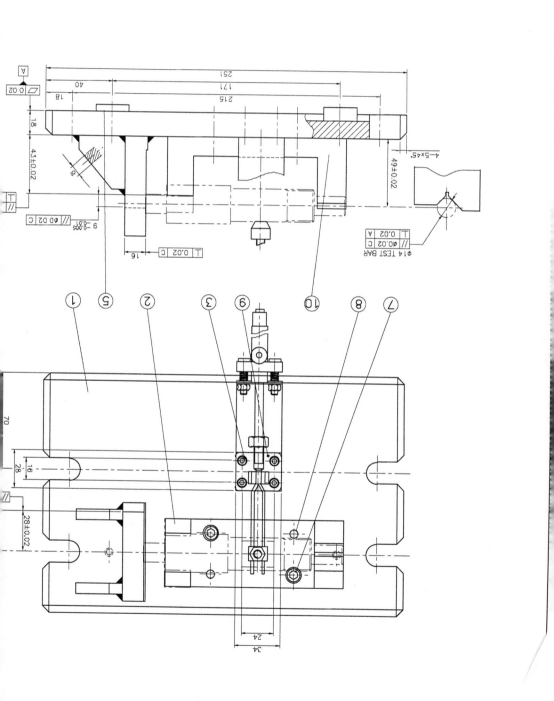

① ⩔̌/(⩔̌)

② ⩔̌/(⩔̌)

2-φ5H7   38   2-φ12H7

4-φ6.5 D
φ11 DCB 4 DP
H

2-φ10.5   38   5-M6

B

φ131
φ114
φ102

⊥ 0.005 B

42

φ100h6
φ112

SECTION B-B

⑤ ⩔̌

2-φ2H7   6   21   M6

13   18
45

⑭ ⩔̌/(⩔̌)

⊥ φ0.007 F
// φ0.007 F
⊥ φ0.007 F

⊥ φ0.007 F   16
φ7.24H7
φ12p6
φ16
F   4
1.5X10°
// 0.005

⑫ ⩔̌/(⩔̌)

2-φ6.5 D
φ11 DCB 4 DP
36
24
C   C
10
8   8

2-φ6.5
φ11CB 4 DP

8   16

// 0.005 C

14H7   30
C

⑧ ⩔̌/(⩔̌)

5   φ11 M6   2-φ5H7
24
14H7   24
22H7
55

SECTION C-C.

23   φ5 H7   φ6h6
φ15
30°
30   3
75
P1 Knurting

주 서
1. 지시하지 않은 모따기 C1
2. 일반 치수 공차는 +0.1
3. 일반 가공 0.02~0.5
3. No2,3,4,11,14 열처리는 침단경화 0.7~1DP
HRC 52=2

15	로케이터 부시	STC5	1	
14	드릴 부시	STC5	2	
13	가 용 심	SM30C	1	
12	고 정 심	SM30C	1	
11	고 정 심	SM30C	1	
10	본체	SM30C	1	
9	핀	SM45C	1	
8	핀	SM45C	1	
7	T 볼트	SM25C	2	M10X35
6	밸런스 웨이트	SM20C	1	
5	볼트	SM20C	1	
4	V형 조오	SM15C	1	
3	V형 조오	SM15C	1	
2	디 스 크	SM15C	1	
1	커 버	SM30C	1	
품번	품 명	재 질	수량	비고
사용기계	드릴링 M/C	제도자		
일 자		승 인		
부품명	SHAFT	척 도		N S
과제명	선반 척고정구	도 번		

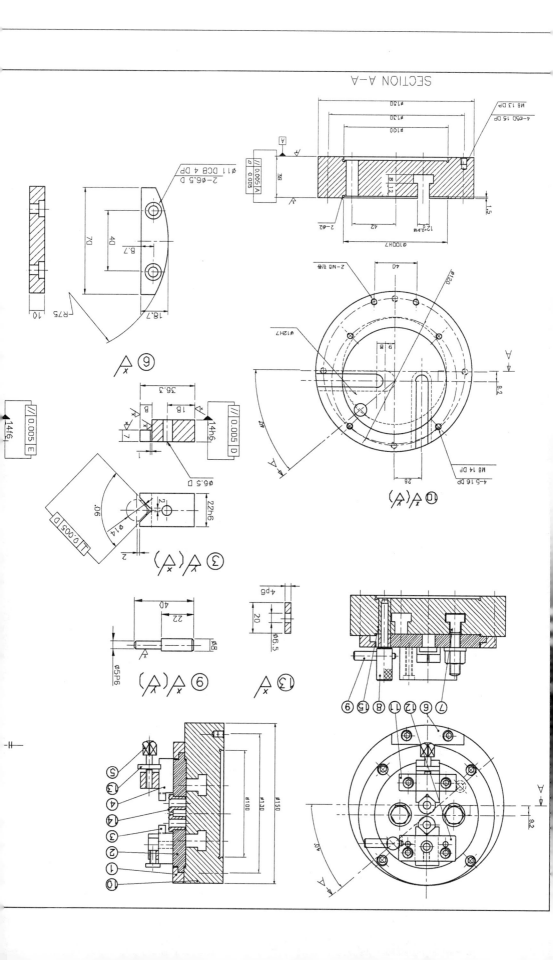

SECTION A-A

주 서

1. 지시없는 그외 라운드는 R5 , 모따기 C1
2. 일반 기계가공부 공차 ±0.1
3. 일반 기계가공부 모따기는 C0.3
4. ~부는 회색 에나멜 도장
5. 열처리부는 HQF(품번 2, 4, 5, 6, 7)
   Hr57D DP 0.7~1

10	MOUNTING BRACKET	SM20C	1	HRC58
9	BRACKET	SM20C	1	HRC58
8	SPACER BLOCK	STC5	1	HRC58
7	STOPPER	SM9CK	1	HRC58
6	BOLT	SM9CK	1	HRC58
5	LOCATE	SM9CK	1	HRC58
4	BOLT	SM9CK	1	HRC58
3	BOLT	SM20C	1	HRC58
2	HOLDER	SC46	1	HRC58
1	BODY	SC46	1	HRC58
품 번	품 명	재 질	수 량	비 고
과제명	선반 면판고정구	척 도		N S

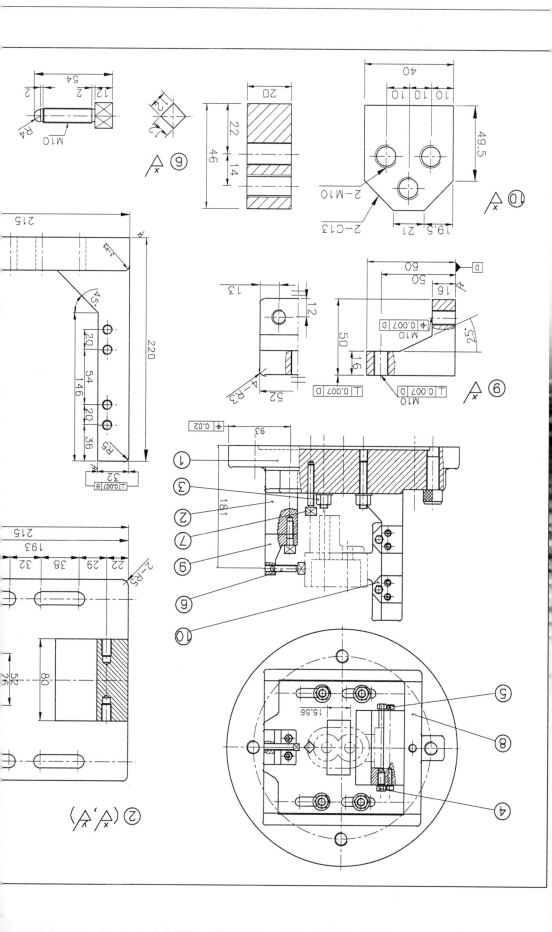

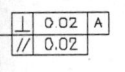

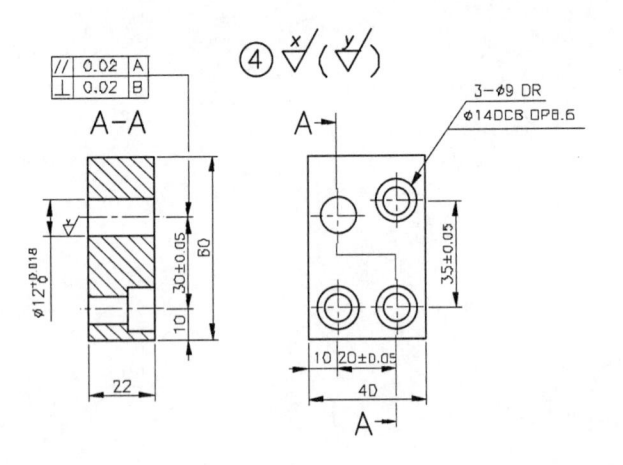

④

A-A

// | 0.02 | A
⊥ | 0.02 | B

3-∅9 DR
∅14DCB DP8.6

$\phi 12^{+0.018}_{0}$

60
30±0.05
10

22

35±0.05

10 | 20±0.05
40

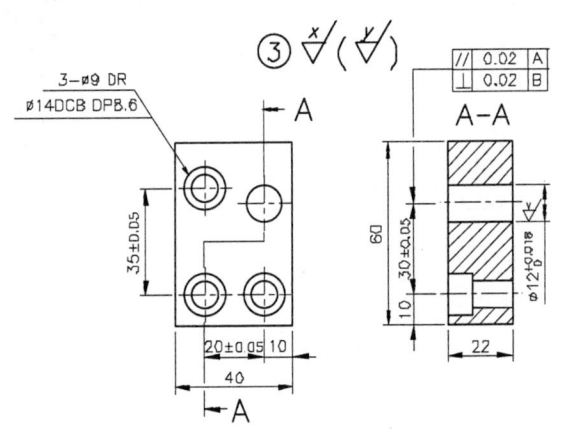

③

3-∅9 DR
∅14DCB DP8.6

35±0.05

20±0.05 | 10
40

// | 0.02 | A
⊥ | 0.02 | B

A-A

60
30±0.05
10

$\phi 12^{+0.018}_{0}$

22

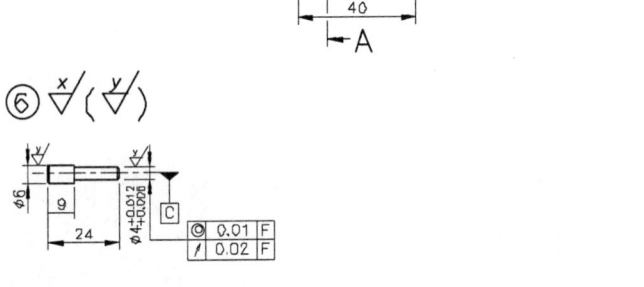

⑥

∅6
9
24
$\phi 4^{+0.012}_{+0.006}$

C

⊚ | 0.01 | F
∕ | 0.02 | F

주 서

1. 일반 가공부 모서리는 C 0.2~C 0.5
2. 지시하지 않은 모서리는 C1
3. 일반공차 = ±0.1
4. 품번 1,2의 열처리는 침탄법 DP ±0.2
   HRC45~50

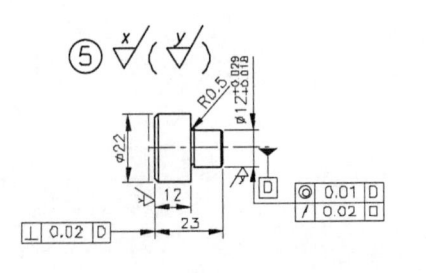

⑤

R0.5
∅22
$\phi 12^{+0.029}_{+0.018}$
12
23

D

⊚ | 0.01 | D
∕ | 0.02 | D

⊥ | 0.02 | D

9	볼트	규격품	2	M6×30
8	볼트	규격품	5	M8×40
7	둥근머리 4각목 볼트	규격품	2	M5×35
6	SPOPPER 2	SM45C	1	
5	STOPPER 1	SM15CK	2	
4	MOUNT	SM30C	1	
3	MOUNT	SM30C	1	
2	SLIDER	SM15CK	1	
1	BODY	SM45C	1	
품번	품 명	재 질	수량	비 고
과제명	보링고정구	척 도	N S	

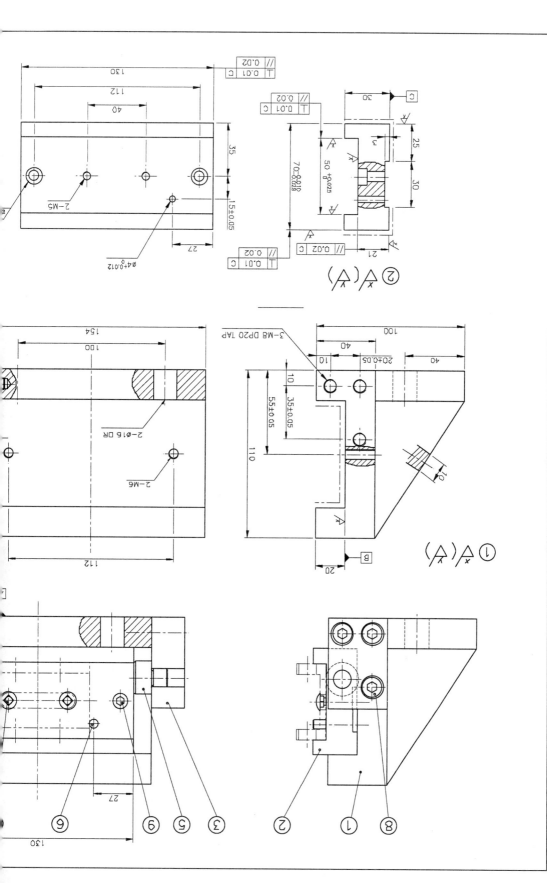

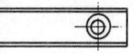

3- ⌀5 DRILL DP 27
3- M6 TAP DP 24

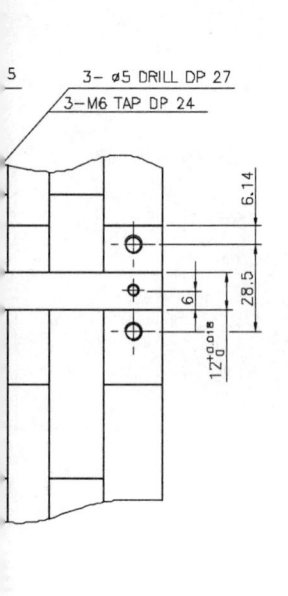

6.14

28.5

6

$12^{+0.018}_{0}$

B

14   $18^{+0.021}_{0}$

17

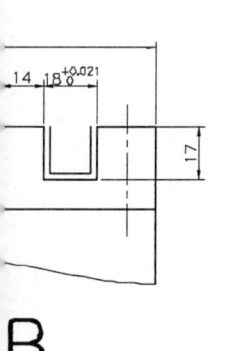

B

① ⩒ (⩒)

74   ⟂ 0.005 B

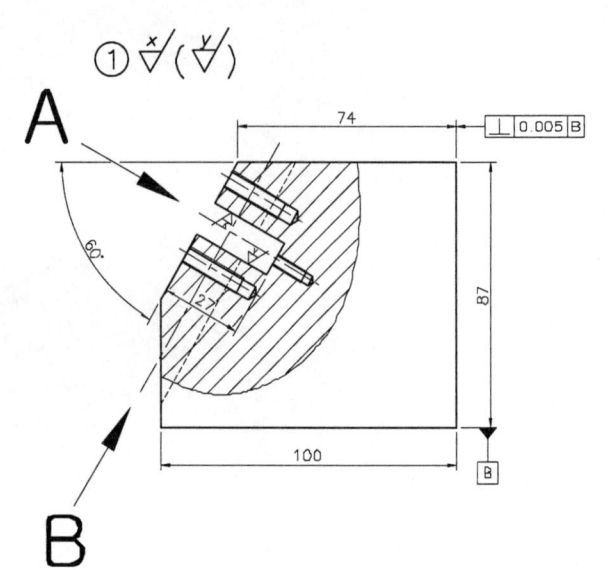

A

60°

27

87

100   B

∠ 0.02 A

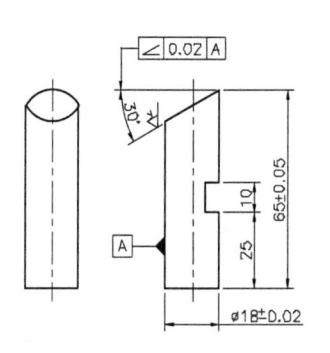

30°

65±0.05

10

25

A

⌀18±0.02

제 품 도

⌀4.5 DRILL
⌀8DCB DP6

$10^{0}_{-0.009}$

15

6

$12^{0}_{-0.018}$

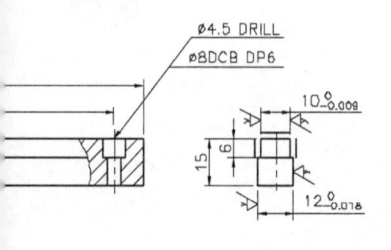

주 서

1. 일반공차 : 가공부 KSB 0412 보통급
2. 도시되고 지시없는 모따기 1x45°
                   필렛 및 라운드 R3
3. 표면 거칠기

$\overset{x}{\triangledown} = \overset{25}{\triangledown}$, $\overset{y}{\triangledown} = \overset{6.3}{\triangledown}$, $\overset{z}{\triangledown} = \overset{1.6}{\triangledown}$

4. 일반 모따기 0.2x45°
5. ——— 열처리 (품번 4)
              HRC55±2, DP:0.8±0 2

6	육각 붙이 볼트	규격품	2	M6 x 1
5	육각 붙이 볼트	규격품	1	M4 x 0.7
4	LOCATE	SM45C	1	HRC58
3	플레이트 2	SM45C	1	HRC58
2	플레이트 1	SM45C	1	HRC58
1	몸 체	SM45C	1	HRC58
품 번	품 명	재 질	수 량	비 고
과제명	연삭 지그	척 도		N S

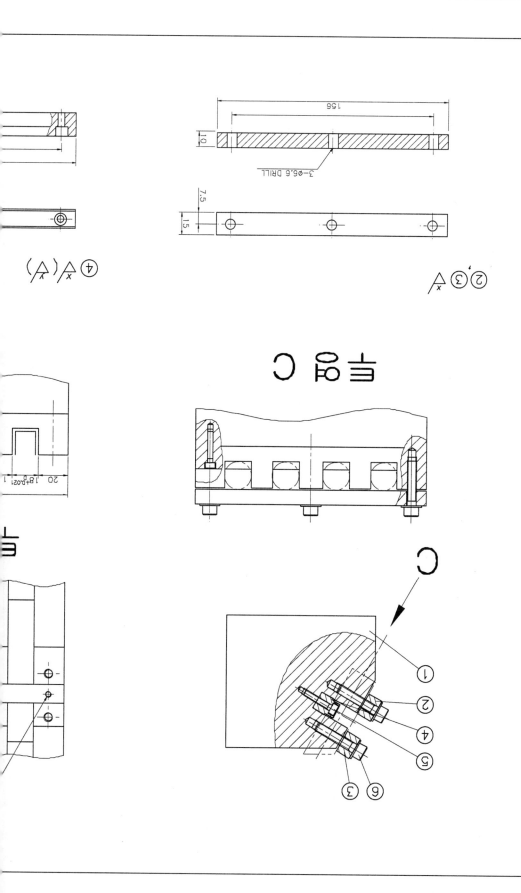

①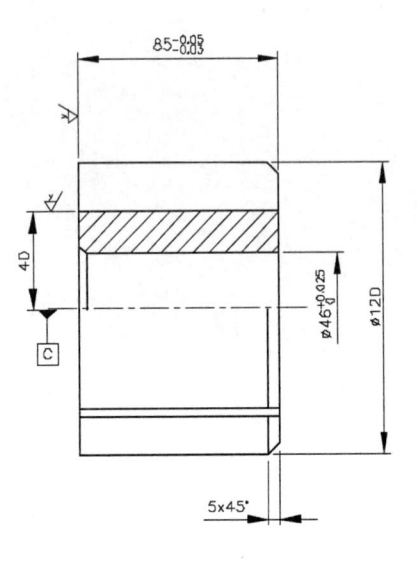

85-0.05
-0.03

4D

Ø46+0.025
0

Ø120

C

5x45°

O° Center
KS B 041D

─ 0.005

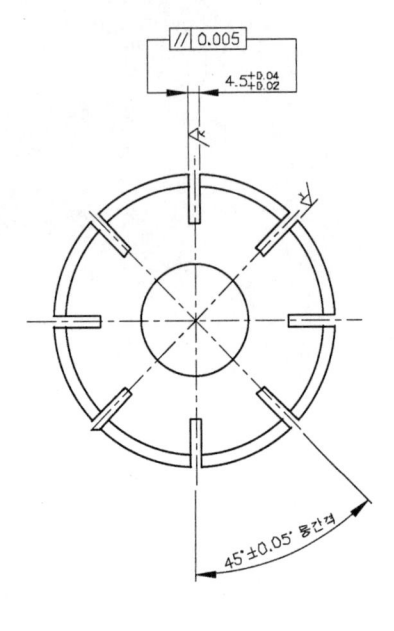

// 0.005

4.5+0.04
+0.02

45°±0.05° 등간격

②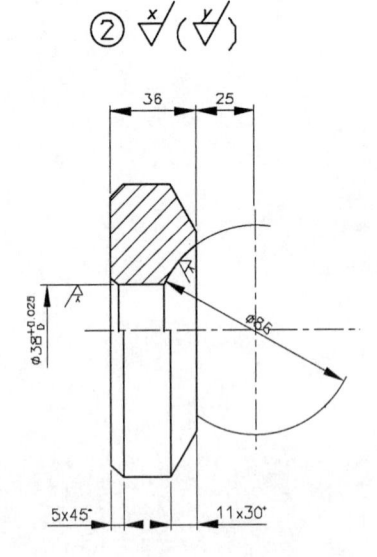

36   25

Ø38+0.025
0

Ø66

5x45°   11x30°

주 서

1. 일반공차 : 가공부 KSB 0412 보통급
2. 도시되고 지시없는 모따기 3x45°
3. 표면 거칠기

$$\frac{x}{\nabla} = \frac{25}{\nabla}, \quad \frac{y}{\nabla} = \frac{6.3}{\nabla}, \quad \frac{z}{\nabla} = \frac{1.6}{\nabla}$$

4. 일반 모따기 C0.2~0.5
5 품번 1,2,3 의 열처리부는 침탄법
        HRC60±2, DP:1±0.1

4	멘드릴	SM40C	1	
3	너트	SM15CK	1	
2	구면와셔	SM15CK	1	
1	홀울더	SM15CK	1	
품번	품 명	재 질	수 량	비 고
과제명	원통 연삭 고정구	척 도		N S

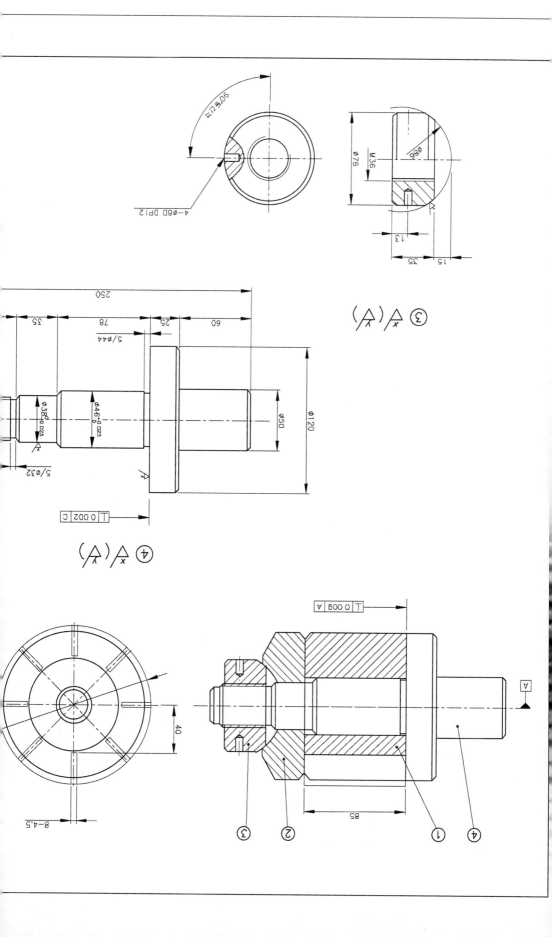

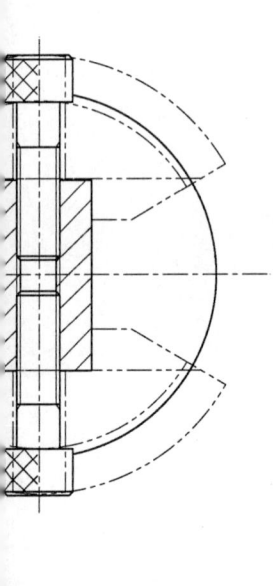

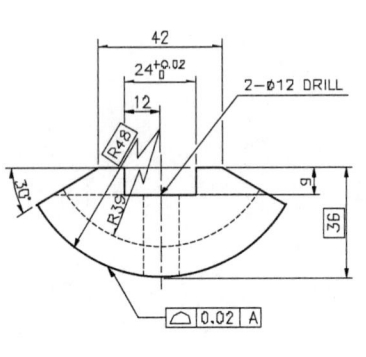

42

24$^{+0.02}_{0}$

12

2-φ12 DRILL

R48

R39

30°

9

36

△ 0.02 A

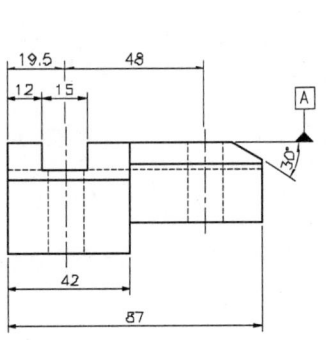

19.5

48

12

15

A

30°

42

87

제 품 도

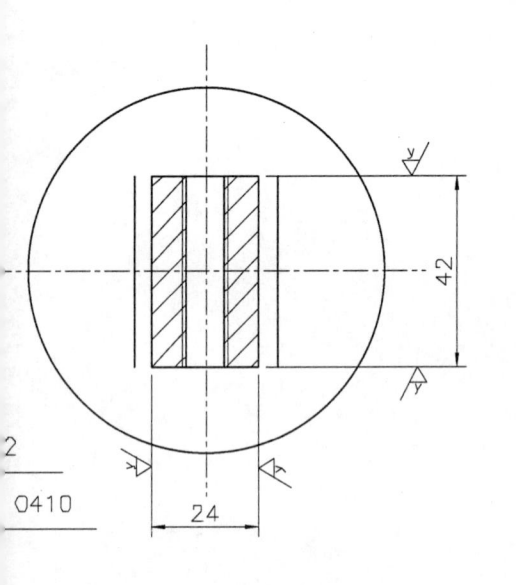

42

24

2

0410

주 서

1. 일반공차 : 가공부 KSB 0412 보통급
2. 도시되고 지시없는 모따기 1x45°
　　　　　　　필렛 및 라운드 R3
3. 표면 거칠기

4. 일반 모따기 0.2x45°
5. ──────── 열처리 (품번 1)
　　　　　　　HRC55±2, DP:0.8±0.2

2	육각붙이 볼트	규격품	2	M10 x 1.5
1	고정 축	SM45C	1	HRC58
품 번	품　　　명	재 질	수 량	비 고
과제명	원통연삭 고정구	척 도		N S

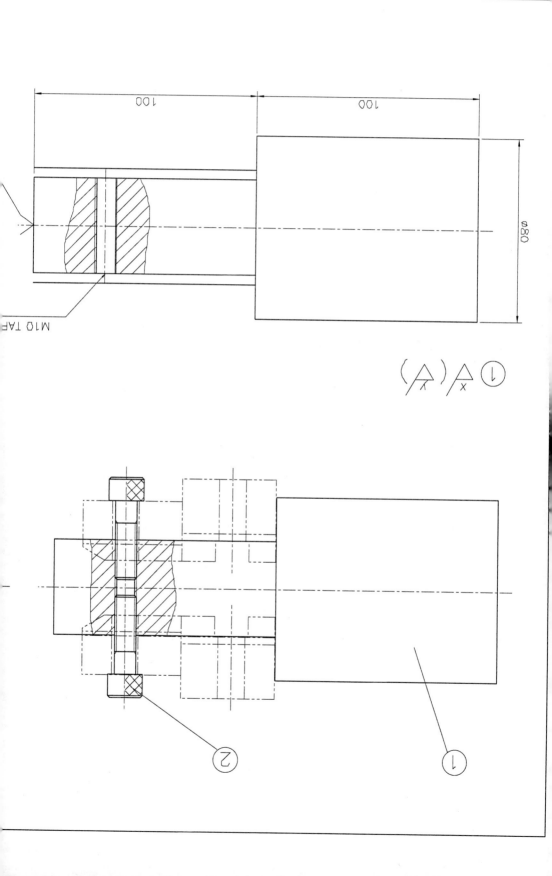

M10 TAP

100 100

Ø80

① (⌁/x) (⌁/x)

②

①

타 각 요 령

1. DRAW'G NO
2. GO측 호칭춘법
3. NO GO측 호칭춘법
4. OP NO

주 서

1. 지서없는 모서리 CO.5
2. ⬤부 열처리 할것
   (Hr. C60 이상)

G−S50−710−00

G−S50−709−00

G−S50−020−00

G−S50−019−00

G−S50−018−00

G−S50−017−00

DRAW'G NO

지질(MATERIAL)	제 3 각 법
STS 3	PROJECTION 3RD ANGLE
표면처리(FINISH)	단 위 : mm
	DIMENSION IN MILLIMETER
품명(PART NAME)	
SNAP GAUGE	
(OP NO: 표 참고)	
품번(PART NO.)	도면크기(FORM)
표 참고	A3

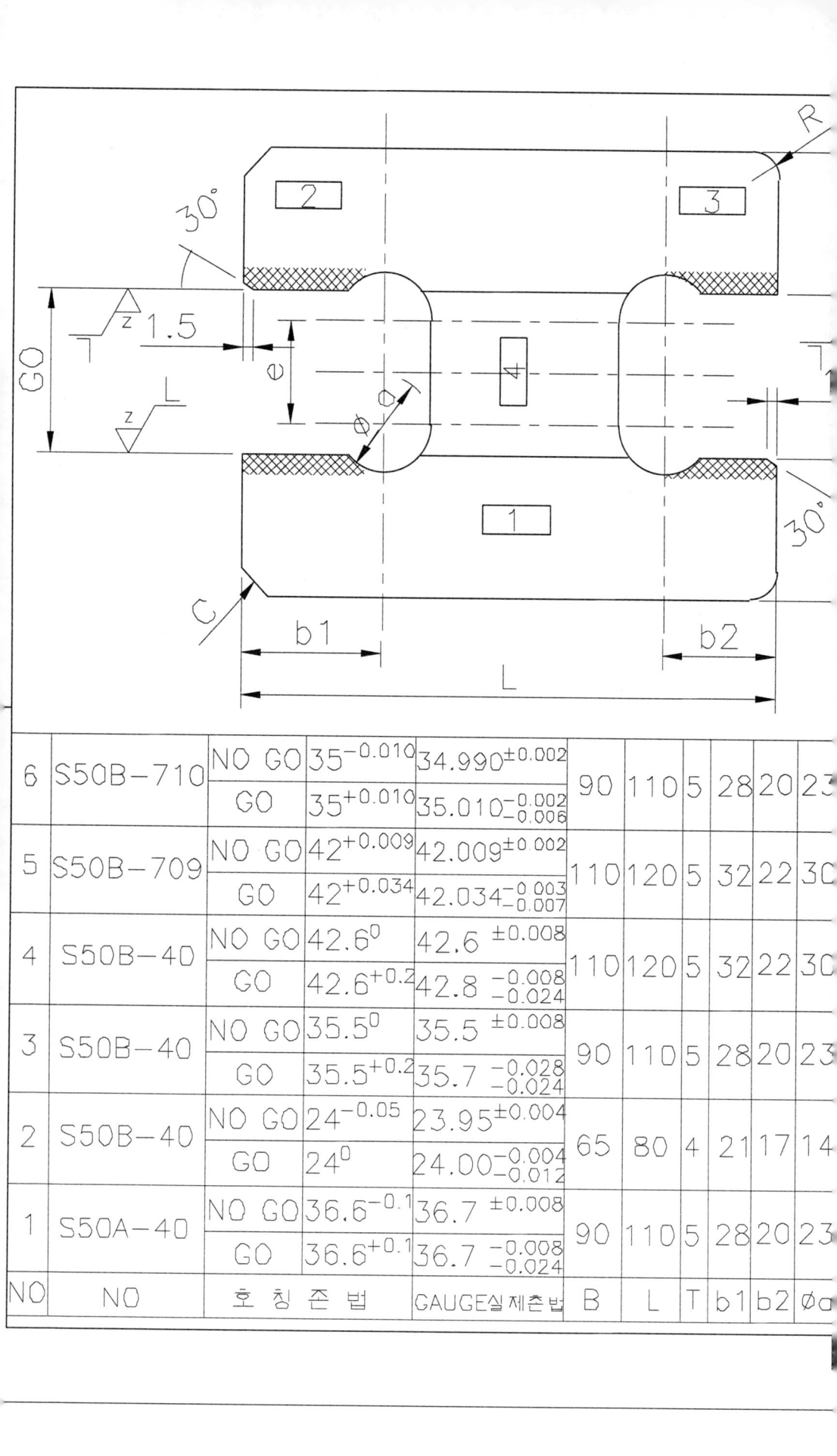

NO	NO	호 칭 준 법		GAUGE실제춘법	B	L	T	b1	b2	Øa
6	S50B−710	NO GO	$35^{-0.010}$	$34.990^{\pm0.002}$	90	110	5	28	20	23
		GO	$35^{+0.010}$	$35.010^{-0.002}_{-0.006}$						
5	S50B−709	NO GO	$42^{+0.009}$	$42.009^{\pm0.002}$	110	120	5	32	22	30
		GO	$42^{+0.034}$	$42.034^{-0.003}_{-0.007}$						
4	S50B−40	NO GO	42.6^{0}	$42.6^{\pm0.008}$	110	120	5	32	22	30
		GO	$42.6^{+0.2}$	$42.8^{-0.008}_{-0.024}$						
3	S50B−40	NO GO	35.5^{0}	$35.5^{\pm0.008}$	90	110	5	28	20	23
		GO	$35.5^{+0.2}$	$35.7^{-0.028}_{-0.024}$						
2	S50B−40	NO GO	$24^{-0.05}$	$23.95^{\pm0.004}$	65	80	4	21	17	14
		GO	24^{0}	$24.00^{-0.004}_{-0.012}$						
1	S50A−40	NO GO	$36.6^{-0.1}$	$36.7^{\pm0.008}$	90	110	5	28	20	23
		GO	$36.6^{+0.1}$	$36.7^{-0.008}_{-0.024}$						

M5x0.5x3.5L 제목나사

MAT'L : AL

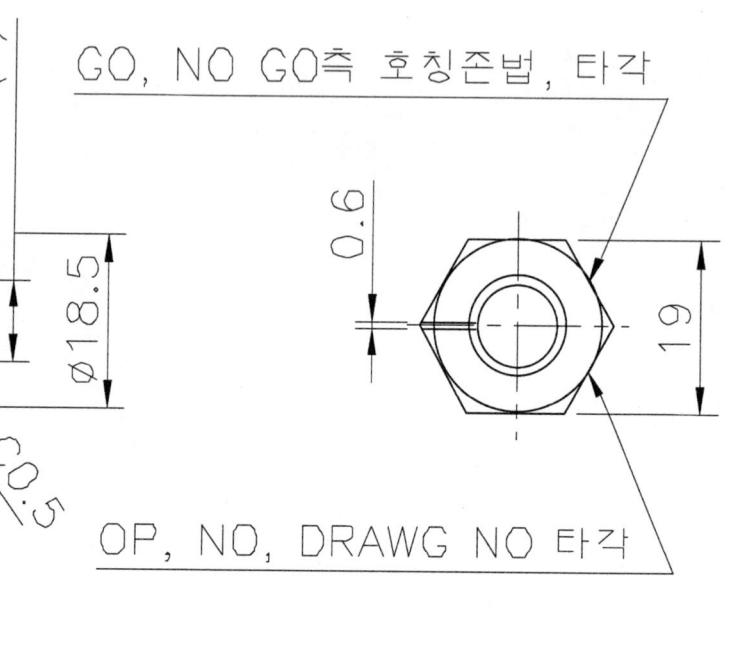

GO, NO GO측 호칭준법, 타각

OP, NO, DRAWG NO 타각

주) 1.⬤부 열처리 할것
　　　　(HrC60 이상)

제질(MATERIAL)	제 3 각 법
STS 3	PROJECTION 3RD ANGLE
표면처리(FINISH)	단 위 : mm
$\overset{x}{\nabla}$ ($\overset{z}{\nabla}$)	DIMENSION IN MILLIMETER
품명(PART NAME)	
REVERISBLE TYPE GAUGE	
(OP NO: S05A-709)	
품번(PART NO.)	도면크기(FORM)
G-S50-709-00	A3

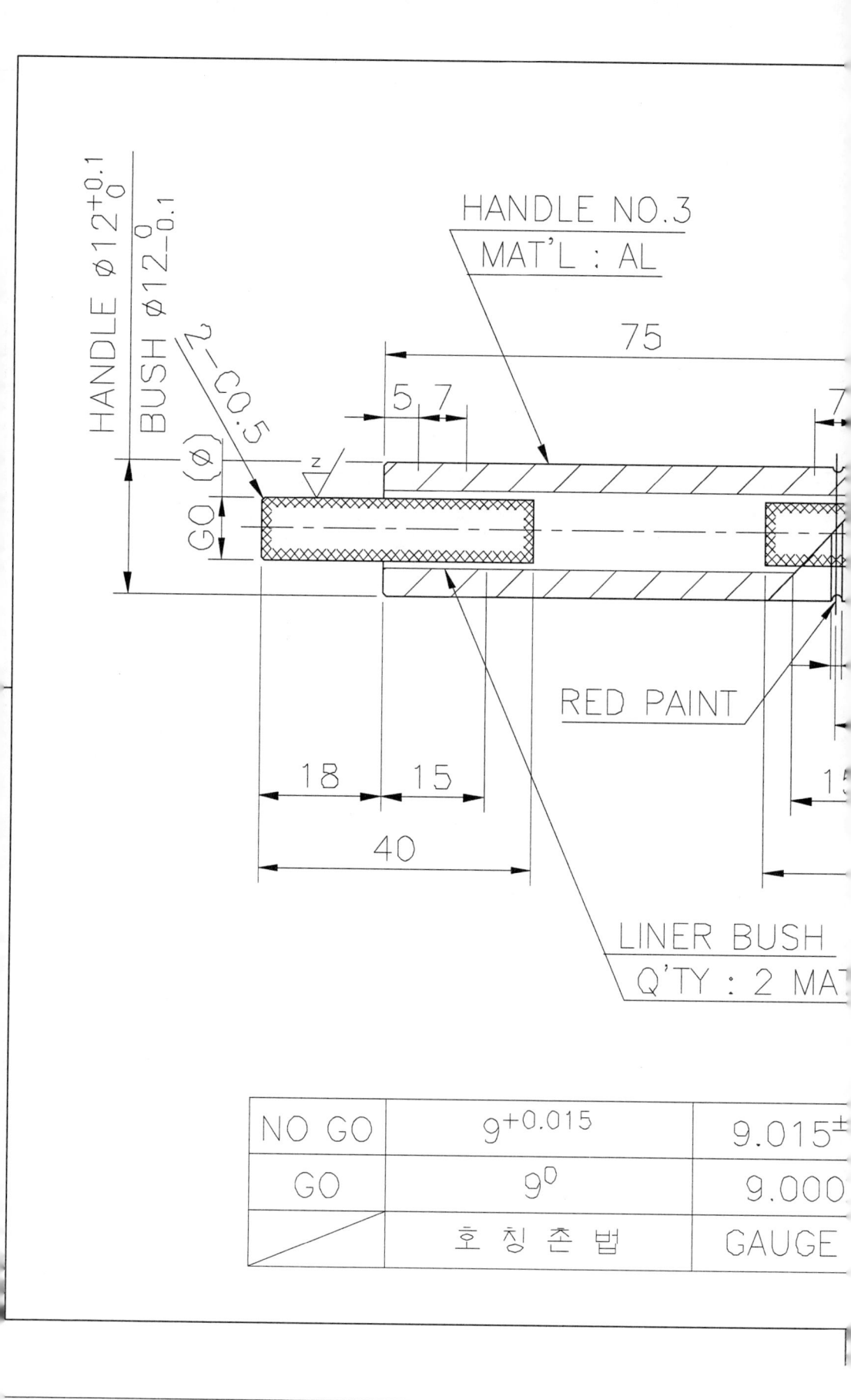

HANDLE NO.3
MAT'L : AL

HANDLE $\phi 12^{+0.1}_{0}$
BUSH $\phi 12^{0}_{-0.1}$

2-C0.5

GO (ϕ)

GO

z

75

5 7

18   15

40

7

RED PAINT

15

LINER BUSH
Q'TY : 2 MAT

	호칭촌법	GAUGE
GO	9^{0}	9.000
NO GO	$9^{+0.015}$	$9.015^{\pm}$

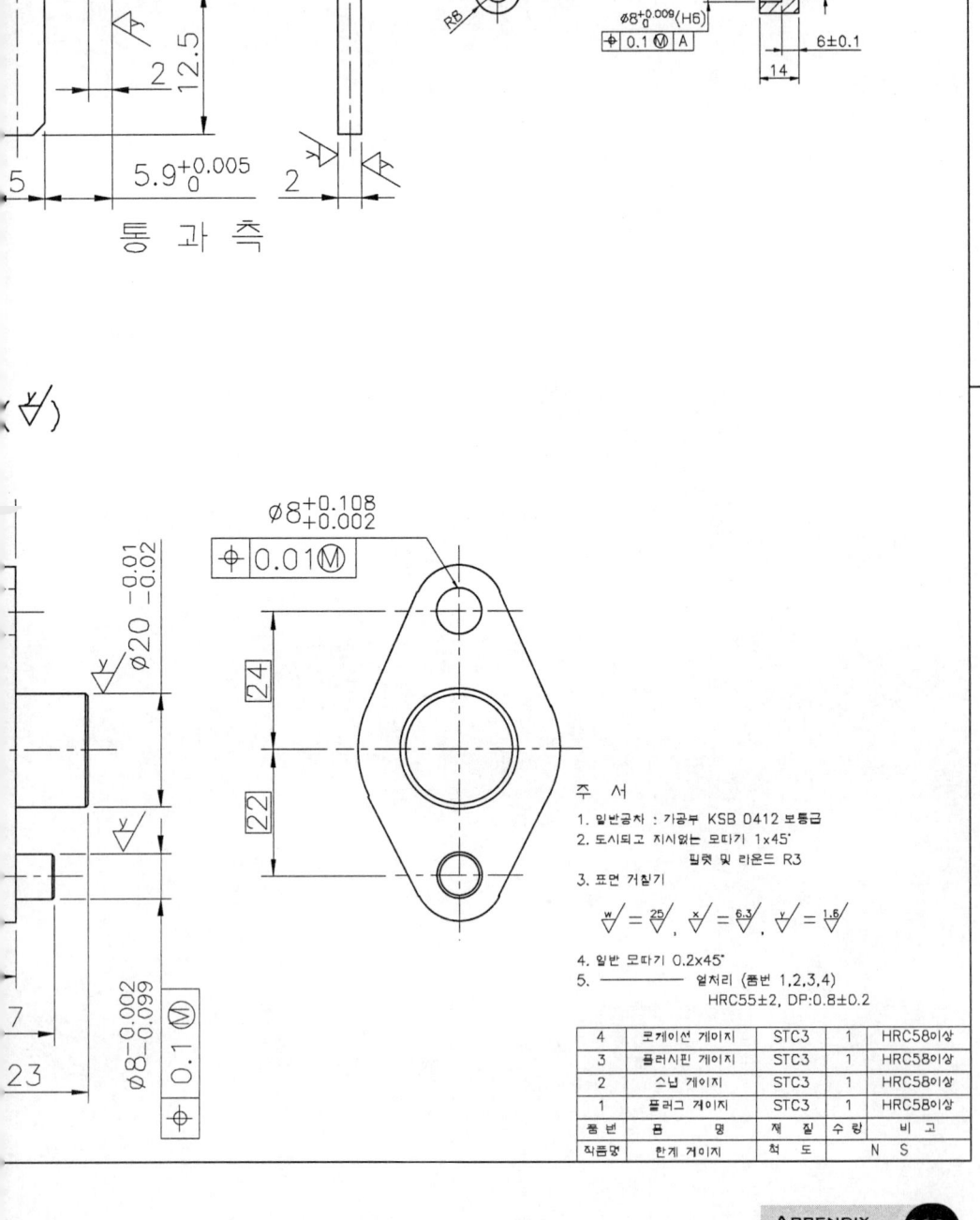

통 과 측

0.5
0.5
12.5
2
5
5.9$^{+0.005}_{0}$
2

R8
R8
30
⌀36
24
22

⌀8$^{D}_{-0.022}$(h8)
⊕ 0.1 Ⓜ A

⌀8$^{+0.009}_{0}$(H6)
⊕ 0.1 Ⓜ A

24
⊥ 0.05 Ⓜ A
C0.5
4
⌀20$^{+0.021}_{0}$(H7)
A
⌀5
6±0.1
14

⌀8$^{+0.108}_{+0.002}$
⊕ 0.01 Ⓜ

24
22

⌀20$^{-0.01}_{-0.02}$
⌀8$^{-0.002}_{-0.099}$
⊕ 0.1 Ⓜ

7
23

주 서

1. 일반공차 : 가공부 KSB 0412 보통급
2. 도시되고 지시없는 모따기 1x45°
   필렛 및 라운드 R3
3. 표면 거칠기

$\frac{w}{\vee} = \frac{25}{\vee}$, $\frac{x}{\vee} = \frac{6.3}{\vee}$, $\frac{y}{\vee} = \frac{1.6}{\vee}$

4. 일반 모따기 0.2x45°
5. ——————— 열처리 (품번 1,2,3,4)
   HRC55±2, DP:0.8±0.2

품번	품 명	재 질	수 량	비 고
4	로케이션 게이지	STC3	1	HRC58이상
3	플러시핀 게이지	STC3	1	HRC58이상
2	스냅 게이지	STC3	1	HRC58이상
1	플러그 게이지	STC3	1	HRC58이상
품번	품 명	재 질	수 량	비 고
작품명	한계 게이지	척 도	N S	

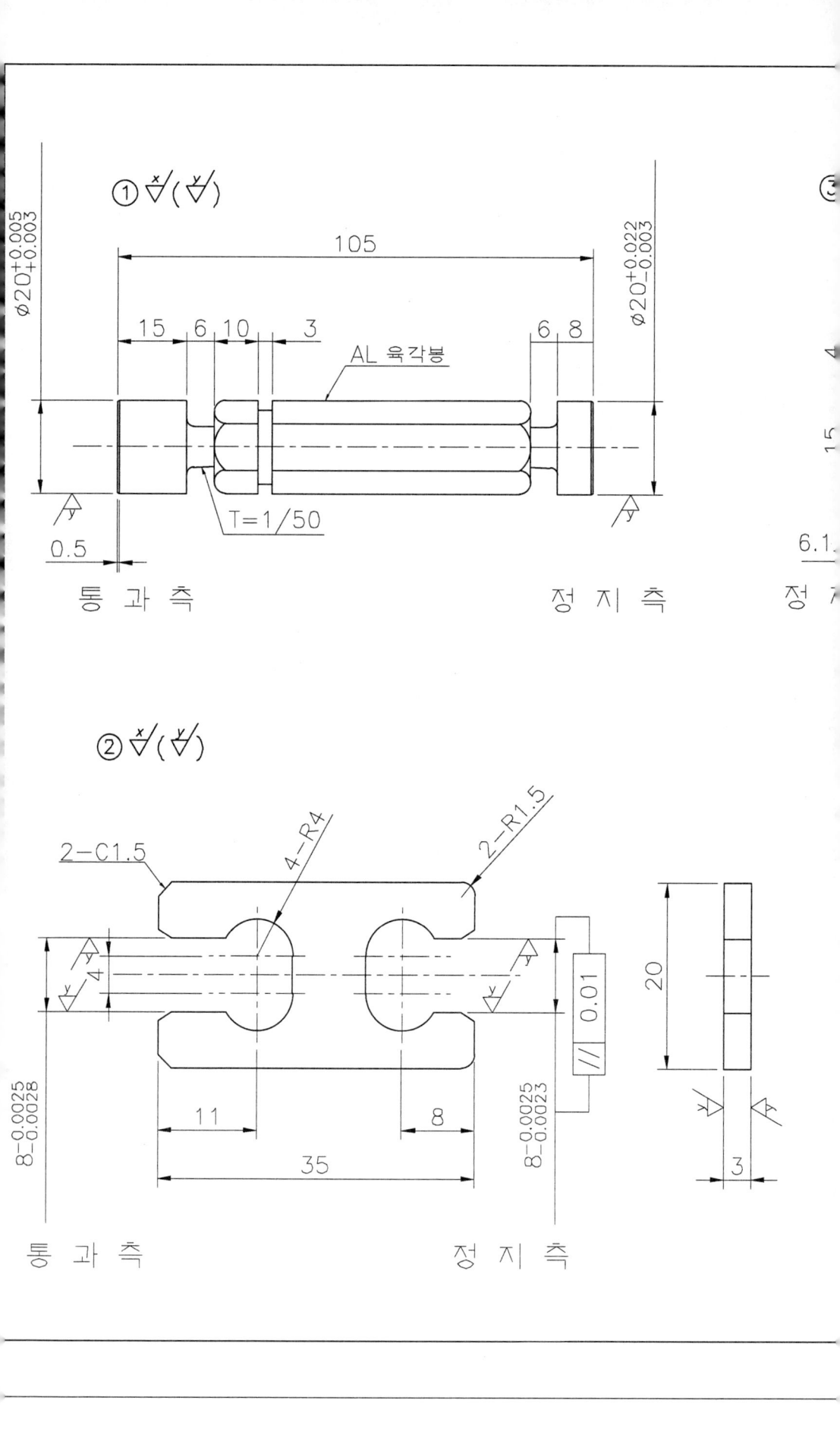

① ∀̽(∀̌)

105

$\phi 20^{+0.005}_{+0.003}$ $\phi 20^{+0.022}_{-0.003}$

15 6 10 3 6 8

AL 육각봉

T=1/50

0.5

통 과 측   정 지 측

② ∀̽(∀̌)

2−C1.5   4−R4   2−R1.5

$8^{-0.0025}_{-0.0028}$ 0.01 $8^{-0.0025}_{-0.0023}$ // 0.01

20

11   8

35   3

통 과 측   정 지 측

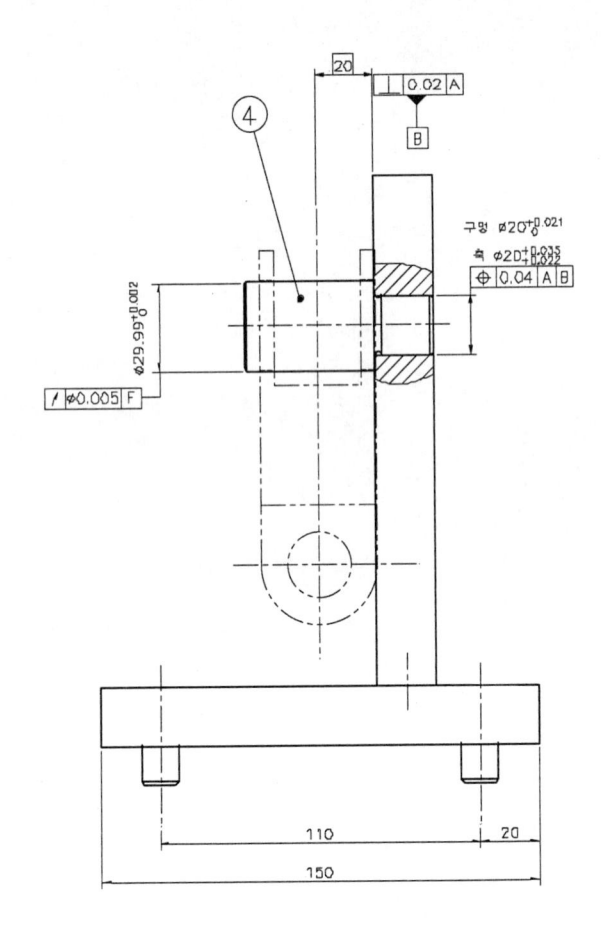

구멍 $\phi 20^{+0.021}_{0}$
축 $\phi 20^{-0.033}_{-0.022}$

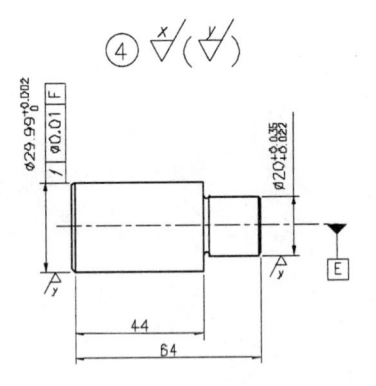

④ $\overset{x}{\nabla}(\overset{y}{\nabla})$

주 서

1. 지그다리는 베이스와 조립후 일면 동시 연삭

1. 일반공차 : 가공부 KS B 0412 보통급

2. 도시되고 지시없는 모떼기 1x45°

　　　　밀링 면 라운드 R3

3. 표면 거칠기

$$\overset{w}{\nabla} = \overset{25}{\nabla}, \ \overset{x}{\nabla} = \overset{6.3}{\nabla}, \ \overset{y}{\nabla} = \overset{1.6}{\nabla}$$

4. 일반 모따기 0.2x45°

5. 열처리 비고 참고

4	게이지 핀	SM45C	1	HRC58
3	플러그 한계게이지	SM45C	1	HRC58
2	지그다리	SM45C	1	HRC40
1	베 이 스	SM45C	1	
품번	품　　　명	재 질	수 량	비 고
작품명	기능 게이지	척 도	N	S

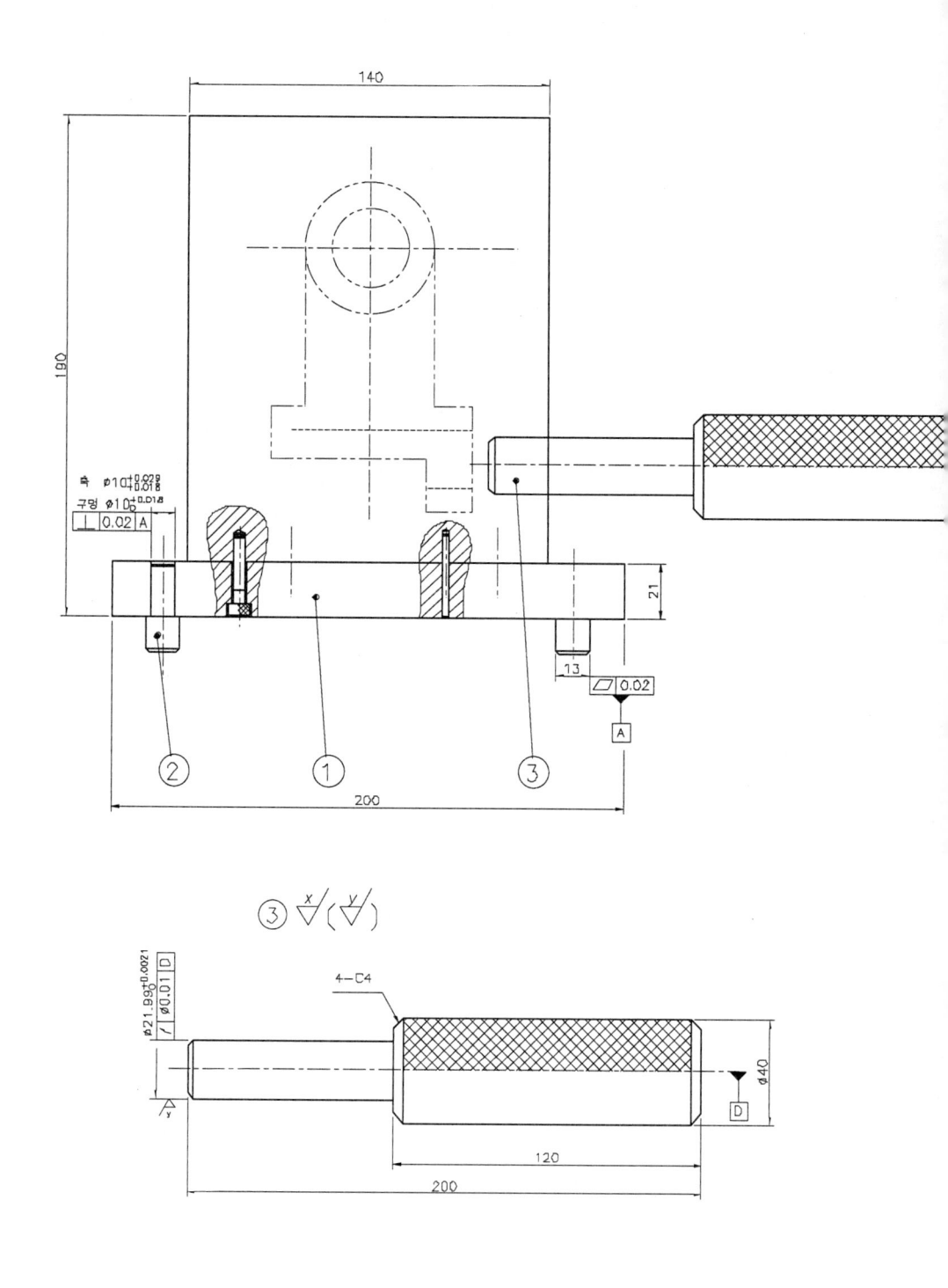

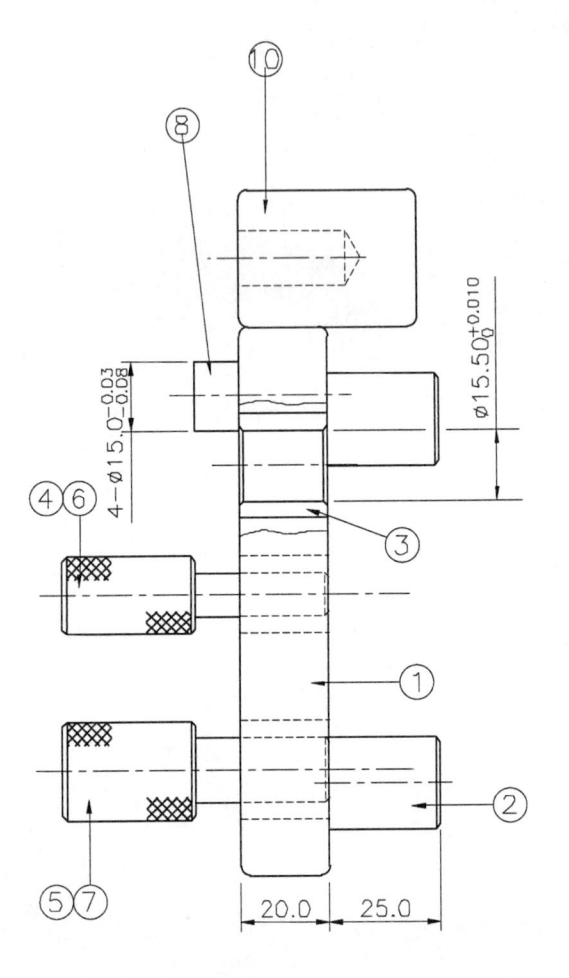

주 서

1. 일반공차 : 가공부 KSB 0412 보통급
2. 도시되고 지시없는 모따기 1x45°
       필릿 및 라운드 R3
3. 표면 거칠기

$$\overset{w}{\bigtriangledown} = \overset{25}{\bigtriangledown}, \quad \overset{x}{\bigtriangledown} = \overset{6.3}{\bigtriangledown}, \quad \overset{y}{\bigtriangledown} = \overset{1.6}{\bigtriangledown}$$

4. 일반 모따기 0.2x45°

10	플로그게이지 보관대	MC나이론	1	
9	핀 (2)	STS3	2	HRC58
8	핀 (1)	STS3	4	HRC58
7	플로그게이지(2)	STS3	2	HRC58
6	플로그게이지(1)	STS3	2	HRC58
5	부시(3)	STS3	1	HRC58
4	부시(2)	STS3	2	HRC58
3	부시(1)	STS3	1	HRC58
2	다 리	SM45C	4	
1	베 이 스	SM45C	1	
품 번	품 명	재 질	수 량	비 고
과제명	LOCATION GAGE	척 도		N S

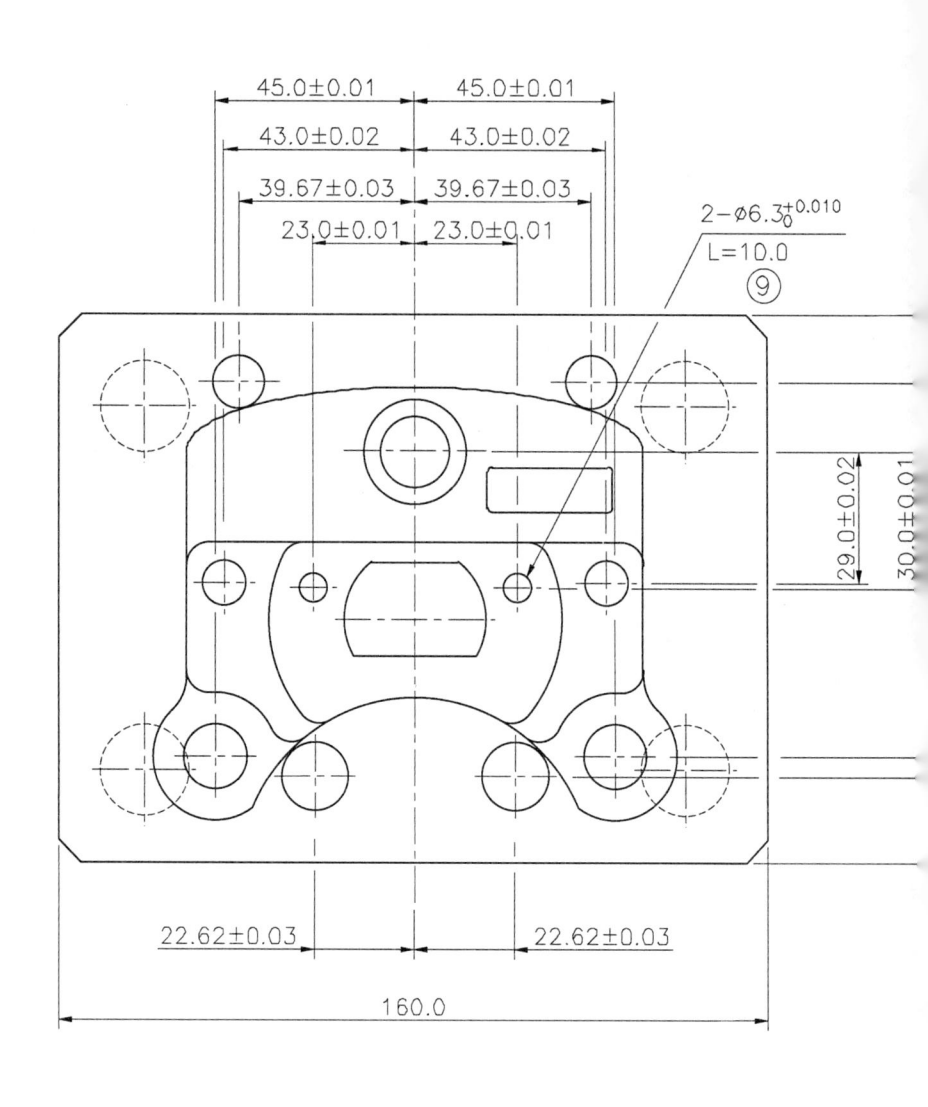

45.0±0.01 45.0±0.01

43.0±0.02 43.0±0.02

39.67±0.03 39.67±0.03

23.0±0.01 23.0±0.01

$2-\phi6.3^{+0.010}_{0}$

L=10.0

⑨

29.0±0.02

30.0±0.01

22.62±0.03   22.62±0.03

160.0

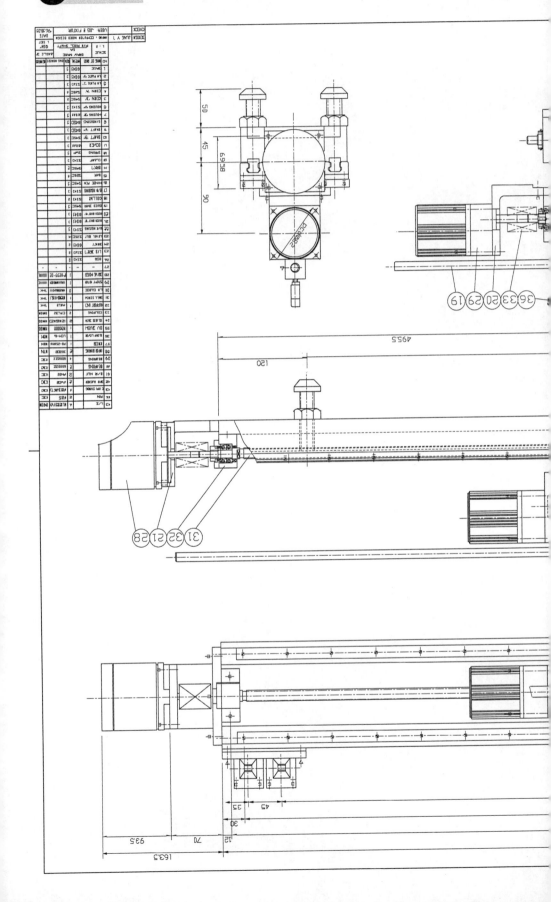

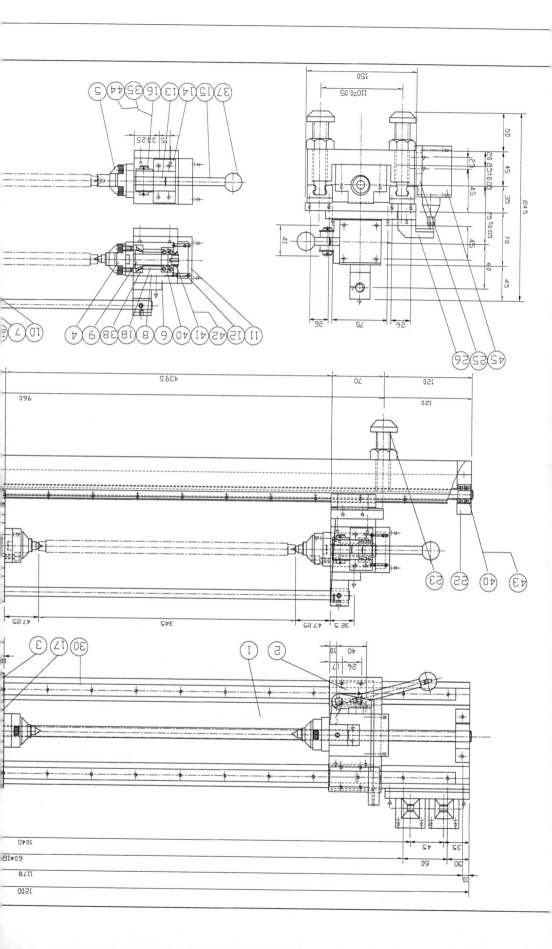

치공구설계

정가 28,000원

- 공 저 자   정   연   택
            예   인   수
            최   덕   준
            김   종   주
- 발 행 인   차   승   녀

기사·교재

- 2005년 3월 10일   제1판 제1인쇄발행
- 2006년 3월 15일   제2판 제1인쇄발행
- 2013년 1월 10일   제3판 제1인쇄발행
- 2014년 4월 18일   제4판 제1인쇄발행
- 2020년 3월 20일   제4판 제2인쇄발행

ⓦ 도서출판 건기원

(등록 : 제11-162호, 1998. 11. 24)

경기도 파주시 연다산길 244(연다산동)
TEL : (02)2662-1874~5   FAX : (02)2665-8281

ISBN   979-11-85490-70-0   93550